学术引领系列

国家出版基金项目
NATIONAL PUBLICATION FOUNDATION

国家科学思想库

“十二五”国家重点图书出版规划项目

# 中国学科发展战略



# 控制科学

中国科学院

科学出版社
北京

**图书在版编目(CIP)数据**

控制科学/中国科学院编．—北京：科学出版社，2015.
（中国学科发展战略）
ISBN 978-7-03-041069-6

Ⅰ.①控… Ⅱ.①中… Ⅲ.①自动化技术－学科发展－发展战略－中国
Ⅳ.①TP2-12

中国版本图书馆 CIP 数据核字（2014）第 127757 号

丛书策划：侯俊琳　牛　玲
责任编辑：邹　聪　程　凤／责任校对：韩　杨
责任印制：赵　博／封面设计：黄华斌　陈　敬
编辑部电话：010-64035853
E-mail：houjunlin@mail. sciencep. com

科学出版社出版
北京东黄城根北街 16 号
邮政编码：100717
http://www.sciencep.com
北京市金木堂数码科技有限公司印刷
科学出版社发行　各地新华书店经销
*
2015 年 7 月第　一　版　开本：720×1000 1/16
2025 年 2 月第六次印刷　印张：41 3/4
字数：780 000

**定价：198.00 元**

# 中国学科发展战略

## 指　导　组

组　长：白春礼

副组长：李静海　秦大河

成　员：詹文龙　朱道本　陈　颙

陈宜瑜　李　未　顾秉林

## 工　作　组

组　长：李　婷

副组长：王敬泽　刘春杰

成　员：钱莹洁　马新勇　申倚敏

薛　淮　张家元　林宏侠

冯　霞　赵剑峰

# 中国学科发展战略·控制科学

## 专　家　组

**成　员：**（以姓氏拼音为序）

包为民　柴天佑　陈翰馥
丁荣军　郭　雷　李衍达
王天然　王子才　吴　澄
吴宏鑫　钟万勰

## 研　究　组

**成　员：**（以姓氏拼音为序）

段志生　黄　琳　李忠奎
刘　蕾　王金枝　杨剑影
杨　莹

# 中国学科发展战略·控制科学

## 工　作　组

**成　员：**（以姓氏拼音为序）

蔡开元　曹希仁　曹一家
陈关荣　陈　虹　陈　杰
陈宗基　程代展　褚　健
丛　爽　董海荣　段广仁
耿志勇　关新平　桂卫华
郭宝珠　洪奕光　胡包钢
胡豁生　黄　捷　姜钟平
匡　森　柳嘉润　吕金虎
梅生伟　宁　滨　钱　锋
谭　民　王成红　王飞跃
王　宏　王科俊　王　龙
王行愚　席裕庚　谢立华
张化光　张纪峰　赵千川
周东华　邹　云

# 总　序

## 九层之台，起于累土[①]

白春礼

近代科学诞生以来，科学的光辉引领和促进了人类文明的进步，在人类不断深化对自然和社会认识的过程中，形成了以学科为重要标志的、丰富的科学知识体系。学科不但是科学知识的基本的单元，同时也是科学活动的基本单元：每一学科都有其特定的问题域、研究方法、学术传统乃至学术共同体，都有其独特的历史发展轨迹；学科内和学科间的思想互动，为科学创新提供了原动力。因此，发展科技，必须研究并把握学科内部运作及其与社会相互作用的机制及规律。

中国科学院学部作为我国自然科学的最高学术机构和国家在科学技术方面的最高咨询机构，历来十分重视研究学科发展战略。2009 年 4 月与国家自然科学基金委员会联合启动了“2011～2020 年我国学科发展战略研究”19 个专题咨询研究，并组建了总体报告研究组。在此工作基础上，为持续深入开展有关研究，学部于 2010 年底，在一些特定的领域和方向上重点部署了学科发展战略研究项目，研究成果现以“中国学科发展战略”丛书形式系列出版，供大家交流讨论，希望起到引导之效。

根据学科发展战略研究总体研究工作成果，我们特别注意到学

① 题注：李耳《老子》第 64 章：“合抱之木，生于毫末；九层之台，起于累土；千里之行，始于足下。”

科发展的以下几方面的特征和趋势。

一是学科发展已越出单一学科的范围，呈现出集群化发展的态势，呈现出多学科互动共同导致学科分化整合的机制。学科间交叉和融合、重点突破和“整体统一”，成为许多相关学科得以实现集群式发展的重要方式，一些学科的边界更加模糊。

二是学科发展体现了一定的周期性，一般要经历源头创新期、创新密集区、完善与扩散期，并在科学革命性突破的基础上螺旋上升式发展，进入新一轮发展周期。根据不同阶段的学科发展特点，实现学科均衡与协调发展成为了学科整体发展的必然要求。

三是学科发展的驱动因素、研究方式和表征方式发生了相应的变化。学科的发展以好奇心牵引下的问题驱动为主，逐渐向社会需求牵引下的问题驱动转变；计算成为了理论、实验之外的第三种研究方式；基于动态模拟和图像显示等信息技术，为各学科纯粹的抽象数学语言提供了更加生动、直观的辅助表征手段。

四是科学方法和工具的突破与学科发展互相促进作用更加显著。技术科学的进步为激发新现象并揭示物质多尺度、极端条件下的本质和规律提供了积极有效手段。同时，学科的进步也为技术科学的发展和催生战略新兴产业奠定了重要基础。

五是文化、制度成为了促进学科发展的重要前提。崇尚科学精神的文化环境、避免过多行政干预和利益博弈的制度建设、追求可持续发展的目标和思想，将不仅极大促进传统学科和当代新兴学科的快速发展，而且也为人才成长并进而促进学科创新提供了必要条件。

我国学科体系系由西方移植而来，学科制度的跨文化移植及其在中国文化中的本土化进程，延续已达百年之久，至今仍未结束。

鸦片战争之后，代数学、微积分、三角学、概率论、解析几何、力学、声学、光学、电学、化学、生物学和工程科学等的近代科学知识被介绍到中国，其中有些知识成为一些学堂和书院的教学内容。1904 年清政府颁布“癸卯学制”，该学制将科学技术分为格致科（自然科学）、农业科、工艺科和医术科，各科又分为诸多学科。1905 年清朝废除科举，此后中国传统学科体系逐步被来自西方的新学科体系取代。

民国时期现代教育发展较快，科学社团与科研机构纷纷创建，现代学科体系的框架基础成型，一些重要学科实现了制度化。大学引进欧美的通才教育模式，培育各学科的人才。1912 年詹天佑发起成立中华工程师会，该会后来与类似团体合为中国工程师学会。1914 年留学美国的学者创办中国科学社。1922 年中国地质学会成立，此后，生理、地理、气象、天文、植物、动物、物理、化学、机械、水利、统计、航空、药学、医学、农学、数学等学科的学会相继创建。这些学会及其创办的《科学》、《工程》等期刊加速了现代学科体系在中国的构建和本土化。1928 年国民政府创建中央研究院，这标志着现代科学技术研究在中国的制度化。中央研究院主要开展数学、天文学与气象学、物理学、化学、地质与地理学、生物科学、人类学与考古学、社会科学、工程科学、农林学、医学等学科的研究，将现代学科在中国的建设提升到了研究层次。

中华人民共和国建立之后，学科建设进入了一个新阶段，逐步形成了比较完整的体系。1949 年 11 月新中国组建了中国科学院，建设以学科为基础的各类研究所。1952 年，教育部对全国高等学校进行院系调整，推行苏联式的专业教育模式，学科体系不断细化。1956 年，国家制定出《十二年科学技术发展远景规划纲要》，该规划包括 57 项任务和 12 个重点项目。规划制定过程中形成的“以任务带学科”的理念主导了以后全国科技发展的模式。1978 年召开全国科学大会之后，科学技术事业从国防动力向经济动力的转变，推进了科学技术转化为生产力的进程。

科技规划和“任务带学科”模式都加速了我国科研的尖端研究，有力带动了核技术、航天技术、电子学、半导体、计算技术、自动化等前沿学科建设与新方向的开辟，填补了学科和领域的空白，不断奠定工业化建设与国防建设的科学技术基础。不过，这种模式在某些时期或多或少地弱化了学科的基础建设、前瞻发展与创新活力。比如，发展尖端技术的任务直接带动了计算机技术的兴起与计算机的研制，但科研力量长期跟着任务走，而对学科建设着力不够，已成为制约我国计算机科学技术发展的“短板”。面对建设创新型国家的历史使命，我国亟待夯实学科基础，为科学技术的持续发展与创新能力的提升而开辟知识源泉。

反思现代科学学科制度在我国移植与本土化的进程，应该看到，20 世纪上半叶，由于西方列强和日本入侵，再加上频繁的内战，科学与救亡结下了不解之缘，新中国建立以来，更是长期面临着经济建设和国家安全的紧迫任务。中国科学家、政治家、思想家乃至一般民众均不得不以实用的心态考虑科学及学科发展问题，我国科学体制缺乏应有的学科独立发展空间和学术自主意识。改革开放以来，中国取得了卓越的经济建设成就，今天我们可以也应该静下心来思考“任务”与学科的相互关系，重审学科发展战略。

现代科学不仅表现为其最终成果的科学知识，还包括这些知识背后的科学方法、科学思想和科学精神，以及让科学得以运行的科学体制，科学家的行为规范和科学价值观。相对于我国的传统文化，现代科学是一个“陌生的”、“移植的”东西。尽管西方科学传入我国已有一百多年的历史，但我们更多地还是关注器物层面，强调科学之实用价值，而较少触及科学的文化层面，未能有效而普遍地触及整个科学文化的移植和本土化问题。中国传统文化以及当今的社会文化仍在深刻地影响着中国科学的灵魂。可以说，迄 20 世纪结束，我国移植了现代科学及其学科体制，却在很大程度上拒斥与之相关的科学文化及相应制度安排。

科学是一项探索真理的事业，学科发展也有其内在的目标，探求真理的目标。在科技政策制定过程中，以外在的目标替代学科发展的内在目标，或是只看到外在目标而未能看到内在目标，均是不适当的。现代科学制度化进程的含义就在于：探索真理对于人类发展来说是必要的和有至上价值的，因而现代社会和国家须为探索真理的事业和人们提供制度性的支持和保护，须为之提供稳定的经费支持，更须为之提供基本的学术自由。

20 世纪以来，科学与国家的目的不可分割地联系在一起，科学事业的发展不可避免地要接受来自政府的直接或间接的支持、监督或干预，但这并不意味着，从此便不再谈科学自主和自由。事实上，在现当代条件下，在制定国家科技政策时充分考虑“任务”和学科的平衡，不但是最大限度实现学术自由、提升科学创造活力的有效路径，同时也是让科学服务于国家和社会需要的最有效的做法。这里存在着这样一种辩证法：科学技术系统只有在具有高度创造活力的情形下，才能在创新型国家建设过程中发挥最大作用。

在全社会范围内创造一种允许失败、自由探讨的科研氛围；尊重学科发展的内在规律，让科研人员充分发挥自己的创造潜能；充分尊重科学家的个人自由，不以“任务”作为学科发展的目标，让科学共同体自主地来决定学科的发展方向。这样做的结果往往比事先规划要更加激动人心。比如，19 世纪末德国化学学科的发展史就充分说明了这一点。从内部条件上讲，首先是由于洪堡兄弟所创办的新型大学模式，主张教与学的自由、教学与研究相结合，使得自由创新成为德国的主流学术生态。从外部环境来看，德国是一个后发国家，不像英、法等国拥有大量的海外殖民地，只有依赖技术创新弥补资源的稀缺。在强大爱国热情的感召下，德国化学家的创新激情迸发，与市场开发相结合，在染料工业、化学制药工业方面进步神速，十余年间便领先于世界。

中国科学院作为国家科技事业“火车头”，有责任提升我国原始创新能力，有责任解决关系国家全局和长远发展的基础性、前瞻性、战略性重大科技问题，有责任引领中国科学走自主创新之路。中国科学院学部汇聚了我国优秀科学家的代表，更要责无旁贷地承担起引领中国科技进步和创新的重任，系统、深入地对自然科学各学科进行前瞻性战略研究。这一研究工作，旨在系统梳理世界自然科学各学科的发展历程，总结各学科的发展规律和内在逻辑，前瞻各学科中长期发展趋势，从而提炼出学科前沿的重大科学问题，提出学科发展的新概念和新思路。开展学科发展战略研究，也要面向我国现代化建设的长远战略需求，系统分析科技创新对人类社会发展和我国现代化进程的影响，注重新技术、新方法和新手段研究，提炼出符合中国发展需求的新问题和重大战略方向。开展学科发展战略研究，还要从支撑学科发展的软、硬件环境和建设国家创新体系的整体要求出发，重点关注学科政策、重点领域、人才培养、经费投入、基础平台、管理体制等核心要素，为学科的均衡、持续、健康发展出谋划策。

2010 年，在中国科学院各学部常委会的领导下，各学部依托国内高水平科研教育等单位，积极酝酿和组建了以院士为主体、众多专家参与的学科发展战略研究组。经过各研究组的深入调查和广泛研讨，形成了“中国学科发展战略”丛书，纳入“国家科学思想库—学术引领系列”陆续出版。学部诚挚感谢为学科发展战略研究付出心血的院士、专家们！

按照学部“十二五”工作规划部署，学科发展战略研究将持续开展，希望学科发展战略系列研究报告持续关注前沿，不断推陈出新，引导广大科学家与中国科学院学部一起，把握世界科学发展动态，夯实中国科学发展的基础，共同推动中国科学早日实现创新跨越！

# 序　言

控制科学是关系工农业生产、交通运输、能源与资源的合理利用、计算机与通信网络、航空航天、武器装备乃至社会与经济管理等方面的重要技术科学，对我国经济、社会和国防的发展起着重要的作用。我们面临的环境日益复杂，如极端的工作环境，非线性、不确定性、时变性及多耦合的情况不断增多，要求高精度与高质量，尤其是当今时代信息丰富，呈现出许多新的特征，使控制科学面临前所未有的机遇和挑战。因而我们需要制定一个具有前瞻性的富有深刻意义的发展战略，以便更好地发展我国的控制科学，这也是我国从大国到强国转变所必须占领的一个制高点。

北京大学具有综合学科优势，科学研究氛围好，可以脱离单一学科的局限性，自由探索控制科学的发展趋势及其面临的重要需求。中国科学院信息技术科学部第十四届十二次常务委员会会议认为，依托北京大学由黄琳院士主持完成这项研究是非常合适的，常委会对这项研究寄予很高的期望。经过两年多的努力，发展战略研究组先后举办了两次研讨会和一次前沿论坛，约请了45位专家做综述报告，在此基础上形成书稿。该书在回顾控制科学发展历程的基础上通过总结成功的经验，对当前新的挑战下控制科学可能的发展做出阐述并提出在新形势下促进其发展的建议，给人以深刻的启迪，是一本具有重要价值的著作。

中国科学院院士
李衍达
2013年12月

# 前言

“控制科学学科发展战略”研究项目是经中国科学院信息技术科学部第十四届十二次常务委员会会议决定依托北京大学（简称北大）开展的研究任务，为期两年。接到任务后，我们深知这是一项十分艰巨而有重要意义的工作，仅靠北大的力量是根本无法完成的，必须依靠广大海内外的控制专家共同努力。我们遂积极组织了专家组与工作组，认真做好顶层设计及各项准备与组织工作。为了便于开展研究、尽快完成好报告，我们明确分工与责任，将项目分为总体组，控制理论、航空航天与运动体控制、过程控制、网络控制、交叉学科及其他五个专题组。总体组由北京大学学者组成，负责撰写总报告。我们在全国同行学者中邀请了五位学者担任专题组组长，并邀请了数十位知名学者参与到各专题组，他们或做学术报告或参加会议研讨；各分组又各自邀请了不少专家以开会研讨或撰写报告的形式参与了项目研究。参与本报告撰写与研讨的专家来自海内外数十家单位，他们凭着对控制科学发展的浓厚兴趣和对我国控制事业发展的责任，敢于担当，在科研任务都比较繁重的情况下，积极参与，为圆满完成本报告做出了重要贡献。

参与本研究的专家经过两年多的努力，先后举办了多次研讨会，最终形成了一个总报告与五个分组报告，这些报告凝聚了很多学者的智慧与汗水。总报告经过广泛深入的调研和研讨并部分地参考了分组报告的一些内容，从宏观与顶层的角度阐述了控制科学的发展脉络、分析了现状、提出了问题并给出了一些思考与建议；分组报告着眼于各自学科方向阐述了学科发展情况及未来发展存在的问题。几个分组报告是各组独立完成的，没有要求统一的风格与格式，而是由各专题组根据自己的实际情况由执笔人与各参与专家用自己认为合适的方式加以完成。

另外，在项目的研究过程中，很多专家在《自动化学报》上发表了综述文章以介绍相关学科分支的发展情况。在撰写分组报告过程中，部分报告采用了这些综述文章的相关内容。

限于时间、能力与知识，本报告可能有很多不尽如人意之处，敬请广大读者批评指正！

本项目研究受中国科学院学部和国家自然科学基金（L1422044）的联合资助，对此我们深致谢意。本项目将在这一联合资助下对控制科学若干分支领域进行持续研究。

北京大学
黄　琳
2015年1月

# 摘　要

控制科学发展的动力主要来自实际需求，实际需求促使我们建立新的理论与方法；学科本身的逻辑发展又促使理论与方法得到深化和完善并向其他领域延拓。这启发我们应该从战略发展的角度出发，根据当今时代信息丰富的特征，归纳总结重大需求和学科的逻辑发展带来的关键科学问题，分析控制科学新的重大需求，新的科技进展为控制科学发展提供的机遇和条件，控制学科发展的瓶颈和新的可能的学科生长点等。基于信息丰富时代对控制科学的定位，本书根据控制科学学科的发展历程，剖析学科发展规律，梳理发展趋势、前沿科学技术和潜在重大应用，凝练科学研究方向和问题，从战略角度形成控制科学相关学科的发展建议。在控制科学发展战略总体报告中，我们阐述了四个方面的内容：①控制科学的定位与学科分支；②历史回顾与启示；③现状分析与探讨；④需求分析、思考与建议。结合控制科学学科的五个重点关注领域，即一个基本的和共性的领域——控制理论，以及四种应用领域——航空航天与运动体控制、过程控制、网络控制、交叉学科及其他，给出了五个分组报告。

控制科学属于技术科学的范畴，是实现自动化的核心。控制科学有别于一般的自然科学的地方在于，它更侧重于在认识世界的基础上改造世界，因此它更多地具有“使能科学”的特征。控制科学的定位应是：在信息科学层面，主要研究与控制器设计和实现有关的科学问题。计算机、数据处理、通信和传感技术的迅速发展是当今时代的主要特征。这些为控制科学的发展提供了良好的机遇，也使控制科学呈现出一些新的特点，这些特点揭示了必须进行研究的新方向。数字化传感器的普及，通信技术和互联网的发展使大量信息的获取与传输越来越容易，这营造了一些控制系统必须面对的新环境，即网络化环境。网络化环境下需要处理的信息形式多样，数量巨大，这促使控制与信息的采集、传输和加工相结合，使信息融合、信息挖掘和信息隐藏等技术成为构建控制系统所需技术；在信息丰富的时代背景下，控制有时面对的不再是单个的对象或系统，而是一个相互有信息联系的系统群——控制网络和多自主体系统；信息技术的革命性变化为控制科学向其他领域的扩展创造了条件，扩大了控制科学“使能”的范围，如量子控制、脑控系统等研究，都是当前发展迅速的交叉学科。这些研究都是在多学科交叉中产生和发展起来的，其必将在新兴科学思想的引领下，继续在多学科交叉中取得新的进展。

纵观整个控制理论的发展史，控制科学的重要发展来自人类改造自然的实际需求。解决实际问题的需求促进了控制科学的不断进步。时至今日，多种相对成熟的控制科学理论方法，如 PID 控制、最优控制、自适应控制、鲁棒控制、非线性动态逆控制、预测控制等，在众多领域内得到了广泛使用。回顾控制科学的发展历程，我们得到了深刻的启示：控制科学是技术科学，需求推动是第一位的；当前控制有哪些关键问题，解决了这些问题就可能带动一个分支发展；未来的发展趋势应该是围绕信息丰富的时代特征展开的；我国现在是制造业大国，但在重大装备制造上，控制器依然是研发与制造的瓶颈。从 IT 产品到汽车制造我国都是生产大国但并未掌握很多核心技术，其中很多均与控制有关；中国作为一个大国，其国防不可能依靠国外而必须自力更生。我国的国防力量相对于捍卫国家的经济利益和全球性战略利益来说还有较大差距，现代战争实际上是高科技的战争，其中控制科学的作用是显而易见的。今天，我们正处在一个强烈要求创新的时期，不论是出于国防还是企业转型的需要，自动控制势必成为大家关注的中心议题之一。

当今时代，控制科学面临的挑战主要来自三个方面。

(1) 人类对控制系统提出日益严格的要求，这主要因为：工作环境极端，高精度与高质量，工作的高复杂性（非线性、不确定性、时变性、多耦合与高动态等)。

(2) 宏观尺度下遵循经典物理规律的控制科学向其他领域的扩展，如量子控制、基因调控、认知科学等。

(3) 信息丰富时代为控制科学带来了新的特征，这体现在四个方面。①控制有时不再是针对单个对象或系统，而是面对一个相互有信息联系的系统集合或系统群（如网络)，也可以是面对一个具有不同时间尺度分层递阶结构的系统集合。②控制科学的理论不只表现为一种单纯的数学方法和理论，更体现为一种以数学、工程学和信息科学为基础的计算机算法相结合的方式。计算机不再仅仅是仿真和计算手段，而成为控制本身的一个关键组成部分。③软件系统开始与物理系统以日益一体化的方式相结合。一体化的控制将成为未来控制系统设计的一种重要方式。④控制系统的日益复杂使得控制的可靠性成为必须高度重视的问题。系统可靠水平要求远超过单个部件能达到的可靠性，需要我们利用不可靠的部件建造非常可靠的系统。即使在个别部件失效的时候，大多数工程系统也必须继续工作。这促使我们改变了传统控制科学的各种观点和理论，努力去适应这一变化，也激励我们尝试用全新的思路和方法去迎接这种挑战。

通过梳理控制科学的发展历程不难看出，作为技术科学的控制科学未来的发展取决于三个因素：社会需求、时代科技的特征和学科发展需解决的问题。控制科学的发展除了要满足控制理论自身的发展需求、工业生产技术需求外，从更高、更广的角度来看，还要满足人类认识改造自然、社会经济发展、国家安全对控制科学提出的更高要求。控制学科的发展必须抓住信息丰富时代带来的网络化、以数据为基础、分布式和多控制等特征，不断缩小基于数学基础的控制理论与控制工程需求之间的差距，同时通过对控制中已有做法的再认识，反思针对新形势的合理性，以便凝练问题，寻求进一步的发展。未来控制科学有望在感知、通信、计算、控制一体化、管理、决策、认知科学与神经科学、空天一体化、微观控制、基于数据的控制、网络安全、电网控制等几个重大需求方向上得到发展。

# 目 录

## 第二篇 控制理论

## 第四篇 过程控制

# 第五篇 网络控制

## 第六篇　交叉学科及其他

# 第一篇　控制科学发展战略总体报告

# 第一章 绪 论

当今世界，发达国家生产力水平的先进性主要体现之一是其自动化程度，这是因为自动化可以显著提高生产设备的工作精度和速度，使设备在人不宜直接参与的环境中工作；弥补人类自身在感知、决策与操作诸方面的准确、快速和能力上的不足等。而自动化技术的基础是控制科学，自动控制作为解放人类生产力的至关重要的手段，从工农业生产、交通运输、电力、能源与资源的科学合理利用、计算机和通信网络、机器人、航空航天、武器装备乃至人类经济活动、社会管理等方面，已经渗透到人类社会的各个领域。因此，作为自动化技术的基础的控制科学，是当今社会科学技术进步的最主要的动力之一。

本报告中所论及的控制科学只是自动化科学的一部分，而且是实现自动化的核心。控制科学的定位是：在信息科学的意义下，研究与控制器（或控制平台）设计与实现有关的科学问题。控制器是针对给定系统与对系统的性能要求，使其接入后系统能自动满足性能要求的装置。这种装置的核心在信息丰富时代应为执行一些算法的计算装置。

控制科学起源于人类认识与改造世界的实践活动，控制科学跟一般的自然科学在目的性上有一个明显的区别，它更侧重于在认识世界的基础上改造世界。因此控制科学更多地具有“使能科学”的特征，它所研究的问题常可归结为能否做和怎样做两类，具有明显的技术科学特征。很多学科对控制科学的形成与发展做出过贡献，包括力学、理论和应用数学、计算机科学、航空与航天、机械与电气工程、运筹学和经济学，以及化学、物理学和生物科学等。控制科学的每一次重要的突破都是来自解决实际问题的技术需求和总结实际问题的理论需求。瓦特（Watt）关于蒸汽机的离心调速器的发明和麦克斯韦（Maxwell）的论文《论调节器》标志着现代意义上控制器的出现和最早分析有控制器参与其中的科学论文的发表。布莱克（Black）负反馈放大器的发明、奈奎斯特（Nyquist）频域稳定性分析方法和Bode的对数特性的广泛有效的应用与根分布法一起构成了以比例积分微分（PID）控制方法为核心的经典控制理论；这些理论与方法是建立在对系统描述采用传递函数与频率特性之上的，拉普拉斯（Laplace）变换和傅里叶（Fourier）变换为这类方法提供了理论支持，同时这类方法具有明显的物理与工程应用的特征，并已成功地在飞机和导弹自动驾驶仪、火炮跟踪系统和过程控制等中得到应用。反映系统动态特性的微分方程是另一类对控制系统进行描述的方法，它出现在20世纪40年代，60年代卡尔曼（Kalman）针对系统多变量控制的要求，对线性时不变系统提出了状态空间理论，为控制科学的理论研究提供了很好的理论框架。雷达、火炮和导航技术的需求导致了维纳滤波和预卜理论的出现，卡尔曼滤波的理论与方法使滤波这类问题的解决建立在可计算与设计之上，从而有效地推动了工程应用，如阿波罗登月；在实际工程中控制常受到各种限制，如幅值、功率、总能量等方面的限制，这类限制常表现为控制函数只能在有界闭集中选取，经典的变分法求最优函数所导出的Euler方程是建立在可取函数必须在开集上进行变分这一基础之上的。为了解决具闭集约束条件下的最优函数的求取，苏联学者庞特里亚金（L. S. Pontryagin）等创立了极大值原理，作为存在闭集约束条件下最优控制应满足的必要条件；美国学者R. Bellman基于资源规划创立了解决约束条件下最优控制问题的动态规划方法，提出了最优性原理，他们共同建立了最优控制理论，这些都为现代控制理论奠定了基础。在解决飞机在参数大范围变化中稳定性问题时，最初由麻省理工学院（MIT）学者提出了自适应控制的MIT方法，经由Astrom和Landau从两个不同角度发展形成的自适应控制，已成功地在工业部门得到广泛的应用；为了解决实际工程中系统建模的不确定性问题，Zames、Doyle、Kharitonov等人以不同的数学方法发展和完善了鲁棒控制理论，目前这些已经成为解决工程控制问题的主流控制方法。

通过梳理控制科学的发展历程，不难看出，控制科学发展的动力主要来自实际需求，实际需求促使我们建立新的理论与方法，学科本身的逻辑发展促使理论与方法得到深化和完善并向其他领域延拓。这启发我们应该从战略发展的角度出发根据当今时代信息丰富的特征，归纳总结重大需求和学科的逻辑发展带来的关键科学问题，分析控制科学新的重大需求、新的科技进展对控制科学发展提供的机遇和条件、控制学科发展的瓶颈和新的可能的学科生长点等。

计算机、数据处理、通信和传感技术迅速发展是信息丰富时代的主要特征，这为扩展控制对经济及国防需要的贡献提供了空前的机遇。控制科学要充分利用这一机遇，迎接新的挑战，推进学科发展，扩展应用领域，以适应这种时代特征。广泛的分布式计算、覆盖全球的通信网络、日益精确的种类繁多的传感系统的出现，为我们提供了海量的可供利用的数据和信息。有效地利用这些新的条件能极大地提高我们处理问题的能力，以及处理问题的速度、广度和深度，这使得我们有能力用以前不敢想象的方法去解决更为困难和复杂的问题，这将对控制科学从理论到应用的发展产生意义深远的影响。

当今控制科学面临的挑战来自三个方面。

(1) 人类对控制系统提出日益严格的要求，这表现为：极端的工作环境，高精度与高质量，工作高复杂性（非线性、不确定性、时变性、多耦合与高动态等）。

(2) 宏观尺度下遵循经典物理规律的控制科学向其他领域的扩展，如量子控制、基因调控、认知科学等。

(3) 信息丰富时代为控制科学带来了新的特征，这体现在四个方面。①控制有时不再是针对单个对象或系统，而是面对一个相互有信息联系的系统集合或系统群，如网络，也可以是面对一个具有不同时间尺度分层递阶结构的系统集合。②控制科学的理论不只是表现为一种单纯的数学方法和理论，更体现为一种以数学、工程学和信息科学为基础的计算机算法相结合的方式。计算机不再仅仅是仿真和计算手段，而成为控制本身的一个关键组成。③软件系统开始与物理系统以日益一体化的方式相结合。一体化的控制将成为未来控制系统设计的一种重要方式。④控制系统的日益复杂使得控制的可靠性成为必须高度重视的问题。系统可靠水平要求远超过单个部件能达到的可靠性，需要我们利用不可靠的部件建造非常可靠的系统。即使个别的部件失效的时候，大多数工程系统必须继续工作。这正促使我们改变传统控制科学各种观点和理论，努力去适应这一变化，也激励我们尝试用全新的思路和方法去迎接这种挑战。

在近 30 年里，国内外对控制科学如何发展这一问题一直给予了极大的关注，过去对中国控制界产生重要影响的国际报告主要有三个。

第一个报告是 1986 年由 52 位世界知名控制教授开会后起草的 *Challenge to Control —— A Collective View*（发表在 IEEE *Trans. Automatic Control*，第 2 卷第 32 期，1987 年，第 271～第 285 页）。这一报告发表正值里根提出“主动防御”计划（即“星球大战计划”）之时，在美国控制正被十分看好，而这些教授明确地提出控制正面临挑战的论断是有深远意义的。

第二个报告是1988年年底由美国工业与应用数学学会（SIAM）、美国科学基金会和三军研究部门共同组织的一个研讨会（该研讨会准备了两年）(Report of the Panel on Future Direction in Control Theory，1988)，会后提出了"Report of the Panel on Future Direction in Control Theory: A Mathematic Perspective，SIAM Reports on Issue in the Mathematic Sciences，1988"。这是一个针对将控制理论视为数学的一个分支的研究报告，报告中指出控制理论是一门数学、工程学与计算机结合的科学。报告在分析大量事实以后指出：①控制理论的任何重大突破都是由重要的应用课题推动的；②计算机在控制中起着十分重要的作用，应将控制规律转化成计算机算法与软件；③数学不仅体现在控制系统的核心控制律和系统的有效分析上，而且是控制方法和对应算法软件的基础。

第三个报告是2002年由几位国际控制界知名教授撰写的（Murray，et al. 2003)，*Control in an Information Rich World: Report of the Panel on Future Directions in Control, Dynamics and Systems*。这一报告同样经历了两年的讨论才得以完成。从报告的题目就可以看出当今控制科学发展的时代特征是信息丰富。同时，报告也明确指出当今控制器的设计在本质上就是关于计算机算法的设计，这样的结论正是分析了信息丰富的时代特点、各种领域中控制科学应用与发展的状况而得到的。

在国内外还有很多学者撰写过一些有关控制科学或其一些学科分支的综述报告（Guo et al.，1999；郭雷，2011；2012；黄琳等，2011；Vinvent et al.，1995；European Commission，2000)。此外，中国自动化学会在中国科学技术协会组织下于2007年和2010年分别组织撰写出版了两本《控制科学与工程学科发展报告》（中国科学技术协会等，2008；中国科学技术协会和中国自动化学会，2011)，控制理论专业委员会从2009年开始组织了五次"控制科学与工程的前沿论坛"。为了做好"控制科学"发展战略的研究工作，我们先后举办了两次研讨会，分别于2011年9月24～25日在北京大学和2012年4月7～8日在中南大学举行，同时我们又主持了2012年9月5～6日在东北大学举办的"控制科学的前沿与挑战"技术科学论坛。国内外学者和专家在这三次会议上共做了45个综述报告，会议从控制理论、过程控制、航空航天与运动体、网络、交叉学科及其他、特邀报告六个方面在控制科学所涉及的研究领域进行了深入交流与讨论。项目研讨期间，不少学者在《自动化学报》上发表了系列综述论文（包为民，2013；柴天佑等，2013；陈关荣，2013；陈虹等，2013；陈杰等，2013；陈宗基等，2013；桂卫华等，2013；黄琳，2013；姜钟平和黄捷，2013；吕灵灵等，2013；梅生伟和朱建全，2013；谭民和王硕，2013；王飞跃，2013；王乐一和赵文虓，2013；王沛和吕金虎，2013；王巍，2013；王行愚等，2013；席裕庚等，2013；游科友和谢立华，2013；张化光等，2013；周东华等，2013)，与此同时，五个分组又分别用举办会议、邮件通信等方式讨论形成了分组报告，本报告就是在这些准备工作的基础上形成的。

本篇将在回顾控制科学发展历程的基础上，通过总结其成功经验，对当前新的挑战下控制科学可能的发展做出阐述，并提出新形势下促进其发展的建议。我们不可能面面俱到地在报告中讨论控制科学所涉及的所有领域，而是关注那些最为基础的，以及那些对当今和未来世界有重大影响和需求的重要领域。本篇将在后文中主要介绍四部分内容——控制科学的定位与学科分支，历史回顾与启示，现状分析与探讨，需求分析、思考与建议。

从上述内容可以看出，我们并不打算也不具备这样的能力去指出未来的控制应该做什么和什么一定可以做出来，这是由于一方面，科学进程从社会的层面是难以预测的，而任何科学成果的真正价值必须经过时间的检验才能体现出来；另一方面，重要的科学进展又往往是在十分自由宽松的学术氛围内经过长期研究而得到的，而且多数是在个人的兴趣与意愿推动下冒出来的。基于此，我们将把发展战略的研究和阐述放在回顾历史寻求启示，分析现状提出问题，思考面临的科技形势与需求并提出一些建议上。由于是在一个覆盖面很大且与高技术联系密切的领域做这样的事，从不同的角度与视野进行分析就必然会有意义有别、深浅不同的必要的重复。

# 第二章 控制科学的定位与学科分支

## 第一节 控制与控制科学的定位

究竟什么是控制，人们对它的理解有一个过程。在中国，此词早期可见于唐书，是驾驭的意思，作为科学名词见于20世纪前半叶，一开始出现的控制系统多是单回路的，因而控制也常与伺服、调节、随动和调整等混用。1948年，N. Wiener的著作 *Cybernetics，or Control and Communication in the Animal and the Machine* 出版了（Wiener，1948）。1954年钱学森先生的著作 *Engineering Cybernetics* 出版（Tsien，1954），他在序言中写道：The purpose of ＜Engineering Cybernetics＞ is then to study those parts of the broad science of cybernetics which have direct engineering applications in designing controlled or guided systems. 同时他对控制论这门学科也指出：A distinguishing feature of this new science is the total absence of considerations of energy，heat，and efficiency，which are so important in other natural sciences. 1956年，他在力学所讲授该书时对这句话的解释是：控制论所讨论的问题只着眼于信息，而不谈其他，如能量等。由于控制（control）和控制论（cybernetics）这两门相近的学科均不是源于中国，加之教育部在数学学科内设立了“运筹学与控制论”的博士点，所以在该学科点工作的大多数教授并未从事在Wiener意义下的控制论研究而是把研究控制定位在控制理论上或钱学森的工程控制论上。在国内，业界大都称这一学科为控制，但仍有很少一部分人称其为控制论，而这些人做的也几乎都是控制研究工作。

控制科学发展的历史说明其发展进步的主要推动力是人类社会的需求，这种需求以前主要来自两个领域——包括飞机、航天器、舰船、车辆、机器人等在内的运动体控制和包括冶金、化工、造纸等在内的过程控制，而由学科发展逻辑推动的理论研究会产生十分丰富的成果，而最终真正具有生命力的仍然是那些与社会需求密切相关的领域。钱学森在其工程控制论中早就指出（Tsien，1954）：Engineering cybernetics is an engineering science，…An engineering science aims to organize the design principles used in engineering practice into a discipline and thus to exhibit the similarities between different areas of engineering practice and to emphasize the power of fundamental concepts. 他在 1947 年曾经分别在交通大学（西安交通大学前身，1959 年改为西安交通大学）和清华大学专门阐述过工程与工程科学的关系，概括起来工程科学的宗旨是：为工程技术（泛指一切技术和应用领域）服务，为工程技术提供有科学基础的应用理论，进而引领产业与工程的进步。后来业界又将工程科学改称为技术科学。钱先生早年对技术科学和控制科学的定位在今天依然具有重要的意义。

控制系统在相当长的时间里受控对象是单一的，受控制的变量也是单一的，此时的控制器常以反馈的形式出现，反馈在这类单回路系统中起着至关重要的作用，它不仅从直观上表达了根据它测量的被控制量经适当转换后与标准给定的信息比较，然后以此回输到被控对象中使其能按要求正常工作；而且其具有很强的抑制系统不确定性的能力，在很大程度上闭环系统的动态特性将取决于反馈动态特性的选取。随着受控变量的增加由单一传递函数描述的反馈必然被以传递函数矩阵表征的反馈矩阵代替。当控制对象众多、整个系统具有相对复杂分层且交互联结的结构时，寻求与确定反馈已很困难，并且反馈控制器也不是一定要硬件实现，而是依靠计算机的强大计算能力与逻辑判断能力实现控制目标，此时的控制器算法实现实际上已经是以计算机为核心的计算、通信、控制一体化的控制平台。例如，近十年来研究的多智能体一致性控制问题，很复杂的协调控制律主要依靠计算与通信实时在各智能体之间传递信息以实现一致性目标。

控制科学是自动化学科的一部分，属于技术科学范畴，它是实现自动化的核心。控制科学的定位应是在信息的层面上，研究与控制器（或控制平台）设计与实现有关的科学问题。控制器是针对给定系统与对系统的性能要求，使其接入后系统能自动满足性能要求的装置，这种装置的核心在信息丰富时代应为执行一些算法的计算装置（黄琳，2013）。

## 第二节　控制科学的新特点和新方向

人类认识世界与改造世界的需求增加、经济的可持续发展、国家国防和安全的高技术化，以及对环境要求的日益提高为控制科学的应用提供了更为广阔的天地。以计算机技术、通信技术和传感技术为主的信息技术的进步使人类进入了信息丰富的时代，这为控制科学的发展提供了很好的机遇，也使控制科学呈现出一些新的特点，这些特点揭示了必须进行研究的新方向。

### 一、信息技术的进步深刻地带动控制科学的变化

工程环境的主要变化是：出现了前所未有的功能强大的计算机和发达的通信手段；价廉的传感器大量使用；数据采集、数据处理和信息表达的多样化等促使控制科学在信息科学进步的大环境中变化和发展。由此带来的新软件、存储设备及信息传输技术已经大大改变了许多领域的工程前景。另外，微电子和微机械（MEMS）的应用大大降低了传感器的价格，并通过通信网络得到了新的执行器的概念。这些都不断地丰富着控制系统中传感器和执行器的应用。充分利用这些发展带来的优势将需要几十年的时间。一些革新将使某些系统的性能得到显著改善，一些革新将涉及电话系统、电力网、因特网及它们的后代产品中的复杂互联类型。这些革新都将依赖于或可能依赖于控制系统的使用。

早期的控制应用都集中于控制被控系统的物理量，如汽轮机的转速、锅炉的温度、飞机飞行的偏航角、磁盘驱动头的跟踪特性等，这些对象的模式相对简单并没有复杂的结构。但现在人们面临的情况是计算、传感和通信的日益普及，人与机器之间和机器与机器之间的交互方式的日益复杂。以数据为基础的信息的快速增长、表达方式和传输方式的多样化等都表明信息丰富对控制产生着明显而又深远的影响。

一个明显的变化是嵌入式系统和软件在现代控制系统中所起的作用。现代计算机控制系统能完成大量决策和控制逻辑。这些软件系统正不断地与物理过程相结合，并通过引入先进的算法来提高系统的性能、鲁棒性和适应性。在很多应用中，逻辑运算的代码数量已经远远超出了传统控制算法。大部分的逻辑运算与系统的闭环性能相互交织，但分析、证明和设计的系统化方法还有待于进一步发展。

另一个基于信息系统的控制越来越重要的领域是资源分配系统。这里，控制可定义为在存在不确定性时最优动态资源分配的科学和工程。我们通常依据描述系统的数学模型来操纵这个系统，描述当前的动态和决策如何能影响系统的未来动态，包括整个过程中人的行为的不确定性。“资源分配”意味着可以将决策理解为各竞争目标之间的权衡，或者从有限的可能动作集合中选择。“不确定性”是关键：系统行为可能会有一些变化，因此进行决策时不得不考虑各种不同的情况。不确定性包括决策人得到的信息不完整或受损、数学模型的不确定性，以及不可预测的影响系统动态的噪声和扰动。尽管经常将资源分配简单地考虑成一个运筹学问题，但对其动态过程的要求和系统由于干扰而运行不稳定都对控制提出了明确的要求。这样我们就要面对一个信息丰富、结构复杂、具有不确定性且由不同模型集成的系统，对它的控制则是由运筹与优化和动力学控制所组成的。

互联网的路由堵塞控制、无线通信系统的功率控制，以及服务和供应链的实时信息使用等系统中，正是信息流和物理系统的相互作用决定着整个系统的性能。

空中交通控制网络需要一个崭新的空管模式，其中飞行密度、效率和不允许出错的要求形成了一个与大量信息相关联的局面，从飞机定位到单个客户路线的每件事在任何情况下都必须保持高性能、鲁棒和可靠的运作。这要求飞行管控中心与飞行器之间、飞行器之间实现有效、实时和保证安全的互动，这与简单地划分空域分时管控相比，在大大提高效益的同时也提出了严峻的挑战。

当今控制的另一个重要变化是通信和互联网的作用。无线通信和互联网使大量信息越来越容易获得，营造了一个控制系统必须面对的新环境。例如，现代不断发展的计算机网络、基于网络资源的云计算模式，以及基于信息传输与无线通信的移动计算技术，这些将彻底改变现代系统中反馈的运用。控制计算必须越来越多地在分布式、部分异步的环境中完成。例如，由于传感、执行和计算节点间的通信网络是基于包的，建立在定时数据采集和定时计算基础上的紧凑控制技术已明显地显示出不足。在此意义上，很多传统的方法可能不再适用了。

处理不确定性在信息丰富的系统中是很关键的。考虑的目的是建立易于处理的模型，以解决那些涉及部件和连接细节的所有可能变化的问题。控制思想作为处理系统复杂性和不确定性的工具将越来越重要。所以，必须通过教育和设计软件使系统的设计者掌握这些思想。特别重要的一点可能是对性能指标、鲁棒性和稳定性的基本限制的研究，因为它们之间的协调是这一领域设计的首要挑战。

在信息丰富的时代背景下，控制必须与信息的采集、传输和加工相结合，这就必然要面对新的问题。例如：面向控制的信息采集和融合与控制的一体化；传输信息能力受限和方式对控制的影响；什么是面向控制的信息处理，它有什么新的特征等。

## 二、普适性、多样性与高新科技的推动要求综合性的研究

控制科学本身从应用的角度看是一门普适性的科学，它所提供的理论与方法并不限于为特定领域服务，而是应用于各行各业，为了克服人类自身的局限，现今的科技和工程都必须依靠控制科学。

控制科学是一门具有“使能”特点的技术科学，对它的研究从不拘泥于一种模式，而控制系统的实现也是随着科技的进步不断更新元部件和采用新的运作方式，其应用的背景多种多样，也就吸引了各行各业的人来参与研究，这就使控制的研究总能做到博采众长而充满活力。以控制理论为例，同一个系统可以用以傅里叶变换相联系的不同的数学模式来描述（状态空间、频域形式），在关于绝对稳定性的研究中，时域的李雅普诺夫（Lyapunov）方法和频域的频域不等式方法的互相促进使这一研究无论在广度上还是深度上都得到充分的展开，能反映系统特性和在诸如系统辨识、网络、超稳定性等方面广为应用的系统正实性引理，以及 $H_\infty$ 控制由频域提出而在时域转化为两个 Riccati 方程求解都是这方面的范例。由于控制科学所研究的问题大都来源于控制工程，各行各业控制工程问题的解决除使用一般性的办法外还需要结合自身行业的特点，而这些特点回过来又可以丰富控制的方法。问题背景的多样性和研究人员来源于各行各业，使控制理论的研究最为丰富多彩、不拘一格。可以说控制理论是技术科学中覆盖面广、应用数学工具多、参与研究者范围广的一门学科。

控制系统的实现一直随着技术进步而变化，飞机的自动驾驶系统就经历了气动、液压到电动，并发展成航电一体化的控制。在这种变化过程中，控制系统和支持其研究的理论也得到相应的发展。

虽然有一些理论科学，在其基本框架建立起来以后，可以按其自身的体系得以发展与充实，但控制科学的发展，则总是与人类生产技术的状况紧密相关。当前控制科学发展的主要推动力是日益发展的尖端科技。

航天事业由发射导弹与卫星向建立空间站转化，深空探测、天地往返等

对控制科学提出了新的要求。例如，对于中程导弹，即使在考虑弹体弹性影响时，依据经典控制理论基本上就可以解决问题，但一到建立空间站，问题的复杂性与难度都呈现出质的飞跃，这些问题是高精度的空间交会问题。柔性体与刚性体组成的混合系统的大范围的姿态控制，低频成堆出现柔性很大的大型空间结构的控制，这些空间装置将要在失重或近于失重的条件下工作，它们的大范围运动带来无法线性化处理的本质非线性，它们的大尺度与轻质量带来极大的柔性和问题的大阶次。在临近空间高超声速飞行器控制上，人们对高马赫数飞行气动特性还缺乏认识、严重的耦合效应、尚未充分认识的飞行环境等因素导致飞行试验多次失败。解决这类问题要求知识综合性强的队伍，它涉及动力学、气动力学、振动与结构力学、控制理论、应用数学、优化、计算技术与计算机科学等领域，没有这多方面人才的紧密合作，解决其控制问题是不可能的。

在工业生产中也是这样，以前的单机自动化任务一般也只要求使用经典的控制手段，但现代化的生产要求充分利用生产设备，力求减少原材料与半成品的库存，提高由原料到成品的生产速度，适应市场变化调节生产的品种，而整个生产的指挥已经转变成依靠由计算机支持的信息系统，这样自动化生产已经变成一项十分综合性的任务，它是集数据与信息的采集与处理、自动控制、排队与规划、优化与决策、计算机科学及具体生产部门的知识于一体的十分复杂的体系，研究这种系统的问题仅采用控制理论原有的框架与内容是无法奏效的。

对于智能机器人，它不同于只做简单重复工作的机械手，它要求有较高的工作速度与精度，动作范围大具有强的可变性与机动性，要求有智能特征以适应多变的环境，有时还要考虑几个机械手之间或几个机器人之间的互相协调，由于上述工作要求的复杂化，我们面临的系统必须在考虑柔性的影响下控制机械手的大范围非线性运动，在几个机器人之间协调动作的控制上，考虑分层系统、运筹与控制混合的系统都是必要的，为了在线控制的顺利实现，结合计算机科学，将计算软件硬件化以提高在线运动的速度就成为必需。完成上述这些综合性强的任务将可以促进控制科学以新的面貌出现并产生突破，即以一种新的模式、新的思想将控制科学上升到一个新的水平，要实现这一点，任何单个领域的专家都是难以独立完成的，需要的是各方面人才有机合作，以便博采众长，这也要求控制理论的研究者，应善于而且积极地同数学与应用数学、物理及力学、计算机和控制工程等领域的研究者紧密合作，集思广益来不断发展与完善其理论。

## 三、向其他领域拓展

如果交叉学科领域的研究能够持续进行且繁荣发展，那么迟早会产生一个新的学科。20 世纪四五十年代，计算机科学就是由于电子工程师和数学家的合作而得以发展起来的。同样，人工智能的交叉学科是由于计算机科学家和心理学家的合作而发展起来的。当人们对新问题的研究持续不断并且日益进步时，新学科就会从这些问题中产生出来。这里需要强调两点：一是交叉学科研究及其最终产生的新学科来自科学的需求和机会，而不应是人为的；二是要想成功地进行交叉学科研究，科学家必须使自己成为交叉学科的学者（刘仲林，2010）。

任何一个具体控制系统的实现都是控制与具体工程结合或交叉的产物。以下我们讨论的交叉问题更多是指一些具有新特征的尚未与控制有效结合的领域。

除了信息技术的革命性变化外，未来的控制系统将受到物理、化学、生物及信息科学的影响，并与算法、反馈、信息获取和传输结合在一起，这将为控制科学开拓新的应用领域，如脑控、量子控制等。

目前控制科学的一些研究热点，实际上可以从观察当前高新科学技术的发展前沿得到答案。①生物系统：生物信息学是自动化学科中一个越来越受瞩目的方向，它以信息、控制和系统理论为核心，力图破解基因的遗传和疾病的秘密，其中对于基因调控网络，就有许多不同的建模方法，如贝叶斯网络、非线性微分方程等，其中布尔网络是一个简单而恰当的数学模型，布尔网络的分析与控制，有望对系统生物学的研究起到可能重要的推动作用。②量子控制：随着量子信息、量子通信及量子计算的兴起和发展，基于量子物理理论的量子动力学的分析与控制，成为物理学、系统与控制理论及相关数学的一个交叉前沿学科。从控制理论角度看，如何将宏观的控制理论与方法用于微观粒子，包括量子系统的可测性、反馈控制设计、最优控制等，是当前研究的一些热点。③脑控（王行愚等，2013）：目前发展迅速，这是一种基于脑-机接口的人机融合控制系统，也是一种基于人的意念和思维的控制系统。脑控系统已被成功应用于残疾人的生活辅助、中风病人和损伤肢体的康复训练、操作员状态的实时监控、游戏娱乐和智能家居等广泛的领域。

当然，控制科学向其他领域的扩展还表现在很多方面，如认知科学、神经科学、社会科学等，以上仅仅列举了几个热点，这些研究是在多学科交叉中发生和发展起来的，它的进一步发展必将在新兴科学思想的引领下，继续在多学科交叉中取得新的进展。

## 第三节　控制科学的学科分支

我们拟从一个基本的和共性的领域——控制理论，三种应用领域——航空航天与运动体、过程控制、网络，以及交叉学科、教育及其他几个方面进行论述（黄琳等，2011）。

控制理论的核心问题常分为两种：一种是可否做，一种是怎样做。前者反映在控制理论中一系列概念上，如可控性、可观测性、可镇定性等，建立这些性质的判定常归结为给定受控系统结构与参数所应满足的条件。而后者则是在前述成立的前提下，给出具体的构造控制器（或算法）的方法。控制理论数十年的发展形成了一个相当庞大的体系。从系统或控制对象所满足的模式看，分为线性系统与非线性系统、时变的与时不变的、确定性的与不确定性的，其中不确定性的又分为随机的与非随机的，以及由这些看似无关的两方之一的各种组合，如时变非线性不确定系统等。这样复杂的多元的理论体系的形成应归功于覆盖面很广的各类数学家的介入。他们的研究兴趣有的是本着解决控制问题的，也有的是纯数学的兴趣。一个不争的事实是一般化理论的深入发展与控制工程主要依靠计算机的控制技术的进步，同时并行地向前发展而彼此结合的成果则并不明显。究其原因是当模式离开了一般性的假定而将对象具体的物理性质加入一般数学模式后要利用好这些性质却大大增加了研究的困难，因为这些物理性质与纯理论数学的内容并不协调，而纯数学研究所得出的结论与解决控制器设计问题一般也存在很大的距离。

控制科学是一门技术科学，目前推动其发展的工程领域还主要是工业生产过程的控制和运动体的控制。这里讲的运动体控制只是指做机械运动的物体的控制而不是恩格斯所指的那种广泛意义上或哲学意义上的运动系统及其控制。现代的运动体，无论是操作机械还是飞行器，由于技术发展的需要，都自然地提出速度快、精度高、准确、稳定又具良好机动性的要求。因此，高质量运动体的控制就自然会向控制科学提出各种新的问题，这些问题的解决不仅对运动体控制有着重要的意义，其理论、方法乃至具体的技术，对工业生产过程的控制也必然具有重要的作用。

虽然机械运动是物质运动形式中最为初级的运动方式，但运动体所处环境的多样性与不确定性，其本身所受客观存在的约束的复杂性，在特殊条件下物体的机械运动可能伴生着其他的物理乃至化学的运动，对运动体动作精准度的提高，一些运动体要求快速而出现的高动态特征及对运动体本身状态的了解所需的测量上的限制，一些运动体对控制平台的低成本、小空间等特殊要求等因素，使得这种控制对象真正实现期望的控制仍然是十分复杂的。一些运动体常常表现出的强非线性、强时变、强耦合和高不确定性的特征，使得问题特别困难。例如，临近空间高超声速飞行器的强耦合效应、导弹入水与出水的姿态控制问题、车辆自动驾驶的非线性非完整约束、机器人的欠驱动问题、大批量生产的运动体控制的低成本要求、航母武器系统的控制平台、飞机异类多作动器动态配合问题等。

过程控制泛指一切工业过程控制，包括冶金、化工、造纸及其他工业过程的控制。由于工业过程中任何改进都可能带来巨大的经济效益，所以控制的作用就特别明显。对于控制对象，状态的变化不再是机械运动，而可能是集合其他物理与化学过程，甚至有时是生物过程，因而控制对象模型的建立是首要问题。当前，控制对象建模的问题仍然是过程控制的难点。廉价的大量的传感器的使用、大量数据的出现，催生了现场总线技术的出现，这使得对数据处理技术、通信技术与控制技术必须进行一体化处理。工厂乃至车间的一体化管理与控制要求处理一类新型的系统。这类系统具有分层递阶的结构。下层的动态系统的控制与上层近于运筹调度的系统相结合。至今，这类复杂的大规模优化与控制，虽然有广阔的应用前景但其理论至今仍基本上没有解决。这些都表明过程控制的问题已绝对不是简单回路意义上的控制问题。

网与络这两个单词在中国古来有之，而网络一词在我国的出现则是近二十几年的事，这反映了一类具物理特征的对象的出现，如交通网、电网及互联网等。这些事物的出现无疑是人类社会进步的表现，它们已不是一个简单的系统，而是由很多独立的子系统通过信息相互联系而组成的，于是网络的性质必然取决于两个因素，即子系统的性质与相互联系的结构。而网络的性能也必须既考虑子系统的需求又考虑整体的性能。与网络控制相联系的是有关多智能体的控制，对于每一个智能体和由智能体通过信息相联系的总体同样也可以提出控制的要求。网络与多智能体的共同点在于都是系统群，即具有一定信息联系并相互作用的系统集合，此时是否可以将控制的传统做法平行地移植到这类对系统群的控制上是值得思考的。而且，简单的控制器设计显然将转化为设计一个控制平台。在其上通过产生对各个子系统的控制指令来实现对子系统及对整个系统群的性能要求。

控制科学的特点之一即为交叉、博采众长，它本身就是数学、工程学、计算机等科学交叉产生的，同时又再向其他学科领域渗透。当今，众多的学者和科技人员，都在他们自己的领域，如政治学、经济学、社会学、工程学、生物学、医学、教育学等方面，探讨和运用以控制科学的方法为主的现代科学方法。控制科学与每门学科的具体的内容与方法有机地结合以后，又产生了一个又一个的边缘学科，这些边缘学科已经走出宏观尺度，遵从经典物理化学定律的系统范畴，在大尺度上，诸如生态系统、气象系统、水资源系统等；在微观尺度上，诸如基因调控、量子控制，以及纳米尺度上的系统与控制等。将控制的基本概念、理论与方法运用到这些新领域时必须适应这些领域的特点对原有的做法进行必要的修正，这样就能产生出具有自身特色的新的控制科学的分支。

# 第三章 历史回顾与启示

## 第一节　历史回顾

纵观整个控制理论的发展史，控制科学的重要发展来自人类改造自然的实际需求。19 世纪末，应用数学家对实际力学系统运动中的稳定性的研究，20 世纪基于 Laplace 变换与 Fourier 变换形成的描述系统的方法与理论奠定了控制作为一门理论学科形成的基础。20 世纪 30 年代前后，由回路稳定工作需求推动而出现的奈奎斯特频域方法为单回路反馈控制系统的发展奠定了基础。第二次世界大战期间是控制科学快速发展的关键时期，飞机和导弹在战争中所起的作用日益重要，其安全可靠性和机动作战能力的需求，促使科学家们关注飞机和导弹在各种恶劣条件下飞行的稳定性和操纵性能，发明了基于反馈阻尼器的增稳系统和提高自主操纵性能的自动驾驶仪，而同一时期，作为对抗飞机的重要发明——雷达系统的出现和使用，需要对观测信号进行滤波、反馈放大并对目标运动信号进行伺服跟踪，对这一系列机电方面的实际问题的研究促进了基于频域分析的经典控制理论的成熟。此后发展起来的现代控制理论的重要分支——自适应控制，最初是为了克服传统经典控制在大包线下飞机参数大范围变化时飞行控制的局限性而产生的，而非线性系统的绝对稳定性理论，也同样来自于对飞机舵机饱和非线性问题的研究。解决实际问题的需求促进了控制科学的不断进步。时至今日，多种相对成熟的控制科学理论方法，如 PID 控制、最优控制、自适应控制、鲁棒控制、非线性动态逆控制、预测控制等，在众多领域内得到了广泛应用。探究控制科学的发展历程将从控制科学形成前的简史说起，下面将以时间和事件两条主线来做简要介绍（黄琳等，2011）。

## 一、早期的控制思想

在工业革命之前的漫长时期里，控制的思想已经存在，但它还并未成为一门科学。

我国古代的一种计时机构——铜壶滴漏（图 1-3-1）应该是中国最早体现出控制思想的机构。在这些装置中已经体现了两个基本的控制概念，即补偿与反馈，可以说具有了现代控制观念的萌芽。为了计时，当年的水秤是每一个刻度大致相当于现在的 7 分钟，但是在每个刻度内指针是否运动均匀却没有要求。这种具初等要求的装置还不可能呼唤控制科学的出现。

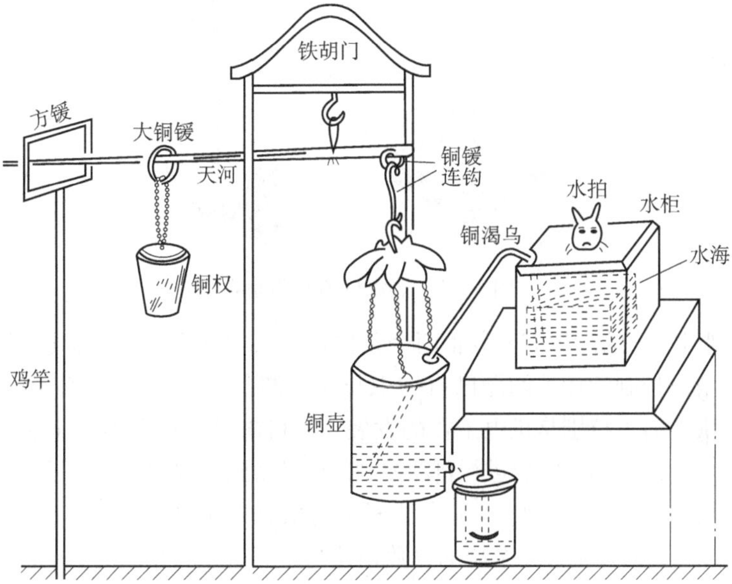


图 1-3-1　水秤推想图（戴念祖，1988）

蒸汽机最早由 T. Newcomen 发明，并被用于矿井抽水，由于对抽水过程的均匀性没有什么要求，所以不需要精确控制蒸汽机转速。后来，瓦特（Watt）发明了离心调速器并将其应用于蒸汽机的转速调节，使输出转速能够跟随给定转速并保持稳定。

以上讨论的无论是水秤还是离心调速器都属于控制技术的发明，还不是科学理论。1868 年，英国物理学家 J. C. Maxwell 发表的论文——《论调节器》，讨论了蒸汽机的离心调速器（图 1-3-2）和机械钟表的擒纵机构，分析这种调速装置的调速系统和钟表机构的运动稳定性的问题，是第一篇关于有控制器介入的系统稳定性文章，也是用数学方法对控制系统进行理论研究的起点。数学家 Routh 和 Hurwitz 分别在 1877 年和 1895 年给出了多项式根是否均具负实部的判定准则，使其便于用于高阶常系数微分方程描述的系统而成为稳定性的判据。俄罗斯数学力学家 Lyapunov 在 19 世纪末根据当时科学界特别是力学关于平衡位置稳定性的讨论建立了以 Lyapunov 函数为主要研究手段以严格数学理论为基础的稳定性理论。尽管后来这二者都成为控制科学中讨论相关稳定性问题最主要的理论和方法，但由于这两个理论本身并不涉及控制，所以还不能说此时已形成控制科学。

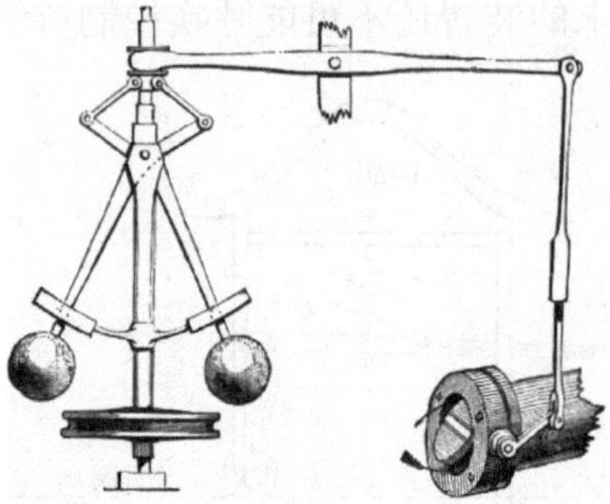

图 1-3-2　蒸汽机离心调速器

"控制科学"的产生需要具备两个条件：①人类社会对控制有迫切的需求；②人类对解决控制的相关问题已有知识与技术储备。20 世纪 20 年代一方面是工业界强大的需求特别是机电工业的发展，使机电设备在众多工业部门、运动体中得到广泛的应用，需要进行自动控制的设备得到了空前发展；另一方面是人类此时在数学与力学上的进步，诸如微积分与微分方程的完善，关于系统平衡与稳定的刻画与判断，基于电系统的复数描述与运算微积和相关的 Laplace 和 Fourier 变换理论等。在这种情况下，二者的结合促使经典控制理论的产生。

## 二、经典控制理论

控制科学大致起源于 20 世纪 20 年代，布莱克（Black）负反馈放大器的发明、奈奎斯特频域稳定性分析方法、伯德（Bode）图对数特性的广泛有效的应用与根分布法一起构成了以 PID 控制方法为核心的经典控制理论。

1927～1932 年，在贝尔实验室工作的美国电气工程师布莱克和他的同事们，应用负反馈原理设计了一个具有线性负反馈的电子管放大器，解决了电子管放大器失真问题。人们把这个概念引入自动调节系统，这就是现在控制系统中所使用的闭环控制。这虽然解决了电子管放大器失真问题，但又产生了另一个问题——放大器振荡。1932 年，同在贝尔实验室工作的奈奎斯特成功解决了这一技术难题，建立了奈奎斯特稳定性判据，人们后来将在此基础上发展起来的一套方法统称为奈奎斯特频率法。频率法的出现和电力工业的发展是分不开的，电力工业需要对正弦函数的电压、电流信号组成的交流网络进行计算，于是建立了运算微积的方法，Laplace 变换的理论说明了运算微积的合理性，相关的复变函数的幅角原理为奈奎斯特频率法的建立准备了数学依据。奈奎斯特频率法的重要贡献在于，它可以利用物理上能够测量的开环系统频率特性来判别闭环系统的稳定性、静态误差和过渡过程某些品质等一系列问题，并且具有明确的物理意义。因此就出现了至今仍在工业上获得极为广泛应用的 PID 调节器，P、I、D 分别指比例、积分与微分，它们的不同组合形成的控制器可以让大多数系统获得相当满意的性能指标。奈奎斯特频率法的优点，使得其应用在通信、机械、电力、化工和冶金等许多工业领域中，极大地推动了人类社会的经济发展，它的理论本身也在实际应用中得到发展和充实。

1940 年，Bode 引入半对数坐标系，把复数的有理运算变成代数运算，大大地简化了频率特性的绘制。1942 年，Harris 引入传递函数的概念，用方框图、环节输入和输出等信息传输的概念来描述系统的性能和关系。这样就把原来由研究反馈放大器稳定性建立起来的频率法更加条理化与理论化了，因而也更便于应用且具有普遍意义，从而可以把对具体的物理系统，如力学、电学和化学等的描述，统一用传递函数、频率响应等抽象的概念来进行。这个时期的主要成果形成了以反馈理论为基础，以传递函数、Laplace 变换为主要工具的自动调节原理。

在第二次世界大战期间，控制科学研究出现了一个高潮。战争需要用反馈控制的方法设计和建造飞机自动驾驶仪、火炮定位系统、雷达天线控制系统及其他军用系统。这些军用系统的复杂性和对高性能的追求，要求拓展已有的控制技术。这导致人们更加关注控制系统，同时也产生了许多新的见解和方法。一个典型的控制科学应用实例就是贝尔实验室的 David B. Parkinson 发明的火炮射击指挥仪，该控制器由雷达提供输入，高炮利用目标飞机当前位置的数据和计算出来的目标预期位置，确定应该瞄准的方向。由于这方面需求的推动，此时维纳建立了针对平稳随机输入的滤波与预卜理论并成功用于美国的高炮火力控制系统。

从提出频率法开始到 20 世纪 60 年代，逐渐形成了经典控制理论——单变量控制理论。经典控制理论的研究对象是具有单输入单输出的单变量系统，而且多是线性定常系统，使用的数学工具是微分方程、Laplace 变换等；研究方法主要有传递函数法、频率响应分析法（Bode 图）、直观简便的图解法（根轨迹法）和描述函数法。1954 年，钱学森的《工程控制论》在美国出版了，该书不仅凝练了经典控制理论中最基础本质的内容，而且其系统的描述、问题的提出、解决的理论与方法均明显地具有现代控制理论的特征。该书以英文、俄文、德文、中文四种语言出版，说明了其在控制科学发展过程中的重要作用。

第二次世界大战后，工业迅速发展，被控对象越来越复杂，这时又提出新的控制问题——非线性系统、时滞系统、脉冲及采样控制系统、时变系统、分布参数系统和有随机信号输入的系统控制问题等，促使经典控制理论在 20 世纪中叶又有了新发展：期间军事技术的发展促进了工业自动化的发展、生产自动化促进了自动化仪表的进步。后来电子数字计算机的发明，不但为现代控制理论的发展提供了强有力的工具，而且为复杂控制系统实现先进的控制和算法奠定了基础。

## 三、现代控制理论

20 世纪 50 年代中期，世界进入了一个大致和平的发展时期，随着工业生产过程朝着大型化、连续化、自动化方向发展，随着人造卫星和空间时代的到来，为导弹和空间探测器设计复杂、高精度的控制系统成了现实需求。高速度、高精度的受控对象，使得控制系统更加复杂，这就要求解决多变量、非线性和时变系统的控制器设计问题。此外有时还要求系统的某种性能是最优的和对环境的变化有一定的适应能力。这些新的控制要求用经典控制理论难以解决，因此迫切需要建立新的控制理论和方法。

正是基于上述需求，20 世纪 60 年代兴起的现代控制理论，一方面使控制理论的研究不再囿于单输入单输出系统而扩大了其理论研究和实际应用的范围；另一方面在控制目的上依然围绕着单平衡位置稳定性问题而展开。这一时期的工作由于系统模式、问题提法及相应的性能指标的一般化与理论化，所以控制理论获得巨大的发展动力，并迅速成长出一个新的应用数学分支，并在 *Mathematic Review* 这个报道数学进展的文摘性刊物上作为一个独立的学科而占有一席之地。控制理论中数学理论的深入与一般化，控制工程由于系统、环境与性能要求的复杂化大都依靠计算机的计算和仿真，而且工程师一般也更加喜欢直观的经典控制理论与计算机技术紧密结合的 PID 方法，以及其他一些因素使得在一定程度上控制理论与应用的发展各自走自己的路，并不密切相关。

1956 年，苏联数学家 Pontryagin 提出了控制系统最优控制的极大值原理，这个原理揭示了系统在受到状态和控制两方面约束下，最优控制所应满足的一个必要条件，从而发展成为一种综合控制系统的新方法。与经典变分法不同，这是一种可允函数在闭集上的变分。极大值原理促进了大量轨迹优化数值计算方法的研究，并成功地应用于“阿波罗计划”和“宇航飞行计划”。1956 年，美国数学家 R. Bellman 针对动态资源分配问题提出了动态规划方法和最优性原理，这很快成为研究最优控制与极大值原理的又一个必要条件。1960～1964 年，美国控制理论家 Kalman 和数学家 Bucy 考虑控制问题中存在的噪声影响，建立了便于进行数值计算的滤波理论，后来该理论被习惯称为 Kalman 滤波，进一步丰富了控制理论的研究内容，扩大了所能处理控制问题的范围。同时，Kalman 等人针对控制系统的描述给出了状态空间的模式，以及可控性（能控性）与可观性（能观性）两个既反映系统基本性质又可在数学上进行操作的概念，从而开创了线性系统理论丰富多彩的理论发展时期，进而他还提出具有二次型性能指标的最优控制（LQ）问题，给出了最优调节器的概念。业界将状态空间模式、极大值原理、动态规划、Kalman 滤波为核心的分析、设计控制系统的一套理论和方法统称为现代控制理论，这标志着控制理论进入了一个可以建立在严格数学基础之上的新的发展阶段，并吸引了大量数学家投入控制理论的研究。这一时期还产生了不少新的控制理论方向，包括自校正控制和自适应控制、系统辨识、鲁棒控制、智能控制、神经网络、分布参数系统、离散事件系统等。

进入 21 世纪以来，随着生产的发展和科学技术的进步，现代控制理论迅速发展，并形成了多个新的分支，即多智能体系统、网络控制、动态博弈、量子控制等，所研究的系统更为复杂，研究目标更为多种多样。

## 四、控制器的演变与计算机的作用

下面将以工业生产和航空航天为例阐述控制器的变迁，计算机与数字技术进入控制的历程和是怎样深刻地影响控制科学发展的。

由于第二次世界大战期间军事技术的发展，以及战后把这些技术向机械、航空和化工等应用领域推广，如在工业上已经广泛应用 PID 调节器，并用电子模拟计算机来设计自动控制系统，所以当时在工业上实现局部自动化，即单个过程或单个机器的自动化。一方面应用 PID 调节器或其他自动调节装置，另一方面又用继电器来实现启动、停车、连锁和保护等功能。当时的

PID有电动的、气动的或液压的。生产自动化促进了自动化仪表的进步，20世纪三四十年代出现了统一信号的、通用的、标准的气动单元组合仪表，20世纪50年代研制出了电动单元组合仪表。这些为工业自动化提供了必不可少的技术工具，并使得构成和设计自动控制系统更简便、更工程化了。智能化的仪表和控制器是当前流行的产品，电子式控制器的应用是自动化的一个里程碑。

1943～1946年，美国电气工程师Eckert和物理学家Mauchly为美国陆军研制成功世界上第一台基于电子管的电子数字计算机，1950年美国宾夕法尼亚大学Moore小组研制成功世界上第二台存储程序式电子数字计算机。电子数字计算机内部元件和结构经历了电子管、晶体管、集成电路和大规模集成电路的4个发展阶段。电子计算机的出现使先进控制和算法应用于工业系统成为可能。20世纪50年代末到60年代初开始出现电子数字计算机控制的化工厂，如1962年英国帝国化学工业公司利用计算机完全替代了原来的模拟控制。众所周知，从20世纪60年代开始，西方国家就依靠技术进步，即新设备、新工艺及计算机应用，开始对传统工业进行改造，使工业得到飞速发展。到了60年代末在制造业中出现了许多自动化生产线，工业生产开始由局部自动化朝综合自动化方向发展。从70年代开始，以计算机为代表的自动化技术与工业机器人被广泛应用，并逐步形成柔性自动化、计算机集成制造系统（CIMS）及计算机集成过程控制系统（CIPS）等。

综合自动化的理论基础是大系统理论和智能控制理论。随着工业生产过程规模的扩大和综合管理与要求的提高，以及微机技术、通信技术和CRT（一种光电显示技术）显示技术的巨大进展，计算机控制系统不但能完成控制功能，而且还具有生产管理和指挥调度的功能。在企业经营管理中，除了管理生产过程的控制外，还具有生产管理、收集经济信息、计划调度、产品订货和运输等功能。在这样的背景下，人们开始对出现的大系统，即大电力系统、化工联合企业、钢铁联合企业及社会经济大系统等进行研究。20世纪60年代，还提出了大系统分散控制的次优控制方法。目前我国已将其应用在大型工厂、大型钢厂及社会经济大系统的优化管理上，取得明显的经济效益。由于工业系统往往呈现高维、非线性、分布参数、时变、不确定性等复杂特征，所以建立在严密的数学理论上的控制理论无法直接应用于大量的工业系统，而模拟人类智能的人工智能却迅速发展起来。1965年，美国普渡大学的傅京孙（K. S. Fu）教授首先提出了学习控制的概念，引入了人工智能的自觉推理，提出把人工智能的自觉推理规则方法用于学习控制系统。1966年，

Mendel 在空间飞行器的学习控制中应用了人工智能技术，并提出了“人工智能控制”的新概念。1974 年，英国的 Mamdani 教授首次成功将模糊逻辑用于蒸汽机控制，开创了模糊控制的新方向。进入 20 世纪 80 年代后，智能控制进入了飞速发展时期，取得了一批应用成果，如 1983 年萨利迪斯（Saridis）把智能控制用于机器人系统；1987 年美国 Foxboro 公司公布了新一代的 IA 系列智能控制系统，体现了传感器技术、自动控制技术、计算机技术等在生产自动化应用方面的综合先进水平；与此同时，Hopfield 提出的 Hopfield 网络和 Rumelhart 提出的 BP 算法为人工神经网络的研究注入了新的活力。近年来，智能控制技术在国内外有了较大的进展，应用对象更加广泛，已进入工程化、实用化的阶段。数字计算机、网络的普遍应用和系统、管理的概念引入是自动化应用的又一个里程碑。

在航空航天领域，最初的控制系统是利用机械链通过气动操纵面来控制和稳定飞机飞行的。1914 年，美国人 E. A. Sperry 制成了电动陀螺稳定装置，这是自动驾驶仪的雏形；到 20 世纪 30 年代，开始使用三轴稳定的自动驾驶仪，以保证飞机平直飞行；到了 50 年代，由于引入了角速率信号制成了阻尼器或增稳系统以改善飞机的稳定性，自动驾驶仪发展成了飞行自动控制系统；50 年代后期，又出现能随飞行器特性变化而改变自身结构和参数的自适应自动驾驶仪；60 年代末，数字式自动驾驶仪在阿波罗飞船中得到应用。现代自动驾驶仪的趋势是数字化和智能化，将其与机载计算机相连接就有可能实现制导与控制的一体化。90 年代后期以来，飞行器出现的新特点有新构型（无尾、飞翼、变体）、高超声速（$Ma \geqslant 5$）与高隐身化、大飞行包线与近空间、飞行器的空天一体化等，促进了飞行器导航、制导与控制的一体化，决策与管理一体化，计算、通信和控制的一体化。一体化的核心是高速计算机的介入使一体化控制系统得以实现，这与一开始三轴解耦的自动驾驶仪相比已有天壤之别。

控制系统元器件技术的快速进步是促使控制器形式发生这种巨大变化的重要动力之一。例如，作为自动驾驶仪和惯性导航系统（王巍，2013）的主要核心敏感元件的陀螺装置，从早期的机械式滚珠轴承式陀螺［其漂移速率为（1～2）°/小时］到其后逐步发展起来的气浮、液浮和磁浮转子陀螺仪（目前其精度可以达到 0.001°/小时）、静电支撑陀螺（精度可优于 0.0001°/小时），元器件技术的进步不仅使得控制导航与制导系统在测量、稳定和跟踪的精度上有了显著提高，也使得导航控制制导一体化综合控制系统成为可能并正在成为现实。1960 年，激光陀螺首次研制成功，是光学陀螺开始逐步取代传统陀螺的开端，也标志着控制系统全数字化的可能，光学陀螺的结构相对简单，功耗很小，易于维护，造价低廉。最重要的一点就是激光陀螺能够直接输出数字控制信号，而不是像以前那样先输出模拟信号，再将其转换为数字信号。能够直接输出数字信号，就能够直接与计算机系统相连，这对实现自动化或智能化控制非常重要。目前激光陀螺的零偏稳定性最高可达 0.0005°/小时，激光陀螺面临的最大问题是其制造工艺比较复杂，因而成本偏高，这一方面在一定程度上限制了其在某些领域的发展应用，另一方面也促使激光陀螺朝低成本、小型化及三轴整体式方向发展。而另一种光学陀螺——光纤陀螺不但具有激光陀螺的很多优点，而且还具有制造工艺简单、成本低和质量轻等特点，目前正成为发展最快的一种光学陀螺，1996 年后，全固态结构、全数字、低功耗的光纤陀螺在国外进入工程应用阶段，至今已趋于成熟，覆盖了高、中、低精度范围，并在海陆空天各领域获得应用，高精度产品的精度可达到 0.001°/小时的水平，光纤陀螺已成为新一代主流陀螺仪表。目前惯性仪表正不断朝更高精度（如原子陀螺）、更小型化（如微机械陀螺）等方向发展. 可以预期，随着这些技术的进步，控制器也将会在一体化、平台化和综合化方面发生革命性变化。

## 五、控制科学在中国

控制科学传播到中国可以追溯到 20 世纪 40 年代，真正有规模地进入中国的高等院校和研究所是 50 年代中叶，这得益于两个方面：一方面，国内高校、研究所纷纷设置了与自动化学科相关的一批系与专业并引进和翻译了一些苏联的控制科学教材；另一方面，钱学森先生回国，1956 年在中国科学院力学研究所讲授其著作《工程控制论》，同时又有一批留学生从欧美回国了，其中一些是从事和了解控制的。清华大学于 20 世纪 50 年代在电机系设置了工业企业电气化与自动化、自动化与运动学等专业，后来在 1970 年成立了自动化系，是国内最早的自动化系之一。中国科学院自动化研究所筹委会成立于 1956 年 10 月，是我国最早成立的国有自动化研究机构。1958 年 3 月，在瑞士苏黎世高等工业学校召开了国际自动控制联合会（IFAC）执委会会议，中国是发起国之一。此后，许多高校成立了自动化系（专业）。1961 年，由中国科学院自动化研究所组织召开中国自动化学会第一次代表大会，正式成立学会并同时举行学术交流活动，会后成立了首届控制理论专业委员会。1962 年关肇直在钱学森的鼓励和支持下，在数学所成立了控制理论研究室。这些都为后续的发展奠定了基础。

自动化学会成立后，我国在控制理论的研究上曾出现了几年的活跃期，这期间代表性的工作有宋健与韩京清关于线性系统的最速控制；黄琳、郑应平和张迪的关于线性二次最优控制的存在唯一性，线性控制律、求解的迭代法和独立证明的单输入系统极点配置定理；李训经的关于时滞系统绝对稳定性的频域判据；张嗣瀛的关于末端受约束的最优控制；毕大川与王康宁的关于分布参数系统；范崇惠的关于脉冲系统的研究等。这些研究涉及当时刚刚兴起的现代控制理论的主要方面，其中不乏国际领先的重要成果。

“文化大革命”对中国的科技事业产生了破坏性的影响，高等学校首当其冲：正常的教学与科研工作被禁止，队伍流失，学校搬迁，而这一切刚好发生在国际上控制科学大发展的时期。中国刚刚起步并已取得进展的控制科学研究被迫中断。“文化大革命”后期，一些工业部门和中国科学院先行恢复了一些研究工作，高等学校的恢复相对较晚。“文化大革命”对中国控制科学的破坏使我们相对国际水平落后了至少十年。

1978 年，中国自动化学会在太原召开，这标志着控制科学在中国开始了复兴之路。在随后的 30 多年里，中国的控制科学取得了十分重要的进展，主要包括如下几个方面。

（1）以航天工程为代表的国防工业取得了巨大的进展。①继稳定发射各类卫星之后，返回式飞船、空间站、分三期的探月工程等相继展开并取得重要进展；②四代与五代战机、预警机与大飞机相继研发；③“辽宁号”航空母舰列装和蛟龙号海试成功。这一系列成就既推动了控制在国防上的应用也对控制提出了新的挑战。

（2）随着工业生产的巨大进展，从事控制器和控制系统生产的自动化技术公司数以百计。其中与中国科学院的院所或高等院校结盟而具有先进技术优势的企业，与控制有关的国家工程中心，国家和各部委的重点实验室为控制科学的发展提供了相对好的条件、机遇和动力。

（3）随着很多大学成立了自动化学院或系，国内形成了一支庞大的自动化与控制科学的研究与教学队伍。与此同时，在一些科研院所和高等院校中形成了一些具有国际影响力的研究群体，他们在非线性系统、随机系统、分布参数系统、鲁棒控制、网络与多智能体系统、运动体控制、过程控制等方面的研究做出了重要贡献。

（4）1986 年由王大珩、王淦昌、陈芳允和杨嘉墀建议而实施的国家高技术研究发展计划（“863”计划）从一开始就设立了自动化方向，20 多年来持续对与控制相关的领域进行了资助，随后科技部在国家重点基础研究发展计划（“973”计划）等有关项目上也设立了与控制相关的课题。国家自然科学基金从其前身科学院自然科学基金开始就一直持续资助控制学科的研究。国防部门、各部委乃至地方政府对包括控制在内的技术科学研究在近十年来的资助达到了相当高的水平。

（5）反映控制科学学术活动的全国性学术会议已经有好几个系列，如中国控制会议已经连续举办32届，中国控制与决策会议和过程控制会议均已举办24届。2009年国际电气和电子工程师协会（IEEE）控制与决策会议与中国控制会议在上海联合举办，近年来在国内会议上已有相当多的国际学者参加，做报告与学术交流，已呈现出逐步国际化的态势。以行业特点为主的一些学会，如航空、航天、机械等，一些省、市或地区，如华东、中南等地也举行各种与控制科学有关的论坛、研讨会及学术会议，呈现出控制科学的学术繁荣局面。以华人为主的国际会议 World Congress on Intelligent Control and Automation（WCICA）也已举办9届，特别是1999年，IFAC在中国举办了世界大会取得了很大成功。自改革开放以来，无论是中国自动化学会还是其下属的专业委员会，如控制理论专业委员会、过程控制专业委员会、空间及运动体控制专业委员会等，以及其他学会，如中国航空学会、中国宇航学会等与控制相关的专业委员会均成为在相关领域有效组织、领导与举办学术活动的群众性学术组织，都为中国控制科学的发展做出了长期坚持不懈的努力和重要贡献，这些也表明了控制科学的繁荣发展。

现今从较广的意义上讲，华人已是国际控制杂志作者群的主力，但真正在理论上深刻或便于应用的原创性成果仍然较少，基于控制的具有完全自主知识产权的重大成果也不多见。我国的工业与科技以前均相对落后，近年来取得了重大发展，但一些高级精密的装备仍依赖进口，尤其包括建模在内的控制技术不能自主研发而成为发展的瓶颈。这与处于世界第二大经济体的地位和用先进科技支撑的科技强国的目标是不匹配的。当前我国正面临工业生产转型，控制科学理应也可能为新的高水平的生产创造条件。我国的空间探测事业还刚刚起步，距离能制造出类似哈勃望远镜实现观测宇宙，从控制的水平考虑差距还相当大。我国已经将乌克兰瓦良格舰成功地改造成一艘可供教学、训练和试验的航母，但距离具有以航母战斗群为主的综合海上作战平台仅从控制的角度考虑差距也很大。目前我国控制理论已有不少研究成果处于国际前沿，但中国控制科学若能从大国实现到强国的转变，还必须从战略层面上进行思考。

# 第二节 启　示

回顾控制科学的发展历程，我们得出如下深刻的启示。

启示一——控制科学是技术科学，需求推动是第一位的。

控制科学的发展表明，社会的需要是推动科学技术发展的一个最基本的动力。正如恩格斯指出：社会一旦有技术上的需要，则这种需要就会比十所大学更能把科学推向前进。控制科学在其发展过程中的几次阶段性的重大飞跃，无一不是在解决当时社会重大技术问题的需要推动下发生的。经典控制理论在通信技术革命和大量使用机电系统的推动下产生，现代控制理论在航天技术革命性的推动下出现。可以说，控制科学的进一步发展，也将遵循这一规律，紧密地依赖于新的需求和技术革命的发展。当前新的需求表现为随系统复杂程度增加与信息传输而出现的需求、探索新世界的需求、新技术应用的需求等。

目前，复杂工程系统（复杂军用系统、民用系统）的规模越来越大，系统复杂程度的增加使运行安全性的问题更为突出，国内外灾难性事故不断发生，这就需要我们从控制科学角度考虑提高系统的运行安全性，大大减少灾难性事故发生，因此复杂工程系统的安全运行理论和方法显得至关重要。从控制角度应该考虑：在复杂系统结构下故障预警、事故源的寻求和故障诊断、故障隔离和容错的系统结构、事故评估与系统安全评估、复杂系统的重构等。由于计算机的核心地位和通信手段的大量使用，还必须研究病毒和黑客对系统正常运行的攻击，以及检测与防范方法。由于通信技术进入复杂的系统，信息传输的方式和能力直接构成对控制的影响或已成为控制不可分割的一部分。这是过去未曾碰到而现在必须研究的。

高超声速空天飞行器要求具备快速任务响应、应急返回和带故障飞行的能力，能够满足未来空间作战、天地往返复杂飞行任务的需求。但无论是临近空间的飞行环境、稀薄气体的气动特性，还是受控飞行的耦合效应等都是传统航空与航天领域很少涉及的新领域而需要研究，在这些研究的基础上控制科学还需要解决以下几项关键技术：轨道快速返回与大气层高超声速多约束制导技术，空天一体全速域复杂结构飞行器姿态控制技术，冗余、重构飞行控制技术，自主轨道机动飞行控制技术，重复使用飞行器无动力自主进场着陆控制技术等。

金融系统已存在多年，它在人类社会正常运转中起着关键作用，但人类对它的认识十分有限。在这类系统中存在着大量随机、不确定性因素，各类数据均表现出海量、不完全、不充足等特点。发达国家在金融风险度量、控制及金融创新开发方面有不少成功经验和失败教训。一方面，它们成功应用现代数学的前沿成果，极大提高了金融风险防范能力和金融产品竞争能力；另一方面，不恰当的定价法则和风险度量方式也造成巨大损失。如何从控制科学角度研究金融系统已引起业界关注。例如，用最小二乘法自校正调节器、基于低精度数据的辨识与适应控制方法等。

另外，控制科学必须考虑技术实现，但技术又是不断进步的。传统的弹性体控制大都采用点测量与点控制的方式，这同当时的材料制备、测量与加力的可能方式有关。20 世纪 80 年代出现的智能材料则能够实现分布式测量与加载，这种产生丰富信息的技术对弹性体控制提出了新的挑战。类似地，力反馈技术的出现使机械手的控制出现了新的机遇。控制科学是技术科学，还应特别关注技术进步可能对学科发展的影响。控制理论最终要应用于实践，依靠技术来实现；同时技术的不断进步反过来又促进理论的进一步发展，二者相辅相成，共同发展与完善。

启示二——归纳总结瓶颈问题：当前控制有哪些关键问题，解决了这些问题就可能带动一个分支发展。

在科技发展中，任何重大进展的发生与发展都有其必然性，但何时以什么形式发生则具有一定的偶然性，作为技术科学的控制科学也不例外，战略研究正是研究控制科学发展中的必然性和及时抓住由偶然性因素产生的可能对本学科发展起重要作用而出现的苗头。在分析学科发展现状时，应关注各分支的瓶颈问题。

1900 年，德国数学家 Hilbert 在法国巴黎召开的国际数学家大会上提出了 23 个著名的 Hilbert 问题。实际上 20 世纪数学的发展有相当一部分是在回答这些问题上展开的。控制界在 20 世纪 50 年代曾经解决了两个重要问题，这大大推动了现代控制理论的发展，一个是 Kalman 关于系统的描述和结构性质，这推动了整个线性系统状态空间理论的建立并影响到非线性控制理论；另一个是自变量函数取值在闭集上的变分，Pontryagin 给出了最大值原理从而推动了整个最优控制的发展。

20 世纪 60 年代，飞机的发展遇到了瓶颈，常规设计不再满足对飞机性能的新需求，产生了两个具有划时代意义的飞行控制新概念——主动控制技术（ACT）和电传飞行控制（FBW）系统，使飞机可以设计成中立稳定的和静不稳定的构型，并能主动控制飞机的结构模态响应，建立了数字信号综合平台，为综合控制、推力矢量控制与多操纵面控制的出现奠定基础。

当前控制有哪些关键问题，解决了这些问题就可能带动一个分支发展，这是需要分析的。但由于今天我们处在计算机大发展的时期，而控制中的瓶颈问题一般并不单纯，在解决这类问题时需要强调的是充分发挥计算机的作用。

启示三——未来的发展趋势应该是围绕信息丰富的时代特征展开的。

信息丰富时代对于控制来说是信息采集、信息传输、信息加工、计算机和网络化的环境。

对系统进行控制是依据已得到的信息进行的。信息包括的面很广，可以是数据、规则、图像、知识乃至模型。在今天，信息表达的基础是数据，信息丰富就代表着大数据。对于控制来说并非用不同手段掌握或采集的全部数据都能直接起作用，而是要通过信息融合、信息加工乃至信息挖掘等方法得到面向控制的信息。

传统的控制总不自觉地假定信息传输通道的能力是无限的，但实际并非如此，如带宽的限制等，考虑信息传输能力的控制将更符合控制系统的实际。信息传输可以具有不同的方式，在网络化环境下为了从总体上提高传输的效率有时采用打包的形式，此时就可能产生信息人为滞后乃至丢失。这样在讨论控制时还必须考虑信息的传输方式。

从得到信息到对系统形成控制命令关键在于信息加工或信号处理，信号处理的目的决定信号处理的方法，针对控制自然要求面向控制的信号处理方法。

当今时代，计算机是实现对复杂系统进行控制的核心。在一体化控制的情况下，它根据由各种途径所得到的信息（包括命令）进行信息处理形成控制命令；实时监控系统进行故障预警并给出处置方案；实施对全系统的优化或次优管理；通过多种手段为各级管理人员和操作人员提供友好界面的信息等。其中控制命令形成、预警与处置和优化管理是关键，也是控制的职责。

网络化环境是当今很多领域实现一体化控制与管理的重要前提。近年来，随着材料科学、微机电技术及精细加工等技术的不断发展，传感器技术朝着微型化、智能化、多功能化的方向稳步发展。无线传感器网络仍为近年的研究热点。

在网络化控制的背景下，基于多代理系统的智能控制系统相较于基于客户机/服务器的网络化控制系统具有更好的自主性和移动性，能够有效解决网络化控制中灵活而复杂的问题。智能控制系统可能是解决目前城市交通、气体和噪声污染的一种有效途径。

智能电网实际上由一个物理的电网，以及对它实施管理和控制的信息网组成，通过网络化环境实现发电、供电、输电、配电和用户之间的多点互动，为提高电网效益，为节能减排创造条件，将此与数字家庭、数字社区乃至数字城市相结合对可持续发展至关重要，其中一体化控制与管理是关键。

对于航空航天来说，在信息化、网络化环境下，飞行器在飞行环境中可以访问、采集、处理和传输大量的数据，使得基于信息的平台级和体系级飞行控制系统日益广泛和重要。这将产生两个深刻的变革：控制对象从单一对象拓展为在分布式计算、通信与传感环境中大量互联和互动的异构物理和信息系统；控制功能从底层向高层移动，从自动控制向智能控制发展，从常规控制拓展为控制、决策与管理。信息化环境提出了对两个一体化的需求，即控制、计算与通信一体化，控制、决策与管理一体化，而两个一体化对飞行器控制的发展既是机遇，又是挑战。

通过类似网络化的一体化控制与管理，在医疗卫生领域，包括远程会诊、远程医学教育及远程手术在内的远程医疗，电子商务、社会计算、行为科学等领域都有着广泛的前景。

启示四——关于我国的思考。

改革开放初期，有人曾经质疑过中国要不要搞自动化，现在 30 多年过去了，国家发生了巨大的变化。尽管自动化是“863”计划的主题之一，自动化控制作为自动化的主要方向在我国得到了很好的发展，但整个产业结构并未摆脱劳动密集、高能耗、资源浪费和高污染的影响。近年来，国际上不断传出对我国的产品进行“反倾销”制裁的消息，从所有的反倾销的投诉中可以看到几乎没有一个是由高科技支撑的产品，加上我们出口型产业在金融危机中的遭遇使我们意识到只有创新，发展高科技的产业我们才有出路。今天，我们正处在一个强烈要求创新的时期，不论是出于国防需要还是企业转型的需要，自动化控制势必成为大家关注的中心议题之一。

我国现在是制造业大国，但一个不争的事实是，在重大装备制造上，控制器依然是研发与制造的瓶颈。①在成套装备的进口中，包括系统模型在内的控制系统也是价格最为昂贵的。②从 IT 产品到汽车制造我国都是生产大国但不少核心技术并未掌握，在生产产品的同时必须向外国公司交纳高昂的专利费，其中很多均与控制有关。③我国是一个资源相对贫乏的国家，在能源方面，石油、天然气甚至煤炭的储量按人均计算并未达到世界平均水平；我国无论是空气和水的污染情况仍很严重；按人均收入，我国仍属于发展中国家。这些都表明我国的工业生产必须转型，而美国希望复兴制造业也加剧了转型的迫切性。转型离不开高科技的支持，其中特别是控制科学与技术的支持。

中国作为一个发展中大国，其国防不可能依靠外国而必须自力更生。我国的国防力量相对捍卫国家的经济利益和全球性战略利益来说还较弱，这表现在：海军开始实现由近海到远洋的战略转变，但还没有航母战斗群；空军的制空权还很有限，先进飞机的发动机尚不能实现国产化；陆军实现朝多兵种发展，信息化的转型才刚刚开始。现代战争实际上是高科技的战争，其中控制科技的作用是显而易见的。

# 第四章 现状分析与探讨

## 第一节 基本的和共性的领域——控制理论

控制理论是控制其他学科分支的理论基础，是脱离具体对象的一般理论，它有三大主要任务，即系统建模、系统特性分析及系统控制设计。

控制理论的研究首先是关于模型的理论。控制科学作为技术科学，在建立模型时必须针对其要解决的控制问题选择可操作的模型，模型的建立还应考虑系统实际所受的限制，即约束条件，约束条件应被看成模型的一部分。随着系统复杂程度越来越高，很难用传统单一的模式对系统进行建模，模型可能由多种不同类型的模型进行刻画，模型的不确定性强，未建模动态就多，也就难以用准确的数学模型来描述。例如，属于复杂系统的切换系统，它具有多个动态模型，模型按一定规则转换，它的控制问题需要一套新的不同于传统控制方法的理论工具。又如，过程控制中过程的优化与调度问题，大型工业过程，如冶金、化工、加工制造等，一般难以用简单的机理建模，必须辅以数据建模，因此数据驱动下的建模方法，以及数据驱动与机模型相结合的建模方法也是需要研究的问题之一。

根据控制对象即系统的模式将控制理论分为线性系统理论、非线性系统理论、不确定系统理论、分布参数系统理论、随机系统理论等，这样的划分既体现了模型的不同，也反映了使用的基本数学工具和方法的差异。以下部分相关内容可参考本书第二篇“控制理论”。

## 一、线性系统

线性系统是指一切满足叠加原理的系统。

人们对系统的关注最初主要集中于其在工作点能否正常工作上，当系统在工作点附近采用线性近似时就得到线性系统模型，其中最简单的是常系数线性系统。由于这类系统在渐近稳定性时带有指数衰减的特征，所以能很好地刻画原系统在工作点附近的特性。描述这类系统的模式有频域与状态空间两大类，前者在经典控制中常用且有较好的物理意义，一直为控制工程师所熟悉；后者是现代控制理论的基本模式，由于有线性代数及其数值方法的支持而具有丰富理论且便于利用计算机。

在线性系统中有一些系统其输入输出之间满足一些特殊的要求，这些要求反映在传递函数具有的一些特征上，如最小相位、正实与严格正实、有界实、全通等。这些系统在线性系统的大家族中形成一些具特殊性质的子类，对这些子类的研究特别是其时域和频域表述之间的联系使得它们在其他控制问题，诸如绝对稳定性、系统辨识、$H_\infty$控制、超稳定性等研究上起到独特的作用。著名的 KYP（Kalman，Yakubovitch，Popov）引理是一个十分重要的贡献，它所建立的频域时域之间的联系影响了数十年的研究工作。

线性系统的最优控制主要是指以状态和控制构成的二次型积分取最优而形成的控制理论（又称 LQ 理论），它的起源可以追溯到更早单变量控制的积分评价方法，也可以说它是后者的推广。由于其理论在利用贝尔曼最优性原理后主要归结为线性代数问题，所以理论相对完善且有较好的算法与软件支持。但由于其提法过于一般化，如何针对实际需求选择状态和控制的加权矩阵依然并不清楚。

线性系统中连续与离散两种模式通过 Z 变换可以互通，于是研究者一般并不特别强调其中的差异，但当一个系统同时兼具这两种模式时，问题就复杂多了，特别当采样器比较多时，即使采样周期存在最小公倍数，虽然系统本身仍然线性但其结构已呈高度稀疏的特点。而关于这种具有稀疏特点的系统的研究依然不多。

常系数线性系统理论相对比较完善，但仍存在一些理论上困扰人们的问题，如可解耦条件、输出反馈镇定问题、分散控制问题及模型降阶问题。输出反馈与分散控制问题都属于反馈矩阵具有特殊要求的问题，这些要求一方面来自实际问题的需要同时也限制了反馈矩阵的选取。一般输出反馈不能配置全部极点和实现二次型最优，分散控制可能存在固定模态使问题变得很复杂。关于模型降阶，虽然已有一些方法，如平衡结尾方法、Hankel 范数逼近方法、保持 $H_\infty$ 品质指标的降阶方法等，但这些方法只是针对一般的线性时不变系统的形式给出的理论结果，如何针对物理世界中复杂对象的特点，从控制的角度给出适用的降阶方法是非常有意义且具有挑战性的研究课题。

有一类常系数线性系统称为广义系统。这类系统的状态空间维数大于系统的阶数，这表明在系统运行的过程中受到了线性约束，电网、某些机械系统和经济系统均归为这一范畴。这类系统提出了新的不同于正常线性系统的问题，如正则性、脉冲模等，同时对它研究时借用其他线性系统中的概念、理论、方法时也都要做相应的变更。由于系统的基本特征仍然是线性的，所以主要工具仍然是线性代数。这大体上确定了线性广义系统近 20 年研究的特征。19 世纪末，法国人 Painleve 在有接触的多刚体系统上提出过一个佯谬，本质上也是广义系统所产生的问题。有时候人们常将广义系统看成是一类包含小参数的奇异摄动系统的极限，小参数的存在常引发跨尺度问题，而当小参数趋于零时将可能引发十分复杂的临界的现象。因此将奇异摄动系统和广义系统真正用来解决实际问题时，我们将可能碰到极为复杂也极为丰富多彩的物理与实际情形，解决过程将会极为困难与有趣。这也表明将广义系统理论真正用于实际，其前景将更为宽广，对于探索未知世界，更富有兴趣与动力。

在时间进程中，将一个受控对象看成是不变的，是一种理想化的假设，实际面对的大多数常常是随时间变化的线性时变系统，处理这类系统目前没有有效的方法。工程上常直观的借用常系数线性系统的做法，认为对应的状态矩阵 $A(t)$ 的特征值在整个时间段若都具负实部系统就能稳定，并称之为冻结系数法，但很容易举出反例说明这并不正确，而只有当 $A(t)$ 具备一些特殊条件时这一方法才对。对时变系统的稳定性问题，由于系统的时变特点在稳定性的概念上出现了各种反映不同性质的定义，虽然 Lyapunov 方法在理论上是严谨的并可以证明用以判断不同稳定性的 Lyapunov 函数几乎都是存在的，但这种存在性依赖于系统的基本解矩阵，而这是很难求的。对于高速飞行器的机动飞行来说，强时变性是摆脱不了的问题，但用什么方法解决至今仍是难点。就目前来说，很难找到一般的方法来处理时变系统，这就需要结合具体时变线性系统的特点和性质发展有效的方法。

## 二、非线性控制系统

与线性系统不同，非线性系统不能通过其平衡点的邻域来了解系统的性质，其动态特性非常复杂，值得研究与利用，其研究方法远未成熟且因问题而异。

1944年，苏联科学家 Lur'e 和 Postnikov 等人从许多实际的控制系统出发，其中包括飞机自动驾驶仪的稳定性问题，提出了处理一类非线性控制系统稳定性的方法，有的文献称之为非线性孤立方法，其思想是将系统的非线性部分孤立出来并将其看成反馈部分使系统具有闭环的形式，这类系统可统称为 Lur'e 系统。针对这类系统，Lur'e 和 Postnikov 提出了绝对稳定性的概念，指出在对非线性的具体特性不甚了解的情况下，整个系统的绝对稳定性仍然可以通过线性部分的特性和非线性函数约束条件的参数来确定，从而将稳定性理论应用到了 Lur'e 系统上。实际中的许多系统可以表示成 Lur'e 这种典型的非线性系统形式，如蔡氏电路、受控系统中的旋转机械、同步电机及具有类摆性质的装置等。在研究绝对稳定性方面，一个里程碑式的结果是 V. M. Popov 给出的频域方法，至此时域和频域两类方法的研究互相促进，有力地推动了控制科学的进展。除了系统的绝对稳定性理论外，Leonov 等对 Lur'e 型多平衡点非线性系统的整体性质，包括 Lagrange 稳定性，双态性，类梯度性质，第一、第二类周期解，同宿轨及异宿轨等做了分析研究，得到了一系列用频域不等式刻画的分析结果。近年来，这类系统的鲁棒性分析和控制问题得到了进一步的发展。

20世纪70年代后期开始的非线性控制的微分几何方法，经过30多年的发展已经形成了系统的理论，并在卫星姿态控制、卫星编队及机器人控制等方面获得了成功的应用。其基本思想是利用微分同胚变换与反馈将非线性系统变换成线性时不变系统，然后用已有的线性系统的理论与方法进行研究。哈佛大学的 R. M. Brockett 教授给出了可以进行微分同胚变换、存在连续可微镇定器的三个必要条件，然而一些重要的非线性系统，如某些具有非完整约束的系统和欠驱动系统都被证明并不能满足这些条件，而这些系统又是运动体控制中常碰到的，因此对这类系统控制研究的突破仍是当务之急。

系统的本质非线性现象，如自振与混沌，是线性时不变系统中不可能出现的物理过程，因而用微分几何方法来研究这类本质非线性特征就遇到了很大困难。而且有些非线性特性本身并不解析，如干摩擦、继电特性、磁滞回线等，这些非线性特性一方面常常是自振产生的根源，另一方面它们并不可微而无法建立微分同胚变换。研究含有这类非线性特性的系统中出现的自振现象就必须寻求新的方法。谐波平衡法或描述函数法是一个物理概念十分清晰的方法，在实际应用中很方便也比较有效，目前只有当非线性函数充分可微时才有数学证明，而这在工程上又常不能满足要求。这也表明在数学上能被严格证明的函数常常与复杂的工程实际需求相距甚远。很多传统的非线性机电振动由于技术的进步得到了有效抑制，但在微精密加工中这类问题依然存在，当把磁滞变形的智能材料应用于超精密加工时，磁滞回线这一非线性因素仍是精密加工的关键问题。

对于非线性系统，如何充分利用非线性本身的特点和性质是进一步发展非线性系统理论的关键。系统学的常识告诉人们，如果把线性元件大量地连接在一起，得到的只是本质上线性但规模很大的系统，它不会带来本质的变化。但如果把非线性元件大量地连接在一起，则可能得到一个本质上崭新的事物，建立在神经科学研究基础上并可以反映人脑部分功能的“神经网络系统”就是这种产物，它已显示出一些特殊的性质和用以设计出具特殊功能的算法，神经网络系统是一个具有自适应特征的大规模非线性系统，这种系统已取得一些突破性进展，即具有某些“思维”并有“联想”、“学习”之类的能力，与神经网络思想相联系的方法，如模拟退火（simulated annealing）、Hopfield 网络和弹性网络（elastic net）等在解一些规划问题中已显示出神奇的效力，将这种潜力很大的思想与方法引入控制系统设计与研究，是值得提倡的。类似于使用线性矩阵不等式（LMI）解决控制问题，应深入研究如何用控制的理论与方法促进这些方法的改进，研究这些方法在解决控制问题时的适用条件，从理论上探索或证明这些方法的可行性或正确性或用来解决控制中意义较大带实质性进展的问题，而不是用这些方法近于重复地去做控制习题以满足论文凑数的需要。

随着通信和网络技术的广泛使用，来自无人车/机、智能电网、智能交通、生物和医学等学科与相关行业的需求增多，非线性系统控制迎来了一个崭新的时代。新的非线性控制分支，比如非线性合作控制、非线性网络化控制系统、量化非线性控制、分布式控制才刚刚起步。传统的非线性控制理论无法直接用来解决这些新兴的控制问题。可以预见，在不远的将来，更多的非线性控制技术会不断涌现，也将在许多新兴的控制学科和工业应用中扮演着越来越重要的角色。

## 三、分布参数系统控制

无论是美国还是中国，在研究导弹的初期都曾经出现过因忽略弹体弹性而导致发射失败的事故。由于导弹是一个细长而中空的非刚性圆柱体，如果我们研究时只是将其当成一个刚体来对待，则弹体在发射后产生的弹性振动极有可能导致导弹失稳乃至断裂而使得发射失败。为了解决这个问题，1962年，研究者们在颐和园的龙王庙开了几天会，钱学森先生来谈了这个问题，讨论了怎么把导弹看成一个弹性梁，并研究了弹性梁如何控制，从此开始了我国在弹性体控制继而在分布参数系统控制理论方面的研究。现在弹性梁控制研究得比较多，用得最多的方法是振型分析方法，弹性梁振动起来理论上应有无穷多个频率，但是因为弹性体高频振动对应的振幅都很小，所以只有最低的几个频率才是我们最关心的。例如，在工程上，我们可选前三个振型所对应的系统来近似代替本质上是无穷维的弹性体系统。这里面有一个基本问题现在还没有解决。根据低阶系统设计的控制器实际上是安装在本质上是无穷维的弹性体上，于是传感器测量到的信息除前三个振型对应的信息外还有高频信息，类似作动器对梁的作用，除影响前三个振型外也必然激励高频的振型，这类问题常被称为输入与输出的溢出问题，且至今仍未得到解决。

对于弹性体系统，描述其状态的不是有限维空间的点，而是无穷维空间的“点”，即函数，这是一种具有分布特征的“点”，这一类系统通称为分布参数系统。有很多实际问题都用这种系统刻画，除弹性体外，如系统具有时滞和后效的问题、飞行器结构隐身问题、计算机芯片散热问题等，这些问题解决起来都很难，难点在于解决的答案应该利于对应控制器的设计。分布参数系统研究中有一些艰深理论，但到目前为止这些理论与解决现有工程问题的方法之间还有很大差距，真正解决问题需要数学、控制工程、计算机和物理学特别是力学诸方面通力合作，对症下药才有可能收到期望的效果。

无论是流体还是气体，也不论是做低速的还是高超声速的流动，流动的系统都是分布参数系统。飞行器的飞行希望有较好的流场，超燃发动机的燃烧希望燃料和空气能有理想的流动。近年来人们开始关注对流动进行控制，这也是分布参数系统控制有可能起作用的领域。

20世纪80年代以来发展起来的智能材料与智能结构在宇航、国防、建筑、交通及医学等方面获得了广泛的应用。它是以仿生学、人工智能及控制系统为指导，将传感器、驱动器及有关信号处理和控制电路集成在材料结构中，通过热、光、电、磁等激励和控制，使其不仅具有承受载荷的能力，还具有传感、信息处理和执行等多种功能的材料结构系统，它能够实现自检测、自诊断、自监测、自校正、部分自修复及自适应等多种功能。磁流变弹性体就是一种刚度、阻尼可控的新型智能材料，它的力学性能可由外加磁场控制。现在智能材料与智能结构的研究催生出一些具有新性能的材料与结构，而如何用分布参数的理论来阐明反而显得不足。此外，有穷逼近问题、随机分布参数控制系统的计算问题、芯片散热等问题都是目前需要解决的理论及应用方面的挑战。

## 四、鲁棒控制

鲁棒控制（robust control）中的鲁棒最先在数理统计中出现，意为稳健，后在20世纪80年代前后引入控制，汉语译成“鲁棒”做到了音似而意合，遂沿用至今。最初控制界出现的鲁棒性是针对充分小的不确定性的，但这一分析数学的提法完全不能反映实际的需求，现今鲁棒控制讨论的不确定性都是指它属于给定的有界集合，由于这一提法来自工程需求而研究又充满挑战，经过30年左右的努力已形成一个控制理论充满活力的分支。当系统存在不确定性时，一个系统就可能处在一个系统族中任一个可能出现的系统上，鲁棒控制的宗旨是针对这个系统族设计一个控制器以保证对该族内任何一个系统都是合适的。这样鲁棒控制的提法就集中在两点上：一是关于系统族的描述，这通常由一个标称系统和一个表述不确定性的集合组成；另一个是关于系统的性能，即我们对系统的企求，如稳定性、$H_\infty$指标受限、严格正实性等。不同的系统族描述和不同的系统性能要求就确定了内涵不同的系统鲁棒分析和鲁棒控制。

当前，在鲁棒控制中占主流位置的是$H_\infty$控制，这是由Zames于1981提出的，他希望对于系统设计控制器，使闭环系统满足内稳定要求下干扰对期望输出影响最小。这是一个最优化问题的提法，后来人们建立了这一提法与鲁棒稳定性的关系并且从应用的角度将这一“最小”的提法变为“小于某个给定的界”，加之物理意义明确，这一问题引起了业界的重视。由于开始时这一问题只在频域中讨论，问题就归结为有理函数矩阵在Hardy空间的逼近问题，这一问题理论艰深而且缺乏有效的计算工具支持，在一度沉寂后于1988年取得了重要突破性进展，Doyle及其合作者在美国控制会议（ACC）上将这一以频域方式表述的问题的解决转化成时域中两个Riccati方程（或不等式）与两个解矩阵乘积的谱半径约束的求解，而后者使这一问题归结为数值代数问题。其后，20世纪90年代初又有学者将$H_\infty$控制的Riccati方程问题转化为解三个线性矩阵不等式的问题。由于计算机的巨大进步及数学上解矩阵不等式算法的发展，这时已有成功的算法与软件支持。这是继绝对稳定性、严格正实性问题频域时域沟通之后的最重要的事件，由于其实际意义明确且可借助计算机的功力，成为鲁棒控制的主流。

20世纪80年代，鲁棒性问题的另一个重要的方向是鲁棒稳定性方面的进展。对于线性时不变系统来说，其稳定性问题的判定归结为代数多项式的根的判定。但对于多项式族说来，由于多项式系数空间的稳定性区域并不具有凸性，要判定一个多项式族的稳定就变得困难了。1978 年，苏联数学家 Kharitonov 将系数在区间中取值的区间多项式族的稳定性判定等价地归结为由系数所在区间端点构成的四个特殊多项式稳定性的判定，这一惊人的结果在 1984 年左右传到西方国家引发了关于鲁棒稳定性研究的热潮。由于控制系统不确定的原始参数一般反映在闭环特征多项式的系数上并不是独立的，即多项式系数可能是若干不确定参数的函数，这就妨碍了将 Kharitonov 的结果直接用于含参数不确定性的鲁棒稳定性分析上。随后 1988 年出现的棱边定理讨论了多项式系数是不确定参数的仿射函数的情形，指出在不确定参数空间中，任何凸多面体对应的多项式族的 D 稳定等价于该多面体一维棱边集的 D 稳定，这里的 D 稳定是一般根分布意义上的，而不像 Kharitonov 结果只适合于 Hurwitz 稳定。这样一些结果的出现使人们寄希望于用类似方法讨论系统族的镇定问题又称同时镇定问题，但遇到一些实质性困难。例如，即使开环系统是一个区间有理函数族，寻求一个控制器同时镇定这个系统族就会碰到 NP hard 的非凸规划的求解问题，而 1994 年有人在 *Automatica* 上发表文章指出对任给的三个对象的对象族，是否存在控制器同时镇定该族是非有理判断的，加之这种参数不确定性的鲁棒性问题的求解缺乏优秀的算法软件支持，这一方向从 20 世纪 90 年代中期至今一直处在寻求突破的时期。

鲁棒分析与鲁棒控制另一个重要进展是 20 世纪 80 年代 Doyle 等提出的结构奇异值理论，为了全面考虑可能的实参数、复参数、动态的系统不确定性，引入了结构不确定的提法试图建立鲁棒控制的一般框架，将鲁棒性分析归结为伴有待定参数矩阵的结构奇异值计算问题，又由于问题的复杂性不少都归结为 NP hard 计算问题，对其上下界的估计可以给出只具有充分性或必要性的结果；鲁棒综合问题归结为结构参数矩阵与控制器参数的迭代求解问题。由于可以大大降低小增益定理对付结构不确定性时的保守性，这一理论曾流行了十多年。其后又有学者发展了实稳定矩阵的非结构 Hurwitz 稳定半径的计算，这一结果归结为一种非凸的优化计算。直接建立在状态空间模式上的二次稳定理论，由于应用的是 Lyapunov 方法，原则上可以推广至时变系统，但偏于保守；对于可转化成单回路的系统，小增益定理不仅应用方便而且便于推广。积分二次约束（IQC）的提出曾经将不少控制问题纳入它的理论框架，但真正建立简易可行的判定依然路程遥远。

鲁棒控制现今的主要成果还是集中在线性时不变系统的框架内，对应的

非线性系统 $H_\infty$ 控制或非线性不确定系统控制问题往往归结为非线性 Hamilton-Jacobi-Isaacs（HJI）不等式计算问题，相较于线性系统中 LMI 的计算方法，非线性 HJI 不等式的计算问题还远未成熟，只能具体问题具体解决。尽管问题复杂，一些学者在一类非线性 Hamilton 系统、齐次系统镇定与鲁棒控制方面已取得不少有意义的进展。如何在非线性、时变及分布参数系统扩展相对应的线性系统鲁棒控制理论并取得实质性的进展依然是既有兴趣又充满挑战的课题。

自从 1984 年 Karmarkar 在凸规划中建立了计算复杂性为多项式的内点法以来，人们逐渐将控制中的一些问题转化成一类凸规划问题——求解线性矩阵不等式（LMI），而用内点法使这种计算大大降低了计算复杂性，这表明用解规划的办法解决控制问题是必然的方向，鲁棒控制中不少问题的求解均碰到 NP hard 的瓶颈，借助非线性规划解法也许会有利于解决问题。

现今，鲁棒控制的理论方法比较系统严谨，又有有效的以 LMI 为基础的算法支持，将它和众多与控制相关的领域包括系统辨识、复杂互联系统、混合系统、多智能体系统、信号处理、通信系统、智能电网、生物系统等结合将可能产生丰富多彩的前景。

## 五、系统辨识、自适应控制与随机系统①

系统辨识是依据对系统数据的采集和一些系统的先验知识建立系统的模型并对模型进行检验和修正的工作。因此在这里系统辨识本质上应是以控制为导向的，即辨识所得的模型必须对于控制来说是有利的，而不是在别的意义上对系统的认识。基于统计分析及时间序列分析的方法，系统辨识逐渐形成了利用带噪声的观测数据对系统未知参数进行建模优化的标准形式，在此上产生了很多辨识的理论与方法。系统辨识关注实时、在线数据这一特点遂使其成为自适应控制中的重要部分。20 世纪 90 年代以来，随着鲁棒控制的发展，一种将噪声看作“未知且有界”的“worst-case 辨识”应运而生，并用于鲁棒控制，主要是 $H_1$、$L_1$ 及结构不确定性等方面。随着系统复杂程度增加和不确定性的日益广泛与多样，系统辨识这一学科表现出可持续研究经久而不衰的特征。

新形势下，不确定性又有一些新的特征，主要表现为：因缺乏数据和信

① 本节根据王乐一和赵文虓、马宏斌和陈增强、殷刚和张涣水等撰写的关于系统辨识、自适应控制和随机系统的相关章节材料改写而成。

息而不能得到足够统计性质的不确定性；缺乏计算能力导致的不确定性，这类不确定性常因数据过大使计算和传输能力受限而不得不舍弃部分数据引起；由系统结构切换导致的不确定性等。在实际系统中，多种不确定性会同时存在，目前的研究工作已着眼于将不同种类的不确定性结合在一起，但结果尚少，这应是值得发展的方向。

对于非线性系统辨识而言，在一般性框架下的工作是很难有实质性进展的。目前，大量研究工作是针对具有某些特殊结构的系统，如 Wiener 系统和 Hammerstein 系统、非线性 ARX 系统、量化观测的系统等，采用的方法包括核函数法、子空间辨识方法等。新的针对随机系统的辨识和估计问题也在不同领域不断涌现，如金融数据的建模和预测、遗传调控网络的结构和功能性推断、互联网和社会网络的关键节点检测、飞机引擎的建模及状态估计等。

当前，物理系统的一个主要发展趋势是系统间日益相互关联，并且许多是由通信网络来连接的。与传统的过程控制不同的是，系统间存在着大量的相互作用和调节，这就需要新的辨识方法。例如，智能电网、智能交通系统、流行病传播系统等各种具有网络特征的系统。

来自于网络的挑战主要包括通信约束、动态交换网络拓扑结构、数据流量的限制和网络的复杂程度等。这就需要考虑：对网络系统辨识，如何先对局部信息进行处理，然后利用网络结构来传播处理后的信息，以减少网络资源浪费和拥塞带来的问题；通信受功率和带宽的约束的问题；由无线通信带来的通信不确定性问题及网络拓扑变化下系统辨识的可靠性问题等。

系统被无线网络越来越多地相互联系在一起，为达到多个目的，各种廉价的数据采集设备被放置在多个端口。这些装置不加区分地收集数据，快速、大容量地采样，并存储在指定的数据库中。系统辨识就需要努力去适应这些新的“大数据”的信息结构，即把数据挖掘技术与辨识结合起来。这样，如何从数据库中提取出有用的数据，如何经过压缩、量化和编码以降低网络传输的复杂性，以及针对系统辨识重建与处理的问题都必须提上议事日程。

通过对系统进行辨识以降低不确定性就一定会遇到资源消耗和限制的问题，这是一个实现目标和付出代价的关系问题，也是一类复杂性问题。自然应引起业界的重视。

系统辨识致力于利用实时操作数据来建立系统模型，从而将系统辨识与其主要应用——控制设计结合起来，这就是自适应控制的主要思想。半个多世纪以来，自适应控制由于其深刻的内涵和广泛的应用已经取得了迅猛的发展与显著的成果。Åström 认为“自适应控制器是一种具有可调参数和调参机制的控制器”，并以此将自适应控制与一般反馈控制加以区分。这表明自适应控制针对系统的不确定性更具有能动性。其基本思想是通过不断地检测被控对象，将在线参数估计方法与某种控制系统设计方法结合起来，产生出具有自适应能力的控制律。因此自适应控制系统能够在一定程度上克服系统的未建模动态、慢时变、变时延、非线性、未知干扰等不确定性，具有很好的适应性和一定的鲁棒性。

源于航空需求产生在20世纪50年代的自适应控制思想在60年代首先用Lyapunov稳定性理论和Popov超稳定性理论来设计自适应调节规律，从而奠定了模型参考自适应控制的基本框架，这一框架的核心思想是设想有一个期望的供参考的模型系统，然后让实际系统的输出与模型系统的期望输出比较，并结合其他系统的信息对实际系统进行控制以达到目的。针对一部分线性时不变系统已经给出了严格的自适应控制器闭环稳定性证明。70年代后，将系统辨识与控制结合产生了自校正调节器与自校正控制器，这里没有可供参考的系统而是通过系统辨识增进对系统的认识并给出控制以达到目的，由于自适应控制能根据系统的变化不断改变自己的控制策略，因而更具能动性，从而在很多工业应用中获得成功，并在理论上有不断进展。虽有人对其存在有界的扰动和未建模动态时用反例提出过质疑，但后来就有人指出当这些在足够小变化时还是可用的。

近20年来，自适应控制方面的研究，还出现了一些新的自适应控制方法及理论。这些方法的实质是将各种对系统了解的方法或将实际系统与期望系统比较的不同原则与控制结合而产生的自适应控制，如自适应预测控制、自适应后推控制、自适应逆控制、自校正动态矩阵控制、模糊自适应控制、模糊自校正控制、神经网络自适应控制、神经网络模糊自适应控制、无模型自适应控制、L1自适应控制、半参数自适应控制等。

与随机干扰、参数估计和滤波密切相关的是随机系统理论。随机系统是指由随机过程激励的系统，这里激励是广义的，既可以是输入方式也可以是参数方式。马尔可夫模型被广泛地应用于随机控制理论的发展中，该模型具有无记忆特性，即未来状态仅依赖于当前的信息，与过去的状态无关。受控马尔可夫过程可用来处理许多含不确定性的问题，如库存规划、资源分配、排队系统及机械更新等，近年来已经成为一个研究热点。该类过程的主要特征之一是其生成算子（连续时间情形下）或转移矩阵（离散时间情形下）依赖于控制。受控扩散过程是一类具有一定限制的受控马尔可夫过程，可以研究在受控扩散过程这一动态系统的约束下，如何最小化某一费用函数的问题。

解决该随机控制问题的经典方法之一是动态规划原理。受控扩散型的随机控制问题的主要解决途径是数值解法。尽管受控扩散过程已被广泛研究并取得许多重要成果，但如何对随机控制问题提出易行有效的算法仍是需要长期考虑的问题。著名的维数诅咒问题（the notorious curse of dimensional problem）并未解决，从而限制了人们处理大中型问题的能力。

金融等在人类社会中的特殊地位与人类对其缺乏认识，促进了用随机系统的理论方法来对其进行研究也促进了随机系统理论的发展。

随机系统的热点问题如下：基于倒向随机微分方程的系统、有延迟的随机系统、随机切换系统、随机微分博弈、同时存在连续动态系统和离散事件的随机混合系统、随机自适应控制等，在信息丰富的时代背景下还应研究网络环境下的随机系统问题。由于这类问题极为复杂，有价值的工作理应是在相关理论的指导下结合领域内问题的特征发展有效的计算机算法。

## 六、智能控制

传统的控制方法建立在被控对象的精确数学模型之上，而智能控制是针对被控对象、环境、控制目标或任务的复杂性而提出来的，它可以解决非模型化系统的控制问题。所谓智能控制即设计一个控制系统使之具有学习、推理、决策等功能，智能控制是自动控制发展的高级阶段，是人工智能、控制论、信息论、系统论、仿生学和计算机等多种学科的高度综合与集成。

智能控制包括模糊逻辑控制、神经网络控制、分层递阶智能控制、基于专家系统的智能控制、学习控制、仿人智能控制等基本类型。智能控制系统具有判断决策能力，它能对复杂系统进行有效的全局控制并具有较强的容错能力，智能控制具有变结构特点，能总体自寻优，具有自适应、自组织、自学习和自协调能力。在智能控制中，遗传算法广泛应用于各类优化问题，它是一种基于生物进化模拟的启发式智能算法，可以用于解决常规控制方法难以奏效的问题，如复杂的非线性系统辨识、多变量系统控制规则的优化、智能控制参数的优化等。

智能控制已广泛应用于机器人、工业过程、机械制造、电力、农业、军事等众多领域，已经解决了大量的传统控制无法解决的实际控制应用问题，呈现出强大的生命力和发展前景。近年来，智能控制理论得到了很大的发展，但仍存在若干需要解决的问题，如数值和符号之间的运算问题、智能控制系统的鲁棒性问题。研究和模仿人类智能是智能控制的最高目标，这就需要深入地研究和模仿人在控制方面表现出来的经验、技巧和策略，需要开发研究实时有效的控制算法；在专家控制系统、学习控制系统中发展良好的人机界面，提高控制器在抽象、推理、决策等计算上的实时性；加强理论研究，寻求更新的理论框架，加强各种智能控制方法的结合及同传统控制方法的结合研究，注重技术创新，加快研制新型智能控制硬件和软件的步伐。

## 七、离散事件动态系统①

随着计算机技术、信息技术的发展和应用，在通信、制造、军事指挥系统等领域出现了一些复杂的人为系统，如大规模计算机网络、制造系统中的计划调度等。它们的模型不能用微分方程来描述，状态数量可能很大，状态空间也不再是连续的而是离散的，其状态演化的动态过程由运行规则与事件来驱动，而事件发生却充满不确定性。离散事件动态系统（DEDS）正是针对这些特点而建立的一类动态系统，思路近于运筹学和排队论但是针对动态过程的。其系统性研究开始于 20 世纪 80 年代初，早期的研究大致有三类——自动机、极大代数和摄动法，在相当一段时间里人们希望能建立统一的框架与理论但并未成功。由于 DEDS 相对于连续系统有许多根本性的不同，与相对成熟的连续系统控制和优化理论相比，还没有通用的理论，而且针对连续状态的控制理论与方法也很难解决这类系统建模、分析、设计、控制、优化等问题。

离散事件模型的研究可分为逻辑层次、时间层次和统计性能层次，不同层次面对不同的问题，处理方法有很大差异，这也表明这类系统的复杂与研究的困难。

逻辑（无时间）层次主要模拟控制规范和设计中的状态或事件之间的逻辑次序，而不考虑状态转移和事件发生所具有的时间特征，主要关心系统的状态迁移是否正确和系统行为是否安全（如有无死锁或访问冲突）；描述 DEDS 逻辑关系的途径很多，代表性的方法是自动机和 Petri 网模型。而自动机模型是 Petri 网的特例。DEDS 逻辑层次的控制理论首先是在自动机模型上做出的。Wonham 和 Ramadge 建立了自动机模型上的监控器设计理论，而这是更一般的 Petri 网监控设计的基础。Petri 网概念是由 Carl A. Petri 在研究自动机通信时提出的。它的进一步发展得益于 Petri 网能模拟过程同步、异步、并发、冲突、资源共享等特性，而这正好表征了诸如制造系统、通信系统和计算机系统、命令与控制系统、逻辑网络和工作流等离散事件驱动的系

① 本节根据赵千川与刑科义等撰写的离散事件动态系统相关材料改写而成。

统特征。这使得 Petri 网在离散事件动态系统的各个领域有着广泛深入的应用。制造系统的控制调度是 Petri 网应用最为广泛而深入的领域，特别是在死锁控制与活性调度方面。

时间层次则试图模拟状态转移和事件发生所占用的时间的相关特性，主要关心实时调度中硬实时约束是否满足，以及任务执行中的关键路径和瓶颈如何识别。对动态系统的性能评估及优化调度问题研究必须考虑时间因素，因此产生了基于确定时间的赋时 Petri 网模型并用来研究实时调度和瓶颈识别问题。Max-plus 小组等学者系统地研究了时间事件图，并建立了基于极大代数的线性离散事件动态系统理论和方法体系。Cohen 等运用极大代数理论把这类系统模型转化为极大代数上的线性系统模型，其形式非常类似于传统的离散时间线性连续变量动态系统。20 多年来，在线性极大系统的周期性、稳定性、可控性、可观测性、镇定性、鲁棒性、可预测性等诸多方面，人们做了大量系统的研究，建立了平行于传统的线性系统理论的线性极大系统理论。由于在通信网络、计算机网络、柔性制造、对策博弈等系统中，存在一类非线性时间演化系统，在极大代数意义下的模型此时不再是线性的，而是线性极大系统模型的非线性扩展，从而催生出内涵更丰富的极小极大系统。由于极小极大系统中有极大和极小混合运算，其研究远比线性极大系统复杂和困难。极小极大系统的周期是刻画系统状态演化的渐近时间间隔的一个性能指标，其存在性、唯一性和计算方法对判断系统的瓶颈位置、缓冲资源配置等有着重要的理论与实际意义。极小极大系统的稳定性由系统的不动点与特征值来表征，从而促进了这类系统的特征值与不动点的研究。

统计层次描述系统运行中的性能评价和优化问题，主要关心在各种随机因素作用下长期实际运行时系统的生产效益和资源利用率等平均性能。DEDS 的性能优化，更多的是基于自动机模型的随机版本——马氏链而展开，其中排队系统相应的马氏链模型为背景的优化问题的研究成果尤为突出，代表性的方法包括马氏决策过程、摄动分析和强化学习等。20 世纪末，由 Bertsekas 和 Tsitsiklis 等提出发展的神经元动态规划（neuro-dynamic programming，NDP）方法，为解决大规模 DEDS 的优化控制问题提供了一种理论框架和方法。NDP 方法源于强化学习，融合了仿真、函数逼近、动态规划理论、神经元网络训练和参数学习等多项技术，分为 critic、actor 和 actor-critic 三种模式，后者为前两种模式的综合。

上述三个层次的工作虽各有侧重但关系密切。

DEDS具体的建模与分析的方法多种多样，如有限递归过程、极小极大代数、排队网络、Petri网、自动机语言、摄动分析、马氏链方法等。方法众多表现出问题重要而又困难，同控制其他分支类似，凡是有实际需求且能紧密结合现代计算机的就会有生命力，如摄动法，由于这种方法本质上是仿照时间域上对时间求导数的思想对离散事件过程求摄动，这种方法与大规模使用计算机相联系，随着计算机能力的飞速提高而具有很强的生命力。又由于求导数和计算摄动一直是优化计算的核心，这一方法就自然地发展为一种非传统的优化方法并与随机学习过程联系起来。

另外，有些系统由多个决策主体构成，即构成多智能体决策系统，产生了基于随机对策理论的Minimax-Q、Nash-Q、FF-Q、CE-Q等经典多智能体强化学习算法。目前，该强化学习算法得到一定发展，按智能体之间的关系可分为完全合作、完全竞争和既合作又竞争三种形式，又可分为对策论形式、爬山策略算法（PHC）等直接策略搜索形式、多智能体多步强化学习算法（SARSA）和时间差分（TD）、强化学习（RL）等形式。在这些场合，强化学习常常被称为近似动态规划或自适应动态规划。需要指出的是，强化学习的发展一直受应用驱动，其应用领域已涉及机器人控制、交通控制、网络控制等多个领域。

DEDS控制问题的研究还不是很成熟，远未达到对通常动力学系统进行控制的水平，目前只能做到通过禁止某些事件的出现来使系统按所期望的方式运行，其原则类似于通常的控制系统。在实际系统中，DEDS经常与通常的动力学系统组合在一起成为一类混杂系统（hybrid system）。这类系统的分析与控制目前还缺少有效的理论工具，其常常是一种分层结构，即下层是一些通常的动力学系统而上层由一个DEDS来进行统管。这类系统虽然还无法建立严格的理论，但是已在很多场合存在且可借助计算机来进行研究。近年来，有学者研究的具有事件驱动控制特征的系统是一类典型的混杂控制系统。区别于传统的时间采样控制。事件驱动控制由离散事件的发生来决定信号的采样、传输及控制器计算执行等任务，既包含离散事件，又包含连续时间或离散时间系统，通过对离散事件进行数学建模，可以针对一些相对简单的混杂系统开展有效的控制研究，相关的研究工作进一步推广到了网络化控制系统与多智能体系统研究中。

经过近30年的迅猛发展，DEDS的理论和方法虽然不断得到完善，并且在诸多领域得到应用。然而，随着应用的深入，研究对象规模扩大，系统复杂化、智能化，以及研究领域的不断拓展，现有的理论和方法有待进一步发展。当前面临的主要挑战包括以下三个方面：①由于缺乏理论上解析的结果，DEDS 的研究常常遇到维数灾难的挑战；②由于问题复杂，常面临多目标优化或多约束如何满足的挑战；③由于不确定因素多，建模和处理也面临挑战。

## 八、对控制理论发展的看法

现代控制理论的发展已经历了 50 多年的时间。起初，人们立足于控制面临新的需求，希望数学能帮助实现摆脱经典控制只能解决单变量单回路系统问题的束缚，将一些控制问题提炼成用数学理论进行研究时可接受的提法并进行研究。于是就出现了模型理想化、概念抽象化、性能要求理论化等特征，以便于进行理论研究的模式。经过数学家长期积极的努力，控制理论已经形成了以多门数学为主要支撑的相当庞大、严格而又自成系统的理论体系。这一体系为人们对控制系统中带普遍性的理论问题的认识提供了条件，加深了人们对控制系统核心问题的理论认识，其中一些便于利用计算机算法和软件的领域在应用上也获得很多进展并支撑了控制系统计算机辅助设计（CAD）的研发。目前，控制理论中用数学能证明的绝大多数结论均做了一般化、理想化的假设，且并不考虑有实用价值的物理与工程的特性与信息，加之无论是控制工程还是控制技术都在日新月异地发展，导致经数学理论证明所得到的结论常常不能直接用于控制工程，这表明原有的控制理论的内涵既不能适应工程日益增长的需求也不能适应新形势的挑战和抓住历史机遇。这主要表现在如下几个方面：系统需要在极端条件下工作和面对十分复杂且并未被充分认识的工作环境；控制系统在精度、速度和可靠性等方面有新的更高的要求；廉价传感器的大量使用和通信技术的日新月异带来信息丰富的数据如何利用的问题；计算机和智能技术的发展带来机遇与挑战，以及微观世界（微机械、基因、量子等）和大尺度系统（资源、生态、气象等）对控制提出的新问题等都迫切需要控制理论不仅在内容上而且在理论框架乃至基本概念与思想方法上不断深化自身的发展。

控制理论作为控制科学的基础本应定位为技术科学的理论，在长期的发展进程中吸引了相当多数学家的关注，一部分人关注如何用数学工具去解决控制问题，另一部分人则是在控制领域内研究从他们认为的数学角度看感兴趣的问题。用控制理论解决控制的实际问题就必须了解实际问题的工程及物理特征并对问题进行凝练，将实际中遇到的有关难题转化成控制理论问题，然后找到合适的数学或计算机算法作为工具并结合实际的特征加以解决。这样做既解决了实际的控制问题，又丰富和推进了控制理论的发展。

控制科学发展的历程表明其生命力的源泉主要来自重大需求。从20世纪末开始，控制理论的研究特别注重需求导向，这表现在三个方面。① 研究工具的多样化：由于模型复杂，很难用单一的数学工具或单一的控制方法进行控制系统设计，常常需要多种工具及多种控制手段协同控制。例如，以网络作为一种控制手段的网络控制系统，它是利用网络技术将受控对象、执行器、传感器和控制器通过通信网络连接在一起，实现对受控对象的有效控制。② 理论与工程实现的结合：针对复杂的实际系统，理论研究需要考虑相关结果的工程实现问题，结合工程问题的特殊性可使相关理论得以改进和完善。③ 控制的智能化：由于控制规则的变化，现代的控制不仅需要各种信息采集，还需要对信息进行在线分析，对模型参数进行自适应调整等，这就需要利用计算机在线实现，还有可能需要人类经验实现最后的控制决策，因此，控制的智能化也成为一大特征。

控制理论的研究还应当紧紧抓住信息丰富的时代特征，这主要表现为网络化、以数据为基础、分布式与多控制这些特点。这些特点会给控制理论的发展增添新的内容并有可能使控制理论产生质的变化。

## 第二节　应用领域之一——航空航天与运动体

当今，运动体控制面临的迫切问题是以强非线性、强时变、强耦合和高不确定性为主要特征。运动体控制研究对象主要包括陆、海、空、天四个领域的运动体，以及机器人共五个方面。其中陆上运动体以民用车辆、地面武器、重型机械装备等为主；水下和水面运动体以舰船、潜艇、水下兵器（鱼雷）、潜射武器等为主；航空运动体以飞机、无人机、战术导弹、旋翼飞行器、飞艇、临近空间飞行器、再入飞行器等为主；航天以卫星、战略导弹、轨道飞行武器、深空飞行器，临近空间飞行器等为主。研究的内容主要有两个方面：各类运动体控制的共性问题（平动和转动、轨迹和姿态控制）和不同特点（环境条件、任务需求、约束条件等的不同导致对象特征和控制方式上的不同）下各类运动体控制。

运动体控制从实质上就是受控制力作用的有目的的动力学。力学中的运动稳定性、刚体动力学、轨道动力学、机构动力学和分析动力学与其关系密切并提供了概念、理论的思路与方法。运动体控制的发展是控制科学进步的最为有力的一个推手，它的成就也为控制科学的应用展现出辉煌的前景。

具体到飞机领域，从早期的相对简单的机械增稳系统和自动驾驶仪，到如今控制、制导与导航一体化的集成数字航电系统，飞行控制也从单一模式的单通道单任务控制方法向集成模式的多任务网络化控制发展。在 20 世纪 60 年代以后，飞机的发展曾遭遇瓶颈，常规设计不再满足对飞机性能的新需求，随后出现的新设计，可以将飞机设计成中立稳定的和静不稳定的构型，并能主动控制飞机的结构模态响应，从而产生了两个具有重要意义的飞行控制新概念——主动控制技术（ACT）和电传飞行综合控制（FBW）系统。这两项新技术的出现对飞机的发展所产生的巨大影响一直延续至今，已经成为第四代军机的技术特征之一。

当前为满足飞行器技术发展的新需求，飞行器飞行控制日益体现出以下新的技术特征：飞行包线更高、更快、更宽（过失速、高过载），适应环境更大不确定性（尚未充分认识的临近空间），适应非常规先进布局（无尾）和变体布局，计算、通信与传感系统网络化，控制对象更为复杂、变体、多平台、体系化、分布式、跨空域，控制功能不仅是单纯的控制而是控制、决策与管理一体化；控制作用体现为多元、混合、异构控制效应并具有容错控制、控制可重构能力。飞行器控制的发展已经与空气动力学、结构力学、发动机科学技术、材料科学技术、信息科学技术等学科伴生和交叉，正深刻改变着飞行器控制的概念、理论、方法和技术。

近来，人们关注一种可以兼顾空天两方面且能做一些复杂运动的新型飞行器，这里的复杂运动是指按一定目标完成一定动作的一些特殊运动。例如，爬升、下压、蛇形、滑翔等及其组合。要完成这些运动，对应飞行器上无论执行机构还是传感器都不可能是单一的，而飞行器的运动本身也必然是多回路协调的。有时为了适应不同空域和机动性的要求，控制对象本身也要求变结构，这些除了技术实现的难点以外，从控制科学的基本理论层次上也必然碰到一些很难克服的难点，如时变、非线性、各通道的强耦合，有时还是刚体与弹性体的耦合，如果把这些都放在一般化的模型中进行讨论，从现有的理论与技术水平可能再过多少年也没有进展，这是一方面。另一方面是其各类飞行器的复杂性和多样性使得我们不能像传统控制理论那样，把问题处理成单一形式，试图用解析的方式得到带普适性的方法，传统的航天飞行器就和航空飞行器在力学特性上有着显著区别，而临近空间高超声速飞行器则必须集二者于一身，但又面临二者均未涉及的飞行环境，如稀薄离散的大气层，因此面对这样复杂的问题，合适的方法应该是就这类复杂飞行问题，提炼出一些在理论或计算机研究上可操作的一批问题去进行研究。这些问题可能不同于传统的控制科学的提法，也不再是以系统模式来进行分类，这促使我们对控制科学原有的一些研究出发点重新进行思考，因而更具有挑战性。

作为运动体的舰船，它的运动发生在两相介质（液、气）的边界上，由于波浪的影响，减摇成为舰船控制的一个特色，减摇水舱的发展已有百余年历史，作为常用的全航速减摇装置，不仅能够实现各航速下的有效减摇，而且还可用于抵抗船体横倾。按照不同控制方式，减摇水舱分为主动式、被动式及可控被动式三类。主动式水舱减摇效果最佳，响应速度较快，但结构复杂、成本高、功耗大、经济性差，因此极少使用。被动式水舱结构简单，造价最低，但“双共振”工作原理导致其减摇频段较窄，仅在船舶谐摇区内保持良好减摇效果，而低频或高频区内效果极差，甚至可能增摇；可控被动式水舱是对前者的重要改进，通过控制其顶部气体连通道或底部液体连通道的开口程度，完成对舱内液体的间接运动控制，从而提高水舱的实际减摇效果。

车辆是最常见的运动体，从控制的角度大致有两类问题——作为交通工具在正常道路行驶的控制问题与有特殊要求的车辆控制问题。对于汽车，悬挂系统的稳定性关系到乘坐者的舒适，已有充分的研究，但当今涉及汽车控制的问题是多方面的。例如，保证多种动力学性能、降低排放节省燃油和保证安全这些方面要进行综合平衡，这些需要一个集控制与管理于一身的电子一体化平台。当前汽车电子已形成产业且在汽车制造的成本中比例日益增加，而我国目前尚缺少具有完全自主知识产权的系统，对于汽车，由于是大批量商品，所以在考虑控制时还必须考虑低成本。在自动驾驶方面，由于汽车运动受典型的非完整约束，曾引起非线性控制研究者的关注，此外如何在实际公路上实现自动的智能驾驶也是国内外关注的热点。坦克的控制问题就比较复杂，是对控制有特殊要求的，首先它可能行走在相对崎岖的地面上，为了观测与射击必须在颠簸的条件下内部具有一稳定的平台以保证坦克行进中的高精度观测和射击的精准。

机械手与仿生机器是另一类受控运动体。在现代工业生产中常需要简单重复、快速而又要求精准的加工过程，由于人的生理局限常借助机械手来完成，有时机械手也常在人不宜直接参与的情况下工作。机械手的运作有时会存在欠驱动问题，有时也会存在按一定目的工作路径不唯一而需进行路径在线规划或按一定要求（例如避障）进行规划的问题。有时对于机械手还必须考虑弹性对工作精度的影响与补偿措施。比机械手工作范围更广的是仿生机器，如机器人、机器鱼等，无论是人、鱼或其他动物，经过千万年遗传进化所获得的运动能力与技巧，从力学的角度至今并未说清楚，要用人造的方式用机械来加以实现当然是充满挑战的。还有一个有趣的受控运动体的研究方向是微机械（MEMS）、用于医疗的胶囊机器人等的研究，这些也都处于方兴未艾的状况。

现代战争有两个重要特点：一是信息的优势常成为战胜对方的决定性因素；二是攻防常表现为武器系统的对抗，从控制的角度武器系统实际上是以信息链相联系具有战术目的和能力的受控运动体群。可以是海、陆、空、天及信息多军种协同作战系统，具有很大规模、分层与分布式结构，并利用数据链技术连接，集决策、运筹与动力学为一体的大体系，也可以是单兵种或多兵种较小规模的武器系统。

在这些系统作战运行时，控制科学具有十分重要的作用，其面临的任务与挑战如下。

在战场环境复杂多变、充满不确定性，具有多种复杂的约束条件下实时地完成：①己方运动体建模，按作战任务形成运动规划并同时对敌方运动体进行模型辨识、运动预估，以实时、快速、精确的算法保障实时地进入实战与对抗；②保证纵向无缝连接，横向共享或局部共享的信息结构在局部破坏时保持正常工作，信息系统有预警、容错乃至自修复功能；③战场效果的及时评估、决策与进一步规划与调整等。所有上述任务都应在一个由数据链技术支持下的具有网络化、自动化、智能化特征的分层且具有不同时间尺度、不同模式、多种目标寻求次优或可行解的一体化平台上完成。这与传统的战争和单个运动体控制在复杂程度上是完全不可比的。而这是在信息丰富时代的大背景下战争形式的必然。

运动体控制的一些详细分支介绍可参考本书第三篇“航空航天与运动体控制”。

## 第三节　应用领域之二——过程控制

过程控制是指以温度、压力、流量、液位和成分等工艺参数作为被控变量的自动控制，是控制科学在应用领域中的重要分支，涉及石油、化工、冶金、电力、轻工、纺织、医药、建材、食品等工业部门，它的发展对于我国国民经济意义重大。《国家中长期科学和技术发展规划纲要（2006—2020年）》明确指出了制造业优先发展的主题之一是“流程工业的绿色化、自动化及装备”，而石油和化工是工业节能的重点领域。

控制科学所研究的过程控制主要有过程控制装置和过程控制策略与算法，具体来说应包含以下几个方面：①过程建模，根据物理、化学、生物过程建模；②信息获取与处理技术，体现数据处理技术与控制技术一体化；③先进的控制方法与过程性能评估；④过程优化与调度；⑤过程装备与技术标准；⑥异常检测、寿命预测与维修决策技术。

现今，过程控制已从手工操作逐步发展为数字化自动控制器，这应归功于高新技术的发展和新材料的应用。数字化、多变量、专用集成电路（ASIC）的广泛应用，产生出许多智能传感器和执行器。它们不仅可以检测有关过程变量，还能提供仪表状态和诊断信息，而且具有通信功能，便于调试、投运和管理。在策略和算法方面，从20世纪80年代开始，在现代控制理论和人工智能发展的理论基础上，针对工业过程本身的非线性、时变性、耦合性和不确定性等特性，提出许多行之有效的解决方法，如解耦控制、推断控制、预测控制、模糊控制、自适应控制、人工神经网络控制等，常统称为先进过程控制。近十年来，以专家系统、模糊逻辑、神经网络、遗传算法为主要方法的基于知识的智能处理方法已经成为过程控制的一种重要技术。先进过程控制方法可以有效地解决那些采用常规控制效果差甚至无法控制的复杂工业过程的控制问题。

当前过程控制出现了一些前沿焦点问题，如过程的优化与调度、离散事件动态系统、物联网等（程代展和赵寅，2012）。复杂工业过程，如冶金、化工、加工制造等，其运行指标与控制回路的被控变量之间的动态特性一般具有强非线性、强耦合性、不确定性，一般难以建立简单的机制模型，需要结合数据建模。对这类复杂的系统如何进行动态建模、如何对模型进行评估、校正，以及如何建立一般的运行优化控制方法等都是研究者要面对的重要问题。离散时间动态系统的优化理论和数值方法是目前的研究热点之一，其方法也有望成为工业过程优化控制的一个有效工具。物联网能精确、实时地对工业生产过程进行动态管理，全面提高工业生产调度的整体性、有序性、系统性。物联网动力学模型的建立及其优化算法是目前研究的一个重点。

（1）基于数据驱动的控制与优化。现代工业过程生产工艺、生产设备和生产流程越来越复杂，很难依据其物理化学机制建立精确的数学模型，如何利用生产过程中大量的离线、在线数据，在难以建立受控系统机制模型的条件下实现对生产过程和设备的优化控制，具有重大的应用需求。

（2）海量数据处理与系统集成。网络化数据获取方式极大地提高了数据获取方式的灵活性，同时也造就了海量数据处理的新问题。各种总线和网络协议在促进网络多元化发展的同时，也对系统的集成提出了新问题，标准化的总线和网络协议下模块化的系统设计是未来发展的主要方向。

过程控制所涉及的企业是当今工业企业的主体，面临转型的迫切需要，即从高能耗、高污染向低耗、绿色转型，即由只强调产量到保证产量同时强调精打细算、注重环保、保证可持续发展的转变，这就要求将生产、物料平衡、计划、优化调度、能耗、环保、故障预警、监控、生产评估等从整体上进行一体化考虑。由于管理和生产上的进步将带来可观的经济效益，所以环保与能耗上的严格要求，就使一个综合性的、网络化的集传感、信息加工、控制、调度、管理于一体的平台成为必需。要求的进一步提高面临的挑战主要如下：建模的精确化，如需要考虑多场多相耦合、传质传热并行，以及各种未知因素与不确定性；传感技术和传感器的制造直接影响到数据获取的精度和及时性等问题，是制约数据获取技术发展的主要瓶颈；环境差、多相流输送和封闭式反应带来采集数据与测量的困难，而再加上指标苛刻、约束条件多和生产的柔性要求等都使过程控制完全处在一个新的局面上。

过程控制领域存在的一些问题与挑战可参考本书第四篇“过程控制”。

## 第四节　网络与多智能（自主）体系统控制

### 一、复杂网络与控制

进入 21 世纪以来，以互联网为代表的网络科学与技术给人类社会的生活与生产活动带来了极其深远的影响，极大地改变了人们的生活方式，网络不仅是大规模信息的载体，并且已经成为人类生活的重要组成部分。人类社会不断地网络化，在给人们生活带来便利、提高生活质量与生产效率的同时，也带来了一定的负面影响，如传染病、计算机病毒的快速传播和大面积停电事故等。因此人类社会的网络化需要人类对各种人工与自然网络提高认识并加以引导利用。在理论与社会发展需求的推动下，“网络科学与工程”的研究应运而生，从诞生之日就注定这完全是一门综合交叉学科，相关研究领域涉及数学、物理、计算机、生物、军事、控制、通信甚至社会科学等。包括美国在内的一些发达国家科学家已将其列入国家科学技术发展报告，我国也将复杂系统包括复杂网络的研究列入了《国家中长期科学和技术发展规划纲要(2006—2020 年)》。

网络科学与工程主要研究自然科学技术与社会经济发展过程中各种复杂的网络系统中的内部机制、共性规律、结构演化、动态行为、调控策略等，是复杂性科学与系统科学的创新发展。20 世纪末，*Nature* 与 *Science* 分别刊文指出了网络世界中的小世界与无标度特征，近十几年来网络科学的研究得到了长足的发展，几乎涉及了人类社会的各个领域。从不同的角度出发，当前的网络科学研究可以有不同的分类，根据对不同问题的研究，下面只从目前的丰富成果中粗略地列出几类。

(1) 网络结构建模与特征分析。纯粹从网络节点与连接关系来看，网络可以看作数学中经典图论与随机图论的自然延伸。结合实际网络特征，如层次结构、内部局域特点、连接关系趋优特征等，给出能有效刻画实际网络的模型，并分析网络节点与连接关系的各类特征是这一研究领域的核心课题。目前，科学家们已经给出了各种各样描述因特网、通信网、人际关系网等的模型。有部分科学家一直致力于寻求建立能涵盖各种网络特征的普适模型，但每个具体网络都有其独有的特征，普适性与个体差异有效结合并对各类实际网络进行实证研究将进一步推动这一领域的发展。

(2) 网络动力学分析与控制。网络的每个节点都可以是一个动态系统，每个网络都有其独特的演化行为，如生物体神经元网络可以反映神经活动特征，网络动力学研究可以揭示网络行为演化规律。在网络动力学行为的研究中，网络同步行为受到科学家们的空前关注，并已取得丰硕成果。由于自然界与工程实践中存在很多如蝉鸣、钟摆、电机等同步行为，深入理解各类网络系统中的同步机制，并加以有效控制是非常重要的理论与应用课题。还有一类动力学课题是网络上的传播动力学行为，如传染病流行、计算机病毒传播等，很多学者对这类问题也给出了研究模型，得到了不少定性、定量成果。此外还有网络上的博弈动力学研究等。未来发展中，真正结合到实际系统（如生物体趋同运动、人造运动体编队、医学上的传染病数据、神经元网络实验等）开展网络动力学行为分析与控制研究是大有前途的课题。

(3) 网络中的搜索问题。当前网络科学研究中最突出的一个问题就是规模巨大、节点多、连接关系复杂。建立有效算法，在很少的信息条件下快速搜索到人们感兴趣的部分节点或连接关系具有特别重要的实际应用价值。实际工程部门或社会团体对这类研究成果有非常明确的需求，如美国军方对恐怖分子的追踪、一般公安部门对犯罪分子的搜索，只要犯罪分子有一定的通信联系，他们就会融入当地相关的通信网络，在固定的通信网络中快速搜索到疑似犯罪分子对公安部门破案有重大参考价值。另外，在传染病、计算机病毒传播网络，或者谣言传播网络，在已有部分信息的情况下快速搜索到病毒传染源或第一个谣言散布者，对实际传染病控制与禁止谣言传播都非常重要。结合实际需求，这方面已经有不少理论与应用成果，相信未来除了理论成果外，还会创造可观的经济价值。

(4) 网络脆弱性、鲁棒性与网络堵塞研究。实际中有很多网络看似复杂，有时却很脆弱。除了全球时有发生的大型电网事故外，2006 年 12 月，中国台湾地震造成的亚太地区通信网络瘫痪事故令人记忆犹新。再考虑到军事战争中的网络安全、网络攻击问题，网络鲁棒性研究意义十分明显。对于一个大规模的实际网络，至少去掉几个节点或断开多少连接关系，网络就会变得不连通？这个问题对于研究网络安全维护与网络攻击十分重要。另外类似于交通堵塞，在网络上研究堵塞问题可以给相关工程实际提供有效借鉴。不管是从实用出发，还是从理论研究出发，网络安全与网络鲁棒性课题也已有不少成果。

当前网络科学与工程研究方兴未艾，研究学者众多，成果浩如烟海，全面概括其成果是困难的，这里只列出部分课题方向以显示其重要性与未来发展前景。

## 二、控制科学的作用

在网络科学发展百花齐放、百家争鸣的时代，控制科学应该发挥怎样的作用，是值得控制科学工作者思考的问题。从广义的角度讲，控制只是一种手段，控制科学的任务就是对各类系统施加一种手段或影响，使其实现期望的目标。从这个意义上看，控制科学可以在任何学科中发挥作用。目前网络科学的发展为控制科学提出的挑战性问题主要有三个。

(1) 少数节点控制问题。在一个大规模网络中，对整个网络进行集体控制，或者对每个节点都进行控制往往是不现实的。这时至少控制多少节点就能实现控制目标明显是一个非常有意义的课题，如在网络同步问题中至少控制多少节点，采用什么控制策略就能达到同步；传染病网络控制中，至少对多少个体进行免疫控制就能避免疫情传播。这些都是大规模网络系统对控制理论提出的新课题。

(2) 连接关系控制、连接关系优化与鲁棒控制问题。除了节点控制外，网络系统中对连接关系的控制也是一类新型控制问题，如电网中会存在对输电线路进行控制的问题。连接关系优化也是一个非常有意义的课题，如对于一个给定节点数的网络，什么样的连接关系最容易实现同步；对于一定的同步指标，至少应该有多少连接关系；什么样的连接关系鲁棒性最好。这些都是值得研究的课题。

(3) 网络动力学行为调控。与社会网络相结合，网络上的谣言传播如何有效调控，网络舆情如何有效引导，这些问题有明显的社会、政治意义。

无论是自然界还是人类社会，当个体达到一定数量且之间存在着信息或其他联系，它们的整体就形成网络，如自然界生态系统、流行病传播系统、基因系统、人造系统（如城市交通、电网、物流网）。这些网络均由一个实际的物质网和一个反映其动态特性的虚拟的信息网组成，人们希望通过研究清楚这个信息网和从信息角度对其进行控制以达到控制物质网的目的。不同的物质网其伴随的信息网是不一样的，从信息角度反映出网络的多样性。

当前，网络研究蓬勃发展，成为控制的热门话题。但如何处理理论的网络与实际的网络之间的关系是值得深思的，实际的网络并不能随意给出假定，为理论讨论从一些假定出发而得到的结果是否符合实际需求，都是值得研究的。出路理应是如何从实际存在的网络中提炼模型、问题、概念并寻求解决方法与建立理论，这才是最有价值的。

从不同学科研究的角度，会对网络科学的发展提出不同的新问题。不同学科之间的交叉融合将一步促进科学技术的大发展。在网络科学蓬勃发展之际，充分发挥控制科学的作用，不但会做出重要的理论成果，而且有可能会在政治、经济、军事、社会等方面发挥重要的积极作用。

近十几年来，针对复杂网络一般模型及一些基本假设，很多学者开展了同步理论的相关研究并且发表了大量论文，目前很多理论成果与一些实际问题还有很大差距，需要各方面的学者继续开展深入研究。例如，电力系统中的暂态稳定性关心大扰动后各发电机组能否保持同步运行，并过渡到新的或恢复到原来的稳态运行方式，而且这类大扰动对系统的影响不能通过局部线性化分析方法确定，其中包括线路或元件的严重故障，以及负荷的突变等。暂态稳定性分析的主要内容是确定各个故障场景的临界清除时间和失稳模式、不同故障清除时间下系统的稳定裕度、发电机输出功率和线路输送功率的稳定极限，以及系统的参数变化对它们的影响。电力系统暂态稳定分析领域主要有两大代表性分支：一是基于 Lyapunov 稳定性理论的相关不稳定平衡点方法；二是基于发电机群运动特征的扩展等面积方法。相关不稳定平衡点方法主要关注发电机动态过程，将发电机网络描述为发电机之间的电磁功率代数约束，将故障后系统的暂态稳定问题转化为判断故障后系统初始点是否处于故障后系统稳定域内的问题。扩展等面积方法同样仅关注发电机的动态过程，但是在处理思路上有较大区别。它针对电力系统模型进行微分代数方程的数值求解，进而获得各台发电机在故障中与故障后的状态量变化轨迹，通过把功角拉开差距很大的两个发电机群的惯量中心的差值作为状态变量，将多台发电机的同步稳定性问题等值为单台发电机的暂态稳定分析。这两类方法都是关注发电机的动态，忽略了电力网络的动态，尚未做到从电网拓扑的角度建模研究发电机组失去同步的过程与机制。随着复杂网络同步研究的进展，下面这些问题无论是在理论研究还是在应用方面都有巨大研究价值。①如果能把电力系统暂态稳定性问题与网络结构联系在一起，讨论网络结构对电力系统动态过程的影响，研究大扰动导致的功率不平衡在网络中的传播情况，也即故障危害的发生与传播机制；②给出避免系统失稳，该采取的网络控制措施（如切哪台发电机、切哪个负荷节点、系统在哪条线路解列）；③研究怎样的电网更坚强，更能抵抗大扰动等，这些问题的相关成果不但可以为复杂网络同步理论提供强有力的应用支撑，而且可以在电力系统中创造巨大的经济价值。网络科学与工程中存在的一些控制问题可参考本书第五篇“网络控制”。

## 三、多智能（自主）体系统

近些年来，控制领域中与网络同时兴起且彼此联系紧密、互相促进的研究方向是多智能体系统（multi-agent systems）。它有两种：一种在人工智能领域称为多智能体系统，另一种更着眼于控制。为区别起见，这里按一些文献的译法将其称为多自主体系统（在一些中文文献中仍采用多智能体系统），这两者无论在概念、方法和侧重点等方面都有所不同但又有不少共同之处。粗略地讲，多自主体系统系指一组自主的个体为达到某种目的，以信息通信等方式相互作用耦合而成的群体系统。这里，单个自主体可以是一个机器人、车辆、飞行器、传感器，甚至可以是计算机程序。多自主体系统协调控制包括众多不同而又密切相关的课题，如编队控制、一致性控制、聚散控制、分布式滤波等。在这些课题中，一致性是基础性问题，是解决其他问题的关键和重要步骤。多自主体系统是由众多个体系统耦合而成的，属于关联大系统的范畴。但又不同于传统的大系统理论，多自主体系统具有如下的新特点。

（1）每个自主体具有独立的计算、决策和感知能力。在没有通信交互时，自主体之间通常在动力学上是解耦的。

（2）为达到某种目的或控制要求，自主体间通过信息通信等方式相互作用，从而形成一个耦合的自主体网络。

(3) 由于网络的较大规模及单个自主体的有限测量（或通信）能力，每个自主体的控制只能依赖于其自身和测量（或通信）范围内的邻居智能体的状态信息，也就是说多自主体系统的控制只能是分布式的。

多自主体系统协调控制在卫星编队飞行、传感器网络、多机器人的合作、分布式侦查、智能交通等领域具有很好的应用前景，其主要研究热点和挑战如下。

(1) 自主体复杂动力学。多自主体系统研究中自主体动力学包括由最简单的一阶积分器系统到线性乃至非线性系统。现有的研究结果多假设自主体网络是同构的，即自主体具有相同的动力学，而具有一定的保守性。异构多自主体系统的协调控制问题由于往往不能利用有效的解耦手段，而难以给出分布式控制器的可操作的设计方法，而成为一个需要深入研究的方向。一个可行的途径是讨论弱异构多自主体系统，如自主体具有相同的标称动力学但具有不同的不确定性。

(2) 通信带来的约束与问题。为达到协调控制的目的，自主体之间需要通信或测量网络进行信息交互。这些约束表现如下：信息传输的带宽是有限的；信息通过网络传输时需要量化，需要设计合适的编码和解码规则；传输过程具有时延或产生信息丢包现象；信号受到未知的外部噪声影响；自主体之间的通信不是连续的，而是采样的，采样可以是时间驱动的也可以是事件驱动的；通信拓扑不是定常的而是时变的。这些约束对控制造成的影响不容忽视而需要深入研究。

(3) 性能要求。在多自主体系统研究中，除了能够实现期望的协同运动，往往还需要满足一定的性能要求。例如，多自主体系统对外部干扰和通信噪声具有一定的抑制能力；对于自主体动力学和信息通信的不确定性保持期望的鲁棒性；由于网络规模有时很大而自主体只能获得局部邻居信息，每个自主体通过优化自身的局部性能指标而使得整个网络满足给定的性能要求。

人工智能领域的多智能体系统，是在人工智能、计算机、自动控制、通信工程学、运筹学、系统工程学等领域交叉结合基础上发展起来的，在很多复杂系统的控制中起着十分重要的作用。这里智能体（agent）是指包含多个在功能上独立，具有逻辑推理能力和通信能力的计算实体。在复杂实时动态环境下，由于存在时间约束和资源约束，需要解决由多个智能体组成的多智能体系统在有限时间、有限资源情况下的资源分配、任务调度、行为协调、冲突消解等协作问题，研究目的在于使功能独立的智能体通过协商、协调和协作，完成复杂的控制任务或解决复杂的问题。多智能体系统除具有单个智能体的特性外，还具有如下特点：①数据是分布或分散的；②计算过程异步、并行；③每个智能体具有不完全的信息和问题求解能力，不存在全局控制；④智能体之间可以交互、动态自组织、协调及合作，从而大大提高求解问题的能力。

目前的工业系统正朝大型、复杂、动态和开放的方向转变，传统的工业系统在许多关键问题上遇到了严峻的挑战。多智能体系统理论和相关技术与许多其他领域相互借鉴和融合为解决这些挑战提供了一种最佳途径。多智能体系统理论和技术已成为一种对复杂系统进行分析和设计的有力的思想方法和工具，已经或正逐步应用到交通控制、多个机器人的相互协调与合作、网络自动化与智能化管理，软件开发工程、电子商务、生产调度、虚拟企业构建、柔性制造、决策支持系统，分布式计算、商业管理、分布式预测、监控和诊断、网络化计算机辅助教学、医疗系统及军事系统仿真研究等诸多领域中。

目前，多智能体系统的研究已经取得了一定进展，但其相关理论及技术在体系上还不完整，还有许多理论与实际问题有待于深入研究。这些问题主要如下：①实时条件下，多智能体系统通信层、协作层和控制层的设计及其性能研究；②在时间和资源约束下，多智能体系统的资源分配问题；③复杂环境下，开放式综合多级的多智能体体系结构；④研究基于多智能体技术的网络智能化方法，解决建立和完善基于多智能体的分布式仿真系统和测试平台所面临的软件和硬件问题；⑤研究基于多智能体系统的分布式智能控制，包括多智能控制系统的性能、控制策略和控制方法；⑥加强多智能体系统理论和技术的应用研究，如交通系统中多个智能体系统的信息融合问题，解决如何在交通管理系统、出行信息系统、导航系统、停车系统间共享信息，通过协调多系统的工作，提高路网运行效率和出行信息服务质量。

总之，多智能体理论和技术是目前人工智能领域中最新、最重要的研究方向之一，与网络、控制有着紧密的关系，其控制涉及一类具有新的不同于传统控制的特点而成为研究的热点。

## 第五节　向其他学科渗透

### 一、脑控系统

中国人在节日中常用四个字“心想事成”来表达祝愿，脑控就是心想事成的关键。基于脑-机接口的人机融合控制系统，称为脑控系统。“脑控”涉及神经科学、认知科学、控制科学、医学、计算机科学和心理学等多个学科，是一个新兴的多学科交叉的前沿研究方向。目前，脑控系统的研究主要包含三个方面：一是人脑思维或意念与脑电信号的关系，研究在自发或外界诱发的条件下，不同的思维或意念所对应的脑电信号模式；二是脑-机接口的设计与构建；三是应用系统研究和开发，根据不同的目的和任务，设计和构建相应的基于脑-机接口的控制系统和装置。

从控制科学的角度看，脑控系统的出现及其所存在的问题，给控制科学的研究带来了新的机遇、新的问题和新的挑战。

(1) 高性能控制信号转换算法的研究。针对目前脑控系统信号转换过程中所存在的维数高、过拟合和低自适应性等问题，如何利用模式识别和机器学习中的新理论、新方法及控制理论中自适应学习的思想并结合多维信号处理方法，设计有效的多维在线自适应分类算法是一项非常重要的理论研究工作。

(2) 脑控系统的智能化研究。在脑控系统中，人脑和计算机紧密结合，这种结合体现了生物智能和人工智能的结合，脑控系统可以成为研究这两种智能的平台。

(3) 脑控系统的网络化研究。目前脑控主要是针对个体的操作，在有多人联动的情况下或需要远程操作时，就有必要构建一个基于脑-机接口的网路化系统。这一类特殊的网络化系统的研究，一方面对脑控的研究提出了新课题；另一方面当把人脑、机器和网络纳入一个控制系统后，在网络控制中研究的反馈、稳定、鲁棒和时滞等问题就可能会产生，势必会影响在线分类器的质量，这些问题综合起来又会影响到被测试者或使用者的精神心理活动。此类复杂系统控制问题的研究将更为困难，将会产生新的科学问题。

(4) 拓展新的应用领域。目前脑-机接口技术的应用较多集中于康复领域，事实上脑-机接口技术不仅可为残疾人带来福音，也可为正常人提供“第三只手”的功能。

(5) 人机融合控制系统的理论和方法研究。针对脑控系统这类非常特殊的人机融合控制系统，如何描述，如何建模、设计和优化，如何分析和评价等都是很值得思考和研究的新问题。传统的控制理论和方法并不能直接应用于这类特殊系统的建模和优化等问题的研究，需要创新和发展。

## 二、生物系统

对生命系统的分析和调控是一个极具挑战性的问题。生物信息学是自动化学科中越来越受关注的研究方向，它以信息、控制和系统理论为核心，研究基因的遗传和疾病的秘密。系统生物学对一个特定的生物过程的动态结构进行建模，分析其系统学特性。例如，基因调控网络就有许多不同的建模方法，如布尔网络，对布尔网络的分析和控制有可能对系统生物学的研究起到重要的推动作用。

控制在农业生产现代化、植物栽培中起着重要作用。现代农业寻求工厂化或部分工厂化均需控制技术的支撑。植物生长过程中在不同时段需要不同的温度、湿度、光照、用肥量而且还应视当时状况进行调整，控制科学技术可为此创造条件，但要注意降低成本、方便使用和解决大范围应用带来的问题。对于大范围自然生态的控制问题则要复杂得多。

在医疗上，如何建立人体对药物在其中的扩散和吸收的过程的模型对更合理地个性化用药、减少药物可能的毒副作用有重要作用，控制中系统辨识的技术已经应用于这方面的研究。将控制的理论和方法应用于某些介入性治疗，以及如何用控制科学和系统论的方法对疾病治疗即采用对人体综合性治疗也已提上日程。

## 三、量子控制

随着量子信息、量子通信，以及量子计算的兴起和发展，基于量子物理理论的量子动力学的分析与控制，成了物理学、数学及系统与控制理论交叉的一个前沿学科方向（程代展和赵寅，2012）。量子控制相对宏观尺度的系统有几个基本特点：①控制对象是微观世界的，其状态是服从量子力学规律的波函数或密度算子，可以通过电磁场和激光脉冲进行控制，时间尺度小，宏观世界的直觉很不适用；②系统的状态存在相干性，量子系统的不同状态之间可发生干涉，即量子相干叠加，不同量子体系之间可以产生纠缠，这有利于量子通信与量子计算但需要解决消相干存在的困难；③量子系统的观测上，此时的物理量常是离散的，其间可能不可交换，对其测量遵从测不准原理且存在回反作用，这些使量子体系的信息获取也困难重重。

相对宏观尺度的系统量子调控研究包括四个方面：①具有量子效应的系统模型的建立；②量子系统信息获取机制研究；③量子系统控制理论研究；④量子控制方法的具体实现方案。从控制科学的角度看，如何将宏观的控制理论与方法用于微观粒子，包括量子系统的可控性分析、可测性、反馈控制设计、最优控制等是当前研究的一个热点。

## 四、经济控制论与金融控制工程

“经济控制论”一词最早出现在1952年在巴黎召开的世界控制论大会上。1954年，美国数学家R. S. 菲利普斯开始用二阶常微分方程描述宏观经济系统，并讨论了系统的开环控制和闭环控制问题，以及采用PID控制原理来改善经济政策以增进稳定性。20世纪50年代中期，美国H. A. 西蒙等人研究了宏观经济的最优控制问题。50年代末，波兰科学院应用控制理论的方法建立了中央国民经济计划系统模型。普林斯顿大学邹至庄教授的专著《经济动态分析和控制系统》和《计量分析的控制方法》分别于1975年和1981年出版。几十年来，在许多控制理论家、经济学家、数学家等的共同合作和努力探索下已取得显著成果，并于1975年在布加勒斯特召开的第三届国际控制论与系统大会上正式确认经济控制论这一新兴学科。经济控制论的研究内容主要包括四个方面：经济控制系统的结构理论、宏观经济系统的控制和调节、微观经济系统的控制和协调、经济大系统的递阶控制和分散控制。由于经济系统与十分复杂的人类社会密切相关，控制科学在该领域如何发展依然充满挑战。

自20世纪70年代初期提出Black-Scholes-Mertan期权定价规则后，控制理论也成为金融领域的重要工具。金融方面的控制问题，尤其是与衍生证券的定价和保值相关的控制问题，为运筹学和控制科学提供了许多有意义的挑战。因为在金融领域，存在大的时变不确定性，使建模特别困难，这些不确定性有时可用随机方式处理，山东大学彭实戈运用最优控制中倒向随机微分方程的方法讨论了金融系统。研究人员一直在开发明确考虑模型误差、不确定性控制和保值的方法，使得在存在模型误差和不确定性时，系统能够很好地运行。在这方面，鲁棒控制理论将可能做出应有的贡献。

## 五、软件控制

软件控制论（software cybernetics）是2000年以来在软件工程领域日益受到关注的一个研究主题，是控制科学与计算机软件科学与工程交叉的新兴学科。

随着控制系统与理论的发展，新的应用机遇将不断涌现。分布式计算、通信和传感系统的出现，使研究人员可以获得大量的数据，并可以对这些数据进行处理和传输，特别是软件系统与物理系统的结合也越来越紧密，这对军事、商业和科学技术产生了深远的影响。控制与嵌入式软件集成技术密切相关，实际上，所有的现代控制系统都是用数字计算机来实现的。而将软件系统作为受控对象来进行对软件系统状态和输出的有效控制是近年来软件可靠设计、软件控制论、信息物理系统、云计算等研究中亟待解决的问题，它的解决或发展会极大地提高软件系统的可靠性和安全性并能实现网络上等大型软件的高效性和数据流控制。

## 六、其他交叉

控制科学作为一种“使能”科学，应用于具有系统特征的对象都有可能发挥作用。经过多年的发展，控制科学的理论、概念和方法在计算机技术的支持下，已经远远超越了之前为工业生产和军事装备服务的范围，广泛应用到了生物、医学、生态、环境、能源、政治、军事和社会科学的各个领域，如社会、经济、管理、人口、教育等。

## 七、软件实现

针对不同性质的控制对象，控制器（平台）设计的方法各种各样，不是唯一的，但其核心问题是控制算法及其软件实现。现今的复杂系统的模型通常是根据控制对象的物理特性与采集的数据，依靠算法软件建立的。在算法及软件的自主研发上，我们已经与发达国家有相当大的差距。过去在基金资助下从基础层做起的做法实际上无法赶上发达国家的水平也并不为国内控制界所采用。因此必须选择合适的切入点，在某些问题上首先突破，做出具有自主知识产权的算法及软件，形成在特定领域的优势以此作为基础，逐步扩展。

## 八、教育

控制教育主要指普及和专业两类。

考虑到控制在当今人类社会各方面的重要作用，应该加强在大众普及教育之上有关控制的教育，让广大群众了解什么是控制和控制科学；控制科学的作用和对社会发展与人民生活的作用；让大家对反馈、补偿、关联、解耦、开环、闭环有一个基本的了解，就像人们现在对电有交流和直流、电流和电压的了解相仿。

控制科学从诞生至今不足百年但经历了很大变化，由单回路单变量控制到多变量控制进而发展到今天的信息丰富的控制。对应不同时期，针对控制的专业教育自然有自己的特色，一方面应总结凝练该学科已有知识精要的同时又应具有新时期的适应能力。20 世纪，一些学者致力于将经典控制与现代控制理论进行结合是这种努力的表现。控制科学的每一次重要的突破都可归结为解决实际问题的技术需求和从实际问题凝练的理论需求。因此我们的教育也要与需俱进。

当前控制处于信息丰富的背景下，信息科学的飞速发展对控制教育提出了新的要求。20 世纪 60 年代，搞控制的并不一定要懂计算机，但是如今的控制系统几乎已离不开计算机了。信息获取手段多种多样，使信息融合、信息传输和信息加工处理成为控制系统的组成部分，这些是控制专业教育必须认真考虑的。因此控制教育除适当的工程教育和必要的理论教育外必须将其放在信息科学的大环境中进行考虑。交叉学科的一些其他阐述可参考本书第六篇“交叉科学及其他”。

## 九、几个新问题

控制科学可以发挥作用的领域很宽广，发展过程中产生的新问题来自两个方面：一方面是原有框架下的新问题，即原有研究问题的思想、理论与方法已不再适用而需要提出新的思想、理论与方法；另一方面是完全新的对象和需要建立新的理论框架的问题。概括来说控制科学面临的新问题主要表现在三个方面。

(1) 对象更复杂。对象的复杂性大大增加，具有强非线性、快时变与高动态、强耦合、高不确定性、不同模式系统的集成等特点。这些问题本身已很困难，现在它们竟可同时发生在一个对象上。

(2) 模式更复杂。信息流不再是单一回路，而是十分复杂的分层、多关联结构。控制也由单一回路的控制转变成既有反馈也有关联、不同时间尺度、不同模式集成、集中与分散两种控制方式并存的复杂模式。

(3) 计算机算法和软件。由于计算机科学技术的飞速发展，在控制器设计上必然面对大量数据的出现、采集与处理，这表明对控制问题的计算机算法与软件的研究和应用将成为控制研究的主要工具。

# 第五章 需求分析、思考与建议

对于科学的发展，人类很难准确展望其未来，作为技术科学的控制科学其未来发展取决于三个因素：社会需求、时代科技的特征和学科发展需解决的问题。

## 第一节　需求分析

在人类社会的生活与生产过程中，作为一种改善生产品质、实现人类生产目标的手段，实际上控制的作用一直贯穿人类的整个文明发展过程——从古代人类对生产工具的改进，到近代工业革命中的机器大生产，再到现代的高精度尖端武器。人类进入21世纪，社会经济不断发展，高科技产品层出不穷，生产生活自动化水平越来越高，人类对控制科学技术的需求将更加旺盛。除了本报告前面提到的控制理论自身发展需求、工业生产技术需求外，从更高、更广的角度来看，人类认识改造自然、社会经济发展、国家安全都会对控制科学提出更高的要求。

### 一、人类认识自然和改造自然的需求

经过几千年的文明发展，人类对自然规律的认识已经达到了一定的高度，但与完全认识并能充分驾驭自然规律还相去甚远。例如，对恶劣天气的认识还十分有限，目前人类对预报短期天气应该说已经有了相当的准确度，但预报长期天气还无法做到。著名科学家冯·诺伊曼曾经期望建造能精确诊断大气变化的强大计算机，并且使得实际天气控制成为常规操作，但是冯·诺伊曼已经去世半个多世纪，他的愿望仍然没有实现。基于对Lorenz方程的认

识，人们现在知道大气运动会出现混沌现象，微小的初始偏差可造成巨大的后续变化，完全认识并控制这类问题目前尚无可能。世界各国时有发生的龙卷风、台风等，无不给人类带来巨大的生命财产损失。基于现代科学技术的发展态势，人们有理由相信未来在控制与计算机科学的参与下，大气科学发展到一定程度，部分天气控制将有可能成为现实，毕竟现在人类已经部分地实现了人工降雨，这里无论是控制理念还是控制手段都将受到挑战。除了天气控制外，对其他自然灾害，如地震、泥石流、山体滑坡等的认识与控制都需要有控制科学与技术的参与。

与近地大气规律的认识相比，人类对近空间（距地 20～100 千米）、深空其他星球的认识更为有限。受地球资源的限制，人类不断向外层空间发展，探索外层空间的先进飞行器与先进仪器都必须有控制科学技术的密切参与，如美国制造的哈勃望远镜、深空探测器、航天飞机，以及目前正在发展的期望长时间驻留在近空间的飞行器。

除对客观世界发展规律的认识外，人类对生命科学的认识也正处在一个蓬勃发展的时期，如神经科学、基因测控技术、疾病检查与治疗、药物研制等都有了长足的发展，得到了丰富的理论与实践成果。众所周知，生命体系统是一个具有成千上万个回路且有自愈功能的高度复杂系统，控制科学技术在生命体研究中将大有用武之地。维纳在创立控制论之初就是借鉴了当时的神经反射理论，控制科学经过几十年的发展之后，再反过来辅助生命科学研究，将不断促进科学技术的大发展。

人们对宇宙的了解和探索必须借助于强大的观测与实验设备，以望远镜为例，要能接收来自银河系外天体能量极其微弱的信号，望远镜的姿态及镜面表面形状的精确确定是十分重要的，其中控制将起核心作用。

## 二、社会经济发展建设需求

自维纳 1948 年创立控制论以来，控制论思想已经在各个学科中得到了新的发展，如经济控制论与社会控制论已经形成单独的学科分支。人类进入 21 世纪以来，社会经济发展进入一个新阶段，对控制科学技术的需求也呈现出了新特点，如地球资源不断枯竭，人类对资源、能源需求不断增加。水资源、海底油气资源探测与开发需求不断增加，对新型仪器与控制技术不断提出新需求。除能源开发利用以外，节能减排要求也不断提高，国家能源局已经明确提出了《合理控制能源消费总量工作方案》。在全球变暖、环境恶化的影响下，低碳经济成为新时尚，世界各国在可持续发展理念的指导下，通过技术创新、新能源开发、产业转型等手段，尽可能地减少煤炭、石油等高碳能源消耗，从而减少温室气体排放。明显地，未来的低碳经济，对宏观的调控管理与具体的控制技术都会提出更高的需求。

在全球经济发展的新形势下，受环境、能源、技术等多种因素的驱动，旨在降低消耗、高效利用资源的“智能电网”被包括美国在内的很多国家提到了一个新的发展高度。智能电网旨在通过先进的传感和测量技术、先进的设备、先进控制方法及先进的决策技术等，实现电网的可靠、安全、经济、高效、环境友好的目标。未来发展中，智能电网对预测技术、储能技术、网络控制技术、运筹技术、不同形式发电接入技术等都有很大需求，以期电力市场能自动、优化、高效地运行。

除低碳经济、智能电网外，随着高新技术的发展，社会经济发展中各行各业都会对控制科学与技术提出更多需求，如现代农业发展新技术（如灌溉、育种等)、水利建设优化、交通网优化控制、物联网控制技术等。

对于人类社会发展，利用控制与系统分析的方法，科学家对诸如人口系统、水资源系统、环境系统、能源系统、物流与交通系统等均已进行了不少研究，但这些研究常常是孤立的，即相互解耦进行的，事实上这些系统之间存在着紧密的耦合关系，如何从综合的角度进行讨论是很有价值的，这将比著名的罗马俱乐部所进行的研究更具影响力。

## 三、国家安全需求

在经济全球化的今天，一个大国国家安全的考虑早已不是固守海岸线与边防线的概念，而是着眼于自己国家的利益疆界。要保障利益疆界必须有经济实力与军事实力作为强大后盾。在军事实力中，高新技术武器扮演着不可或缺的重要角色，而在发展高技术武器方面，控制科学与技术发挥着重要作用。例如，美国近几年来不断验证的近空间高超声速飞行器，美国期望制造能长时间停留在近空间的飞行器，达到两小时内攻击全球任何目标的目的，以维护其全球霸主地位。近空间高超声速飞行器对控制科学技术提出了强有力的挑战，美国试验的 HTV-2 高超声速飞行器已经分别于 2010 年、2011 年两次发射失败。目前，世界很多国家都在发展类似飞行器，这将对飞行器材料、飞行器结构设计、飞行器控制技术提出综合需求。

与高超声速飞行器需求的先进控制技术相比，航母更需要综合技术，包括舰载机起飞与着舰技术、通信技术、反潜与反导技术、协同攻击、后勤保障等，它是集各种高新技术和众多先进武器装备于一身的海上巨无霸。2011

年以来中国第一艘航母已进行多次试航，但要形成战斗力担当保卫好利益疆界的任务，还有很长的路要走。航母的发展不但会增强国家海军力量，而且会促进通信技术、控制技术、造船技术及各种先进武器的协调发展。

基于20世纪末与21世纪初的战争发展态势，未来爆发全球大规模战争的可能性不大，但是局部战争与地区武装冲突会不断发生。未来战争区别于传统的人体接触战争，美国一再倡导“非接触”战争，主张不进入防空火力区，而从远处达到摧毁目标的目的。这无疑对精确制导武器、导弹拦截与反拦截提出了更高要求。另外，未来战争将是综合性高技术战争，信息化战争将是未来战争的主要形式，包括网络战、电子战、太空战等，摧毁敌方计算机网络、卫星通信网络等将成为主要武力手段，这些高技术战争手段对控制科学将提出更高的需求。

## 第二节　学科发展的思考

一个学科特别是技术科学学科的发展，常常具有波浪式的特点。控制科学应人类需求而诞生，随后在应用与理论两方面均获得发展，一些问题解决了还有一些问题远未解决，随着需求的变化，技术的进步和学科发展逻辑的推进，原有合理的提法与结论又发现了新的局限。人们为了更自觉地寻求新的学科生长点，就包括必须对现存的控制学科进行深入的思索。

### 一、信息丰富的时代特征

对于控制科学说来，在信息丰富时代，其新特征主要表现为网络化、以数据为基础、分布式和多控制，而这些都是传统的控制并不涉及的问题。

网络化既可以指控制对象是网络或具有网络的特征，也可以指控制是通过网络或网络化环境进行的。对于前者，如智能电网、交通网等，网络是由一些具有动态特性的基本单元和进行信息交互的联系所组成的，全部联系形成一个拓扑，这可以是集中的，也可以是既集中又分散的甚至完全是多智能体式的等，而网络又可能分层，这就更加增加了联系拓扑的复杂性。控制必须既考虑到单元又考虑到网络整体的性能要求，这要求有一种平衡。网络由于单元数量可能很大、联系又极其复杂，弄清楚每个单元受到干扰是否会对整个网络造成灾难性影响从而加以避免是不太现实的，但现实的网络又很有可能产生牵一发而动全身的效果，如停电、堵车等，这样控制的任务就包括必须能提供预警和应急的办法以防这类网络崩溃的事件发生，但由于稳态破坏的时间过短，且稳态运行下的控制办法基本上无能为力，因此对其控制变得十分困难。当控制必须通过网络进行时，就必须认真研究网络通信中的问题其控制造成的影响，如网络传输的方式、流量的限制、带宽、信息拥堵、延迟、丢包等。互联网是当今了解社会的一种快速有效的方式，社会是一个十分复杂的网络。过去由于信息科学的落后，对社会的了解和政策的制定常通过问卷调查或蹲点式长期调研来进行，这对于制定合理的政策引导社会的长期演变是可行的，但对于应付突发事件保持社会稳定就显得无能为力。维纳在其所著《控制论》的最后一章中曾担心通信越发达社会就越不稳定，从而寄希望于小乡村社会，这种担心是基于人们对通信发达造成的社会反应不可能及时真实了解之上的，但互联网技术和微博的普遍化提供了了解社会对问题的产生、发酵较真实反应的可能，利用高速搜索、数据分析和处理，形成决策，及时收集反馈信息，科学评估和及时修正以达到预防群体事件和解决问题的目的，这样一种利用互联网而形成的控制是维纳所不可能预见的。当今出现的诸如社会计算、平行控制是这方面值得研究的方向。

以数据为基础是当今时代的另一个重要特征，数字地球、数字城市、数字工厂直到数字个人，一切均用数据来表述。这些均源于计算机、传感器、通信设备等都是建立在数字和数字计算之上的。服务性企业的超大规模数据中心的建立，数据链技术在现代化战争中的广泛应用，信息包括数字、语言、规则、知识、图像等，它们的采集、加工、传输、存储无一不是采用数据的形式。在这样一个信息均用数据表述的大环境下，控制的新特点是值得研究的。

在21世纪中叶的控制系统中，信息的传递或者是由物理部件直接给出的物理量，如角度、电压、阀门开启的大小等；或者是由测量给出的连续量，如角速度、速度、温度等。在信息层次上，系统的描述就是由物理规律或反映工程实际给出的方程，这里并不存在必须用数字化和数据来表征和传递信息的需求。随着大量廉价数字化传感器的使用、数字化通信的可靠与发展，依靠数据表达和传递信息，不同部件乃至不同系统的端口之间利用数据链来交互信息已成为必然。建立在信息层面上的控制科学就必须考虑这些因素对实际控制的影响，如传输数据必要的信息隐藏和信息加工、接收后的信息加工与数据挖掘等。

由于数据是信息表述、加工与传输的最主要手段，依靠包括系统辨识、专家库等在内的方法直接由数据出发的控制理论与技术已引起业界的关注，人们将此称为数据驱动的方法。信息技术的发展使得数据的生成和采集更为便利、全面和及时，数据量的爆炸式增长姿态使得传统的数据管理技术和系统必须面对海量多源异构数据的维护、保存和处理问题。最近兴起的关于“大数据”的讨论将可能对人类社会产生重要影响。大数据的产生和使用是与应用密切相关的，如基于 Web 的互联网应用，包括电子商务与搜索引擎应用，以及正在兴起的社会网络和社会计算等均是典型的以数据为中心的应用。在数据驱动技术、大数据处理中如何利用有效的数据信息进行高效的控制计算，是当前值得控制科学关注的。

由于系统规模的扩展和复杂，分布式控制的重要性日增。无论是集散控制，还是现场总线控制都具有分布式特征，它们除具有网络化特征外还可能有分层结构，碰到因上下层系统模式不同而产生的混杂（hybrid）系统的问题和因时间尺度上的不同产生的多尺度乃至跨尺度的控制问题。

分布式控制还表现在对弹性体的控制上，智能材料的进展使对弹性梁进行分布式测量与分布式加载成为可能，这相对传统的点测量与点控制来说信息丰富了，控制可供选择的方案也丰富了，如何充分利用丰富的测量信息和在丰富的控制方案中寻求优秀方案，使研究的难度大大增加。这是因为信息丰富若采集不当可能有效信息比原来更少，而控制方案丰富若选择不当，控制效果可能比原来更差。信息丰富还有可能使控制的研究本身发生实质性的改变。

航空电子技术的发展使对飞行器的轨迹与姿态控制的手段大为丰富。不仅气动舵面的数量和设置地点大为增加，而且出现异类多控制器（气动操纵面、大喷管、推力矢量等）同时工作的情况，这种驱动器数目远高于运动体自由度的过驱动情形为改善系统的性能提供了条件。过去控制研究的主要目的集中在对系统的镇定上，就定常线性系统而言，Wonham 指出：如果使用状态反馈，则在可控子空间，镇定和极点配置问题上多输入系统与由输入空间选取的任何非零的单输入系统是等价的，于是人们很少研究多输入的作用。为了改善飞行器的飞行性能，人们已开始考虑离线的作动器分配，而在线动态具有反馈特征的多作动器协调控制有可能实现高品质的受控飞行。

基于信息的系统越来越重要，使得控制从低水平的决策系统向高水平的控制系统发展。例如，提高飞行系统的自主性（最终是为了实现彻底的无人驾驶），将局部反馈回路集成到企业的计划表及资源分配系统中。将控制学科的优势扩展到这些非传统的系统，为提高效率、产量、安全性和可靠性提供了巨大的机遇。控制是国防系统的关键技术，并且在打击恐怖主义及反对不平等威胁的斗争中越来越重要。控制使人们能够利用自主或半自主系统执行困难和危险的任务，也可以利用先进成熟的指挥和控制系统构成鲁棒的、可重构的决策系统。在微系统和传感器网中，控制技术的应用将大大提高检测威胁的能力，避免造成损失。在通信系统中，反馈的应用将在动态不确定和敌对的环境中提供可靠、灵活、安全的网络。

为了在新的应用中实现控制，必须发展新的方法和算法：下一代的系统将把逻辑运算（如符号推理和决策）和连续量（如电压、位置和浓度）运算结合起来。①目前的理论不能有效地处理这样的系统，特别是描述大系统时；②在分布式、异步网络环境中的控制：为了保证系统的稳定性、性能和鲁棒性，分布在多个计算单元、由信息包连接的控制需要新的形式，特别是当实现控制时，人们不应忽略计算与通信方面的约束条件对性能的影响；③高级协作与自主：反馈越来越多地应用于企业的决策系统中，包括供应链的管理和物流、空间管理和空中交通控制，为了使系统在实际环境中能可靠地运行，需要将最近二三十年来鲁棒控制系统在分析和设计方面所取得的成就扩展到这些更高级的决策系统。控制算法能自动综合且具有集成的验证和确认，未来的工程系统需要能够快速设计、再设计和实现控制的软件。研究人员需要开发功能更强大的设计工具，使得从建模到半实物仿真（hardware-in-the-loop simulation）的整个控制系统设计过程能自动完成，这包括系统级软件验证和确认；从不可靠的部件建立可靠的系统，对于大部分的大工程系统，即使个别元件不能工作时，整个系统必须能够连续运行。更进一步地，系统的设计允许系统可以自动重构，以便它的功能逐渐下降而非突然停止。这些任务中的每一项都需要多年努力，才能使研究成果更加严格、实用和可以广泛应用。

完成上述综合性强的任务将可以促进控制科学以新的面貌出现并产生突破，即以一种新的模式、新的思想将控制科学上升到一个新的水平，要实现这一点，任何单个领域的专家都是难以独立完成的，需要的是各方面人才的有机合作以便博采众长，这也要求控制科学的研究者，应善于而且积极地同数学与应用数学、物理及力学、计算机和控制工程的研究者紧密合作、集思广益来发展新的控制科学。

## 二、控制要求的实际性与基于数学的控制理论的结合

控制科学是一门使能科学，它的实际性主要表现如下：研究的问题主要由实际需求推动；研究过程中必须认真考虑实际情况；研究的结果是否有价

值最终取决于实际的价值，即成果最终是否直接或间接应用于实际和效果如何。

马克思在《资本论》第一卷第一版序言中说："物理学家是在自然过程表现得最确实、最少受干扰的地方考察自然过程的，或者，如有可能，是在保证过程以其纯粹形态进行的条件下从事实验的。"现实世界中所发生的过程很少是单一的纯粹形态，而控制是面向现实世界的，与物理学不同的是控制科学必须考虑现实的因素，即一方面它不能只在理想的层面上，同时它又必须遵守实际的限制，而且控制的介入可能使原有系统的特征发生质的变化。

控制对象的模型在控制器设计中具有重要的地位，但模型从来只是为一定需求而建立的实际系统的近似。控制对模型的需求归结为能反映系统的主要特征同时又能便于操作，即便于设计控制器。真实系统与其模型之间的差别常被作为不确定性来处理，这是由于真实系统的动力学受很多实际存在的未知因素的影响而无法弄清。针对不确定性系统的控制称为鲁棒控制，在 $H_\infty$ 控制的情况下，此时不确定性从理论上讲只能要求是未知但非时变的，这种非时变的要求对于不确定性来讲人们总感到不合理，而在真正应用时，$H_\infty$ 控制对于一些时变不确定性常常又是有效的，人们很难弄明白其中的缘由，即这种由数学方法严谨性要求的条件在面对实际时能否放宽，放宽到什么程度和用什么方法来检验放宽的合理性。

控制系统在实际运行中其状态变量可能受由各种条件表述的实际的约束。有些约束是系统的本质特征，如在路面上利用摩擦使车轮滚动行驶的车辆，就必然遵守非完整约束，对其控制必须在这一约束不被破坏的前提下，否则就不是车辆控制。具有非完整约束的控制系统是一种重要的非线性控制系统，对其研究已有数十年，文章不少但进展不大，20 世纪 70 年代兴起的以微分几何作为工具的非线性控制理论对这类系统基本束手无策，这是因为这类系统并不满足 Brocket 证明的系统可进行光滑镇定的必要条件。实际的非线性有时并不服从数学理论所必需的条件，如当系统中使用磁性元件时就常碰到多值非线性特性，针对具有这类不解析非线性元件的系统中出现自振现象，基于物理分析而提出的谐波平衡法简单易行，有时也很有效但缺乏严格的数学证明，目前只有当非线性特性具充分解析性时才能从数学上证明方法的合理性。这种理论与实际南辕北辙的现象是很值得思考的。

对实际上复杂的系统进行控制，人们总希望借助于相对简单的模型来设计控制器。以弹性体控制为例，描述一个弹性振动系统一般应具有无穷多的频率和与之对应的振型，随着频率的提高对应振型的振幅将显著减小，以振动为例，无论从力学上还是从数学上都认为用前几个频率与对应振型刻画的简化系统完全可以代表原有的振动系统。但对于控制器设计而言，问题就不那么简单了。针对简化系统设计一个合适的控制器，将它安装在原有的实际系统上：一方面它的装置将不可能只测量到对应前几个频率的信号；另一方面它的执行机构对原系统的作用也不可能只激励那前几个频率的振动，这种不期望发生的信号多余常称为溢出，无论是输入溢出还是输出溢出对弹性体控制的影响至今还说不清楚，这也表明在将控制引入系统后带来的新问题。

数学在控制的发展过程中始终起着非常重要的作用：对于控制科学中的原理和结论给予了严格论证；提供了控制理论演绎、推导的方法与工具；将复杂的控制问题提炼成数学或应用数学问题并加以解决；用数学结合控制支持的算法与软件成为当今控制器的核心；为当今信息丰富时代面向控制的信息采集、信息传输和处理提供优秀方法与工具。因此数学在未来的控制科学的发展中仍将起到十分重要的作用。

理论数学在控制科学的基础理论层次上曾发挥过关键作用，如最优控制的最大值原理的提出和证明、最优性原理导致贝尔曼方程黏性解的理论、算子半群在分布参数系统理论和鞅论在随机控制理论中的关键作用等，这些工作不仅推进了控制科学的发展而且对其自身的发展也产生了重要影响。理论数学在其发展过程中形成了自己的理论框架与特色，要求用理论数学去解决不在其理论框架内的具体控制问题是不切合实际的。例如，建立在分析数学和常微分方程理论上的稳定性理论所给出的稳定性与渐近稳定概念实质上是解对初值连续依赖性由有限区间到无穷区间的推广和在无穷区间上解均收敛到平衡点，而两者初值都是在平衡点附近任选的。针对这样的带分析数学特征的概念，Lyapunov 在 19 世纪末建立起在理论研究上相当有效的 Lyapunov 方法。控制系统的实际却表明：一方面，对系统的状态并不全有要求而且初始值的发生也不是全方位的；另一方面，人们更关心系统在给定的有限时间内的特性。针对这两点，理论研究者提出了部分变元和有限时间稳定的理论方法，但这些理论由于只是在原 Lyapunov 理论框架内进行了修正，至今离控制实际的需要还相距甚远。类似地，20 世纪末针对参数不确定性，有人建议用代数几何的理论来研究鲁棒分析问题，在发表很少几篇很一般性的文章后就后继无文，这均表明对于有非常明确工程意义的控制问题企图利用理论数学直接去解决常常是困难的。对于在理论上相当完善的二次型最优与 $H_\infty$ 控制，由于求解对应控制器的方法只需用到线性代数，所以已有相当成熟的计算软件用来支持控制器的设计，人们也知道这两种方法中加权矩阵的选取将决定系统过程的品质，但至今还不能给出明确的结论而需借助试凑法或针对具体的控制对象借助实测结果加以总结形成经验和规则来缩小一般性数学理论方法和实际需求之间的差距。从纯理论完整的角度，这种缩小是欠缺的，但从技术科学的角度可以认为这不仅是行之有效的而且是必然的。数学家进入控制领域首要的是解决控制科学中面临的数学问题，这些问题主要如下：①像最大值原理这种基础性的问题；②一些控制理论中十分重要但仍未解决的数学问题，如线性矩阵不等式在合同变换下的等价类及其可解性条件；③控制工程问题经过凝练与转化形成的数学问题，并加以解决，如由鲁棒控制器设计所提出的非线性规划问题；④利用数学支持的优秀控制算法与软件及其性能研究等。由于这些是源于控制且以解决控制问题为目的，不论其所用数学是否高深始终为控制界所欢迎。但是如果仅停留在一些缺乏实际工程或控制理论需求牵引的数学问题上，部分人有可能做出符合控制逻辑发展或在数学上有价值的结果，却很难在工程实际中发挥作用。

计算机的普及使今天的控制研究必然立足于计算，应用数学家与物理学家针对一些复杂的科学和工程问题提出了一些相当有效的计算方法。例如，神经网络、元胞自动机算法、遗传算法、自适应迭代算法乃至基于模糊理论的各种算法等。这些算法的出现和有效得益于计算机能力的飞速进步，这些方法在控制科学的各领域均有不少成功应用的范例，并形成一些与这些方法相联系的控制科学的分支。这一类方法一般在数学证明的严谨性和方法的适用条件的研究上尚不充分，人们寄希望于数学家能结合控制开展这方面的研究。有些遗憾的是，这些算法已有很好的软件支撑，而使其成为部分人追求论文数量而不顾质量的主要途径，当然这不是这些方法的问题，也不符合方法发现者的初衷。

基于数学基础的控制理论与控制工程需求之间存在差距，缩小差距是不争的事实，这是一个需要双方长期努力、密切合作的过程，这种合作将能够产生具有深远影响的结果。

## 三、对控制已有做法的再认识

“存在即合理”，这是大哲学家黑格尔的名言。但科学常常是从看上去很合理的科学体系中寻找不合理的部分并以此作为推进学科发展的动力，实现科学的进步。控制科学发展尚不足百年已经取得十分丰富系统的成果，在人类科技进步、物质生产、社会安全诸方面得到了成功的应用。但对于控制科学已经做到的，我们仍然应该从比较基本的层次进行再认识，反思在新形势下是否也有不合理性，以便凝练问题，寻求进一步的发展。

### (一) 关联不应总看成是被动的

人们对复杂系统的研究，长期以来受“还原论”哲学思想的影响，总企图把复杂系统化成一些相互无关联的简单系统进行处理。与此同时，尽量认为在简单子系统之间的信息交换是可以忽略的，这样的做法一定程度上也的确满足了一大类弱关联系统的实际需求。例如，飞机的驾驶仪一开始就分为纵向、横向和航向进行分开设计，对其耦合可能产生的力学效应常认为是可以忽略的，对于低速平稳飞行的飞行器，这也是合理的，并且容易实施。另一种情况则发生在一个大的系统由若干小系统组成，但由于子系统之间距离比较远而通信不能及时，于是寻求一种办法，即各自小系统设计只用自己小系统信号的控制器，以保证整个系统运转正常。这类方法在不少系统设计中起到了肯定的作用，系统的鲁棒稳定性得到了充分保证，不管有无关联耦合，系统总是稳定的。但随着研究的深入，人们发现这种在大系统中用小系统自己管自己的做法（在控制理论上常称为分散控制）并不总能达到目的，即使在线性系统范围内，分散控制也并不能改变一些系统固有的特征值（称为分散固定模），即对应这类特征值的动态特性是不能用分散控制来改变的，如果这些特征值对应不稳定模态，则分散控制就不可取。

在控制界，对于一个系统多输入输出问题能否利用相互关联实现协调控制早在 40 年前就有人提出，但解决问题比提出问题要困难得多。只是到了 21 世纪初借助于规划方法（在控制中常表现为线性矩阵不等式的求解）进入控制的机遇才使得关于关联作用的研究成为现实。由此就有可能讨论：①研究由多个子系统组成大系统的合理结构，研究包含不稳定子系统的系统性能及其控制，以及实现不同系统互助合作的可能；②关联对非线性特性的影响，包括自振或在某个频段可能发生的周期过程，同宿轨、异宿轨及由此演化的问题，混沌现象等；③以 BTT（倾斜拐弯）导弹为启示，研究用协调控制方法实现对运动体实现高性能控制。

### (二) 动态性能的多样性，未必只提平衡点稳定

长期以来，控制器设计主要针对两类问题，调节与跟踪，前者是要求被控制量达到常值，后者要求被控制量追踪一给定的过程，对于线性系统在经过简单处理后追踪问题等同于调节问题，对于非线性系统也能从理论上证明这一点但系统本身需做一些变化。将控制系统的问题主要归结为设计控制器

以实现系统平衡位置的稳定性或镇定问题还在于：①对于早先的过程控制和运动体控制（例如飞机的巡航飞行），控制器的任务主要就是为了稳定性；②在小偏差情况下，常系数线性模型是合理地处理镇定问题的方法，既简便也可行。

随着工程技术的发展，系统复杂程度日益增大，不同工程问题对系统的要求也不一样，有些无法归结为单平衡位置稳定性，对于有些系统要求平衡位置具有数学严格意义下的稳定与渐近稳定，这种要求过高也不现实，对这些系统只要过程不发散就认为是正常工作。如果从这种要求出发设计控制器就应比要求其全局渐近稳定更容易实现。

无论是电子振荡系统还是激光器，为了保证实现一个稳定的周期过程，在简单情形下，平衡位置常要求是不稳定的。在20世纪70年代曾经在数学与非线性振动界讨论过关于平面情形时极限环的存在及个数的估计，但二阶系统远不能反映实际系统，如何针对高阶系统，即使是具有特定结构的高阶系统研究是否有自振、自振存在的条件、控制对自振的影响及相关的鲁棒性问题都具有挑战性。

复杂系统中存在的另一个特殊动态过程就是混沌。混沌现象无论是其科学意义还是它在工程系统稳定运行中的作用是很清楚的，但目前为止除了少数低阶系统能有严格的理论论证外，大部分依据数值方法。从系统分析与控制的角度至少有两个问题待研究。①能否建立系统中存在混沌或肯定不存在混沌的可操作性条件。当系统能用准确数学方式描述时，这些条件应是不过于特殊的且可判断的数学条件；而当系统并不能完全用数学模型描述时，这一条件应可由测量系统的响应、参数估计……乃至实验方法来确定，如通过系统的谐波响应曲线来确定。②研究控制改变系统是否存在混沌的可能，并将系统中是否存在混沌的可操作的条件转化为设计控制器来实现控制混沌。

平衡点的不单一是很多控制系统动态行为复杂化的一个表现。不难从数学上证明：当所有系统的解均收敛且平衡点是可分离时，则其中一定有非渐近稳定的平衡点，事实上在这些平衡点之间就可能出现异宿轨、同宿轨，在这些平衡点周围分布着很复杂的稳定流形与不稳定流形。这些复杂图像的演变不仅与系统中分岔、混沌等现象有关而且从实际上影响着系统是否稳定运行。

在锁相电路、同步电机等系统中，由于存在类似旋转机械的特性，物理空间具有旋转的特点，此时描述控制系统的状态空间就成为具有旋转特点的空间，如柱空间、环空间，这类空间从整体上无法与 $R^n$ 等价，此时的周期解就自然地分为两类，一类与 $R^n$ 中周期解类似，而另一类则可以是绕着柱面旋转的周期解。对应柱面上的混沌、同宿轨也可能出现一些新的特征。这些研究还是很不充分的，至于对这类有旋转特征状态空间的系统，控制器怎样设计才能满足需求也很有意义。

### (三) 关于时效与计算

控制与运筹都是带强烈使能性的学科，业界曾有一个不成文的说法，即控制是研究动态的而运筹是讨论静态的。而动态是在时间过程上展开的。反馈的作用在于及时了解系统的情况，不及时常导致坏事，这就成了需要研究的问题。

经典调节原理是与工程紧密联系的，调节的过渡过程时间是调节过程三个具体指标之一。但现代控制理论由于其理论研究具有在数学上严谨的特征，所以其状态随时间进程的刻画仅留下易于用严谨数学处理的概念，如有界、收敛等，又由于大都采用了无量纲化，不仅状态的物理内涵模糊，而且时间也不等同于真实的时间，自从指出控制器设计的关键在于算法设计，这就意味着这个算法必须具有实时性。仿真技术强调实时性表明仅用理论设计的控制器常常由各种因素导致时间上的不匹配。当前我国由于材料、工艺等方面的局限，硬件上的欠缺常寄希望用软的算法与软件来补偿，而实时性是基本的要求。

系统的渐近稳定性和一些过程的收敛性是控制理论中使用频次很高的数学概念，这些概念只是表述时间在趋于无穷时发生的事，并无定量的刻画，定量关系常常是工程实际中需要回答的。例如，一个本身在变化的实际系统，对其辨识所需时间与其系统变化的时间尺度满足什么定量关系辨识才是可信的这一问题在理论研究上常遭忽视。

对于一些复杂的系统，对其控制常是针对其工作处于稳态的，很多理论方法也是系统处于稳态下的理论，而系统的灾难与破坏往往因强大的干扰迫使系统离开稳态而进入暂态。在时间尺度上，稳态是长时间而暂态是短时间，但对暂态的预警、描述、分析和控制都缺乏有效的办法。

就时间的角度，定量化、不同要求时间的匹配、系统的短时间暂态分析也是现存控制并未认真对待的。

在控制科学发展的过程中，类似不足或不合理的问题还应值得业界思索，并从思索中寻求改进。

# 第三节　未来发展的几个重大需求方向

## 一、感知、通信、计算、控制一体化

维纳开创控制论之初，充分借鉴了当时数学、电子、通信、计算、神经反射等学科方面的最新成果，但当时无论是科学技术水平还是人类的实际需求都还不可能也无必要将这些不同领域集成在一起。自从卡尔曼状态空间模型发展起来后，基于单个数学模型的控制理论就自然不符合维纳设计的具前瞻性的多学科集成的框架。进入 21 世纪以来，通信、计算机、互联网等技术迅猛发展，控制理论学者必须面对新型感知技术、计算与通信技术、控制技术相结合的一体化控制平台，与之相适应的一体化控制理论至今还未建立起来，基于状态空间模型的现代控制理论已经很难适应一体化的需求。特别是网络科学与技术发展起来后，我们常常面对的系统既包含复杂、大量的物理系统，传感、计算与执行装置及物理系统之间基于网络的通信连接，控制器或控制算法的分布式计算、通信与运行的传感环境，甚至包含事件驱动和时间驱动的混合动态系统特征。控制理论学者需要发展新的一体化控制理论以保证系统的稳定性和品质，以及高鲁棒性与高可靠性。当前通信与计算机技术的发展已经为控制实现提供了足够强大的技术手段，如何适应高技术的发展，给出更高层次的与技术发展相适应的控制科学理论是控制科学家必须思考的课题。

## 二、管理、决策、控制一体化

控制科学研究方法与成果引入工业或社会管理决策系统，使得管理决策不是纯粹基于人为判断，而是建立在科学理论基础之上，这是科学发展的巨大进步。将控制扩展至超出用传统的微分方程描述的范围是控制领域已经发展多年的一个重要方向，用系统技术代替经验设计方法，以开发更加可靠和可维护的决策系统是值得研究的课题。在决策系统应用中，复杂的动力学、不确定性及各种关联耦合作用不断增加，需要控制领域研究人员的积极参与。例如，现代企业的物流和供应环节常涉及超大型异类系统的决策，需要有新的协议来决定存在不确定因素时的资源分配。随着人工智能系统的不断发展，可以做出推理和决策的控制系统占现代控制系统的比重不断增加。决策不仅包括基于系统条件的传统推理分析，还包括应用高级语言进行的高级抽象推理。利用控制系统分析与设计方法，科学家们已经对大规模工业系统、人口系统、水资源系统、环境系统、能源系统、物流与交通系统、金融系统、社会系统等进行了不少研究，而且这些系统之间存在很多共性特征，如何从综合的角度进行讨论，研究管理、决策、控制一体化的处理方法不但有重要科学价值，而且可以创造巨大的经济利益。此外。控制一旦引入社会，系统复杂性空前提高，组成整个系统的子系统成千上万，而且各子系统可能各不相同，连接关系千差万别，系统内部作用层次多种多样，同时受到外界影响，这类系统借鉴一些学者提出的复杂性思想，将专家群体、数据与信息资源、计算机与网络结合到一起，从定性到定量分析复杂系统的演变规律、引入调控因素后的变化特征等，并给企业、社会管理专家提供借鉴是未来有意义的研究课题。

## 三、控制在认知科学、神经科学发展中的作用

随着科学技术的不断发展进步，人类对自身的认识也得到了空前发展。例如，已经在人脑或心智工作机制、认知心理学、认知语言学、人工智能和认知神经科学等认知科学方面取得了重要进展。神经科学在神经回路、情绪与动作调节、抑郁或精神分裂的疾病等方面有了新的认识，特别是神经科学与力学、网络、控制科学结合，在神经元活动、神经元网络动力学、神经生理机制方面取得了新进展，21 世纪又发展了系统神经科学与计算神经科学。认知神经科学强调多学科、多层次、多水平的交叉，它把行为、认知和脑机制三者有机结合起来，试图从分子、突触、神经元等微观水平上和系统、全脑、行为等宏观水平上全面阐述人和动物在感知客体、形成表象、使用语言、记忆信息、推理决策时的信息加工过程及其神经机制。近年来，有学者将认知科学与实验及控制工程相结合，开展认知车或智能汽车研究，试图开发能代替驾驶员或辅助驾驶员的高级软件，并在未来的智能交通中发挥作用。经过深入发展，认知科学与神经科学中考虑信息反馈、不确定性、随机、外界干扰等的影响，引入新的控制手段，更好地认识和利用人类认知与神经活动机制，发展更高层次的控制科学是很有前途的方向。

## 四、空天一体化——飞行器控制

20 世纪 60 年代以来，主动飞行控制技术、电传飞行控制技术，以及后来发展的导航、制导与控制一体化技术在航空航天领域影响了几十年，取得

令人瞩目的成就。进入 21 世纪，随着美国航天飞机的退役，美国开始研制取代航天飞机的新一代空天飞行器，如 X-37B 已经成功试飞两次，具备更强的自主飞行控制能力，可以执行多种飞行任务。未来发展趋势是航空与航天领域完全统一，飞机、导弹、卫星可以集于一身，飞行器同时具备多种功能。与 X-37B 的成功相比，美国的一类高超声速战略打击武器 HTV-2 分别于 2010 年、2011 年两次试飞失败，这充分显示了未来空天一体化进程中高超声速飞行器研制的难度。未来高超声速空天飞行器要求具备快速任务响应、应急返回和带故障飞行的能力，能够满足空间作战、天地往返复杂飞行任务的需求。但是在临近空间的飞行环境、稀薄气体的气动特性，受控飞行的耦合效应等都是传统航空与航天领域很少涉及的新领域，相关的控制科学需要解决轨道快速返回、空天一体全速域飞行、自主轨道机动等控制课题。我国随着空间站的建立及北斗卫星导航系统的完善，急需开发研制具多功能的可重复使用空天往返飞行器，对能适应强耦合、强不确定性、强时变的新型高水平飞行控制技术有重大需求。

## 五、微观科学发展的需求

随着量子信息、量子通信及量子计算的兴起和发展，基于量子物理理论的量子动力学的分析与控制成为物理学、系统与控制理论及相关数学科学的一个交叉前沿学科。从控制理论角度看，如何将宏观的控制理论与方法用于微观粒子，包括量子控制中的测量问题、量子控制系统的建模与仿真、量子系统的能控性、量子反馈控制和量子最优控制等都是未来发展的重要课题。

基于遗传学的发展，人类对基因的认识已进入新阶段，基因表达、基因调控都有了新的进展。基因表达的主要过程是基因的转录和信使核糖核酸（mRNA）的翻译。基因调控主要是 DNA 水平上的调控、转录控制和翻译控制；微生物通过基因调控可以改变代谢方式以适应环境的变化，这类基因调控一般是短暂的和可逆的；多细胞生物的基因调控是细胞分化、形态发生和个体发育的基础，这类调控一般是长期的，而且往往是不可逆的。基因调控的研究有广泛的生物学意义，是发生遗传学和分子遗传学的重要研究领域。通过基因调控，微生物可以避免过多地合成氨基酸、核苷酸之类物质。如果使它们的调节基因发生突变，就可以得到大量合成这些物质的菌种，把这些菌种用在发酵工业上，使产量大幅度增长。控制理论的方法与思想正在逐步渗透到基因调控网络的研究中，同时，来源于生命科学的控制问题也为控制理论研究者提出新的机遇与挑战。基因调控网络的控制对一些生命科学中人类一直孜孜以求的问题，如对合成生物学、延长寿命、治愈癌症、糖尿病等顽疾有着潜在的意义。

## 六、大数据时代的控制

随着数据生成和采集的指数增长，不管是下一代望远镜、高通道的科学试验，还是千万亿次的科学计算、高分辨率的传感器，以及更加错综复杂的网络环境，无不预示着大数据时代的来临。在大数据时代，控制理论与技术的发展一方面得益于大数据所带来的丰富的信息；另一方面又为大数据系统，如信息物理系统（cyber-physical systems，CPS）、系统的系统（systems of systems，SoS）提供了更可靠的操作。从本质上讲，控制是基于受控系统先验知识的一种信息采集、处理和决策的过程。控制理论在过去几十年的发展中很大程度上依赖于系统精确的数学模型，数学模型在表征系统动力学特性方面发挥着至关重要的作用。而大数据时代信息丰富的特征，为控制理论和技术的发展提供了新的机遇。以往基于系统数据进行控制的做法是：首先利用系统的离线、在线数据进行系统辨识，然后基于辨识得到的模型进行控制器设计，这种数据→模型→控制的方法和技术在当前大数据的条件下已成为阻碍控制技术进一步发展的壁垒，而直接利用系统输入/输出数据进行控制器设计，并充分利用在线数据进行参数迭代优化和重构而实现自适应与自修复控制的方法将为大数据时代的控制理论带来新的特点和挑战。因此，如何在数据驱动的框架下重新定义和描述控制问题，以及基于数据驱动的控制器设计、性能监测与优化等将成为大数据时代控制科学的关键技术。同时，针对大数据系统进行的可靠控制和监测也将为控制理论的发展开辟新的生长点。

## 七、网络安全

2013 年 6 月以来，“斯诺登事件”曝光的美国“棱镜计划”将网络安全课题推到了新高度，也为网络控制的发展提供了新契机。网络安全问题就是保护网络系统的硬件、软件及其系统中的数据，使其不因偶然的或恶意的原因而遭受到破坏、更改、泄露，使系统连续可靠正常地运行，网络服务不中断。从广义上来说，凡是涉及网络上信息的保密性、完整性、可用性、真实性和可控性的相关技术和理论都是网络安全的研究领域。网络安全是一门涉及计算机科学、网络技术、通信技术、密码技术、信息安全技术、应用数学、数论、控制理论等多种学科的综合性学科。未来战争将是综合性高技术战争，信息化战争将是未来战争的主要形式，包括网络战、电子战、太空战等，摧毁敌方计算机网络、卫星通信网络等将成为主要武力手段。攻击或摧毁敌方网络而又同时最大限度地保护自己的网络不受攻击，和平时期获取重要网络信息而战争时期迅速瘫痪敌方网络通信，这对未来的国家信息安全有重要意义。构建功能强大、鲁棒性好、不易受到攻击或受到攻击能快速恢复的网络不但对普通民用、保护个人信息，而且对于保护军事秘密信息至关重要。另外，由于现在的控制系统大量地使用计算机与网络，计算机与网络的安全性会影响整个控制系统的正常运行，在有网络介入的情况下，控制系统安全性是未来的重要研究课题。

### 八、电网控制

进入 21 世纪以来，智能电网成为国内外电力系统领域中的热点研究方向，一定程度上智能电网代表了未来电网的主流发展趋势。智能电网的基本思想是通过数字化和信息化将电能的生产、输送、分配和使用等各个环节紧密联系在一起，通过智能化的控制实现“经济高效、灵活互动、友好开放、清洁环保”的新一代电力系统。信息化是实现智能电网基础功能的重要前提。随着电力系统中数字化和信息化程度的不断提高，系统中的能量流和信息流的交换与互动亦日益频繁，最终使得未来智能电网在很大程度上将发展成一类由信息网和物理（电力）网构成的相互依存的二元复合网络，即信息-物理耦合系统（cyber-physical systems，CPS）。这将为电力企业带来更高的生产效率和管理水平；也会给电力用户带来更经济的用电方式和更好的用户体验。然而，信息化的深入和普及也同时给智能电网的运行安全埋下了隐患，电力 CPS 控制成为电网建设和运行的核心问题。因此，未来电网无论在理论还是实际应用方面都面临着许多挑战性的控制课题，如信息-物理二元耦合网络故障排除、安全运行控制、电力 CPS 对分布式发电的接纳与管理、电力网中的混杂控制问题、局部信息情况下的电网分散协调控制、电网输电线路控制等。

## 第四节 建 议

就人类社会发展的进程看，重要的科学发现常常是不能预测的，而科学成果是否真有价值也总是需要时间检验的。就我们现有的水平从较长期的战略角度去展望控制科学的未来实际上是不现实的。与其粗线条地说一些大发展、广应用之类的空话还不如就实地提一些建议，关于科技体制评价标准之类的建议这里将不涉及。通过上面所进行的分析，就控制科学而言，我们认为以下的建议是重要的。

## 一、切实做好控制理论中关键问题的研究

控制理论当前发展的一个瓶颈是与控制工程和新技术的脱节，应该花大力气研究在信息丰富时代背景下对控制理论提出的新问题和控制理论发展中的关键问题，应逐步形成拒绝无创意但受利益驱动简单论文计数式的科学研究氛围，放弃简单方法套不同系统发表论文的做法，真正进入提炼、解决科学或工程实际问题的良性发展轨道。

## 二、组织力量解决重大装备控制器设计问题

重大装备主要依赖进口，自主研制的主要瓶颈是包括建模在内的控制器的研制，这已是从中央到业界的共识。应组织企业与相关科研院所联合，选择几个重大装备，重点资助取得完全自主知识产权，然后推广以实现由制造大国到制造强国的转变。

## 三、加强通用平台、验证平台建设与实验设备研制

支持有明确科研目的的实验设备研制对应用型人才培养和推动控制学科在工程上的发展具有重要意义。高保真的硬件在环（HiL）实验平台是验证控制算法正确性的必要工具，也是面向应用实现控制器工程化急需的基础设备，以汽车控制为例，如动力总成控制 HiL 仿真平台、车辆动力学及智能驾驶 HiL 仿真平台等。与此同时，可以充分利用网络资源，建立更多的远程仿真实验室。另外，可以鼓励相关研究领域的优势单位建立控制问题的 Benchmark 和测试评价控制性能的远程或网络化实验平台，实现数据和实验系统资源共享，推动该控制领域的共同发展。总之，我们应当合理并及时做出自主实验设备研制的规划，扩大资金和重要的基础设施的投入，充分发挥高校、科研机构和企业各自的优势，分工合作，共同推动我国控制工程技术的发展。

为促进航空航天和运动体控制技术的应用和发展，国家应建立起若干标准的、共享的研究平台，如工业机器人基础平台、移动机器人基础平台等，并免费提供相关的系统设计、基础控制代码供国内科研机构和企业使用，长期资助以开源的方式在基础平台上进行相关控制算法、智能算法的研究、标

准化和发布，从而奠定可供国内企业快速开发原型产品的核心技术基础。

由于航空航天和运动体控制的研究所面临的特殊环境，特别需要具有可信、可靠和高效的验证平台和验证方法。遵循“先期概念研究—仿真、测试和试验—试验—建设实用系统”的发展思路，稳步推进航空航天和运动体控制技术的发展。

例如，高超声速飞行器所经历的飞行环境难以完全在地面风洞进行模拟，最终的技术验证仍需要进行飞行试验，在实现实际应用之前，高超声速飞行器的控制系统应通过开展一定的飞行演示试验来考核其可靠性，由此逐步提高其技术成熟度，才能有效地降低研制的风险。任何航天技术的研究和设备的研制，在上天飞行以前都需要经过地面的测试、仿真与演示。在其可行性得到验证之后方可进行飞行试验。通过飞行试验可以对在轨控制技术进行全面的测试和验证，并对其进行进一步完善，为最终迈向实用化奠定基础。总之，先期概念研究，地面仿真、测试和实验，飞行试验是新型航天飞行器控制技术发展的几个必经阶段。通过合理制订地面的飞行的实验方案和演示计划，能够有效地提高研究效率，并实现该技术的稳步发展。

## 四、加强控制算法与软件的研究

当今控制器设计的核心归结为计算机的算法及其软件实现。经过几十年的发展与完善，控制算法与软件在世界上已经形成从基础通用层次到解决专门问题相当庞大且用之有效的体系，从全球化和竞争的角度我们不可能面面俱到地发展控制算法与软件，而应面向系统，针对问题，做出有特色的算法与软件，以期在国际控制算法与软件领域占有一席之地进而有所发展。建议所有研究控制算法的工作都能把对应的软件开发视为其不可或缺的一部分。

## 五、重视多学科交叉研究

当今一些复杂的控制问题常涉及多学科和多领域的交叉，美国 HTV-2 两次失利就涉及气动与飞行力学、控制、气动热弹性与材料等多学科的交叉，而未来飞行器的新需求、新布局、新控制作用使得气动力和气动热、控制和通信技术、结构和材料、动力装置和飞行环境必须进行综合考虑而这必然涉及多学科的交叉。

控制科学要能在新形势下取得重大进展就必须注意与其他领域的交叉以产生新的控制领域，这就需要深入各领域抓住其本质性问题，熟悉其思维方法、基本理论与研究手段，然后将控制的思想、理论与方法融入该领域才能有的放矢，才能有根本性的突破。当今一些新兴的控制领域，如量子控制、生物控制、经济与金融控制、气象控制、生态控制等将无一例外地遵循这一道路去求得发展与成功。

## 六、抓住信息丰富的时代特征发展控制科学

控制的影响体现在广泛的应用中，这是业界的共识。人们希望在信息丰富时代的背景下，能在各应用领域构建更可靠、高效和鲁棒的控制系统以满足需求。由于信息科学与技术是一个新兴的科技领域，在这个领域我们与发达国家的差距相对要小些，如果抓住这个机遇我们就有可能迎头赶上乃至部分超越，这就要求我们注意发展如下几个方面。

### （一）控制、计算和通信的一体化

价格低廉和日益普及的传感、通信和计算技术将使控制应用于大规模复杂系统成为可能。基于信息的平台级和体系级控制系统日益广泛和重要，目前一些领域实际上已经把控制、计算机科学和通信技术等不同研究领域联合在一起建立起了一体化的控制系统，如航空航天飞行中的导航、制导与控制的一体化就是典型的例子。但一体化技术的发展仍未建立起与之相适应的新的基于信息丰富特征的一体化的理论。新的一体化的理论应建立在网络化环境下的控制、计算与通信一体化的基础上，控制对象从单一对象拓展为大量相互联系和相互作用的异构物理和信息系统，该系统在分布式计算、通信与传感环境中运行，以事件驱动与时间驱动的混合动态系统为特征，并逐步扩展到面向不确定性的控制、决策与管理一体化，新的一体化控制理论应在保证系统的稳定性和品质基础上，重视控制系统的高可靠、可重构、容错性及其评估，因此必须采用基于资源冗余的多余度容错方案来支持使用较不可靠的器件组成高可靠的系统控制，系统从平台级余度容错发展到体系级或更大的基于网络的复杂系统余度容错时，余度容错系统的设计和验证就需要新的系统理论和方法支持。

应提倡科研院所与工程界的紧密合作以期从理论到工程能有所分工与侧重以实现这一目标。

### （二）复杂决策系统的控制

可以做出推理和决策的控制系统占现代控制系统的比例越来越大。决策不仅包括基于系统条件的传统推理分析，还包括应用高级语言进行的高级抽

象推理。这些问题在传统意义上隶属于人工智能（AI）领域。但是在许多应用中，动力学、鲁棒及其互联作用不断增加，要求控制领域的积极参与。另一个趋势是在大型系统中控制的应用，如整个企业的物流和供应环节。这些系统涉及超大型异类系统的决策，需要有新的协议来决定存在不确定因素时的资源分配。

为解决这些问题，建议政府机构和控制社团：全面加强对更高级别的决策控制研究，并向企业级系统发展。将控制扩展至超出用传统的微分方程描述的范围是控制领域已经涉足多年的一个方向。一个有用的措施也许是建立实验平台以探讨新观点，用系统技术代替经验设计方法，以开发更加可靠和可维护的决策系统。

### (三) 高风险、远程控制应用

科技的进展使人们对反馈的重要性有了新的理解。对于控制来说，有潜力的应用领域正在迅速增加，而且新的传感器和执行器允许对以前不敢想象的细节加以控制。为抓住这些机遇，建议在新兴领域，如纳米技术、量子力学、电磁学、生物学和环境科学，探索控制的高风险和远程应用。控制手段可能有机会改变其他领域，特别是那些复杂的、难以理解的系统领域。而这就要求控制领域的专家深入这些领域与该领域的专家合作迎接挑战。

## 七、控制科学与数学的结合

控制科学是一门覆盖面极广、使用数学工具很多的领域，控制必须紧紧依靠数学提供的先进的理论与方法并向数学提出最困难也是急需解决的数学问题，这就要求两方面的科学家充分沟通、深入合作。任何互相排斥不能包容的做法都无助于双方的发展。控制科学的内容日益庞杂，这也需要包括数学家在内的专家进行理论梳理与提炼，而这需要一个长期稳定、互相支持的过程。

数学和控制科学的结合还应体现在架起控制工程师和复杂数学之间的桥梁：先进控制算法往往比较复杂，包含的数学公式也很烦琐，一般工程设计人员难以读懂。工程师能够接受的算法永远是简单且易于实现的，以汽车控制为例，工程上依然广泛采用最简单的 PID 控制和前馈 map 查表控制。既然我们无法改变工程师，那么就尝试着改变自己。面对理论与实际应用之间的巨大沟壑，我们迫切需要对复杂的控制算法进行简化，转变成工程师能够读懂的语言，并将设计方法形成通用的工具，正确引导工程师运用工具并设计有理论指导的控制器。

## 八、控制教育必须跟上时代的脚步

目前，自动控制技术已经渗透到各行各业，如工农业生产和国防建设等。在多学科交叉的背景下，研究人员知识结构的局限性也造成了许多控制工程应该解决而又难以解决的问题。究其根源，在于教育模式的单一，学科之间各自为政。针对这一弊端，学生的培养模式从单一学科模式向交叉学科模式转变将成为必然的选择。

随着科学的发展，控制学科中很多问题需要多学科共同协作，然而受管理体制与传统观念的影响，学科之间壁垒森严，限制了学科交叉融合，制约了学科发展。尽管“鼓励学科交叉”是一个出现频率非常高的语句，但是在实施和操作层面上更多的是学科的封闭建设和评价。控制学科的教学与科研必须倡导学科交叉。例如，对于飞行控制而言，必须倡导空气动力学、飞行力学与包含控制理论在内的信息科学的交叉。

在现有的管理与评价体制下，学科建设经费、研究生招生名额、科研成果等资源大多被固化到研究人员所在直属院系和学科。为了防止“拼盘”，在学科评估中严格分清交叉合作成果的归属，过度关注单一学科的成果，非常不利于学科间的交叉研究。在“有所为，有所不为”的名义下，建设经费按照高校现有重点学科分布来有限分配，无疑会产生学科关联的“短板效应”，不利于科技创新。因此，想要实现真正的学科交叉必须要经历科研和管理领域的变革。在学科管理与评价上，应建立客观、合理、实用的科研成果评价体系，使其真正能够成为学科建设的“指挥棒”，从而推动学科的可持续发展。从资金的分配方面，应正确引导资金流向跨学科研究领域，以重点学科带动非重点学科，齐头并进，共同发展。在研究生招生与培养方面，应打破专业固化模式，克服教育中过度专业化的弊端，增加交叉学位的授予数量或跨学科培养项目，使学生真正接受跨学科的教育，从而适应社会的需求。

当今信息科学正处在巨大发展的时期，这一发展促使控制科学正在并继续发生变化，其中一些是本质性的，同时控制科学也正在向其他科学领域渗透并发挥日益重要的作用。为了持续发展，人才培养是关键，而教育是起根本作用的。对于培养控制领域的专业人士来说，教育必须放在信息科技不断进步的大环境下考虑，即除了必要的工程教育和扎实的数学教育外，控制教育必须体现信息丰富时代与控制密切相关的信息科技的进步，同时必须对控制科学数十年的发展与积累进行提炼，不断丰富与更新专业教育的内容。由于控制科学是一门具有使能特点、面向实际的学科，在专业教育中必须创造条件让学生有足够必要的机会深入实际。重视基础，加强产、学、研相结合。对于非控制专业大学教育来说，控制也应该成为大学工程和科学学科的必修课，不仅包括机械、电子、电力、化学和航空工程等工程学科，还应包括计算机科学、应用物理学和生物医学工程等学科。在这些课程中要强调控制原理而不是简单地提供在给定领域内使用的工具。此外还应在基础教育层面普及控制科学的基本概念、思想，以及其在人们生活、工农业生产、国防和国家安全中的作用。

# 说明与致谢

“控制科学发展战略”研究项目是经中国科学院信息技术科学部第十四届十二次常务委员会会议决定，依托北京大学由黄琳院士主持开展的研究项目，我们首先感谢信息技术科学部常务委员会对我们的信任和支持。

本报告的完成是集体智慧的结晶，它的形成除了撰写人员的辛勤工作外，还凝聚了控制科学界众多专家和学者的智慧和努力。项目自 2011 年启动以来，我们先后在北京大学和中南大学举办了两次研讨会，并按学部常委会决定在东北大学主持了“控制科学的前沿与挑战”技术科学论坛和在北京中科院学术会堂主持了“控制科学面临的前沿科学与工程问题”前沿论坛。在这四次会议上国内外学者和专家共做了 53 个综述报告，从控制理论、过程控制、航空航天与运动体、网络、交叉学科及其他等五个方面对控制科学所涉及的研究领域进行了深入的交流与讨论。我们就上述方向组成了五个工作小组，这些小组又分别通过举办会议、邮件通信等方式讨论形成了分组报告，本报告就是在这些准备工作的基础上形成的。2013 年 5 月 31 日又邀请部分专家在北京召开了有关本项目报告的咨询评议会，听取了与会专家的建议与意见，对报告做了进一步完善。先后参与相关研讨及五个工作组的人员如下（按姓氏拼音排序）。

中国科学院院士：

包为民、陈翰馥、郭雷、李衍达、吴宏鑫、徐宗本、钟万勰。

中国工程院院士：

柴天佑、丁荣军、孙优贤、王天然、王子才、吴澄、郑南宁。

相关领域的学者：

蔡开元、曹希仁、陈关荣、陈虹、陈杰、陈宗基、程代展、褚健、丛爽、董海荣、段广仁、关新平、桂卫华、郭宝珠、洪奕光、胡包钢、黄捷、霍伟、姜钟平、匡森、柳嘉润、吕金虎、马宏宾、梅生伟、宁滨、钱锋、谭民、王成红、王飞跃、王宏、王科俊、王乐一、王龙、王巍、王行愚、席裕庚、谢立华、殷刚、张化光、张纪峰、赵千川、周东华、周克敏、邹云等。

我们非常感谢这些在研讨会上做报告和参与讨论的学者和专家，他们精彩的报告和富有启发性的讨论、意见、建议为我们完成研究报告提供了宝贵的参考资料。

我们注意到部分工作小组还邀请了相关研究方向的专家参与分报告的撰写工作，大家共同努力形成的这些分报告所涵盖的丰富内容为我们提供了必要的资料并给我们带来了有益的启发，感谢所有参与分组报告撰写工作的专家和学者！

由于对问题的理解各有侧重，本研究报告和各分组报告有所不同，我们更偏重于从宏观层面上就控制科学的发展进行阐述。需要说明的是，由于知识面所限，我们对某些研究方向不够熟悉，比如系统辨识、自适应控制、随机系统、离散事件动态系统、航空、舰船领域、过程控制、脑控及量子控制等，有关这些方向领域的部分内容是在分报告的基础上改写而形成的。这里，我们要特别感谢参与分报告中上述相关方向撰写的专家和学者，是他们的工作使我们的报告更全面。

此外，我们还要感谢中南大学控制工程研究所、西南交通大学、中国自动化学会控制理论专业委员会、中国科学院数学与系统科学研究院、北京理工大学、国家自然科学基金委员会、北京大学工学院等单位，以及相关的领导和工作人员，感谢他们为成功举办相关研讨会与论坛提供的支持、资助和帮助；感谢《自动化学报》主编王飞跃研究员及相关工作人员为刊登相关综述报告所给予的支持；感谢院士工作局的工作人员在各方面的支持与大力协助；感谢在这一工作进程中所有给予我们帮助的单位和同志们。

本总体报告的执笔人为黄琳、段志生、杨剑影、王金枝、杨莹、李忠奎和刘蕾。

# 参考文献


包为民 . 2013. 航天飞行器控制技术研究现状与发展趋势 . 自动化学报，39（6）：697-702.

柴天佑，李少远，王宏 . 2013. 网络信息模式下复杂工业过程建模与控制 . 自动化学报，39（5）：469-470.

陈关荣 . 2013. 复杂动态网络环境下控制理论遇到的问题与挑战 . 自动化学报，39（4）：312-321.

陈虹，宫洵，胡云峰，等 . 2013. 汽车控制的研究现状与展望 . 自动化学报，39（4）：322-346.

陈杰，方浩，辛斌，等 . 2013. 数字化陆用武器系统中的建模、优化与控制 . 自动化学报，39（7）：943-962.

陈宗基，张汝麟，张平，等 . 2013. 飞行器控制面临的机遇与挑战 . 自动化学报，39（6）：703-710.

程代展，赵寅 . 2012. 关于控制的几点蠡测 . 中国科学院院刊，27（1）：167-174.

戴念祖 . 1988. 中国力学史 . 石家庄：河北教育出版社.

桂卫华，阳春华，陈晓方，等 . 2013. 有色金属过程建模与优化的若干问题及挑战 . 自动化学报，39（3）：197-207.

郭雷 . 2011. 关于控制理论发展的某些思考 . 系统科学与数学，31（9）：1014-1018.

郭雷 . 2012. 回溯自校正调节器研究之路 . 系统科学与数学，32（12）：1460-1471.

黄琳 . 2013. 为什么做，做什么和发展战略——控制科学学科发展战略研讨会约稿前言 . 自动化学报，39（2）：97-100.

黄琳，彭中兴，王金枝 . 2011. 控制科学——与需俱进的科学 . 科技导报，29（17）：72-79.

姜钟平，黄捷 . 2013. 基于非线性反馈的镇定和输出调节：简要综述 . 自动化学报，39（9）：1389-1401

刘仲林 . 2010. 中国交叉科学 . 第三卷 . 北京：科学出版社.

吕灵灵，段广仁，苏海滨，等 . 2013. 线性离散周期系统研究综述 . 自动化学报，39（7）：973-980.

梅生伟，朱建全 . 2013. 智能电网中的若干数学与控制科学问题及其展望 . 自动化学报，39（2）：119-131.

谭民，王硕 . 2013. 机器人技术研究进展 . 自动化学报，39（7）：963-972.

王飞跃 . 2013. 平行控制：数据驱动的计算控制方法 . 自动化学报，39（4）：293-302.

王乐一，赵文虓 . 2013. 系统辨识：新的模式、挑战及机遇 . 自动化学报，39（7）：933-942.

王沛，吕金虎 . 2013. 基因调控网络的控制：机遇与挑战 . 自动化学报，39（12）：

1969-1979.
王巍.2013. 惯性技术研究现状及发展趋势. 自动化学报，39（6）：723-729.
王行愚，金晶，张宇，等.2013. 脑控：基于脑-机接口的人机融合控制. 自动化学报，39（3）：208-221.
席裕庚，李德伟，林姝.2013. 模型预测控制——现状与挑战. 自动化学报，39（3）：222-236.
游科友，谢立华.2013. 网络控制系统的最新进展. 自动化学报，39（2）：101-118.
张化光，张欣，罗艳红，等.2013. 自适应动态规划综述. 自动化学报，39（4）：303-311.
中国科学技术协会，中国自动化学会.2008. 控制科学与工程学科发展报告2007-2008. 北京：中国科学技术出版社.
中国科学技术协会，中国自动化学会.2011. 控制科学与工程学科发展报告2010-2011. 北京：中国科学技术出版社.
周东华，魏幕恒，司小胜.2013. 工业过程异常检测、寿命预测与维修决策的研究进展. 自动化学报，39（6）：711-722.
European Commission. 2000. Workshop on future and emerging control systems.
Guo L，Huang L，Jin Y H. 1999. Some Recent Advances of Automatic Control in China. Proceedings of the 14th World Congress of IFAC.
Levis A H，Marcus S I，Perkins W R，et al. 1987. Challenge to control—a collective view. IEEE Transanctions on Automatic Control，AC-32（4）：275-285.
Murray R M，Aström K J，Boyd S P，et al. 2003. Control in an Information Rich World. Report of the Panel on Future Directions in Control，Dynamics and Systems. SIAM.
Tsien H S. 1954. Engineering Cybernetics. USA：McGraw-Hill.
Vinvent B，Michel G，Anders L. 1995. survey on the state of systems and control. European Journal of Control，1（1）：5-23.
Wiener N. 1948. Cybernetics，or Control and Communication in the Animal and the Machine. USA：The MIT Press.

# 第二篇　控制理论

# 第六章 绪言

控制理论处于数学、计算机、通信和工程科学相互作用的前沿，是自动化的关键与基础，是信息科学与系统科学的重要组成部分，有些内容也可以同时归为应用数学领域。控制理论区别于其他学科的一个核心概念是反馈。虽然前馈的概念也很重要，并且在控制系统中往往同时具有前馈和反馈机制，但是反馈机制能够有效地应对系统内外各种不确定性因素的影响。正因为如此，反馈也是智能行为的一个关键特征。像物理学定律一样，反馈原理在科学、技术与工程中也具有基本的重要性。历史上，反馈的有效利用常常对工程技术领域产生革命性的影响，同时也催生和推动了控制理论方法的诞生和发展。关于控制理论的历史发展，下面主要谈几点启示。

## 第一节 控制理论诞生和发展的源泉

重大实际需求是控制理论诞生和发展的源泉，尽管这是显然的，但我们仍将用三个典型例子来具体说明。

第一个著名例子是瓦特发明的蒸汽机。1782 年，瓦特发明了其“核心技术”：用离心调速器来反馈控制蒸汽机速度，从而使蒸汽机可以大规模应用，成为英国工业革命的主要象征。1868 年，英国物理学家麦克斯韦发表的《论调节器》，最早把调速器的运动状态用微分方程来描述，导出了调节器的微分方程，并在平衡点附近进行线性化处理，指出稳定性取决于特征方程的根是否具有负的实部。麦克斯韦可谓历史上首位“控制理论学家”。而如何根据多项式的系数来判定其稳定性是控制理论的一项重要内容，如 Routh-Hurwitz 判据、Kharitonov 定理等。

第二个著名例子是反馈放大器。由于电信号随传送距离的增加而逐渐衰减，需要用放大器将信号放大继续传送，而放大器的非线性往往导致信号失真，放大器在将信号放大的同时，也会把噪声和失真放大。20 世纪 30 年代，H. S. Black 发明的负反馈放大器对远距离通信做出了重要贡献。关于反馈放大器稳定性问题的研究，导致了 Nyquist-Bode-Evans 等著名的频域分析与设计方法的诞生。

第三个著名例子是滤波器。在第二次世界大战期间，为了解决防空火力控制和雷达噪声滤波问题，维纳提出并定义了滤波问题，建立了平稳随机信号的维纳滤波理论。后来，基于状态空间描述而建立的 Kalman 滤波理论，在很大程度上突破了维纳滤波理论的局限，在航空航天、通信与信号处理等众多领域都有广泛应用，产生了深远影响。时至今日，滤波理论（特别是非线性滤波理论等）仍是控制理论等领域的重要研究问题。

## 第二节　推动控制理论发展的关键

众所周知，控制理论的发展密切依赖于数学方法的运用，甚至反过来还可以推动数学自身的发展。Kalman 在总结自己的研究体会时曾说，“首先要（使所研究的问题）有正确的物理意义，之后就全是数学的事情了”，这句话很有道理。从控制学科自身来讲，它有丰富的科学内涵和独特的研究问题，数学理论的恰当运用和数学方法的创新虽然很重要，但是理论结果是否具有重要的控制科学意义才是最关键的。因此，提出原创性的基本概念和问题、创造有生命力的控制方法，应该是最重要的创新。例如，现代控制论奠基人 Kalman 提出状态空间法和“能控性、能观性”等重要概念。$H_\infty$ 控制的创始人 Zames 提出的“鲁棒性”概念等。

## 第三节　科学技术的进步对控制理论的发展有重大影响

控制理论作为一门方法性的学科，毫无疑问，在其他科学技术领域中有广泛的应用。另外，其他科学技术领域不断提供控制理论发展的需求和问题来源，在面对各种具体的实际挑战性问题时，控制理论在不断开拓中发展自己。历史上，控制论创始人维纳的名著《控制论》，就是多学科（特别是电子工程学和神经生理学）交叉的产物，反过来，又影响了信息处理、模式识别等其他领域的发展。在过去半个世纪中，计算机技术的进步对控制理论发展的影响是最直接的，已经深入到建模、分析、设计、求解和模拟的全过程，既影响研究方式，又影响研究结果。近年来，复杂网络的发展对控制理论提出了一系列挑战性问题，其影响是有目共睹的。我们相信，随着科学技术的不断发展，控制理论的研究模式还会继续受其影响。

## 第四节　控制理论自身发展局限与时代发展需求并存

控制理论尽管取得了深入和广泛的进展，并在科技和社会中产生了广泛影响，但无论是理论自身还是面向实际需求，都还有许多局限并面临发展挑战。特别地，目前控制理论中证明的绝大多数结论主要还是针对相对理想化的数学模型的控制理论。面对时代需求和历史机遇，无论是控制理论自身的结论还是控制理论目前的框架，都需要大力发展。例如，随着当代科学技术不断向极端条件和系统复杂性发出挑战，基于传统方法所设计的控制系统，在精度、速度和可靠性等方面都难以满足更新更高的要求了，这迫切需要控制理论不断深化自身的发展。其次，控制理论的传统研究范式也需要随着科学技术的变化而变化甚至变革。例如，如何适应大数据等信息时代的要求发展新一代控制理论？如何面对越来越智能化的复杂系统，扩展控制理论的研究范围乃至框架？再者，在复杂系统越来越成为众多科学领域研究前沿的趋势下，如何与不同领域学者合作研究相关重大基础科学问题？这些都是控制理论应该面对的重要挑战。

下面我们将针对控制理论的几个重要分支，分别回顾其发展历史，并展望其发展趋势和面临的挑战性课题。

# 第七章 线性系统控制理论：回顾与展望

迄今为止，线性系统控制理论是控制理论中最为成熟的领域，取得了最为辉煌的成果。线性系统理论不但是控制理论的重要基石之一，而且已成为电路与系统、通信及信号处理等其他信息与系统科学分支的重要理论基础。线性系统的特征是其输入输出关系满足叠加原理。线性系统的控制理论与其他一切技术科学学科一样，是在社会发展需求的推动下，从解决相应时代的重大实际生产和工程问题的过程中产生和发展起来的。一般认为，20 世纪 30 年代初 Nyquist（1932）对反馈放大器稳定性的研究，是系统控制作为一门学科发展的开端。线性系统控制理论的发展过程经历了“经典线性系统理论”和“现代线性系统理论”两个阶段。

## 第一节 经典线性系统控制理论

### 一、理论形成标志：频率法的建立

经典线性系统理论的形成，以 20 世纪 30～40 年代的三项重要成果为标志。

一是 Nyquist（1932）提出的关于反馈放大器稳定性的结果，这是具有划时代意义的贡献。这个结果揭示了反馈系统中产生条件不稳定的原因，给出了以开环频率特性判定闭环稳定性的准则，即 Nyquist 稳定判据。Nyquist 稳定判据的巨大价值在于：它并不要求知道系统微分方程或特征多项式，而只需用实验方法测出系统开环频率特性，据此即可判断闭环的稳定性。并且，这一判据是以充要条件形式给出的，故可直接提示控制工程师通过调整开环增益来改进系统的稳定性，以避免系统的不稳定振荡。

二是 Bode（1945）引入的相对于对数频率的对数幅值增益图和相位图，即 Bode 图。Bode 图大大简化了当时已经十分流行的频率响应特性的运算和作图过程，使基于频率响应的反馈控制系统的分析与综合设计更趋实用。

Bode 的其他重要贡献是：①针对参数摄动对单输入单输出反馈控制系统的影响，提出了幅值裕量和相位裕量的概念，以此来衡量系统所能容忍的不确定性的范围，并引入灵敏度函数来衡量参数摄动下的系统性能；②就开环零点、极点均在左半平面的单输入单输出反馈系统，提出了著名的 Bode 增益-相角关系，即系统的相角可表示为系统的对数幅频特性的一个积分。这一关系之所以重要，是因为它可以指导人们在采用反馈获得增益与为此而不得不在增益带宽方面付出代价两者之间做出适当的权衡，并能定量地指导超前、滞后滤波器的设计，以使得系统达到一定性能指标要求（Horowitz，1963）。

三是 Evans（1948）提出的根轨迹法。这一方法本质上是一种图解法，能简单有效地由系统参数及开环零点、极点描绘闭环根轨迹，以求取闭环极点分布，因而能对如何改变开环零点、极点及系统参数以使闭环满足系统动态及稳态性能要求给出指导。

与此同时，关于闭环稳定性的逆 Nyquist 判据亦被 James 等（1947）首次讨论。

Nyquist-Bode-Evans 方法的建立与发展是复变量理论在系统控制领域的巨大成功。在随后的多变量系统控制理论的发展中，我们会更深刻地感受到它的魅力。

## 二、频率方法在线性离散系统中的推广

频率方法在以线性差分方程描述的采样-数据系统，亦即线性离散系统中的推广，首推 Tsypkin（1956）的工作。在该领域，Z-变换和脉冲传递函数的作用相当于 Laplace 变换和传递函数在线性连续系统的作用。对于系统的反馈设计与综合，除了注意闭环零点、极点的配置对系统动态及稳态性能的影响外，还应注意采样周期的选择（Jury，1958）。

## 三、频率方法对其他控制领域的影响

线性系统的频率方法对线性随机系统及非线性系统的影响同样是不可低估的。

对于输入为平稳随机过程的线性随机系统，随着输入输出谱密度、交叉

谱密度及传递函数概念的引进，频率方法被迅速推广。在这一过程中，Wiener（1942）的谱分解定理的建立，以及 Wiener（1942）和 Kolmogorov（1941）彼此独立完成的关于平稳随机信号的滤波和预报理论的开创性研究做出了重要贡献。然而，在随后的发展中，Wiener-Kolmogorov 理论在实践中并没有得到广泛的应用。其中重要的一个原因是，这一理论要求被称为 Wiener-Hopf 方程的积分方程求解，而在许多实际问题中，该方程很少有解析解，并且也很难得到数值解。这一困境在一定程度上促进了借助于数字计算机的使用递推迭代方法的 Kalman-Bucy 滤波理论（Kalman，1960a；Kalman and Bucy.，1961）的诞生。

频率方法在非线性控制系统领域的推广则借助于描述函数方法。该方法产生于 20 世纪 40 年代后期及 50 年代初期（Kochenburger，1950），是一种基于系统非线性特性谐波线性化的图解分析方法。尽管这一方法仅是一种近似方法，使用中有一定限制，但对非线性系统的反馈及消除自激振荡起着重要作用。与此同时，建立在严格数学基础上的描述函数理论亦由于应用的需要而得到长足发展（Bergen and Frank ，1971；Mees，1984）。

Popov（1961；1966）关于单输入、单输出线性时不变系统在满足扇形条件的非线性反馈作用下闭环绝对稳定性的研究，以及他于 1961 年建立的频率域判据则极大地促进了频率方法与时域的 Lyapunov 方法的联系，随后出现的圆判据（Sandberg，1964）更是 Nyquist 判据在这一问题上的直接推广。而对于多输入多输出系统，Popov 频率判据在该领域的推广，首推 Moore 和 Anderson 的工作（Moore and Anderson，1967；1968）。

## 四、研究对象和方法

经典线性系统理论的主要研究对象是单输入单输出线性时不变系统。所用的主要数学工具是复变量理论、Laplace 变换及 Fourier 变换。分析和综合控制系统的主要方法是频率响应法和根轨迹法（Nyquist-Bode-Evans 方法）。系统分析设计中采用的主要手段是作图、工程近似与控制工程师的经验三者的结合。贯穿于设计始终的是，基于实验基础的以信号传输观点来研究系统动态与稳态性能的思想，并且基于应用观点，考虑到了不确定性对系统性能的影响。基于此，经典线性系统理论以其物理概念清晰、研究思路直观、方法简便实用，受到控制工程师及相关技术人员的欢迎。

经典线性系统理论从概念和方法上为线性系统的控制建立了基础，为现代数字计算机尚未产生和发展的那个时代提供了非常实用、有效的自动控制设计手段。甚至在今天，对于单输入单输出线性时不变系统的分析与综合，仍有其持久的价值和魅力。

### 五、局限性

经典线性系统控制理论的局限性表现在，一般难以有效地处理多输入多输出线性系统的分析与综合，以及难以揭示和系统内部结构有关的更为深刻的系统特性。

### 六、重要专著

在国际上具有重要影响的经典线性系统理论的专著有 Bode（1945）、钱学森（Tsien，1954）和 Horowitz（1963）等的著作。

## 第二节　现代线性系统控制理论

### 一、理论形成标志：状态空间法的建立

在第二次世界大战结束后的 20 世纪 50 年代，由于蓬勃发展的航空航天技术的推动及计算机技术的快速发展，不同种类的控制器设计要求、相关变量的联合控制均提上日程，而这些恰是经典线性控制理论所不能适应的。在此背景下，线性控制理论开始了从经典理论到现代理论的过渡，反映这一过渡的重要标志性成果即 Kalman（1961）创立的状态空间方法。在他的框架下，形如 $\dot{x}=Ax+Bu$，$y=Cx+Du$ 的状态方程与输出方程被用来描述线性动态系统，这里 $x\in R^n$ 称为状态变量，$u\in R^r$ 及 $y\in R_m$ 分别为输入、输出变量，$A$、$B$、$C$、$D$ 为适当维数的矩阵。这一结构给出了输入输出关系的一个内部描述，它不仅能提供实际要处理的有关输入、输出的外部信息，并且能够提供有关系统内部结构特性的全部信息，而这恰是经典线性控制理论所不具备的，这是一个全新的框架。

### 二、20 世纪 60 年代状态空间法的主要成果

在状态空间框架下，关于系统状态能控性及能观性的概念，以及两者的对偶关系被 Kalman（1961；1962）首次给出。这些概念与控制系统的内部结构特性密切相关，对系统控制具有基本的意义。一经提出，即被众多控制论

学者相继研究，并被迅速地移植于多类控制系统中，如非线性系统、随机系统、分布参数系统、时滞系统、奇异系统、离散事件系统，以及多维动态网络（Bose，1976；Chen，1980；Hermann and Krener，1977；Isidori，1985；Pandolfi，1980；Russel，1978；Weiss，1967；郑大钟和赵千川，2001）。此外，关于控制受限系统能控性、正控制系统能控性，以及参数不确定系统的结构能控性等概念亦被相继提出和讨论（Brammer，1972；Mayeda and Yamada，1979；Pandolfi，1976；Petersen，1987；Schmitendorf and Barmish，1980）。

状态空间方法在20世纪60年代得到快速发展。能控子空间、不能控子空间被引入，其对于系统矩阵的不变性被阐明。基于状态空间正交分解的Kalman规范分解定理被建立，能控系统的各类标准形亦相继被建立（Kalman，1961；1962；1963a），对偶地，能观系统亦然。与系统结构相关的能控性、能观性判据被Gilbert、Popov、Belevitch、Hautus等相继给出。基于输入输出数据的状态空间实现理论则被Kalman、Ho、Youla、Silverman、Tether等相继讨论［参见Kailath（1980）第2、第5、第6章及所引文献］。在保持系统能控、能观性的前提下，由线性变换对其输入输出维数的极小化，亦被Heymann（1970）讨论。

能控性与经状态反馈实现闭环极点任意配置的关系受到不少学者的关注。20世纪60年代初期，Rissanen（1961）、黄琳等（1964）就单输入情形彼此独立地给出了一个完全的陈述与证明，而多输入情形则由Wonham（1967）彻底解决，其证明很快被Heymann（1968）简化。能观性与状态重构问题的讨论可追溯至1960年Kalman滤波器（Kalman，1960a；Kalman and Bucy，1961）的提出。事实上，Kalman滤波器即线性随机系统状态的一个递推线性无偏最小方差估计器。关于确定性线性系统的能观性与状态重构的关系，全阶观测器与降阶观测器设计，输出动态反馈构成的闭环的极点分离特性，以及输出动态反馈构成的闭环与直接状态反馈构成的闭环的传递函数矩阵的同一性问题等，于20世纪60年代中后期相继由Luenberger（1964；1966；1971）等讨论，并获得完全解决。观测器及输出动态反馈的一个几何解释则由Wonham（1970）给出。

基于状态空间法的线性二次指标最优控制问题的研究，首推Kalman（1960b；1963b；1964）的工作，他于1960年首次把这一问题的求解归结为求解一个矩阵Riccati方程。在这一领域，我国学者亦有很好的工作。例如，黄琳等（1964）关于LQ问题解的存在唯一性及线性最优控制律的研究，以及他们首次提出的代数 Riccati 方程迭代解的构造方法。整个 20 世纪 60 年代，无论是确定性控制系统领域，还是随机控制系统领域，LQ（LQG）问题的研究都得到长足的发展。在随机控制领域，关于滤波与控制的分立定理亦由 Potter、Striebel、Wonham 等相继建立，参见 Wonham（1968）的著作及所引文献。

此外，便于工程应用的状态反馈镇定或输出动态反馈镇定的计算机辅助设计已在开展（Rosenbrock，1974），参数摄动对反馈镇定闭环系统的影响亦已受到关注（Cruz and Jr Perkins，1964）。

## 三、20 世纪 60～70 年代形成的新的研究体系与进展

20 世纪 70 年代，线性系统理论在状态空间法的基础上出现了着重从几何方法角度研究系统结构特性和反馈设计的线性系统几何理论，出现了作为经典频率方法的推广和深化的多变量频率域理论，出现了以算子环上模代数结构为主要研究工具的线性系统代数理论。与此同时，随着计算机软件与硬件技术的发展和普及，线性系统分析和综合中的计算问题，包括数值稳定性问题，得到广泛研究。应用于工程实际，面向人机交互的控制系统的计算机辅助设计技术也得到长足进步。

以下对线性系统的几何理论，多变量频率域方法及代数方法作一简要叙述。

### (一) 几何理论

几何理论的特点是，把线性系统的研究转化为状态空间中的相应几何问题，采用几何的语言来对系统进行描述、分析和综合。它的主要数学工具是线性代数的几何理论，基本思想是把与系统能控性、能观性有关的各种系统结构特性表述为不同类的子空间族的几何属性。在几何理论中，具有关键意义的两个概念是 $(A,B)$ —不变子空间族和 $(A,B)$ —能控子空间族的概念，这里 $A$，$B$ 分别是系统矩阵和控制矩阵。这两个概念在用几何方法解决诸如干扰解耦和跟踪、输入输出解耦等系统综合问题时起着基本的作用。几何方法的特点是，描述简洁，推断明晰、严谨，避免了状态空间法中大量的矩阵计算，而在一旦需要计算时，几何方法的结果又能比较容易地转化为矩阵计算。

线性系统的几何理论由 Wonham 及其同事们于 20 世纪 70 年代初期开创和发展。$(A,B)$ —不变子空间族理论即是由 Wonham 和 Morse（1970）、

Basile 和 Marro（1969）在研究干扰解耦和输入输出解耦等问题时各自独立建立的。Wonham 的专著 *Linear Multivarible Control*：*A Geometric Approach* 于 1974 年问世，标志着线性系统几何理论的理论体系已经建立。此后（$A$，$B$）一不变子空间理论被诸多学者以不同方式推广。例如，Willems（1980；1981；1982）建立的适用于几种干扰解耦和鲁棒输出调节的（$A$，$B$）一不变子空间理论，以及郑毓蕃和韩正之（1984；1985）建立的适用于闭环特征配置的（$A$，$B$）一特征子空间理论。

20 世纪 70～80 年代，几何理论在线性控制的诸多领域，包括输入输出解耦，闭环特征配置，模型匹配，系统无穷零点、极点结构，输出调节与鲁棒输出调节，反馈不变量理论，以及大尺度线性系统的分散控制领域均取得了令人瞩目的成就（Corfmat and Mase，1976；Francis，1977；Francis and Wonham，1975；Francis and Wonham，1976；Hu and Zheng，1987；Malabre and Kucera，1984；Morse and Wonham，1970；Wonham，1979；Wonham and Morse，1972；Zheng and Han，1986）。

线性系统几何理论对非线性系统几何理论的发展起着重要的借鉴作用。非线性系统几何理论中起着关键作用的（$f$,$g$）一不变分布即线性系统几何理论中的（$A$,$B$）一不变子空间概念的推广（Isidori，1985）。

1980 年，Emre 和 Hautus（1980）、Hautus（1980）给出了（$A$,$B$）一不变子空间的一个频率域特征描述，这充分说明了几何理论与下面将要讨论的多变量频率域方法存在着自然的联系。其实，这并不奇怪。因为两者所讨论的是同一类动态系统，即线性系统的结构特性及反馈设计，所不同的只是考察问题的着眼点及所用的工具不同。

### （二）多变量频率域方法

20 世纪 60 年代，线性系统的状态空间方法，特别是二次性能指标下的最优状态反馈及最优滤波理论在航天事业的应用中取得了巨大的成功。这自然引发了尝试将这一理论应用到范围更为宽广的工矿企业过程控制中的意图，但许多实例显示，它并不能直接应用。这主要是因为所建立的模型不能充分精确，同时，动态与静态性能指标中的各个参数也难以在控制器设计中得到规定，而这在航天背景下是并不明显的。此外，借助于观测器或 Kalman 滤波器的反馈控制器的结构过于复杂，不适于过程控制应用。这促使人们重新注意经典频域方法，并尝试将其发展为适合多输入多输出情形。这一过程中的代表人物是 Rosenbrock 和 MacFarlane。

20 世纪 60 年代中期，Rosenbrock（1966；1969）在 Nyquist 周线上讨论多输入多输出闭环的回比矩阵，他应用矩阵对角占优技术，通过设置前馈补偿器来削弱输入的交互影响，巧妙地将多输入多输出反馈系统的稳定性的判定转化为对一组单输入单输出反馈系统稳定性的判定，这使得经典 Nyquist 方法得以应用。特别是他提出的逆 Nyquist 陈列法适于人机交互的计算机辅助设计，因而工业应用也随之获得推动（高黛陵和吴麒，1998；MacFarlane，1972；1979a；1979b；Mayne，1973；Rosenbrock，1970；1974）。

20 世纪 60 年代中期至 70 年代中期，多变量频率法领域的重要成果还有如下七种。

（1）借助于有理分式矩阵的互质分解和 Smith-McMillane 标准形，传递函数矩阵的结构性质被阐明，传递函数矩阵的有限零点、极点及无限零点、极点被定义，其物理属性被阐明（Desoer and Gündes，1974；Forney，1975；Kailath，1980；MacFarlane and Karcanias，1976；Pugh，1977；Rosenbrock，1970；1973；Wolovich，1974；郑大钟，2002）。

（2）传递函数矩阵的能控性实现、能观性实现及最小实现被用频域方法计算，逆系统的概念被提出，并被应用于系统分析和设计（Kailath，1980；Rosenbrock，1970；Sain and Massey，1969；Wolovich，1974；郑大钟，2002）。

（3）传递函数矩阵的正实性及严格正实性被讨论，相应的正实引理及谱分解定理被证明。这些结果加强了频域方法与状态空间方法的联系，在系统稳定性、绝对稳定性及鲁棒稳定性研究中起着重要作用（Anderson，1967；黄琳，2003；Popov，1966；Siljak，1971；Youla，1961）。

（4）状态反馈对闭环输入输出性能的影响被用频域方法阐明，与此相关的 Rosenbrock 控制结构定理被证明（Kailath，1980；Rosenbrock，1970；Wolovich，1974）。

（5）多变量系统的输入输出解耦、模型匹配、极点配置与特征向量配置、输出调节及补偿器设计的频域方法和参数化技术被阐明，并被用于计算机辅助设计（Bengtsson，1977；Cheng and Pearson，1978；Desoer and Vidyasagar，1975；MacFarlane，1979a；1979b；Rosenbrock，1970；1974；Wolovich，1974；Youla et al.，1976a；1976b）。

（6）Rosenbrock 的对角占优技术从多个角度被改进，如 Mayne（1973）提出的序列返回差方法，该方法简化了 Rosenbrock 的设计，并保证闭环有更好的鲁棒性。

(7) Rosenbrock 的线性动态系统的微分算子描述，亦即多项式矩阵描述被提出。尽管这是一时域描述，但它与系统的矩阵分式描述有着天然的联系，在研究方法上可以相互借鉴，特别是 Rosenbrock 的“系统矩阵”概念的提出，它起着沟通时域研究方法与频域研究方法桥梁的作用（Kailath，1980；Rosenbrock，1970；Wolovich，1974；1976）。

20 世纪 70 年代，MacFarlane 和他的同事们（MacFarlane，1970；1977；MacFarlane and Belletrutii，1973；MacFarlane and Karcanias，1976；MacFarlane et al.，1977；MacFarlane and Posttethwaite，1977；MacFarlane and Scott-Jones，1979；Postlethwaite，1977；Postlethwaite et al.，1981；Postlethwaite and MacFarlane，1979）则从另一途径去进行多输入多输出反馈系统的稳定性分析，他们从复变函数论和代数函数论出发，把回比矩阵的特征值函数（他们称之为开环特征增益函数）作为定义在其 Riemann 面上的代数函数，在该 Riemann 面上建立广义幅角原理，并进而在该 Riemann 面的 Nyquist 周线上讨论开环特征增益轨迹，建立了广义 Nyquist 稳定判据和广义逆 Nyquist 稳定判据。与此同时，广义根轨迹理论亦被获得。如此，适合单输入单输出线性时不变系统的经典 Nyquist-Bode-Evans 法被拓展为适合多输入多输出线性时不变系统的广义 Nyquist-Bode-Evans 法，这是经典频域法的重大发展。

在此框架下，多变量系统反馈综合的频域设计方法得到重要发展。例如，基于回比矩阵特征向量的并矢展开技术、对准技术及可交换补偿器设计；基于回比矩阵奇异值的准 Nyquist 轨迹设计，以及由此形成的借助于计算机的“准传统设计”技术均得到长足发展（高黛陵和吴麒，1998；Hung and MacFarlane，1982）。

20 世纪 80 年代初期，随着鲁棒控制的发展，多变量频率域方法的研究趋向于系统的鲁棒稳定性分析和鲁棒镇定。对于鲁棒稳定性分析有着重要作用的矩阵奇异值分析被引入以代替特征值分析（Moore，1978）。这里，Doyle 和 Stein（1981）、Postlethwaite 等（1981）的工作是值得指出的。前者以矩阵奇异值为工具平行推广了单输入单输出反馈系统的 Bode 设计方法（回路成形法），指出了影响多变量反馈系统鲁棒稳定性的关键因素是系统回差矩阵的奇异值；后者利用主增益（奇异值）和主相位的概念研究了多变量反馈系统的稳定裕量。此外，Arkun 等（1984）提出的鲁棒 Nyquist 阵列方法对推动 Rosenbrock 的逆 Nyquist 阵列法的进一步发展也有不小的作用。

在此期间，反馈系统的灵敏度分析，以及开环系统右半平面的零点、极点对反馈设计性能限度的影响亦有深入研究，如 Cruz 等（1981）、Freudenberg and Looze（1985）的工作。

## （三）代数方法

20 世纪 60 年代中期，Kalman 基于对线性时不变系统代数结构的理解，以及当时对于线性时滞系统、线性有限自动机制理论研究的需要，提出用模论方法来研究一般线性系统，并在实现理论方面取得突破（Kalman et al.，1969）。随后十余年内，经 Fuhrmann（1976），Kamen（1975），Sontag（1976b），Emre（1983a；1983b），Khargonekar（1982），Khargonekar 和 Sontag（1982）的发展而趋于成熟，获得了诸如能控性、能观性、实现理论、观测器理论、闭环极点配置理论、传递函数矩阵互质分解、模型匹配、输出调节及补偿器设计等丰富成果。此外，Emre（1983a）还将 Wonham 的 $(A,B)$ —不变子空间理论发展为 $(F,G)$ —不变子模理论，从而沟通了模论方法与几何控制理论的联系。

20 世纪 70 年代中期，模论方法由研究线性时不变系统的交换环上模论方法发展为研究线性时变系统的非交换环上模论方法，这是一重大飞跃，其肇始性的工作当推 Sontag（1976a）和 Kamen（1976）的研究。关于非交换环上模论方法，将在下一节“线性时变系统”部分叙述。

20 世纪 60 年代中期，Rosenbrock 对线性动态系统引入的微分算子描述（多项式矩阵描述（PMD））也是一种代数方法。他用一个多项式矩阵四元组 $(P(s),Q(s),R(s),W(s))$ 表示线性动态系统：

$$P(D)z(t)=Q(D)u(t),\quad y(t)=R(D)z(t)+W(D)u(t)$$

式中，$P(D)$、$Q(D)$、$R(D)$、$W(D)$ 为多项式矩阵；$D$ 为微分算子。在他的框架下，四元组 $(sI-A,B,C,J(s))$ 即表示状态空间描述：$\dot{x}=Ax+Bu$，$y=Cx+J(D)u$，四元组 $(D_L(s),N_L(s),I,0)$ 则表示传递函数矩阵描述：$G(s)=D_L^{-1}(s)N_L(s)$。这样，线性动态系统的状态空间描述及频域描述均纳入他的统一框架，无疑，这一框架可以成为沟通状态空间方法与频域方法的桥梁。此外，他引入的系统矩阵

$$\begin{bmatrix} P(s) & Q(s) \\ -R(s) & W(s) \end{bmatrix}$$

简洁、自然，便于进行多项式矩阵运算，对他的理论体系的建立起了重要作用。

20 世纪 60 年代中期至 70 年代，经 Rosenbrock（1970；1973；1974），

Wolovich (1974; 1976; 1981), Fuhrmann (1977), Pugh (1977), Pernebo (1981a; 1981b) 等的工作，线性动态系统的多项式矩阵描述在系统等价，系统零点、极点及其对系统动态特性的影响，实现理论，以及逆系统理论领域取得重大突破。PMD 的不可简约性与其状态空间实现 $(A,B,C,J(D))$ 的能控能观性的关系被阐明。PMD 的反馈控制系统设计，包括状态反馈和补偿器设计，在实现闭环极点任意配置、输入输出解耦、输出调节，以及实现输入输出模型的精确匹配等方面均取得重要进展。其中，Rosenbrock (1973) 关于系统解耦零点的概念及其物理属性的叙述，更是丰富了人们对状态空间系统的认识。

20 世纪 80 年代初期，我国学者王朝珠和王恩平 (1982; 1987) 在 PMD 的鲁棒输出调节领域有很好工作，特别是他们讨论了多变量线性反馈系统的非退化及物理可实现性，给出了充要条件。

20 世纪 80 年代，离散事件动态系统研究的进展促使 Wonham、Ramadge 和 Lin 等用代数方法研究更为一般集合上的动态系统理论，开创了研究离散事件动态系统的自动机/形式语言方法，获得了诸如离散事件动态系统的能控性与能观性、系统反馈监控和分散监控、监控器综合等一系列重要成果。Cohen、Olsder、陈文德、涂奉生、郑大钟、赵千川等则将离散事件动态系统视为极大代数上的线性系统，获得了诸如系统能控性与能观性、实现理论、系统特征结构分析与参数估计、系统周期稳态参量配置、干扰解耦、参数摄动下系统周期稳态性能的鲁棒性分析等重要成果，参见郑大钟和赵千川 (2001) 第 4、第 5、第 7 章及所引文献。

可以期望，代数理论将会在自动机、计算机科学及网络信号传输领域取得更为充分的发展。

几何方法、频率域方法及代数方法从不同方面抓住了线性系统的结构特征和物理属性，对线性系统理论的发展起着不可或缺的重要作用。这三种方法又和状态空间方法紧密相连，它们之间的借鉴与融合推动着线性系统理论更为深入的发展。

## 四、线性系统控制理论的几个主要课题的研究进展

### (一) 输入输出解耦

通过状态反馈及对输入变量的线性组合来达到输入输出解耦的目的，即抵消系统输入输出之间原有的交叉耦合，并同时达到满意的动态响应。解耦

问题是控制理论中很早就引起人们注意的、有持久魅力和很大应用价值的重要问题（Voznesenskii，1938），用传递函数矩阵做的早期工作可见钱学森的专著（Tsien，1954）。解耦问题的状态空间方法是 Morgan（1964）和 Rekasius（1965）各自独立开创的。随后 Falb 和 Wolovich（1967）、Gilbert（1969）等做了进一步的发展，给出了问题可解的充要条件，但并未讨论闭环的稳定性，并且，研究工作局限于输入输出变量个数相同的情形。20 世纪 70 年代初期，Morse 和 Wonham（1970）用几何方法，特别是应用$(A, B)$—不变子空间及子空间族的根的概念，在一般情形下用状态反馈并附加一个动态补偿器的方法研究了块解耦问题，获得了兼顾解耦和闭环稳定性的很好结果。Silverman 和 Payne（1971）则从系统输入输出结构着手研究块解耦及其算法，他们的方法不同于 Wonham 和 Morse，并且结果有所改进。20 世纪 80 年代，所谓多目标输入输出解耦问题，亦即同时实现输入输出解耦及输出调节的问题受到越来越广泛的关注。Wolovich（1981）对于非最小相位系统，用微分算子方法讨论了同时实现输入输出解耦、闭环极点任意配置及鲁棒输出调节的问题，给出了设计算法。Desoer 和 Gündes（1986）从交换环的代数理论出发，利用传递函数矩阵的互质分解及 Youla 的控制器参数化技术讨论了输入输出解耦问题的动态补偿器设计，获得了同时实现输入输出解耦、镇定及干扰抑制的充要条件。

解耦问题的另一重要进展是，20 世纪 80 年代初期，Descusse 和 Dion（1982）发现系统无限零点的阶数与解耦问题的可解性有着本质的联系，进一步的研究及关于系统基本阶概念的引进导致 Descusse 等（1988）给出对角解耦问题的一个完全解。这里，状态反馈律中的输入变换矩阵被允许为奇异的。1990～1991 年，Descusse（1990；1991）进一步研究了更为一般的一类块解耦问题，获得了很好的结果，其所用方法的关键点是块基本阶概念的引入，以及一个适宜的输出变换的实施。

我国学者许可康、陈树中等在输入输出解耦领域亦有很好的工作，参见许可康（1996）及其所引文献。他们对于一类输入、输出变量个数不等的对角解耦问题不仅给出了问题可解的充要条件，并且给出了判断充要条件是否成立的一个简明算法。

对于工程应用而言，解耦设计要解决的一个重要问题是闭环的稳定性及动态品质，由此发生的带极点配置的三角解耦及块解耦、近似解耦、自适应解耦及鲁棒解耦自 20 世纪 70 年代以来均得到快速发展，参见 Commault 等（1991）、Hautus 和 Heymann（1983）、Koussiours 和 Tzierakis（1996）及

Wang（2003）第 4、第 5、第 8 章及所引文献。

## （二）输出调节

输出调节的主要内容是设计动态补偿器实现闭环对参考输入的无静差跟踪及干扰解耦，并保证闭环内稳定。这里，参考输入与干扰信号的动力学结构被认为是已知的。20 世纪 70 年代中期，输出调节问题的重大进展是内模原理的引进。所谓内模原理是指作为输出调节问题解的动态补偿器，其伺服部分必须含有反映外部环境，即参考输入和干扰的动力学结构的一个动态模型。内模原理可直接溯源于经典控制论中为了跟踪阶跃（斜坡）参考输入或为了抑制阶跃（斜坡）干扰，而在控制器设计中引入积分装置，以使得闭环传递函数零点与外部信号极点实现零极对消的思想（Horowitz，1963）。

20 世纪 50～60 年代，“内模”作为一种设计观点在非线性预测控制中被提及（Kelley，1968）。

20 世纪 70 年代中期，对于多变量系统输出调节问题，将内模原理作为动态补偿器设计指导思想引入，并详加论述与研究的，当推 Francis 和 Wonham（1975；1976）、Wonham（1974；1976）、Davison 和 Gddenberg（1975），以及 Bengtsson（1977）等的工作。这里，Wonham 和 Francis 用的是几何方法，Davison 和 Goldenberg 用的是状态空间方法，Bengtsson 用的是频域方法，并且 Wonham 和 Francis，Davison 和 Goldenberg 均考虑了鲁棒输出调节问题。

20 世纪 80 年代初期，Saeks 和 Murray（1981）在环上讨论了一般线性系统的输出调节问题，得到了问题的一个完全解，其所用方法的核心是，传递函数矩阵的互质分解及 Youla 的控制器参数化技术。同期，韩京清和许可康（1982）用他们建立的极大绝对能观子系统理论讨论了用状态反馈实现干扰解耦问题，获得了充要条件，并给出了求取状态反馈阵的一个构造性算法。

目前，存在于输出调节设计中的一个重要问题是，所获得的动态补偿器的阶数过高。例如，对于一个具有两个输入、两个输出的 5 阶系统，需要设计一个动态补偿器，使得闭环系统能够跟踪一个具有固定频率的正弦信号，并抑制一个斜坡干扰，按 Wonham（1974）的计算，这需要一个 15 阶的动态补偿器。这样高的阶数对工程应用显然是不利的。降低控制器的阶数是必须要考虑的一个理论和实践问题，这一研究已逐步展开，可参见 Anderson（1993）的研究。

### (三) 线性二次最优调节器问题

线性二次最优调节器（LQ）问题的求解，最初由 Kalman 于 1960 年发表的开创性论文（Kalman，1960b）给出。他用自己建立的能控性、能观性概念，结合变分计算，将问题的求解归结为解一个 Riccati 方程，并获得最优状态反馈综合。更为难能可贵的是，在他于 1964 年发表的关于 LQ 逆问题的论文（Kalman，1964）中，对于单输入最优状态反馈闭环，给出了它的回差函数所必然满足的一个频率域条件，即著名的 Kalman 不等式：

$$|1+K(j\omega I-A)^{-1}b|\geqslant 1$$

式中，$K$ 为反馈增益；$A$、$b$ 分别为开环系统的系统矩阵与控制矩阵；$\omega$ 为频率。Kalman 并且指出，这一条件还是充分的，即在 $[A,b]$ 能控，在反馈增益 $K$ 的闭环渐近稳定条件下，若该闭环满足 Kalman 不等式，则它必为某一 LQ 问题的最优状态反馈闭环。这样，最优状态反馈闭环的频率域性质即以充要条件的方式被 Kalman 不等式揭示，这建立了时域方法与频率域方法的内在联系，是 LQ 问题研究领域划时代的贡献。

从 Kalman 不等式容易推出，对于单输入最优状态反馈闭环，其闭环频率特性具有无穷增益裕量及 $+60°$ 相位裕量。此外，对于从反馈通道引入的非线性特性，最优状态反馈闭环还具有扇形区斜率不低于 1/2 的非线性容限。以上这些均说明单输入最优状态反馈闭环具有很好的鲁棒性。

Kalman 不等式及其关于 LQ 逆问题的相关结论，在 1966 年被 Anderson（1966）推广到多输入系统。对于多输入最优状态反馈闭环在通道任一环节引入非线性特性情形，其非线性容限的扇形区边界的计算，则由 Moore 和 Anderson（1967）用圆判据给出。

整个 20 世纪 60～70 年代中期，最优状态反馈闭环的比较灵敏度分析、主导极点配置及加权阵选择的研究均有不小进步（Anderson，1966；Anderson and Moore，1971；Kreindler，1968；Kwakernaak and Sivan，1972）。二次性能指标最优下的干扰解耦与跟踪由引入动态补偿器及增广系统获得解决（Anderson and Moore，1971；Athans et al.，1971；Johnson，1971；Kwakernaak and Sivan，1972）。最优静态输出反馈及基于观测器的最优动态输出反馈被深入研究（Anderson and Moore，1971；Athans et al.，1971；Kwakernaak and Sivan，1972；Levine and Athans，1970；Levine et al.，1971）。基于 Kalman 滤波器的 LQG 问题被广泛讨论（Athans，1971；Athans et al.，1971；Kwakernaak and Sivan，1972；Safonov and Athans，

1977；Shaked，1976a；1976b)。性能指标中与控制有关的权矩阵 $R$ 趋于零时，最优闭环根轨迹的渐近行为及奇异最优控制问题亦被深入研究（Clements and Anderson，1978；Francis and Glover，1978；Kouvaritakis，1978；Kwakernaak，1976)。与此同时，观测器的引入对最优闭环非线性容限及鲁棒性能的影响、系统某一装置失误对最优闭环鲁棒性能的破坏等问题已受到关注（Anderson and Moore，1971；Doyle，1978；Rosenbrock and Mcluorran，1971)，这些均推动着随后开展的鲁棒 LQ 问题的研究。

20 世纪 60～70 年代，求解 LQ 问题的计算技术，尤其是 Riccati 矩阵代数方程的求解获得重大进展。例如，Potter（1966）的 Hamilton 矩阵法，以及 Davison 和 Maki（1973）对这一方法的改进；黄琳等（1964）的序列逼近法及与之等价的 Kleinman（1968）的迭代法，以及 Jamshidi（1977）对这一方法的改进；Laub（1979）的 Schur 向量法，以及 Roberts（1980）、Balzer（1980）的符号函数法。

20 世纪 70 年代中期至 80 年代初期，LQ 问题的讨论主要集中在两个方面：①参数不确定系统引入标称系统的 LQ 设计时，为保证闭环鲁棒性能所需的参数不确定性界限的计算；②参数不确定系统控制器的鲁棒 LQ 设计与综合。

对于第一种情形，主要工作有两项。

（1）Safonov 和 Athans（1977）的工作。他们对标称系统的 LQ 及 LQG 设计分别给出了参数不确定性所必须满足的一个界限，该界限由涉及不确定性梯度的一组矩阵不等式描述，它保证闭环渐近稳定，并有诸如无穷增益裕量及 $\pm 60^\circ$ 相位裕量，以及扇形区边界斜率不低于 1/2 的非线性容限。

（2）Lehtomaki 等（1981）的工作。他们借助多变量 Nyquist 稳定判据，对于带乘性摄动的不确定系统，就其标称系统的 LQ 及 LQG 设计分别给出了参数不确定性的一个界限，该界限本质上要求乘性摄动属于 $RH_\infty$，并满足涉及回差矩阵最小奇异值的一组不等式。该界限保证闭环渐近稳定，且具有诸如无穷增益裕量及 $\pm 60^\circ$ 相位裕量等良好鲁棒性能。

对于第二种情形，主要工作也有两项。

（1）Doyle 和 Stein（1979）、Doyle 和 Stein（1981）的工作。他们提出了一个被称为 LQG 回路传递恢复（LQG/LTR）的方法。该方法的特点是，引入一虚拟噪声方差，使得在中频段能对因滤波器引入而变坏的回差矩阵特性给予有效补偿，以实现鲁棒性与最优性之间的一个折中。该方法中，回差矩阵的奇异值已作为评价闭环鲁棒性能的一个重要指标。

（2）Safonov 等（1981）的工作。他们方法的特点是，在二次型指标中引入对回差矩阵和逆回差矩阵的惩罚项，以改善闭环的鲁棒性能。

整个 20 世纪 80 年代，随着多变量系统鲁棒控制研究的深入，LQ（LQG）问题的研究无论在深度还是广度上都有长足进步（Huang and Li，1989；Mäkilä and Toivonen，1987；Safonov，1980；Soroka and Shaked，1984；Stein and Athans，1987）。其中，在最优静态输出反馈领域，我国学者 Huang 和 Li（1989）的出色工作，首次给出了问题有解的充要条件。

20 世纪 90 年代以来，LQ（LQG）问题与 $H_2$控制、$P$（s）控制的关系成为研究者关注的热点。目前，LQ（LQG）问题与 $H_2$控制、$\|\Delta\|_\infty \leqslant 1$ 控制的联系已被阐明，与干扰抑制相关的极大极小 LQ（LQG）设计亦已取得长足进步（Zhou et al.，1996）。

### （四）线性时变系统

20 世纪 60 年代至今，线性时变系统控制理论的研究有着广泛、深入的进展。综观其研究脉络，下述几个方面是其获得理论支持和借鉴的源泉。

（1）线性时变系数微分方程理论。

（2）近代非交换环上线性型模代数结构理论。

（3）线性时不变系统控制理论的相关研究成果，包括 Kalman 的状态空间方法、Kalman 视输入输出线性映射为环上模同态映射的思想、传递函数矩阵的互质分解、零极点理论、控制器参数化技术及由解多项式矩阵方程求解控制器的控制器设计方法等。

20 世纪 60 年代中期至 70 年代中期，线性时变系统的研究多采用状态空间方法，主要研究成果有六项。

（1）系统完全能控、完全能观、一致完全能控、一致完全能观的定义被阐明，相关判据被给出，特别是 Silverman 和 Meadows（1965；1967）给出的用以判断系统完全能控（完全能观）的能控性矩阵（能观性矩阵），其结构简单、明晰，是线性时不变系统相关概念的直接推广，在随后的研究中起着重要作用。此外，在控制受限条件下，系统的完全能控性亦被深入研究，与此相关的各类充要条件被获得（Pandolfi，1976）。

（2）涉及能控性与镇定、能观性与状态重构之间的各类等价关系被阐明（Ikeda et al.，1972；1975；Silverman and Anderson，1968）。

（3）何种情形下，系统能经状态反馈等价于一系统矩阵为常阵的线性系统？这是一个令人十分感兴趣的问题，因为它有助于应用诸如闭环特征配置等方法改善系统动态品质。这方面的工作者首推 Wolovich（1968）。他指出，对于系数及其各阶导数有界的系统，若满足：①一致完全能控；②能控性矩阵各列按字典顺序排成的满秩方阵，其各列排序与时间 $t$ 无关，则必存在一有界增益状态反馈，使闭环按 Lyapunov 变换等价于一系统矩阵为常阵的线性系统，并且，闭环极点可由该状态反馈任意配置。此外，他还给出了相应算法。

（4）输入输出映射的实现理论获得长足进步。等价实现与最小实现的定义被阐明，最小实现即完全能控、完全能观实现，这一重要命题被证明，最小实现的算法被给出（Silverman，1968；1971；Silverman and Meadows，1969）。

（5）对于 Silverman-Meadows 意义下的常秩系统，亦即能控性矩阵、能观性矩阵的秩与时间 $t$ 无关的系统，借助于 Dolezal 定理，一个类似于 Kalman 分解的标准分解定理被获得（Silverman，1971）。注意到常秩系统是一类范围很广的系统（系数矩阵为多项式矩阵的线性时变系统即属于此类），故这个结果的意义十分明显。

（6）LQ 问题及奇异 LQ 问题被深入研究（Anderson and Moore，1971；Clements and Anderson，1978）。保证 LQ 问题解指数渐近稳定的一致完全能控性、一致完全能观性条件被阐明。对于奇异 LQ 问题，用以降低状态空间维数或控制空间维数的 Dolezal 定理被应用，Kelley 变换被推广到向量情形。

20 世纪 70 年代中期以后，Kalman 的模论方法获得突破性进展，由研究线性时不变系统的交换环上模论方法发展为研究线性时变系统的非交换环上模论方法。在此期间，重要工作有五项。

（1）基于视输入输出映射为非交换微分多项式环（微分多项式斜环）上线性型模同态映射的观点，应用模分解技术，输入输出映射的各类实现被定义，可实现性判据被阐明，构造实现的各类算法被给出（Kamen，1976；1979；Sontag，1976a）。

（2）输入输出映射的传递函数矩阵描述，由引入形式幂级数和形式 Laurent 级数，从线性时不变系统本质地而非形式地（例如，熟知的 Cayley-Hamilton 定理在这里即不适用）拓广到线性时变系统，传递函数矩阵与脉冲响应矩阵的关系被阐明（Emre et al.，1990；Khargonekar and Poolla，1986）。

（3）在非交换环上模框架下，传递函数矩阵的有限零点、极点及无限零点、极点被定义，其物理意义及对反馈设计的影响被阐明（Bourlès and Marinescu，2011；Kamen，1988；O'Brien and Iglesias，2001）。

（4）有关系统特征根及特征向量的概念在非交换微分多项式环框架下被给予新的定义，谱理论及其与系统渐近稳定性的关系被深入研究（Zhu，1995；Zhu and Johnson，1991）。

（5）系统反馈综合，诸如精确模型匹配、镇定、输入输出解耦、输出调节问题的反馈设计，经非交换环上传递函数矩阵的互质分解，镇定控制器参数化及求解多项式矩阵方程途径获得进一步的解决，参见 Marinescu（2009）及 Bourlè 和 Marinescu（2011）第 6～第 11 章及所引文献。但由于非交换环上运算的复杂性，所得结果中可直接用于计算机辅助设计的还不多。

随着线性时不变系统鲁棒控制研究的进展，线性时变系统的鲁棒控制研究得到相应发展，并且两者相互借鉴，有相互融合趋势（Beck and Packard，1994；Limebeer et al.，1992）。

## 第三节 展 望

线性系统控制理论，就其作为控制系统的基础理论而言，理论上已经成熟。回顾它发展、壮大的历史，以下几点很可能是值得强调的。

（1）视系统为信号传输网络的观点。在这个观点下，识别输入输出特性，并设法予以改善之，将始终是控制理论研究的一项首要任务。事实上，这就是系统识别和控制器设计的任务。

（2）反馈对改善输入输出特性起着本质的作用。反馈可以改善系统结构，从而改善输入输出特性。然而，反馈并不是万能的，研究反馈能做到什么，不能做到什么，是一个十分深入而有意义的课题。

（3）系统的内稳定性和鲁棒性（亦即系统对于外部环境的变化及内部结构参数的改变所应具有的容忍性）始终是衡量系统优劣的一个首要标准。

（4）为保证信号有效传输，干扰或噪声的抑制是控制器设计中的一个重要问题。在控制器内植入反映干扰或噪声动态特性的一个内模，用以抑制干扰或噪声的思想应是通用的。

（5）有关变换中的不变量的概念，如系统等价变换中的不变量、反馈中的不变量等，应始终受到关注。事实上，它是某种变换群的本质的一个反映，在控制理论研究中起着重要作用。

（6）实践的观点。Nyquist 稳定判据的产生就是一个很好的例子。正是为克服当时通信网络中使用的负反馈放大器的自激振荡，才激发 Nyquist 的研究兴趣，从而有 Nyquist 稳定判据的发现。

随着整个控制理论学科的发展，线性系统控制理论的各个研究分支的研究工作亦在蓬勃开展。参数不确定线性系统鲁棒控制的研究是目前众多学者关注的热点，这个领域的研究工作可参阅本书的第十二章“鲁棒控制：回顾与展望”。下面，就我们深为关切的几个问题提几点看法。

## 一、反馈能力极限

关于线性系统（乃至非线性系统）控制理论的研究，有必要提及一类基本的却不易回答的问题——反馈控制是否有某些带根本性的局限性？通俗来讲就是通过反馈控制“什么能够做到”、“什么不能做到”。通常人们往往只关注前者，而后者则从根本上反映了受控对象特征参量对反馈能力的约束，是一个富有哲理性且极具挑战性的问题。

针对上述反馈能力局限问题，一些学者从不同角度进行了探讨。事实上，这方面的工作可一直追溯到 Bode（Bode，1945）的经典工作。他关于系统灵敏度的一个重要结论指出，对于相对阶超过 1 的单输入单输出开环稳定系统，其单位反馈系统的灵敏度函数的幅值取对数后关于频率的积分必然为 0。这一结果意味着如果想减少一个频段上的敏感性，必然要以牺牲其他频段上的敏感性为代价，亦即产生所谓“水床效应”。这一概念对 $H_2$ 和 $H_\infty$ 设计有着根本性的指导意义。20 世纪 60 年代初期，Horowitz（1963）基于对控制系统反馈设计的深入研究，对 Bode 的结果提供了进一步的阐述。20 世纪 80 年代中期，Freudenberg 和 Looze（1985）对更为一般的单输入单输出线性系统（如开环不稳定系统、非最小相位系统）进行了分析，集 Bode 与 Horowitz 之大成，全面、完整地阐述了单输入单输出系统反馈设计的局限性。20 世纪 90 年代中后期，陈杰（Chen，1995；1998；2000）将上述研究拓展到了多变量线性系统，其结果指出，对于多变量反馈系统而言，Bode 积分不但受到开环不稳定极点和非最小相位零点的约束，并且还与这些零点、极点的方向有关，而这些方向则是由被控对象的结构决定的。这反映出在反馈能力极限的研究中多变量系统远比单输入单输出系统复杂得多，研究多变量系统具有更大的难度，更能揭示问题的本质。

同期，Åström（1997）亦指出了控制系统反馈设计的某些带根本性的局限。

人们发现，不仅控制系统中存在着反馈设计的局限性问题，滤波问题中也有着类似的反馈设计局限性问题。众所周知，当小车的位移为可量测的输出时，倒立摆系统完全能观，但很少有人注意到，通过小车位移来估计倒立摆摆角具有根本性的困难。这类现象使得人们逐渐认识到，很多情形下常不可能通过反馈来实现任意期望的目标，并因而激发研究的动力。目前，经过诸多学者的努力，一批新的理论成果已经获得。毫无疑问，这些理论成果不仅有益于深刻认识反馈的作用，还可在实践方面避免做无谓的努力，减少无用功。比如上述倒立摆系统的结果即可提示人们应该直接通过物理观测手段来量测摆角，而非通过小车位移来进行估计。

在这一新的研究领域，不少华人学者的工作是突出的。丘立、陈杰率先研究了调节和信号跟踪反馈设计的性能极限问题（Chen et al.，2000；Qiu et al.，1993；Qiu et al.，2002a），并由此导致一系列更为一般性的推广，诸如多次谐波信号跟踪反馈设计性能极限的研究（Su et al.，2003；2006）、控制能量受限系统反馈设计性能极限的研究（Chen et al.，2003）、不确定线性系统反馈设计性能极限的研究（Goodwin et al.，2003）、非线性系统反馈设计性能极限的研究（Seron et al.，1999）、采样-数据系统反馈设计最优跟踪性能可达问题的研究（Chen et al.，2008）。这里要强调的是 Su 等（2003；2006）的工作。他们针对线性时不变多变量系统，研究了参考信号为有限个不同频率的正弦信号组合时反馈系统的跟踪性能极限问题，所得结果表明跟踪的最优性能必然依赖于参考信号频率、开环非最小相位零点及与频率相关的方向信息。这些结果充分说明了反馈设计性能极限问题研究的复杂性及工作的难度。关于这一领域的其他相关工作，还可参看 Seron 等（1997）及所引文献。

上面提到的研究主要是应用系统传递函数及灵敏度函数等来进行的，主要适用于线性系统和线性反馈律，不是针对所有可能的反馈律的集合，因而，其目的也不是试图回答反馈对付不确定性能力的极限问题。与上述研究框架截然不同。近十余年来，郭雷针对目前非线性系统自适应控制全局稳定设计理论主要适用于连续时间系统而一般不适用于离散时间非线性系统的困境，开创性地提出了针对离散时间非线性不确定性控制系统，研究反馈机制对付不确定性能力极限的问题。这是一个在更为广阔的背景下提出的新的研究方向，这里，所讨论的反馈机制包括所有可能的基于观测数据的因果映射，而研究目的则是定量理解反馈机制究竟能对付多大的结构不确定性。在这一新的研究领域，经过十余年锲而不舍的努力，郭雷及其合作者取得了一系列创新性成果，诸如创造性地提出用广义 Lipschitz 范数来定量度量系统的不确定性；以充要条件方式给出系统不确定性界，超过这个界，任何反馈设计均不能用来全局镇定这一不确定系统，即所谓“不可能性定理”的提出及某些临界可镇定现象的发现（Guo，1997；2002a；2002b；Li and Xie，2006；Ma，2008a；2008b；Wei and Guo，1996；Xie and Guo，1999；Xie and Guo，2000；Zhang and Guo，2002a）。郭雷在 2002 年国际数学家大会上的邀请报告（Guo，2002a）系统而深入地总结了这方面的工作，并提出了一些前瞻性的公开问题。

简而言之，研究反馈所能达到的能力极限是一个非常深刻而基本的课题，较之于如何利用反馈来设计控制律这一问题而言，目前这一课题受到的关注还不够，还存在很多没有解决或难以解决的问题，值得为此付出长期而艰苦的努力，以获得更多的进展。

## 二、控制器降阶

前面已经提及，在进行控制系统设计时往往会得到高维的控制器，而这常会导致计算量大、工程实现困难，所以在保证系统性能损失在可容许范围内的前提下，设计低维数的控制器是工程实践需要，也是重要的理论课题。

基于降阶模型去设计一个降阶控制器，已有不少作者讨论。例如，20 世纪 80 年代至 90 年代初期，Moore、Pernebo、Enns 及 Glover 等的平衡模型降阶法，Desai、Green 及 Wang 等的平衡随机截断法，Kung 及 Glover 等的 Hankel 范数逼近法，参见 Zhou 等（1996）第 7、第 8 章及所引文献。这些方法的缺点是，近似规则过于粗糙，以致闭环性能指标损失较大。基于此，Anderson（1993）在 1992 年 IEEE CDC 的大会报告《控制器设计：从理论到实践》中提出，先对高维模型设计一个高维控制器，然后再对所设计的控制器进行降阶，很可能是一个有效的方法。目前，这方面已有一些结果，如 Anderson 等（Anderson and Liu，1989；Liu et al.，1990；Liu and Anderson，1990）的加权和不加权互质因式控制器降阶法；Goddard 和 Glover（1993；1994）的 $H_\infty$ 加性降阶和互质因式分解。然而，问题尚未完全解决，如多性能指标的控制器降阶问题等。这里关键是在控制器降阶、系统鲁棒镇定、系统灵敏度、系统各类性能指标之间取得合理折中。

## 三、控制教育问题

回顾我国高等院校控制类专业线性系统控制理论课程设置发展的历史，可以看出，经典的、面向单输入单输出系统的 Nyquist-Bode-Evans 图方法已在大学教学中普及，并由此培养了累计达几代人的，具有扎实基础知识，并在工程实践中善于结合自己经验，灵活运用 Nyquist-Bode-Evans 图进行自动控制工程设计的优秀控制工程师。但是，不可否认的是，多变量控制理论的教育目前大多仍停留在课堂上，以接受基本理论教育为主，生动活泼的多变量 Nyquist-Bode-Evans 图方法，包括切合工程实际的多变量 Nyquist-Bode-Evans 图方法的实验，并没有在大学教学中普及。

尽管多变量 Nyquist-Bode-Evans 图方法并未完备，应用中必然会遇到许多问题，但是，在高校控制理论与控制工程相关专业，尽力创造条件讲授，并通过实验逐步普及这一方法是有可能的。这里，一本简明实用的教材，一个有良好人机交互能力并允许设计者充分发挥直觉、技能和经验的多变量 Nyquist-Bode-Evans 图方法软件包，一个能做工程模拟的带有计算机辅助设计设备的实验室是必要的。

对于目前正在从事自动控制工程设计的大批年轻的控制工程师，亦有一个向他们逐步普及多变量 Nyquist-Bode-Evans 图方法的任务。他们有很好的自动控制理论基础，又有工程实践经验，有可能使他们像掌握经典 Nyquist-Bode-Evans 图方法那样，逐步掌握多变量 Nyquist-Bode-Evans 图方法的指导思想、设计要点和设计流程。并且，有可能通过他们的实践和经验，在应用中发展这一方法，以臻完善。这里，组织人力编辑出版一套规范的、指导性的、简明扼要的多变量 Nyquist-Bode-Evans 图方法的普及教材就显得十分必要。至于相应软件包则可以采取或移植或自己研制的方法。

我国不少科研院所和高等学校在多变量 Nyquist-Bode-Evans 图方法的教育与普及方面已做了不少有深远意义的工作。例如，多变量频率域控制理论有关教材的出版、“中国控制系统计算机辅助设计软件包”及“多变量控制系统的智能设计及软件”的研制（高黛陵和吴麒，1998；叶庆凯，1990）等。目前，这些教材和软件正在发挥着重要作用。

我们已经清楚，控制理论中所应用的数学技巧的多样性已牵涉到新的控制科学家的培养问题。应用单一数学方法在控制理论中做出创新性的研究已显得很困难。现在的情形是，新的博士生必须具有更为宽广的数学基础，熟悉像非线性动力系统、计算数学、运筹学，以及计算机科学这样一些领域，这是他们进行创新性控制理论研究的基础和工具。为此，建立跨学科研究中心，构筑跨学科学术交流平台，向博士生提供在其中学习与研究的机会，让他们融入进去，在跨学科氛围中进行工作，是我们必须为此努力的。

# 第八章 非线性系统控制理论

非线性系统控制理论是控制理论的一个重要分支，是继线性控制理论之后推动现代控制理论发展的主要驱动力之一。在过去半个多世纪里，经过几代人的努力，非线性控制已经发展成相对成熟、相对完善的一个领域，在理论和工程应用上都有许多突破性的研究成果。要在这么短的篇幅里，回顾该领域的发展历程及展望该领域的未来，几乎是不可能的事情。一些重要的研究方向和文献，我们要么点到为止，要么完全没提及，希望能得到相关作者们的谅解。

## 第一节 非线性控制理论的起源

非线性控制理论的产生和发展与解决实际需求紧密相关，因为几乎所有的物理系统都是非线性的，而且许多具有强非线性和不确定性。这样的例子在航空航天、机器人学、船舰控制、交通和电力系统、通信网络及生命科学等领域俯拾皆是。如何针对这类系统的分析和设计问题提出新的方法一直是非线性控制的研究重点。随着计算机的普及与在工业界的广泛应用，运用非线性控制技术提高现有的控制系统性能，更好地解决实际需求已迫在眉睫。我们通过简短地回顾非线性控制的发展历程，分析该学科的现状和待解决的问题，期待可以为多学科交叉尤其是渴望学习非线性控制的青年学子，提供一些有益的帮助。回顾非线性控制的发展历程，实践不断证明，基于一般非线性系统的理论研究可以对解决实际控制工程问题提供方法论上的指导。反之，一个好的应用问题也可以为新理论的提出和创立提供契机，进一步完善现有非线性控制理论。

非线性系统包括线性系统作为特例，通常是指不满足叠加原理的系统。机械系统中的摩擦和间隙、电气系统输出的饱和、含继电器装置或逻辑电路中的切换等都是常见的非线性特性（Slotine and Li，1991；Khalil，2002）。对于实际物理系统，其非线性特性有些是其本身固有的，如旋转体的离心力和哥氏力；有些是人为引入的，如为实现时间最优而设计的 Bang-Bang 控制律。非线性系统与线性系统的本质差别可简要概括为以下两个方面。

（1）系统类型的多样性：相对于线性系统而言，非线性系统类型的多样性导致其行为的多样性，会出现许多线性系统中不可能出现的现象，如有限逃逸时间、多孤立平衡点、极限环、分频或倍频振荡、混沌与分叉、多模态运动等。另外，非线性系统类型的多样性也使其数学模型多种多样，无法用统一的工具和方法进行研究。

（2）局部与全局性质的不一致性：对于线性系统，叠加原理成立，开环系统的平衡点属于（连通的）线性子空间；对于稳定的或镇定的线性系统，系统在平衡点的局部性质与全局性质一致。而非线性系统则可能有多个孤立的平衡点，叠加原理对其不再适用，系统行为一般与初始状态有关，各局部与全局性质不一致，不能从系统局部性质导出其全局性质。

这两方面的差别使得非线性系统与控制的研究比线性系统困难得多，只能分类进行研究，不易得到全局性结果，且很难判定所得到的局部结果在多大范围内成立。

非线性系统分析与控制的一个经典方法是线性化，即在平衡点附近，忽略非线性项，用一个（近似的）线性控制系统去逼近非线性控制系统，然后使用成熟的线性控制理论去设计控制器。该方法的优点是简单好用，但明显的缺点是：一般无法得到全局稳定结果，也不适用于不光滑的强非线性系统。对一些非线性控制系统，即使可以使用线性化技术，得到的线性系统可能不能控，以致线性控制理论也不适用。这样的典型例子来自具有非完整约束的欠驱动力学系统，比如空间和陆地活动机器人、船舶和水下机器人。后者导致一个新的非线性控制分支的发展，从 1990 年年初至今产生了许多新颖的时变反馈、不连续或混杂非线性控制方法和技术（Kolmanovsky and McClamroch，1995）。

与线性系统本质上不同的一点是，没有针对一般的非线性系统分析和控制器设计的方法。相关研究大都针对某一类非线性系统提出相应的分析和设计方法。非线性控制早期代表性研究属于此类，比如 1950 年年初提出的

Lur'e 问题和变结构控制。粗略地讲，整个 20 世纪 60 年代直到 20 世纪 70 年代中期，非线性系统的能控、能观、实现和解耦等研究问题是人们关注的焦点（Hermann，1963；Haynes and Hermes，1970；Sussman and Jurdjeric，1972；Hermann and krener，1977；Sontag，1998）。从 20 世纪 80 年代开始（Isidori，1995），由于微分几何引入非线性系统导致反馈线性化理论的产生，非线性控制理论与应用才蓬勃发展起来。另外，我国学者张嗣瀛从 1990 年年初提出了非线性复杂控制系统相似性结构的研究（张嗣瀛，1994；严星刚等，1997；Yan et al.，1998），提出了复杂系统相似形结构概念，探讨了系统相似形结构与系统宏观行为之间的内在联系，进而简化了系统的控制设计。

下面简单介绍一下几个主要的非线性控制方法，以及相关的进展和待解决的问题。

## 第二节　非线性控制的几个分支：回顾与展望

### 一、变结构控制

变结构控制是控制系统的一种非线性控制器设计方法。这种方法因控制器在两种工作方式间切换，从而使系统方程具有不同的结构形式而得名。变结构控制可以通过控制切换将系统不同结构下的运动组合成有利于实现控制目标的运动形式。一般意义下的变结构控制目前尚未形成系统的理论，目前控制理论中所说的“变结构控制”，是指含滑动模态的变结构控制。其基本原理是：对以 $x \in R^n$ 为状态、$u \in R^n(m < n)$ 为输入的控制系统，在其状态空间中构造一函数（称为切换函数）$s(x) = [s_1(x),\cdots,s_m(x)]^m \in R^m$，在 $s(x) = 0$（称为切换面或滑动面）的两侧采用不同的控制律 $u(x) = [u_1(x),\cdots,u_m(x)]^m$（称为变结构控制器），即取

$$u_i(x) = \begin{cases} u_i^+, & s_i > 0 \\ u_i^-, & s_i < 0 \end{cases} \quad (i = 1,\cdots,m)$$

变结构控制器的设计要满足以下两点要求。

(1) 设计控制律 $u(x)$，使得系统从任意初始状态出发，总能在有限时间内到达切换面 $s(x) = 0$，并在其后保持在切换面上运动。这被称为“到达条件”，满足到达条件的变结构控制律 $u(x)$ 中均含有符号函数 $\mathrm{sgn}(s_i)(i =$

1,…,$m$)，反映出控制在切换面两侧的切换。

(2) 设计切换函数 $s(x)$，使得受控系统在切换面 $s(x)=0$ 上的运动（称为滑动运动或滑动模态）具有希望的性能，如渐近稳定性、二次性能指标最优等。

当变结构控制律使受控系统保持在切换面上运动时，其性能完全由切换函数确定，而与系统参数和所受干扰无关，这表明受控系统对模型不确定性具有很强的鲁棒性，这是变结构控制的最大优点。

变结构控制是苏联学者在 20 世纪 50 年代提出的，它来源于继电系统的相平面分析方法。20 世纪中期，执行机构中含有继电器的控制系统已在工业上得到较广泛应用，如二位式温度调节器和双位式自动驾驶仪等。苏联学者利用相平面方法深入研究了二阶继电系统，建立了切换函数、切换面、到达条件和滑动模态等基本概念，为变结构控制理论奠定了基础，进而逐渐发展成一个相对独立的学科分支（Emelyanov，1967）。早期的变结构控制研究主要在苏联进行：1957～1962 年主要研究用相变量描述的单输入二阶线性系统的变结构控制，1962～1970 年主要研究了单输入高阶线性系统的变结构控制，1970 年起开始研究用状态方程描述的多输入线性系统变结构控制（Adronov et al.，1959；Flugge-Lotz，1953；Utkin，1977；1978）。自 20 世纪 70 年代末以来，被控对象及其工作环境和所要完成的任务越来越复杂，如何设计控制器使各种复杂受控系统对模型不确定性和干扰具有更强的鲁棒性成为自动控制领域的迫切需求。变结构控制由于其普遍适用性、良好鲁棒性和简单实用性等特点而引起世界范围的广泛研究和应用（Hung et al，1993；Young et al.，1999）。变结构控制理论的研究对象从连续的线性系统推展到离散系统、广义系统、非线性系统、时滞系统、分布参数系统、随机系统等各类含模型不确定性的系统中，研究目标也从镇定问题扩展到运动跟踪、模型跟踪、状态观测等问题。同时，自适应控制、神经网络控制、模糊控制等现代先进控制技术也引入变结构控制的设计中，极大丰富了变结构控制的设计方法。在实际应用中，变结构控制也已广泛用于电机控制、电力系统控制、机器人控制、飞行控制、卫星姿态控制、大型空间柔性结构控制等几乎所有工程技术领域中。目前，变结构控制已成为控制复杂不确定系统时要考虑的基本途径之一。

变结构控制的主要缺点是：受系统惯性、切换的时间和空间滞后影响，实际系统的滑动运动无法严格控制在切换面上，而会在运动中叠加上切换面附近的持续高频往返穿越运动，这种高频振动称为抖振。抖振的存在可能激起实际系统中未建模的高频运动成分，使系统性能变坏，甚至损坏系统硬件。自变结构控制产生以来，如何减小或消除其抖振一直是其研究中的重要课题。目前的常用的方法包括：在切换面附近的边界层内用饱和函数、Sigmoid 函数等连续函数代替符号函数，将控制连续化以消除抖振；利用模糊控制的柔化作用减小抖振；利用自适应控制、人工神经网络和自适应模糊系统更精确在线估计系统不确定性和干扰的上界，减小切换增益以减少抖振的幅值；采用动态滑模控制方法，将常规变结构控制的切换函数求导后构成新的切换函数，使其含有控制的导数，从而将含符号函数的不连续项转移到控制的导数中，通过积分得到连续的控制，达到消除抖振的目的。迄今，各种克服变结构控制抖振的方法仍层出不穷，推动变结构控制理论和应用的研究不断深入。

我国控制理论专家高为炳院士在变结构控制理论研究中提出了著名的“趋近律”设计方法（Gao and Hung，1993）。在传统变结构控制理论中，是直接从切换面的到达条件求取变结构控制器的。当用此法研究多输入对象的变结构控制时，会导致求解高阶联立不等式组，一般不能得到解析解，从而无法求出控制器。为克服这一困难，高为炳院士从到达条件导出切换面导数 $\dot{s}$ 应满足的一个等式方程，通过选取等式中函数和参数的具体形式和大小，可得到以各种不同方式和速度趋近切换面的变结构控制器，故称这一等式为“趋近律”。这一方法的优点是：①不用求解高阶联立不等式组，而只需求解一个简单的等式方程即可得到所需的控制器，简明有效，易于设计，且可推广到多种类型的复杂系统；②调节趋近律中的参数可以使得系统的抖振降低到工程允许的范围内，为削弱抖振提供了一种重要方法；③通过趋近律中的函数和参数，能控制闭环系统到达切换面过程中的品质，使变结构控制理论中产生了“品质控制”的概念和方法。“趋近律”方法提出后，在变结构控制设计中得到广泛应用，并激发了沿这一思路的大量深入研究，成为变结构控制器设计的一种新的基本方法。高为炳院士还以其独创的“趋近律”方法为基础，用新的体系结构写成变结构控制理论专著（高为炳，1990；1996），极大地推动了我国相关研究的发展。

随着现代控制理论的发展，变结构控制与各种先进控制设计方法的结合越来越密切。Backstepping 方法、输入状态稳定性（ISS）、线性矩阵不等式方法、Anti-windup 方法等与变结构控制方法的结合为解决非匹配和非最小相位不确定系统、含输入饱和系统的变结构控制设计等难题提供了新的手段；自适应模糊控制、神经网络控制、迭代学习控制、遗传算法等先进智能控制方法与变结构控制方法的结合，为增强变结构控制对系统模型不确定性的适应性和优化控制参数提供了极大的方便。另外，随着人们对变结构控制认识的不断深入，各种新型变结构控制方法也不断涌现，如可实现有限时间收敛的终端（terminal）滑模变结构控制方法、可使系统轨线从开始就处于滑动面上的全程（global）滑模变结构控制、不含滑动面可消除抖振的预测变结构控制方法等。这些新型变结构控制方法的研究为变结构控制的发展带来新的生机（姚琼荟等 1997；潘树文等，2000；刘金琨和孙富春，2007；杨洁等，2012）。基于动态滑动面控制方法（Swaroop et al.，2000）和齐次系统理论（Hong et al.，2010），可成功地解决传统的滑模变结构控制理论无法直接用到高阶非线性动力学系统的问题。

## 二、几何非线性控制

反馈线性化（Isidori，1995）探讨的是通过非线性坐标变换和控制变换将一个非线性控制系统 $\dot{x}=f(x)+g(x)u$ 转换成一个能控线性系统 $\dot{\xi}=A\xi+Bv$，其中 $\xi=\Phi(x), v=a(x)+b(x)u$ 。从 20 世纪 80 年代初开始，使用微分几何理论，反馈线性化的充要条件已经有了深刻的结果。非线性映射 $\Phi$、$a$、$b$ 的构造最终归结为某些偏微分方程的解。这就为非线性系统的镇定性提供了有别于线性化的新方法。至今已经成功用于解决飞行控制和电机控制问题。通过进一步的研究，人们提出了更一般的“部分反馈线性化”或称“输入输出线性化”方法。非线性系统 $\dot{x}=f(x)+g(x)u$ 被转换成一个从输入到输出为线性的非线性动力学系统，$\dot{\eta}=q(\eta,\xi), \dot{\xi}=A\xi+Bv, Y=C\xi$，即著名的标准型（Isidori，1995）。与此相关的另一个重要的概念是零动态 $\dot{\eta}=q(\eta,0)$，它对应于线性时不变系统的零点。与线性控制系统不同的是，零动态与非线性反馈能稳性问题密切相关。关键的原因是非线性系统特有的峰值（Peaking）现象（Sussmann and Kokotovic，1991），无法单纯依赖最小相位条件和通过配置线性子系统极点达到镇定非线性系统。此发现直接导致一系列有创新的半全局镇定和全局镇定研究工作（Teel and Praly，1995；Isidori，2000；Jiang et al.，1994；Isidori，1999）。几何控制也给非线性系统的自适应控制带来一个大的飞跃（Krstic et al.，1995；Marino and Tomei，1995；Praly et al.，1991），解决了活动机械臂、电机、电力系统等许多实际系统的自适应状态和输出控制问题。目前已有的研究大多集中在单输入单输出非线性系统方面，针对多输入多输出的非线性系统的自适应控制研究才起步，尚有待进一步的研究。输入和输出之间的非线性耦合是自适应控制的瓶颈之一。确定等价性原理一般情况下也不成立。

几何控制的一大优点是：一旦非线性系统转化成能控线性系统，线性控制理论可以被直接用来去设计稳定的控制器，从而解决最初的非线性系统控制问题。但是，该方法也有众所周知的一些缺点。比如，非线性动力学特性必须精确知道，而且通过状态和控制变化，有益的非线性项无法得到更好的利用。更重要的是，通过研究发现，基于反馈线性化设计的控制器有可能对系统模型误差或外界干扰不具备鲁棒性（Freeman and Kokotovic，1996）。这些发现导致人们从20世纪90年代开始转向分析方法，着重研究针对一类具有反馈或前馈形式的非线性系统镇定问题。

## 三、（微分）代数非线性控制

几乎在非线性控制系统的几何方法发展的同时，非线性控制系统的代数方法也在发展着。这两种方法研究的对象（问题）非常类似，但技术上各有优点。从数学方法看几何方法用流形上的向量场为主要工具，代数方法用流形上的向量场上的微分形式为主要工具。向量场与微分形式是一种对偶关系。一般来说，代数方法对分析非线性控制系统的性质、结构等有它的长处。结果的数学描述相对比较简洁。非线性控制系统的代数方法最早由Fliess（1985；1990）引进，20世纪80年代末，Di Benedetto等（1989）给了非线性控制系统代数方法的一个数学框架。在解决非线性控制系统解耦、干扰解耦、可逆性及可逆系统构造等问题上，用代数方法得到一系列的结果（Conte et al.，1999）。在非线性控制系统的控制器设计上，如非线性调节问题也有很好的结果（Zheng et al.，2000）。

与几何方法类似，理论结果大都是局部有效的。对大范围、整体有效的一般理论是开放、挑战性的问题。同样，数学上验证结果（例如，验证充分、必要条件等）及系统控制器的设计都要解偏微分方程问题。这方面的研究非常少，也非常困难。数值方法的研究是非线性控制系统理论能获得应用的必要前提，这是一项重大课题。

## 四、构造非线性控制

20世纪80年代末，串联系统的镇定成为非线性控制领域活跃的一个研究方向（Tsinias，1989；Sontag，1989a；Byrnes and Isidori，1991）。基于Lyapunov理论，许多新颖的非线性控制算法不断被提出，包括著名的Back-stepping方法（Kokotovic，1992）。Backstepping方法显而易见的优点是：可适用于高阶串联非线性系统，在递归性构造非线性控制器的同时，也给出了闭环系统的 Lyapunov 函数（Krstic et al.，1995)。在 1991 年 IEEE 控制年会 CDC 上，P. V. Kokotovic 首次介绍了如何将 Backstepping 方法用于解决自适应控制中一个悬而未决的问题，即对一个不满足匹配条件的参数化非线性系统如何构造一个稳定的自适应控制器。经过许多人多年的共同努力，至今已经形成了一套完整的自适应、鲁棒、非线性 Backstepping 方法，不但可以运用到参数化和非参数化严格反馈（strict-feedback form，或下三角结构）和输出反馈系统，而且可以解决输出反馈自适应控制问题（Krstic et al.，1995；Marino and Tomei，1995；Freeman and Kokotovic，1996；Jiang and Praly，1998；Jiang，1999；Kokotovic and Arcak，2001)。与此同时，人们研究前馈系统或俗称带上三角结构的非线性系统，提出了“积分器前推法”(integrator forwarding)（Mazenc and Praly，1996；Teel，1996；Sepulchre et al.，1997)。

在 Backstepping 方法提出后不久，关联系统的稳定性就开始受到关注，研究起源于针对具动态不确定性非线性下三角系统的鲁棒控制问题（Jiang and Praly，1998；Jiang and Mareels，1997)。动态不确定性或称系统的未建模动态，可以破坏系统的稳定性和影响系统的性能。难点在于以往的控制器设计方法无法直接处理非线性动态不确定性。最终问题的解决得益于 1994 年提出的非线性小增益定理（Jiang et al.，1994)。非线性小增益定理极大地推广了 Zames 在 1966 年提出的经典小增益定理（Zames，1966；Desoer and Vidyasagar，1975；Safonov，1980)，其中一个重要的概念是 Sontag 提出的输入状态稳定性（Sontag，1989b；1990)。输入状态稳定性是 Lyapunov 稳定性从动力学系统到控制系统的推广，同时也将传统的输入输出稳定性和内在稳定性有机地统一起来。使用该概念，关联系统的（局部或全局）稳定性归结为两个稳定子系统的增益函数的复合是一个压缩映射。小增益控制的关键在于对于给定的动态不确定性系统增益，利用反馈率给非线性下三角系统配置一个适当的增益以保证整个闭环系统的（局部或全局）稳定性。该方法已经推广到非最小相位系统和输入驱动的动态不确定性系统（Karagiannis et al.，2005；Jiang and Mareels，1997)。非线性小增益定理和控制导致了输入状态稳定性性质的进一步发展和完善，目前输入状态稳定性已经成为相当成熟的理论（Sontag，2008)。从 1995 年至今，输入状态稳定性和非线性小增益定理已经推广到各种非线性系统，比如连续和离散系统、随机系统、时滞系统、差分-微分系统、脉冲和混杂系统、复杂大系统（Liu et al.，2008；2011；2012a；Karafyllis and Jiang，2011)。结合其他 Lyapunov 设计方法。

比如Backstepping方法、大系统分散控制、自适应控制、非线性观测器、非线性扰动抑制、控制器参数化、输出调节等问题已经获得许多可喜的进展。这些构造性方法已经广泛用于解决喷气式发动机、机器人、电机、电力系统、过程控制、交通系统等实际控制问题。

其他构造性方法还有基于无源性的控制算法，主要针对由Euler-Lagrange方程或哈密顿系统描述的非线性力学系统（Ortega et al.，1998；van der Schaft，2006）。特别地，欠驱动力学系统的控制问题20世纪90年代开始成为一个热门研究方向（Kolmanovsky and McClamroch，1995）。利用被控系统的内在物理结构和性质，尤其是能量的概念，设计高效能的控制器是该研究方向的主要特色。借助于各种先进的非线性反馈设计方法，过去20年出现了许多新颖的非线性技术，极大地丰富了非线性控制理论。

## 五、基于内模原理的设计

内模原理是求解输出调节问题的主要工具。输出调节问题可以精确地描述现实生活中的许多复杂控制问题，包括高速列车的减震、舰载飞机的垂直起降、航天器的轨道运行、远距离信号传输的干扰抑制，以及机器人的协调与操纵等。因此输出调节问题，特别是非线性输出调节问题一直是控制理论与应用中的热点与难点，也是推动控制理论发展与应用的持久动力之一。相较于镇定，输出调节问题不仅要保证闭环系统的稳定性，而且要使闭环系统的输出可以渐近跟踪一类参考输入并渐近抗御一类干扰信号，因此输出调节问题比镇定性问题更有挑战性且更有实用意义。有别于其他跟踪与抗干扰方法，输出调节问题有一个显著特点：其所要寻求的控制器应具有追踪一类信号而不仅是某一特定信号，并且具有抗御一类干扰信号而不是某一特定干扰信号的能力。参考输入与干扰信号统称外部信号，由所谓的外部系统产生。对线性系统的输出调节问题的研究始于20世纪70年代，对此问题做出主要贡献的有Davison（1976）、Francis（1977）、Francis and Wenham（1976）等。主要方法为内模原理。内模原理可视为PID控制的推广。基于内模原理的控制器对不确定参数具有鲁棒性，因此在实际控制问题中被广泛应用。对于线性系统，内模可由一对矩阵系统化定义。其性质与功能已被控制界彻底了解。

非线性系统的输出调节问题自20世纪90年代以来就一直是控制界的主流问题之一。早期的研究限于外部信号为任意值的阶跃信号。黄捷与Rugh在1990年证明了，当作用于非线性不确定系统的外部信号为任意值的阶跃信号时，基于线性内模原理的控制器仍然具有跟踪抗御的能力（Huang and Rugh，1990）。Isidori 和 Byrnes 首次研究了外部信号为时变信号时非线性系统输出调节问题（Isidori and Byrnes，1990）。但他们用的是前馈与反馈设计相结合的方法。该方法不能对付系统的不确定参数。Byrnes 和 Isidori 还用反例说明了，当外部信号为时变信号时，基于线性内模原理的控制器不具备对系统的不确定参数的鲁棒性（Byrnes and Isidori，1989）。因此，为对付非线性不确定系统的输出调节问题，必须研究如何建立非线性系统的内模。Huang and Lin 等为非线性系统建立了第一个内模存在的充分条件（1991；1994）。其后，众多学者对非线性系统的内模的建立做出系列贡献（Byrnes et al.，1997；Huang，1995；2004；Huang and Lin，1991；Nikiforov，1998）。然而，截至 21 世纪初所建立的内模都由一对矩阵所定义。此种内模只适用于仅具有多项式的非线性系统，因此其应用范围受到限制。Huang and Chen（2004）对非线性系统的内模给出一个一般刻画。将内模定义为一种有特定性质的动态补偿器并将内模与受控系统的复合定义为增广系统。内模的特定性质使得给定受控系统的鲁棒输出调节问题可被系统化地转化为增广系统的鲁棒镇定问题。因此在镇定与输出调节两大非线性控制问题之间建立了桥梁。该结果建立了一个求解全局鲁棒输出调节问题的一般框架。此新框架已经成功应用于若干典型结构的非线性系统，包括输出严格反馈系统、下三角系统、前馈系统的全局输出调节问题。该框架扩展了输出调节问题的研究范围，为许多非线性系统镇定性问题的研究增添了新机遇。几乎同时，Byrnes and Isidori（2004）也提出了另外一种非线性内模并用此种内模求解一类非线性系统的半全局输出调节问题。

近年来，非线性鲁棒输出调节问题的研究主要朝三个方向发展。其一是基于自适应内模原理的设计。自适应内模可对付不确定外部系统，加强了输出调节问题的实用性。例如，当外部信号为正弦信号时，外部系统不能含未知参数这一假定相当于要求正弦信号的频率已知。去除外部系统不能含未知参数的假定使得控制器可以对付任意未知频率的正弦信号。其二是将有限维时不变非线性系统的输出调节问题推广至无穷维时变或时延系统。其三是分布式内模的设计。随着网络化世界的来临，越来越多的实际控制问题，诸如移动机器人队伍的协调控制，无人驾驶飞机的编队控制、无线传感器网络的通信等都可用群体动力系统来描述。群体动力系统控制问题的一大特点是其控制器是分布式的，而非集中式的。群体动力系统的协调控制，编队控制等问题可被描述为协作式输出调节问题。目前，用构造分布式的内模控制器来解决非线性系统的协作式输出调节问题是一个研究热点。相关结果可见 Cai 和 Huang（2013）、Huang（2012）、Su 和 Huang（2013a）、Su 和 Huang（2013b）。

### 六、其他研究分支

非线性系统的随机控制、自适应控制、最优控制、模型预测控制近几年都获得很大进展，非线性时滞系统的分析与控制、大系统的分散控制等在实际需求的驱动下也出现一些新的研究成果。近几年的主流国际控制会议和期刊上已经陆续有文章介绍这些方向的新进展。因篇幅限制，在此无法一一陈述。值得指出的是，不同研究方向甚至学科之间的交叉触发了新的研究方向的产生，进一步推动了现有研究方向的发展。比如，分散式或分布式控制与非线性预测控制的交叉目前已经成为模型预测控制领域热门的研究方向之一。

## 第三节　现代非线性控制：机遇与挑战

频域方法在非线性系统的局限性推动了传统非线性控制理论的蓬勃发展，促进人们提出控制器设计和分析的新思想和新方法。进入 21 世纪，非线性系统与控制迎来一个“百花齐放”的时代。非线性时滞系统、非线性输出调节、泛函微分差分方程、切换系统、随机系统、脉冲和混杂系统、复杂大系统、多智能体系统等开始受到人们广泛的关注，新的分析和设计方法不断涌现。由于通信和网络技术的广泛使用，无人车/机、智能电网、智能交通、生物和医学等相关学科与行业为非线性系统和控制的发展提供了新的机遇。从系统建模、优化到控制器设计、系统分析、实物验证和工业应用，都对非线性控制领域的研究人员提出了一系列挑战性问题。显而易见，传统的非线性控制理论一般无法直接用来解决这些新兴的控制应用问题，多学科的融合和交叉已是大势所趋。新的非线性控制分支，比如非线性合作控制、非线性网络化控制系统、量化非线性控制、分布式控制，才刚刚起步。相关最新研究结果可见 Qu（2009）、Ren 和 Beard（2010）、Heemels 等（2010）、Tabuada（2007）、Nesic 和 Liberzon（2009）、Liberzon（2009）、Liu 等（2012b）、Liu 等（2012c）。可以预见，在不远的将来，更多的非线性控制技术会不断发现，也将在许多新兴的控制学科和工业应用中扮演着越来越重要的角色。

# 第九章

# 分布参数系统控制

前面所述的线性系统和非线性系统控制理论所研究的对象都可以用有限维的常微分（差分）方程来刻画，统称为集中参数系统。与集中参数系统不同，分布参数系统面向的是维数为无穷的系统的控制问题。这些系统主要由偏微分方程、泛函微分方程、积分微分方程、积分方程、Banach 或 Hilbert 空间中的抽象微分方程所描述。分布参数系统最简单的例子也许是带有时间延迟的系统：$y(t)=u(t-\tau)$，其中 $\tau>0$ 为时间延迟，其传递函数为 $e^{-\tau s}$。显然，这不是一个有理分式。研究这类系统的运动，就不能在有穷维状态空间中进行。但即使是这样一个简单的分布参数系统，也和集中参数系统有严格的区别。例如，传递函数虽然在右半平面没有零点和极点，但显然，这是一个非极小相位系统。

在系统控制中，系统是不是无穷维的，要看研究的问题而定。例如，对于一个有质量分布的弹性飞行器，在研究它的弹性振动时，就必须考察其内部各点的运动，把它当作分布参数系统来处理。但在研究它的运动轨线时，就不必逐点考虑其内部运动，而把质量集中到质心来分析，即把它当作集中参数系统。

分布参数系统之所以重要的原因是物理世界的许多现象是由偏微分程描述的。其控制问题的研究大都有强烈的实际背景。例如，航天飞行器的控制振动问题由结构力学中的Euler-Bernouli 方程描述（Petröwsky 方程）。工业上许多制造问题是由热传导方程描述的温度控制问题（抛物方程）；噪声控制是由声波传播的波动方程所描述（双曲方程）。此外还有流体力学中的 Navier-Stokes 方程，量子力学的 Schrödinger 方程；电磁学中的 Maxwell 方程等都是分布参数系统控制研究的对象。分布参数系统广泛应用于热工、化工、导弹、航天、航空、核裂、聚变等工程系统，以及生态系统、环境系统、社会系统等。在我国应用最有名的例子也许是人口问题。人口密度函数可以用一阶偏微分方程来描述，如果控制变量是总和生育率（一个只与时间有关的控制变量，大致描述每位妇女一生所生的孩子总数），就可以证明在生育年龄以内（如 60 岁）的人口年龄结构是近似能控的，但在生育年龄以外就不能控。这个结果一方面说明我国人口政策的合理性，另一方面也说明仅仅调节总和生育率必然引起老龄化问题（于景元等，1999）。

## 第一节　历史与现状

分布参数几乎和现代控制理论同时诞生。1954 年，钱学森在他的《工程控制论》中就讨论了热传导过程的分布参数系统控制问题（Tsien，1954），最早使用了无穷阶传递函数的概念。初期的研究受集中参数系统最优控制的 Pontryagin 极大值原理的启发，研究各种分布参数系统的最优控制问题。最早的工作大概是 1960 年 A. G. Butkovskii 和 A. V. Lerner 发表的由积分方程描述的分布参数系统最优控制的极大值原理（Butkovskii and Lerner，1960）。1963 年就已经有关于抽象 Hilbert 空间时间最优控制的研究（Fattorini，1964；Schmaedeke and Russell，1964；Balakrishnan，1965）。1965 年，A. G. Butkovskii 编写的俄文版专著，讨论了一维偏微分系统，以及积分方程的极大值原理，其中还有数值算法的研究，特别是法国数学家 J. L. Lions 的加入使得分布参数系统最优控制的研究，从泛函分析和偏微分方程的角度系统化、抽象化。1968 年，他用法文发表，后来又翻译成英文（Lions，1972），是这方面的代表作品。苏联的 Bitkovskii，Yu V. Egorov，美国的 H. O. Fattorini，D. L. Russell，A. V. Balakrishnan，法国的 J. L. Lions，A. Bensoussan（随机偏微分方程的最优控制），加拿大的 N. U. Ahmed 是分布参数系统最优控制理论早期的代表性人物。利用动态规划研究最优控制可见 Graha（1970）的著作，其中特别之处是 Bang-Bang 原理对分布参数系统可能不成立。直到今天，最优控制理论仍然是分布参数系统控制研究的主要课题之一（Fattorini，1999）。复旦大学在已故李训经教授的带领下，形成复旦学派（Li，1980），特别是后来关于随机系统最优控制的研究尤其引人注目（Yong and Zhou，1999）。

1964 年，王耿介（P. K. C. Wang）对各种具有物理背景的偏微分方程描述的无穷维的系统提出稳定性、能控性、能观测性、最优控制、逼近问题及最优控制计算等问题（Wang，1964）。随后就开始了对偏微分方程能控性、稳定性、能观性的相关研究。早期的工作，如 Fattorini（1966；1968），已经讨论了一般抽象边界问题的能控性，区分零能控性（抛物系统一般只有零能控性）和一般能控性，包括一维抛物方程和双曲方程的例子。较早的一维双曲系统的边界能控性的研究见 Russell（1967）的研究，高维的研究见 Russell（1971）的研究。一维抛物方程的近似能控性在 Egorov（1962）的著作中作为时间最优控制的技术性要求被提了出来。一维抛物方程的零能控性的系统讨论见 Fattorini 和 Russell（1971）的研究。这是 Fattorini（1968）工作的精细化。统一处理高维的抛物和双曲方程能控性的努力可见 Russell（1973）的研究。系统推广能控能观性的对偶关系的早期研究是 Russell（1977）进行的，这是非常重要的一步。从理论上讲，能控性要求能找出实现任意两个状态转移的控制，但能观性表现为一个称为“观测性不等式”的成立，后者是一个“纯粹”的数学问题。于是数学的各种工具才能应用。早期关于稳定性的代表文章是 Russell（1974）撰写的，在其中，Russell 提出了有名的 Russell 原理，对时间可逆的同位控制系统，如果在比例输出反馈下是指数稳定的，则开环系统一定精确能控（因此精确能观），这大大地推动了时间可逆系统，如双曲系统的研究。这些研究促进了有名的综述文章的完成（Russell，1978）。Ho（1987）的文章是较早关于波动方程 Dirichlet 边界控制的精确能控性的研究。关于波动方程 Neumann 界控制的精确能控性的文章在陈巩（Chen，1979）及其后的一些文章中首先讨论。在能控、能观、稳定性估计中有名的能量乘子法首先在 Strauss（1975）的研究中使用，见 Chen（1981）的著作。以后就大量出现关于波动方程、Euler-Bernoulli 板方程的研究，如 Lasiecka 和 Triggani（1983）。这些研究促进了有名的综述文章（Lions，1988）的完成，在其中，J. L. Lions 提出有名的 Hilbert 唯一性方法通过对偶系统来构造精确能控性的控制，虽然这在有穷维系统中是熟知的事实，在偏微分方程系统控制中却不是简单的问题。主要的原因是系统输出的正则性不能由 Sobolev 迹定理导出，在这方面有名的是 Lions 等（1972；1973）的著作，而是一种方程的解隐含的正则性。当然从基础科学的观点看，没有 Lions 和 Magenes 关于 Sobolev 空间迹定理的三卷巨著（Lions et al.，1972；1973），边界控制只会变成零星的结果，而不能达到系统化的程度，从这个意义上说，Lions（1971）才真正是做了建立在系统的数学基础上的奠基性工作。关于能控性、能观性和稳定性的研究至今仍然是偏微分方程系统控制的主要研究对象。与最优控制一样，这些研究大量地使用了高深的数学理论，如偏微分方程、泛函分析、伪微分算子，甚至黎曼几何。主要的研究人员以数学背景的居多。工程系统的研究人员则侧重具体物理问题的解决（Luo et al.，1999），近时的总结见Lasiecka和Triggiani（2000a）；Lasiecka和Triggiani（2000b）、Yao（2011）的著作。

推广有穷维线性系统理论到无穷维线性系统理论的工作一直是线性无穷维系统理论的主要目标。早期的努力是Curtain和Pritchard（1974）关于无穷维Riccati方程的研究。Curtain（1975）的研究则是关于Kalman滤波在无穷维系统的推广。Curtain和Pritchard（1978）在控制算子是有界的情形下，讨论了抽象Banach空间线性系统能控、能观、最优控制、滤波理论等理论。20世纪80年代后，由于偏微分方程边界控制的理论逐渐丰富了起来，点输入、点输出系统逐渐得到了关注。宋健、于景元发表点控制、点测量的分布参数控制一文（宋健和于景元，1979），认识到了输入算子是无界的重要性。他们将所有的算子延拓到比原来能量空间大得多的阴范空间中使得输入算子有界。L. F. Ho and D. L. Russell发表的Hilbert空间允许输入元的系统一文（Ho and Russell，1983），发现像宋健、于景元所研究的系统虽然输入算子是无界的，但从能量空间出发的轨道仍然在能量空间中。这说明假如在阴范空间来研究这类系统，系统则不能控，这失掉了系统最为重要的性质。Lions（1988）发表的有名的Hilbert唯一性原理把这一思想从偏微分方程控制的角度发扬光大。Salamon（1987）运用Kalman的公理化方法对无穷维线性系统做了抽象的研究，Weiss在1989年关于控制和输出允许的两篇文章（Weiss，1989a；1989b）把D. Salamon的理论简化和系统化，于是出现了适定、正则系统20多年的大发展。适定、正则系统是目前包含边界控制、边界观测等广泛的偏微分方程系统控制在内的非常一般的无穷维系统理论框架。在关于控制输入、输出、传递函数、能控能观性、稳定性、最优控制、观测器、极小实现等诸多方面有了成熟的发展，吸引了许多一流的分布参数控制学者的参与。自然地，新的抽象理论催生了偏微分方程系统控制的新概念，这就是适定、正则性在线性偏微分控制系统中的引入（郭宝珠和柴树根，2012）。

1978年，孙顺华发表分布参数系统极点配置问题的研究（孙顺华，1978）。开始了以关肇直、宋健院士为首的中国分布参数控制学者在这个领域的系统研究（王康宁，1986），影响到D. L. Russell和H. L. Ho在这个问题上的研究。也许这方面最好的结果是Xu和Sallet（1996）的研究。这也启发了分布参数系统 Riesz 基的研究（Guo，2001）。这些研究回答了无穷维系统中的谱确定增长假设——系统的指数衰减率等于谱的实部的上确界。虽然在有穷维线性系统中是简单的事实，在无穷维线性系统中却一般不对，黄发伦教授在 20 世纪 80 年代中期首先在这个问题上有至关重要的贡献。其他，如分布参数系统的鲁棒控制，也是伴随有穷维系统的发展而发展的（Pohjolainen and Seppo，1982）。

以上是几个研究比较充分的线性无穷维系统理论发展的历史脉络。即使线性系统理论，还远不到完善的地步，如稳定的时间可逆系统在极小时间延迟下就变得不稳定就是一个有名的难题。这一问题由 R. Datko 首先发现（Datko et al.，1986），目前只取得了一点进展（Guo et al.，2012）。这是因为分布参数系统的实质是无穷维，难以用一个统一的框架加以描述。从偏微分方程的角度看，椭圆、抛物、双曲等方程性质不一样，讨论的方法也很不相同。大体来说，椭圆方程因为没有时间的演化要简单得多，双曲方程最为困难，抛物方程则介于二者之间，原因是抛物方程具有很好的光滑性。以线性系统为例，抛物系统常对应解析的半群，所以只有有限个极点在右半平面，且有无穷的光滑性质，可以说是无穷维中的有穷维系统。如果镇定这类系统，控制器可以是有穷维的。但双曲系统有无穷的极点在虚轴上，是实质性的无穷维。上述时间延迟问题就出现在双曲系统中，抛物系统则没有这样的现象。当然，例外的性质也是有的，如抛物方程就一般只有零能控性而没有精确能控性，双曲方程的精确能控性则常常成立。在抽象的框架中，控制算子和观测算子可以非常的无界以包括偏微分方程的许多对象，但是过分的无界导致了数学的困难而无法进行。所以可以研究的问题还会有很多。当然，非线性的问题始终也在和线性的理论在同时进行（Lagnese，1989；1991），只不过仍然在探索的阶段。例如，在 Duyckaerts 等（2008）的研究中，为了研究拟线性系统的能控性，就要对线性的能观性常数做出最佳估计，且非线性偏微分方程的能控性等问题的研究有独立于方程的意义，并不能由线性化简单得到。此外，无穷维系统的混沌问题（Desch et al.，1997；Chen et al.，1998）是十分艰难的课题，因为线性的无穷维系统就可以产生有限维系统通常意义下的混沌（Lagnese，1991）。所以对无穷维系统的混沌必须有新的思想，这些问题给无穷维系统的研究带来了无尽的生机（Chen et al.，2001）。

## 第二节 可能的挑战

分布参数系统控制是公认的运用数学最多的控制分支。例如，解的存在唯一性在有穷维系统中是个经常忽略不计的问题，但在无穷维系统中则是一个专门的问题（如线性算子半群）。还有解的正则性，在有穷维系统中的导数就是古典的导数，但在无穷维系统中，导数经常是分布意义上的弱导数，于是正则性问题如果没有的话，就会带来离散格式的不收敛，在有限维系统几乎不存在这样的问题。再如，能观性虽然通常可以化为一个称为“观测性不等式”的纯粹数学问题，可是要验证这个在有穷维系统中平凡的数学问题，却不是一般的数学能够解决的。例如，变系数波动方程的这个问题就要用到黎曼几何才能彻底地弄清楚（Yao，2011）。没有起码的数学知识，连状态空间也写不出来。

这一切都是无穷引起的麻烦，一个屋子的温度每点都不相同，状态空间必是无穷维。但无穷是一个十分数学化的概念，19 世纪的数学基本上是关于无穷、无穷小、无穷大的讨论，用了一个世纪才弄清楚。Duyckaerts 等（2008）就构造了一个线性的无穷维系统，其动力学行为就表现出“混沌”的特征：无穷维的状态空间有稠密的周期状态，且有轨线在状态空间中稠密，这在有穷维线性系统中是不可能的。道理还要回到无穷：有穷维系统的混沌来源于状态变量之间的非线性耦合，可是即使是一个线性的无穷维系统，如由 Fourier 定律导出的热传导方程，某一空间点的温度一旦变换，其他点就立刻感受到其变化，这是传播速度是无穷的经典热传导方程。传播速度为有限的热传导方程有波动的性质，称为 Gurtin-Pipkin 热方程，最近几年才有一些研究。显然，这种依赖关系是非常复杂的非线性的关系，因此而可能导致混沌。好比曲线是无穷多条直线一样，线性的无穷维系统本质上是非线性的，因为每一空间点的状态就是一个独立的状态，而这些状态之间的耦合关系是非常复杂的非线性。由于涉及的数学多，如至少需要泛函分析和偏微分方程，分布参数控制的研究有下面几个特点。

（1）抽象的研究。主要是针对线性系统，用频域的方法和时域的方法推广有穷维时不变系统的结果。

但更多的研究是对偏微分方程直接入手，主要涉及以下几个概念。

（2）能控性（精确能控性、近似能控性）。这是非常重要的问题，因为偏微分方程有一个空间变量，所以控制的位置就十分重要，是边界控制，还是分布控制，需要多少控制，例如，由偏微分方程描述的人口控制只需调一个变量（总和生育率），这是最理想的情况。

（3）能观性（精确能观、近似能观）。和能控性一样，观测什么，传感器放在哪里。后一个问题在有穷维系统中几乎不考虑。

（4）稳定性。是状态反馈还是输出反馈，可能性非常之多。

（5）最优控制。主要的办法也是极大值原理和动态规划，但是 Riccati 方程如何近似求解是一个十分艰难的问题，因为其中的算子不是矩阵，一般是无穷维空间的无界算子。

传统上，分布参数的大部分文献是基于无源性原理的同位控制（郭宝珠和柴树根，2012）。这表示控制和传感器在同一位置，并具有对偶性。这发源于 1973 年 Russell 提出的 Russell 原理（Russell，1974）。这意味着分布参数系统控制的研究有重分析、轻设计的问题，这与控制这样一门设计艺术的科学有很大的距离。这或许是分析的数学困难，吸引了研究人员的注意力的原因。实际上伴随着现代技术的发展，控制理论的研究方向在不断改变。许多过去认为是控制的问题，现在则几乎变成了制造的问题，特别是当系统在非常理想化的环境中运行时。我们可以举出几个新时代具有挑战性的分布参数控制问题。

## 一、不稳定系统的镇定和鲁棒控制

传统的分布参数系统一般研究本身是保守的系统的控制。对这类系统的控制有时是不必要的，因为系统本身的内部阻尼可能足以使得系统保持稳定。可是在热声共振的里克管（Rijke tube，在燃气轮机有重要应用）中，靠近燃烧面的地方会发生声波的不稳定甚至反稳定（Krstic，2010），于是控制成为必须。对这样的系统，同位控制已经不能对付。过去十多年来，非线性系统的 Backstepping 法系统应用到偏微分方程系统控制系统上去（Krstic and Smyshlyaev，2009），对某些方程，如一阶的热方程、二阶的波动方程取得了很大的成功。但对于其他的系统，如 Euler-Bernoulli 系统，高维的偏微分方程系统控制还没有得到相应的推广。

另外一个重要的问题是对不确定偏微分方程控制系统的控制。控制理论在经历了古典调节原理（1940～1960 年），研究单输入、单输出系统的控制，现代控制理论时期（1960～1980 年），研究多输入、多输出系统，进入 20 世纪 80 年代以后，越来越多的研究开始重视不确定系统的控制。虽然状态反馈控制本身具有天然的抵抗内部不确定的能力，但一旦系统有外在的不确定性干扰，先前稳定的反馈控制可能变得不再稳定，于是控制必须重新设计。这一课题从20世纪70年代对有穷维线性时不变系统的干扰解耦的研究开始就有在无穷维系统的推广（Otsuka，1991）。最著名的是基于观测器估计状态和干扰设计的内模原理（Otsuka，1991；Paunonen and Pohjolainen，2010；Byrnes et al.，2000；Deutscher，2011）。内模原理对分布参数非常有用，因为内模原理不假定调节的输出是可以量测的，量测的输出和被控的输出可以不在同一位置上。但内模原理将干扰看作一个自治系统的输出，在反馈环节中要包含这个模型用以抵消干扰的作用，是一种以牙还牙的控制策略。内模原理的一个变种是外模控制。外模控制在控制环节外设置一个模型用于对干扰的估计（Tomizuka et al.，1990），但外模也要假设干扰满足一个自治系统。外模控制是将干扰估计出来的方法，而干扰抵消当然是最经济的控制策略。将这一思想发扬光大是在20世纪80年代，中国科学院系统科学研究所的韩京清研究员提出一种几乎不依靠数学模型的控制方法来对付非线性、不确定性和外部扰动的控制方法。这一被称为自抗扰控制（ADRC）的控制技术历经20年的研究发展应用，已经可望成为21世纪取代统治工业系统近一个世纪的比例-积分-微分（PID）控制的新技术。ADRC的核心理念是通过扩张状态观测器将系统的总扰动（包括系统内部动态的不确定性和外部扰动），在其对系统响应造成影响之前估计出来，并通过控制信号加以抵消。与目前学术界众多基于模型的控制算法相比，ADRC的设计不依赖于受控对象的数学模型——不论线性或非线性、时变或时不变，特别是ADRC不假定干扰的动态特性，只需假设干扰的上界即可。这个理论最近有所进展（Guo and Zhao，2013），在不稳定无穷维系统控制上刚被应用（Guo and Jin，2013）。

同上述估计、抵消干扰不同的另一对付干扰的强大策略是变结构的滑模控制（SMC）。SMC的最大优势在于设计特别简单，且在理论上可以达到抵消干扰的目的。特别的是，滑模控制具有天然的鲁棒性。滑模控制在无穷维系统控制方面早有推广（Breger et al.，1980）。但这些控制和干扰的算子都是有界的。最近才有用滑模控制处理一维不确定不稳定热传导方程的工作（Cheng et al.，2011）。滑模控制由于不连续控制，带来了系统的解的严重数学问题。在不稳定无穷维系统控制上最近有所探索（Guo and Jin，2013）。

除ADRC和SMC两种主要的方法外，还有基于自适应的鲁棒控制（Guo W and Guo B Z，2013）。这些仅仅是对一维问题的讨论，对高维问题的推广是非常具有挑战性的。

其他用频域方法关于无穷维系统的鲁棒控制研究，有以 Ruth Curtain 为代表的大量工作（Curtain，2006）。

在这些问题的研究中，控制设计处于比系统分析更加重要的地位。这些在传统的分布参数系统控制中极少出现。许多复杂的数学成为不可或缺的工具。

## 二、有穷逼近问题

假如我们认为控制研究的终极目标是应用的话，无穷维的有穷维逼近就是不可避免的问题。过去的逼近基本上是对 LQR 的 Riccati 方程的有穷维逼近和无穷维观测器的逼近（Lasiecka and Triggiani，2000a）。现在则有许多亟待研究的新问题。

### (一) 时间延迟问题

这是一个 20 多年的难题（Datko et al.，1986）。简单地说，一个稳定的输出反馈，如果系统有无穷多个极点在虚轴上（双曲系统就属于这个情况），那么如果输出含有任意小的时间延迟，系统就变得不稳定，这是一个一般定理（Logemann et al.，1996）。可以想象这样的控制器用到系统上去，如采样，系统就不能稳定运行。退而求其次，是当系统有时间延迟时，重新设计控制。有一个观测器加预估的算法，适用于所有系统（Guo et al.，2012），但高维的偏微分方程的收敛性是一个极具挑战性的问题。进一步，时间延迟离采样控制还有很大的距离。采样控制目前只是针对抛物系统有些结果（Logemann et al.，2003），原因是在理论上，如果连续的输出反馈使得系统稳定，而离散的输出也能使得系统稳定的话，系统本身的谱在任何右半平面必须是有限的，但这对于双曲方程来说显然不对。所以双曲方程的采样控制必须找出另外的办法。这些问题，在有穷维系统中根本不成问题，这是实质性无穷带来的实质困难。

### (二) 最优控制的计算

反馈与优化是控制理论最基本的概念和手段，也是维纳当初总结动物对信息的接收和处理机制提出控制理论的基本原理，而数值化则是现代科学数字化发展趋向的关键环节。Pontryagin 的极大值原理、Bellman 的动态规划是最优控制理论研究中的两项里程碑式的工作，而这两项工作的根本目标是寻求最优控制律。Pontryagin 的极大值原理求解一个单一的最优控制问题，而 Bellman 的动态规划则求一族最优控制问题，后者与寻求最优反馈的控制律密切相关。由于反馈的控制具有抗干扰、实时实现等优点，寻求最优反馈的控制律就毫无疑问地成为最优控制理论梦寐以求的目标。遗憾的是，无论应用 Pontryagin 的极大值原理还是 Bellman 的动态规划原理，真正解析地求出最优反馈控制律的一般系统只有线性系统的 LQ 或 LQG 问题及其少量个别例子。对于 Pontryagin 极大值原理来说，不只是用其求出的最优控制的系统很少，而且如有研究者指出的："这些复杂的必要条件几乎对理解最优控制的结构没有多少用处。"（Rubio，1986）特别是对于分布参数系统而言，这种问题尤为突出。更为严重的是，用 Pontryagin 极大值原理即使能求出最优控制，一般也不具有反馈的形式，即最优控制是开环的。

于是数值求解最优控制成为唯一可能的出路。无论如何，Pontryagin 极大值原理与 Bellman 动态规划原理仍然是数值解法的理论基础。应用 Pontryagin 极大值原理数值求解最优控制在过去几年里有很大的进展（Yan and Liu，2008）。应用 Bellman 的动态规划原理，可以导出一族最优控制系统的值函数满足一类称为 Hamilton-Jacobi-Bellman（HJB）方程的特殊非线性偏微分方程。理论上，只要求出 HJB 方程的解及其梯度，就可以容易地综合出最优反馈控制律。20 世纪 80 年代，M. G. Crandall 和 P. L. Lions 在 1980 年早期引进的黏性解理论证明：值函数是最优控制问题对应的 HJB 方程的黏性解，且对于许多问题来说，黏性解还是唯一的。黏性解理论开辟了最优控制，特别是最优反馈控制的崭新的研究方向。黏性解方法也可以处理无穷维系统的最优控制问题（Barron，1990；Guo and Sun，2005）。黏性解的方法具有根本的优越性：既克服了维数灾难的问题，又可得到具有反馈形式的最优控制，这一点对于无穷维系统来说，以往的方法是不可想象的。可是收敛性是一个极端困难的问题（Guo and Wu，2010）。

## 三、传感器和控制器最优分布问题

分布参数系统控制由于有空间变量的存在，所以控制器和传感器的位置可以指定。这却是个十分复杂的问题，集中参数好像没有这个问题。1973 年，Yu 和 Seinfeld（1973）已经讨论了最优观测器的位置问题。在关于移动传感器的名义下有不少的研究（Yoshii and Hakomori，1992），最近也出现了新的研究（Morris，2011）。但这个复杂的问题和另一个更大的问题——区域优化（Guo et al.，2012）是什么样的关系是一个十分有趣的问题。最近的一个结果说，高维热传导方程实现零能控的部分分布最优控制与范数（能量）

最优控制是等价的（Wang et al.，2012）。这样就可以在较大的开区域类里找到最优的区域，使得由此区域产生的最优控制在开区域类中时间最优或能量最优（Guo and Jin，2013），但这仅仅是高维偏微分方程最优控制和区域优化的初步研究。事实上，区域优化本身是最优控制的一种，其中控制是区域。区域优化也是古老的数学问题，在周长固定下所围面积最大的区域是圆。牛顿说在不可压缩的流体中，半径相同的球比圆柱体的阻力小一半。如果控制问题变为制造问题，则区域优化的重要性不言而喻。一般的区域优化问题研究最优解的存在性，唯一性则不是主要的问题，原因是多个最优区域的存在使得最优控制有多个选择，但对最优区域的数值求解，唯一性就显得要紧（Teba，2011）。这只有在分布参数控制中才会出现这样的有趣问题。

比较接近的问题还有耦合系统的问题。Banks 在 20 世纪 90 年代提出在三维区域的边界通过控制梁（其传播速度为无限）来抵消声波，从而达到控制噪声的目的。最近发现可以用控制温度的办法，通过边界的传递来控制一些系统（工业上的大部分问题是控制温度）。这产生如何理解偏微分方程控制器的问题。事实上，一个集中参数控制带有时间延迟的问题，就可以理解为控制器为一个不带延迟的偏微分方程，然后将端点的信号返回到集中参数中去（Zhang et al.，2014）。对这类热耦合系统，过去的方法如能量乘子不能应用，因为在能量的导数中只出现温度的耗散，但仍然可以对某些系统证明稳定性（Zhang et al.，2014；Wang et al.，2012）。这如同在自适应控制中，闭环系统的能量求导数后，参数递进率的项消失而导致参数可能不收敛一样。在这类耦合系统中，热本身是作为控制器来使用的。如果通过边界的连接就可以控制和热耦合的系统，这对工业上温度控制问题的影响是不可低估的。

## 四、分布控制、分布量测问题

过去 20 多年来，分布参数控制的主流是点控制、点测量，一般我们称为主动控制，这主要是工程应用的考虑：点控制、点测量易于在工程上实现。但智能材料（天然材料、合成高分子材料、人工设计材料之后的第四代材料）的应用，使得分布控制和测量成为可能。这是一种被动控制（passive control），也是把控制问题变为制造问题的最佳方式。实际上被动控制从来就是一种控制形式，有时是必要的形式。在土木结构工程中，被动控制是主要的。每当大的自然灾害来临，电源首先被切断，任何主动控制都无能为力。可是这里的控制问题仍然非常突出：我们不能把控制对象都变成智能材料，所以在哪里，在多大的区域上使用智能的材料是非常有趣的研究课题，不可估量的应用前景（Tzou and Ding，2004）。

## 五、随机分布参数控制问题

虽然自然界的物理现象许多是由偏微分方程描述的，但对环境的不确定性的合适描述是随机干扰，如航天和海上作业的许多工业系统所面对的不确定性干扰，行驶中的载重船只受到的风浪的干扰甚至是一种分布式的随机干扰。于是随机偏微分方程系统控制是诱人的研究领域。事实上，过去多年在金融等领域已经取得许多的成果。但总的来说，随机分布参数系统控制还刚刚起步，涉及许多困难、前沿的数学问题和现代数学工具。其核心困难在于，作为其研究基础的随机偏微分方程等数学工具（与确定性偏微分方程相比）远未成熟。其结构性理论中的能控性、能观性、稳定性与反馈镇定还相当粗糙，其主要困难在于：①正向问题的能控性一般需要建立非常困难的关于具体倒向方程的能观性估计，目前尚缺乏有效的工具；②方程的解关于含噪声的变量没有正则性，即便对常系数的线性问题且初始资料充分光滑也如此。最优控制理论已有结果大体上是（取值于有限维空间的）随机系统和确定性分布参数系统部分结果的平行推广，对于扩散项含控制的随机分布参数系统最优控制问题尚无研究。后者的主要困难在于建立一般的向量值尤其是算子值的倒向随机发展方程理论。至于随机分布参数控制系统的计算问题研究更是一片空白。随机分布参数系统控制的研究显然是十分重要的理论研究方向（Tang and Zhang，2009）。

## 六、非线性问题

在相当严格的意义上，非线性问题是大量的。当系统的形变是小形变且构成系统的材料是线性弹性的，才可以用线性系统近似。对非线性分布参数系统的控制进行研究的主要困难是，传统的对线性问题能给出整体结果的分析工具，对非线性系统只能给出局部结果。数学更为复杂，最近的一些结果表明黎曼几何是能对非线性系统给出整体结果的几个有效工具之一，这是因为截面曲率可以联系局部与整体的关系，是十分有意义的研究课题（Yao，2010）。非线性分布参数问题早期的研究以逼近方法为主（Zone and Chang，1972）。李大潜院士很早就注意到非线性的问题，并有卓有成效的研究成果（Li，2010）。

## 七、应用问题的驱动

控制问题的终极目标是应用，分布参数系统也不能例外。我国的空间技术实践中就有因没有考虑导弹自身的弹性振动引起事故的例子。这一问题最早由钱学森先生认识到，已经是描写钱学森院士和我国航天发展的各种电视剧中的经典镜头。宋健院士源于自身参与航天实践的经验，在 20 世纪 70～80 年代提出许多弹性体振动镇定的问题。30 年来，关于弹性振动控制的研究始终是分布参数控制最恰当的研究范例。这个由 Euler-Bernoulli 方程描述的梁的振动问题，在 1980 年前后在我国形成以关肇直、宋健院士为首的分布参数研究团体，产生了大量的研究成果，这些成果在王康宁（1986）的文章中有详细的总结。以关肇直、宋健为首的研究团体在这个问题上的研究成果《飞行器弹性控制理论研究》被钱学森称为“关肇直和宋健等关于飞行器弹性振动控制研究的工作结果……已经是导弹运载火箭所不可缺少的设计理论”。另一个问题驱动的分布参数系统控制在中国成功的研究是宋健、于景元开展的关于人口控制的研究（于景元等，1999；Song and Yu，1988）。这个建立在总和生育率控制基础上的研究已经是中国人口计划的基础性理论，意义极为深远。目前能源研究是一个重要的研究方向，有报道说美国的 70%的能源消耗在办公室里，于是温度的控制优化问题就极为突出，已经有以 Boussinesq 方程研究办公楼温度控制的问题（Burns，2011）。黄琳院士倡导的芯片散热问题是一个分布参数的温度控制问题。这是一个工程上早已注意的问题，因为芯片的尺寸越来越小，同时运算速度越来越快，发热量也就越来越大。工程上是用性能优异的散热材料来有效地带走热量，保证芯片在所能承受的最高温度以内正常工作。散热器的作用是用导热材料和工具将散热器安装于芯片上面，从而将芯片产生的热量迅速排出。可是在理论上却是一个挑战性的问题。正如 20 世纪 80 年代航天飞行器的镇定问题带来 30 年分布参数系统控制的典型事例一样，芯片散热问题或许带来另一个与我们生活密切相关的重大分布参数控制课题。

# 第十章
# 离散事件动态系统

信息技术、物流服务和生产制造是经济社会的支柱。这些系统的逻辑设计和运行控制，是系统实现功能的保证。这些系统的优化是在不改变工艺设备、不增加硬件成本的前提下提高系统效率和产品精度、节能、减排等的最重要手段之一，具有重大的社会经济效益和学术价值。此类系统通常规模巨大，非常复杂，其状态空间通常是离散的，状态数量巨大，通常伴随不确定性，系统动态特性也常显非线性，使得针对连续状态的控制理论与方法很难解决这类系统建模、分析、设计、控制、优化等一系列问题。离散事件动态系统（discrete event dynamic system，DEDS）是刻画上述系统的有效工具。但是，DEDS 相对于连续系统有许多根本性的不同，与相对成熟的连续系统控制和优化理论相比，还没有通用的理论。

## 第一节 历史与现状

离散事件动态系统的系统性研究开始于 20 世纪 80 年代初，以 1989 年美国电气和电子工程师学会会刊（IEEE Proceedings）出版 DEDS 专刊（Ho，1989）和 1991 年国际期刊《离散事件动态系统杂志》创刊为重要标志，早期的研究可以追溯到运筹学和排队论的形成，目前已经成为控制科学中的一个重要分支。我国的研究，稍晚于国外。值得一提的是，中国学者为离散事件动态系统的发展做出了重要贡献，而且至今仍相当活跃。这从颁发至今的何潘清漪优秀论文奖就可以看出（该奖为表彰在离散事件动态系统方向做出突出成果的华人学者设立）。

研究离散事件动态系统所需模型大致可以分为三个层次。①逻辑（无时间）层次主要模拟控制规范和设计中的状态或事件之间的逻辑次序，而不考虑状态转移和事件发生所具有的时延。主要关心系统的状态迁移是否正确和系统行为是否安全（如有无死锁或访问冲突）。②时间层次则试图模拟状态转移和事件发生所占用的时间相关特性。主要关心实时调度中硬实时约束是否满足，以及任务执行中的关键路径和瓶颈如何识别。③统计层次描述系统运行中的性能评价和优化问题。主要关心在各种随机因素作用下长期实际运行时系统的生产效益和资源利用率等平均性能。

为突出离散事件动态系统研究近期的现状，特别是近 10 年的研究成果，这里我们重点介绍这三个层次中有代表性的三类模型和方法，分别是 Petri 网、极大极小系统和强化学习。对于大家熟悉的相对经典的自动机，极大代数系统和排队论及马氏决策过程（MDP）等模型和方法，则只做简要介绍，有兴趣的读者，可以参考综述文章（郑大钟和郑应平，1992）或专著或教材（Cassandras and Laforture，2008；Wonham，2011；郑大钟和赵千川，2001；蒋昌俊，2000；Ho and Cao，1991）等。描述 DEDS 逻辑关系的途径很多，代表性的方法是自动机和 Petri 网模型。由于自动机模型是 Petri 网的特例，我们重点介绍 Petri 网。值得指出的是，DEDS 逻辑层次的控制理论首先是在自动机模型上做出的。Wonham 和 Ramadge 合作，建立了自动机模型上优美的监控器设计理论（Ramadge and Wonham，1987；Wonham and Ramadge，1987）。林峰等在自动机的能观性理论上做出了重要贡献（Lin and Wonham，1988），近期在相关的可检测性研究方面也取得可喜进展，为故障诊断问题研究打下了基础。自动机的监控理论是更一般的 Petri 网监控设计的基础。

Petri 网是一种能为多种系统建模的图形化的数学工具，它可用一个二部图来表示，其节点集由变迁和位置两部分组成（Murata，1989）。变迁引发代表事件的发生，位置中的标记（token）代表事件发生的条件或系统状态。作为图形化工具，像流程图（flow charts）、框图（block diagram）及网络（network）一样，Petri 网具有可视通信功能，其位置中的标记及其流动正好模拟了系统的动态特性，是描述和研究具有并发、同步、并行、分布式、非确定或随机特性的信息处理系统的重要数学工具。Petri 网也可以通过一组能表征系统行为的状态方程、代数方程和其他数学模型等来描述，允许系统行为的精确建模与分析，而其图形化表示又使得系统的状态转移清晰可见，从而被理论工作者和专业人员同时使用。

Petri 网概念是由 Carl A Petri 在研究自动机通信时提出的（Petri，

1962)。它的进一步发展得益于Petri 网能模拟过程同步、异步、并发、冲突、资源共享等特性，而这些特性正好表征了诸如制造系统、通信系统、计算机系统、命令与控制系统、逻辑网络和工作流等离散事件驱动的系统特征。这使得Petri 网在离散事件动态系统的各个领域有着广泛深入的应用。制造系统的控制调度是Petri 网应用最为广泛而深入的领域，特别是在死锁控制与活性调度方面。死锁问题首先是计算机科学家们在设计操作系统中的资源分配策略时考虑的问题，并提出了其发生的四个条件（Coffman et al.，1971）。在有人参与的制造系统中，死锁并不会引起大的问题。而在追求敏捷制造，柔性制造、高效益的全自动制造系统中，死锁在设计系统资源控制器及生产调度及系统运行中则显得特别重要，因为它的发生，会引起系统灾难性后果（Fanti and Zhou，2004)。因此在过去的近 20 年中，大量的研究在处理制造系统中的死锁预防/避免控制与活性调度问题。在制造系统死锁控制方面，人们基于三种不同模型——有向图、自动机和Petri 网，对其进行了广泛深入的研究（Fanti and Zhou，2004)，而基于 Petri 网建模的研究一直是比较活跃的领域，得到的结果宽广而深刻。基于Petri 网研究制造系统死锁问题的方法大致可分为两类：一类是基于可达状态图的方法，一类是结构分析方法。基于可达状态图的方法在分析死锁和/或综合控制策略时，都要对系统的状态图进行搜索分析或检验，以确定相关死锁状态与结构，而结构分析方法则直接研究系统 Petri 网的死锁结构特征，根据死锁结构特征，计算可能死锁状态并建立死锁控制预防、避免策略。采用结构分析方法的研究工作主要包括 Banaszak 和 Krogh（1990)、Xing 等（1996)、Ezpeleta 等（1995)、Xing 等(2009)、Xing 等（2011)、Li 和 Zhou（2004)、Liu 等（2013）的成果，其他主要工作或多或少都与状态可达图有关。

Banaszak 和 Krogh（1990）首先利用 Petri 网来描述制造系统的生产过程，研究系统死锁避免问题，通过加工路径分析方法，建立系统的死锁避免控制策略。由于所得到的控制策略是建立在每个工件所需资源集上而不是整个资源需求集上，从而它比当时计算机操作系统存在的死锁避免策略都要优越。对于同一制造系统，Xing 等（1996）建立了系统的加工 Petri 网模型，给出了引起系统死锁的Petri 网结构特征和系统死锁的充分必要条件。通过防止系统到达满足这一充要条件的状态，也就是限制每个死锁结构特征所能利用资源最大个数的方法，建立起了综合避免系统死锁控制策略的方法，给出的控制策略的优点在于它总能通过 Petri 网来实现，使得受控系统仍可以通过 Petri 网来分析、优化调度；而且对一大类系统，它是最优的。

Ezpeleta 等（Ezpeleta et al.，1995）和邢等（Xing et al.，2009）研究了具有柔性路径的制造系统的死锁控制问题，分别利用不同的 Petri 网结构特征，严格极小 siphon 和极大完备变迁资源回路，来表征系统死锁，所建立的系统为活的必要充分条件分别是在所有可达标识下，每个严格极小 siphon 非空和每个极大完备变迁资源回路非饱和。基于各自结构特征，分别提出了系统的活性 Petri 网控制器（策略）。尽管可以证明两类特征结构之间具有一一对应关系（Xing et al.，2011），但由于基于变迁资源回路方法仅仅限定可能的死锁区域，而基于 siphon 的方法扩大了受控范围，从而使得 Xing 等（2009）提出的活性控制策略性能优于 Ezpeleta 等（1995）提出的策略。而且对于大类系统，基于极大变迁资源回路活性控制策略是最优的。Xing 等（2009）同时证明了这类系统只包含两类可达状态——安全的和死锁的。从而利用一步向前看的方法，建立起了一种具有多项式时间复杂性的最佳死锁避免控制策略。这也是基于 Petri 网研究制造系统死锁问题迄今为止获得的性能最好、计算复杂性最小的一类死锁避免控制策略综合方法。

以上控制器综合方法（Xing et al.，1996；Ezpeleta et al.，1995；Xing et al.，2009）有一个共同之处，那就是它们都是基于 Petri 网位置不变量的，给出的控制器可以通过 Petri 网加以实现，也就是通对各自要控制的每个不同死锁特征，通过一个控制位置构造受控系统 Petri 网模型的一个位置不变量。其实各种 Petri 网死锁控制器都是通过构造受控系统 Petri 网模型的位置不变量方法来实现的，这类死锁控制规范等价于一组线性不等约束规范，而实现线性不等约束的方法就是位置不变量方法。只不过给出一般死锁问题的线性不等约束规范是困难的，值得深入研究。鉴于严格极小 siphon 和极大完备变迁资源回路的个数较多，在最坏情形下是系统资源类型数的指数级，采用控制每个严格极小 siphon 和极大完备变迁资源回路的方法得到控制器结构较大，人们开始研究结构较小的活性控制器。这一努力首先从 Li 和 Zhou 的工作（Li and Zhou，2004）开始，他们提出了基本 siphon 的概念，并对每个基本 siphon 施加一个控制位置，通过逐步减少控制位置中初始标记个数，直至受控系统为活的方法来综合系统活性 Petri 网控制器。基本 siphon 个数与系统 Petri 网模型的规模呈线性关系，从而给出的控制器结构较小。Liu 等（2013）从资源变迁回路出发，提出了有效变迁覆盖的概念，有效变迁覆盖是极大完备变迁资源回路的一个子集合，它覆盖了系统资源变迁网的所有变迁。通过仅对一个有效变迁覆盖中的每个极大完备变迁资源回路施加约束，得到了系统的一个活性控制器。同时证明了这样的有效变迁覆盖一定存在，并给出其有效的计算方法，以及将非有效变迁覆盖转换为有效变迁覆盖的方法。由于有效变迁覆盖中极大完备变迁资源回路个数与基本 siphon 个数相同，故控制器结构大小与 Li 和 Zhou（2004）研究中的相同。这种仅仅限制部分 siphon 或变迁资源回路的方法虽然降低了控制器结构的复杂性，却失去了控制器的性能。在基于严格极小 siphon、极大完备变迁资源回路和基本 siphon 的控制器设计方法中，首先需要列举出所有这些元素，关于它们的计算，也已提出了多种方法（Wang et al.，2012；2009）。

Viswanadham 等（1990）基于 Petri 网研究系统死锁问题，利用可达状态图，通过沿路径向前看方法来确定系统资源分配，提出了一个基于 Petri 网的在线死锁控制策略。Wu（1999）利用染色面向资源 Petri 网对柔性制造系统建模，给出了系统为活的必要充分条件，通过动态控制资源配置，提出了一个系统死锁避免控制策略。Chu 和 Xie（1997）给出一个基于整数规划的 siphon 不会导致死锁的判别条件。基于这一条件，提出了通过整数规划方法求解在一个标识下为空的极大 siphon 的方法，以及判别系统为活的充分必要条件。这一求解可能为空 siphon 的方法，在后来的死锁控制中得到了多处应用。

为了获得结构简单且性能较优的活性 Petri 网控制器，Piroddi 等（2008）提出了一种选择 siphon 的控制方法。按一定规则选择部分 siphon 并对其进行控制，实现使受控系统为活的目标，降低了受控系统结构复杂性，也使其具有较多的许可行为。Ghaffari 等（2003）采用禁止（死锁）状态方法来解决死锁控制问题，结合区域理论，在可达图中搜索查找导致死锁的变迁引发，并通过施加控制位置约束禁止其引发，以此达到预防死锁的目的，并给出了保证受控系统最优性的条件。Uzam（2002）提出了首达坏标识（flrst-meet bad marking）的概念，通过禁止系统由安全状态进入首达坏标识的变迁引发来达到避免死锁的目的，简化了控制器的结构。Chen 等（2011）通过类似（Uzam，2002）的方法，在可达图中逐步计算首达坏标识，并对其进行控制的方法综合死锁预防控制器。同对所有可能导致死锁的 siphon 进行控制的方法相比，减少了需要添加的控制位置的个数。随后利用区域理论、首达坏标识及基于整数规划设计死锁控制策略的方法得到各方面的拓展，从首达坏标识的不同计算方法、不同控制方法与区域理论的结合，到控制器的简化及在各个扩展系统中的应用等。这些方法改进了控制器的性能，有些甚至达到了最优，但都没有能很好解决控制器本身结构复杂性问题和或计算复杂性问题。对各类制造系统设计性能最优、计算复杂性合理的活性控制器仍然是一个未解决、尚需进一步深入研究的实际问题。起初的 Petri 网是为处理并发逻辑问题而提出来的，并未涉及时间因素（Murata，1989）。时间参数的引入可能破坏 Petri 网结构表示真实系统所有可能逻辑行为的构想。但对动态系统的性能评估及优化调度问题，时间因素必不可少的。因此，在位置和/或变迁上引入时延对实际问题的研究解决是必要和有用的。这类 Petri 网依据时间是否具有随机性而称为（确定）赋时 Petri 网或随机 Petri 网。基于确定时间的赋时 Petri 网模型，主要研究系统的实时调度问题和瓶颈识别问题。基于随机 Petri 网模型，主要研究系统性能评估和调度优化问题。

Commoner 等（1971）首先研究一类特殊的赋时 Petri 网赋时标识图（marked graph）的活性与安全标识，证明了网是活的一个充分必要条件是每个有向回路上至少有一个标记。Hillion 和 Proth（1989）利用时间事件图对车间作业（job-shop）系统进行分析建模，研究了系统在循环条件下的静态性能。证明了当加工时间给定时，系统的生产率由初始状态唯一确定。因此为获得一定的生产率，系统中应该有足够多的工件在加工，同时给出了使系统达到最佳生产率的条件。Max-plus 小组等学者系统地研究了时间事件图，并建立了基于极大代数的线性离散事件动态系统理论和方法体系（Baccelli et al.，1992）。其中的标志性成果是 1985 年，Cohen 等运用极大代数理论（Cuninghame-Green，1979）把这类系统模型转化为极大代数上的线性系统模型，其形式非常类同于传统的离散时间线性连续变量动态系统（Cohen et al.，1985）。这一工作是非线性系统线性化的一个非常精妙的例子，引起了系统与控制界广泛的关注与兴趣。为突出系统状态演化在极大代数意义下所呈现的线性形式，这类系统通常称为线性极大系统。20 多年来，在线性极大系统的周期性、稳定性、能控性、能观测性、镇定性、鲁棒性、可预测性等诸多方面，人们做了大量系统的研究，建立了平行于传统的线性系统理论的线性极大系统理论。时至今日，线性极大系统仍然是一个活跃的研究方向，每年国内外重要学术刊物上登载的相关理论与应用论文有数十篇之多。

随着研究的深入，人们认识到超越赋时时间图描述能力的更复杂时序关系。事实上，在通信网络、计算机网络、柔性制造、对策博弈等系统中，存在一类非线性时间演化系统，在极大代数意义下的模型不是线性的，而是线性极大系统模型的非线性扩展，前者包含极大、极小和加法运算，而后者仅包含极大和加法运算，前者可以用于后者难以描述的状态变化同时受极大和极小时间混合约束系统的建模与分析，异步数字电路的时间分析是最具代表性的例子之一（系统状态变化的发生受极小时间约束意指状态变化的发生仅需要一个前驱变化发生并经过一定延迟；系统状态变化同时受极大和极小时间混合约束，意指部分前驱变化都发生并经过一定延迟，部分前驱变化仅一个发生并经过一定延迟）。这类系统通常称为极小极大系统。由于极小极大系统中有极大和极小混合运算，其研究远比线性极大系统复杂和困难。1991年，Olsder 研究了极小极大系统的特征值问题，对分离极小极大系统，给出了存在特征值的充分必要条件（Olsder，1991）；1994 年，Gunawardena 研究极小极大系统的周期性与平衡性，并运用极大代数理论，提出了极小极大函数方法（Gunawardena，1994a）。Olsder 和 Gunawardena 的工作是极小极大系统的两个基础性研究。之后，许多来自不同领域的研究者相继进入极小极大系统研究领域，在系统的分析、控制、优化等方面，提出了许多新方法，得到了若干重要的结果。

极小极大系统的周期时间是刻画系统状态演化的渐近时间间隔的一个性能指标，其存在性、唯一性和计算方法对判断系统的瓶颈位置、缓冲资源配置等有着重要的理论与实际意义。对偶定理不仅表明了周期时间的存在，而且还给出了计算周期时间的公式（Gaubert and Gunawardena，1998a；1998b）。该定理是一个优美的定理，在极小极大系统的分析与控制中也有重要应用。由极小极大函数的非膨胀性容易得到周期时间的唯一性。对于周期时间的计算，Gaubert 和 Gunawardena（1998a）给出了策略迭代算法，Cheng 和 Zheng（2004）给出了计算周期时间（calc cycle time）算法和树周期时间（tree cycle time）算法，数值实验说明这三个算法是可行的。是否存在计算周期时间的多项式算法是一个悬而未决的问题（Heidergott et al.，2006）。

极小极大系统的稳定性由系统的不动点与特征值来表征。Gunawardena（1994b）给出了系统存在不动点的充分必要条件，Cochet-Terransson 等（1999）证明了结构不动点定理。文献 Gunawardena（1994a）提出了极小极大系统的平衡问题，即无论怎样选取系统的参数，系统都有特征值。对于具有独立参数的情形，Zhao 等（2001）采用布尔代数方法，给出了平衡的一个充分必要条件。对于二分极小极大系统，van der Woude 和 Subiono（2003）给出了特征值的结构特征。一个有趣的结果是，Zhao 等（2001）的平衡特征性质与 van der Woude 和 Subiono（2003）的特征值特征性质是等价的（Zhao，2004）。平衡的极大系统的图论特征是对应的有向图仅有一个强连通子图。平衡的极小极大系统的图论特征尚未找到。对于具有极大输入和输出的极小极大系统，陈文德（1999）给出了分别能达的充分必要条件，推广了线性极大系统分别能达的结果（王龙和郑大钟，1990）；Chen（2000）给出了周期时间合并配置的充分必要条件；陈文德和陶跃钢（2000）分别给出了上限能观和分别能达的充分必要条件。对于一类具有极小极大输入和输出的极小极大系统，Zhao 和 Zheng（2003）给出了系统输出反馈镇定的判别条件。对于具有极大输入和输出的极小极大系统，Tao 和 Chen（2003）给出了周期时间不合并配置的判别条件。对于一类具有极小极大输入的极小极大系统，Tao 和 Liu（2005）给出了系统状态反馈镇定的判别条件。对于具有极大输入和输出的极小极大系统，Chen 等（2010）给出了周期时间独立配置的充分必要条件。Zhao 等（2008）研究了极小极大系统的鲁棒性，并给出了结构和非结构性质。对于极小极大系统的预测控制，De Schutter 和 van den Boom，（2000）、Necoara 等（2008）研究了非线性非凸优化及其可解性、不确定性等问题。Tao 等（2007）研究了极小极大系统的一类全局优化问题。

Petri 网模型及其赋时版本提供了系统逻辑和时序关系的建模和分析工具。原则上可以在该框架下进一步考虑性能评价和调度策略的优化问题。例如，Xu 和 Wu（2004）基于 Petri 网对制造系统进行调度研究，首先假设系统具有无限缓冲空间，利用遗传算法建立系统的调度策略；然后分析检测在具有有限缓冲空间的实际系统上运行所得到调度是否会引起死锁，在有死锁发生时，通过增加实际缓冲空间的方法来消解死锁。Wu and Zhou（2007）采用染色资源定向 Petri 网为半导体制造系统建模，基于底层死锁避免控制策略，提出了一种实时无死锁调度策略。Dashora 等（2007）利用扩展的染色赋时网为简单序列加工系统的动态过程进行建模，基于进化学习自动机算法，提出了一种使得制造期最短的无死锁调度算法。但在实际系统运行中，事件的发生和活动的持续时间常常包含不确定因素，因此有必要考虑更一般的离散事件动态系统模型。数学上，可以采用随机过程描述离散事件动态系统，其一般性的模型称为广义半马尔可夫过程（GSMP）。把 Petri 网的每个变迁与一个具有负指数分布的随机变量相关联，表示该变迁从使能到引发时间延迟。在有多个变迁同时使能时，具有最短时延的变迁首先引发。这样可以建立 Petri 网的随机过程模型，即 SPN 模型。其定义首先出现在 Molloy 等的研究中（Molloy，1982；Chiola et al.，1993）。Molloy（1982）证明了 SPN 同构于连续时间马尔可夫链（特殊的 GSMP）。基于 SPN 的性能分析与评估遇到的主要问题是模型状态空间爆炸问题，状态数目会随着模型的规模和复杂性的增加呈指数增长，使得实际系统的性能评估不可能实现，从而随机网的各种模型分解和压缩技术、模型性能界限求解方法成为目前 SPN 的一个研究热点（林闯，2000）。Balbo（2007）对 SPN 的理论与应用进行了较为全面的综述。随机离散事件动态系统的 GSMP 模型主要用于仿真模型和基于 Monte Carlo 仿真的性能评价。

DEDS 的性能优化，则更多的是基于自动机模型的随机版本——马氏链而展开，其中以排队系统相应的马氏链模型为背景的优化问题研究成果最为突出，包括马氏决策过程、摄动分析和强化学习等。马氏决策过程（MDP）是数学和运筹学中发展出的解决离散事件动态系统优化问题的经典方法（Puterman，1994）。理论基础是 Bellman 最优性原理，主要有值迭代和策略迭代等求解方法。实际应用中由于维数灾难和模型参数不易获取，限制了可以解决的问题范围。摄动分析方法（Ho and Cao，1991）最早针对排队论模型的参数优化问题提出，其理论基础是：性能指标对参数的样本导数与求数学期望运算可交换，解决了非乘积排队网络采用 Monte Carlo 仿真对性能对的参数灵敏度估计时遇到噪声大和非线性严重无法同时消除的两难问题。由于对运算交换条件的要求有时难以保证，摄动分析方法还无法直接应用到一般的随机 DEDS 模型中。

以下重点介绍具有更宽适用范围，特别是不直接依赖模型参数的强化学习方法。强化学习又称再励学习或评价学习，在中国有时又被翻译成增强学习。强化学习方法的发展可以粗略地划分为两大阶段（Sutton and Barto，1998；张汝波，2001）：第一阶段是 20 世纪 50～60 年代强化学习的孕育阶段；第二阶段是 20 世纪 80 年代至今，是强化学习的形成与发展阶段。在该过程中，试错学习、最优控制、时序差分三条技术主线的发展与融合起了重要作用（Sutton and Barto，1998）。直到 Watkins 于 1989 年提出 Q-learning 方法把这三条主线结合在一起（Watkins，1989），标志着强化学习方法的形成。此后，各种强化学习方法及应用迅速发展，*Machine Learning*、*Robotics and Autonomous System* 等国际期刊陆续出版了强化学习专刊（Moore and Atkeson，1993；Bradtke and Bartor，1996；Touzte，1997；Kaelbling，1994）。1998 年，Sutton and Bartor（1998）比较系统地介绍了强化学习方法。同时期，国内学者阎平凡等在《信息与控制》上发表文章论述了强化学习的原理、算法及其在智能控制中的应用（俞星星和阎平凡，1997），蔡自兴等则在强化学习方法应用于非线性系统控制问题方面开展了相关研究（马莉和蔡自兴，1998），另外，国内学者顾国昌、吴沧浦等在机器人控制、倒立摆控制、库存控制等方面也开展了强化学习相关的应用研究。进入 21 世纪，以 Bertsekas、Tsitsiklis、Sutton、Gosavi、Mahadevan、曹希仁等为代表的国内外学者在强化学习研究方面，取得了一系列的成果。

强化学习算法前期研究对象主要是离散时间 MDP 描述的 DEDS，且算法在平均和折扣两种优化性能准则下形式上并不统一。曹希仁等于 20 世纪 90 年代后期发展起来的性能势理论（Cao and Chen，1997；Cao，1998），为解决连续时间或离散时间 MDP 在两种性能准则下的优化控制问题，提供了一个新的、统一的理论框架和方法（Cao，2000；2003a；殷保群等，2004；Tang et al.，2007），它与强化学习方法进行有机结合，可建立两种性能准则下统一的强化学习算法，因而这项理论成果在强化学习发展史上具有重要意义。随后，该成果被推广到更一般的半马尔可夫系统的理论优化控制和学习优化控制（Cao，2003b；2007），在此基础上，曹希仁等建立了统一的半马尔可夫系统强化学习优化算法（Cao，2007；Tang and Arai，2009）。强化学习算法前期研究的另一特点是基于数值迭代思想，而该类算法由于学习率和探索机制等因素可能存在超调、震荡甚至不稳的现象（Lagoudakis and Parr.，2003；Gosavi，2003）。因而近 10 年来，基于策略迭代思想的强化学习方法受到了部分学者的关注，诞生了一批成果，如最小二乘策略迭代（LS-PI）、离线/在线策略迭代等算法等（Lagoudakis and Parr，2003；Gosavi，2004a；2004b；Singh et al.，2007；Fang and Cao，2004；Xu et al.，2007）。在应用方面，Tang 和 Arai（2009）结合一类智能生产系统，给出了折扣和平均两种性能准则下统一的基于性能势的在线策略迭代算法。传统强化学习方法依赖于状态空间每个状态的值函数或控制策略，也就是说需要建立代价、性能势或决策与状态一一对应的表格关系，故统称为查表法（look-up table representation）。对于大规模实际系统，这种方法将占用较多计算机内存，甚至建立这种表格本身也不可能。而于 20 世纪末由 Bertsekas 和 Tsitsiklis 等提出发展的神经元动态规划（neuro-dynamic programming，NDP）方法（Bertsekas and Tsitsiklis，1996），为解决大规模 DEDS 的优化控制问题提供了理论框架和方法。NDP 方法源于强化学习，融合了仿真、函数逼近、动态规划理论、神经元网络训练和参数学习等多项技术，分为 Critic、Actor 和 Actor-Critic 三种模式，后者为前两种模式的综合。近年，NDP 方法获得了较大发展，国际上，Sutton 等简单介绍了强化学习框架下的 Actor-Critic 基本形式（Sutton and Barto，1998），Konda 在其博士论文中给出了几种变型 Actor-Critic 算法（Konda，2002），Thomas Degris 则研究了离散策略下的 Actor-Critic 算法（Thomas，2012），an Peters 探讨了一类基于自然梯度的 Actor-Critic 算法（Peters et al.，2005）。在国内，从 21 世纪初开始陆续有 NDP 方法的研究成果出现，例如，基于性能势理论的 NDP 方法

（唐昊等，2006；Tang et al.，2005），一种自适应模糊 Actor-Critic 方法（王雪松等，2006），生产系统调度中的应用等（王颖等，2007）。另外，基于神经元网络结构的不同，则存在 BP 网络、CMAC 网络、瓦片编码（Tile coding）等不同形式的参数学习逼近算法（唐昊等，2006；Tang et al.，2005；王雪松等，2006；王巍巍等，2008；Kwon and Lee，2005）。

通常的强化学习算法中，系统的状态和动作都被认为是离散且有限的集合，而实际应用中大量的系统状态或动作可能是连续的。针对这类问题，主要存在两大类解决方法，即离散化和值函数逼近。在控制领域，与强化学习、神经元动态规划同源的概念还包括近似动态规划或自适应动态规划（张化光等，2012；徐昕等，2012；魏庆来等，2010；康琦等，2010）。

## 第二节　可能的挑战

经过近 30 年的迅猛发展，离散事件动态系统的理论和方法不断得到完善，并且在诸多领域得到广泛应用。然而，随着应用的深入，研究对象规模的扩大，系统的复杂化、智能化，以及研究领域的不断拓展，现有的理论和方法有待进一步发展。概括起来，面临的主要挑战包括以下三个方面：由于往往难以建立理论上的解析结果，离散事件动态系统的研究在分析和设计中，都常常遇到维数灾难的挑战；实际应用中的决策问题复杂，常面临多目标如何优化或多约束如何满足的挑战；实际系统不确定因素多，如何建模和处理面临挑战。下面，结合具体模型或方法列举几个值得关注的研究方向。

### 一、逻辑和时序的性质的分析与综合

从现有研究来看，具有非线性的代数模型的一些问题的处理远比线性极大系统困难，所涉及的计算复杂度较高。文献（Yang and Zhao，2004）证明了判定极小极大系统是否平衡为 co-NP 完全问题。Tao 等（2007）和（Tao et al.，2013）分别给出了系统全局优化和周期时间配置具有矩形性的数值例子。这些例子对理论研究提出了挑战，指出了离散事件动态系统的时序分析要远比图论和非负矩阵的分析复杂。同样的复杂性结论也适用于用自动机或 Petri 网描述的系统的控制综合问题。状态组合爆炸带来的维数灾难问题也是 DEDS 逻辑监控理论问题研究的核心问题之一。其中大量的理论研究集中在利用分层、分布式或模块化方式来实现全局最优监控的可行性条件方面。实

际工程系统的逻辑和时序的正确性分析往往比较困难。一个可能的原因是，工程技术人员在做设计时，往往没有严格的理论方法指导，造成理论上得到的这些条件在实际系统中有时不易得到满足。可喜的是，自动机监控理论创始人 Wonham 借鉴有序二元决策图理论的探索（Ma and Wonham，2005），受到启发，已经能够解决状态空间为 $10^{24}$ 规模的一类非阻塞监控器综合问题。或许沿着这样的思路，有希望为工程人员提供保证逻辑正确性的设计工具。

## 二、活性调度和控制

对于离散事件动态系统，虽然在理论研究上已建立起了许多死锁控制策略或控制器，但在无死锁调度中得到成功应用的案例较少。原因可能有二：一是调度的目标是优化系统的性能，而现存的死锁控制策略大多对系统的约束太强，直接应用它们到调度算法中有可能降低调度的性能；二是调度问题一般都具有指数复杂性，而大多数死锁控制策略的算法也是如此。基于这样的控制策略来建立调度策略，其计算复杂性更大，几乎难以实现对实际规模的问题有效求解。因此，要获得一个基于死锁控制策略的最优或次优的调度，死锁控制策略必须性能优越，计算复杂性小。从这点来说，活性控制与调度方面仍有大量的工作要做。

Xing 等（2012）首次将他们建立的具有多项式复杂性的最佳活性控制策略（Xing et al.，2009）嵌入遗传调度算法中，提出了一种基于活性控制器的系统无死锁遗传调度策略算法。该方法将可能的调度按工件排序成编码，通过最佳活性控制策略提供的一步向前看的方法，检测验证编码的可行性，并将不可行编码修正成为可行编码，使得它对应的调度是一个无死锁可行调度。这种检测过程的多项式复杂性并没有改变遗传算法的固有计算复杂性。

在基于赋时 Petri 网的制造系统调度方面，许多工作集中在系统的无死锁调度方面，这或许是因为 Petri 网为检测和预防死锁提供了一定方法。Lee 和 DiCesare（1994）利用 Petri 网对柔性制造系统建模，结合启发式搜索算法，提出了一种柔性制造系统活性调度算法，该方法通过生成和搜索系统部分可达图来确定可行的最优或次优调度，具有处理柔性加工路径、共享资源及并行等特性的能力，同时也排除调度中的死锁。Jeng 和 Chen（1998）基于最优搜索技术与时间 Petri 网的状态方程，提出了一个使制造期最小的启发式调度算法。Xiong 和 Zhou（1998）将启发式最优搜索技术与基于 Petri 网的受控反馈追踪策略相结合，给出了半导体制造系统的一种启发式调度策略算法。类似地（Lee and Dicesare，1994），Abdallaht 等（2002）利用自动制造系统的 Petri 网模型，通过查找部分可达图的方法，提出了一个最优或次优的无死锁调度生成方法。尽管以上方法都是在部分可达图中进行搜索，但其复杂性都与状态空间维数成正比。Petri 网的线性约束是 Giua 等（1992）提出的一类离散事件控制规范，利用它的逻辑表达式可以描述离散事件系统的任何一个状态子空间。许多离散事件动态系统，诸如轨道交通、离散制造系统、电力生产和军事指挥等的逻辑控制问题都可以通过它得到描述。当系统事件全都能观能控时，Yamalidou 等（1996）利用库所不变量给出了实现线性约束的最优监控器的设计方法。而当对象部分能观、能控时，控制器的在线计算复杂性随对象规模指数级增长。近年来，相关研究取得了一系列进展，如吴维敏、王寿光等人的工作，但仍然是一个开放性的问题。

## 三、大规模复杂 DEDS 的优化控制

在实际应用中，大规模复杂 DEDS 通常包含巨大状态或行动空间，且动态特性存在不确定性，“维数灾难”和“建模难”是两个不可回避的难题。尽管已经有了神经元动态规划、分层强化学习、关系强化学习等解决方法，但依然存在许多亟待研究的问题。

（1）高维状态和行动空间表示。随着社会的进步和信息技术的发展，实际 DEDS 的状态或行动空间可能是高维的、连续的，如网络控制系统和各种机器人控制系统等。对于这种高维连续空间系统的优化控制问题，目前常用的方法包括离散降维、直接策略搜索、神经网络值函数逼近等。然而，这些方法本身都还存在一些待克服的缺点，如离散粒度难以确定、策略空间巨大、参数学习速度慢等。因此，从减少策略搜索空间或加快学习速度等角度出发，如何根据系统结构特征和动态特性，运用合理的聚类、分组等技术实现状态和行动空间的降维，仍然是一个值得探讨的课题。另外，目前存在 BP、CMAC、RBF、Tile coding 等多种神经元网络或参数逼近结构来实现值函数逼近，但如何根据问题选择逼近结构并进行自适应改进，也是一个值得深入研究的难题。特别的，在当前的神经元动态规划算法中，大部分研究考虑的是值函数参数逼近的收敛性问题，而学习优化迭代算法的整体收敛性证明或探讨却较少。因此，研究提取这些神经元网络等逼近结构的共性规律，并分析各自差异性及学习算法的收敛性，对未来实际问题的解决具有一定指导意义。

（2）在线学习和学习速度。实际系统，如智能电网、机器人控制、生产制造等复杂智能系统，对学习优化控制的实时性和安全性等具有严格要求，

而强化学习在这方面的专门研究成果却不是很多，存在一些重要问题需要考虑。首先，强化学习属于一类数据驱动优化控制，在线实现时需要通过从实际系统获得观测样本数据，而考虑到一些实际系统运行的安全性，在线学习过程必然要求安全策略探索和避免大幅度的策略波动，因此小范围的局域策略探索或摄动、策略空间的划分、小样本数据学习等技术将成为未来研究的一个重点。其次，大规模 DEDS 中，学习速度的提升很大程度上取决于值函数学习收敛得快慢，而值函数学习快慢往往取决于有效样本数据的获得能力。现有的强化学习方法一般采用一步或多步值函数更新，即为一步即时差分（TD）学习或 TD 与资格迹相结合的学习，方式相对比较单一，且没有充分利用历史样本数据信息及其存在的一些规律性，因此系统在样本信息不足时，即在小样本学习时，很难获得比较好的学习效果。因此，如何充分利用历史信息进行合理的值函数信用分配，如何研究有效的小样本学习逼近结构，探索新的值函数学习更新方法，并定量分析在线强化学习算法的收敛速度，将具有一定的理论价值和实际意义。

## 四、基于事件的优化与分布式控制策略的优化设计

分布式 DEDS 是现实世界中常见的一类系统，从全局看，状态是每个子系统的状态构成的一个向量。因此，描述整个系统的状态的变化，必然面临维数灾难问题。通过对具体的网络化 DEDS 的观察，在统一理论框架（Cao，2003b）的指导下，曹希仁等提出了克服该类系统维数灾难问题的基于事件的优化方法（Cao，2005；Cao and Zhang，2008）。在此类基于事件的模型中，策略依赖于事件而不是状态。这种方法的优点很明显：事件的数量通常比状态的数量小得多。例如，通信网络的接入控制问题中，只有在事件发生的时候才会去控制，在互联网中，只有当新的顾客到达的时候才需要进行控制。该方法利用系统的特性极大地减少计算量，克服了“维数灾难”的问题。它通过两个灵敏度公式和事件上的性能势聚集来实现。这个方法也让我们能解决很多以前因计算量爆炸而不能解决的优化问题。同时，通过利用系统特征克服维数灾难，还开辟了非常有前途的新的研究方向。这个方法已被运用到许多不同的学科上，如混合系统、分层控制、单一摄动、大规模网络的优化，以及部分能观马尔可夫决策过程。特别的一点是，这个方法首次为基于 Lebesgue 采样的控制问题提供了一个通用的解。如何把当前针对马氏链的基于事件的优化方法推广到更一般的分布式 DEDS 和多 Agent 强化学习框架下，将是一个既有价值又有挑战性的研究课题。

## 五、DEDS 的仿真优化

对于一些实际的 DEDS，模型复杂，性能指标或约束条件难以解析评价，只能采用耗时的 Monte Carlo 仿真，而且解空间巨大。这是仿真领域研究多年的难题。为此何毓琦等于 20 世纪 90 年代初提出了序优化方法（Ho et al.，1992），主要思想是序比较和目标软化，即当求解大规模仿真优化问题的全局最优解不可行时，更合理的目标是以较大的概率找到满意解。序优化的早期工作集中在单一目标函数、无约束、随机仿真优化问题上。自 2002 年以来，何毓琦和国内学者合作，将序优化扩展到可处理具有多目标函数、有约束、偏好简单方案的、复杂确定性目标函数等优化问题，并通过对比挑选规则来进一步提高序优化性能。这些工作构成了增强序优化 EOO 方法，开辟了以下研究方向。①向量序优化：通过引入层的概念，对多目标的仿真优化问题引入了一种向量序。其优点在于能够处理无法通过引入适当的权重或目标函数间的优先级将多目标函数转换成单一目标的情形。②约束序优化：通过引入可行性模型的概念，对约束仿真优化问题的解按估计的可行性大小和性能排序，该方法能以给定的概率找到性能满意的可行解。③基于 Kolmogorov 复杂性的优化方法：量化解的描述、性能仿真评价和实现中的复杂性，该方法以给定概率找到性能满意的简单解。④证明复杂确定性目标函数与随机仿真目标函数对于序优化方法的等价性。⑤挑选规则的选取：利用优化问题的信息选取合适的挑选规则，进一步提高序优化性能。以上工作已经总结在序优化的专著（Ho et al.，2007）中，在仿真优化领域受到广泛关注。序优化方法自提出至今，已经在电力系统、通信网络、制造系统等多个应用领域的复杂工程问题优化上得到成功应用。它所面对的仿真优化问题，还远未得到根本的解决。特别是，序优化针对的是目标函数的序性能，如何充分利用问题的结构信息和目标函数对参数的灵敏度信息，进一步提高优化算法的性能，仍需要深入的研究。

# 第十一章 随机系统控制理论

许多实际中的控制系统受到未知随机干扰的影响，如无线通信中的噪声、股票市场中的波动及医学图像处理中的信道干扰。因此，在实际处理物理、生物、社会、经济及工程系统时均需要考虑不确定性下的控制器设计。随机控制与随机系统理论在数学、工程学、生物学和社会科学的交叉前沿一直扮演着重要的角色，目前已得到广泛应用，尤其近年来在无线通信、金融工程与风险管理、保险和社会网络等领域涌现出了大量新兴应用。我们将简单回顾相关的研究进展和科研成果，并指明该领域面临的挑战和可能的研究方向。SIAM 于 1988 年及 1992 年分别出版了两本专著（Fleming et al.，1988；Friedman et al.，1992），阐述了当时的研究状况并分析了未来研究方向，这些文献对我们了解目前随机系统的研究进展及研究需要仍具有指导意义。

## 第一节 受控马尔可夫模型

马尔可夫模型具有无记忆特性，即未来状态仅依赖于当前的信息，与过去的状态无关，是随机控制理论研究中一个常见的基本模型。

### 1. 马尔可夫决策过程

马尔可夫决策过程主要由一个马尔可夫过程驱动，如状态为有限或可数的马尔可夫链。该类过程的主要特征之一是其生成算子（连续时间情形下）或转移矩阵（离散时间情形下）依赖于控制。马尔可夫决策过程可用来处理许多含不确定性的问题，如存库规划、资源分配、排队系统及机械更新等，近年已经成为一个研究热点。关于连续时间情形下的马尔可夫决策过程理论的发展，可参考 Guo 等（2001）的著作。

2. 受控扩散过程

受控扩散过程是随机系统中的一大类过程，刻画的是如何在受控扩散过程这一动态系统的约束下极小化某一费用函数，其中费用函数的最小值称为值函数。解决该随机控制问题的经典方法之一是动态规划原理。动态规划原理由 Bellman（1957）于 1950 年提出。人们通常首先在形式上推导出值函数满足的动态规划偏微分方程，即 Hamilton-Jacobi-Bellman（HJB）方程，而后提出并验证最优控制存在的充分条件。在经典的推导中，通常假设值函数为充分光滑。然而，人们逐渐意识到值函数在许多情形下并不可导，因此需要引入弱解的概念。随着 20 世纪 80 年代后期处理偏微分方程时引入黏性解的概念，Crandall 等（1992）提出利用黏性解理论来研究 HJB 方程的框架。关于黏性解和随机控制的理论，可参考 Fleming 等（1992）的著作。Pontryagin 极大值原理是解决随机控制问题的另一经典方法。众所周知，现实中一些问题允许系统状态的扩散项含控制，且控制域非凸，如投资策略受限的最优投资组合问题，这导致 Pontryagin 极大值原理的一般形式在很长一段时间里成为随机控制理论界的公开难题。1990 年，Peng（1990）创造性地引入了二阶对偶变量方法，建立了 Pontryagin 极大值原理的一般形式，该方法成功地解决了用经典方法处理扩散项含控制的扩散控制系统遇到的困难，Yong 和 Zhou（1999）有该方法的详细介绍。关于早期随机控制理论的发展，可参考 Fleming 和 Rishel（1975）、Krylov（1980）及相关文献。关于该理论在数理金融中的应用，可参考 Karatzas 和 Shreve（1998）的著作。

当处理的随机控制问题含奇异控制和最优停时时，人们需要利用变分不等式和拟变分不等式。近年来，金融的发展极大地扩展了变分不等式的应用（Bensoussan and Lions，1982），同时也对数学理论进一步的发展提出了要求。

3. 计算挑战

在受控扩散型的随机控制问题中，由于随机系统通常为非线性，所以很难甚至不能够得到问题的解析解，从而需要考虑相应数值解法。尽管受控扩散过程已被广泛研究并取得许多重要成果，但如何给出易行有效的算法仍需要深入研究。现存的方法包括对 HJB 方程的有限差分逼近及蒙特卡洛法等。其中 Kushner 和 Dupuis（2001）给出的马尔可夫链逼近方法是最引人注意的方法之一。该方法设计了一个受控马尔可夫链（或离散时间的马尔可夫决策过程）并通过选取合适的插值证明了收敛性。实际执行该算法时利用了策略迭代（policy iterations）或值函数迭代（value iteration）技巧。该数值算法的收敛性最近得到了很好的研究。特别是马尔可夫链逼近方法收敛速度的研究已成为近年来研究热点之一（Krylov，2000）。

尽管计算能力在过去的数年内持续增长，但著名的维数诅咒问题（the notorious curse of dimensional problem）仍然没有得到解决，从而限制了人们处理大中型问题的能力。McEneaney（2006）提出的 Max-plus 方法是解决该问题的方法之一，该方法在处理确定性非线性问题表现出良好的特性。对于随机控制中的问题，由于期望算子的应用增加了分析的难度，目前仍有大量工作需要完成。

对于受控系统，观测与调控之间的时间差或控制效果的滞后性等因素都会导致系统出现延迟。在实际中，对信号传输系统、排队网络、运输系统及金融市场的研究都遇到许多延迟问题。因此，如何通过随机微分延迟方程或随机泛函微分方程研究有延迟的随机控制系统是一个研究热点，目前关于延迟控制系统已有大量研究文献（Chang，2008；Mohammed，1984）。由于很多延迟系统为无穷维的，所以如何降低由延迟导致的记忆复杂性是处理该系统的一个重要问题。

## 第二节　随机微分博弈

20 世纪 50 年代初，Shapley（1953）初次提出随机博弈的概念，该问题为由一个或多个参与者进行的具有状态概率转移的动态博弈过程。目前的随机微分博弈模型起源于 Elliott 和 Kalton（1972），该领域的研究已取得实质性的进展。通常情况下，与随机微分博弈相关的问题更难处理。其中对策值即鞍点的存在性是一个重要问题，也是技术问题（Fleming and Souganidis，1989）。20 世纪 90 年代，风险敏感控制和博弈问题成为一个研究热点（Fleming and McEneaney，1995），从大偏差理论的角度来看，风险敏感控制和博弈问题与鲁棒控制问题存在实质的联系。近年来，含扩散项及带跳跃的系统的控制问题也受到很大关注（Tang and Li，1994）。最近，平均场博弈成为研究热点之一，平均场博弈问题实质上也为控制问题（Bensoussan et al.，2012）。

## 第三节 随机混合动力系统

随机混合动力系统有着广泛的应用，近年来已成为控制及优化领域的一个研究热点。该类系统的主要特性之一是同时存在连续动态系统和离散事件，能够描述许多复杂系统和现实环境内在的不确定性及随机性，但相应系统性质的分析难度大。其中随机切换常微分方程和随机切换扩散过程是两类有代表性并已被广泛使用的模型。

随机切换扩散过程用途广泛，可用于描述生产规划中的需求率或生产速度，也可刻画网络控制系统的拓扑结构发生的变化、描绘通信格局的变化及网络物理系统的环境状况发生的变化，描述金融和保险中市场趋势、利率等随时间的离散波动性及刻画时变参数等。

连续动态性和离散事件的共存及它们的交互作用反映了随机混合动力系统的基本特性。该类系统在众多应用模型建立、分析及优化中越来越普及。一个主要原因是仅采用由微分方程刻画的经典连续动态系统不能满足新时代中应用的需要，许多现实应用需要引入较复杂的模型来描述。另一主要原因是对大型复杂系统的模型建立、最优控制设计及最优任务执行的需求日益增长。经典模型中反馈控制器的设计基于固定参数的模型，由于实际系统和我们建立的模型并不完全一致，所以使用设计的控制器并不能按照我们预定的目标工作，也不能使干扰得到衰减。近年来，鲁棒控制器设计是一个研究热点，研究马尔可夫机制转换混合动力系统在解决该问题时发挥了重要作用，其中大量的机制转换模型被提出并已经得到验证。

切换扩散过程同时具有扩散特性和切换特性，属于随机混合动力系统。Mao 与 Yuan（2006）利用连续时间的马尔可夫链为切换过程建立模型，得到一系列重要结果。伴随着近来随机混合动力系统广泛的应用，研究依赖于连续状态的切换过程的情形成为必然趋势。因此 Yin 与 Zhu（2010）考虑了一类更一般和相对复杂的模型。这时切换过程本身不再具有马尔可夫性质，但是双组分过程（two-component process）为马尔可夫过程。此时，很自然要考虑其连续性、费勒性质、常返性、正常返及零常返性质、遍历性、稳定性等。值得一提的是，在加入切换过程之后，很多直观的想法不一定正确。例如，考虑切换过程有两个状态的随机切换微分方程，微分方程在每一个离散状态是稳定的，但是切换系统并不稳定。随机微分方程稳定性的近期结果可参考 Khasminksii（2012）及其参考文献。依赖于连续状态的切换扩散过程，由于离散部分和连续部分高度交织在一起，一些基本的性质，如关于初值的连续依赖性和光滑性都比相应的扩散过程要难以证明。但是无论如何，人们已经意识到切换模型在很多领域都有着广泛应用。为进一步推广该模型，可考虑在目前模型基础上加入一类泊松跳过程的切换跳扩散过程。

## 第四节　无穷区间的费用准则

考虑无穷区间上的问题，经典的费用准则是采用单位时间贴现或平均收益。贴现准则的费用权重随着时间的增加而减小，因此更侧重关注早期的表现。长期平均收益着重考虑渐近行为，忽略了有限时间区间上的表现。尽管这两种准则已被广泛使用，人们已经意识到其不良性质及应用局限性。例如 Kawaguchi 和 Morimoto（2007）考虑在消耗某特定商品或产品时，污染会作为消耗的副产品产生，在寻找消费策略以期最大限度地减少预计污染积累的成本时，采用上述两种费用准则均会忽略某些团体，在道德和经济上产生不良影响。采用贴现则为完全不考虑后代的发展，采用平均收益只侧重对后代的影响，不考虑目前的情况，因此这两种准则均不能产生满意的效果。

为克服上述局限性，人们提出一类新的最优准则：先进或选择准则（advanced or selective criteria）。该准则的主要思想是在细化平均准则的同时为特定的有限时间区域提供所需信息。目前有偏差（bias）最优、overtaking 最优、敏感贴现（sensitive discount）最优及 Blackwell 最优等，相关进展的综述见 Jasso-Fuentes 和 Yin（2013）的著作及其参考文献。这些无穷区间的准则可应用于受控马尔可夫模型、随机切换系统及非马尔可夫系统等各种模型之中。此外，对相关的控制对策问题的进一步研究将对其在现实世界应用有重大影响。关于随机最优问题的其他最新应用，可参考 Liu 和 Krstic（2009）的著作。

## 第五节　估计、滤波与控制

### 一、估计和随机逼近

参数估计与随机逼近的发展与随机控制及系统理论的进展密切相关。随机逼近最初的目标是利用受噪声干扰的观测值或量测值来寻找某函数的零点或最小化某函数，其中函数形式并不完全已知。关于随机逼近理论可参考Chen等的著作（Chen，2002；Chen and Zhu，1986；Kushner and Yin，2003）。在随机逼近方法的第一个应用中，参数是某药物的剂量，而函数是在期望剂量下的成功概率。人们在生产系统的最优控制中试图最小化使用阈值控制策略的预期成本时，也使用到随机逼近理论。此外，在无线通信及股票市场的清算决定中也涌现出新的应用。

在可以使用随机逼近方法的情形下，该方法已被验证相当有效并且易于实施。学习和估计（learning and estimation）问题主要应用于网络和系统，是最近的研究热点之一，该问题的核心通常是随机逼近理论。近来考虑的相关问题有抱憾学习（regret-based learning）、关联平衡（correlated equilibria）、合作及不合作博弈、重复博弈、传感网络等。

在经典的方法中，通过选取恰当的插值，在适当的函数空间中我们可以得到一列插值的迭代的极限，该极限为一常微分方程的解。研究收敛速率，我们可以得到相应的随机微分方程。在通信和金融工程新遇到的相关问题中，由于参数是随机波动的，相应的极限值通常是随机切换的常微分方程的解，而不再是某一常微分方程的解，同时标量误差收敛至切换随机微分方程。在网络控制系统、多自主体系统、趋同（consensus）问题（Li and Zhang，2009；2010）及社交网络中的随机图领域中的应用出现了新的挑战。处理该类问题的难点通常是处理随机拓扑和配置改变（configuration changes），这种现象可通过采用马尔可夫链刻画（Yin et al.，2004）。此时切换的存在增加了处理该类问题的难度。

## 二、滤波

当不再考虑动态系统的参数估计而关心其状态估计问题时，这就是滤波问题。众所周知，Kalman滤波是从受噪声干扰的量测中估计线性动态系统状态的有效递归方法。它不仅在雷达、计算机视觉及宏观经济模型构造的估计中有着广泛的应用，而且在制导和导航系统中发挥着重要作用。如今Kalman滤波已成为初等控制工程课程的基本主题之一。当考虑非线性动态系统时，相应的状态估计问题为非线性滤波。在连续时间情形下，其经典构造是假设状态方程为一扩散过程，观测过程为由另一布朗运动驱动的扩散过程。20世纪60年代出现许多重要的结果，如Stratonovich最优滤波、Kushner方程、Duncan-Mortensen-Zakai 方程等。非线性滤波的主要困难之一是滤波通常为无穷维。在寻找有限维滤波方面已有许多研究成果（Yau，1994 及其参考文献），同时也有许多数值逼近方面的工作。尽管人们在寻找其有限维逼近及研究可行的数值方法上做了许多努力并取得一定进展，但问题仍没有得到根本性解决。一般情形下的非线性滤波问题为无穷维。Wonham 滤波器考虑连续时间情形下从白噪声中观测有限状态的马尔可夫链，是目前存在的少量有限维滤波器之一。Wonham 验证了其后验概率向量为一随机微分方程的解。该滤波器（Wonham，1965）是处理近年来在现实中应用广泛的隐马尔可夫模型问题的一个有用工具。若模型建立时需要考虑很多因素，马尔可夫链的状态空间可能会很大，此时需要考虑降低复杂性问题，双时间尺度方法是降低复杂度的可行方法之一。在受控切换扩散过程的众多应用中，有时切换过程并不能够得到。例如，当切换过程为马尔可夫链时，就需要考虑含隐马尔可夫链系统的部分能观测问题。我们知道，只有当滤波方程中的扩散过程与马尔可夫链独立时，Wonham 滤波才为有限维。若独立条件不成立，则得不到有限维滤波器，此时仍需要重新寻找有效的解决方法和数值算法。

## 三、控制

在系统状态未知的前提下，基于受噪声干扰的观测寻找最优控制的问题称为受控随机系统的部分能观测问题。该问题密切相关于滤波和控制两部分，其中观测与控制相互依赖、相互影响，这大抵是不争的事实，然而，一些文献却往往忽略这点。目前，处理该问题的经典方法是借助（状态）滤波将该问题转化为由 Duncan-Mortensen-Zakai 方程（一类随机积分偏微分方程）驱动的完全能观测最优控制问题求解，这通常会导致无穷维空间中的大量烦琐随机计算，欲求得解析解往往很难。最近，受 Bensoussan（1992）和 Tang（1998）启发，Wang 和 Wu（2008）提出先形式确定最优控制后计算状态及其对偶变量滤波的倒向分离思想，其在一定程度上降低了随机计算的复杂度，并为研究倒向随机微分方程的滤波理论提供了直接动机。关于倒向分离思想的进一步发展，可参见 Wu（2010）、Wang 和 Wu（2009）的著作。尽管目前已存在不少研究结果，但一般情形下的该问题仍需要继续研究。

## 第六节 基于倒向随机微分方程的随机系统

倒向方程存在若干不同的概念，这里主要介绍基于一类倒向随机微分方程且存在适应解的随机系统。倒向随机微分方程的线性形式起源于随机最优控制问题中系统状态的对偶方程，而其一般非线性形式的基本框架由 Pardoux 和 Peng（1990）奠定。在此基础上，倒向随机微分方程相关理论及在随机控制、随机微分对策、随机偏微分方程中的应用，特别是在金融工程、保险精算中的应用，已成为一个研究热点。使用倒向随机微分方程理论可以处理许多过去难以解决的问题。例如，在经典线性二次高斯控制问题中常要求控制权重矩阵为正定的，Chen 等（1998）证明了通过利用倒向随机微分方程理论，可以处理在确定性系统下不能处理的控制权重矩阵为不定甚至负定的情况。此外，系统扩散项含控制过程时的问题比较难处理，通过使用倒向随机微分方程理论降低了难度。关于金融工程领域中倒向随机微分方程的应用进展，可参考 El Karoui 等（1997）、Ma 和 Young（1999）及 Zhou 等（2000）的著作。倒向随机微分方程的理论研究不断取得进展（Peng，2004；Ma 和 Young，1999；Peng and Wu，1999），但同时也涌现出大量新问题。例如：①正倒向随机微分方程解的存在唯一性、比较定理等；②正倒向随机微分方程驱动的滤波控制问题；③时间不一致的随机最优控制问题（Björk and Murgoci，2010），其中包括行为金融学中的双曲线折现（Hyperbolic discount）、均值-方差投资策略选择（mean-variance portfolio selections）及概率失真（probability distortion）等。这些问题对控制与系统理论提出了新的挑战。

对于基于倒向随机微分方程的随机系统，Jr Douglas 等（1996）已提出若干种数值计算方法，新的易行有效的数值算法仍然很受欢迎。算法收敛性研究也是个重要的问题。由于与之相关的随机控制问题解的解析形式不易得到，研究有效的数值算法有着重要的意义。除上述提到的问题之外，系统的基本性质，如常返性、遍历性和稳定性包括倒向随机控制系统的能控、能观性（Peng，1994）等也是值得研究的课题。通过研究这些问题，可使人们深入对此随机系统的了解。

## 第七节　网络环境下的随机控制理论

网络控制系统（NCSs）是一个空间分布式系统，传感器、控制器、执行器共享一个频带有限的数字通信网络。网络控制在许多领域，如移动传感器网络、远程手术、自动交通系统等具有广泛的应用，因此被认为是将来控制的关键方向之一。不同于传统的控制理论，网络控制要充分考虑由信道受限导致的随机丢包与随机时间延迟等问题。由此，随机丢包系统/随机延迟系统的控制与估计成为近十年来人们广泛关注课题（Hespanha et al.，2007；Sinopoli et al.，2004）。但从本质上来讲，这些研究的关键之一是随机系统的控制问题。数据丢包系统 Kalman 滤波问题可以描述为当量测因通信频道有限而发生冲突导致无法接受情形下的信号最优估计，包括如何设计滤波器及滤波器的稳定性分析等。同时，多传感器系统的估计问题、减少计算的估计问题（Reduced-computation estimation）、局部计算的估计问题（Estimation with local computation）、被控通信的估计问题（Estimation with controlled communication）等也得到广泛的关注（Smith and Seiler，2003；Xu and Hespanda，2005）。这些研究可归结为基于随机观测系统的最优估计（即状态依赖于 Bernoulli 噪声的随机观测系统的最优估计）（Sinopoli et al.，2004）。另一方面，当控制信号通过网络传输到执行器过程中出现丢包现象的控制问题，包括优化控制及反馈控制，同样得到人们的极大兴趣。这些问题可以归结为控制输入依赖于 Bernoulli 噪声随机系统最优控制和反馈镇定性问题（Hespanha et al.，2007）。以网络控制为背景的随机时滞系统控制与估计也与随机系统控制具有密切和自然的联系，在一些情况下其问题也可以描述为随机系统控制和估计问题（Nilsson et al.，1998；Zhang et al.，2011）。

## 第八节　随机自适应控制

随机自适应控制考虑系统含未知参数的问题，人们通常在估计参数之后构造满足特定费用标准的控制。自适应控制可分为贝叶斯与非贝叶斯自适应控制两类。Kumar（1985）给出了该理论在 20 世纪 80 年代之前的发展。许多研究工作是通过使用参数化的输入-输出自回归滑动平均模型来获得相容

(consistent)参数估计并应用于系统中以便控制设计。其中代表文献之一为Goodwin等(1981)的著作。此后，该结果被不断扩展，代表文献有Guo和Chen(1991)。Guo和Chen(1991)综合考虑辨识与随机控制的联合问题，得到自校正调节器和基于ELS自适应跟踪系统设计的完善结果。目前，随机自适应控制已成为一个成熟并得到深入研究的题目。然而，可以想象，学习、自适应信号处理、无线通信在很大程度上依赖于随机自适应控制理论。新兴的应用也指明由偏微分方程刻画的系统及无穷维系统的自适应控制方向。

## 第九节　对未来的几点展望

作为本章的结束，我们提出一些对随机系统未来发展的展望：

在控制系统理论的历史发展中，研究确定性系统和随机系统的科学家有着明确的分界线。如今该界限不再那么分明，即便是主要研究确定性系统的研究者，在求解时也越来越多地使用概率描述和技巧，如鲁棒控制通过中心极限定理与风险敏感随机控制密切相关。此外，人们在建立模型方面也越来越多地使用概率知识。

一些新模型的引入，如Kolokoltsov(2010)采用的非线性马尔可夫过程，可能会进一步促进随机控制和随机系统理论的研究和发展。大型复杂问题在生产规划和生产系统中有众多应用(Sethi and Zhang，1994；Sethi et al.,2005)，在新时代的研究中不可避免地要处理这类问题。利用多时间尺度模型是可行途径之一，相关内容可参考Khasminskii和Yin(2005)、Kushner(1984)、Yin和Zhang(1998)的研究。此外，也可以考虑利用白噪声模型和宽带噪声模型。

马尔可夫链蒙特卡洛方法是研究热点之一，该方法与随机控制问题的联系也是很有意义的研究方向。

上文中我们主要讨论了控制问题。事实上，相关的博弈问题也取得很好的进展。近年来，平均场(mean-field)博弈、主从博弈是研究热点之一，重复博弈和在博弈中学习(using learning in games)广泛应用于多自主体系统，也是研究热点之一。我们期待该领域有更快的进展和更广泛的应用。随机控制理论除应用于上述领域外，也广泛地应用于保险、再保险及风险管理领域，可参考Asmussen和Taksar(1997)、Bellalah和Wu(2009)、Hojgaard和Taksar(1998)及Huang等(2010)的著作，在这些领域中应用的研究受到越来越多的关注。

数理金融中近年来涌现的新的思想和主题，如无差别定价（indifference pricing）、非线性定价（nonlinear pricing）、实物期权（real options）、信用风险（credit risk）、效用最优化（utility optimization）、委托-代理（principal-agent）和行为金融学（behavior finance）等，要求随机控制理论有进一步的发展，如值函数的连续性等基本概念。可以想象，在通信网络、生物系统与网络物理系统等领域也会涌现类似的要求和挑战。时滞系统随机最优控制（具有时间延迟的随机系统最优控制）是一个值得关注的基础理论问题（Chen and Wu，2010）。过去几十年，时滞系统确定最优控制（即具有时间延迟的确定系统最优控制）研究取得了实质性的进展（Tadmor and Mirkin，2005a；2005b；Tang，1998；Tang and Li，1994；Wang and Wu，2008；Wang and Wu，2009；Wonham，1965；Wu，2010；Xu and Hespanha，2005；Yong and Zhou，1999；Zhang et al.，2006；Zhang and Xie，2007），然而随机系统相关问题面临挑战，尤其是如何得到充要条件解析解等，目前很难看到完善的研究结果。时滞系统确定最优控制可以基于传统控制理论和方法解决，但是时滞系统随机最优控制问题很难直接采用传统方法予以解决。其根本问题在于前者基于不同时刻的状态反馈控制是等价的，而后者则不然。时滞系统最优控制与网络控制的一些基本问题关系密切，如当数据丢包和时滞共存情形下的控制问题等，这一问题的解决对网络控制研究将有一定的推动作用。正倒向随机微分方程理论的发展推动了随机时滞系统控制问题的研究。Peng 和 Yang（2009）中提出一类新型的超前倒向随机微分方程，利用这类方程与一类随机微分延迟方程的对偶，Chen 和 Wu（2010）给出了一类随机时滞控制系统的最大值原理，并由此衍生出一类新型的正倒向随机微分方程，正向为随机微分延迟方程，倒向为超前随机微分方程，参见 Chen 和 Wu（2011）的著作，其相关的偏微分方程系统研究则可推动随机延迟系统动态规划原理及 HJB 方程理论的发展。正倒向随机微分方程相关理论的不断完善，会给时滞系统随机控制问题的研究提供新的思路与方法。

# 第十二章 鲁棒控制：回顾与展望

反馈控制的根本目标就是要保证控制系统某些特性对外部扰动和系统不确定性的鲁棒性。因此可以说鲁棒控制是反馈控制的核心。从这个意义上说，鲁棒控制和反馈控制是同时代的产物。但是鲁棒控制发展的真正黄金时代是从20世纪80年代开始的。在经历了20世纪60年代和20世纪70年代，以状态空间描述为核心，以LQR、LQG、最小值原理、动态规划、Kalman滤波等重要成果为标志的所谓现代控制理论的发展，人们意识到现代控制理论在处理系统模型（参数或动态）不确定性和在古典控制中由频率响应描述的系统特性时是很困难的，甚至有可能会被误导（Doyle，1978）。因此除Kalman滤波外，大部分现代控制理论方法并没有得到广泛的应用。在现有的控制系统设计方法中，模型是关键。但是，通过物理原理及系统辨识等方法获得的数学模型并不能将实际系统的动态特性完整地表现出来，而只能表示系统的局部特性。另外，由于实际系统基本上都是无限维时变非线性的，对它们进行的有限维时不变线性近似仅在特征点周围成立。当工作范围扩大，或者特征点发生变化时，无限维时变非线性的影响就会表露出来。因此，如果在控制系统设计时不考虑模型与实际系统之间的差异，就不可能设计出最合适的控制系统。鲁棒控制理论的使命就是开拓一种针对含不确定性的系统的有效控制设计方法。由于不可能准确地建立实际系统模型，所以不能用单一的模型来表示实际系统。在这种情况下，我们可以先选取一个供设计使用的标称模型，然后对实际系统和此模型的差异，亦即不确定性的范围进行估算。这样，我们就可以建立起一个包含实际系统模型的集合。因此，如果在设计控制器时，能保证整个系统模型集合的稳定性和控制性能，那么实际系统的稳定性和控制性能也能得到保障。这就是鲁棒控制的基本思想。鲁棒控制的核心，即$H_\infty$控制，是由Zames于1981年提出的（Zames，1981）。1984年，在美国明尼苏达州霍尼韦尔（Honeywell）召开的多变量控制讨论会是 $H_\infty$ 控制发展的一个重要里程碑（Doyle，1984）。1989 年，DGKF（Doyle et al.，1989）文章的发表标志着 $H_\infty$ 控制的一个高峰。过去 30 年中，鲁棒控制理论得到了空前的发展，提出了一系列控制系统的鲁棒分析和设计方法，并在实际系统中得到了应用。下面就控制系统的鲁棒分析和设计的几个主要方面做一个简单的概述。

## 第一节　$H_\infty$ 范　数

许多控制问题都可以转化为要找到一个合适的控制器，使得系统中不希望的响应在某种意义下越小越好。例如，我们希望系统对干扰的响应越小越好。又例如，我们希望系统的期望响应对系统中参数不确定性灵敏度越小越好。很显然，对一个给定的控制问题，有很多种定义所谓的"小"的方式。在过去几十年的控制实践中，人们认识到由 $H_\infty$ 范数定义的大小测度有着广泛的实际应用和明显的物理意义。

为了方便，我们定义 $RH_\infty$ 为正则实有理稳定传递函数矩阵集。那么一个传递函数矩阵 $G(s) \in RH_\infty$ 的 $H_\infty$ 范数则定义为

$$\| G(s) \|_\infty = \sup_{\omega \in R} \bar{\sigma}(G(j\omega))$$

式中，$\bar{\sigma}(\cdot)$ 表示矩阵的最大奇异值。

当 $G(s)$ 是个标量传递函数时，$G$ 的 $H_\infty$ 范数就是系统在所有可能频率正弦激励下的稳态响应放大倍数。例如，当系统 $G(s)$ 的输入是 $u(t) = U\sin(\omega_o t + \phi)$ 时，它的稳态响应则为 $y(t) = U|G(j\omega_o)|\sin(\omega_o t + \phi + \angle G(j\omega_o))$ 。因此其最大可能的放大倍数就是 $\sup_{\omega_o \in R}|G(j\omega_o)|$，也就是 $G$ 的 $H_\infty$ 范数。

## 第二节　不确定系统描述

尽管控制对象的不确定性（图 12-1）表现形式千差万别，但一般地都可以表示为下列线性分式变换形式：

$$z = F_u(M(s), \Delta)w$$

$$F_u(M(s), \Delta) = M_{22}(s) + M_{21}(s)\Delta(I - M_{11}(s)\Delta)^{-1}M_{12}(s)$$

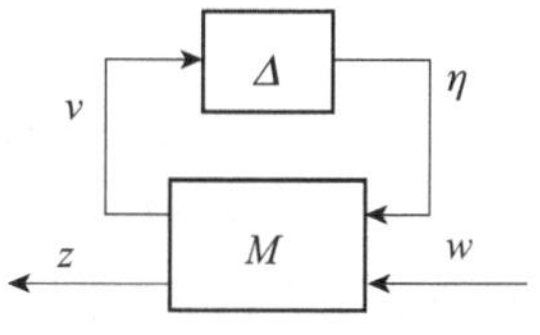


图 12-1　不确定系统的一般形式

式中，$M(s)$ 是一个 $(p_1+p_2)\times(q_1+q_2)$ 描述控制对象不确定性关系的传递函数，$\Delta$ 是描述模型不确定性集合。特别地，由 $\Delta=0$ 可导出 $z=M_{22}(s)w$，故称 $M_{22}(s)$ 为控制对象的标称模型。不失一般性，我们假设不确定性 $\Delta\in\boldsymbol{\Delta}$ 满足 $\|\Delta\|_\infty\leqslant 1$。当 $M_{11}(s)=0$ 时，这种不确定性描述包含了常见的加性和乘性不确定性为其中的特例。当不确定性 $\Delta$ 的结构无其他限制时，这种不确定性描述就称为非结构不确定性。反之则称为结构不确定性。

## 第三节　鲁棒稳定性

假设 $M(s)$ 是一个稳定的传递函数矩阵。如果对所有满足 $\|\Delta\|_\infty\leqslant 1$ 的 $\Delta\in\boldsymbol{\Delta}$，闭环系统都稳定，则称系统鲁棒稳定。很显然此系统是鲁棒稳定的，当且仅当对所有满足 $\|\Delta\|_\infty\leqslant 1$ 的 $\Delta\in\boldsymbol{\Delta}$，$(I-M_{11}(s)\Delta)^{-1}$ 都稳定。如果用 $p(s)$ 来表示 $\det(I-M_{11}(s)\Delta)$ 的分子多项式（即特征多项式），则此系统是鲁棒稳定的，当且仅当对所有满足 $\|\Delta\|_\infty\leqslant 1$ 的 $\Delta\in\boldsymbol{\Delta}$，多项式 $p(s)$ 都稳定。如果 $\Delta$ 是个不确定常数矩阵，比如 $\Delta=[q_{ij}]$ 或 $\Delta=\mathrm{diag}\{q_1,q_2,q_3\}$，则一般 $p(s)$ 是个与 $M_{11}(s)$ 同阶的多项式。当 $\Delta$ 允许是任意阶稳定传递函数时（即动态不确定性），$p(s)$ 的阶数也会随 $\Delta$ 而改变。因此，一般来说，判定一个系统的鲁棒稳定性是很复杂、很困难的。

首先我们考虑 $\Delta$ 是个不确定常数矩阵，也就是说系统只有参数不确定性，而没有动态不确定性。它的特征多项式可以写成下列形式

$$p(s,q)=a_0(q)s^n+a_1(q)s^{n-1}+\cdots+a_{n-1}(q)s+a_n(q),\ q\in Q\subset R^m$$

式中，$a_i(q)$ 是参数向量 $q$ 的函数，而 $q$ 的取值范围是集合 $Q$。当 $q$ 是一维参数时，这样的特征多项式的稳定性可以用劳斯稳定性判据或根轨迹方法来决定。而当 $q$ 是多维参数时，判定稳定性变得十分困难。但有几类问题有漂亮的解决方法。

### 1. 哈里托诺夫定理

考虑一多项式的集合：

$$P=\{p(s)=a_0s^n+a_1s^{n-1}+\cdots+a_{n-1}s+a_n:\ a_i\in[\underline{a}_i,\bar{a}_i]\}$$

因其系数属于这些区间，通常称为区间多项式。我们的问题是确定 $P$ 中所有的元是否均稳定。哈里托诺夫定理说明 $P$ 中所有多项式稳定当且仅当以下四个多项式稳定：

$$p_1(s) = \underline{a}_0 s^n + \underline{a}_1 s^{n-1} + \overline{a}_2 s^{n-2} + \overline{a}_3 s^{n-3} + \underline{a}_4 s^{n-4} + \cdots$$
$$p_2(s) = \underline{a}_0 s^n + \overline{a}_1 s^{n-1} + \overline{a}_2 s^{n-2} + \underline{a}_3 s^{n-3} + \underline{a}_4 s^{n-4} + \cdots$$
$$p_3(s) = \overline{a}_0 s^n + \underline{a}_1 s^{n-1} + \underline{a}_2 s^{n-2} + \overline{a}_3 s^{n-3} + \overline{a}_4 s^{n-4} + \cdots$$
$$p_4(s) = \overline{a}_0 s^n + \overline{a}_1 s^{n-1} + \underline{a}_2 s^{n-2} + \underline{a}_3 s^{n-3} + \overline{a}_4 s^{n-4} + \cdots$$

这四个特殊多项式的系数按从两个上界（或下界）顺序切换到两个下界（或上界）的规律变化（Kharitonov，1978）。

2. 棱边定理

当 $a_i(q)$ 是 $q$ 的仿射函数时，设 $q^j \in Q \subset R^m, j=1,\cdots,2^m$ 为当 $q$ 的每个分量分别取上界或下界时所得到的多面体的“顶点”。相应的特征多项式为 $p(s,q^j), j=1,\cdots,2^m$，则特征多项式 $p(s,q)$ 对所有的 $q \in Q \subset R^m$ 都是稳定的，当且仅当下列棱边多项式 $\lambda p(s,q^i)+(1-\lambda)p(s,q^j), \forall i,j$ 对 $\lambda \in [0,1]$ 都稳定（Bartlett et al.，1988）。

3. 非结构实稳定半径

当不确定性 $\Delta$ 为非结构实矩阵时，即 $\boldsymbol{\Delta} = R^{q_1 \times p_1}$，则对所有满足 $\bar{\sigma}(\Delta) \leqslant 1$ 的 $\Delta \in \boldsymbol{\Delta}$，闭环系统是稳定的当且仅当

$$\sup_{\omega} \inf_{r \in [0,1]} \sigma_2 \left( \begin{bmatrix} ReM_{11}(j\omega) & -r\mathrm{Im}M_{11}(j\omega) \\ \dfrac{1}{r}\mathrm{Im}M_{11}(j\omega) & ReM_{11}(j\omega) \end{bmatrix} \right) < 1$$

式中，$\sigma_2$ 表示第二大奇异值（Qiu et al.，1995）。

尽管哈里托诺夫定理和棱边定理等在理论上非常漂亮，但由于它们所描述的不确定性有很强的限制，在控制系统的分析和设计中应用很有限。如何将实稳定半径定理应用于控制系统设计也是一个尚未解决的问题。

下面我们考虑系统的不确定性可能包括动态的情形。

4. 小增益定理

如果对所有满足 $\|\boldsymbol{\Delta}\|_\infty \leqslant 1$ 的非结构 $\boldsymbol{\Delta} \in \Delta = \{q_1 \times p_1$ 稳定的传递函数$\}$，系统是稳定的，当且仅当 $\|M_{11}(s)\|_\infty < 1$（此定理对 $\boldsymbol{\Delta} = C^{q_1 \times p_1}$ 亦成立）（Zhou et al.，1996）。

5. 二次稳定定理

假设 $M(s)$ 是一个 $(p_1+p_2)\times(q_1+q_2)$ 稳定的传递函数矩阵，它的一个

状态空间实现为 $\dot{x} = Ax + B_1\eta + B_2w$, $v = C_1x + D_{11}\eta + D_{12}w$, $z = C_2x + D_{21}\eta + D_{22}w$ 并且 $A$ 稳定。则这个不确定系统称为是二次稳定的，当且仅当存在一个 $P = P' > 0$ 使得对所有 $x \neq 0$，$V(x) = x'Px$ 满足 $\dot{V}(x) = 2x'P\dot{x} < 0$ 。

当不确定性 $\Delta$ 为非结构实矩阵时，即 $\boldsymbol{\Delta} = \{\Delta$: 任意 $q_1 \times p_1$ 实矩阵$\}$，系统对所有 $\Delta \in \boldsymbol{\Delta}$ 且 $\|\Delta\|_\infty \leqslant 1$ 是二次稳定的，当且仅当 $\|M_{11}(s)\|_\infty < 1$ (Popov，1960；Khargonekar et al.，1990)。

如果在上面的结果中把 $\boldsymbol{\Delta}$ 变成“任意的 $q_1 \times p_1$ 时变实函数矩阵”或“任意的 $q_1 \times p_1$ 复数矩阵”或“任意的 $q_1 \times p_1$ 稳定的时变（或时不变）动态系统”，此结论依然成立。由定理可见二次稳定在非结构不确定性的情况下与小增益定理等价。

6. 结构稳定性判据

当系统的不确定性包含实参数和动态不确定性时，因为动态不确定性在每个频率的响应是个复数，所以系统的不确定性可以一般地表示为下列形式：

$$\boldsymbol{\Delta} = \{\mathrm{diag}[\phi_1 I_{n_1}, \phi_2 I_{n_2}, \cdots, \phi_{r_1} I_{n_{r_1}}, \delta_1 I_{k_1}, \delta_2 I_{k_2}, \cdots, \delta_{c_1} I_{k_{c1}}, \Delta_1, \Delta_2, \cdots, \Delta_F]:$$
$$\phi_i \in R, \delta_j \in C, \Delta_l \in C^{m_l \times m_l}\}$$

式中，$\phi_i$ 是实数；$\delta_j$ 是复数；$\Delta_l$ 是复数矩阵。

假设 $N$ 是一个适当维数的复矩阵。定义

$$\mu_{\boldsymbol{\Delta}}(N) = \{\min\{\bar{\sigma}(\Delta): \boldsymbol{\Delta} \in \Delta, \det(I-N\Delta) = 0\}\}^{-1}$$

7. 小 $\mu$ 定理

对所有满足 $\Delta(j\omega) \in \boldsymbol{\Delta}$，$\|\Delta\|_\infty \leqslant 1$ 的范数有界结构不确定性 $\Delta$，系统是稳定的，当且仅当 $\sup_{\omega \in R} \mu_\Delta(M_{11}(j\omega)) < 1$ (Doyle，1982)。

一般情况下，$\mu$ 并不容易计算。通常可用它的上下界来保证。为了计算它的上下界，定义三个矩阵集

$$\Phi = \{\Delta \in \boldsymbol{\Delta}: \phi_i \in [-1, 1], |\delta_j| = 1, \Delta_l^* \Delta_l = I_{m_l}\}$$

$$\Gamma = \left\{\begin{array}{l}\mathrm{diag}[\tilde{D}_1, \cdots, \tilde{D}_{r_1}, D_1, \cdots, D_{c_1}, d_1 I_{m_1}, \cdots, d_{F-1} I_{m_{F-1}}, I_{m_F}]: \\ \tilde{D}_i \in C^{n_i x n_i}, \tilde{D}_i = \tilde{D}_i^* > 0, D_j \in C^{k_j x k_j}, D_j = D_j^* > 0, d_l \in R, d_l > 0\end{array}\right\}$$

$$\Omega = \{\mathrm{diag}[G_1, \cdots, G_{r_1}, 0, \cdots, 0]: G_i = G_i^* \in C^{n_i x n_i}\}$$

我们有

$$\max_{Q \in \Phi} \rho_R(QN) = \mu_\Delta(N) \leqslant \inf_{D \in \Gamma, G \in \Omega} \min\{\beta: N^* DN + j(GN - N^* G) - \beta^2 D \leqslant 0\}$$
$$\leqslant \inf_{D \in \Gamma} \bar{\sigma}(DND^{-1})$$

如果 $N$ 是一个传递函数矩阵，则有

$$\sup_{\omega\in R}\mu_{\Delta}(N(j\omega)) \leqslant \inf_{D(s),D^{-1}(s)\in H_{\infty},D(j\omega)\in\Gamma} \| D(s)N(s)D^{-1}(s) \|_{\infty}$$

8. 积分二次约束（IQC）定理

另外一种具有普遍性的不确定性描述是所谓的积分二次约束（IQC）（Megretski and Rantzer，1997）。设不确定性 $\Delta$ 的输入为 $v$，输出为 $\eta$。如果 $v,\eta$ 满足下列积分不等式

$$\int_{-\infty}^{\infty}\begin{bmatrix}\eta(j\omega)\\ v(j\omega)\end{bmatrix}^{*}\Pi(j\omega)\begin{bmatrix}\eta(j\omega)\\ v(j\omega)\end{bmatrix}d\omega \geqslant 0$$

式中，$\Pi(j\omega)=\Pi^{*}(j\omega)$，则称此为由矩阵 $\Pi$ 所规定的 IQC 条件。比如说，$\eta=\Delta v$ 并且 $\|\Delta\|_{\infty}\leqslant 1$，则 $\|\eta\|_{2}\leqslant\|v\|_{2}$ 就可以写成

$$\int_{-\infty}^{\infty}\begin{bmatrix}\eta(j\omega)\\ v(j\omega)\end{bmatrix}^{*}\Pi\begin{bmatrix}\eta(j\omega)\\ v(j\omega)\end{bmatrix}d\omega \geqslant 0,\ \Pi=\begin{bmatrix}-I & 0\\ 0 & I\end{bmatrix}$$

如果对于任意的 $\tau\in[0,1]$，$\tau\Delta$ 满足关于 $\Pi$ 的 IQC 条件，$(I-\tau M_{11}(s)\Delta)$ 有因果性的逆函数，并且存在满足以下不等式的 $\varepsilon>0$

$$\begin{bmatrix}M_{11}(j\omega)\\ I\end{bmatrix}^{*}\Pi(j\omega)\begin{bmatrix}M_{11}(j\omega)\\ I\end{bmatrix}\leqslant -\varepsilon I,\ \forall\omega$$

则由（$M_{11}(s)$，$\Delta$）组成的闭环系统稳定。

9. $\nu$-间隙稳定裕度定理

系统不确定性的另外一种（可能很有发展前景的）描述是由所谓的系统之间的 $\nu$-间隙测度来描述的（Vinnicombe，1993）。粗略地来说（在系统满足某些较弱的条件下），两个系统 $P_1(s)$ 和 $P_2(s)$ 之间的 $\nu$-间隙测度可由下列公式来计算：

$$\delta_{\nu}(P_1,P_2)=\sup_{\omega\in R}\delta_{\nu}(P_1(j\omega),P_2(j\omega))$$

式中，当 $P_1(s)$ 和 $P_2(s)$ 是标量传递函数时，$\delta_{\nu}(P_1(j\omega),P_2(j\omega))$ 可表示为

$$\delta_{\nu}(P_1,P_2)=\sup_{\omega\in R}\frac{|P_1(j\omega)-P_2(j\omega)|}{\sqrt{1+|P_1(j\omega)|^2}\sqrt{1+|P_2(j\omega)|^2}}$$

假设一个控制对象为 $P(s)$，控制器为 $K(s)$ 的反馈系统是稳定的。其稳定裕度定义为 $b_{P,K}=\min_{\omega\in R}\delta_{\nu}(K^{-1}(j\omega),P(j\omega))$

现在考虑任意一个扰动的系统 $\widetilde{P}(s)$ 和控制器 $\widetilde{K}(s)$ 满足 $\delta_{\nu}(\widetilde{P},P)\leqslant r_P$ 和 $\delta_{\nu}(\widetilde{K},K)\leqslant r_K$ 的反馈系统，则此系统也是稳定的当且仅当 $\sin^{-1}b_{P,K}>\sin^{-1}r_P$

$+\sin^{-1}r_K$ 并且有

$$\sin^{-1}b_{\tilde{P},\tilde{K}} \geqslant \sin^{-1}b_{P,K} - \sin^{-1}r_P - \sin^{-1}r_K$$

$b_{PK}$ 的另外一种表达式为

$$b_{PK}^{-1} = \left\| \begin{bmatrix} I \\ K \end{bmatrix} (I+PK)^{-1} [I \quad P] \right\|_{\infty}$$

因此要找到最佳的 $\nu$-间隙裕度控制器，就必须解以上 $H_\infty$ 优化控制问题。与最佳 v-间隙裕度 $H_\infty$ 优化控制相联系，Glover 等提出了基于同样的稳定裕度 $b_{PK}$ $H_\infty$ 回路成型控制设计方法并得到了广泛认同（McFarlane and Glover，1992；Zhou et al.，1996）。

## 第四节 鲁棒性能

假设 $M(s)$ 是一个 $(p_1+p_2)\times(q_1+q_2)$ 稳定的传递函数矩阵。如果对所有满足 $||\Delta||_\infty \leqslant 1$ 的 $\Delta \in \boldsymbol{\Delta}$，闭环系统都鲁棒稳定并且 $\| F_u(M(s),\Delta) \|_\infty < 1$ 成立。则称系统具有鲁棒性能。

为了判定系统的鲁棒性能，定义

$$\boldsymbol{\Delta}_P := \left\{ \Delta_P = \begin{bmatrix} \Delta & \\ & \Delta_f \end{bmatrix} : \Delta \in \boldsymbol{\Delta}, \Delta_f \in C^{q_2 \times p_2} \right\}$$

对所有满足 $\|\Delta\|_\infty \leqslant 1$ 的 $\Delta \in \boldsymbol{\Delta}$，闭环系统都鲁棒稳定并且 $\| F_u(M(s),\Delta) \|_\infty < 1$ 当且仅当 $\sup_{\omega \in R} \mu_{\Delta_P}(M(j\omega)) < 1$。

需要说明的是，要判断系统的鲁棒性能，即计算 $\sup\limits_{\omega \in R} \mu_{\Delta_P}(M(j\omega))$，最合适的方法是利用它的上界

$$\sup_{\omega \in R} \mu_\Delta(M(j\omega)) \leqslant \inf_{D_f(s), D_f^{-1}(s) \in H_\infty, D_f(j\omega) \in \Gamma_f} \| D_f(s) M(s) D_f^{-1}(s) \|_\infty$$

其中

$$\Gamma_f := \left\{ D_f = \begin{bmatrix} D & \\ & d_f I \end{bmatrix} : D \in \Gamma, d_f > 0 \right\}$$

综上所述，很多鲁棒稳定性和鲁棒性能控制问题都可以归结为某个（加权的）闭环传递函数 $H_\infty$ 范数的优化问题。

## 第五节 $H_\infty$ 控制

Zames 在 1981 年提出 $H_\infty$ 控制的原始动机在于把在古典控制中用频域描

述的系统不确定性回归到控制设计的中心。而 $H_\infty$ 范数恰恰是描述系统频域不确定性及扰动信号到输出信号增益的合适度量。因此很多控制问题都可以归结为某个 $H_\infty$ 范数的优化问题。

作为一个例子，考虑一个标准的反馈系统（图 12-2）

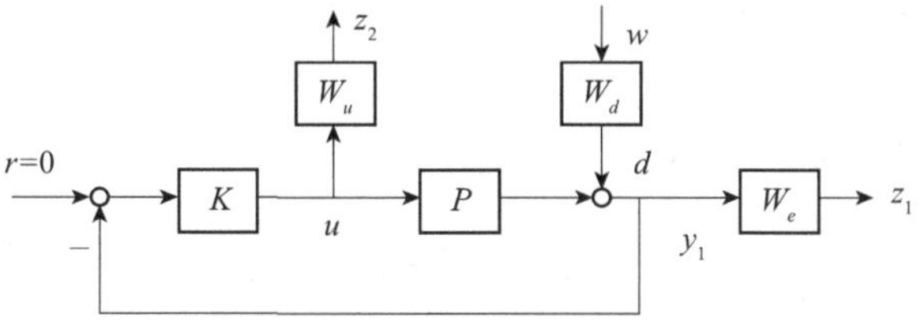


图 12-2 加权标准反馈系统

图 12-2 中，$d$ 是外界干扰。那么通常来说控制的目标就是要设计一个控制器使得 $y_1$ 对 $d$ 的输出越小越好。具体地我们用 $W_d$ 来反映外界干扰 $d$ 的频谱内涵，用 $W_e$ 来反映我们对从 $d$ 到 $y_1$ 的闭环传递函数的要求，用 $W_u$ 来约束控制信号的大小。那么这样的控制问题就可以描述为寻找一个镇定控制器，使得从 $w$ 到 $(z_1,z_2)$ 的传递函数的 $H_\infty$ 范数越小越好：

$$\left\|\begin{bmatrix} W_e(I+PK)^{-1}W_d \\ W_uK(I+PK)^{-1}W_d \end{bmatrix}\right\|_\infty$$

这个问题可以放在一个一般的线性分式变换结构上来描述（图 12-3）。

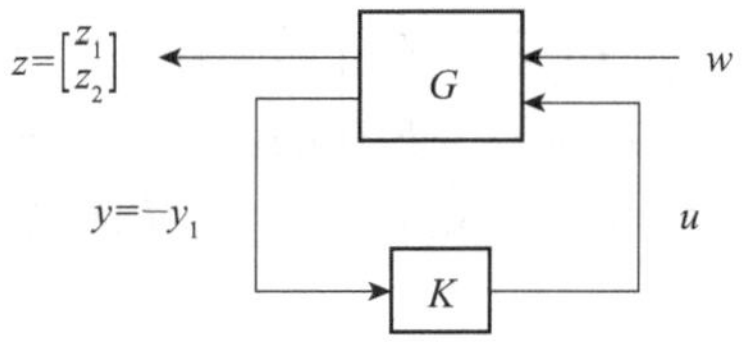


图 12-3 反馈系统的一般结构

$$G=\begin{bmatrix} G_{11} & G_{12} \\ G_{21} & G_{22} \end{bmatrix}:=\left[\begin{array}{c:c} W_eW_d & W_eP \\ 0 & W_u \\ \hdashline -W_d & -P \end{array}\right]$$

因此上述问题就可以表述为：寻找一个镇定控制器，使得从 $w$ 到 $z$ 的传递函数 $T_{zw}(s)$ 的 $H_\infty$ 范数最小或小于某个指定值，即 $\min\limits_K \|T_{zw}\|_\infty$ 或 $\|T_{zw}\|_\infty<\gamma$，其中

$$T_{zw}(s)=F_c(G(s),K(s)):=G_{11}(s)+G_{12}(s)K(s)(\mathrm{I}-G_{22}(s)K(s))^{-1}G_{21}(s)$$

为了便于阐述和理解 $H_\infty$ 控制问题而不被繁杂的公式掩盖了解的根本思

想，我们考虑一类简化的 $H_\infty$ 控制问题（Doyle et al.，1989）。假设 $G(s)$ 有下列形式

$$G(s)=\left[\begin{array}{c|cc} A & B_1 & B_2 \\ \hline C_1 & 0 & D_{12} \\ C_2 & D_{21} & 0 \end{array}\right]$$

并满足下列简化条件：

(1) $(A,B_2)$ 可镇定，$(C_2,A)$ 可测；

(2) $R_1=D'_{12}D_{12}>0$，$R_2=D_{21}D'_{21}>0$；

(3) $\begin{bmatrix} A\text{-}j\omega I & B_2 \\ C_1 & D_{12} \end{bmatrix}$ 对所有 $\omega\in R$ 列满秩；$\begin{bmatrix} A\text{-}j\omega I & B_1 \\ C_2 & D_{21} \end{bmatrix}$ 对所有 $\omega\in R$ 行满秩。

系统传递矩阵 $G_{12}(s)$ 和 $G_{21}(s)$ 没有虚轴上的零点。定义

$$A_X=A-B_2R_1^{-1}D'_{12}C_1,\quad A_Y=A-B_1D'_{21}R_2^{-1}C_2,$$
$$P=B_1(I-D'_{21}R_2^{-1}D_{21})B'_1,\quad Q=C'_1(I-D_{12}R_1^{-1}D'_{12})C_1$$

如果 $G(s)$ 满足上面的假设（1）～（3），则存在一镇定控制器 $K_\infty$ 使得 $\|T_{zw}(s)\|_\infty<\gamma$ 当且仅当下列条件成立。

（1）存在对称矩阵 $X_\infty\geqslant 0$ 使 $X_\infty A_X+A'_XX_\infty+X_\infty(B_1B'_1/\gamma^2-B_2R_1^{-1}B'_2)X_\infty+Q=0$ 且 $A_X+(B_1B'_1/r^2-B_2R_1^{-1}B'_2)X_\infty$ 稳定。

（2）存在对称矩阵 $Y_\infty\geqslant 0$ 使得 $Y_\infty A'_Y+A_YY_\infty+Y_\infty(C'_1C_1/\gamma^2-C'_2R_2^{-1}C_2)Y_\infty+P=0$ 且 $A_Y+Y_\infty(C'_1C_1/\gamma^2-C'_2R_1^{-1}C_2)$ 稳定。

(3) $\rho(X_\infty Y_\infty)<\gamma^2$（$\rho(\cdot)$ 表示矩阵谱半径）。

当这些条件成立时，所有满足 $\|F_c(G,K)\|_\infty<\gamma$ 的镇定控制器可以参数化为 $K_\infty=F_c(M_\infty,Q)$，其中 $Q\in RH_\infty$ 为任意传递函数矩阵满足 $\|Q\|_\infty<\gamma$

$$M_\infty=\left[\begin{array}{c|cc} \hat{A}_\infty & -Z_\infty L_\infty & Z_\infty(B_2+Y_\infty C'_1D_{12})R_1^{-\frac{1}{2}} \\ \hline F_\infty & 0 & R_1^{-\frac{1}{2}} \\ -R_2^{-\frac{1}{2}}(C_2+D_{21}B'_1X_\infty/\gamma^2) & R_2^{-\frac{1}{2}} & 0 \end{array}\right]$$

$F_\infty=-R_1^{-1}(D'_{12}C_1+B'_2X_\infty)$，$L_\infty=-(B_1D'_{21}+Y_\infty C'_2)R_2^{-1}$，

$Z_\infty=(I-\gamma^{-2}Y_\infty X_\infty)^{-1}$

$\hat{A}_\infty=A+B_1B'_1X_\infty/\gamma^2+B_2F_\infty+Z_\infty L_\infty(C_2+D_{21}B'_1X_\infty/\gamma^2)$

当 $Q=0$ 时的控制器叫作中心控制器。

$$K_\infty=\left[\begin{array}{c|c} \hat{A}_\infty & -Z_\infty L_\infty \\ \hline F_\infty & 0 \end{array}\right]$$

# 第六节 鲁棒控制设计

大部分鲁棒控制问题可以归结为寻找一个镇定控制器 $K(s)$，使得对所有满足 $\|\Delta\|_\infty \leqslant 1$ 的不确定性 $\Delta \in \boldsymbol{\Delta}$，系统都鲁棒稳定并且从 $w$ 到 $z$ 的传递矩阵 $T_{zw}(s) = F_u(M(s),\Delta)$ 满足 $\|T_{zw}(s)\|_\infty < 1$ 。其中鲁棒分析与综合的一般形式如图 12-4 所示。

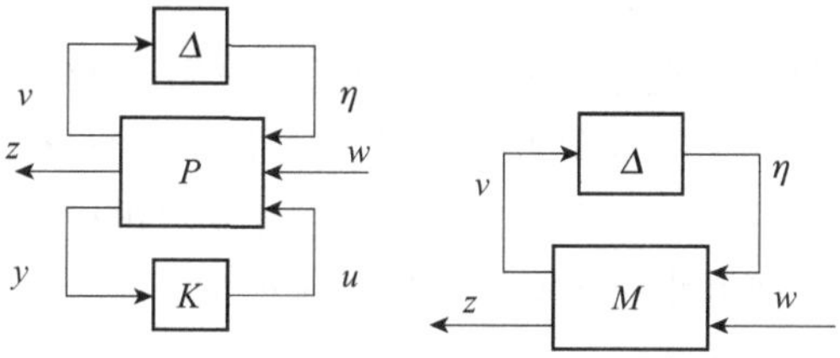


图 12-4 鲁棒分析与综合的一般形式

$$P = \begin{bmatrix} P_{11} & P_{12} & P_{13} \\ P_{21} & P_{22} & P_{23} \\ P_{31} & P_{32} & P_{33} \end{bmatrix}$$

$$M(s) = \begin{bmatrix} M_{11} & M_{12} \\ M_{21} & M_{22} \end{bmatrix} := \begin{bmatrix} P_{11} & P_{12} \\ P_{21} & P_{22} \end{bmatrix} + \begin{bmatrix} P_{13} \\ P_{23} \end{bmatrix} K(I - P_{33}K)^{-1}[P_{31} \quad P_{32}],$$

因此，我们的鲁棒控制问题就变成了要找一个镇定控制器 $K(s)$ 使得

$$\min_K \sup_{\omega \in R} \mu_\Delta(M(j\omega)) < 1$$

这个问题现在还没有完全解决。首先是 $\mu_\Delta(M)$ 本身不好计算，因此一种合理的方法是利用它的一个上界找到合适的镇定控制器使得

$$\min_K \sup_{\omega \in R} \mu_\Delta(M(j\omega)) \leqslant \min_K \inf_{D_f(s), D_f^{-1}(s) \in H_\infty, D_f(j\omega) \in \Gamma_f} \| D_f(s) M(s) D_f^{-1}(s) \|_\infty < 1 。$$

在上面的优化设计中，没有办法同时求解定标传递函数阵 $D_f(s)$ 和控制器 $K(s)$，常用的方法是所谓的 D-K 迭代算法。其思想是：当控制器 $K(s)$ 给定时，闭环传递函数矩阵 $M(s)$ 也就给定了。所以，定标阵 $D_f(s)$ 可以逐点计算。而当定标阵 $D_f(s)$ 给定时，控制器 $K(s)$ 可以通过解 $H_\infty$ 控制问题来求解。重复这样的迭代过程，直到找到合适的控制器。

## 第七节　$H_\infty$ 控制与鲁棒控制的时域方法

前面的 $H_\infty$ 控制问题也可以在时域里讨论。时域方法的一个优点是它可能直接推广到时变非线性系统。$H_\infty$ 控制问题和微分对策有紧密的联系，即 $H_\infty$ 控制问题可以由下列微分对策问题来解：

$$\min_u \max_w \int_0^\infty (\|z\|^2 - \gamma^2 \|w\|^2)\mathrm{d}t$$

这一联系的本质可以追溯到 Mageirou 等（1977）的研究，当然那时 $H_\infty$ 控制问题还没有被提出来。这种联系被进一步推广求解 $H_2$ 和 $H_\infty$ 混合优化控制问题（Doyle et al.，1994）。不同的微分对策问题和相应的 $H_\infty$ 控制问题在 Basar 等（1995）研究中做了全面的阐述和研究。

## 第八节　其 他 扩 展

在过去的 30 年中，鲁棒控制得到了空前的发展，研究者提出了多种多样的鲁棒分析和设计方法。很多理论和方法都被扩展到无限维系统（Curtain and Zwart，1995）、非线性时变系统（Van der Schaft，2000）、随机系统、离散和采样系统（Chen and Francis，1995）多维系统、经济系统等，研究者提出了各种自适应鲁棒控制、概率鲁棒控制、分散鲁棒控制、网络化鲁棒控制等。就计算方法而言，前面描述的很多鲁棒稳定性判据和 $H_\infty$ 控制的解都可以用线性矩阵不等式（LMI）来求解。还有很多非标准的鲁棒稳定性和 $H_\infty$ 控制问题也可以更方便地用 LMI 来表述。例如，当标准的 $H_\infty$ 控制中 $R_1, R_2$ 为奇异矩阵，或者系统传递矩阵 $G_{12}(s), G_{21}(s)$ 有虚轴上的零点时，$H_\infty$ 控制的最优解可能不存在，但是 LMI 方法可以用来找到次优解。实际上，线性矩阵不等式被广泛地用来描述许多扩展的鲁棒控制问题（Scherer et al.，1997；刘康志和姚郁，2013），其中包括区域极点配置的鲁棒控制（Chilali and Gahinet，1996）、鲁棒增益规划控制（Apkarian and Gahinet，1995）、鲁棒 $H_2$ 控制（Dullerud and Paganini，2010）、不确定时延系统、分散鲁棒控制、鲁棒滤波、模型验证、重复控制等。但是，在大多数情况下所得结果是比较保守的。

# 第九节　面临的挑战与机遇

鲁棒控制是控制理论发展的一个重要里程碑。它拥有完美的控制架构和精美的理论结果。它正在和将要在很多领域开花结果，包括复杂互联系统、混合系统、多智能体系统、信号处理、通信系统、智能电网、生物系统等。尽管鲁棒控制已经在实验室环境下成功地应用于各种各样的控制问题，也在一些高精尖技术领域得到了应用，但鲁棒控制还远远没有像模型预测控制（MPC）那样被广泛地应用于一般的工业控制。究其中的根本原因不是鲁棒控制不适合于这些工业控制系统，也不是因为鲁棒控制方法不能比其他控制方法做得更好。关键在于鲁棒控制理论比较难理解，很难为广大的工程实践人员所掌握。这和 MPC 在 20 年前的情况有些相似，但又有很大的不同。当时阻碍 MPC 应用的是计算量太大，不能实时运用。这个问题随着计算机技术的发展而消失了。

因此对于我们来说，首要的挑战是如何将鲁棒控制普及，使得它比较直观，容易应用，容易理解。要做到这些需要充分发挥我们的智慧和洞察力。

要使鲁棒控制得到更进一步的发展并被更广泛的应用，我们也许要重新考虑不确定模型描述的方式和控制器结构，甚至控制系统设计的思想。比如说，如何将鲁棒控制和模型预测控制结合起来是个很大的挑战。因为在计算未来状态时会出现矩阵幂。无论是范数有界不确定性模型还是多面体不确定性模型，在取幂后其结构完全被破坏，从而不能进行分析和设计。因此我们需要一种全新的不确定性模型来处理这样的问题。在实际工业系统中，工程师更加关注的可能是有限时间的系统稳定和性能，因此如何将鲁棒方法推广到有限时间的问题上是个很大的挑战。要提高鲁棒控制的性能，建模是关键。脱离了控制设计方法的系统辨识（建模）不会产生最优的设计模型。如何将鲁棒控制和系统辨识（建模）有机地综合起来，使之一体化，从而最大限度地提高控制性能，也是一大难题。

另一个有待解决的问题是，如何利用不确定性的相位信息来提高控制性能。小增益定理中只利用了不确定性的幅值信息。实际系统中，不确定性模型的部分幅值信息和相位信息都有可能获取的。Kalman-Yakubovich-Popov（Kalman-Yakubovich-Popov）引理及其扩展（Iwasaki and Hara，2005）可以用来解决一些特殊类型的问题。这种不确定性模型的建模、辨识及控制设计都没有完全解决。

其次，现有的增益规划控制方法仍然还比较保守。这是因为规划参数在设计时被当作不确定性处理，然而事实上它是已知的。这就带来了保守性。如何利用已知的规划参数来提高增益规划控制性能还有待于进一步研究。

在工程实践中，由于时间和空间尺度的限制，许多系统必须采用分散控制。比如电网系统。但是鲁棒控制的理论研究几乎都聚集在集中控制。而分散鲁棒控制的研究还处在初级阶段，没有比较满意的结果。发展分散鲁棒控制理论很有必要。

1. 固定结构控制器优化

现有的所有解析控制的设计方法一般都会产生一个较复杂高阶的控制器。但并不说明没有简单低阶的控制器可以达到同样的要求。一种设计简单控制器的方法就是固定控制器的结构，比如说 PID 控制器，然后进行数值优化。在这方面已经有了很多工作，而比较有影响的是 Overton 的 HIFOO（H-infinity Fixed-Order Optimization）MATLAB 软件包（Overton Gumussoy et al.，2009）。这种方法的一个好处是很容易被工程人员接受。它的另一个优点是可以解决结构受限制的控制问题，比如说分散鲁棒控制。然而一般地我们无法判断一个数值优化解是否为全局最优化。这种固定控制器结构的设计方法也许会成为工程实际应用的重要手段。

2. 网络化控制

近年来，网络化控制成了控制领域研究的热点。而大部分研究所采用的方法源于鲁棒控制或是鲁棒控制的直接应用。因此当网络化控制中假设网络通道是给定的时候，也遇到了与鲁棒控制一样的问题和矛盾，设计高性能控制器比较困难。如果允许控制设计者同时部分地设计网络通道，则高性能控制器设计将有可能（Gu and Qiu，2008）。这就给我们提出了一个与传统方法完全不同的控制设计思路。拓展这种网络与控制器协同设计框架将是值得研究的方向。

3. 高性能鲁棒控制结构

一般来说，一个系统的鲁棒性要求和动态过程的品质是矛盾的。一个控制系统越鲁棒，它的动态性能就可能会越差。要解决这样的问题，我们需要改变控制器的结构。下面的控制器参数化提供了一种可能。

令 $G=M^{-1}N$ 为一个标称模型传递函数的左互质稳定分解。设 $K_0$ 为 $G$

的一个镇定控制器（$u=K_0y$）且 $K_0=-V^{-1}U$ 为一个左互质分解，则所有二个自由度的镇定控制器

$$u=K_1r+K_2y$$

都可以表示为

$$K=[K_1\quad K_2]=(V-QN)^{-1}[Q_1-(U+QM)]$$

其中，$Q_1$ 和 $Q$ 可为任意的稳定传递函数矩阵（Youla and Jr. Bongiorno，1985）。这个参数化的意义在于，给定任意的稳定 $Q_1$ 和 $Q$，这个控制器可使系统稳定。另一方面，任何镇定控制器都可以表示为这样的形式。

如果我们取 $Q_1=UW+VF$，即 $K=(V+QN)^{-1}[UW+VF,-(U+QM)]$，则这个二自由度参数化镇定控制器可以用图 12-5 表示。

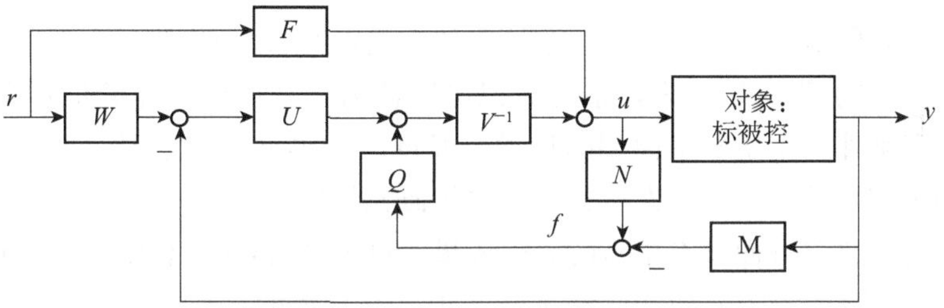


图 12-5　高性能鲁棒控制结构

这个控制结构虽然表面上看起来复杂，但每一部分控制器都有明确的分工和目标。这个控制器可以这样来设计：设计 $K_0=-V^{-1}U$，$F$ 和 $W$ 以达到最好的性能，设计 $Q$ 来达到鲁棒性。为了更容易地解释其中的原理，假设系统 $G$ 是稳定的，则 $M$ 可取为 $I$，$N=G$。因此 $f$ 就是测量输出与模型估计输出的残差，可以用于检测系统的故障。当实际模型和标称模型差距很小时，$f$ 也很小，因此系统基本上由 $K_0=-V^{-1}U$ 控制并具有最优的性能。当实际模型和标称模型差距较大时，$Q$ 可以用来进行补偿而达到鲁棒性。控制器 $Q$ 还可以根据对信号 $f$ 的评价结果进行自适应调整或者预测控制。因此这种控制结构提供了解决故障诊断，自适应控制，分离性能和鲁棒性矛盾的可能性。它的很多潜能还有待于进一步开发（Zhou and Ren，2001；Zhou，2005）。

# 第十三章

# 系统辨识：新的模式、挑战及机遇

钱学森曾对“系统”给出一个简明的定义：“系统是指依一定秩序相互联系的一组事物。”一般说来，系统辨识可以认为是利用已知先验信息和输入-输出数据来建立系统数学模型的科学。经过半个多世纪的发展，系统辨识已成为一个定义较为明确、发展相当成熟的研究领域，在思想方法、理论基础、实际应用等诸多方面都有丰富的研究成果。进入21世纪，伴随着科学技术的突飞猛进，新学科、新研究领域不断涌现，给传统的系统辨识带来了新的挑战与机遇。因而，从这个角度说，系统辨识仍是一个年轻的、朝气蓬勃的学科。本章将讨论系统辨识在新机遇下一些具有潜力的重要方向，提出一些值得关注的热点问题，以此为切入点，抛砖引玉，希望能引发进一步的讨论。

## 第一节　背景及现状

从20世纪50年代美国学者Zadeh的标志性论文引入“辨识”之名伊始(Zadeh，1956)，系统辨识这一作为对动态系统控制设计而引入的建模方法已经过了半个多世纪的发展（蔡季冰，1989；郭雷，2005；Ljung and Vicino，2005；Gevers，2006；Ljung，2010；Ljung et al.，2011；Ljung，1987；Chen and Guo，1991）。从内容上看，系统辨识不仅包括系统数学模型的建立，还包括数据的采集、模型的验证；从目标上看，系统辨识本质上以控制为导向，系统辨识与反馈控制相结合就产生了自适应控制；从方法上看，传统的系统辨识在随机框架下，逐渐形成了利用带噪声的观测数据对系统未知参数进行建模优化的典型形式，发展完善了一大批算法，如递推最小二乘算法（Ljung，1977；1987)、预报误差算法（Ljung，1987)、随机逼近算法

（Chen，2006；Kushner and Yin，2003；Chen and Zhu，1986；Chen，2002）、常微分方程法（Ljung，1977）、Akaike 信息准则（Akaike，1974；Burnham and Anderson，2004；Rissanen，1978）等，以及在输出信号预处理思想基础上建立的基于偏差补偿系统建模方法（Zheng and Feng，1990；Zheng and Feng，1995；Soderstrom，2007；Soderstrom et al.，2002）、开环及闭环动态系统辨识（Forssel and Ljung，1999）、降阶建模（Obinata and Anderson，2001）、集元辨识、频率特性辨识等，系统建模与反馈的结合所形成的自适应控制（Kalman，1958；Astrom and Wittenmark，1973；Guo，1995），得到了一大批成功应用。同时，系统辨识与反馈控制密切联系，要求算法能够实时、在线更新估计这些特点，使得系统辨识既得益又区别于统计及后来的时间序列分析（Durrett，2010），赋予其独特的内涵及生命力。

系统辨识通常遵循以下步骤：①充分了解系统并明确辨识目的，包括系统的输入、输出、信号范围和系统操作条件，以及所得模型的最终应用目的等；②选择适当的模型类，比如时变系统、非时变系统、随机系统、确定性系统、线性系统、非线性系统，还包括模型的阶次、滞后时间的选择等；③实验设计和数据采集，一般要求输入持续激励，也就是要求输入必须包含足够丰富的频率成分，并且采样频率应符合香农采样定理；④估计参数或函数，包括离线算法（或称非递推算法）和在线算法（也称递推算法），后者能实时处理数据并得到更新的辨识结果；⑤模型验证，一般将系统输出与模型输出作比较，评估辨识结果的可靠性和有效性，或者在模型应用中检验模型质量，若不满足要求，则需重复上述步骤，直至辨识结果通过模型验证。

上述研究取得了丰富成果，并得到广泛应用。在此意义上说，系统辨识已是一个相当成熟的研究领域，它的思想与方法支持、推动着相关问题的发展与完善。但系统辨识并未止步不前，它在不断地自我发展，一个显著的例子是 20 世纪 90 年代以来十分活跃的 worst-case 系统辨识（周彤，2002；Milanese and Belforte，1982；Milanese and Vicino，1991），将噪声看作是“非随机”、“未知且有界”，利用模型的集元特征，得到一批重要概念和成果。“控制导向的系统辨识”（Mäkilä et al.，1995；Chen and Gu，2000；Smith and Danleh，1994）这一术语常被用来强调系统辨识的目的是控制设计。这一思想推动了 20 世纪 90 年代的系统辨识研究，其显著的特点是引入以逼近论及复杂性理论为基础并以相应控制为目标的一批新颖的方法，其中包括在 $H_\infty$ 和 $L_1$ 测度下的模型逼近，用时域数据的最坏情况系统辨识（worst-case system identification）和以频域数据为主的 $H_\infty$ 辨识（Helmicki et al.，1991；Gu and Khargonekar 1992a；1992b；Chen and Nett，1995；Chen et al.，1995；Zhou and Kimura，1993），以及借助于算子理论中的函数逼近与插值理论的一系列算法并与模型验证形成有机融合（Chen，1997；Poolla et al.，1994；Smith and Doyle，1992）。这些方法的优点是辨识所得模型和误差界可直接与20世纪80年代发展的 $H_\infty$ 和 $L_1$ 鲁棒控制挂钩。同时其复杂性研究对系统辨识的本质性局限有了更深刻的认识。对这些方法存在的计算复杂性、结果的保守性、与自适应控制的关联等问题，以及与传统系统辨识相比优劣和互补关系的探讨促进了系统辨识向新领域的推进。

随着信息技术革命的到来，自动化技术所直接面对的工业工程、航空航天等领域发生了巨大的变化，传统工业工程大多关注单个装置的建模与控制，而现在人们常要面对时间、空间上相互联系的群体，如传感器网络、多智能体系统、新能源并网后的智能电网等；工程技术人员现今要面对诸多高速、极端环境（如高速轨道交通、高超声速飞行器）的建模与控制问题。与此同时，新学科不断涌现，新技术层出不穷，一个典型的例子是由美国发起、多个国家合作完成的人类基因组计划，前后投资达数十亿美元，首次得到了人类基因序列的完整图谱，此后，更高速、更经济的基因测序技术迅猛发展。从建模估计的角度说，基因测序实为利用量测的化学信号或光电信号来还原碱基类别的辨识过程。同时，建立合理的基因调控的网络模型会加深对遗传与变异的基本规律的掌握，指导疾病预防和药物开发的新途径。近几年提出的物理控制（cyber-physical）系统的概念强调信息系统与实际系统的紧密结合并突出3C［计算机（computer）、通信（communication）、控制（control)］的协调组织管理，其中系统建模十分关键。再如与人们日常生活已变得密不可分的各类网络搜索引擎，其算法核心是对网络链接矩阵的特征值、特征向量的估计。这些问题给传统的系统辨识带来了挑战，同时也为系统辨识的发展提供了巨大机遇。

为适应科技新领域发展，系统辨识应从广义上定位：系统辨识是以数据为基础，以信息为手段，以模型为媒体，以减少系统、信号、环境不确定性为目标的学科。系统辨识支持协助监控、诊断、控制、决策、调度。它与反馈结构、鲁棒控制、自适应方法从不同角度提取信息用来处理不确定性，但目标一致，因而相关、相连、相辅、相成。最大限度地有效利用有限的数据，通信、计算、观测资源，以及在系统辨识与控制决策之间的最优资源分配使得系统辨识复杂性研究必不可少。广义上的系统辨识是跨学科的。本质上讲，系统辨识是一个从数据求逆变换的问题。而数据挖掘、模式识别、机器学习、数理统计等学科也关注同类问题，所以系统辨识应尽量吸取周边学科的新成果以促进自身的进步。

在接下来几节，我们将从几方面讨论系统辨识的潜在热点问题，由于笔者学识所限，内容难免存在疏漏与偏颇，恳请学界同行不吝赐教。

本章具体安排如下：第二节讨论更广泛不确定性下的系统辨识，第三节讨论基于网络和通信的辨识，第四节讨论随机非线性系统的辨识，第五节讨论大数据时代的系统辨识，第六节将侧重资源有效利用和复杂性方面的考虑，第七节将讨论以目标驱动的、综合化的系统辨识，第八节简要讨论系统辨识应用的重要手段——友好且高效的软件工具，第九节总结概括本章内容并提出一些建议。

## 第二节　包容更广泛的不确定性

描述系统不确定性的主要传统方法是在随机框架下，处理出现在系统观测序列中的随机观测噪声，控制信号中的驱动噪声和导致系统结构变化的随机过程。这些不确定性往往来自传感器误差，通信数据的压缩、传输、编码和解码，以及系统重组或故障等。随机系统辨识的很多思想和方法与统计中的思想和方法类似（Anderson，1971；Serfling，1980；Bohlin，1970），但又有许多独有特点，如最优输入信号的设计、开环和闭环辨识、与之相关的自适应控制等。这些特殊性促进了系统辨识本身的发展，同时对相关统计、时间序列分析等领域亦有促进。另外，实际系统面临着更广泛的不确定性（Wang，2000）。包容各种不同类型的不确定性，系统辨识会走向一个新的发展时期并得到更广泛的应用。更广泛的不确定性包含但不局限于以下几类。

### 一、系统结构的非随机不确定性

系统的许多结构不确定性来自模型的简化。例如，将一个无限维系统表示为一个有限维系统，或者用低阶系统代替高阶系统，都会引入未建模动态；利用线性模型局部逼近一个非线性函数，或者用简单的非线性函数表示未知结构系统就会导致模型失配；对高复杂度系统作集群系统建模以减少建模复杂性，不可避免地会产生结构不确定性。由于这些不确定性不随时间和观测输出而改变，它们一般不具有随机性质，所以不能用平均量来减少或消除它们的影响。这类不确定性对估计及模型的精度有着直接影响，因此有必要在系统辨识加以考虑，在确定性的最坏情况系统辨识框架下处理这类不确定性已有不少结果（Milanese and Belforte，1982；Casini et al.，2007；Milanese and Vicino，1993；Wang and Yin，1999；Wang and Yin，2000；Dahleh et al.，1993）。但与随机不确定性在一个统一的框架下同时处理还有待进一步发展（Wang and Yin，1999）。

## 二、缺乏数据和信息而产生的不确定性

有一些不确定性也可能具有随机性，但由于缺乏相关数据和信息而得不到它们的统计性质。例如，在移动系统（自动汽车、无人飞机、机器人网络等）的动态系统及通信网络建模时，由于系统运行的地形条件无法重复利用，所收集的数据通常不足以进行可靠的统计分析，随机建模非常困难；再比如，对基因调控网络建模，常会遇到网络维数大而量测数据少的困难，相应的模型方程欠定，给网络结构的确定带来极大不确定性。在这些情况下，模糊的、非精确的数学描述或许将有助于系统的辨识和对粗糙信息的加工。

## 三、缺乏计算能力导致的不确定性

即使对于已经描述完好的模型结构，计算能力的局限性也会直接影响系统的辨识结果。例如，天气预报系统包含许多影响因素，也有许多历史数据可用，但是将它们全部考虑进去将会导致巨大的计算负担而无法做预测。为了保证建模过程的可行性，减少一些所谓“次要”影响因素必然导致系统模型的误差或不确定性，这些影响通常也是非随机的。这里计算资源和模型精度的关系很重要。

## 四、结构切换导致的不确定性

复杂系统以子系统间的相互作用为特点。这些相互作用常用网络拓扑来表示并随时间而变化，当这些变化不能直接观测到时，可被视为不确定性。比如汽车组队、分布传感器网络都利用通信网络拓扑来交换信息。通信频道的动态分配是典型的拓扑结构变化。另一例子是谷歌（Google）的网页排序算法（page rank），在网络结构确定的条件下，计算网络链接矩阵的特征向量作为网页重要性的刻画，但实际上，网络的拓扑结构是变化的，每时每刻又有许多新的链接被加入、许多旧的链接被删减，那么网络结构固定的假设

将给辨识结果带来多大误差、多少不确定性？当系统参数和结构不确定性同时存在时，我们面临混杂系统的辨识问题。这方面的研究将会变得越来越重要。

实际系统中往往上述因素同时存在，辨识必须考虑多种不确定性共存时的处理方法。目前，越来越多的研究工作着眼于将不同种类的不确定性结合在一起，但是结果零星，未来我们需要更多的团队和不懈的努力来推动这一问题向前发展。

## 第三节　基于网络和通信的辨识

传统的系统辨识在标准设置下大多为小规模单回路结构，当前，物理系统的一个发展趋势是系统间日益相互关联，并且许多是由通信网络互联。传统的控制过程通常在一个时间上只控制一个进程，而如今与之不同的是，系统间存在大量的相互作用和调节，这方面的例子不胜枚举，比如智能电网、可再生能源和分布式发电机、智能电表等，以及尚处于概念层面的微网，都打破了标准电网结构的传统概念，对这类网络化系统需要运用新的方法收集子系统信息和特征；大规模电池系统包含了数以千计的电池模块，对其进行实时描述需要新的网络辨识工具；生物系统包含相互作用的许多子系统，从血液到循环代谢，从免疫系统到神经信号传输；为了完成一个协调性的任务，无人驾驶的空中、地面、水下各类机动交通系统要形成移动、同步队形；分布计算和信息处理将代替专用计算机系统成为新标准，如云计算；此外，多层次模型包括多尺度建模技术对目标信息的处理，将分子甚至原子水平的子系统无缝聚合成更高层次的模型。

以上问题都需要寻找新的辨识方法（Chong and Kumar，2003），并已开始受到关注（Wang et al.，2009；Zhang and Zhang，2012），而这方面的挑战主要包括通信约束、动态网络拓扑结构、数据流量的限制、网络的复杂程度等。针对这些问题，系统辨识需要考虑的相关问题包括但不限于下述几个方面（Liu and Goldsmith，2003；Yuksel and Basar，2007）。

### 一、局部信息

由于网络系统的巨大规模，信息流通过网络将使用宝贵的网络资源，产生开销，导致网络拥挤，限于邻近数据流的数据采集方法可能是可行方案。

对于网络系统辨识而言，如何利用网络结构来传播处理后的信息，而不是集中在原始数据的存储和处理上，将是非常有价值的研究方向。

## 二、通信限制

通信受到功率和带宽的约束。典型的通信系统包括采样、量化，以及为减少数据的大小和增加传输可靠性采取的数据压缩和编码。在传输过程中，数据包丢失、随机传输延迟、收到数据错误是十分常见的。受到数据流量和功率水平的影响，这些不确定性可由传输协议和编码/解码方案来处理。这些新因素使我们对系统辨识要有一个全新认识。量化辨识和采样框架下状态估计的发展都是该方向最新的研究成果（Wang et al.，2003；2010；2011）。

## 三、通信不确定性

与专用有线网络不同，无线通信有更多不确定因素、对资源有更多限制。无线通信网络中，数据丢包、传输错误及网络拓扑变更都比较常见，这些不确定性对系统辨识的影响需要仔细加以研究。通信设计作为系统辨识的一部分也可能成为研究者的兴趣所在。

## 四、网络拓扑变化下系统辨识的可靠性

通信网络是互联网和无线通信独有的，它连接着各个子系统且一直在变化中，尤其对于移动电话系统或高通量网络而言，其优先渠道可能会丢失，或者随机连接到由信号路径变化、地形条件、和用户优先级而决定的竞争通道上；再如突发式通信，在短时间内需要大量网络资源而后释放。因此，随机切换网络拓扑和具有其他不确定性的网络系统的辨识是一个值得深入探究的领域。

## 五、网络结构的辨识

不同于传统系统辨识，复杂关联系统的网络本身是建模的重要方面（He et al.，2013）。其典型例子是基因调控的网络模型的结构辨识问题（Zhou and Wang，2010；Wang and Chen，2012；Bower and Bolouri，2001）。结合分子生物学中机理研究提取合理的系统网络以解释蛋白质的相互作用是具有挑战性又十分重要的课题。

面对以上挑战，以下方向可能有大的发展潜力：①不规则和异步采样时

间的系统辨识理论，比如通信网络的数据包损失和延误、数据可能在不可预测的时间到达等；②延迟系统的辨识理论；③采用局部或邻域信息的系统辨识理论；④对混杂系统，综合了系统不确定性和未知事件的辨识理论和状态估计理论；⑤建立网络模型结构辨识理论。

## 第四节　随机及非线性系统的辨识

随机系统的辨识已有很长的历史，现在处于发展的新时期。例如，从 20 世纪 50 年代被认为是研究核心的线性系统辨识到 20 世纪 80 年代的非线性系统辨识，从关注单一过程的辨识到现在的网络系统辨识，从只专注于系统和控制领域到交叉学科研究，如系统生物学、航空航天技术、量子技术和纳米技术、经济金融等。

经过几十年的努力，虽然尚未达到完善的程度，但无论是在理论研究还是实际应用方面，随机线性系统的辨识都已发展得十分成熟。总的来说，非线性是普遍现象而非特例，因而近年来随机非线性系统辨识受到了相当大的关注（Billings，1980；Sjoberg et al.，1995）。但“非线性”一词是多元化的、难以界定的，因此可以说随机非线性系统辨识仍是一个开放的、尚未完全开发的领域。也正因为如此，非线性系统辨识的研究十分活跃，其成果也是深入且卓有成效的，而从另一方面讲，对于非线性系统的辨识研究，各种方法之间尚缺乏内在联系和统一框架。目前，非线性系统辨识的大量研究工作是针对某些特殊结构的系统，如 Wiener 系统（Chen，2006；Verhaegen and westwick，1996；Bai，1998）、Hammerstein 系统（Bai，1998；Ninness and Gibson，2002；Bai and Li，2010；Zhao and Chen，2009）及它们的推广（Zhao and Chen，2012；Mu and Chen，2012）、非线性带外输入自回归系统（Roll et al.，2005）、量化观测系统（Zhao et al.，2007；Wang and Yin，2007）、子空间辨识方法（Katayama，2005；Van Overschee and deMoor，1995）、跳变系统（Vidal，2008；Wang and Zhou，2012）等，常用的随机分析数学工具还包括 Chebyshev-Markov-Stieltjes 不等式、Chernoff 界、鞅收敛定理、大数定理、大偏差原理、马氏过程、随机微分方程等。

系统辨识会越来越多地涉及时变、随机、非线性因素。首先，当系统参数随时间变化或结构跳变时，它们与状态类似，而同时估计参数和状态就会引入非线性问题。对这类问题中参数和状态联合能观性、可辨识性、信号持续激励等基本问题都有待深入探讨。其次，当控制、决策、优化利用辨识结果在实时执行时，随机噪声以非线性结构进入系统，造成随机非线性时变系统。另外，观测数据同时含有系统和环境的信息。比如同时辨识系统参数和噪声的统计模型也是一个非线性问题。最后，时变系统会造成不可约误差，这与物理学家海森堡在量子力学中著名的“测不准原理”是类似的（Zames et al.，1994）。由于辨识与控制结合实时执行时总会有时变特征，随机非线性系统辨识不可约误差是一个复杂性研究的重要方面。

过去几十年，随着科学的迅猛发展，不同研究领域的界限越来越模糊。相应地，新的针对随机及非线性系统的辨识和估计问题也在不同领域不断涌现。例如，智能材料驱动器的模型辨识与控制、金融数据的建模和预测、遗传调控网络的结构和功能性推断、互联网和社会网络的关键节点检测、飞机引擎的建模及状态估计等。这些课题富有挑战性，需要来自不同领域的专家共同合作，这些研究热点也为系统辨识本身提供了更多的机遇。进一步的研究内容可能包括但不局限于以下方面：级联非线性系统的递推辨识及其对一般非线性系统的逼近能力，为克服“维数灾难”而针对随机非线性系统辨识来建立新理论、提出新算法，基于量化观测的对一般随机非线性系统的辨识等；此外，交叉研究领域的若干问题也值得关注，如网络结构的辨识、网页排序的随机化分布式算法及其收敛性分析、基于新一代测序技术［基于荧光信号的基因测序（Illumina）、基于离子浓度的基因测序（Ion Torrent）等］的碱基辨识算法及性能分析等。

## 第五节　大数据时代的系统辨识

从历史上看，由于传感器、测量装置等各方面的局限，信息的获取十分昂贵。但随着信息技术革命特别是互联网技术的到来，情况得到极大改变。有报道指出，互联网上的数据每年增长50%，每两年翻一番。此外，大数据又并非单纯指人们在互联网上发布或搜集的信息，由于系统被网络越来越多地相互联系在一起，全世界的工业设备、汽车、电表上有着无数的传感器，这些装置快速、大容量地收集数据并存储在指定的数据库中，也产生了海量的数据信息。在这种情形下，数据采集相对便宜，而数据的转化和处理十分昂贵，大数据技术的意义不在于掌握庞大的数据信息，而在于对这些含有信息的数据进行专业化处理。显然，系统辨识作为处理数据、提取有效信息的手段，应该在大数据时代一显身手。

但从研究的角度看，“大数据”概念过于宽泛，如智能电网观测数据、交通网络智能调度、基因调控网络的结构推断、时间空间分布系统的建模与滤波问题等，都将面对海量数据。因而，泛泛地去研究“大数据”对辨识的发展是不够的。所以，从这个角度说，首先我们需要明确要研究的具体问题，在这个前提下，发挥辨识的特点与长处，解决较为典型的理论问题，并推动其具体应用。

比如新能源和智能电网的重要特征是大量的相量测量单元、智能仪表、通信网络，加上快速采样造成海量数据。系统分块、数据分布处理、快速局部子系统辨识与慢速总系统协调辨识可能会对减少这类系统的辨识复杂性有帮助。从基本方法来说，以下领域对辨识研究来说已具备一定基础同时有较大的发展潜力（Tan et al.，2006；Sayeed，2003；Vapnik，1998；1999；Vidyasagar，2003）：数据的压缩、编码与网络传输，数据处理的分布式、协同估计，数据的挖掘与自学习及其递推算法，稀疏数据的处理及信息提取等。

## 第六节　考虑资源的有效利用，突出复杂性的研究

复杂性的研究趋向于对资源和目标之间关系的理解。为通过系统辨识减少不确定性，我们会遇到资源消耗和限制的问题。资源有不同的形式，主要取决于其应用的领域。

在传统的系统设置下，资源通常和获取数据的成本有关，包括传感器、传感器种类、传感器位置、辨识实验包含的方案数目、数据持久度、采样率、数据存储需求等。从这个意义上讲，如果我们减少了一个传感器，使用了一个更便宜的传感器，或者只用少量的数据，那么资源使用就会减少，但相应的不确定性会增加，并影响辨识的质量（如精度或者不确定性集合的大小）和速度［如收敛速率、Cramer-Rao（CR）下界、信息准则］。

再如，比较常见的网络系统的辨识问题中，最常提到的资源是通信系统的功率和带宽。为减少能量消耗，可用低功率传输，但会增加数据传输误差、掉包、延迟。为减少带宽的使用，我们需要降低采样率、使用低分辨率量化、压缩数据以减少数据冗余、仅使用部分信息等。系统辨识必须解决如何少用资源的问题。对于系统辨识来说，这些都是新问题，这为形成新的有意义的

研究方向创造了机会。

严格地研究这些影响是根本的，并变得越来越重要。从历史上看，为了研究模型的复杂性、辨识速度和不可约误差（Kolmogorov，1956；Pinkus，1985；Traub et al.，1988），最坏情况辨识采用了基于信息的复杂性和近似理论中的复杂性概念。类似地，为减少模型复杂度，随机框架下（Ljung，1987；Kushner and Yin，2003；Wang and Yin，2007）的系统辨识一般采用熟知的 CR（Cramer-Rao）下界和 Fisher 信息准则来界定不可约误差。

探索系统辨识的复杂性及其与控制之间关系存在巨大的机遇（Wang，2000；Wang et al.，2008）。由于技术上的困难，过去这并未成为主要研究目标。在系统辨识的新模式下，我们应该尝试从已有的理论基础，如近似理论、统计、信息理论、计算复杂性等中，建立新的复杂性的结果。以下的四个支柱可能在交叉学科的框架下，发展出一种新的复杂性理论。

## 一、近似理论

在近似理论中，辨识时间复杂度、采样复杂度（Dahleh et al.，1993；Zames et al.，1994；Lin et al.，1999；Poolla and Tikku，1994）、模型复杂性（Tse et al.，1993）、反馈复杂性（Zames，1979）被看作复杂性的几类理论结果。实际上，从更广义的角度讲，反馈系统的鲁棒性能力可以用近似理论来描绘。因此，当描述未建模动态、模型失配、模型不确定集合、反馈不确定性的减少等，我们能受益于近似理论的不确定性结果（Vidyasagar，2003；Pinkus，1985；Kolmogorov，1956）。

## 二、统计

著名的 Cramer-Rao 下界（Cramer，1946）和 Fisher 信息量（Frieden，2004）准确地定义了有噪声干扰的数据中系统参数的信息。Fisher 信息矩阵在描绘实际问题中的信息量方面有广泛应用（Frieden，2004；Hannan and Deistler，1988）。但如何将其与通信和基于近似理论计算的复杂性理论结合起来，形成一个更广泛的复杂性理论，仍然是一个难题。

## 三、信息理论

Shannon 的信息论是信息理论方面的一个重大发现。它对信源编码、信道编码、数据失真、数据压缩的影响是举世公认的（Cover and Thomas，

1991；Gallager，1968；Gersho and Gray，1992；Sayood，2000）。另外，Shannon 的采样理论描写了信号处理中的采样复杂性。在网络系统辨识中，信息理论显然也应该作为基础，但是它也必须纳入其他复杂性的研究中。

### 四、计算复杂性

在计算机逻辑、自动机、计算机语言中，传统的计算复杂性的研究比较常见（Davis et al.，1994），主要是计算程序方面的分类，P-类与 NP-类。总的来说，P 问题被视作可计算的而 NP 问题被视作无法操作的。但是，对于系统辨识和控制应用而言，上述计算复杂度的基本特性不足以具体到能够对系统辨识算法提供一个可行的约束。目前，这方面尚不清楚如何解决。另外，关于计算复杂性的不少概念已被用到物理、量子计算、分子建模等。它也可以对算法的复杂性和信息、熵等提供一些指导（Zurek，1990）。

## 第七节　以目标驱动的、综合化的系统辨识

辨识致力于利用实时、在线数据来建立系统模型。从数据和环境中减少系统的不确定性，得到更加精确的参数、非参数、状态的估计，都是系统辨识的直接目标。减少不确定性是为应用服务的：不确定性的减少意味着有更加精确的控制、可靠性更好的监测，以及更好的诊断来对系统进行保护。过去，人们一直在寻找如何将系统辨识加以应用，尤其是在控制设计方面。“控制导向辨识”和“自适应控制”显著地反映系统辨识与控制的结合（Gevers，1993）。以目标驱动的、综合化的系统辨识旨在以复杂性为基础从总体上来看问题。系统辨识应致力于结合控制、诊断、决策、调度，实现最小资源达标。

首先，系统辨识应以达到目标为止，否则就会浪费资源。例如，在对系统做故障诊断时，目的只在于区分正常与出错状态，不必过分追求参数收敛，另外系统参数重要性也不同。一个病人心跳和呼吸都很正常但血压高，数据采集量应更多用在血压上。所以，临界参量和非临界参量应该有不同的精度要求。以目标驱动的最小资源系统辨识的方法和算法还很少研究，值得重视。

其次，系统辨识和反馈控制都旨在增强系统在不确定性条件下的工作能力，是殊途同归的。如果反馈控制的鲁棒性强，则对系统辨识精度要求降低，并可少用资源。因此辨识和反馈控制综合化的方法会比专注系统辨识要更优越。如何巧妙利用反馈控制的结构和设计来辅助系统辨识是很有意义和前途

的研究方向。

最后，新领域多以系统关联为特色。交互系统的子系统间信息可以协助辨识、监测、诊断。因此，在大系统的框架下利用关联信息的系统辨识方法比专注子系统的辨识能更有效地利用资源。这方面的现有知识甚少，有待于应用领域的专家与系统辨识研究者的密切合作来推动其发展。

这类思想在数据挖掘、机器学习、随机过程中均有发展，包括局部结构的嵌入、元数据挖掘、马氏链状态组合等。其主体思想是在精度允许的范围内尽量减少数据复杂性，系统辨识对此可以借鉴。

## 第八节 客户服务：友好且高效的工具

系统辨识工具的发展主要体现在不断改进的代码开发上，如 MATLAB/SIMULINK 中系统辨识的工具包（Ljung，2007；Garnier and Mensler，2000；Ljung，2003；Rivera et al.，2003）。如果要将系统辨识广泛应用于实际系统，除了以上章节讨论的理论、算法上的发展以外，还需要在软件开发这个领域做进一步的努力，一方面包括各种辨识算法的软件实现，特别是递推实现；另一方面包括人机友好的软件界面。显而易见的例子是，虽然大多数人不了解 iPhone、Facebook、云计算中的高技术概念和细节，但他们依然能够方便地使用这些高科技产品，很大程度上取决于这些工具的核心科技中加入了用户友好的界面。为了使得系统辨识成为控制系统日常应用的一部分，在工具软件方面我们需要继续努力，使得只有有限的系统辨识背景的工程师或科研人员可以方便、快捷地学习和使用这些工具软件包。

## 第九节 结论与建议

本章将从几个方面简要探讨系统辨识今后的发展方向，假如其中的某些观点能引起学界同行的共鸣、讨论和批评，那我们将感到十分欣慰，因为这也正是本章的目的所在。

系统辨识，从广义上讲，以建模和减少不确定性为目标。伴随着新技术的进步，系统辨识必然要面对大量的应用性问题及不断涌现的新挑战。对于系统辨识来说，为了促进它的新发展、新突破，从问题的提出、方法的建立、理论的发展，乃至编程、用户工具包开发等各个方面，都需要一个完整的、有条理的研究规划和组织管理。因此，迫切呼唤从国家层面上对系统辨识这门重要的学科重视起来，规划好系统辨识的战略方向，加大科技投入，完善各方面的组织协调，以促进这门学科的进一步发展。下面提几点具体建议。

（1）有一批新领域已受到世界各国高度重视，中国也已投入巨资发展。它们对新科技的推动，对经济、生活的巨大影响已势不可挡。系统辨识的战略方向可首先考虑与其接轨同步。下述三大领域尤其值得重视：①与生命科学相关的方向，包括系统生物学，基因测序中的建模辨识问题、基因调控网络建模，人体神经、循环、免疫等系统的建模诊断控制，等等。②与交通相关的方向，包括电动车、混合动力车、电池管理，自动驾驶车队，无人驾驶飞机、汽车、机器人等。③与新能源和智能电网相关的方向，包括风力光伏电池和智能电网状态参数估计、分布式调度和优化、负载预测，等等。

（2）建立系统辨识方法、算法、理论结果、应用范例、模拟案例、硬软件系统的开放式数据库，以方便科研工作者、学生、工程技术人员学习、引用、应用。一个领域的有力（影响力）、有效（见实效）、有益（工企业有利可图方可推广）的发展不能只集中在少数人才的理论战果与学术成就上。开放式数据库是一个集思广益的有效途径。

（3）建立几个真正的国家级开放式实验基地，并联网服务。复杂系统的模拟和方法验证需要高速计算机（如云计算机）和昂贵软件，实验论证需要实际智能微网、汽车、飞机实验基地、大规模电池、电动车充电系统，以及相应的数据采集系统。大部分的高校、科研单位、工企业无力拥有这样的设备。国家若提供开放式实验平台可使系统辨识在新战略方向上的研究普遍和大众化，并鼓励平等竞争和多学科合作。

（4）重视人才培养，尤其是理论与应用俱强的“中间”人才或“交叉”人才。新领域的交叉学科特征使得问题的提出、数学描绘、限制条件的设定、数学工具的选择，以及理论结果的实际验证及应用变得十分困难。没有对理论方法具有较强功底又对某一领域有深入理解的“中间”人才，常见的理论与实际脱节的现象会在新时期更多出现。“中间”人才可发挥组合多学科协同发展的关键作用。

# 第十四章 自适应控制：过去、现在与未来

自适应控制是现代控制中非常有活力的一个分支，通过半个多世纪以来的不断发展，其内涵日益丰富，涌现出越来越多的思想，并已在很多实际问题中得到了成功应用，这一领域也由于所研究问题的普遍性、针对性和挑战性逐渐获得学者们越来越多的关注。可以想象，在新的时代背景下，这一领域将在今后发挥越来越重要的作用，走向新的发展阶段。这里我们将简要介绍与讨论自适应控制这一学科分支的过去、现在和未来，以及一些新兴领域对自适应控制提出的需求与挑战，对本领域的进一步发展给出战略层面的一些初步思考。

## 第一节 基本概念与组成

自适应控制是一个发展数十年之久的自动控制的分支，目前已出现了多部关于自适应控制的教材或专著（Landau，1979；Ljung and Soderstrom，1983；Goodwin and Sin，1984；Chen，1985；Anderson et al.，1986；Åström and Wittenmark，1989；Narendra and Annaswamy，1989；Sastry and Bod Son，1989；Chen and Guo，1991；Krstic et al.，1995；Ioannou and Sun，1996；Landau et al.，1997；Tao，2003；Ioannou and Fidan，2006；Hovakimyan and Cao，2010；吴宏鑫，1990；郭雷，1993；韩曾晋，1995；张云生和祝晓红，2005；冯纯伯等，1986），以及一些综述性或前瞻性的讨论（冯纯伯，1988；Chen，1992；吴宏鑫，1992；袁震东，1997；陈翰馥和郭雷，1998；Åström，1983；Kumar，1985；Ortega and Tang，1989；Ilchmann，1991；Åström et al.，1993；Liu and Zhang，2005），其思想可追溯到 20 世纪 40 年代。“自适应控制”这一术语在英语中为 adaptive control，

按字面可直译为“适应控制”，不过出于历史习惯，我国科技工作者多采用“自适应控制”这一译法。《韦氏字典》指出：“适应”意指改变其自身，使得其行为适合于新的或已经改变了的环境。关于“自适应控制”，虽然在 20 世纪 50 年代初就已开始运用，但目前尚无权威、公认的统一定义。Åström 认为“自适应控制器是一种具有可调参数和调参机制的控制器”（Åström and Wittenmark，1989），以此将自适应控制与一般反馈控制加以区分。自适应控制的基本思想如图 14-1 所示。

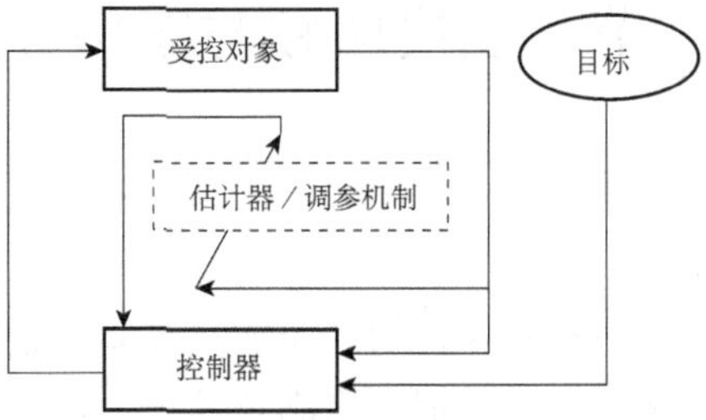


图 14-1　自适应控制思想的示意图

反馈控制用来较精确地控制绝大部分运行状况，某些情况加上前馈控制还可达到减少输入扰动影响的目的。但有些对象具有很大的不确定性、时变性和内外扰动，简单的反馈加前馈控制效果很不理想。这是自动控制领域所面临的一个非常具有挑战性的问题，自适应控制正是在这样的背景下提出的。其基本思想是通过不断地检测被控对象，将在线参数估计方法与某种控制系统设计方法结合起来，产生出具有自适应能力的控制律。因此自适应控制系统能够在一定程度上克服系统的未建模动态、慢时变、变时延、非线性、未知干扰等不确定性，具有很好的适应性和鲁棒性。

传统自适应控制主要针对参数不确定系统，其设计基础是参数估计，或者说系统辨识。多数自适应控制器都涉及以下要素：关于系统结构、参数、外扰的先验信息，系统的控制目标，参数估计更新律的构造及反馈控制律的设计。从根本上讲，这四要素中后两者应根据前两者来进行构造设计，而后两者的作用恰恰是通过系统产生的动态后验数据结合系统的先验信息达到对付（降低）系统不确定性的目的，进而完成期望的控制任务。除了增益调度（gain scheduling）控制可视为前馈自适应控制外，多数自适应控制器可归为反馈自适应控制器，其分类可参见相关文献（张云生和祝晓红，2005）。模型参考自适应控制（Landau，1979；Parks，1966；Morse，1980；Goodwin and Mayne，1991；Wei and Kumar，1994）、自校正调节器（Kalman，

1958；Sin and Good win，1982；Kumar，1990；Chen and Caines，1985；Guo，1995）、自适应极点配置（Lozano-leal and Good win，1985）是几种常见而典型的自适应控制器。自适应控制也常有“直接”与“间接”之分，前者直接估计控制器本身的参数而不是受控对象的参数，而后者估计受控对象的参数后再计算控制器所需的参数。常见的模型参考自适应控制属于直接自适应控制，而自校正调节器可视为间接自适应控制。

## 第二节　发展回顾与案例分析

### 一、发展回顾

自适应控制源于20世纪50年代的一个航空控制问题：人们将经典的线性控制器应用于飞机、火箭时，并不都给出满意的结果，后来发现其困难在于不同高度的响应特性有显著的变化，而经典的线性控制器（参数固定）只能与某一高度的响应特征相匹配。该背景催生了增益调度控制、MIT方案等自适应控制的思想，但未形成系统的理论。自适应控制思想诞生之初，人们对自适应控制思想充满热情与期望，在没有给出闭环稳定性的理论分析之时就大胆在实际中加以应用，但1957年应用自适应控制器的X-15飞机出现的事故，导致了许多研究者退出这一领域，从而致使自适应控制的研究曾停顿多年。

在20世纪60年代后期，伴随控制理论的发展（特别是状态空间和稳定性理论的引进），自适应控制理论有了初步的发展。Butchart和Shakcloth（1966）、Parks（1966）相继提出用Lyapunov稳定性理论、Landau提出用Popov超稳定性理论来设计自适应调节规律，从而奠定了模型参考自适应控制的基本形式，针对一部分线性时不变系统给出了严格的自适应控制器闭环稳定性证明（Landau，1969）。

到了20世纪70年代，自适应控制的研究出现了一个高潮，产生了一些突破性的进展，这一高潮延续到了20世纪80年代。基于最小方差原则动态辨识出线性系统模型参数结合必然等价原则（把参数估计当作真值看待）这一设计思想的自校正调节器与自校正控制器吸引了Åström和Wittenmark、Clarke和Gawthrop、Ljung、Goodwin等多位学者的研究，模型参考自适应控制也在Narendra、Morse等学者推动下取得了很多进展。我国学者陈翰馥院士与郭雷院士的工作（Chen，1985；Chen and Guo，1991；郭雷，1993；Chen，1992；Guo and Chen，1991；郭雷，2012）则使自校正调节器的理论研究达到顶峰，最终合理完整地解决了线性随机系统自校正调节器的稳定性、最优性、收敛速度等问题。冯纯伯院士的工作（冯纯伯和史维，1986；Feng and Wu，1996）则基于输出信号预处理思想，建立了一套完整的基于偏差补偿系统建模的新方法，可用于开环及闭环动态系统辨识、降阶建模、集元辨识、频率特性辨识等。自适应控制器的复杂性造成其应用中物理实现的困难，然而这一时期计算机技术有了很大的发展，从而推动了自校正调节器的广泛应用。

20 世纪 70 年代自适应控制的“成功”在 20 世纪 70～80 年代遭到了质疑，引起了激烈的争论。Egardt（Egardt，1979）、Ioannou（Ioannou and Kokotovic，1984）和 Rohrs 等（1985）给出了一些自适应控制器在未建模动态或有界干扰下不稳定的实例，从而引发很多学者对自适应控制器的鲁棒性问题进行深入思考和研究，提出并分析了一些新的设计方法或者修正方案，这些方法能保证在未建模动态与有界干扰合理小的情况下，自适应控制器的信号仍保持有界而不发散，且系统性能的误差界也能适当的小。鲁棒性这一研究主题一直持续到 20 世纪 80～90 年代（Sastry and Bodson，1989；Ioannou and Sun，1996；Kumar，1985；Ioannou and Kokotovic，1984；Tsakalis，1992；Datta，1993；Zhang，1995；Narendra and Annaswamy，1986），对其思考的逐渐深入也激发了近 20 年来的一些新方法（如 $L_1$ 自适应控制、半参数自适应控制）的研究。

20 世纪 80～90 年代自适应控制的研究对象逐渐深入参数时变且未知的线性系统及具有未知参数的非线性系统（Krstic and Kokotovic，1995；Liu and Zhang，2005；Kanellakopoulos et al.，1991；Kanellakopoulos，1991；Krstic and Kokotovic，1995；Zhang et al.，2003；Kokotovic and Arcak，2001；Tsakalis and Loannou，1992），许多学者（Tsakalis 和 Ioannou、Kanellakopoulos、Kokotovic、Morse、Krstic、Wen 和 Hill、Ortega、Mayne 和 Michalska 等）的大量努力产生了丰硕的成果，反馈线性化、Backstepping 方法等思想得到广泛运用。这一时期还有一些学者（Datta 和 Ioannou、孙静、张纪峰等）致力于如何提高自适应控制器的暂态与稳态性能，如多模型切换方法（Fu and Barmish，1986；Miller et al.，1991；Narendra and Balakrishnan，1997；Anderson et al.，2001；Hespanha and Morse，2002；Zhang and Guo，2002b），这一思想后来在新的背景下被扩展延伸为有限模型自适应控制（Ma，2007）。这一时期，我国学者陈翰馥、郭雷、张纪峰等人在随机自适应控制系统的稳定性分析、收敛性分析、收敛速率分析等

方面做过大量的工作（Chen，1985；Chen and Guo，1991；郭雷，1993；Chen，1992；Liu and Zhang，2005；Chen and Caines，1985；Guo，1995；Zhang，1995；Chen and Zhang，1989；Chen and Zhang，1990），在国际上享有盛誉，曾被称为“中国学派”（Chinese School）。冯纯伯院士等在模型参考自适应控制及其鲁棒性等方面做了系列工作（冯纯伯和史维，1986；冯纯伯，1988；Feng and Wu，1996），首次提出在模型参考自适应控制系统中引入逻辑切换，提高全系统的鲁棒稳定性，既可简化控制结构，又可对付系统中存在的不确定性；一般认为广义预测控制鲁棒性较好，然而冯纯伯和他的学生对此分析的结果说明广义预测控制的鲁棒性存在缺陷，纠正了国际文献中的误解，并提出了能保证鲁棒性大大提高的新的设计方案。

总结近20年来自适应控制方面的研究，可以用“百花齐放”来形容，除了对经典自适应控制方法方面有进一步深入的理解外，还出现了一些新的自适应控制方法及理论，典型的包括 $L_1$ 自适应控制（Hovakimyan and Cao，2010）、全系数自适应控制（吴宏鑫，1990）、自调整 PID 控制（Ilchmann，1991；郭仲伟和 McInnis，1987）、全参数自适应控制（陈江南和徐宁寿，1986）、自适应逆控制（Li et al，2012）、自校正动态矩阵控制（Maiti and Saraf，1995）、动态表面自适应控制（Song and Lin，2012）、半参数自适应控制（Ma and Lum，2009）、集合值自适应控制（Guo et al.，2011）、近邻补偿自适应预测控制（Yang et al.，2013）、自适应倒退控制（Zhou et al.，2009）、极值搜索控制（Tan et al.，2006）、自适应动态规划（Zhang et al.，2013）、无模型自适应控制（韩志刚，2004）、自适应滑模控制（Chen，2006）、自适应神经网络控制（Zhang et al.，2000）、模糊自适应控制（Chai and Tong，1999）、多智能体分散自适应控制（Ma，2009）、追溯代价自适应控制（Santillo，2009）、约束预测自适应控制（Su et al.，2007）等。有数十年发展历史的滑模变结构控制、广义预测控制（Clarke et al.，1987）、迭代学习控制（Bristow et al.，2006）等控制分支广义来看都具有一定的“自适应”特征，具有鲜明的特色，在很多领域中得到了应用。

最后，我们必须提及若干学者（如 Seron、Goodwin、Åström、郭雷、丘立、苏为洲等）在反馈控制能力极限方面所做的一系列工作（Seron et al.，1997；Guo，2002；Xie and Guo，1999；Su et al.，2003），特别是源于郭雷院士及其团队一系列关于整个反馈机制（不限于特定类别的反馈律）能力与极限方面的原始性工作（Guo，2002），从某些侧面大大加深了对自适应控制的理解，甚至启发了一些新的自适应控制器设计思想［如“历史最近邻居估计”（Xie and Guo，1999）]。关于反馈机制能力极限方面的研究表明，对离散时间非线性系统的自适应控制存在临界可镇定性现象（Xie and Guo，1999），这些研究揭示了离散和连续时间自适应非线性控制的本质区别。

综观自适应控制起步与发展，整个过程一波三折，经历了“失败”、“反思”、“成功”、“改进”的各种过程。回顾这一发展过程，我们可以简要总结一下本学科分支的发展脉络。其整体主线可以归结为：从实践（如不同高度下飞行控制的需求）上升为理论（如简单的适应控制思想），理论因其内在需求不断推进发展（自校正调节器、模型参考自适应控制器），理论又在实践中得以应用（自校正调节器在造纸等领域的早期应用），实践中发现的问题（Rohr 反例）反过来又促进理论的螺旋式上升与发展（鲁棒自适应控制、非线性自适应控制等），进而又大大推动了实践应用的拓展。对自适应控制的概念及内涵也通过长期思辨与讨论，不断加深了理解。这一过程中，学科交叉与融合起到了重要的作用，体现在控制理论（Lyapunov 稳定性）、数学工具（微分方程、概率统计、参数估计、不等式等）、相关学科分支（动力系统、系统辨识）、信息技术（计算技术、传感技术、通信技术）、新兴学科（如模糊数学、人工神经网络等）等多个方面。

综上所述，从历史来看，自适应控制这一学科分支的发展脉络可简单归纳为：思想产生于实际的需求；概念澄清于长期的思辨；应用经历了否定之否定；学科发展于创新与融合。整个学科分支的发展有赖于实际应用的外在需求、理论发展的内在需求、相关学科的耦合需求等多种需求。

## 二、案例分析

自适应控制最初（20 世纪 50 年代末期）主要应用于航天航空领域，此时相应的理论和方法还不成熟，应用上遇到一些失败，到 20 世纪 70 年代，自适应正控制理论与技术取得突破性进展，在石油、化工、造纸、冶金、船舶自动驾驶等多个工业领域取得成功的应用。目前已经有大量的商业化自适应控制软件运行在世界各地工厂的 DCS 控制系统上，自适应控制成为工业过程先进控制技术中的重要方法之一，对于促进我国传统工业的升级改造，带动工业化与信息化的融合具有重大意义。根据文献报道，自适应控制的应用很多，特别是自适应控制在我国得到了较多的应用。因篇幅限制，以下仅仅举例说明各种自适应控制方案在我国的应用。

1. 早期自校正控制器的应用

自校正控制技术在我国有很多早期成功应用的实例，主要领域涉及化工、造纸、水泥、工业窑炉、冶金等。例如，20世纪70年代末，南开大学袁著祉等人将最小方差自校正调节器成功应用于北京有机化工厂的醋酸蒸发器液位控制过程和醋酸乙烯合成反应器温度控制过程。

2. 多变量自校正控制器在工业过程中的应用

多变量自校正控制器曾在电加热炉、铅粉机、精馏塔等工业过程中得到成功应用。例如，舒迪前和刘宏才等研制了输入输出维数不等的多变量极点配置自校正预测控制器（舒迪前等，1991），在轧辊退火炉温度群控系统中应用，控温偏差和炉内温度场不均匀度均在理想范围内。

3. 广义预测自适应控制在工业过程中的应用

模型预测控制是一种先进控制算法，在石油、化工、造纸、冶金、电力等领域应用。例如，袁著祉和陈增强等学者采用时变遗忘因子的鲁棒辨识算法、在线辨识系统模型参数形成的广义预测自适应控制器，在钢坯加热炉生产线、工业锅炉液位系统和燃烧系统、涤纶片基拉膜生产线、钻杆对焊热处理生产线等多种典型工业装置中成功应用（陈增强等，1993）。

4. 基于特征模型的智能自适应控制在航天和工业过程中的应用

基于特征模型的智能自适应控制方法是吴宏鑫院士在实际工程应用中提出的，适用于参数时变系统和非线性系统（吴宏鑫，1990）。已成功应用于航天和国家重点工程等400多个控制系统，创造性地应用于神舟飞船的返回再入控制中，控制精度达到世界先进水平；成功应用于神舟八号和天宫一号交会对接控制中，实现了接触前两航天器相对位置和相对姿态的高精度控制，对我国载人航天和交会对接的圆满成功做出了重要贡献。

5. 无模型自适应控制器在工业过程中的应用

无模型自适应控制器技术是针对PID控制器难以控制具有时变、非线性、大滞后特性的系统而提出的一种新型控制算法，不依赖于对过程对象建模（韩志刚，2004）。例如，韩志刚等将该项技术在加热炉的温度控制、常压塔侧线温度的控制、热电厂高压除氧器系统的控制、硝酸铵生产中和过程的

pH 控制、合成氨生产的氢氮比控制系统、丁辛醇装置羰基合成反应器的丙烯流量控制等实际对象中进行了成功应用。

6. PID 自适应控制器在工业过程中的应用

当被控过程发生静态或动态特性变化时，需要自适应地调整 PID 调节器的参数（Åström et al.，1993），因此目前自适应 PID 控制器在工业过程领域被广泛地应用，几乎所有的 DCS 厂商在它们的控制软件中都有自适应 PID 控制器。

7. 医学领域自适应控制

自适应控制在临床医学中的应用发展非常迅速。例如，郭仲伟等研究了人体的血液循环系统，采用了微机在线识别和自调整 PID 控制（郭仲伟和 McInnis，1987）；卢大骅等将一种加权参数极点配置自适应控制应用于硝普钠降血压作用调节，在第四军医大学进行的活体动物实验验证了方法的有效性。

8. 机电系统控制自适应控制

对直流电动机进行自适应控制的研究是从精密的机器人伺服系统、大功率的挖掘机拖动系统、矿井提升机拖动系统等具体对象的分析中提出的。例如，方一鸣等将极点配置自校正控制应用在冷带轧机厚控系统中，确保了系统的控制精度并明显地提高产量。

9. 航空航天领域自适应控制

仿真表明，非线性自适应技术，可以控制诸多机种，包括战斗机、直升机、导弹、军需机、倾转旋翼机等。例如，美国近年开展的 RESTORE 计划研究了利用神经网络等为新一代战斗机提供自适应重构控制方案，并且通过无垂尾飞机的试飞验证了控制方案的有效性。

10. 汽车自动驾驶自适应控制

为了使车辆能够自动预防交通碰撞事故，现代汽车普遍安装了各种主动安全装置，通过车载系统自动对车速和车辆间距等行车数据进行调整。例如，在中型轿车中，宝马 E90 新 3 系轿车首次选装了由德国博世公司提供的驾驶辅助系统—ACC（自适应巡航控制系统）。该领域将对我国的无人车/无人系统的发展起到重要的推动作用。

## 三、自校正调节器

在自适应控制发展历史上，自校正调节器无论是在理论上还是应用上都起着重要的作用，因此下面单独对其发展进行重点讨论，“管中窥豹，可见一斑”。自校正调节器是一类最基本的自适应（反馈控制）规律，它能够在系统的内部结构和外部环境都存在不确定性因素的情况下，根据系统的状态信息或输出信号，实时地对系统的未知参数进行估计，并在此基础上实时自动调整控制器的结构和参数，使被控系统达到我们所期望的性能指标或控制目的。因而在本质上，自校正调节器是由一组在数学上很复杂的非线性与非平稳随机动态方程所刻画的，从而使得对其进行严格的理论分析或建立其理论基础，会遇到出人意料的困难。直观来说：如果希望有满意的输出信号，就需要有满意的控制信号；但由于控制信号依赖于估计信号，因此就需要有满意的估计信号；进一步，由于估计信号又依赖于输出信号，因此需要有满意的输出信号——这种“循环因果”关系是理论研究出现困难的根本原因。

历史上，国际控制界许多著名科学家都曾对自校正调节器研究做出过重要贡献。20 世纪 50 年代中期，在飞行控制和过程控制等实际需求的刺激下，曾涌现出对大量自适应控制的研究。1958 年现代控制论奠基人 Kalman 曾提出利用在线最小二乘算法来构造反馈控制规律的自校正调节器思想（Kalman，1958）。随着控制理论和计算机技术的发展，瑞典著名控制学家 Åström 和 Wittenmark 发表了对随机系统自校正调节器收敛性分析的第一篇理论文章（Åström and Wittenmark，1973），在假设被控系统信号是平稳的并且最小二乘算法收敛到某一个值（未必是真值）的情况下，证明了控制系统性能的最优性，却未能回答能否保证及如何保证被控系统平稳、参数估计收敛。1977 年 Ljung 在发表于 IEEE-TAC 的获奖论文（Ljung，1977）中，提出了分析一般性递推算法的著名“常微分方程”（ODE）方法，并应用于分析自校正调节器的渐近性质，但该方法的根本局限是必须预先假定某种稳定性。1980 年，Goodwin 与合作者 Ramadge 和 Caines 在 IEEE-TAC 上发表了一篇“小文章”（Goodwin et al.，1980），利用所谓的“关键技术引理”（key technical lemma），对没有外界噪声的系统给出了自适应算法的收敛性证明，其数学证明相对简单，但所提方法开拓了一种相对易于扩展的分析闭环稳定性的新途径，该文因而被广泛引用并获 IEEE-TAC 的最佳论文奖，然而假设噪声为零过于理想化；因此，这三个作者又于 1981 年在 *SIAM Control & Optimization* 上发表了另一篇文章（Goodwin et al.，1981）以考虑带噪声的随机系统，但该文为了理论研究方便，将最小二乘算法简化为所谓的“随机梯度算法”，即将算法的增益矩阵简化为一个标量。前述三篇论文曾入选 IEEE 控制系统学会评选出的 20 世纪（1932～1981）“25 篇经典控制理论文章”（Basar，2000），它们都源于或围绕着解决自校正调节器的收敛性理论，提出了各种新的研究方法，虽然这些方法并没能最终解决这一理论难题，但因其开拓性思想及深远影响力，这三篇代表作的第一作者 Åström、Ljung、Goodwin 等人，都先后获得国际自动控制领域的最高奖（IFAC Quazza Medal 和 IEEE Control Systems Award），并分别当选为所在国家的两院院士。此后，由于实际中主要应用最小二乘算法（它比非随机梯度算法收敛速度快得多）（Sin and Goodwin，1982），还有许多著名学者也对最小二乘自校正调节器进行过大量研究，但都没有取得本质性突破。

从 20 世纪 80 年代初起，著名华人统计学家黎子良与魏庆荣曾长期研究自校正调节器的收敛性，并成功得到了关于随机回归向量模型最小二乘算法几乎处处收敛的“最弱”条件（Lai and Wei，1982），这是一项里程碑式的重要成果；然而，对于自校正调节器来讲，即使验证这一“最弱”条件也非常困难，因为决定最小二乘算法的数据信号是由复杂非线性随机动力系统驱动而产生的，其统计特性不能先验假定，所以自适应控制中最小二乘算法研究与传统数理统计中最小二乘算法研究之间有着根本区别。正因为如此，瑞典皇家科学院院士 Åström 在 1987 年国际工业与应用数学联盟世界大会的大会报告中，曾感叹“在随机适应控制理论上的进展是缓慢而又痛苦的”；美国国家工程院院士 Kumar 在论文中指出，“原始自校正调节器是否真正收敛已经是一个 15 年以上的公开问题”（Kumar，1990）；国际著名统计学家、美国斯坦福大学教授黎子良在 1991 年的论文（Lai and Ying，1991）中也指出，“这一中心问题仍没有解决”；IEEE 控制系统最高奖得主、澳大利亚科学院院士 Goodwin 和英国皇家学会会员 Mayne 在 1991 年的论文（Goodwin and Mayne，1991）中甚至感叹道建立随机适应控制理论“即使在理想情况下，也令人吃惊的困难”。

1983 年，我国学者陈翰馥在与加拿大 P. E. Caines 教授交流期间，完成了关于随机适应控制系统中参数估计收敛性的代表性成果（Chen and Caines，1985）。在其工作基础上，陈翰馥指导的研究生郭雷研究了如何设计自适应控制器使得参数估计的收敛性和控制性能（跟踪指标和二次型指标）的最优性能够同时达到，完成了多篇相关论文并发表于国际顶尖控制理论刊物，为其后来的突破奠定了必要基础。郭雷1987年博士毕业后开始认真思考“自校正调节器收敛性理论”这个著名难题，在澳大利亚国立大学从事博士后研究期间，与澳大利亚科学院院士Anderson教授和Moore教授、美国伊利诺伊大学Kumar教授等知名随机控制专家进行了很多探讨，相互激励、相互启发，为其回国后实现这一难题上的突破奠定了坚实的基础。受希尔伯特哲学思想的启发，郭雷在研究自校正调节器难有实质性进展时，开始研究一个更一般的时变随机系统问题，以期站在更高的视角来抓住这一难题的本质，最终在充分汲取前人智慧的基础上，创造出分析随机非线性闭环系统的新方法，并基于这一关键突破，最终证明了自校正调节器的稳定性与收敛性这一长久以来悬而未决的著名难题，并因此获得了IFAC青年作者奖。在这些工作基础上，郭雷又进一步建立了经典自校正调节器的对数或最优收敛速度等，其研究论文发表于IEEE-TAC和Automatica等国际最顶尖的控制刊物上（Guo and Mayne，1991；Guo，1995）。

综观以上历史（郭雷，2012a），我们不禁要问：为什么“自校正调节器”会成为自适应控制这一学科分支的一个重要研究课题？这一问题值得深思。不妨引用Ljung在文献（Basar，2000）中评价Åström和Wittenmark的经典论文（Åström and Wittenmark，1973）时所说的话来加以总结：“人们会问：为什么自校正调节器的影响如此深远和直接？我相信有几个原因：它的简洁性，令人吃惊的鲁棒性，一些早期的成功应用，和‘自校正’这一起名——所有这些因素组合在一起，吸引了足够的研究兴趣。（从某种意义上）自校正调节器‘拯救’了自适应控制这一曾在20世纪70年代早期‘迷失’的领域。”从这一评述不难看出，理论方面的挑战性、重要性，以及应用方面的可用性、实用性都是自校正调节器得以不断发展的推动力，反过来说，其研究也推动了整个自适应控制这一学科分支的发展。

自校正调节器艰难曲折的发展过程这一经典案例可以给出我们很多启示。首先，学科发展有其内在规律，在应用上具有深刻背景、在理论上具有根本意义的重要问题会得到不断探索和研究，可能要历经多年乃至数十年才能得到解决，经历了时间沉淀其重要性才更加显著，这或许可以为我国的科研评价与管理提供有益的启示；其次，实质性创新从来不是一蹴而就、一帆风顺的，往往经历很多人持续不断的努力探索，开拓性的工作也离不开坚实的基础与长期的积累；最后，我国学者完全有可能做出世界前沿性的工作，长远的眼光、坚定的信心、不懈的努力都不可缺少，但也需要营造宽松自由的学术环境以真正促进创新型人才的成长。

## 第三节 发展现状与生长点

### 一、总体现状

自适应控制作为自动控制的一个学科，其发展不可能游离于自动控制理论与应用不断发展的背景（Murray et al.，2002；冯伯纯，1988；吴宏鑫，1992；陈翰馥和郭雷，1998）。综观自适应控制这一学科分支，整体上具有理论先进性、思想发散性、技术融合性、应用纵深性。目前的总体现状可简略总结如下。

1. 自适应控制的理论已日益成熟

在基础理论方面，自适应控制大体经历了如下阶段：思想萌发（20 世纪 50 年代：MIT 规则、最小二乘）— 初步发展（20 世纪 60 年代：模型参考自适应控制）— 高潮出现（20 世纪 70 年代：自校正调节器）— 质疑反思（20 世纪 80 年代：鲁棒性问题）— 继续发展（20 世纪 90 年代：基本理论完善、鲁棒非线性问题）— 扩展深化（近十余年：反馈机制能力极限、多模型自适应、模糊自适应、神经网络自适应、无模型自适应、$L_1$ 自适应、半参数自适应等）。目前这一分支用“百花齐放”来形容或许并不过分，其基本理论已发展到较为成熟的阶段。

2. 自适应控制的应用已渐获认可

在应用实践方面，自适应控制大体经历了如下阶段：应用探索阶段（20 世纪 50 年代到 20 世纪 70 年代初，如飞行控制）— 应用开始阶段（20 世纪 70 年代到 20 世纪 80 年代初，如造纸过程控制）— 应用扩展阶段（20 世纪 80～90 年代，如炉温控制）— 应用推广阶段（20 世纪末至今，如空天对接）。整体来看，人们对自适应控制经历了大胆尝试、因故放弃、重新实践、不断推广、完善发展的过程。这一过程有三个因素起到了至关重要的影响乃至反作用：首先，实际需求永远是应用发展的动力；其次，理论的完善与发展受实际应用中所出现的各种问题的推动，并成为应用得以发展的基础与保证；最后，相关技术（计算机技术、电子技术、通信技术、传感技术等）对实际应用起到了关键的作用，特别是计算机技术的发展程度决定了自适应控制这一相对较为复杂的控制技术能否实现。自适应控制的有效性已获得许多应用实例的证明，但由于了解及研究自适应控制的学者、专家相对较少，相应理论及技术还远未普及，仍然有一些领域还未能或不敢应用自适应控制技术。

3. 自适应控制的内涵仍有待丰富

一方面，人们对“自适应控制”这一概念的定义就曾争论了几十年，至今没有权威统一的定义；另一方面，从其包含的思想、算法来说，虽然已有非常丰富的内容，但是仍然在不断地推陈出新，涌现出新的理论问题和算法。在对“自适应”机制的理解方面，显然人们远远没有穷尽（也不可能穷尽）所有可能的方式。从已有的发展历史和现状来看，人们对自适应控制经历了从直观思考，到理论探求、应用尝试，再到改进完善并扩展应用的过程，对其内涵的理解经过了从自发到自觉、从低级到高级的过程。

4. 自适应控制的发展仍潜力巨大

虽然自适应控制已取得了很多理论及应用成果，但我们认为其未来的发展仍潜力巨大。具体来说，至少有以下几方面原因。

首先，传统自适应控制理论仍存在许多有待解决的问题，特别是非线性系统、时变系统、离散时间系统、连续时间采样系统、随机系统、混杂系统、状态或输入受限系统（包括量化系统）、复杂系统或耦合系统等方面的研究还很不充分，自适应控制还主要针对参数不确定性及较小的未建模动态进行设计，还有一些经典自适应控制器的稳定性、收敛性、鲁棒性没有非常好的理论证明，另外暂态效果的分析仍是迄今为止众多研究忽略但在实际应用中非常重要的一个课题。

其次，目前自适应控制的方法还比较集中于少数典型方法，特别是模型参考自适应控制与自校正调节器是过去半个多世纪发展的主题，与近 20 年发展起来的非线性系统辨识、非线性非高斯系统滤波技术、随机优化与学习、滚动时间窗预测学习、现代时间序列分析等技术的深度融合还非常缺乏。另外，自适应控制的实现还很少利用到迅猛发展的现代信息技术，如并行计算或高性能计算技术、网络通信技术、云计算技术、数据挖掘等中去，这些新的技术条件与背景为自适应控制步入信息丰富时代、大数据时代提供了基础。

最后，自适应控制的发展还将得益于极其广阔的应用需求，虽然自适应控制已在实际中有了很多应用，但相比其他控制方案仍只占极小的比重，因此，自适应控制在应用中的发展空间巨大，且由于自适应控制所独具的适应性、灵活性，必将在我国今后的产业升级、经济转型、国防发展中带来一定的控制器更新换代的需求，因此有着难以预估的发展潜力，将在一些新的高、精、尖、准的国防与经济关键领域发挥积极而重要的作用，也会随着智能家居、家政机器人等的发展逐渐渗入人们的生活。

### 二、生长点

我们认为，自适应控制在现阶段与未来的发展可能有以下一些重要的生长点。

（1）理论本身的需求：这方面的需求，如非线性自适应控制理论、半参数自适应控制、多智能体分散自适应控制理论等。

（2）科技发展的需求：这方面的需求与计算机、传感器、执行器、网络通讯、芯片与集成电路、嵌入式系统、物联网等密切相关，相应地会促进产生新的自适应控制理论（如量化自适应控制理论、采样自适应控制理论）及其应用。

（3）生产应用的需求：这方面的需求包括先进数字机床、全能工业机器人、3D 打印机等。

（4）社会生活的需求：这方面的需求包括人机智能交互、家政服务机器人、老人护理机器人、无人驾驶智能车辆等。

（5）国防应用的需求：陆海空天各方面的高科技需求都涉及自适应控制的潜在应用，包括高精度飞航导弹、全包络飞行战斗机、超高声速飞行器控制、地面无人战车、月球车、水上及水下机器人等。

## 第四节　问题与展望

本学科分支整体来看发展势头很好，基础理论已取得突破性进展，实际应用正在不断扩展，未来有很大发展空间，我们从以下角度进行分析。

从计算机技术所起的作用看，本学科分支受制于计算机技术的发展。早期超前于计算机技术的发展，造成实际应用的困难；20 世纪 70～80 年代受益于计算机技术的发展，造成实际应用的扩展，促成了研究高潮的出现；现在本学科分支一定程度上落后于计算机技术的发展，因此计算机技术与本学科分支交叉融合的空间很大。

从理论研究的特点来看，相对自动控制的其他分支来说，本学科分支的理论分析（尤其是离散时间随机自适应控制）一定程度上具有比较大的挑战性，还有很多需要解决的理论问题。发展历史也表明，稳定性等理论结果的保证对避免盲目应用自适应控制器起到重要的作用。因此，在新的发展时期，自适应控制理论的发展仍然具有重要的现实意义，国家有必要创造比较宽松而又适度紧张的学术氛围，促进自适应控制领域原始、深入的理论创新及解决实际问题的理论应用。

从实际应用的情况来看，整体来说当前应用情况良好，但发展空间巨大。一些领域里自适应控制还没有得到应用，一部分原因是相关人员及决策部门还没有认识到自适应控制的根本思想与应用价值，甚至持怀疑态度；另一部分原因是现有自适应控制理论尚不能完全解决实际应用中的问题，与具体应用需求存在一定的差距。从理论上来说，自适应控制器应能取代多数 PID 控制器，而工业应用中至少 80%以上的控制器都是 PID 控制器，因此现有控制器升级换代的空间也非常大。

## 一、应用问题

自适应控制的应用技术发展已经接近 40 年了，毫无疑问，这项技术已经在工业控制、航空航天、交通、医学等各个领域取得了重要的进展，有的领域已经出现了成熟的技术产品。这项技术的进一步发展将面临着巨大的机遇与挑战。为促进自适应控制的发展，我们认为以下几方面的问题值得关注。

（1）数学建模问题：随着被控对象的复杂与控制目标的提高，自适应控制的建模手段应该更加多样化与实用化，不仅是局限于数学方程表达的模型，而且应该包括结合过程机理与经验知识的信息化模型、网络化模型、多模态模型、泛模型、智能特征模型、神经网络模型、模糊模型等。另外，理论上通常要求已知系统最高阶数，但现实中可能存在高频未建模动态，工程上需要用低阶控制器解决高阶被控对象问题。

（2）不确定性描述问题：自适应控制主要针对不确定性对象，尤其是时变、非线性和随机系统，然而非线性随机系统自适应控制在理论上很难得到一般解，在这种情况下寻找普遍能用的方法是困难的，在应用中需根据具体对象设计具体自适应控制系统，当然这对推广应用也就带来了困难。另外，传统自适应控制主要关注参数不确定的系统，换句话说，很多时候把结构不确定性参数化，但整体来看，不确定性的描述方式还不够完善，有必要根据应用需求，考虑一些其他的描述方式。

（3）辨识方法问题：自适应控制器一旦成功投运，其长期运行的安全性保障主要取决于辨识算法，因此研究能够在长时间内经历各种随机扰动、大的负载及工况变化，以及激励信息缺失等情况下的安全鲁棒辨识算法是这项技术为工程界所认可的关键。

（4）控制器设计问题：应针对不同类的对象选择某种适合的自适应控制器，没有一种控制器是万能通用的，但是工程界要求需要调整的参数意义要明确，并且越少越好。有些自适应控制器需要调节 3 个以上的参数，而 PID 控制器只需要调节 1～3 个参数，从而影响了自适应控制器的应用。一些通用型控制器，如自适应广义预测控制器、基于神经网络的非线性自适应控制器、无模型自适应控制器、PID 自适应控制器等，常常是解决未知不确定性对象的重要选项。另外，自适应控制器的有机结合、自适应控制器与其他控制器（如自抗扰控制）的组合技术都是可进一步考虑的问题。

（5）系统实现问题：自适应控制器的工程应用依赖于具体的系统实现，目前自适应控制大部分是在字长有限的数字计算机上实现，这样会涉及采样周期、量化误差、信号时延、信号错乱、测量野值预处理等问题。例如，采样周期的选取是一个非常重要的问题，采样周期太小会出现非最小相位或算法不稳定，太大了控制精度会下降。

（6）理论分析问题：自适应控制器的工程应用最终取决于其理论分析，某种自适应控制方法只有具备了完备的鲁棒稳定性分析和收敛性分析结果做保障，工程界才敢放手使用。这方面理论结果与工程需求间还有不少差距，如工程应用关注有限时间内（启动过程或过渡过程）参数估计能否收敛到一定误差范围、动态性能指标是否达到要求，而理论研究很少给出暂态效果的分析或者给出有限时间稳定的自适应控制算法。再如，某些工业对象除白噪声外还存在常值干扰和周期性干扰，这些不确定因素会使参数估计与控制品质受到破坏性影响，这些给理论研究带来新的课题。

（7）智能化问题：不应该将自适应控制仅仅看成是一种控制器方法，而应看成是一种思想、一种理念，在实现这种思想与理念的过程中，自适应控制需要与人工智能的思想互相结合，如模糊逻辑、神经网络、专家系统、群体进化计算等，形成智能自适应，并逐步向自组织、自学习、自诊断、自修复、自重构、自进化等高级阶段发展。

## 二、若干未完全解决的理论问题

除了从应用方面可提炼出一些值得研究的理论问题，从自适应控制理论体系的角度，我们认为以下问题也值得进一步深入地思考。

（1）统一理解问题：经典自适应控制器是否有统一框架，如何进行统一的理解？可否提出新的自适应机制，估计与控制的对偶性如何理解及利用？这些问题有助于深刻理解自适应控制，若能建立部分统一的自适应控制理论体系，将对今后该分支的发展起到推动作用。

（2）暂态性能问题：如何定性、定量刻画暂态性能，可否建立自适应控制律的输入输出稳定性，如何提高暂态性能？对这些问题的理解与认识将大大增强自适应控制的有效性，有助于今后该分支的推广应用。这方面已有多模型自适应控制等方法部分考虑了这一问题。

（3）稳健性能问题：如何使自适应控制器具有鲁棒性（稳健性），如何定量衡量鲁棒性，如何使自适应控制器对付比较大的非参数不确定性？这方面已经有一些工作，但还需进一步深入。

（4）信息丰富问题：自适应控制中估计与控制是一对矛盾统一体（Xie and Guo，1999），由此带来的信息丰富问题（持续激励条件、衰减激励条件）是理论发展中涉及的关键因素。这一问题能否从新的角度重新探讨，是否可以通过牺牲计算复杂度来更充分地利用所有动态信息？这方面的思考或可催生新的研究方向。

（5）受限约束问题：系统有受限约束情况下如何设计自适应控制，量化、采样、饱和约束下如何设计自适应控制？目前这方面的研究工作还很少。这方面的思考或可催生新的研究方向。

（6）非随机干扰问题：很多工业对象除白噪声外还存在常值干扰和周期性干扰，这些会使传统自适应控制器中参数估计与控制品质受到破坏性影响，另外很多实际问题中噪声用有界噪声或其他非随机模型刻画更为合适。我国已有部分学者开始进行这方面的研究，但还未得到足够多的关注。

（7）非线性自适应控制：离散时间非线性系统的自适应控制具有较大的挑战性，已有理论主要说明具有线性增长速度的非参数不确定性可用自适应控制来对付，这一结果能否扩展到更高增长速度的情形（是否可另加其他的先验信息）？

（8）半参数自适应控制：传统自适应控制主要关注参数不确定系统，当同时具有参数不确定性与非参数不确定性时，如何设计自适应控制器？这是一个目前还只有很少成果的新的研究方向。

（9）周期、间歇自适应控制：有些应用背景（如癫痫、人工胰脏）中会出现周期性或间歇性的不确定性，其影响却可能是持续性的，测量时影响因素却消失了，这种情形下如何设计自适应控制器？这是一个目前还只有很少成果的新的研究方向。迭代学习控制是与此相关的一个较成熟的研究方向。

（10）分散自适应控制：复杂系统、大系统、多智能体系统的自适应控制理论与应用目前还未得到足够多的关注，这些系统都存在耦合（关联作用），针对耦合不确定性（特别是强耦合不确定性）等开展的研究目前只是个开始。

（11）预测学习自适应控制：自适应控制的核心是在动态学习中进行控制，传统的自适应控制中动态学习主要是指递推的参数估计更新，但实际上可在更广的意义下理解动态学习。例如，模型预测控制、时间序列分析、插值拟合等思想或可用于自适应控制，发展出新的自适应控制理论。

（12）闭环辨识自适应控制：传统自适应控制在每一步都包含参数估计与反馈控制两个环节，这是一种潜在的内在矛盾，能否将两个环节一定程度上分开，使自适应控制同时获得辨识与控制的双重优点而避免其不足？将闭环辨识方法引入自适应控制，或许是一个新的研究方向。

（13）仿人机理自适应控制：传统自适应控制以参数化的数学模型为基础，且基本上假设系统关于参数是线性的，控制器设计多从数学模型出发。但仔细探究后可发现这种设计哲学与人类的工作方式可能有着根本的不同，能否设计出仿人机理的自适应控制器？一个典型例子是研究发现人类肌肉具有很强的适应性，可否借鉴其机理用于自适应控制是很有意义的研究课题。

## 三、关键科学问题

我们认为关键性问题属于学科发展中几乎不可避免会遇到的问题或对很多问题解决具有基础性作用的问题。针对自适应控制来说，自校正调节器与模型参考自适应控制都可以认为是在思考关键性问题中产生的：前者对应的问题是——要对付系统中的参数不确定性，那么能否用参数估计来设计控制信号？后者对应的问题是——要使参数未知的系统能够稳定，那么可否比照一个已知稳定的系统来设计控制信号？

除了以上的问题，我们认为下面几个方面的关键性问题有可能继续推进自适应控制的发展。

（1）关于基本问题的深入理解：如何理解自适应控制的稳健性与精确性，如何理解自适应控制的渐近稳定性与有限时间暂态效果，如何理解自适应控制中估计与控制的内在矛盾，如何理解连续时间与离散时间自适应控制的内在联系？

（2）关于受控对象的不确定性：如何同时对付参数不确定性与非参数不确定性，能否及如何对付超线性增长非线性不确定性，如何对付相互关联的系统中的耦合不确定性，如何对付离散时间系统不确定或时变的时延参数？

（3）关于自适应学习及控制算法：如何有机结合动态规划方程和双重控制思想改进自适应控制性能，如何更充分、更有效利用系统闭环中的动态数据和先验信息，如何在自适应控制中融入更多或更一般的学习机制或算法？能否从信息集合的角度来设计与实现全新的自适应控制器？

## 四、与其他学科交叉

自适应控制与其他很多学科有交叉融合的潜力，有望进一步在工业、计算机、通信、机器人、生物、国防、医疗等领域得到深层次的发展应用。从技术的角度，与自适应控制有交叉融合潜力的学科分支大体可分为以下几个方面。

（1）系统辨识：系统辨识领域的进展可以为自适应控制提供新的思想，特别是其中新的算法有可能在自适应控制中得以应用。

（2）模型验证：模型验证领域与系统辨识领域密切相关，其中的思想与算法也可借鉴于自适应控制中，这方面的研究工作还不多。

（3）随机优化与学习：随机优化与学习的思想与算法可为随机自适应控制提供借鉴与参考。

（4）随机逼近：随机逼近作为一类典型的随机递推算法，可有助于解决很多问题，为随机自适应控制提供借鉴与参考。

（5）非线性系统控制：非线性系统控制领域里的进展可以为非线性系统自适应控制的研究提供基础，比如 Backstepping 方法的思想就被成功应用于自适应控制中。

（6）非线性系统滤波：当处理状态空间描述的不确定系统时，有必要融合滤波技术与自适应控制，两者形成闭环后进行理论分析具有较大的挑战性。

（7）并行、高性能计算技术：并行计算技术或高性能计算技术特别适用于数据量大、能并行处理的场合，这种技术目前还未在自适应控制中加以应用，但考虑到实际应用需求越来越复杂和多样化，另一方面，自适应控制已有算法中的参数估计往往只利用少量的信息进行更新，没有充分利用历史提供的丰富信息，因此并行计算技术或高性能计算技术在将来自适应控制技术及应用中有着很大的应用潜力。

（8）片上系统技术：嵌入式系统硬件性能的日益提高为自适应控制等先进复杂算法的实现和应用提供了有利的条件，特别是自适应控制算法通过片上系统（SoC）技术实现在未来具有很大的发展潜力。

(9) 网络通信技术：网络通信会带来时延、丢包、错包、错序、乱序、量化等问题，这些都为相应自适应控制理论与技术带来新的可供研究的问题。

(10) 云存储、计算技术：云技术是否可与自适应控制相结合或融合，是未来发展中可以思考与研究的一个课题，但找准结合点并非易事。

(11) 数据挖掘：数据挖掘技术还未用于自适应控制中，但未来或有很大潜力，成为新的研究方向。通过牺牲计算复杂度，换来对更多历史数据的充分分析与利用，这样引入基于大数据量的新型自适应控制，数据挖掘技术可在其中起到一定的关键作用。

现阶段国家的重大需求中也面临一些急需解决的问题，可为自适应控制的发展提供进一步发展的动力。

(1) 高超音速飞行器的建模及自适应控制：高超音速飞行器被视为下一代飞行技术，具有气动实验困难、计算模型不精确、大气环境变化剧烈、气动加热和燃料高速消耗会导致重心变化等各种不确定性，这种情况下如何建立控制系统模型及设计控制器对付各种不确定性是目前具有挑战性的实际问题。

(2) 军用或民用航空发动机的自适应控制：航空发动机被称作工业之花，目前世界上只有少数几个国家能够独立研制高性能航空发动机，其各个组成部分涉及很多控制问题，如主燃油控制、加力燃油控制、尾喷口控制、防喘控制、发动机状态监视等，属于强非线性、时变、复杂的气动热力学系统，模型复杂，工作过程中会受到多种不确定因素的影响，如何设计自适应控制器使之满足诸多性能指标要求是我国航空发动机发展要解决的关键问题。

(3) 无人机自动驾驶仪的全包络自适应控制：无人驾驶飞机在空中侦察、监视、通信、反潜、搜救等方面有着广泛的应用前景，其飞行过程中会受到多种不确定性因素的影响，其动力学模型是典型的非线性时变系统，参数受气流、高度、速度等很多因素影响，环境多变，因此实现其自动驾驶仪的全包络自适应控制具有重要的意义。

(4) 月球车登陆、导航、探测的自适应控制：月球车在探月工程中起着至关重要的作用，由于月球表面重力小、土壤松软、崎岖不平、摩擦力小、温差变化剧烈，给月球车的导航与控制带来了诸多困难（如平衡问题、敏捷性问题等），这些不确定因素的存在适于采用自适应控制方法，并可为自适应控制的理论发展提供新的挑战性问题。

(5) 无人自主车辆约束下高性能自适应控制：无人自主车辆是受到国家日益重视的一个关键领域，在智能交通、辅助驾驶、科学探测、无人运输等很多领域有潜在应用，各国均加大科研投入。无人自主车辆的行驶要受到很多种实际约束（物理性能、环境特点、认知局限、改装限制等），这种情况下如何尽可能实现高性能的无人驾驶，自适应控制有望发挥重要的作用。

（6）移动机器人、工业机器人的自适应控制：移动机器人与工业机器人是比较典型的控制对象，PID 等控制方法已在其上得到广泛应用，然而随着科技发展及需求扩展，现代移动机器人、工业机器人被用来执行更多更复杂的任务，面临的环境、操作对象也更加多样化，控制的性能也不断提高，因此今后自适应控制的应用将是大势所趋，并为自适应控制理论的发展提供丰富的课题（如受限约束自适应控制、基于优化学习的自适应控制）。

（7）陆海空天导航制导中自适应控制的应用：导航制导领域中自适应控制也可发挥重要的作用，因为无论是地面车辆、水上与水下机器人、飞行器（飞机、导弹等）、航天器（卫星、飞船等），任何一种载体都面临自身模型及所处环境的各种不确定因素，对其导航制导产生不利影响，而自适应控制可以为对付各种不确定因素提供有效手段，目前人们还未对此方向给予足够的关注。

（8）医学与人类健康中自适应控制的应用：例如，康复医疗、人机交互方面机器人将来大有用武之地，而机器人的控制采用自适应控制在适应多变的需求和不确定性方面则具有显著的优势。再如，人工胰脏中可采用自适应控制以提高控制效果及病人的适应性。

因此，自适应控制的未来发展有着广阔的空间，将具有先进性、智能性、多样性、融合性、普遍性。从较远期来看，理论方面会出现一些（比较系统的）新型自适应控制理论，与多个相关学科产生深度融合交叉；应用方面自适应控制会在更多领域得以应用并取得良好效果，某些领域可能获得大规模应用，出现通用的、模块化的、可定制的（商业化）自适应控制器。从近期来看，理论方面有几个方向（全系数自适应控制、半参数自适应控制、分散自适应控制、有限时间预测自适应控制、采样自适应控制、有限信息系统、量化系统自适应控制等）有望通过不断努力继续产生一系列理论成果，另外，开始在一些相关学科产生部分交叉融合性成果；应用方面，我国学者做了不少的努力，今后可通过政策引导该领域的专家学者进行产学研的结合研究，从而推动自适应控制的普及应用。

# 第十五章 新兴领域对控制理论的需求和挑战

控制理论具有两个明显的特征：一个是它具有数学的严密性；另一个是它在科学与工程中的广泛应用。一方面，控制理论涉及的数学十分广泛，几乎所有的数学工具都能用上。关肇直先生曾说过，研究控制理论，十八般武艺都能用上。而历史上真正对控制理论做出突出贡献的学者，如 Pontryagin、Bellman、Kalman 等，都是数学家。控制论创始人 Wiener 有一本自传《我是一个数学家》（Wiener，1964）。另一方面，控制理论有其极强的实践性。回顾控制理论的历史，是自动调节或控制装置的开发和应用催生了控制理论。早在远古时代，中国的指南车、地动仪、翻斗水车等，就是早期的自动化装置。明朝科学家宋应星写的《天工开物》，里边有许多中国古代的自动化装置。在西方，1000 多年前雅典的克泰希以斯水钟利用反馈原理调节流量。在欧洲工业革命时期出现的瓦特蒸汽机的离心调速器、俄国人发明的锅炉水位自动控制装置及较后出现的轮船自动驾驶仪等，则已具备近代自动控制器械的雏形。

到了 20 世纪初，在工业过程控制中出现了 PID 控制器；瑞典的工程师 Dalén 发明用于灯塔和浮标照明储气器的自动调节器，从而获得了 1912 年诺贝尔物理学奖。1913 年，Wright 兄弟的飞机飞行成功，飞机控制成为另一个研究热点；在理论研究方面的进展包括，Nyquist 和 Bode 发展了一套检测系统稳定性的办法，Lyapunov 的运动稳定性理论，Hurwitz 和 Routh 等的稳定判据，以及苏联学者提出的谐波平衡法……这一切为控制论的诞生准备了条件。

第二次世界大战期间，为了设计火炮定位装置、雷达跟踪系统、飞行器及战舰的自动驾驶仪，甚至包括初期导弹制导等，自动控制的相关理论和新技术得到很大发展。这个时期的主要成果形成了以反馈理论为基础，以传递函数、拉氏变换为主要工具的古典自动控制理论。

Wiener的《控制论——或关于在动物和机器中控制和通讯的科学》(Wiener，1948)一书在1948年出版。这本书提出或概括了许多控制论中的概念和方法，如反馈、稳定性、镇定等。通常将这本书作为控制论诞生的标志。但实际上，是钱学森的《工程控制论》(Tsien，1954)平息了学术界对维纳控制论的怀疑，使控制论与工程应用紧密联系起来了。此后，由于航空、航天等新技术的需求，以及近代计算机的助力，控制理论又有了一个较大的飞跃。代表性的理论贡献包括Pontryagin的极大值原理、Bellman的动态规划、Kalman的状态空间方法及Kalman滤波。这些工作使控制理论有了一个质的飞跃，建立在这些工作基础上的理论成果被称为现代控制理论。因此，从学科自身的特点看，工程及科学研究中的应用是控制理论的一条重要生命线。

再从控制理论学科发展的时间点看，控制论在20世纪兴起并盛极一时。钱学森曾说过相对论、量子力学和控制论是20世纪最伟大的三项成就。2010年何毓琦先生转发了美国NSF项目主管的一句话"控制已经死了"(Control is dead)，这在国内控制界引起一场轩然大波。不管对这些说法的认同程度如何，有一点大概是不争的事实：目前，控制论被人们关注的程度比20世纪下降了许多。其实，这一点也不奇怪：20世纪下半叶是现代控制理论的创世期，自然会是轰轰烈烈。当一种面向应用的理论体系成形并且成熟后，对它的关注度一定会下降。

但是，对单纯理论研究兴趣的降低并不说明学科重要性的降低。正因为控制理论在理论和方法上的成熟，它开始在众多科学技术领域发挥着越来越大的作用。因此，如果用一句话概括控制理论现状的话，或许可以说"现在是应用(特别是高科技)导向的控制理论发展的黄金时期"。20世纪，当人们谈论控制理论时，常常按照系统(即控制对象模型)的形式将控制理论分为线性系统(理论)、非线性系统(理论)、分布参数系统(理论)、随机系统(理论)等。这样的划分，不仅体现了模型的不同，也反映了所使用的基本数学工具与方法的差异。可以说，这是基础理论研究导向时期的特征。从20世纪末到21世纪初十余年，信息爆炸，高新科技的飞速发展，以及科学技术对空间、时间、速度、能量、温度、压力等极限条件的挑战，使得应用导向的控制理论研究成为主流。因此，当今人们谈论控制理论时通常冠以研究对象，如复杂系统控制、网络控制、飞行器控制等。正是这些高科技领域的飞速发展，为控制理论的发展提出了挑战，也提供了大好的发展机遇(郭雷，2011；

2012；程代展和赵寅，2012）。当然，这并不意味着控制学科自身的理论突破不会在将来某个时间点再次成为主流，恰恰相反，高科技的挑战或许会是重大理论突破的导火索。

那么，当代哪些新兴的科技领域对控制理论的挑战最大，或者对控制理论的发展影响最大呢？先从广义角度看，包括控制理论在内的整个科技界所面临的主要挑战性问题有哪些呢？国际上在这方面也有许多讨论。例如，美国工程院和欧盟组织的一些专家近期提出的一些研究报告都对此发表了一些有价值的探索（National Academy of Engineering，2008；European Commission，2010a；2010b；Ogle，2007）。从美国工程院的报告（National Academy of Engineering，2008）看，主要提到①对太阳能、风能等环境友好型能源的开发，对核能的安全使用等；②对二氧化碳的减排和生物吸收，防范酸雨、水污染、全球变暖，对氮循环的反措施、水资源保护等；③大脑的逆向工程、健康信息的计算机处理、开发新药等；④对付恐怖主义，以及地震、飓风等灾害；⑤计算机病毒、网络空间的安全保障等。欧盟组织的一些专家的报告（European Commission，2010a；2010b；Ogle，2007）大致类此，但也有各自不同的侧重点。Samad 和 Annaswamy（2011）将以上报告中提出的主要挑战大略地总结为四个方面：能源、环境、交通、生命健康。

由于控制理论在科学技术及各种工程问题中的普适性，当今社会对科技领域的挑战几乎无一例外地直接或间接地转化成新兴科技领域对控制理论的挑战。当然，作为控制领域的科研人员，我们有必要将广义需求与具体学科特点相结合，提出更具体的控制理论学科所面临的挑战和应战的举措、路线或设想。国际控制界的组织和学者在这方面也做了许多探索。

在 21 世纪初，美国空军部曾组织一批国际控制论著名专家，研讨 21 世纪控制论的走向。在研讨报告（Richard et al.，2003）中指出，前瞻的应用研究方向包括：①飞行器与交通；②信息与网络；③机器人与智能机器；④生物学与医学；⑤材料与过程等。这是一份很有价值的研究报告，对每个研究方向都有详细的说明。和美国工程院、欧盟组织的一些专家的报告（National Academy of Engineering，2008；European Commission，2010a；2010b；Ogle，2007）相比，它更强调挑战问题背后的科学问题。

2011 年，IEEE 系统工程协会（IEEE Control System Society）组织一批专家撰写了一份新的关于自动控制的研究报告（Samad and Annaswamy，2011），标题是“控制技术的威力——综述、成功故事和挑战”（*The Impact of Control Technology—Overview，Success Stories，and Research Challen-*

*ges*）。其中，提到的新的交叉研究方向包括：①网络化决策系统（networked decision systems）；②网络物理系统（cyber-physical systems）；③认知控制（cognitive control）；④系统的系统（systems of systems）。该报告列举的控制理论所面临的挑战性问题可大致归纳如下：①生物系统控制；②能源与智能电网；③网络与通信；④汽车控制；⑤控制装置（原子力显微器、采油平台等）；⑥经济系统；⑦算法与可靠性；等等。

国际自动控制联合会（IFAC）最近的一份战略规划（IFAC，2012）中，提出五个新的技术目标（new technical subjects）：①嵌入式系统（embedded systems）（指控制芯片的应用）；②系统设计（systems design）（指对系统与控制进行整体设计）；③金融工程（financial engineering）（包括全球经济的建模与控制）；④系统生物学（systems biology）（将自然界看作“系统的系统”进行分析等）；⑤服务系统的控制理论（control theory for service systems）（包括通信中心、软件工程、资讯等）。

战略规划（IFAC，2012）还列举了八个新的发展方向，包括：①网络化控制系统（networked control systems）；②量子控制（quantum control）；③微系统与纳米系统（micro and nano systems）；④智能建筑（smart buildings）；⑤博弈论方法（game-theoretic methods）；⑥控制的优化（optimization for control）；⑦保健系统控制（control of healthcare systems）；⑧逻辑网络与逻辑动态系统（logical networks and logical dynamic systems）。

综上可见，国际学术组织和相关国家也十分重视现实世界的挑战及其带来的学科发展的方向性研究。对控制领域的研究基金向应用而不是基础研究倾斜，特别重视应用中的挑战性问题［报告（Samad and Annaswamy，2011）原文：“…recent funding trends in control point toward applied rather than basic research and toward the pursuit of application challenges”］。实际需求和挑战对具体学科及相关研究具有重大的指导意义，特别是像控制理论这样为前沿科技发展服务的学科，更必须与时俱进。这使得研究新兴领域对控制理论的需求和挑战成为一个刻不容缓的重要课题。

中国是一个最大的发展中国家，有自己的国情。根据我国的发展阶段和现状，我们一方面必须关注国际自动控制领域的发展动向，在研究工作中与国际接轨，力求做出前沿突破性的工作。另一方面，也要根据中国的国情，包括国民经济的需求，按照有所为有所不为的原则，提出我们所面临的主要需求和挑战，以及应对这些挑战的战略设想。下面提出几个挑战性问题。

（1）航空航天：无论是航空飞机或航天飞行器都是国际科学技术竞争和

对抗的前沿，是国家的迫切需求，它们的控制问题面临许多挑战。这些挑战包括：模型的复杂性，即非线性、耦合、高速、不确定等；异构控制；信息、通信、环境、容错及计算机数值实现等。

（2）新能源与智能电网：目前，能源资源的短缺与激烈的国际竞争，成为对人类生存与发展的重大考验。然而，风能、太阳能等新能源存在难以储存、难以控制等特性。建立能控制的智能电网，包括大型蓄能装置、燃料电池，涉及电网的自愈、兼容、优化、互动与集成。这一切都需要新的系统建模、估计和预测、协调控制等控制理论工具。

（3）生物系统调控：生命科学被认为是21世纪的科学，这是因为人类基因组计划的完成和测序技术等的进步，使人们对生命体的研究从对单元素的研究进入了对整个系统的研究。系统生物学需要将经典的分子细胞生物学方法与“组学”方法、系统控制理论、数学等组合起来，对代谢系统完成整体认知、评价，从而实现对复杂分子网络进行控制与改造。

（4）网络化控制与多自主体协调：人类社会如今已进入了网络时代。随着微传感器、微控制器、微电机、传感器网络与通信网络技术的高速发展，分布式的控制技术得到越来越广泛的应用。它具有集中控制系统所不具备的性质，如通信信道约束、系统连接拓扑与扩展问题、用局部控制律实现整体目标等。这些挑战要求一种网络化分布式的新的控制理论。

（5）微观世界调控：诞生于20世纪的量子理论，使人类对微观世界有了革命性的新认识，并产生了以激光、半导体和核能等为代表的第三次技术革命。量子控制是量子力学与控制论交叉的新兴学科。它在开放量子系统控制、量子系统动态解耦、量子估计与传感、量子反馈控制等若干相应经典控制问题上向控制论提出了新的挑战。

“为了应对这些挑战，我们必须要发展新的数学系统与控制理论、算法、控制方法及工具”（Samad and Annaswamy，2011），“随着控制应用越来越复杂和多样化，继续与数学结合变得越来越重要”（Richard et al.，2003）。特别是考虑到我们所处的计算机时代，以及计算机对控制发挥的日益重要的作用，“科学的重要发展将发生在计算机科学和对科学发展有潜在深刻影响的诸多科学交界的领域，特别是研究复杂系统的科学领域”（Emmott，2006）。因此，这些挑战的解决很可能会依赖于一些与计算机相关的新的数学工具。

# 说明与致谢

本篇是中国科学院信息技术科学部委托北京大学黄琳院士主持的“控制科学学科发展战略”研究项目的“控制理论”部分。

本部分的任务起源于2012年4月7～8日在长沙召开的“控制科学学科发展战略”研究项目第二次工作组会议。期间，来自世界各地的40多位控制专家对控制科学学科战略发展报告的主要内容和框架进行了认真讨论，达成了共识，认为分成六个层面予以阐述比较合适；对应地，建议组织六个撰写小组：一个总体组、五个专题组（控制理论、过程控制、航空航天与运动体控制、网络与多智能体控制、交叉学科及其他）；并建议了各小组负责人及骨干成员。控制理论组的负责人是张纪峰，骨干成员有程代展、黄捷、姜钟平等。

在2012年4月7～8日的会议期间，控制理论组成员和黄琳院士、郭雷院士及部分特邀专家召开了“控制理论发展战略报告”第一次工作会议，就如何撰写“控制理论发展战略报告”进行了认真研究，充分听取了其他与会专家的意见，并建议请程代展教授执笔，先拟出一个框架。在此基础上，该组又于2012年4月21～22日在北京香山饭店召开“控制理论发展战略研讨会”第二次工作会议，有包括北京大学黄琳院士、中国科学院数学与系统科学研究院郭雷院士、国家自然科学基金委员会信息学部自动化学科处处长王成红教授等在内的来自全国各地的16位控制理论专家参加了会议。大家就控制理论发展的历史、推动力、典型的重要事件，发展现状与需求分析，存在的科学问题、技术问题及新特点，本学科的关键性问题及未来学科发展的展望与特点等进行了研讨，建议从以下十个方面着笔撰写“控制理论发展战略报告”：控制理论的发展历史、线性系统控制理论、非线性系统控制理论、分布参数系统控制、离散事件动态系统、随机系统控制理论、鲁棒控制、系统辨识、自适应控制，以及新兴领域对控制理论的需求和挑战等；并分别从世界范围内为各方向选定了执笔人及可能提供材料和建议的同行专家。

这些执笔人及其同行专家经过几个月的共同努力，于 2012 年 8～10 月陆续完成了初稿。因此，控制理论组于 2012 年 11 月 15～18 日在四川成都组织了第三次工作会议，有来自中国内地、中国香港、美国、澳大利亚、加拿大、日本等地 40 多位控制理论界的国际知名专家参加了会议，大家就所撰写的初稿进行了交流和互评，提出了修改意见。随后，又经过 60 多位国内外控制专家半年多的修改、补充和凝练、升华，形成了目前的版本。现呈献给大家，恳请大家批评指正、提出宝贵意见，以便我们进一步修改和完善！

本部分由十章组成，其中，第六章“绪言”由中国科学院数学与系统科学研究院郭雷院士执笔撰写；第七章“线性系统控制理论：回顾与展望”由山东大学程兆林教授和马树萍教授共同执笔撰写，并得到上海大学和澳大利亚墨尔本大学郑毓蕃教授、上海交通大学席裕庚教授和北京理工大学马宏宾教授等的帮助；第八章“非线性系统控制理论”由美国纽约大学姜钟平教授、北京航空航天大学霍伟教授和香港中文大学黄捷教授共同执笔撰写，并得到青岛大学陈兵教授等的帮助；第九章“分布参数系统控制”由中国科学院数学与系统科学研究院郭宝珠研究员执笔撰写，并得到中国科学院数学与系统科学研究院冯德兴研究员和四川大学张旭教授等的帮助；第十章“离散事件动态系统”由清华大学赵千川教授、西安交通大学邢科义教授、河北师范大学陶跃钢教授和合肥工业大学唐昊教授共同执笔撰写；第十一章“随机系统控制理论”由美国韦恩州立大学殷刚教授，山东大学张焕水教授、吴臻教授、唐怀宾博士执笔撰写；第十二章“鲁棒控制：回顾与展望”由美国路易斯安那州立大学周克敏教授执笔撰写，并得到加拿大阿尔伯塔大学陈通文教授、日本千叶大学刘康志教授、浙江工业大学俞立教授、香港科技大学丘立教授、新加坡南洋理工大学谢立华教授、澳大利亚纽卡斯尔大学付敏跃教授、日本上智大学申铁龙教授、加拿大温莎大学陈翔教授等的帮助；第十三章“系统辨识：新的模式、挑战及机遇”由美国韦恩州立大学王乐一教授和中国科学院数学与系统科学研究院赵文虓副研究员共同执笔撰写，并得到北京大学王建东教授、中国科学院数学与系统科学研究院方海涛研究员、美国艾奥瓦大学和英国女王大学白尔维教授、中国香港城市大学和美国加利福尼亚大学陈杰教授、加拿大阿尔伯塔大学陈通文教授、中国科学院数学与系统科学研究院陈翰馥院士、澳大利亚西悉尼大学郑卫新教授、清华大学周彤教授、美国路易斯安那州立大学顾国祥教授、美国韦恩州立大学殷刚教授等的建议和帮助；第十四章“自适应控制：过去、现在与未来”，该部分由北京理工大学马宏宾教授和南开大学陈增强教授共同执笔撰写，并得到北京控制工程研究所孟斌高级工程师、东南大学张侃健教授、北京理工大学夏元清教授、普利茅斯大学杨辰光博士、北京化工大学王友清教授等的建议和帮助；第十五章“新兴领域对控制理论的需求和挑战”由中国科学院数学与系统科学研究院程代展研究员执笔撰写，期间北京大学楚天广教授、段志生教授、北京控制工程研究所孟斌高级工程师、北京航空航天大学陈宗基教授、东南大学田玉平教授、新加坡南洋理工大学谢立华教授、华南理工大学苏为洲教授、中国科学院上海生命科学研究院陈洛南研究员、中国科学院数学与系统科学研究院席在荣研究员、清华大学梅生伟教授、浙江大学苏宏业教授等提供了参考资料。

项目总负责人黄琳院士从顶层设计、框架规划到具体内容的涵盖等给予了全方位的指导和建议；国家自然科学基金委员会信息学部自动化学科处处长王成红教授提出了许多宝贵意见；李衍达院士、吴宏鑫院士、钟万勰院士和王天然院士等于 2013 年 5 月 31 日在中国科学院院士工作局对该研究报告进行了评议，提出了宝贵意见；中国科学院数学与系统科学研究院冯德兴研究员、李韬博士，中国自动化学会控制理论专业委员会秘书武宁哲女士，中国科学院数学与系统科学研究院系统科学研究所办公室秘书牛园园女士、系统控制重点实验室秘书沈源女士，以及北京大学王金枝教授、刘蕾博士、杨莹教授等，在项目组织、协调和资料汇总、整理等中给予了大力帮助，在此一并致谢！

最后，我要特别感谢中国自动化学会控制理论专业委员会、北京大学工学院、西南交通大学电气工程学院，她们从人力、物力、经费等各方面对控制理论撰写组的工作给予了全方位支持，是她们和大家的共同付出为控制理论撰写组提供了有力保障！

控制理论战略研究组组长

张纪峰

2013 年 7 月 23 日

# 参考文献


蔡季冰. 1989. 系统辨识. 北京：北京理工大学出版社.

陈翰馥，郭雷. 1998. 现代控制理论的若干进展. 科学通报，43（1）：1-7.

陈江南，徐宁寿. 1986. 改进的自校正调节和全参数自适应控制算法. 北京工业大学学报，12（4）：9-21.

陈文德. 1999. 非线性 DEDS 的能达性. 控制理论与应用，16 卷增刊：37-39.

陈文德，齐向东. 1994. 离散事件动态系统：极大代数方法. 北京：科学出版社.

陈文德，陶跃钢. 2000. 非线性 DEDS 的能观能达性与着色图. 科学通报，45：2457-2461.

陈增强，袁著祉，李玉梅，等. 1993. 工业锅炉的加权预测自校正控制. 自动化学报，19（1）：46-53.

程代展，赵寅. 2012. 关于控制论的几点蠡测. 中国科学院院刊，27（1）：167-174.

冯纯伯，史维. 1986. 自适应控制. 北京：电子工业出版社.

冯纯伯. 1988. 自适应控制的理论及应用. 控制理论与应用，5（3）：1-12.

高黛陵，吴麒. 1998. 多变量频率域控制理论. 北京：清华大学出版社.

高为炳. 1990. 变结构控制理论基础. 北京：中国科学技术出版社.

高为炳. 1996. 变结构控制的理论及设计方法. 北京：科学出版社.

郭宝珠，柴树根. 2012. 无穷维线性系统控制理论. 北京：科学出版社.

郭雷. 1993. 时变随机系统. 长春：吉林科技出版社.

郭雷. 2005. 控制理论导论——从基本概念到研究前沿. 北京：科学出版社.

郭雷. 2011. 关于控制理论发展的某些思考. 系统科学与数学，31（9）：1010-1018.

郭雷. 2012. 回溯自校正调节器研究之路. 系统科学与数学，32（12）：1460-1471.

郭仲伟，McInnis B C. 1987. 血液循环系统的模型与人工心脏的自适应控制. 自动化学报，13（6）：416-423.

韩京清，许可康. 1982. 用状态反馈实现稳定的抗干扰性. 中国科学（A 辑），12：941-950.

韩曾晋. 1995. 自适应控制. 北京：清华大学出版社.

韩志刚. 2004. 无模型控制器理论与应用的进展. 自动化技术与应用，23（2）：1-8.

黄琳. 2003. 稳定性与鲁棒性的理论基础. 北京：科学出版社.

黄琳，郑应平，张迪. 1964. 李雅普诺夫第二方法与最优控制器分析设计问题. 自动化学报，2：202-218.

蒋昌俊. 2000. 离散事件动态系统的 PN 机理论. 北京：科学出版社.

康琦，汪镭，安静，等. 2010. 基于近似动态规划的微粒群系统参数优化研究. 自动化学报，36（8）：1171-1181.

林闯. 2000. 随机 Petri 网和系统性能评价. 北京：清华大学出版社.

刘金琨，孙富春. 2007. 滑模变结构控制理论及其算法研究与进展. 控制理论与应用，24（3）：407-418.

刘康志，姚郁. 2013. 线性鲁棒控制. 北京：科学出版社.
马莉，蔡自兴. 1998. 再励学习控制器结构与算法. 模式识别与人工智能，11（1）：96-100.
潘树文，苏宏业，胡协和，等. 2000. 变结构控制理论和应用的研究现状 . 见：Proceedings of the 3rd World Congress on Intelligent Control and Automation，合肥：2977-2981.
舒迪前，刘宏才，吴保亮，等. 1991. 智能自适应控制及其在轧辊退火炉上的应用. 自动化学报，17（2）：207-214.
宋健，于景元. 1979. 点测量点控制的分布参数系统. 中国科学 A 辑，22（2）：131-141.
孙顺华. 1978. 完全能控线性系统的谱分布. 数学学报，21（3）：193-205.
唐昊，周雷，袁继彬. 2006. 平均和折扣准则 MDP 基于 TD（0）学习的统一 NDP 方法. 控制理论与应用，23（2）：292-296.
王朝珠，王恩平. 1982. 多变量线性反馈系统的非退化条件和物理能实现性. 中国科学，9：847-856.
王朝珠，王恩平. 1987. 多变量线性控制系统引论—微分算子多项式矩阵法. 北京：科学出版社.
王康宁. 1986. 分布参数控制系统. 北京：科学出版社.
王龙，郑大钟. 1990. 线性离散事件动态系统的可达性. 高等学校应用数学学报，5（2）：292-301.
王巍巍，陈兴国，高阳. 2008. 一种结合 Tile Coding 的平均奖赏强化学习算法. 模式识别与人工智能，21（4）：446-452.
王雪松，程玉虎，易建强. 2006. 一种自适应模糊 Actor-Critic 学习. 控制与决策，21（9）：1068-1072.
王颖，朱顺痣，许威，等. 2007. 基于神经元动态规划的可重入生产系统调度的仿真框架. 信息与控制，36（2）：218-223.
魏庆来，张化光，刘德荣，等. 2010. 基于自适应动态规划的一类带有时滞的离散时间非线性系统的最优控制策略. 自动化学报，36（1）：121-129.
吴宏鑫. 1990. 全系数自适应控制理论及其应用. 北京：国防工业出版社 .
吴宏鑫. 1992. 自适应控制技术的应用和发展. 控制理论与应用，9（2）：105-115.
徐昕，沈栋，高岩青，等. 2012. 基于马氏决策过程模型的动态系统学习控制：研究前沿与展望. 自动化学报，38（5）：673-687.
许可康. 1996. 一类非方系统的 Morgan 问题. 中国科学（A 辑），26：307-316.
严星刚，高立群，张嗣瀛. 1997. 一类不确定非线性相似组合系统的结构全息鲁棒控制. 自动化学报，23（5）：654-659.
杨洁，王庆林，李原. 2012. 滑模变结构控制研究综述. 第 31 届中国控制会议论文集，合肥：3197-3202.
姚琼荟，黄继起，吴汉松. 1997. 变结构控制基础. 重庆：重庆大学出版社 .
叶庆凯. 1990. 控制系统计算机辅助设计. 北京：北京大学出版社.
殷保群，奚宏生，周亚平. 2004. 排队系统性能分析与 Markov 控制过程. 合肥：中国科学技术大学出版社.
于景元，郭宝珠，朱广田. 1999. 人口分布参数控制理论. 武汉：华中理工大学出版社.
俞星星，阎平凡. 1997. 强化学习系统及其基于可靠度最优化的学习算法. 信息与控制，26（1）：332-339.
袁震东. 1997. 自适应控制的存在问题与发展趋势. 电气自动化，（5）：4-6.
张化光，张欣，罗艳红，等. 2013. 自适应动态规划综述. 自动化学报，39（4）：303-311.
张汝波. 2001. 强化学习理论及应用. 哈尔滨：哈尔滨工程大学出版社.
张嗣瀛. 1994. 复杂控制系统的对称性及相似形结构研究. 控制理论与应用，11（2）：231-237.
张云生，祝晓红. 2005. 自适应控制器设计及应用. 北京：国防工业出版社.
郑大钟. 2002. 线性系统理论. 北京：清华大学出版社.
郑大钟，赵千川. 2001. 离散事件动态系统. 北京：清华大学出版社.
郑大钟，郑应平. 1992. 离散事件动态系统理论：现状和展望. 自动化学报，18（2）：129-142.
郑毓蕃，韩正之. 1984. 线性控制系统中的（A，B）特征子空间（I）—（A，B）特征子空间的基本性质及其构造. 控制理论与应用，1：90-103.
郑毓蕃，韩正之. 1985. 线性控制系统中的（A，B）特征子空间（II）—在输出反馈研究中的应用. 控制理论与应用，2：53-60.
周彤. 2002. 面向控制的系统辨识导论. 北京：清华大学出版社.
Åström K J. 1983. Theory and applications of adaptive control：a survey. Automatica，19（5）：471-486.
Åström K J. 1997. Fundamental limitations of control system performance//Paulraj A，Roychowdhury V，Schaper C D. Communication，Computation，Control and Signal Processing-A Tribute to Thomas Kailath. Boston：Kluwer：355-363.
Åström K J，Hagglund T，Hang C C，et al. 1993. Automatic tuning and adaptation for PID controllers-a survey. Control Engineering Practice，1（4）：699-714.
Åström K J，Wittenmark B. 1973. On self-tuning regulators. Automatica，9（2）：185-199.
Åström K J，Wittenmark B. 1989 . Adaptive Control. Reading：Addison-Wesley，1993（2nd ed）.
Abdallaht I B，Elmaraghy H A，Elmekkawy T. 2002. Deadlock-free scheduling in flexible manufacturing system using Petri nets. International Journal of Production Research，40（12）：2733-2756.
Adronov A A，Vitt A A，Khaikin S E. 1959. Theory of Oscillation. Moscow：Fizmatgiz（in Russian）.
Ahmed N U，Teo K L. 1981. Optimal Control of Distributed Parameter Systems. New York-Amsterdam：North-Holland Publishing Co.
Akaike H. 1974. A new look at the statistical model identification. IEEE Transactions on Au-

tomatic Control，19：716-723.

Anderson B D O. 1966. The inverse problem of optimal control. Stanford Electronics Laboratories，Tech Rep SEL-66-038（TR. No. 6560-3），Stanford，CA.

Anderson B D O. 1967. A system theory criterion for positive real matrices. SIAM Journal on Control，5：171-182.

Anderson B D O. 1993. Control design：moving from theory to practice（Bode Prize Lecture）. IEEE Control Systems，13（4）：16-25.

Anderson B D O，Bitmead R R，Johnson C R，et al. 1986. Stability of Adaptive Systems. Cambridge：MIT Press.

Anderson B D O，Liu Y. 1989. Controller reduction：concepts and approaches. IEEE Transactions on Automatic Control，AC-34：802-812.

Anderson B D O，Moore J B. 1971. Linear Optimal Control. Englewood Cliffs：Prentice-Hall.

Anderson B，Brinsmead T，Liberzon D，et al. 2001. Multiple model adaptive control with safe switching. International Journal of Adaptive Control Signal Processing，15：445-470.

Anderson T W. 1971. The Statistical Analysis of Time Series. New York：Wiley.

Apkarian P，Gahinet P. 1995. A convex characterization of gain-scheduled $H_\infty$ controllers. IEEE Transactions on Automatic Control，40（5）：853-864.

Arkun Y，Manousiouthakis B，Putz P. 1984. Robust Nyquist array methodology：a new theoretical framework for analysis and design of robust multivariable feedback systems. International Journal of Control，40：603-629.

Asmussen S，Taksar M. 1997. Controlled diffusion models for optimal dividend pay-out. Insurance：Mathematics and Economics，20：1-15.

Astrom K J，Wittenmark B. 1973. On self-tuning regulators. Automatica，9：195-199.

Athans M. 1971. The role and use of the stochastic linear-quadratic-Gaussian problem in control system design. IEEE Transactions on Automatic Control，AC-16：529-552.

Athans M，et al. 1971 Special issue on linear-quadratic-gaussian problem. IEEE Transactions on Automatic Control，AC-16（6）.

Baccelli F，Cohen G，Olsder G J，et al. 1992. Synchronisation and Linearity. New York：Wiley.

Bai E W. 1998. An optimal two-stage identification algorithm for Hammerstein-Wiener nonlinear system. Automatica，34（3）：333-338.

Bai E W. 2008. Towards identification of Wiener systems with the least amount of a priori information on the nonlinearity. Automatica，44（4）：910-919.

Bai E W，Li K. 2010. Convergence of the iterative algorithm for a general Hammerstein system identification. Automatica，46（11）：1891-1896.

Balakrishnan A V. 1965. Optimal control problems in Banach spaces. Journal of the Society for Industrial & Applied Mathematics, Series A: Control, 3: 152-180.

Balbo G. 2007. Introduction to generalized stochastic petri nets. Lecture Notes in Computer Science, 4486: 83-131.

Balzer L A. 1980. Accelerated convergence of the matrix sign function method of solving Lyapunov, Riccati and other matrix equations. International Journal of Control, 32: 1057-1078.

Banaszak Z A, Krogh B H. 1990. Deadlock avoidance in flexible manufacturing systems with concurrently competing process flows. IEEE Transactions on Robotics and Automation, 8: 724-734.

Barron E N. 1990. Application of viscosity solutions of infinite-dimensional Hamilton-Jacobi-Bellman equations to some problems in distributed optimal control. Journal of Optimization Theory and Applications, 64: 245-268.

Bartlett A C, Hollot C V, Huang L. 1988. Root locations of an entire polytope of polynomials: it sufficies to check the edges. Mathematics of Control, Signals and Systems, 1: 61-71.

Basar T. 2000. Control Theory: Twenty-Five Seminal Papers (1932—1981). Pis cataway, NJ: Wiley-IEEE Press: 423-424 .

Basar T, Bernhard P. 1995. $H_\infty$ -Optimal Control and Related Minimax Design Problems: A Dynamic Game Approach. 2nd ed. Bostan: Birkhauser.

Basile G, Marro G. 1969. Controlled and conditioned invariant subspace in linear system theory. Journal of Optimization Theory and Applications, 3: 306-315.

Beck G, Packard A K. 1994. Robust performance of linear parametrically varying systems using parametrically dependent linear feedback. Systems & Control Letters, 23: 205-215.

Bellalah M, Wu Z. 2009. A simple model of corporate international investment under incomplete information and taxes. Ann Oper Research, 165: 123-143.

Bellman R. 1957. Dynamic Programming. Princeton: Princeton Univ Press.

Bengtsson G. 1977. Output regulation and internal models-a frequency domain approach. Automatica, 13: 333-345.

Bensoussan A. 1992. Stochastic Control of Partially Observable Systems. Cambridge: Cambridge University Press.

Bensoussan A, Frehse J, Yam P. 2012. Overview on Mean Field Games and Mean Field Type Control Theory.

Bensoussan A, Lions J L. 1982. Applications of Variational Inequalities in Stochastic Control. Amsterdam: North-Holland.

Bensoussan A, Viot M. 1975. Optimal control of stochastic linear distributed parameter systems. SIAM Journal on Control，13：904-926.

Bergen A R，Frank R L. 1971. Justification of the describing function method. SIAM Journal on Control，9：568-589.

Bertsekas D P，Tsitsiklis J N. 1996. Neuro-Dynamic Programming. Belmont：Athena Scientiffic.

Billings S. 1980. Identification of nonlinear systems-a survey. Proceedings of IEE，Part D，127（6）：272-285.

Björk T，Murgoci A. 2010. General theory of Markovian time inconsistent stochastic control problems. SRRN：1694759，（first version 2008）.

Bode H W. 1945. Network Analysis and Feedback Amplifier Design. Princeton，NJ：Van Nostrand.

Bohlin T. 1970. On the maximum likelihood method of identification. IBM Journal of Research and Development，14（1）：41-51.

Bose N K. 1976. Problems and progress in multidimensional systems theory. Proceedings of the IEEE，65：824-840.

Bourlès H，Marinescu B. 2011. Linear Time-Varying Systems：Algebraic-Analytic Approach. Berlin：Springer-Verlag.

Bower J M，Bolouri H. 2001. Computational Modeling of Genetic and Biochemical Networks. Cambridge：MIT Press.

Bradtke S J，Barto A G. 1996. Linear least-squares algorithms for temporal difference learning. Machine learning，22：33-57.

Brammer R. 1972. Controllability in linear autonomous systems with positive controllers. SIAM Journal on Control，10：339-353.

Breger A M，Butkovskii A G，Kubyshkin V A，et al. 1980. Sliding modes for control of distributed parameter entities subjected to a mobile multicycle signal. Automation and Remote Control，41：346-355.

Bristow D A，Tharayil M，Alletne A G. 2006. A survey of iterative learning control. IEEE Transactions on Control Systems，26（3）：96-114.

Burnham K P，Anderson D R. 2004. Multi-model inference：understanding AIC and BIC in model selection. Sociological Methods and Research，33：261-304.

Burns J A. 2011. Feedback control of Boussinesq equations with applications to energy efficient buildings. 7th Workshop on Control of Distributed Parameter Systems，Wuppertal，Germany，July：18-22.

Butchart R L，Shakcloth B. 1966：Synthesis of model reference adaptive control systems by Lyapunov's second method. *In*：Proc 2nd IFAC Symp on Theory of Self-adaptive Control Systems. Teddington：145-152. Plenum Press.

Butkovskii A G，Lerner A Y. 1960. The optimal control of systems with distributed parameters. Automation and Remote Control, 21 (6): 472-477.

Butkovskiy A G. 1969. Distributed Parameter Systems. New York: American Elsevier Publishing Company.

Byrnes C I, Isidori A. 1989. Nonlinear output regulation: remarks on robustness. *In*: Proceedings of 27th Allerton Conference on Communication, Control and Computing, Allerton, Illinois: 150-158.

Byrnes C I, Isidori A. 2004. Nonlinear internal models for output regulation. IEEE Transactions on Automatic Control, 49: 2244-2247.

Byrnes C I, Lauko I, Shubov D. 2000. Output regulation for linear distributed parameter systems. IEEE Transactions on Automatic Control, 45: 2236-2252.

Byrnes C I, Priscoli F D, Isidori A, et al. 1997. Structurally stable output regulation of nonlinear systems. Automatica, 33: 369-385.

Byrnes C, Isidori A. 1991. Asymptotic stabilization of minimum phase nonlinear systems. IEEE Transactions on Automatic Control, 36: 1122-1137.

Cai H, Huang J. 2013. Leader-following consensus of multiple Euler-Lagrange systems under switching network. Proceedings of 32nd Chinese Control Conference, Xi'an, China.

Cao X R. 1998. The relations among potentials, perturbation analysis, and Markov decision processes. Discrete Event Dynamic Systems, 8 (1): 71-78.

Cao X R. 2000. A unified approach to Markov decision problems and performance sensitivity analysis. Automatica, 36 (5): 771-774.

Cao X R. 2003a. Semi-Markov decision problems and performance sensitivity analysis. IEEE Transactions on Automatic Control, 48 (5): 758-769.

Cao X R. 2003b. From perturbation analysis to Markov decision processes and reinforcement learning. Discrete Event Dynamic Systems, 13 (1/2): 9-39.

Cao X R. 2005. Basic ideas for event-based optimization of markov systems. Discrete Event Dynamic Systems, 15 (2): 169-197.

Cao X R. 2007. Stochastic Learning and Optimisation: A Sensitivity-Based View. New York: Springer.

Cao X R, Chen H F. 1997. Perturbation realization, potentials, and sensitivity analysis of Markov processes. IEEE Transactions on Automatic Control, 42 (10): 1382-1393.

Cao X R, Zhang J. 2008. Event-based optimization of Markov systems. IEEE Transactions on Automatic Control, 53 (4): 1076-1082.

Casini M, Garulli A, Vicino A. 2007. Time complexity and input design in worst-case identification using binary sensors. Proceedings of the 46th IEEE Conference on Decision and Control: 5528-5533.

Cassandras C G, Lafortune S. 2008. Introduction to Discrete Event Systems. New York: Springer.

Chai T Y, Tong S C. 1999. Fuzzy direct adaptive control for a class of nonlinear systems. Fuzzy Sets and Systems, 103 (3): 379-387.

Chang M H. 2008. Stochastic Control of Hereditary Systems and Applications. New York: Springer.

Chen G. 1979. Energy decay estimates and exact boundary value controllability for the wave equation in a bounded domain. J. Math. Pures Appl, 58 (9): 249-273.

Chen G. 1981. A note on the boundary stabilization of the wave equation. SIAM Journal on Control and Optimization, 19: 106-113.

Chen G, Hsu S B, Zhou J. 1998. Chaotic vibrations of the one-dimensional wave equation due to a self-excitation boundary condition I: Controlled hysteresis. Transactions of the American Mathematical Societyhttp: //www. ams. org/mathscinet/search/journaldoc. html? cn=Trans _ Amer _ Math _ Soc, 350: 4265-4311.

Chen G, Lasiecka I, Zhou J. 2001. Control of Nonlinear Distributed Parameter Systems. Marcel Dekker. Notes in Pure and Appl. Math. , Lecture 218, New York: Dekker.

Chen H F. 1980. On stochastic observability and controllability. Automatica, 16: 179-190.

Chen H F. 1985. Recursive Estimation and Control for Stochastic Systems. New York: John Wiley.

Chen H F. 1992. Stochastic adaptive control, stochastic theory and adaptive control//Duncan T E, Pasik-Duncan B. Lecture Notes in Control and Information Sciences. Berlin/Heidelberg Springer-Verlag, 184: 93-120.

Chen H F. 2002. Stochastic Approximation and Its Applications. Dordrecht: Kluwer Academic.

Chen H F. 2006. Recursive identification for Wiener model with discontinuous piece-wise linear function. IEEE Transactions on Automatic Control, 51 (3): 390-400.

Chen H F, Caines P E. 1985. The strong consistency of the stochastic gradient algorithm of adaptive control. IEEE Transactions on Automatic Control, 30 (2): 189-192.

Chen H F, Guo L. 1991. Identification and Stochastic Adaptive Control. Boston: Birkhauser.

Chen H F, Zhang J F. 1989. Convergence rates in stochastic adaptive tracking. International Journal of Control, 49 (6): 1915-1935.

Chen H F, Zhang J F. 1990. Convergence analysis for adaptive control systems with unknown orders, delay and coefficients. Systems Science, 16 (4): 27-46.

Chen H F, Zhu Y M. 1986. Stochastic approximation procedure with randomly varying truncations. Sci Sinica Ser A, 29: 914-926.

Chen HF, Guo L. 1985. Strong consistency of recursive identification by no use of persistent excitation condition. Acta Math Appl Sinica, 2 (2): 133-145.

Chen J. 1995. Sensitivity integral relations and design tradeoffs in linear multivariable feedback systems. IEEE Transactions on Automatic Control, AC-40: 1700-1716.

Chen J. 1997. Frequency domain tests for validation of linear fractional uncertain models. IEEE Transactions on Automatic Control, 42 (6): 748-760.

Chen J. 1998. Multivariable gain-phase and sensitivity integral relations and design tradeoffs. IEEE Transactions on Automatic Control, AC-43: 373-385.

Chen J. 2000. Logarithmic integrals, interpolation bounds, and performance limitations in MIMO feedback systems. IEEE Transactions on Automatic Control, AC-45: 1098-1115.

Chen J, Gu G. 2000. Control-Oriented System Identification: An H-infinity Approach. Hobokew: Wiley-Interscience.

Chen J, Hara S, Chen G. 2003. Best tracking and regulation performance under control energy constraint. IEEE Transactions on Automatic Control, AC-48: 1320-1336.

Chen J, Hara S, Qiu L, et al. 2008. Best achievable tracking performance in sampled-data systems via LTI controllers. IEEE Transactions on Automatic Control, AC-53: 2467-2479.

Chen J, Nett C N, Fan M K H. 1995. Worst-case system identification in H-infinity: essentially optimal algorithms, error bounds, and validation of apriori information. IEEE Transactions on Automatic Control, 40 (7): 1260-1265.

Chen J, Nett C N. 1995. The Carathéodory-Fejér Problem and H-infinity/l-one identification: a time domain approach. IEEE Transactions on Automatic Control, 40 (4): 729-735.

Chen J, Qiu L, Toker O. 2000. Limitations on maximal tracking accuracy. IEEE Transactions on Automatic Control, AC-45: 326-331.

Chen L, Wu Z. 2010. Maximum principle for stochastic optimal control problem with delay and application. Automatica, 46: 1074-1080.

Chen L, Wu Z. 2011. A type of general forward-backward stochastic differential equations and applications. Chinese Annals of Mathematics, 32B: 279-292.

Chen S, Li X, Zhou X Y. 1998. Stochastic linear quadratic regulators with indefinite control weight costs. SIAM Journal on Control and Optimization, 36: 1685-1702.

Chen T, Francis B A. 1995. Optimal Sampled-Data Control Systems. London: Springer-Verlag.

Chen W. 2000. Cycle time assignment of nonlinear discrete event dynamic systems, Systems Science and Mathematical Sciences, 13: 213-218.

Chen W, Tao Y, Yu H. 2010. Independent cycle time assignment for min-max systems. International Journal of Automation and Computing, 7 (2): 254-260.

Chen X K. 2006. Adaptive sliding mode control for discrete-time multi-input multi-output systems. Automatica, 42 (3): 427-435.

Chen Y，Li Z，Khalgui M，et al. 2011. Design of a maximally permissive liveness-enforcing Petri Net supervisor for flexible manufacturing systems. IEEE Transactions on Automation Science and Engineering，8（2）：374-393.

Cheng L，Pearson J B. 1978. Frequency domain synthesis of multivariable linear regulators. IEEE Transactions on Automatic Control，AC-23：3-15.

Cheng M B，Radisavljevic V，Su W C. 2011. Sliding mode boundary control of a parabolic PDE system with parameter variations and boundary uncertainties. Automatica，47：381-387.

Cheng Y，Zheng D Z. 2004. A cycle time computing algorithm and its application in the structural analysis of min-max systems. Discrete Event Dynamic Systems，14：5-30.

Chilali M，Gahinet P. 1996. $H_\infty$ design with pole placement constraints：an LMI approach. IEEE Transactions on Automatic Control，41（3）：358-367.

Chiola G，Marsan M A，Balbo G，et al. 1993. Generalized stochastic Petri nets：a definition at the net level and its implications. IEEE Transactions on Software Engineering，19（2）：89-107.

Chong C Y，Kumar S P. 2003. Sensor networks：evolution，opportunities and challenges. Proceedings of the IEEE，91（8）：1247-1256.

Chu F，Xie X. 1997. Deadlock analysis of Petri nets using siphons and mathematical programming. IEEE Transactions on Robotics and Automation，13：793-804.

Clarke D W，Mohtadi C，Tuffs P S. 1987. Generalized predictive control algorithm. Automatica，23（2）：137-148.

Clements D J，Anderson B D O. 1978. Singular Optimal Control：The Linear-Quadratic Problem. New York：Springer-Verlag.

Cochet-Terransson J，Gaubert S，Gunawardena J. 1999. A constructive fixed point theorem for min-max functions. Dynamics and Stability of Systems，14：407-433.

Coffman E G，Elphick M J，Shoshani A. 1971. System deadlocks. ACM Computing Surveys，3：67-78.

Cohen G，Dubois D，Quadrat J P，et al. 1985. A linear-system theoretic view of discrete event processes and its use for performance evaluation in manufacturing. IEEE Transactions on Automatic Control，30：210-220.

Commault C，Dion J M，Torres J A. 1991. Minimal structure in the block decoupling problem with stability. Automatica，27：331-338.

Commoner F，Holt A W，Even S，et al. 1971. Marked directed graphs. Journal of Computer and System Sciences，5：511-523.

Conte G，Moog C H，Perdon A M. 1999. Nonlinear Control Systems：An Algebraic Setting. New York：Springer-Verlag.

Corfmat J P，Morse A S. 1976. Decentralized control of linear multivariable systems. Automatica，12：479-495.

Cover T M，Thomas J A. 1991. Elements of Information Theory. Wiley.

Cramer H. 1946. Mathematical Methods of Statistics. Princeton：Princeton University Press.

Crandall M G，Ishii H，Lions P L. 1992. User's guide to viscosity solutions of second order partial differential equations. Bull Amer Math Soc，27：1-67.

Cruz J B，Jr Freudenberg J S，Looze D P. 1981. A relationship between sensitivity and stability of multivariable feedback systems. IEEE Transactions on Automatic Control，AC-26：66-74.

Cruz J B，Jr Perkins W R. 1964. A new approach to the sensitivity problem in multivariable feedback system design. IEEE Transactions on Automatic Control，AC-9：216-223.

Cuninghame-Green R A. 1979. Minimax Algebra. Volume 166 of Lecture Notes in Economics and Mathematical Systems. Berlin：Springer-Verlag.

Curtain R F. 1975. Infinite-dimensional filtering. SIAM Journal on Control，13：89-104.

Curtain R F. 2006. Robustly stabilizing controllers with internal loop. Lecture Notes in Control and Information Science，Berlin/Heidelberg Springer-Verlag，329：79-98.

Curtain R F，Pritchard A J. 1974. The infinite-dimensional Riccati equation. Journal of Mathematical Analysis and Applications，47：43-57.

Curtain R F，Pritchard A J. 1978. Infinite dimensional linear systems theory//Lecture Notes in Control and Information Sciences，8. Berlin-New York：Springer-Verlag.

Curtain R F，Zwart H J. 1995. An Introduction to Infinite-Dimensional Linear Systems Theory. Springer-Verlag.

Dahleh M A，Theodosopoulos T，Tsitsiklis J N. 1993. The sample complexity of worst-case identification of FIR linear systems. Systems and Control Letters，20：157-166.

Dashora Y，Kumar S，Tiwari M K，et al. 2007. Deadlock-free scheduling of an automated manufacturing system using an enhanced colored time resource Petri-net model-based evolutionary endosymbiotic learning automata approach. International Journal of Flexible Manufacturing Systems，19：486-515.

Datko R，Lagnese J，Polis M P. 1986. An example on the effect of time delays in boundary feedback stabilization of wave equations. SIAM Journal on Control and Optimization，24：152-156.

Datta A. 1993. Robustness of discrete-time adaptive controllers：an input-output approach. IEEE Transactions on Automatic Control，38（12）：1852-1857.

Davis M D，Sigal R，Weyuker E J. 1994. Computability，Complexity，and Languages. 2nd ed. Academic Press.

Davison E J. 1976. The robust control of a servomechanism problem for linear time-invariant multivariable systems. IEEE Transactions on Automatic Control，21：25-34.

Davison E J，Goldenberg A. 1975. Robust control of a general servomechanism problem：the servocompensator. Automatica，11：461-472.

Davison E J，Maki M C. 1973. The numerical solution of the matrix Riccati differential equations. IEEE Transactions on Automatic Control，AC-18：71-73.

De Schutter B，van den Boom T. 2000. Model predictive control for max-min-plus systems// Boel R，Stremersch G Discrete Event Systems：Analysis and Control The Kluwer International Series in Engineering and Computer Science. Boston：Kluwer Academic Publishers，569：201-208.

Degris T. 2012. Off-policy Actor-Critic. Proceedings of the 29th International Conference on Machine Learning，1：457-464.

Desch W，Schappacher W，Webb G F. 1997. Hypercyclic and chaotic semigroups of linear operators. Ergodic Theory and Dynamical Systems，17：793-819.

Descusse J. 1990. The brock essential orders and the dynamic block decoupling problem. Systems & Control Letters，14：153-159.

Descusse J. 1991. Block noninteracting control with (non) regular static state feedback：a complete solution. Automatica，27：883-886.

Descusse J，Dion J M. 1982. On the structure infinity of linear square decoupled systems. IEEE Transactions on Automatic Control，AC-27：971-974.

Descusse J，Lafay J F，Malabre M. 1988. Solution of Morgan's problem. IEEE Transactions on Automatic Control，AC-33：732-739.

Desoer C A，Gündes A N. 1986. Decoupling linear multiinput multioutput plants by dynamic output feedback：an algebraic theory. IEEE Transactions on Automatic Control，AC-31：744-750.

Desoer C A，Schulman J D. 1974. Zeros and poles of matrix transfer functions and their dynamical interpretation. IEEE Transactions on Circuits and Systems，CAS-21：3-8.

Desoer C A，Vidyasagar M. 1975. Feedback Systems：Input-Output Properties. New York：Academic Press.

Deutscher J. 2011. Output regulation for linear distributed parameter systems using finite-dimensional dual observers. Automatica，47：2468-2473.

Di Benedetto M D，Grizzle J W，Moog C H. 1989. Rank invariants of nonlinear systems. SIAM Journal on Control and Optimization，27：656-672.

Doyle J C. 1978. Guaranteed margins for LQG regulators. IEEE Transactions on Automatic Control，23 (4)：756-757.

Doyle J C. 1982. Analysis of feedback systems with structured uncertainties. IEE Proceedings，Part D，133：45-56.

Doyle J C. 1984. Lecture notes in advances in multivariable control. ONR/Honeywell Workshop，Minneapolis.

Doyle J C，Glover K，Khargonekar P P，et al. 1989. State-space solutions to standard and

$H_\infty$ control problems. IEEE Transactions on Automatic Control，34（8）：831-847.

Doyle J C，Stein G. 1979. Robustness with observers. IEEE Transactions on Automatic Control，AC-24：607-611.

Doyle J C，Stein G. 1981. Multivariable feedback design：concepts for a classical/modern synthesis. IEEE Transactions on Automatic Control，AC-26：4-16.

Doyle J C，Zhou K，Glover K，et al. 1994. Mixed $H_2$ and $H_\infty$ performance objectives II：optimal control. IEEE Transactions on Automatic Control，39（8）：1575-1587.

Dullerud G E，Paganini F. 2010. A Course in Robust Control Theory：A Convex Approach. New York：Springer.

Durrett R. 2010. Probability：Theory and Examples，4th Edition，Cambridge Series in Statistical and Probabilistic Mathematics. Cambridge：Cambridge University Press.

Duyckaerts T，Zhang X，Zuazua E. 2008. On the optimality of the observability inequalities for parabolic and hyperbolic systems with potentials. Ann I H Poincaré-AN，25：1-41.

Egardt B. 1979. Stability of adaptive controllers. Lectures notes in Control and Information Sciences，Heidelberg：Springer-Verlag.

Egorov Y V. 1962. Some problems in the theory of optimal control. Soviet Math，3：1080-1084.

El Karoui N，Peng S，Quenez M C. 1997. Backward stochastic differential equations in finance. Math Finance，7：1-71.

Elliott R J，Kalton N J. 1972. The existence of value in differential games. In Memoirs of the American Math. Soc. No. 126. Amer. Math. Soc，Providence，R. I.

Emelyanov S V. 1967. Variable Structure Control Systems. Moscow：Nauka（in Russian）.

Emmott S 2006. Towards 2020 Science. Cambridge：Microsoft Research Ltd.

Emre E. 1983a. Generalized model matching and（F，G）-invariant submodules for linear systems over rings. Linear Algebra and Its Applications，50：133-166.

Emre E. 1983b. Regulation of linear systems over rings by dynamic output feedback. Systems & Control Letters，3：57-62.

Emre E，Hautus M L J. 1980. A polynomial characterization of（A，B）-invariant and reachability subspaces. SIAM Journal on Control and Optimization，18：420-436.

Emre E，Tai H M，Seo J H. 1990. Transfer matrices，realization，and control of continuous-time linear time-varying systems via polynomial fractional representations. Linear Algebra and Its Applications，141：79-104.

European Commission. 2010a. Interim evaluation of the seventh framework programme（FP7）. In：Report of the Export Group（on line）. http：//ec. europa. eu/research/evaluations/index _ en. cfm? pg=fp7.

European Commission. 2010b. Facing the future. EFP Brief No. 179（on line）. http：//www. foresight-platform. eu/category/ foresight-brifs/time-horizon/.

Evans W R. 1948. Graphical analysis of control systems. AIEE Trans，67：547-551.

Ezpeleta J，Colom J M，Martinez J. 1995. A Petri net based dead-lock prevention policy for flexible manufacturing system. IEEE Transactions on Robotics and Automation，11：173-184.

Falb P L，Wolovich W A. 1967. Decoupling in the design and synthesis of multivariable control systems. IEEE Transactions on Automatic Control，AC-12：651-659.

Fang H T，Cao X R. 2004. Potential-based online policy iteration algorithms for markov decision processes. IEEE Transactions on Automatic Control，49（4）：493-505.

Fanti M P，Zhou M C. 2004. Deadlock control methods in automated manufacturing systems. IEEE Transactions on Robotics and Automation，34（1）：5-22.

Fattorini H O. 1964. Time-optimal control of solutions of operational differential equations. Journal of the Society for Industrial & Applied Mathematics，Series A：Control，2：54-59.

Fattorini H O. 1966. Control in finite time of differential equations in Banach space. Communications on Pure and Applied Mathematics，19：17-34.

Fattorini H O. 1968. Boundary control systems. SIAM Journal on Control，6：349-385.

Fattorini H O. 1999. Infinite Dimensional Optimization and Control Theory. Cambridge Cambridge University Press.

Fattorini H O，Russell D L. 1971. Exact controllability theorems for linear parabolic equations in one space dimension. Archive for Rational Mechanics and Analysis，43：272-292.

Feng C B，Wu Y Q. 1996. A design scheme of variable structure adaptive control for uncertain dynamic systems. Automatica，32（4）：561-567.

Fleming W H，Blankenship G，Brockett，et al. 1988. Report of the Panel on Future Directions in Control Theory：A Mathematical Perspective. Philadelphia：SIAM.

Fleming W H，McEneaney W M. 1995. Risk-sensitive control on an infinite time horizon. SIAM Journal on Control and Optimization，33：1881-1915.

Fleming W H，Rishel R W. 1975. Deterministic and Stochastic Optimal Control. New York：Springer-Verlag.

Fleming W H，Soner H M. 1992. Controlled Markov Processes and Viscosity Solutions. New York：Springer-Verlag.

Fleming W H，Souganidis P E. 1989. On the existence of value functions of two-player，zero-sum stochastic differential games. Indiana Univ Math J，38：293-314.

Fliess M. 1985. A new approach to the non-interacting control problem in nonlinear systems theory. Proc 23rd Allerton Conf Monticello，IL：123-129.

Fliess M. 1990. Generalized controller，canonical forms for linear and nonlinear dynamics. IEEE Transactions on Automatic Control，35：994-1001.

Flugge-Lotz I. 1953. Discontinuous Automatic Control. New Jersey: Princeton.

Forney G D, Jr. 1975. Minimal bases of rational vector space with applications to multivariable linear systems. SIAM Journal on Control, 13: 493-520.

Forssel U, Ljung L. 1999. Closed-loop identification revisited. Automatica, 35 (7): 1215-1241.

Francis B A. 1977. The linear multivariable regulator problem. SIAM Journal on Control and Optimization, 15: 486-505.

Francis B A, Glover K. 1978. Bounded peaking in the optimal linear regulator with cheap control. IEEE Transactions on Automatic Control, AC-23: 608-617.

Francis B A, Wonham W M. 1975. The internal model principle for linear multivariable regulators. Applied Mathematics and Optimization, 2: 170-194.

Francis B A, Wonham W M. 1976. The internal model principle of control theory. Automatica, 12: 457-465.

Freeman R, Kokotovic P V. 1996. Robust Nonlinear Control Design: State-Space and Lyapunov Techniques. Birkhauser.

Freudenberg J S, Looze D P. 1985. Right half plane zeros and poles and design tradeoffs in feedback systems. IEEE Transactions on Automatic Control, AC-30: 555-565.

Frieden B R. 2004. Science from Fisher Information: A Unification. Cambridge: Cambridge University Press.

Friedman A, Glimm J, Lavery J. 1992. The Mathematical and Computational Sciences in Emerging Manufacturing Technologies and Management Practices. Philadelphia: SIAM.

Fu M, Barmish B R. 1986. Adaptive stabilization of linear systems via switching control. IEEE Transactions on Automatic Control, 31 (12): 1097-1103.

Fuhrmann P A. 1976. Algebraic system theory: an analyst's point of view. Journal of the Franklin Institute, 301: 521-540.

Fuhrmann P A. 1977. On strict system equivalence and similarity. International Journal of Control, 25: 5-10.

Gallager R G. 1968. Information Theory and Reliable Communication. Hobokew: John Wiley and Sons.

Gao W, Hung J C. 1993. Variable structiire control of nonlinear systems: a new approach. IEEE Transactions on Industrial Electronics, 40 (1): 45-55.

Garnier H, Mensler M. 2000. CONTSID toolbox: a matlab toolbox for continuous-time system identification. Proceedings of the 12th IFAC symposium on system identification, Santa Barbara, USA.

Gaubert S, Gunawardena J. 1998a. A non-linear hierarchy for discrete event dynamical systems. Proceedings of WODES'98 IEE, Cagliari, Italy.

Gaubert S, Gunawardena J. 1998b. The duality theorem for min-max functions. Comptes Rendus Academie Sciences, Series I-Mathematics, 326: 43-48.

Gersho A, Gray R M. 1992. Vector Quantization and Signal Compression. Dordrecht: Kluwer Academic Publishers.

Gevers M. 1993. Towards a joint design of identification and control. //Trentelman H L, Willems J C. Essays on Control: Perspectives in the Theory and Its Applications. ECC Groningen: Birkhauser.

Gevers M. 2006. A personal view of the development of system identification. IEEE Control Systems Magazine, 26 (6): 93-105.

Ghaffari A, Rezg N, Xie X L. 2003. Design of a live and maximally permissive Petri net controller using the theory of regions. IEEE Transactions on Robotics and Automation, 19 (1): 137-142.

Gilbert E G. 1969. The decoupling of multivariable systems by state feedback. SIAM Journal on Control, 7: 50-63.

Giua A, DiCesare F, Silva M. 1992. Generalized mutual exclusion constraints on nets with uncontrollable transitions. IEEE Conference on Systems, Man and Cybernetics, Chicago, IL: 974-979.

Goddard P J, Glover K. 1993. Controller reduction: weights for stability and performance preservation. Proceedings of the 32nd IEEE Conference on Decision and Control, San Antonio: 2903-2908.

Goddard P J, Glover K. 1994. Performance preserving frequency weighted controller approximation: a coprime factorization approach. Proceedings of the 33rd IEEE Conference on Decision and Control, Orlando: 2720-2725.

Goodwin G C, Mayne D Q. 1991. Continuous-time stochastic model reference adaptive control. IEEE Transactions on Automatic Control, 36 (11): 1254-1263.

Goodwin G C, Ramadge P J, Caines P E. 1980. Discrete time multivariable adaptive control. IEEE Transactions on Automatic Control, 25 (3): 449-456.

Goodwin G C, Ramadge P J, Caines P E. 1981. Discrete time stochastic adaptive control. SIAM Journal of Control and Optimization, 19 (6): 829-853.

Goodwin G C, Salgado M E, Yuz J I. 2003. Performance limitations for linear feedback systems in the presence of plant uncertainty. IEEE Transactions on Automatic Control, AC-48: 1312-1319.

Goodwin G C, Sin K S. 1984. Adaptive Filtering Prediction and Control. Englewood Cliffs: PrenticeHall.

Goodwin G, Ramadge P J, Caines P E. 1981. Discrete time stochastic adaptive control. SIAM Journal on Control and Optimization, 19: 829-853.

Gosavi A. 2003. Simulation-Based Optimization: Parametric Optimization Techniques and

Reinforcement Learning, Massachusetts: Kluwer Academic Publishers.

Gosavi A. 2004a. Reinforcement learning algorithm based on policy iteration for average reward: empirical results with yield management and convergence analysis. Machine Learning, 55 (1): 5-29.

Gosavi A. 2004b. Reinforcement learning for long run average cost. European Journal of Operational Research, 155 (3): 54-674.

Graham J W. 1970. A Hamilton-Jacobi approach to the optimal control of distributed parameter systems. International Journal of Control, 12: 479-487.

Gu G, Khargonekar P P. 1992a. Linear and nonlinear algorithms for identification in H-infinity. IEEE Transactions on Automatic Control, 37: 953-963.

Gu G, Khargonekar P P. 1992b. A class of algorithms for identification in H-infinity. Automatica, 28: 199-312.

Gu G, Qiu L. 2008. Networked stabilization of multi-input systems with channel resource allocation. IFAC World Congress.

Gumussoy S, Henrion D, Millstone M, et al. 2009. Multiobjective robust control with HIFOO 2. 0. IFAC Symposium on Robust Control Design, Haifa, Israel.

Gunawardena J. 1994a. Cycle times and fixed points of min-max functions. Lecture Notes in Control and Information Sciences, Berlin: Springer, 199: 266-272.

Gunawardena J. 1994b. Min-max functions. Discrete Event Dynamic Systems, 4: 377-406.

Guo B Z. 2001. Riesz basis approach to the stabilization of a flexible beam with a tip mass. SIAM Journal on Control and Optimization, 39: 1736-1747.

Guo B Z, Jin F F. 2013. Sliding mode control and active disturbance rejection to stabilization of one-dimensional anti-stable wave equations subject to disturbance in boundary input. IEEE Transactions on Automatic Control, 58: 1269-1274.

Guo B Z, Sun B. 2005. Numerical solution to the optimal birth feedback control of a population dynamics: viscosity solution approach. Optimal Control Applications and Methods, 26: 229-254.

Guo B Z, Wu T. 2010. Approximation of optimal feedback control: a dynamic programming approach. Journal of Global Optimization, 46: 395-422.

Guo B Z, Xu C Z, Hammouri H. 2012. Output feedback stabilization of a one-dimensional wave equation with an arbitrary time delay in boundary observation. ESAIM: Control, Optimisation and Calculus of Variations, 18: 22-35.

Guo B Z, Yang D H. 2012. Some compact classes of open sets under Hausdorff distance and application to shape optimization. SIAM Journal on Control and Optimization, 50: 222-242.

Guo B Z, Yang D H. 2015. Optimal actuator location for time and norm optimal control of controllable heat equation, Mathematics of Control Signals, and Systems, 27: 23-48.

Guo B Z, Zhao Z L. 2013. On convergence of the nonlinear active disturbance rejection control for MIMO Systems. SIAM Journal on Control and Optimization, 51: 1727-1757.

Guo J, Zhang J F, Zhao Y L. 2011. Adaptive tracking control of a class of first-order systems with binary-valued observations and time-varying thresholds. IEEE Transactions on Automatic Control, 56 (12): 2991-2996.

Guo L. 1995. Convergence and logarithm law of self-tuning regulators. Automatica, 31 (3): 435-450.

Guo L. 1997. On critical stability of discrete-time adaptive nonlinear control. IEEE Transactions on Automatic Control, AC-42: 1488-1499.

Guo L. 2002a. Exploring the capability and limits of the feedback mechanism (Plenary Lecture). Proc. ICM2002, Beijing, 3: 785-794.

Guo L. 2002b. Exploring the maximum capability of adaptive feedback. International Journal of Adaptive Control and Signal Processing, 16: 341-354.

Guo L, Chen H F. 1991. The Aström-Wittenmark self-tuning regulator revisited and ELS-based adaptive trackers. IEEE Transactions on Automatic Control, 36: 802-812.

Guo W, Guo B Z. 2013. Parameter estimation and non-collocated adaptive stabilization for a wave equation subject to general boundary harmonic disturbance. IEEE Transactions on Automatic Control, 58: 1631-1643.

Guo X, Hernàndez-Lerma O. 2001. Continuous-time Markov Decision Processes: Theory and Applications. Heidelberg: Springer.

Hannan E J, Deistler M. 1988. The Statistical Theory of Linear Systems. New York: John Wiley and Sons.

Hautus M L J. 1980. (A, B) -invariant and stabilizability subspace, a frequency domain description. Automatica, 16: 703-707.

Hautus M L J, Heymann M. 1983. Linear feedback decoupling-transfer function analysis. IEEE Transactions on Automatic Control, AC-28: 823-832.

Haynes G W, Hermes H. 1970. Nonlinear controllability via Lie theory. SIAM Journal on Control, 8 (4): 450-460.

He T, Lu X, Wu X, et al. 2013. Optimization-based structure identification of dynamical networks. Physica A: Statistical Mechanics and its Applications, 392 (4): 1038-1049.

Heemels W P H, Teel A R, van de Wouw N, et al. 2010. Networked control systems with communication constraints: tradeoffs between transmission intervals, delays and performance. IEEE Transactions on Automatic Control, 55 (8): 1781-1796.

Heidergott B, Olsder G J, van der Woude J. 2006. Max Plus at Work: Modeling and Analysis of Synchronized Systems. New Jersey: Princeton University Press.

Helmicki A J, Jacobson C A, Nett C N. 1991. Control oriented system identification: a worst-case/deterministic approach in H-infinity. IEEE Transactions on Automatic Control, 36: 1163-1176.

Hermann R. 1963. On the accessibility problem in control theory//International Symposium on Nonlinear Differential Equations and Nonlinear Mechanics. New York: Academic Press: 325-332.

Hermann R, Krener A. 1977. Nonlinear controllability and observability. IEEE Transactions on Automatic Control, 22 (5): 728-740.

Hespanha J P, Morse A S. 2002. Switching between stabilizing controllers. Automatica, 38 (11): 1905-1917.

Hespanha J P, Naghshtabrizi P, Xu Y. 2007. A survey of recent results in networked control systems. Proceeding of the IEEE, 95: 138-162.

Heymann M. 1968. Comments on "Pole assignment in multi-input controllable linear Systems". IEEE Transactions on Automatic Control, AC-13: 748-749.

Heymann M. 1970. On the input and output reducibility of multivariable linear systems. IEEE Transactions on Automatic Control, AC-15: 563-569.

Hillion H P, Proth J M. 1989. Performance evaluation of jobshop systems using timed event-graphs. IEEE Transactions on Automatic Control, 34 (1): 3-9.

Ho H L. 1987. Exact controllability of second order hyperbolic systems with control in the Dirichlet boundary conditions. J. Math. Pures Appl, 66 (9): 363-368.

Ho L F, Russell D L. 1983. Admissible input elements for systems in Hilbert space and a Carleson measure criterion. SIAM Journal on Control and Optimization, 21: 614-640.

Ho Y C. 1989. Special issue on discrete event dynamic systems. Proceedings of the IEEE, 77 (1): 30.

Ho Y C, Cao X R. 1991. Perturbation Analysis of Discrete Event Dynamic Systems. Boston: Kluwer Academic Pub.

Ho Y C, Sreenivas R S, Vakili P. 1992. Ordinal optimization of DEDS. Discrete Event Dynamic System, 2 (1): 61-88.

Ho Y C, Zhao Q C, Jia Q S. 2007. Ordinal Optimization: Soft Optimization for Hard Problems. New York: Springer.

Hojgaard B, Taksar M. 1998. Optimal proportional reinsurance policies for diffusion models. Scandinavian Actuarial J, (2): 166-180.

Hong Y, Jiang Z P, Feng G. 2010. Finite-time input-to-state stability and applications to finite-time control design. SIAM Journal on Control and Optimization, 48 (7): 4395-4418.

Horowitz I M. 1963. Synthesis of Feedback Systems. New York: Academic Press, .

Hovakimyan N, Cao C Y. 2010. L1 Adaptive Control Theory: Guaranteed Robustness with Fast Adaptation. Society for Industrial and Applied Mathematics, http: //www. siam. org/books/dc21.

Hu S C，Zheng Y F. 1987. Remarks on the decentralized disturbance decoupling problem. International Journal of Control，46：97-109.

Huang J. 1995. Asymptotic tracking and disturbance rejection in uncertain nonlinear systems. IEEE Transactions on Automatic Control. 40 (6)：1118-1122.

Huang J. 2004. Nonlinear Output Regulation：Theory and Applications. Philadelphia：SIAM.

Huang J. 2012. Cooperative output regulation of multi-agent systems. Proceedings of the 9th World Congress on Intelligent Control and Automation，Beijing，China：1-5.

Huang J，Chen Z. 2004. A general framework for tackling the output regulation problem. IEEE Transactions on Automatic Control，49 (12)：2203-2218.

Huang J，Lin C F. 1991. On a robust nonlinear servomechanism problem. Proceedings of the 30th IEEE Conference on Decision and Control：2529-2530.

Huang J，Lin C F. 1994. On a robust nonlinear servomechanism problem. IEEE Transactions on Automatic Control. 39 (7)：1510-1513.

Huang J，Rugh W J. 1990. On a nonlinear multivariable servomechanism problem. Automatica，26 (6)：963-972.

Huang J，Wang G C，Wu Z. 2010. Optimal premium policy of an insurance firm：full and partial information. Insurance：Mathematics and Economics，47：208-215.

Huang L，Li Z. 1989. Fundamental theorem for optimal output feedback problem with quadratic performance criterion. International Journal of Control，50：2341-2347.

Hung J Y，Gao W，Hung J C. 1993. Variable structure control：a survey. IEEE Transactions on Industrial Electronics，40 (1)：2-22.

Hung Y S，MacFarlane A G J. 1982. Multivariable Feedback：A Quasiclassical Approach. New York：Springer-Verlag.

IFAC. 2012. IFAC strategic planning task force. September (pre-print) .

Ikeda M，Meeda H，Kodama S. 1972. Stabilization of linear systems. SIAM Journal on Control，10：716-729.

Ikeda M，Meeda H，Kodama S. 1975. Estimation and feedback in linear time-varying systems：a deterministic theory. SIAM Journal on Control，13：304-326.

Ilchmann A. 1991. Non-identifier-based adaptive-control of dynamic-systems-a survey. IMA Journal of Mathematical Control and Information，8：321-366.

Ioannou P A，Datta A. 1991. Robust adaptive control：a unified approach. Proceedings of IEEE，79 (12)：1736-1768.

Ioannou P A，Kokotovic P V. 1984. Instability analysis and improvement of robustness of adaptive control. Automatica，20 (5)：583-594.

Ioannou P A，Sun J. 1996. Robust Adaptive Control. Englewood Cliffs：Prentice-Hall，http：//www-rcf. usc. edu/-ioannou/ Robust _ Adaptive _ Control. Htm.

Ioannou P, Fidan B. 2006. Adaptive Control Tutorial. Society for Industrial and Applied Mathematics, Available online from http://www.siam.org/books/dc11.

Isidori A. 1985. Nonlinear Control Systems: An Introduction. Berlin: Springer-Verlag.

Isidori A. 1995. Nonlinear Control Systems. 3rd ed. London: Springer-Verlag.

Isidori A. 1999. Nonlinear Control Systems. Vol. II. London: Springer-Verlag.

Isidori A. 2000. A tool for semi-global stabilization of uncertain non-minimum-phase nonlinear systems via output feedback. IEEE Transactions on Automatic Control, 45 (10): 1817-1827.

Isidori A, Byrnes C I. 1990. Output regulation of nonlinear systems. IEEE Transactions on Automatic Control, 35: 131-140.

Iwasaki T, Hara S. 2005. Generalized KYP Lemma: unified frequency domain inequalities with design applications. IEEE Transactions on Automatic Control, 50 (1): 41-59.

James H M, Nicholls N B, Phillips R S. 1947. Theory of Servomechnisms. New York: McGraw-Hill.

Jamshidi M. 1977. A parameter imbedding solution of algebraic matrix Riccati equation. International Journal of Control, 25: 271-281.

Jasso-Fuentes H, Yin G. 2013. Advanced Criteria for Controlled Markov-Modulated Diffusions in an Infinite Horizon: Overtaking, Bias, and Blackwell Optimality. Beijing: Science Press.

Jeng D M, Chen S C. 1998. Heuristic search approach using approximate solutions of PN state equations for scheduling flexible manufacturing systems. International Journal of Flexible Manufacturing Systems, 10 (2): 139-162.

Jiang Z P. 1999. A combined backstepping and small-gain approach to adaptive output-feedback control. Automatica, 35 (6): 1131-1139.

Jiang Z P, Mareels I. 1997. A small gain control method for nonlinear cascaded systems with dynamic uncertainties. IEEE Transactions on Automatic Control, 42 (3): 292-308.

Jiang Z P, Praly L. 1998. Design of robust adaptive controllers for nonlinear systems with dynamic uncertainties. Automatica, 34 (7): 825-840.

Jiang Z P, Teel A R, Praly L. 1994. Small-gain theorem for ISS systems and applications. Mathematics of Control, Signals and Systems, 7: 95-120.

Johnson C D. 1971. Accommodation of external disturbances in linear regulator and servomechanism problems. IEEE Transactions on Automatic Control, AC-16: 635-644.

Jr. Douglas J, Ma J, Protter P. 1996. Numerical methods for forward-backward stochastic differential equations. The Annals of Applied Probability, 6: 940-968.

Jury E I. 1958. Sampled-Data Control Systems. New York: Wiley.

Kaelbling L P. 1994. Associative reinforcement learning: function ink-DNF. Machine learning, 15: 279-298.

Kailath T. 1980. Linear Systems. Englewood Cliffs: Prentice-Hall, .

Kalman R E. 1958. Design of a self-optimizing control system. Transactions of the ASME-Journal of Engineering, 80: 468-478.

Kalman R E. 1960a. A new approach to linear filtering and prediction problems. ASME Trans. Ser. D: J Basic Eng, 82: 33-45.

Kalman R E. 1960b. Contributions to the theory of optimal control. Bol Soc Matem Mexicana (Ser 2), 5: 102-119.

Kalman R E. 1961. On the general theory of control systems Proc 1st IFAC World Congress, Moscow, Butterworth, 1: 481-492.

Kalman R E. 1962. Canonical structure of linear dynamical systems. Proc Natl Acad Sci, 48: 596-600.

Kalman R E. 1963a. Mathematical description of linear systems. SIAM Journal on Control, 1: 152-192.

Kalman R E. 1963b. The theory of optimal control and the calculus of variations//Bellman R. Mathematical Optimization Techniques. Berkeley: University of California Press.

Kalman R E. 1964. When is linear control system optimal? ASME Trans Ser D: J Basic Eng, 86: 51-60.

Kalman R E, Bucy R S. 1961. New results in linear filtering and prediction theory. ASME Trans Ser D: J Basic Eng, 83: 95-108.

Kalman R E, Falb P L, Arbib M A. 1969. Topics in Mathematical System Theory. New York: McGraw-Hill.

Kamen E W. 1975. On an algebraic theory of systems defined by convolution operators. J Math System Theory, 9: 57-74.

Kamen E W. 1976. Representation and realization of operational differential equations with time-varying coefficients. Journal of the Franklin Institute, 301: 559-571.

Kamen E W. 1979. New results in realization theory for linear time-varying analytic systems. IEEE Transactions on Automatic Control, AC-24: 866-878.

Kamen E W. 1988. The poles and zeros of a linear time-varying system. Linear Algebra and Its Applications, 98: 263-289.

Kanellakopoulos I. 1991. Adaptive control of nonlinear systems. Ph D thesis, Report UIUC-ENG-91—2244, DC-134, Coordinated Science Laboratory, University of Illinois at Urbana-Champaign, Urbana, IL.

Kanellakopoulos I, Kokotovic P V, Morse A S. 1991. Systematic design of adaptive controllers for feedback linearizable systems. IEEE Transactions on Automatic Control, 36: 1241-1253.

Karafyllis I, Jiang Z P. 2011. Stability and Stabilization of Nonlinear Systems. London: Springer-Verlag.

Karagiannis D, Jiang Z P, Ortega R, et al. 2005. Output feedback stabilization of a class of nonminimum-phase nonlinear systems. Automatica, 41 (9): 1609-1615.

Karatzas I, Shreve S E. 1998. Methods of Mathematical Finance. New York: Springer.

Katayama T. 2005. Subspace Methods for System Identification. Loondon: Springer.

Kawaguchi K, Morimoto H. 2007. Long-run average welfare in a pollution accumulation model. J Econom Dyn Control, 31: 703-720.

Kelley C R. 1968. Manual and Automatic Control. New York: Wiley.

Khalil H. 2002. Nonlinear Systems. 3rd ed Upper Saddle River: Prentice-Hall.

Khargonekar P P. 1982. On matrix fraction representations for linear systems over commutative rings. SIAM Journal on Control and Optimization, 20: 172-197.

Khargonekar P P, Petersen I R, Zhou K. 1990. Robust stabilization of uncertain linear systems: quadratic stabilization and $H_\infty$ control theory. IEEE Transactions on Automatic Control, 35: 356-361.

Khargonekar P P, Poolla K R. 1986. Polynomial matrix-fraction representations for linear time-varying systems. Linear Algebra and Its Applications, 80: 1-37.

Khargonekar P P, Sontag E D. 1982. On the relation between stable matrix fraction decompositions and regulable realizations of systems over rings. IEEE Transactions on Automatic Control, AC-27: 627-638.

Kharitonov V L. 1978. Asymptotic stability of an equilibrium position of a family of systems of linear differential equations. Differential'nye Uravneniya, 14: 2086-2088.

Khasminskii R Z. 2012. Stochastic Stability of Differential Equations. 2nd ed. New York: Springer.

Khasminskii R Z, Yin G. 2005. Limit behavior of two-time-scale diffusions revisited. J Differential Eqs, 212: 85-113.

Kleinman D L. 1968. On an iterative technique for Riccati equation computation. IEEE Transactions on Automatic Control, AC-13: 114-115.

Kochenburger R J. 1950. A frequency response method for analysing and synthesising contactor servomechanisms. AIEE Trans, 69: 270-283.

Kokotovic P V. 1992. Joy of feedback: nonlinear and adaptive. IEEE Control Systems, 12 (3): 7-17.

Kokotovic P V, Arcak M. 2001. Constructive nonlinear control: a historical perspective. Automatica, 37 (5): 637-662.

Kolmanovsky I, McClamroch H. 1995. Developments in nonholonomic control problems. IEEE Control Systems, 15 (6): 20-36.

Kolmogorov A N. 1941. Interpolation and extrapolation of stationary random sequences (in Russian). Bull Moscow Univ, USSR, Ser Math, 5.

Kolmogorov A N. 1956. On some asymptotic characteristics of completely bounded spaces.

Dokl Akad Nauk SSSR，108：385-389.

Kolokoltsov V N. 2010. Nonlinear Markov Processes and Kinetic Equations. Cambridge：Cambridge Univ Press.

Konda V. 2002. Actor-critic algorithms. PhD，Massachusetts Institute of Technology.

Koussiours T G，Tzierakis K G. 1996. Frequency-domain conditions for disturbance rejection and decoupling with stability or pole placement. Automatica，32：229-234.

Kouvaritakis B. 1978. The optimal root loci of linear multivariable systems. International Journal of Control，28：33-62.

Kreindler E. 1968. Closed-loop sensitivity reduction of linear optimal control systems. IEEE Transactions on Automatic Control，AC-13：254-262.

Krstic M. 2010. Adaptive control of an anti-stable wave PDE. Dynamics of Continuous，Discrete and Impulsive Systems Series A：Mathematical Analysis，17：853-882.

Krstic M，Kanellakopoulos I，Kokotovic P V. 1995. Nonlinear and Adaptive Control Design. New York：John Wiley.

Krstic M，Kokotovic P V. 1995. Adaptive nonlinear design with controller-identifier separation and swapping. IEEE Transactions on Automatic Control，40 (3)：426-441.

Krstic M，Smyshlyaev A. 2009. Boundary Control of PDEs：A Course on Backstepping Designs. Philadelphia，PA：SIAM.

Krylov N V. 1980. Controlled Diffusion Processes，English translation. New York-Berlin Springer-Verlag.

Krylov N V. 2000. On the rate of convergence of finite-difference approximations for Bellman's equations with variable coefficients. Probab Theory Related Fields，117：1-16.

Kumar P R. 1985. A survey of some results in stochastic adaptive control. SIAM Journal on Control and Optimization，23：329-380.

Kumar P R. 1990. Convergence of adative control schemes using least squares parameter estimates. IEEE Transactions on Automatic Control，35：416-423.

Kushner H J. 1984. Approximation and Weak Convergence Methods for Random Processes，with Applications to Stochastic Systems Theory. Cambridge：MIT Press.

Kushner H J，Dupuis P. 2001. Numerical Methods for Stochastic Control Problems in Continuous Time，2nd Edition. New York：Springer-Verlag.

Kushner H J，Yin G. 2003. Stochastic Approximation and Recursive Algorithms and Applications，2nd Edition. New York：Springer-Verlag.

Kushner H J，Yin G. 2003. Stochastic Approximation and Recursive Algorithms and Applications. 2nd ed. New York，NY：Springer-Verlag.

Kwakernaak H. 1976. Asymptotic root loci of multivariable linear optimal regulators. IEEE Transactions on Automatic Control，AC-21：378-382.

Kwakernaak H, Sivan R. 1972. Linear Optimal Control Systems. New York: Wiley.

Kwon S, Lee K Y. 2005. Generalization of reinforcement learning with CMAC. IFAC Proceedings, 16: 360-365.

Lagnese J E. 1989. Uniform stabilization of a thin elastic plate by nonlinear boundary feedback. Porter W A, KaK S C, Aravena J L. Advances in Computing and Control, Lecture Notes in Control and Inform. Sci, 130. Berlin: Springer, 305-317.

Laganese J E. 1991. Boundary controllability of nonlinear beams to bounded states. In: Proceedings of the Royal Society of Edinburgh, Sect. A, 119: 63-72.

Lagoudakis M G, Parr R. 2003. Least-squares policy iteration. Journal of Machine Learning Research, 4: 1107-1149.

Lai T L, Wei C Z. 1982. Least squares estimates in stochastic regression models with applications to identification and control of dynamic systems. Annals of Statistics, 10 (1): 154-166.

Lai T L, Ying Z L. 1991. Parallel recursive algorithms in asymptotically efficient adaptive control of linear stochastic systems. SIAM Journal of Control and Optimization, 29 (5): 1091-1127.

Landau I D. 1969. A hyperstability criterion for model reference adaptive control systems. IEEE Transactions on Automatic Control, AC-14: 552-555.

Landau I D. 1979. Adaptive Control: The Model Reference Approach. New York: Marcel Dekker.

Landau I, Lozano R, M'Saad M. 1997. Adaptive Control. New York: Springer-Verlag, .

Lasiecka I, Triggiani R. 1983. Regularity of hyperbolic equations under L^2 (0, T; L^2 (Γ)) -Dirichlet boundary terms. Appl. Math. Optim, 10: 275-286.

Lasiecka I, Triggiani R. 2000a. Control Theory for Partial Differential Equations I: Abstract Parabolic Systems: Continuous and Approximation Theories. Cambridge: Cambridge University Press.

Lasiecka I, Triggiani R. 2000b. Control Theory for Partial Differential Equations: Continuous and Approxiamation Theories II: Abstract Hyperbolic-Like Systems over a Finite Time Horizon. Cambridge: Cambridge University Press.

Laub A J. 1979. A Schur method for solving algebraic Riccati equations. IEEE Transactions on Automatic Control, AC-24: 913-921.

Lee D Y, DiCesare F. 1994. Scheduling flexible manufacturing systems using Petri nets and heuristic search. IEEE Transactions on Robotics and Automation, 10 (2): 123-132.

Lehtomaki N A, Sandell N R, Jr, Athans M. 1981. Robustness results in linear-quadratic Gaussian based multivariable control designs. IEEE Transactions on Automatic Control, AC-26: 75-93.

Levine W S, Athans M. 1970. On the determination of the optimal constant output feedback gains for linear multivariable systems. IEEE Transactions on Automatic Control, AC-15: 44-48.

Levine W S, Johnson T L, Athans M. 1971. Optimal limited state variable feedback controllers for linear systems. IEEE Transactions on Automatic Control, AC-16: 785-793.

Li C Y, Xie L L. 2006. On robust stability of discrete-time adaptive nonlinear control. Systems & control letters, 55: 452-458.

Li T. 2010. Controllability and Observability for Quasilinear Hyperbolic Systems. Beijing: Higher Education Press.

Li T, Zhang J F. 2009. Mean square average consensus under measurement noises and fixed topologies: necessary and sufficient conditions. Automatica, 45 (8): 1929-1936.

Li T, Zhang J F. 2010. Consensus conditions of multi-agent systems with time-varying topologies and stochastic communication noises. IEEE Transactions on Automatic Control, 55: 2043-2057.

Li X J. 1980. Time optimal boundary control for systems governed by parabolic equations (Chinese). Chinese Annals of Mathematics, 1 (3-4): 453-458.

Li Z W, Zhou M C. 2004. Elementary siphons of Petri nets and their application to deadlock prevention in FMSs. IEEE Transactions on Systems, Man, and Cybernetics, Part A, 34 (1): 38-51.

Li Z, Hu Y, Liu Y, et al. 2012. Adaptive inverse control of non-linear systems with unknown complex hysteretic non-linearities. IET Control Theory and Applications, 6 (1): 1-7.

Liberzon D. 2009. Nonlinear control with limited information. Communications in Information and Systems, 9 (1): 41-58.

Limebeer D J N, Anderson B D O, Khargonekar P P, et al. 1992. A game theoretic approach to $H_\infty$ control for time-varying systems. SIAM Journal on Control and Optimization, 30: 262-283.

Lin L, Wang L Y, Zames G. 1999. Time complexity and model complexity of fast identification of continuous-time LTI systems. IEEE Transactions on Automatic Control, 44 (10): 1814-1828.

Lin F, Wonham W M. 1988. On observability of discrete-event systems. Information Sciences, 44 (3): 173-198.

Lions J L. 1971. Optimal Control of Systems Governed by Partial Differential Equations. New York: Springer-Verlag.

Lions J L. 1972. Optimal Control of Systems Governed by Partial Differential Equations. New York-Berlin: Springer-Verlag.

Lions J L. 1988. Exact controllability, stabilization and perturbations for distributed systems. SIAM Review, 30: 1-68.

Lions J L，Magenes E. 1972，1973. Non-Homogeneous Boundary Value Problems and Applications，Vol. I，II，III. New York：Springer-Verlag.

Liu H X，Xing K Y，Zhou M C，et al. 2013. Transition cover-based design of petri net controllers for automated manufacturing systems. IEEE Transactions on Systems，Man，and Cybernetics，Part A，(to appear) .

Liu S J，Jiang Z P，Zhang J F. 2008. Global output-feedback stabilization for a class of stochastic non-minimum-phase nonlinear systems. Automatica，44：1944-1957.

Liu S J，Krstic M. 2009. Continuous-time stochastic averaging on the infinite interval for locally Lipschitz systems. SIAM Journal on Control and Optimization，48：3589-3622.

Liu T，Hill D J，Jiang Z P. 2011. Lyapunov formulation of ISS cyclic-small-gain in continuous-time dynamical networks. Automatica，47 (9)：2088-2093.

Liu T，Jiang Z P，Hill D J. 2012a. Lyapunov formulation of ISS cyclic-small-gain for hybrid dynamical networks. Nonlinear Analysis：Hybrid Systems，6：988-1001.

Liu T，Jiang Z P，Hill D J. 2012b. A sector bound approach to feedback control of nonlinear systems with state quantization. Automatica，48：145-152.

Liu T，Jiang Z P，Hill D J. 2012c. Quantized stabilization of strict-feedback nonlinear systems based on ISS cyclic-small-gain theorem. Special Issue of Mathematics of Control，Signals and Systems，"Robust Stability and Control of Large-Scale Nonlinear Systems"，24 (1-2)：75-110.

Liu X，Goldsmith A. 2003. Wireless communication tradeoffs in distributed control. Proceedings of the 42nd IEEE Conference on Decision and Control，1：688-694.

Liu Y G，Zhang J F. 2005. A Survey on the stabilization control for stochastic nonlinear systems. *In*：Cheng D，Sun Y，Shen T，et al. Adavanced Robust and Adaptive Control Theory and Applications. Beijing：Tsinghua University Press：41-55.

Liu Y，Anderson B D O. 1990. Frequency weighted controller reduction methods and loop transfer recovery. Automatica，26：487-497.

Liu Y，Anderson B D O，Ly U L. 1990. Coprime factorization controller reductions with Bezout identity induced frequency weighting. Automatica，26：233-249.

Ljung L. 1977. Analysis of recursive stochastic algorithms. IEEE Transactions on Automatic Control，22 (4)：551-575.

Ljung L. 1987. System Identification：Theory for the User. Englewood Cliffs Prentice-Hall.

Ljung L. 2003. Educational aspects of identification software user interfaces. Proceedings of the 13th IFAC Symposium on System identification：1590-1594.

Ljung L. 2007. System Identification Toolbox for Use with Matlab，Version 7. The MathWorks，Inc：Natick，MA.

Ljung L. 2010. Perspectives on system identification. Annual Reviews in Control，34：1-12.

Ljung L，Hjalmarsson H，Ohlsson H. 2011. Four encounters with system identification. Eu-

ropean Journal of Control，5-6：449-471.
Ljung L，Soderstrom T. 1983. Theory and Practice of Recursive Identification. Cambridge：MIT Press.
Ljung L，Vicino A. 2005. IEEE Transactions on Automatic Control：Special Issue on System Identification，50 (10)：1433-1629.
Logemann H，Rebarber R，Townley S. 2003. Stability of infinite-dimensional sampled-data systems. Transactions of the American Mathematical Society，355：3301-3328.
Logemann H，Rebarber R，Weiss G. 1996. Conditions for robustness and nonrobustness of the stability of feedback systems with respect to small delays in the feedback loop. SIAM Journal on Control and Optimization，34：572-600.
Lozano-leal R，Goodwin G C. 1985. A globally convergent adaptive pole placement algorithm without a persistency of excitation requirement. IEEE Transactions on Automatic Control，30 (8)：795-797.
Luenberger D G. 1964. Observing the state of a linear system. IEEE Transactions on Military Electronics，MIL-8：74-80.
Luenberger D G. 1966. Observers for multivariable systems. IEEE Transactions on Automatic Control，AC-11：190-197.
Luenberger D G. 1971. An introduction to observers. IEEE Transactions on Automatic Control，AC-16：569-603.
Luo Z H，Guo B Z，Morgu O. 1999. Stability and Stabilization of Infinite Dimensional System with Applications. London：Springer-Verlag.
Ma C，Wonham W M. 2005. Nonblocking Supervisory Control of State Tree Structures. New York：Springer.
Ma H B. 2007. Finite-model adaptive control using WLS-like algorithm. Automatica，43 (4)：677-684.
Ma H B. 2008a. An "impossibility" theorem on a class of high-order discrete-time nonlinear control systems. Systems & Control Letters，57：497-504.
Ma H B. 2008b. Further results on limitations to the capability of feedback. International Journal of Control，81：21-42.
Ma H B. 2009. Decentralized adaptive synchronization of a stochastic discrete-time multiagent dynamic model. SIAM Journal of Control and Optimization，48 (2)：859-880.
Ma H B，Lum K Y. 2009. Adaptive estimation and control for systems with parametric and nonparametric uncertainties. Adaptive Control. Vienna：I-Tech Education and Publishing，chapter 2：15-64.
Ma J，Yong J M. 1999. Forward-backward stochastic differential equations and their applications. Lecture Notes Math，1072，Springer.
MacFarlane A G J. 1970. The return-difference and return-radio matrices and their use in the

analysis and design of multivariable feedback control systems. Proc IEE, 117: 2037-2049.

MacFarlane A G J. 1972. A survey of some recent results in linear multivariable feedback theory. Automatica, 8: 455-492.

MacFarlane A G J. 1977. Characteristic frequency functions and characteristic gain functions. International Journal of Control, 26: 265-278.

MacFarlane A G J. 1979a. The development of frequency-response method in automatic control. IEEE Transactions on Automatic Control, AC-24: 250-256.

MacFarlane A G J. 1979b. Frequency-Response Methods in Control Systems. New York: IEEE Press.

MacFarlane A G J, Belletrutii J J. 1973. The characteristic locus design method. Automatica, 9: 575-588.

MacFarlane A G J, Karcanias N. 1976. Poles and zeros of linear multivariable systems: a syrvey of the algebraic, geometric and complex-variable theory. International Journal of Control, 24: 33-74.

MacFarlane A G J, Kouvaritakis B. 1977. A design technique for linear multivariable feedback systems. International Journal of Control, 25: 837-879.

MacFarlane A G J, Postlethwaite I. 1977. The generalized Nyquist stability criterion and multivariable root loci. International Journal of Control, 25: 81-127.

MacFarlane A G J, Scott-Jones D F A. 1979. Vector gain. International Journal of Control, 29: 65-91.

Mageirou E F, Ho Y C. 1977. Decentralized stabilization via game theoretic methods. Automatica, 13: 393-399.

Maiti S N, Saraf D N. 1995. Adaptive dynamic matrix control of a distillation column with closed-loop online identification. Journal of Process Control, 5 (5): 315-327.

Malabre M, Kučera V. 1984. Infinite structure and exact model matching problem: a geometric approach. IEEE Transactions on Automatic Control, AC-29: 266-268.

Mao X R, Yuan C G. 2006. Stochastic Differential Equations with Markovian Switching. London: Imperial College Press.

Marinescu B. 2009. Model-matching and decoupling for continuous-and discrete-time linear time-varying systems. International Journal of Control, 82: 1018-1028.

Marino R, Tomei P. 1995. Nonlinear Control Design: Geometric, Adaptive and Robust. Hemel Hempstead, uk: Prentice-Hall.

Mayeda H, Yamada T. 1979. Strong structural controllability. SIAM Journal on Control and Optimization, 17: 123-138.

Mayne B Q. 1973. The design of linear multivariable systems. Automatica, 9: 201-207.

Mazenc F, Praly L. 1996. Adding integrations, saturated controls, and stabilization for feedforward systems. IEEE Transactions on Automatic Control, 41 (11): 1559-1578.

McEneaney W M. 2006. Max-Plus Methods for Nonlinear Control and Estimation. Boston: Birkhäuser.

McFarlane D C, Glover K. 1992. A loop shaping design procedure using $H_\infty$ synthesis. IEEE Transactions on Automatic Control, 37 (6): 759-769.

Mees A I. 1984. Describing functions: ten years on. IMA J Applied Math, 32: 221-233.

Megretski A, Rantzer A. 1997. System analysis via integral quadratic constraints. IEEE Transactions on Automatic Control, 42 (6): 819-830.

Milanese M, Belforte G. 1982. Estimation theory and uncertainty intervals valuation in the presence of unknown but bounded errors: linear families of models and estimators. IEEE Transactions on Automatic Control, 27: 408-414.

Milanese M, Vicino A. 1991. Optimal estimation theory for dynamic systems with set membership uncertainty: an overview. Automatica, 27: 997-1009.

Milanese M, Vicino A. 1993. Information-based complexity and nonparametric worst-case system identification. Journal of Complexity, 9: 427-446.

Miller D E, Davison E J. 1991. An adaptive controller which provides an arbitrarily good transient and steady-state response. IEEE Transactions on Automatic Control, 36 (1): 68-81.

Mohammed S E A. 1984. Stochastic Functional Differential Equations. Boston: Pitman.

Molloy M K. 1982. Performance analysis using stochastic Petri nets. IEEE Transactions Computers, C-31 (9): 913-917.

Moore A W, Atkeson C G. 1993. Prioritized sweeping: reinforcement Learning with less data and less time. Machine learning, 13: 103-130.

Moore B C. 1978. Singular value analysis of linear systems. Proceedings of the 17th IEEE Conference on Decision and Control, San Dieg: 66-73.

Moore J B, Anderson B D O. 1967. Applications of the multivariable Popov criterion. International Journal of Control, 5: 345-353.

Moore J B, Anderson B D O. 1968. A generalization of the Popov criterion. Journal of the Franklin Institute, 285: 488-492.

Morgan B S. 1964. The synthesis of linear multivariable systems by state variable feedback. IEEE Transactions on Automatic Control, AC-9: 405-411.

Morris K. 2011. Linear-quadratic optimal actuator location. IEEE Transactions on Automatic Control, 56: 113-124.

Morse A S. 1980. Global stability of parameter adaptive control systems. IEEE Transactions on Automatic Control, 25 (3): 433-439.

Morse A S, Wonham W M. 1970. Decoupling and pole assignment by dynamic Compensation. SIAM Journal on Control, 8: 317-337.

Mu B Q, Chen H F. 2012. Recursive identification of Wiener-Hammerstein systems. SIAM Journal on Control and Optimization, 55 (5): 2621-2658.

Murata T. 1989. Petri nets: properties, analysis and applications. Proceedings of the IEEE, 77 (4): 541-580.

Murray R M, et al. 2002. Control in an information rich world—Report of the Panel on Future Directions in Control, Dynamics, and Systems. http: //www. cds. caltech. edu/-murray/cdspanel/report/.

Mäkilä P M, Partington J R, Gustafsson T K. 1995. Worst-case control-relevant identification. Automatica, 31 (12): 1799-1819.

Mäkilä P M, Toivonen H T. 1987. Computational methods for parametric LQ problems-a survey. IEEE Transactions on Automatic Control, AC-32: 658-670.

Narendra K S, Annaswamy A M. 1986. Robust adaptive control in the presence of bounded disturbances. IEEE Transactions on Automatic Control, 31 (4): 306-315.

Narendra K S, Annaswamy A M. 1989. Stable Adaptive Systems. Englewood Cliffs: Prentice-Hall.

Narendra K S, Balakrishnan J. 1997. Adaptive control using multiple models. IEEE Transactions on Automatic Control, 42 (2): 171-187.

National Academy of Engineering. 2008. Grand challenges for engineering (on line). http: // www. engineeringchallenges. org/.

Necoara I, De Schutter B, van den Boom T, et al. 2008. Model predictive control for uncertain max-min-plus-scaling systems. International Journal of Control, 81: 701-713.

Nesic D, Liberzon D. 2009. A unified framework for design and analysis of networked and quantized control systems. IEEE Transactions on Automatic Control, 54: 732-747.

Nikiforov V O. 1998. Adaptive non-linear tracking with complete compensation of unknown disturbances. European Journal of Control, 4: 132-139.

Nilsson J, Berhardsson B, Wittenmmark B. 1998. Stochastic analysis and control of real time systems with random time delays. Automatica, 34: 57-64.

Ninness B, Gibson S. 2002. Quantifying the accuracy of Hammerstein model estimation. Automatica, 38 (12): 2037-2051.

Nyquist H. 1932. Regeneration theory. Bell System Tech J, 11: 126-147.

Obinata G, Anderson B D O. 2001. Model Reduction for Control System Design. London: Springer.

Ogle R. 2007. Smart World: Breakthrough Creativity and New Science of Ideas. Boston: Harvard Business School Press.

Olsder G J. 1991. Eigenvalues of dynamic max-min systems. Discrete Event Dynamic Systems, 1: 177-207.

Ortega R, Loria A, Nicklasson P J, et al. 1998. Passivity-Based Control of Euler-Lagrange

Systems: Mechanical, Electrical and Electromechanical Applications. Springer.

Ortega R, Tang Y. 1989. Robustness of adaptive controllers: a survey. Automatica, 25 (5): 651-678.

Otsuka N. 1991. Simultaneous decoupling and disturbance-rejection problems for infinite-dimensional systems. IMA Journal of Mathematical Control and Information, 8: 165-178.

Overton M L. 2006. HIFOO: H-infinity fixed order optimization: a matlab package for fixed-order controller design. http: //www. cs. nyu. edu/overton/software/hifoo.

O'Brien R T, Jr, Iglesias P A. 2001. On the poles and zeros of linear, time-varying systems. IEEE Transactions on Automatic Control, AC-48: 565-577.

Pandolfi L. 1976. Linear control systems: Controllability with constrained controls. Journal of Optimization Theory and Applications, 19: 577-585.

Pandolfi L. 1980. Controllability and stabilizability for linear systems of algebraic and differential equations. Journal of Optimization Theory and Applications, 30: 601-620.

Pardoux E, Peng S G. 1990. Adapted solution of backward stochastic equations. Systems and Control Letters, 14: 55-61.

Parks P C. 1966. Lyapunov redesign of model reference adaptive control systems. IEEE Transactions on Automatic Control, 11 (3): 362-367.

Paunonen L, Pohjolainen S. 2010. Internal model theory for distributed parameter systems. SIAM Journal on Control and Optimization, 48: 4753-4775.

Peng S G. 1990. A general stochastic maximum principle for optimal control problems. SIAM Journal on Control and Optimization, 28: 966-979.

Peng S G. 1994. Backward stochastic differential equation and exact controllability of stochastic control systems. Progress in Natural Science, 4: 274-284.

Peng S G. 2004. Backward stochastic differential equations, nonlinear expectations and risk measures. Lectures in Chinese Summer School in Mathematics, Shandong University at Weihai, Shandong, China.

Peng S G, Wu Z. 1999. Fully coupled forward-backward stochastic differential equations and applications to optimal control. SIAM Journal on Control and Optimization, 37: 825-843.

Peng S G, Yang Z. 2009. Anticipated backward stochastic differential equations. Annals of Probability, 37: 877-902.

Pernebo L. 1981a. An algebraic theory for the design of controllers for linear multivariable systems-Part I: structure matrices and feedforward design. IEEE Transactions on Automatic Control, AC-26: 171-182.

Pernebo L. 1981b. An algebraic theory for the design of controllers for linear multivariable systems-Part II: feedback realizations and feedback design. IEEE Transactions on Automatic Control, AC-26: 183-194.

Peters J, Vijayakumar S, Schaal S. 2005. Natural actor-critic. *In*: Proceedings of the 16th European Conference on Machine Learning, Porto, Portugal: 3 -7.

Petersen I R. 1987. Notions of stabilizability and controllability for a class of uncertain linear systems. International Journal of Control, 46: 409-422.

Petri C A. 1962. Communication with Automata. Ph D Thesis, University of Bonn.

Pinkus A. 1985. N-Widths in Approximation Theory. Berlin: Springer-Verlag.

Piroddi L, Cordone R, Fumagalli I. 2008. Selective siphon control for deadlock prevention in Petri nets. IEEE Transactions on Systems, Man, and Cybernetics, Part A, 38 (6): 1337-1348.

Pohjolainen S, Seppo L. 1982. Robust controller for boundary control systems. //Analysis and Optimization of Systems (Versailles, 1982) . Lecture Notes in Control and Inform. Sci, 44. Berlin: Springer: 788-799.

Poolla K, Khargonekar P, Tikku A, et al. 1994. A time-domain approach to model validation. IEEE Transactions on Automatic Control, 39: 951-959.

Poolla K, Tikku A. 1994. On the time complexity of worst-case system identification. IEEE Transactions on Automatic Control, 39: 944-950.

Popov V M. 1960. Nouveaux critériums de stabilité pour les systèmes automatiques nonlinéaires. Revue d'Electrotechnique et d'Engergetique, Academie de la Republic Populaire Roumaine, 5 (1): 72-88.

Popov V M. 1961. Absolute stability of nonlinear systems of automatic control (in Russian). Automation and Remote Control, 22: 961-979.

Popov V M. 1973. Hyperstability of Control Systems. Berlin: Springer-Verlag.

Postlethwaite I. 1977. The asymptotic behaviour, the angles of departure and the angles of approach of the characteristic frequency loci. International Journal of Control, 25: 677-695.

Postlethwaite I, Edmunds J M, MacFarlane A G J. 1981. Principal gains and principal phase in the analysis of linear multivariable feedback systems. IEEE Transactions on Automatic Control, AC-26: 32-46.

Postlethwaite I, MacFarlane A G J. 1979. A Complex Variable Approach to the Analysis of Linear Multivariable Feedback Systems. Berlin: Springer-Verlag.

Potter J E. 1966. Matrix quadratic solutions. SIAM Journal on Applied Mathematics, 14: 496-501.

Praly L, Bastin G, Pomet J B, et al. 1991. Adaptive stabilization of nonlinear systems. *In*: Kokotovic P V. Foundations of Adaptive Control. Berlin: Springer-Verlag: 347-433.

Pugh A C. 1977. Transmission and system zeros. International Journal of Control, 26: 315-324.

Puterman M L. 1994. Markov Decision Processes：Discrete Stochastic Dynamic Programming. New York：John Wiley and Sons，Inc.

Qiu L，Bernhardsson B，Rantzer A，et al. 1995. A formula for computation of the real stability Radius. Automatica，31（6）：879-890.

Qiu L，Davison E J. 1993. Performance limitations for nonminimum phase systems in the servomechanism problem. Automatica，29：337-349.

Qiu L，Ren Z，Chen J. 2002. Fundamental performance limitations in estimation problems. Communications in Information and Systems，2：371-384.

Qu Z. 2009. Cooperative Control of Dynamical Systems：Applications to Autonomous Vehicles Heidelberg：Springer.

Ramadge P J，Wonham W M. 1987. Supervisory control of a class of discrete event processes. SIAM Journal on Control and Optimization，25（1）：206-230.

Rekasius Z V. 1965. Decoupling of multivariable systems by means of state variable feedback. Proc 3rd Allerton Condience Circuit and System Theory，439-447.

Ren W，Beard R. 2010. Distributed Consensus in Multi-Vehicle Cooperative Control：Theory and Applications. London：Springer.

Richard M M，Åström K J，Boyd S P，et al. 2003. Future directions in control in an information-rich world. Control Systems Magazine，23（2）：20-33.

Rissanen J. 1961. Control system synthesis by analogue computer based on the "generalized linear feedback" concept. Proc symp Analoge Comp Applied to the Study of Chem Processes，Brussels，1960. Brussels：Presses Académiques Européennes：1-13.

Rissanen J. 1978. Modeling by shortest data description. Automatica，14（5）：465-471.

Rivera D，Lee H，Braun M，et al. 2003. Plant-friendly system identification：a challenge for the process industries. Proceedings of 13th IFAC Symposium on System Identification：917-922.

Roberts J D. 1980. Linear model reduction and solution of the algebraic Riccati equation by use of sign function. International Journal of Control，32：677-687.

Rohrs C E，Valavani L，Athans M，et al. 1985. Robustness of continuous time adaptive control algorithms in the presence of unmodeled dynamics. IEEE Transactions on Automatic Control，30（9）：881-889.

Roll J，Nazin A，Ljung L. 2005. Nonlinear system identification via direct weight optimization. Automatica，41：475-490.

Rosenbrock H H. 1967. On the design of linear multivariable control systems. *In*：Proc 3rd IFAC World Congress，1967. Butterworth，London，1：1-16.

Rosenbrock H H. 1969. Design of multivariable control systems using inverse Nyquist array. Proc IEE，116：1929-1936.

Rosenbrock H H. 1970. State Space and Multivariable Theory. London: John Wiley&Sons.

Rosenbrock H H. 1973. The zeros of a system. International Journal of Control, 18: 297-299.

Rosenbrock H H. 1974. Computer-Aided Control Systems Design. London: Academic Press.

Rosenbrock H H, McMorran P D. 1971. Good, bad or optimal? IEEE Transactions on Automatic Control, AC-16: 552-554.

Rubio E. 1986. Control and Optimization: The Linear Treatment of Nonlinear Problems. Manchester: Manchester University Press.

Russell D L. 1967. On Boundary-Value Controllability of Linear Symmetric Hyperbolic Systems. In: Mathematical Theory of Control. New York: Academic Press: 312-321.

Russell D L. 1971. Boundary value control of the higher-dimensional wave equation. SIAM Journal on Control, 9: 29-42.

Russell D L. 1973. A unified boundary controllability theory for hyperbolic and parabolic partial differential equations. Studies in Applied Mathematics, 52: 189-211.

Russell D L. 1974. Exact boundary value controllability theorems for wave and heat processes in star-complemented regions. Differential games and control theory (Proccedings of NSF—CBMS Regional Res Conf, Univ Rhode Island, Kingston, R. I, 1973), Lecture Notes in Pure App Math, Dekker, New York, 10: 291-319.

Russell D L. 1977. A general theory of observation and control. SIAM Journal on Control and Optimization, 5: 185-220.

Russell D L. 1978. Conntrollability and stabilizability theory for linear partial differential equations: recent progress and open questions. SIAM Review, 20: 639-739.

Saeks R, Murray J. 1981. Feedback system design: the tracking and disturbance rejection problems. IEEE Transactions on Automatic Control, AC-26: 203-217.

Safonov M G. 1980. Stability and Robustness of Multivariable Feedback Systems. Cambridge: MIT Press.

Safonov M G, Athans M. 1977. Gain and phase margin for multiloop LQG regulators. IEEE Transactions on Automatic Control, AC-22: 173-179.

Safonov M G, Laub A J, Hartmann G L. 1981. Feedback properties of multivariable systems: the role and use of return difference matrix. IEEE Transactions on Automatic Control, AC-26: 47-63.

Sain M K, Massey J L. 1969. Invertibility of linear time-invariant dynamical systems. IEEE Transactions on Automatic Control, AC-14: 141-149.

Salamon D. 1987. Infinite dimensional systems with unbounded control and observation: a functional analytic approach. Transactions of the American Mathematical Society, 300: 383-431.

Samad T, Annaswamy A M. 2011. The impact of control technology. IEEE Control Systems

Society. http://ieeecss. org/general/impact-control-technology.

Sandberg I W. 1964. A frequency-domain condition for the stability of feedback systems containing a single time-varying nonlinear element. Bell Syst Tech J, 43: 1601-1608.

Santillo M A. 2009. Adaptive control based on retrospective cost optimization. PhD Dissertation, University of Michigan.

Sastry S, Bodson M. 1989. Adaptive Control: Stability, Convergence and Robustness. Englewood Cliffs: Prentice-Hall.

Sayeed A M. 2003. A signal modeling framework for integrated design of sensor networks. IEEE Workshop Statistical Signal Processing: 7.

Sayood K. 2000. Introduction to Data Compression. 2nd Berlin:. Morgan Kaufmann.

Scherer C, Gahinet P, Chilali M. 1997. Multiobjective output-feedback control via LMI optimization. IEEE Transactions on Automatic Control, 42 (7): 896-911.

Schmaedeke W W, Russell D L. 1964. Time optimal control with amplitude and rate limited controls. Journal of the Society for Industrial & Applied Mathematics, Series A: Control, 2: 373-395.

Schmitendorf W E, Barmish B R. 1980. Null controllability of linear systems with constrained controls. SIAM Journal on Control and Optimization, 18: 327-345.

Sepulchre R, Jankovic M, Kokotovic P V. 1997. Constructive Nonlinear Control. London: Springer-Verlag.

Serfling R J. 1980. Approximation Theorems of Mathematical Statistics. New York: J Wiley.

Seron M M, Braslavasky J H, Goodwin G C. 1997. Fundamental Limitations in Filtering and Control. London: Springer-Verlag.

Seron M M, Braslavsky J H, Kokotović P V, et al. 1999. Feedback limitations in nonlinear systems: from Bode integrals to cheap control. IEEE Transactions on Automatic Control, AC-44: 829-833.

Sethi S P, Zhang H, Zhang Q. 2005. Average-Cost Control of Stochastic Manufacturing Systems. New York: Springer.

Sethi S P, Zhang Q. 1994. Hierarchical Decision Making in Stochastic Manufacturing Systems. Boston: Birkhäuser.

Shaked U. 1976a. A general transfer function approach to linear stationary filtering and steady-state optimal control problems. International Journal of Control, 24: 741-770.

Shaked U. 1976b. A general transfer function approach to the steady-state linear quadratic Guassian stochastic control problem. International Journal of Control, 24: 771-800.

Shapley L S. 1953. Stochastic games. PNAS, 39: 1095-1100.

Siljak D D. 1971. New algebraic criteria for positive realness. Journal of the Franklin Institute, 291: 109-120.

Silverman L M. 1968. Synthesis of impulse response matrices by internally stable and passive realizations. IEEE Transactions on Circuit Theory, CT-15: 238-245.

Silverman L M. 1971. Realization of linear dynamical systems. IEEE Transactions on Automatic Control, AC-16: 554-567.

Silverman L M, Anderson B D O. 1968. Controllability, observability and stability of linear systems. SIAM Journal on Control, 6: 121-129.

Silverman L M, Meadows H E. 1965. Degrees of controllability in time-variable linear systems. Proc NEC, 21: 689-693.

Silverman L M, Meadows H E. 1967. Controllability and observability in time-varying linear systems. SIAM Journal on Control, 5: 64-73.

Silverman L M, Meadows H E. 1969. Equivalent realizations of linear systems. SIAM Journal on Applied Mathematics, 17: 393-408.

Silverman L M, Payne H J. 1971. Input-output structure of linear systems with application to the decoupling problem. SIAM Journal on Control, 9: 199-233.

Sin K S, Goodwin G C. 1982. Stochastic adaptive control using a modified least squares algorithm. Automatica, 18 (3): 315-321.

Singh S S, Tadić V B, Doucet A. 2007. A policy gradient method for semi-Markov decision processes with application to call admission control. European Journal of Operational Research, 178 (3): 808-818.

Sinopoli B, Schenato L, Franceschetti M, et al. 2004. Kalman filtering with intermittent observations. IEEE Transactions on Automatic Control, 49: 1453-1464.

Sjoberg J, Zhang Q, Ljung L, et al. 1995. Nonlinear black-box modeling in system identification: a unified overview. Automatica, 31: 1691-1724.

Slotine J J, Li W. 1991. Applied Nonlinear Control. Prentice-Hall.

Smith R S, Dahleh M A. 1994. The modeling of uncertainty in control systems. In: Proceedings of 1992 Santa Barbara Workshop, Berlin.

Smith R S, Doyle J C. 1992. Towards a methodology for robust parameter identification. IEEE Transactions on Automatic Control, 37: 942-952.

Smith S C, Seiler P. 2003. Estimation with lossy measurements: jump estimation for jump systems. IEEE Transactions on Automatic Control, 48: 2163-2171.

Soderstrom T. 2007. Accuracy analysis of the Frisch scheme for identifying errors-in-variables systems. IEEE Transactions on Automatic Control, 52: 985-997.

Soderstrom T, Soverini U, Mahata K. 2002. Perspectives on errors-invariables: estimation for dynamic systems. Signal Processing, 82: 1139-1154.

Song J, Yu J Y. 1988. Population System Control. Berlin: Springer-Verlag.

Song M C, Lin Y. 2012. A robust adaptive dynamic surface control for linear systems. International Journal of Control, 85 (7): 950-963.

Sontag E D. 1976a. On linear systems and noncommutative rings. Math Syst Theory, 9: 327-344.

Sontag E D. 1976b. Linear systems over commutative rings: a survey. Ricerche di Automatica, 7: 1-34.

Sontag E D. 1989 (a). Remarks on stabilization and input-to-state stability. In: Proceedings of 28th IEEE Conference on Decision and Control: 1376-1378.

Sontag E D. 1989 (b). Smooth stabilization implies coprime factorization. IEEE Transactions on Automatic Control, 34 (4): 435-443.

Sontag E D. 1990. Further facts about input-to-state stabilization. IEEE Transactions on Automatic Control, 35 (4): 473-476.

Sontag E D. 1998. Mathematical Control Theory. 2nd ed. New York: Springer.

Sontag E D. 2008. Input-to-state stability: basic concepts and results. Nonlinear and Optimal Control Theory, Lecture Notes in Mathematics, 1932: 163-220.

Soroka E, Shaked U. 1984. On the robustness of LQ regulator. IEEE Transactions on Automatic Control, AC-29: 664-665.

Stein G, Athans M. 1987. The LQG/LTR procedure for multivariable feedback design. IEEE Transactions on Automatic Control, AC-32: 105-114.

Strauss W A. 1975. Dispersal of waves vanishing on the boundary of an exterior domain. Communications on Pure and Applied Mathematics, 28: 265-278.

Su B L, Chen Z Q, Yuan Z Z. 2007. Constrained predictive control based on T-S fuzzy model for nonlinear systems. Journal of Systems Engineering and Electronics, 18 (1): 95-100.

Su W Z, Qiu L, Chen J. 2003. Fundamental performance limitations in tracking sinusoidal signals. IEEE Transactions on Automatic Control, 48 (8): 1371-1380.

Su W Z, Qiu L, Chen J. 2006. On performance limitation in tracking a sinusoid. IEEE Transactions on Automatic Control, AC-51: 1320-1325.

Su Y, Huang J. 2013a. Cooperative global output regulation of heterogenous second-order nonlinear uncertain multi-agent systems. Automatica, (in press) .

Su Y, Huang J. 2013b. Cooperative adaptive output regulation for a class of nonlinear uncertain multi-agent systems with unknown leader. Systems and Control Letter, 62: 461-467.

Sussmann H J, Jurdjevic V. 1972. Controllability of nonlinear systems. Journal of Differential Equations, 12: 95-116.

Sussmann H J, Kokotovic P V. 1991. The peaking phenomenon and the global stabilization of nonlinear systems. IEEE Transactions on Automatic Control, 36 (4): 424-440.

Sutton R S, Barto A G. 1998. Reinforcement Learning: An Introduction. Cambridge, Massachusetts: The MIT Press.

Swaroop D, Hedrick J K, Yip P P, et al. 2000. Dynamic surface control for a class of nonlinear systems. IEEE Transactions on Automatic Control, 45 (10): 1893-1899.

Tabuada P. 2007. Event-triggered real-time scheduling of stabilizing control tasks. IEEE Transactions on Automatic Control, 52: 1680-1685.

Tadmor G, Mirkin L. 2005a. H infinity control and estimation with preview-part I: matrix ARE solutions in continuous time. IEEE Transactions on Automatic Control, 50: 19-28.

Tadmor G, Mirkin L. 2005b. H infinity Control and estimation with preview-part II: Fixed-Size ARE Solutions in Discrete Time. IEEE Transactions on Automatic Control, 50: 29-40.

Tan P N, Steinbach M, Kumar V. 2006. Introduction to Data Mining. Boston: Addison-Wesley.

Tan Y, Nesic D, Mareels I. 2006. On non-local stability properties of extremum seeking control. Automatica, 42 (6): 889-903.

Tang H, Arai T. 2009. Look-ahead control of conveyor-serviced production station by using potential-based online policy iteration. International Journal of Control, 82 (10): 1917-1928.

Tang H, Xi H S, Han J H, et al. 2005. Robust control policy for closed queuing networks with uncertain routing probabilities. Acta Automatica Sinica, 31 (3): 446-450.

Tang H, Xi H S, Yin B Q. 2007. Error bounds of optimization algorithms for semi-Markov decision processes. International Journal of Systems Science, 38 (9): 725-736.

Tang S J. 1998. The maximum principle for partially observed optimal control of stochastic differential equations. SIAM Journal on Control and Optimization, 36: 1596-1617.

Tang S J, Li X J. 1994. Necessary conditions for optimal control of stochastic systems with random jumps. SIAM Journal on Control and Optimization, 32: 1447-1475.

Tang S, Zhang X. 2009. Null controllability for forward and backward stochastic parabolic equations. SIAM Journal on Control and Optimization, 48: 2191-2216.

Tao G. 2003. Adaptive Control Design and Analysis. New York: Wiley.

Tao Y, Chen W. 2003. Cycle time assignment of min-max systems. International Journal of Control, 76: 1790-1799.

Tao Y, Liu G P, Chen W. 2007. Globally optimal solutions of max-min systems. Journal of Global Optimization, 39: 347-363.

Tao Y, Liu G P, Mu X. 2013. Max-plus matrix method and cycle time assignability and feedback stabilizability for min-max-plus systems. Mathematics of Control, Signals, and Systems, 25 (2): 197-229.

Tao Y, Liu G. 2005. State feedback stabilization and majorizing achievement of min-max-plus systems. IEEE Transactions on Automatic Control, 50: 2027-2033.

Teba D. 2011. Finite element approximation for shape optimization problems with Neumann and mixed boundary conditions. SIAM Journal on Control and Optimization, 49: 1064-1077.

Teel A R. 1996. A nonlinear small-gain theorem for control systems with saturations. IEEE Transactions on Automatic Control, 41 (9): 1256-1270.

Teel A R, Praly L. 1995. Tools for semiglobal stabilization by partial-state and output feedback. SIAM Journal on Control and Optimization, 33 (5): 1443-1488.

Thomas D. 2012. Off-policy actor-critic. Proceedings of the 29th International Conference on Machine Learning, 1: 457-464.

Tomizuka M, Chew K K, Yang W C. 1990. Disturbance rejection through an external model. Journal of Dynamic Systems, Measurement, and Control, 112: 559-564.

Touzte C F. 1997. Neural reinforcement learning for behavior synthesis. Robotics and Autonomous System, 22: 251-281.

Traub J F, Wasilkowski G W, Wozniakowski H. 1988. Information-Based Complexity. New York: Academic Press.

Tsakalis K S. 1992. Robustness of model reference adaptive controllers: an input-output approach. IEEE Transactions on Automatic Control, 37 (5): 556-565.

Tsakalis K S, Ioannou P A. 1992. Adaptive control of linear time-varying plants: the case of "jump" parameter variations. International Journal of Control, 56: 1299-1345.

Tse D C N, Dahleh M A, Tsitsiklis J N. 1993. Optimal asymptotic identification under bounded disturbances. IEEE Transactions on Automatic Control, 38: 1176-1190.

Tsien H S. 1954. Engineering Cybernetics. New York: McGraw-Hill.

Tsinias J. 1989. Sufficient Lyapunov-like conditions for stabilization. Mathematics of Control, Signals, and Systems, 2: 343-357.

Tsypkin Y Z. 1956. Frequency method of analysing intermittent regulating systems. *In*: Oldenburger R. Frequency Response. New York: Macmillan: 309-324.

Tzou H S, Ding J H. 2004. Optimal control of precision paraboloidal shell structronic systems. Journal of Sound and Vibration, 276: 273-291.

Utkin V I. 1977. Variable structure systems with sliding modes. IEEE Transactions on Automatic Control, 22 (2): 212-222.

Utkin V I. 1978. Sliding Modes and Their Application to Variable Structure Systems. Moscow: MIR Publishers.

Uzam M. 2002. An optimal deadlock prevention policy for flexible manufacturing systems using Petri net models with resources and the theory of regions. International Journal of Advanced Manufacturing Technology, 19 (3): 192-208.

Van der Schaft A. 2000. L2-Gain and Passivity in Nonlinear Control. 2nd ed. New York: Springer-Verlag.

van der Schaft A. 2006. Port Hamiltonian systems: an introductory survey. Proceedings of the International Congress of Mathematicians, Madrid, Spain, 1339-1365.

van der Woude J. 2003. Conditions for the structural existence of an eigenvalue of bipartite (min, max, +) -system. Theoretical Computer Science, 293: 13-24.

Van Overschee P, de Moor B. 1995. A unifying theorem for three subspace system identification algorithms. Automatica, 31 (12): 1853-1864.

Vapnik V N. 1998. Statistical Learning Theory. New York: Wiley-Interscience.

Vapnik V N. 1999. The Nature of Statistical Learning Theory (Statistics for Engineering and Information Science) . 2nd ed. Berlin: Springer Verlag.

Verhaegen M, Westwick D. 1996. Identifying MIMO Wiener systems using subspace model identification methods. Signal Processing, 52: 235-258.

Vidal R. 2008. Recursive identification of switched ARX systems. Automatica, 44: 2274-2287.

Vidyasagar M. 2003. Learning and Generalization: with Applications to Neural Networks. 2nd ed. London: Springer.

Vinnicombe G. 1993. Frequency domain uncertainty and the graph topology. IEEE Transactions on Automatic Control, 38 (9): 1371-1383.

Viswanadham N, Narahari Y, Johnson T L. 1990. Deadlock prevention and deadlock avoidance in flexible manufacturing systems using Petri net models. IEEE Transactions on Robotics and Automation, 6: 713-723.

Voznesenskii I N. 1938. On controlling machines with a large number of controlled parameters. Avtomatika i Telemekhanika, 4-5: 65-78.

Wang A, Li Z W, Jia J, et al. 2009. An effective algorithm to find elementary siphons in a class of Petri nets. IEEE Transactions on Systems, Man, and Cybernetics, Part A, 39 (4): 912-923.

Wang G C, Wu Z. 2008. Kalman-Bucy filtering equations of forward and backward stochastic systems and applications to recursive optimal control problems. J Math Anal Appl, 342: 1280-1296.

Wang G C, Wu Z. 2009. The maximum principles for stochastic recursive optimal control problems under partail information. IEEE Transactions on Automatic Control, 54: 1230-1242.

Wang G, Zuazua E. 2012. On the equivalence of minimal time and minimal norm controls for internally controlled heat equations. SIAM Journal on Control and Optimization, 50: 2938-2958.

Wang J M, Ren B, Krstic M. 2012. Stabilization and Gevrey regularity of a Schrödinger equation in boundary feedback with a heat equation. IEEE Transactions on Automatic Control, 57: 179-185.

Wang J, Chen T. 2012. Parameter estimation of periodically switched linear systems. IET Control Theory and Applications, 6: 768-775.

Wang J, Zheng W X, Chen T. 2009. Identification of linear dynamic systems operating in a networked environment. Automatica, 45 (12): 2763-2772.

Wang L Y. 2000. Uncertainty, information and complexity in identification and control. International Journal of Robust and Nonlinear Control, 10: 857-874.

Wang L Y, Li C Y, Yin G, et al. 2011. State observability and observers of linear-time-invariant systems under irregular-sampling and sensor limitations. IEEE Transactions on Automatic Control, 56 (11): 2639-2654.

Wang L Y, Yin G. 1999. Towards a harmonic blending of deterministic and stochastic frameworks in information processing. *In*: Garulli A, Tesi A. Robustness in Identification and Control. London: Springer-Verlag: 102-116.

Wang L Y, Yin G. 2000. Persistent identification of systems with unmodelled dynamics and exogenous disturbances. IEEE Transactions on Automatic Control, 45 (7): 1246-1256.

Wang L Y, Yin G. 2007. Asymptotically efficient parameter estimation using quantized output observations. Automatica, 43: 1178-1191.

Wang L Y, Yin G, Zhang J F, et al. 2008. Space and time complexities and sensor threshold selection in quantized identification. Automatica, 44: 3014-3024.

Wang L Y, Yin G, Zhang J F, et al. 2010. System Identification with Quantized Observations. Boston: Birkhäuser.

Wang L Y, Zhang J F, Yin G. 2003. System identification using binary sensors. IEEE Transactions on Automatic Control, 48: 1892-1907.

Wang P K C. 1964. Control of distributed parameter systems//Advances in Control Systems. New York: Academic Press, 1: 75-172.

Wang Q G. 2003. Decoupling Control. Berlin: Springer-Verleg.

Wang S G, Wang C Y, Zhou M C, et al. 2012. A method to compute strict minimal siphons in S3PR based on loop resource subsets. IEEE Transactions on Systems, Man, and Cybernetics, Part A, 42 (1): 226-237.

Wang Y, Zhou T. 2012. A relative variation-based method to unraveling gene regulatory networks. PLoS ONE, 7 (2): 1.

Watkins C J C H. 1989. Learning from delayed rewards. PH. D dissertation, University of Cambridge, England.

Wei C, Guo L. 1996. LS-based discrete-time adaptive nonlinear control: feasibility, limitations. Science in China (Series E), 39: 255-269.

Wei R, Kumar P R. 1994. Stochastic adaptive prediction and model reference control. IEEE Transactions on Automatic Control, 39 (10): 2047-2060.

Weiss G. 1989a. Admissible observation operators for linear semigroups. Israel Journal of Mathematics, 65: 17-43.

Weiss G. 1989b. Admissibility of unbounded control operators. SIAM Journal on Control and Optimization, 27: 527-545.

Weiss L. 1967. On the controllability of delay-differential equations. SIAM Journal on Control and Optimization, 5: 575-587.

Wiener N. 1948. Cybernetics or Control and Communication in the Animal and the Machine. New Youk: John Wilet & Sons Inc. Wiener N. 1949. Extrapolation, Interpolation and Smooting of Stationary Time Series with Engineering Applications. New York: Wiley, Originally issued as a classified MIT Rad. Lab. Report in February, 1942.

Wiener N. 1964. I Am A Mathematician. MIT Press.

Willems J C. 1980. Almost A (mod B) -invariant subspaces. Astérisque, 75-76: 239-248.

Willems J C. 1981. Almost invariant subspaces: an approach to high gain feedback design-Part I: almost controlled invariant subspaces. IEEE Transactions on Automatic Control, AC-26: 235-252.

Willems J C. 1982. Almost invariant subspaces: an approach to high gain feedback design-Part II: almost conditionally invariant subspaces. IEEE Transactions on Automatic Control, AC-27: 1071-1085.

Wolovich W A. 1968. On the stabilization of controllable systems. IEEE Transactions on Automatic Control, AC-13: 569-572.

Wolovich W A. 1974. Linear Multivariable Systems. New York: Springer-Verlag.

Wolovich W A. 1976. The differential operator approach to linear system analysis and design. Journal of the Franklin Institute, 301: 27-47.

Wolovich W A. 1981. Multipurpose controllers for multivariable systems. IEEE Transactions on Automatic Control, AC-26: 162-170.

Wonham W M. 1965. Some applications of stochastic differential equations to optimal nonlinear filtering. SIAM Journal on Control, 2: 347-369.

Wonham W M. 1967. On pole assignment in multi-input controllable linear systems. IEEE Transactions on Automatic Control, AC-12: 660-665.

Wonham W M. 1968. On the separation theorem of stochastic control. SIAM Journal on Control, 6: 312-326.

Wonham W M. 1970. Dynamic observers: geometric theory. IEEE Transactions on Automatic Control, AC-15: 258-259.

Wonham W M. 1974. Linear Multivariable Control: A Geometric Approach. Berlin: Springer-Verlag.

Wonham W M. 1976. Towards an abstract internal model principle. IEEE Transactions on

Systems, Man and Cybernetics, SMC-6: 735-740.

Wonham W M. 1979. Geometric state-space theory in linear multivariable control: a status report. Automatica, 15: 5-13.

Wonham W M. 2011. Supervisory control of discrete-event systems. ECE 1636F/1637S 201011, Lecture notes.

Wonham W M, Morse A S. 1970. Decoupling and pole assignment in linear multivariable systems: a geometric approach. SIAM Journal on Control, 8: 1-18.

Wonham W M, Morse A S. 1972. Feedback invariants of linear multivariable systems. Automatica, 8: 93-100.

Wonham W M, Ramadge P J. 1987. On the supremal controllable sublanguage of a given language. SIAM Journal on Control and Optimization, 25 (3): 637-659.

Wu N Q. 1999. Necessary and suffcient conditions for deadlock-free operation in flexible manufacturing systems using a colored Petri net model. IEEE Transactions on Systems, Man, and Cybernetics, Part C, 29: 192-204.

Wu N Q, Zhou M C. 2007. Real-time deadlock-free scheduling for semiconductor track systems based on colored timed PNs. OR Spectrum, 29: 421-443.

Wu Z. 2010. A maximum principle for partially observed optimal control of forward-backward stochastic control systems. Science in China Series F-Information Science, 53: 1-10.

Xie L L, Guo L. 1999. Fundamental limitations of discrete-time adaptive nonlinear control. IEEE Transactions on Automatic Control, 44 (9): 1777-1782.

Xie L L, Guo L. 2000. How much uncertainty can be dealt with by feedback? IEEE Transactions on Automatic Control, AC-45: 2203-2217.

Xing K Y, Han L B, Zhou M C, et al. 2012. Deadlock-free genetic scheduling algorithm for automated manufacturing systems based on deadlock control policy. IEEE Transactions on Systems, Man, and Cybernetics, Part B, 42 (3): 603-615.

Xing K Y, Hu B S, Chen H X. 1996. Deadlock avoidance policy for Petri net modeling of flexible manufacturing systems with shared resources. IEEE Transactions on Automatic Control, 41 (2): 289-295.

Xing K Y, Zhou M C, Tian F. 2009. Optimal Petri net based polynomial-complexity deadlock avoidance policies for automated manufacturing systems. IEEE Transactions on Systems, Man, and Cybernetics, Part A, 39 (1): 188-199.

Xing K Y, Zhou M C, Wang F, et al. 2011. Resource transition circuits and siphons for deadlock control of automated manufacturing systems. IEEE Transactions on Systems, Man, and Cybernetics, Part A, 41 (1): 74-84.

Xiong H H, Zhou M C. 1998. Scheduling of semiconductor test facility via Petri nets and hybrid heuristic search. IEEE Transactions on Semi-conductor Manufacturing, 11 (3): 384-393.

Xu C Z, Sallet G. 1996. On spectrum and Riesz basis assignment of infinite-dimensional linear systems by bounded linear feedback. SIAM Journal on Control and Optimization, 34: 521-541.

Xu G, Wu Z M. 2004. Deadlock-free scheduling strategy for automated production cell. IEEE Transactions on Systems, Man, and Cybernetics, Part A, 34 (1): 113-122.

Xu X, Hu D W, Lu X C. 2007. Kernel-based least squares policy iteration for reinforcement learning. IEEE Transactions on Neural Networks, 18 (4): 973-992.

Xu Y, Hespanha J P. 2005. Estimation under uncontrolled and controlled communication in networked control systems. Proceeding of 44th IEEE Conference on Decision and Control: 842-847.

Yamalidou K, Moody J O, Lemmon M, et al. 1996. Feedback control of Petri nets based on place invariants. Automatica, 32 (1): 15-28.

Yan N, Liu W. 2008. Adaptive Finite Element Methods for Optimal Control Governed by PDEs. Beijing: Science Press.

Yan X G, Lu X Y, Zhang S Y. 1998. Decentralized output feedback robust stabilization for a class of nonlinear interconnected systems with similarity. IEEE Transactions on Automatic Control, 43 (2): 294-299.

Yang C G, Ma H B, Fu M Y. 2013. Adaptive predictive control of periodic NARMA systems using nearest-neighbor compensation. IET Control Theory and Applications, 1-16. http: //dx. doi. org/10. 1049/iet-cta. 2012. 0809.

Yang K, Zhao Q C. 2004. Balance problem of min-max systems is co-NP hard. Systems and Control Letters, 53 (3-4): 303-310.

Yao P F. 2010. Boundary controllability for the quasilinear wave equation. Applied Mathematics and Optimization, 61: 191-233.

Yao P F. 2011. Modelling and Control in Vibrational and Structural Dynamics: A Differential Geometric Approach. London: CRC Press.

Yau S T. 1994. Finite-dimensional filters with nonlinear drift. I. A class of filters including both Kalman-Bucy filters and Benes filters. J Math Systems Estim Control, 4: 181-203.

Yin G, Krishnamurthy V, Ion C. 2004. Regime switching stochastic approximation algorithms with application to adaptive discrete stochastic optimization. SIAM Journal on Optimization, 14: 1187-1215.

Yin G, Zhang Q. 1998. Continuous-Time Markov Chains and Applications: A Singular Perturbations Approach. New York: Springer-Verlag.

Yin G, Zhu C. 2010. Hybrid Switching Diffusions: Properties and Applications. New York: Springer.

Yong J M, Zhou X Y. 1999. Stochastic Controls, Hamiltonian Systems and HJB Equations. New York: Springer-Verlag.

Yoshii K, Hakomori K. 1992. Feedback stabilization of linear diffusion systems with periodically scanning sensors. IEEE Transactions on Automatic Control, 37: 1019-1022.

Youla D C. 1961. On the factorization of rational matrices. IRE Trans. on Information Theory, 7: 172-189.

Youla D C, Bongiorno J J, Jr, Jabr H A. 1976a. Modern Weiner-Hopf design of optimal controllers——Part I: the single-input-output case. IEEE Transactions on Automatic Control, AC-21: 3-13.

Youla D C, Jabr H A, Bongiorno J J, Jr. 1976b. Modern Wiener-Hopf design of optimal controllers——Part II: the multivariable case. IEEE Transactions on Automatic Control, AC-21: 319-338.

Youla D C, Jr. Bongiorno J J. 1985. A feedback theory of two-degree-of freedom optimal Wiener-Hopf design. IEEE Transactions on Automatic Control, 30 (7): 652-665.

Young K D, Utkin V I, Ozguner U. 1999. A control engineer's guide to sliding mode control. IEEE Transactions on Control Systems Technology, 7 (3): 328-342.

Yu T K, Seinfeld J H. 1973. Observability and optimal measurement location in linear distributed parameter systems. International Journal of Control, 18: 785-799.

Yuksel S, Basar T. 2007. Optimal signaling policies for decentralized multicontroller stabilizability over communication channels. IEEE Transactions on Automatic Control, 52: 1969-1974.

Zadeh L A. 1956. On the identification problem. IRE Transactions on Circuit Theory, 3: 277-281.

Zames G. 1966. On the input-output stability of time-varying nonlinear feedback systems—Part I: Conditions using concepts of loop gain, conicity, and positivity. IEEE Transactions on Automatic Control, 11: 228-238.

Zames G. 1979. On the metric complexity of causal linear systems: -entropy and-dimension for continuous time. IEEE Transactions on Automatic Control, 24: 222-230.

Zames G. 1981. Feedback and optimal sensitivity: model reference transformations, multiplicative seminorms, and approximate inverses. IEEE Transactions on Automatic Control, 26 ( 2): 301-320.

Zames G, Lin L, Wang LY. 1994. Fast identification n-widths and uncertainty principles for

LTI and slowly varying systems. IEEE Transactions on Automatic Control, 39: 1827-1838.

Zhang H, Duan G, Xie L. 2006. Linear quadratic regulation for linear time-varying systems with multiple input delays. Automatica, 42: 1465-1476.

Zhang H, Feng G, Han C. 2011. Linear estimation for random delay systems. Systems and Control Letters, 60: 450-459.

Zhang H, Liu D, Luo Y, et al. 2013. Adaptive Dynamic Programming for Control. London: Springer.

Zhang H, Xie L. 2007. Control and Estimation of Systems with Input/Ouput Delays. New York: Springer.

Zhang J F. 1995. Robust stabilization of LTI systems via indirect adaptive controllers. IEEE Transactions on Automatic Control, 40 (5): 900-906.

Zhang Q, Wang J M, Guo B Z. 2014. Stabilization of the Euler-Bernoulli equation via boundary connection with heat equation. Mathematics of Control, Signals, and Systems, 26 (1): 77—118.

Zhang Q, Zhang J F. 2012. Distributed parameter estimation over unreliable networks with Markovian switching topologies. IEEE Transactions on Automatic Control, 57 (10): 2545-2560.

Zhang T, Ge S S, Hang C C. 2000. Adaptive neural network control for strict-feedback nonlinear systems using backstepping design. Automatica, 36 (12): 1835-1846.

Zhang Y X, Guo L. 2002a. A limit to the capability of feedback. IEEE Transactions on Automatic Control, AC-47: 687-692.

Zhang Y X, Guo L. 2002b. Stochastic adaptive switching control based on multiple models. Jounal of Systems Science and Complexity, 15 (1): 18-34.

Zhang Y, Fidan B, Ioannou P A. 2003. Backstepping control of linear time-varying systems with known and unknown parameters. IEEE Transactions on Automatic Control, 48 (11): 1908-1925.

Zhao Q C. 2004. A remark on inseparability of min-max systems. IEEE Transactions on Automatic Control, 49 (6): 967-970.

Zhao Q C, Zheng D Z. 2003. On stabilization of min-max systems. Automatica, 39 (4): 751-756.

Zhao Q C, Zheng D Z. 2008. Robust stability analysis for autonomous min-max systems. European Journal of Control, 14 (2): 104-113.

Zhao Q C, Zheng D Z, Zhu X. 2001. Structure properties of min-max systems and existence of global cycle time. IEEE Transactions on Automatic Control, 46 (1): 148-151.

Zhao W X, Chen H F. 2009. Adaptive tracking and recursive identification for Hammerstein systems. Automatica, 45: 2773-2783.

Zhao W X, Chen H F. 2012. Identification of Wiener, Hammerstein, and NARX systems as Markov chains with improved estimates for their nonlinearities. Systems and Control Letters, 61: 1175-1186.

Zhao Y, Wang L Y, Yin G, et al. 2007. Identification of Wiener systems with binary-valued output observations. Automatica, 43: 1752-1765.

Zheng W X, Feng C B. 1990. Identification of stochastic time lag systems in the presence of colored noise. Automatica, 26 (4): 769-779.

Zheng W X, Feng C B. 1995. A bias-correction method for indirect identification of closed-loop systems. Automatica, 31 (7): 1019-1024.

Zheng Y F, Han Z Z. 1986. Geometric characterizations of decentralized systems. Scientia Sinica, Series A, 29: 476-487.

Zheng Y, Zhang C, Evans R J. 2000. A differential vector space approach to nonlinear system regulation. IEEE Transactions on Automatic Control, 45: 1997-2010.

Zhou J, Wen C Y, Wang W. 2009. Adaptive backstepping control of uncertain systems with unknown input time-delay. Automatica, 45 (6): 1415-1422.

Zhou K. 2005. A new approach to robust and fault tolerant control. ACTA Automatica Sinca, 31 (1): 43-55.

Zhou K, Doyle J C, Glover K. 1996. Robust and Optimal Control. Upper Saddle River, New Jersey: Prentice Hall.

Zhou K, Ren Z. 2001. A new controller architecture for high performance, robust, adaptive, and fault tolerant control. IEEE Transactions on Automatic Control, 46 (10): 1613-1618.

Zhou T, Kimura H. 1993. Identification for robust control in time domain. Systems and Control Letters, 20: 167-178.

Zhou T, Wang Y L. 2010. Causal relationship inference for a large-scale cellular network. Bioinformatics, 26 (16): 2020-2028.

Zhou X Y, Li D. Contrnious-time mean-variance portfolio selection: a stochastic La framework. Applied Mathematics and Opeimization, 2000. 42 (1) . 19-33

Zhu J J. 1995. A unified spectral theory for linear time-varying systems-progress and challenges. Proceedings of the 34th IEEE Conference on Decision and Control, New Orleans: 2540-2546.

Zhu J J, Johnson C D. 1991. Unified canonical forms for matrices over a differential ring.

Linear Algebra and Its Applications，147：201-248.

Zone G，Chang K. 1972. A successive approximation method for non-linear distributed parameter control systems. International Journal of Control，15：255-272.

Zurek W H. 1990. Complexity，Entropy，and the Physics of Information. Boston，MA：Addison-Wesley.

# 第三篇　航空航天与运动体控制

# 第十六章 地面武器装备的控制科学与技术

地面武器装备是指地面战场使用的常规重型机械化装备、轻型地面作战装备及相应的作战指挥系统，主要包括压制兵器、坦克与装甲车辆、防空武器、导航与指挥自动化系统、弹药与制导兵器，以及轻武器和反坦克武器等；也包括后勤支援装备（地面架桥工程装备，运输、供应和保养系统）和作战训练、作战指挥模拟、武器作战使用模拟训练系统。近 20 年来，由美国主导的多场（合法的与非法的）高新技术条件下的局部战争，由空军、海军协同陆军地面部队和特种部队联合作战，每场都出现一种作战方式，有意创造一种作战理论和战法，以此牵引武器装备的发展。随着高科技的军事应用与发展，这种全方位、多层次、立体化的战争将是未来战争的主导形式；无疑，这将指引武器装备朝精确化、远程化、智能化、系统化方向发展；发展高技术武器及传统武器的信息化升级将成为各国争夺的制高点。经过几十年，我国在地面武器装备控制技术方面的研究取得一定进展。本章对国内外地面武器装备控制技术领域的研究进行了简要介绍，分析了地面武器装备控制技术的发展趋势，探讨了地面武器装备控制技术的发展方向和研究重点。

## 第一节 地面武器装备控制技术的发展历程与我国研究成果

未来战争首先是空袭反空袭战，对于我军来说，必须具有强大的反空袭作战能力，全力进行制空权的争夺战，并准备迎接非接触作战、非对称作战和非线性作战。因此，对传统的地面武器进行数字化、信息化改造升级，实现精确性、快速性、协同性的战术技术指标十分重要；其核心内容是围绕作战单元（平台）的数字化改造和通信指挥自动化系统升级，以及武器系统对目标的识别、瞄准与跟踪、射击、评估与校正，使协防布阵及异构平台的协同与一致性控制等达到更高的科学技术水平，这些对信息技术和控制学科提出了一系列挑战，主要如下：①坦克的目标识别与自动跟踪（模式识别、信号处理与控制）；②反空袭战中对机动目标的识别、建模与跟踪；③坦克行进间射击的稳定控制与命中问题；④高炮对空射击的跟踪控制与命中问题；⑤武器系统射击诸元计算的弹道模型识别、生成与求解；⑥火力打击评估与大闭环校正控制（半闭环控制）；⑦协防布阵与火力匹配优化技术；⑧异构平台的协同与一致性控制；⑨武器装备网络化控制与协调问题；⑩导航与路径规划中的滤波与优化问题；⑪弹药的弹道修正与控制问题；⑫自动操瞄与自动驾驶，实现无人平台。

按地面武器作战流程，我们可以将地面武器系统中的控制问题分为以下几类。

（1）高机动目标的自动识别与跟踪。①坦克的目标识别与自动跟踪（模式识别、信号处理与控制）；②反空袭、反投射武器中对机动目标的识别、建模与跟踪。

（2）地面武器（单）平台的控制。①地面武器平台的伺服控制，具体包括坦克行进间射击的稳定控制、高炮对空射击的跟踪控制、自动操瞄与自动驾驶，实现无人平台；②智能火控和武器系统射击诸元计算的弹道模型识别、生成与求解，以及解命中问题；③火力打击评估与大闭环校正控制（半闭环控制）弹药的弹道修正与控制问题；④单一平台的指挥控制一体化。

（3）多平台的协同控制与优化问题。①地面平台的网络化控制问题；②指挥控制与智能辅助决策；③协防布阵与火力匹配优化技术；④异构平台的协同与一致性控制；⑤基于复杂性研究的陆战平台火力指挥与控制系统综合优化设计问题。

下面分别从这几个方面概述地面武器控制技术的发展（陈杰等，2013）。

## 一、机动目标的识别、建模与跟踪

机动目标的识别、建模与跟踪包括的研究内容主要如下：目标的探测与识别、机动目标的建模与跟踪，以及多传感器多目标关联问题。目前对目标的探测主要包括雷达的主动探测形式，以及光电红外的被动方式。我们需要根据目标与环境反射或散射的电磁波来估计目标本身的某些特性，或者是从统计上归纳目标的某种特征，这是一个典型的具有多解的逆问题。

至今已有的目标识别方法可以概括地分为以下四类。

(1) 经典的统计模式识别方法。该方法主要是利用目标特性的统计分布，可在较窄的场景定义域内获得较有效的识别。

(2) 基于知识的自动目标识别方法，即将人工智能专家系统运用到识别中。

(3) 基于模型的自动目标识别方法，即将复杂的目标识别的样本空间模型化。

(4) 基于人工神经网络的目标识别方法。

由于在战场上目标的行为模式复杂多变，为了能准确估计目标位置和运动状态，必须要建立目标的运动模型。对于机动目标跟踪来说，所面临的主要挑战是量测起源的不确定性和目标运动方式的不确定性。对于单纯的目标跟踪问题实际上就是目标状态的跟踪滤波问题。

机动目标跟踪算法按模型可以分为单模型（single model）算法和多模型（multiple models）算法。使用基于单模型的自适应滤波方法进行机动目标跟踪时效果往往并不理想。而多模型方法是一种对具有强机动性的目标有较高适应性的跟踪方法。

而对于基于图像的运动目标跟踪的目的，就是通过对传感器拍摄到的图像序列进行分析，计算出目标在每帧图像上的位置，给出目标速度的估计。目前主要从以下几个方面解决复杂背景下扩展目标的跟踪问题。

在火控系统中往往具有多种类型的探测手段。随着传感器数量与目标数量的增加，其量测与目标的可能的关联关系成指数形式增加，如何从众多可能的组合中确定最优的关联结果就使其成为一个多项式复杂程度的不确定性问题（NP）寻优问题。

数据关联问题首先产生于传感器观测过程和多目标跟踪环境的不确定性。实际的传感器系统总是不可避免地存在着测量误差，缺乏跟踪环境的先验知识，往往使我们不能确切知道跟踪环境中目标的个数，无法判定观测数据是来自真实目标还是来自其他虚假目标，而且目标的运动模型也存在着种种不确定性。

联合概率数据关联和多假设关联方法被公认为是在杂波环境多目标环境下跟踪效果最理想的数据关联算法。但随着跟踪目标、回波数目及杂波密度的增加，计算量必然出现组合爆炸现象。自从人工神经网络的应用研究复兴以来，人们开始利用神经网络所具有的组合优化计算能力来实现多目标数据关联问题的求解。

## 二、地面武器平台的伺服控制

地面武器平台的伺服控制主要包括坦克行进间射击的稳定控制和高炮对空射击的跟踪控制。

坦克行进间射击的稳定控制是指坦克行进时的振动引起射角和射向的变化；行进间射击时瞄准误差的增大引起射弹的方向和距离偏差；坦克炮的射击延迟时间引起射弹的方向和距离偏差。

而针对高炮的控制，1996 年，郭治（1996）给出了一种虚拟闭环校射思想，通过采样测量弹目偏差来实现。盛安东等（2001）对射表进行虚拟延伸，这样做可提前进行虚拟闭环校射从而更有利于把握战机，减小弹目偏差。2003 年，郭治（2003）提出了待机控制的方法，以牺牲部分射击时机来提高系统的射击精度。2009 年，李银讶等（2009）总结了射击死界与目标飞行速度、高炮最大跟踪角速度之间的关系。2009 年，窦丽华等（2009）将时下热门的“分布估计算法”用于求解弹头散布均匀度。该算法具有全局收敛、解精度高及搜索效率高的优点，非常适合于在实际工程中应用。

## 三、地面武器平台的火力控制

地面武器平台的火力控制主要包括弹药的弹道修正与控制问题、武器系统射击诸元计算的弹道模型识别，生成与求解，以及网络化火控系统。武器系统为了实现精确射击需要进行弹道诸元的解算。早期，由于计算机计算能力有限，主要通过人工装表的方式进行射击。描述弹道参数与射击条件之间相互关系的射表便是有效射击的重要文件。20 世纪 80 年代前期，由于可观条件的限制，我国仍然沿用 2D 弹道模型。20 世纪 80 年代后期，中国华阴兵器试验中心与北京理工大学共同完善了国际流行的 4D 弹道模型及动力平衡角的计算方法，进一步提高了射表精度，更好地满足了射表模型与火控模型相统一的要求（闫章更和祁载康，2000）。

随着战争现代化，直接使用射表的情况越来越少，取而代之的是利用火控计算机对射表数据进行处理进而准确求解出弹道诸元。20 世纪 60 年代末期，国际上已开始了对火炮射表数据处理方法的研究，采用的方法主要是最小平方逼近、样条逼近和基于最小二乘意义下逐步回归分析的方法，函数结构上多采用多项式，同时也形成了专用弹道计算机。20 世纪 90 年代，Diehl 等人又推出了把“射表数据”直接存入弹道计算机进行在线多维线性插值的方法。我国是 20 世纪 70 年代中期才开始这项研究的，20 世纪 90 年代，我国火炮弹道解算以火炮射表数据处理为主，处理方法主要有两种：逼近法和插值法（何友等，1995）。

采用微分方程组作为模型解算弹道诸元，需要大量的计算，现在多核计算机的应用，提供了更快速的解算平台，使得基于弹道微分方程组数值解算的弹道诸元求解方法越来越流行。21 世纪以来的火控弹道计算基本都以直接解方程的方法进行，许多学者也越来越多地将控制中的辨识方法与弹道参数的取得相结合，采用非线性辨识的方法获得弹道参数（邓方等，2010）。

由于传统功能集中的火控体系结构因受多种因素影响已不能适应新形势作战要求（王中许等，2005），科学家们研究了一种网络化的火控体系结构。王刚等（2003）基于“网络中心战”思想研究了区域防空网络化体系结构。周燕和张金成（2006）探讨了战术数据链特点、发展情况及其在区域防空网络化作战系统中的体系结构、信息流等问题，并分析了专用数据链的一些关键技术。陈晨等（2009）设计了网络化防空火控系统体系结构和工作流程，建立了基于预测序列的信息传输方式，提出了相应的指挥体系重组方法，并通过仿真平台加以验证。陈杰等（2009）以网络化防空作战为背景，提出并构建了基于联邦卡尔曼（Kalman）滤波技术的航迹融合技术，子滤波器可根据网络传输状态，处理数据丢包和时延情况。王磊等（2011）以区域防空反弹道导弹网络化作战为背景，描述和分析了军事系统资源的动态集成过程，实现了区域防空网络化作战体系结构服务视图产品的设计。

## 四、地面武器平台的指挥控制

20 世纪 60 年代初，美军就开始组建全球军事指挥控制系统（WW-WCCS）。20 世纪 90 年代以后，第一代指挥控制系统 C3I 系统出现了。此系统的传感器测程不远，对精度和反应时间要求不高，仅适应于机动性不强的目标，如线性定常系统或白噪声干扰下的线性定常系统。之后美国又提出了“武士 C4I 计划”，它是进行一体化指挥控制系统建设的指南。为了把所有监视与侦察设施所获取的信息都包含在指挥控制系统中，1993 年美军提出了实现 C4ISR 一体化的要求，以便为指战员提供决策和作战所需要的整个战场上敌、友、我和中立方的瞬时情况，进一步丰富了“武士 C4I”计划的内涵。随之，各军兵种均分别提出了相应的计划：陆军将按照“整体”战略的要求，保证“陆军作战指挥系统”能与国防部的 C4ISR 构成无缝隙链路；空军的“地平线”C4I 系统、海军的“哥白尼”C4I 系统、海军陆战队的作战指挥系统等也都企图与 C4I SR 系统实现一体化，即要以全球信息栅格把现有和今后的所有信息系统融为一体（总装军事电子信息系统综介技术专业组，2002）。

地面武器装备的指挥控制目前的研究方向主要分为以下几个。

### (一) 多传感器数据融合

信息融合技术自 20 世纪 70 年代提出来以来，经不断发展完善，已成为信息处理领域中的有力工具，主要应用于军事领域的目标检测、定位、跟踪和识别。多传感器融合的实质是不确定信息的处理，它需要能够处理不确定信息的数学工具。要解决融合问题，首先要用具体的数学形式来描述不确定信息，然后用相应的数学工具来处理。目前信息融合的算法有上百种，但尚无一种通用的方法能对各种传感器信息进行融合处理，一般都是依据具体的应用场合而定。

常用的多传感器信息融合的算法有加权平均法、聚类分析法、贝叶斯法、卡尔曼滤波、统计决策理论、专家系统、神经网络等。

### (二) 网络化指挥控制

为了掌握更精确的战场信息、缩短武器装备系统的反应时间，关于网络化武器装备系统的研究越来越引起人们的关注。网络化作战是以信息技术为核心的新技术革命推动的结果，是现代作战的发展趋势，也是军事理论发展的最新成果。网络化控制系统是通过网络闭环的反馈控制系统，是一个复杂的网络系统，该系统包含了现代战争过程中许多难以理清的物质流与信息流构成的反馈控制环路，并且这些物质流与信息流之间的相互作用关系极为复杂。自问题的提出以来，始终是人们研究的热点之一。

随着网络化作战理论与概念的不断完善，网络化作战在世界各国得到了持续的推进和发展。近年来，国外网络化作战的理论和实践得到了持续稳步的发展，总体发展态势是面向战术应用层而发展，不断提高武器的网络化作战水平。数据链、网络瞄准、通信网络、动态组网等一系列关键技术也得到了良好的发展，为网络化作战理论和概念付诸实践提供了技术支持和保障（施荣，2007）。

### (三) 智能辅助决策

随着战争复杂程度的增加，对决策者提出了越来越高的要求。例如，能否 24 小时连续作战，能否综合各方面信息快速决策等。因此，智能辅助决策系统引起了越来越多人的关注，成为地面武器装备指挥控制系统中的研究热点。智能辅助决策包括四个方面：信息获取、战场态势评估、目标威胁估计和火力分配。

辅助决策方面传统的求解方法是建立在以数学规划为基础的建模方式上的，王连峰等采用层次分析法、德尔菲（Delphi）法确定各属性权值，求取权值调节量，较好地解决了威胁因素间的相关性问题（王连锋和刘卫东，2009）。李志刚和吴沧浦（1997）研究了递阶算法在大规模火力规划问题求解中的应用。随着计算机的不断发展，逐渐出现了很多现代智能方法，如蚁群算法、神经网络法、遗传算法、模拟退火算法等。对于协防布阵与火力分配优化问题，我国专家的主要研究成果集中于两方面：一是火力节点的部署，二是火力任务分配优化（李勇君等，2009）。

# 第二节　地面武器装备控制技术发展的趋势与关键科学问题

## 一、机动目标的识别、建模与跟踪

机动目标的识别、建模与跟踪问题主要应用于各种武器系统的火力控制系统，为实现对目标的有效打击，火力控制系统必须首先获得目标的空间位置、运动状态及目标种类信息，并以此为瞄准依据，随动系统驱动火力系统完成对目标的瞄准与打击。从控制的角度讲机动目标的识别、建模与跟踪就是为武器随动系统的运动控制提供控制的参考输入。它包括以下内容：首先依据各类探测手段所能获得的在时间与空间上分布的外界信息，根据所感兴趣的目标的特征与先验信息完成对目标的检测及进一步的属性识别，完成火控系统瞄准所需的瞄准目标的确定。其次对目标的位置与运动状态进行估计，在单个目标的情况下需要对时间上离散分布的各个探测进行关联，对目标运动轨迹进行建模进而建立目标航迹，对目标未来运动位置进行估计，进一步准确估计目标运动状态，完成对目标的跟踪；在多目标的情况下，还需建立多个目标点量测的关联关系，并同时建立多个目标的航迹；而在多传感器的情况下问题就更为复杂，需要建立起不同传感器探测的目标量测之间的关联关系。

## 二、地面武器平台的伺服控制

地面武器平台运动时，地形的变化、通过的障碍物及操作原因等，都会引起地面武器平台振动。地面武器平台行进间射击，每次发射时的高低和方向瞄准误差都是随机变量，瞄准误差要大数倍。因为坦克等地面武器平台运动时，车体振动很不规则。而在诸种振动中，在纵向平面内的角振动最大，它使射角不断变化，很难正确地根据地面武器平台振动的角速度和发射延迟时间确定发射延迟提前量，因而使瞄准误差增大。角振动是行进间射击射弹距离散布增大的主要原因。

地面武器平台的振动使火炮的炮身轴线在空间上不断地改变方向，因此使瞄准射击的条件显著恶化，造成瞄准操作困难。造成解命中问题误差的主要因素在于目标运动的不确定性及坦克自身机动的影响。为了能够求解命中方程，一直沿用的方法是基于目标及地面武器平台在弹丸飞行时间内做匀速直线运动的基本假定展开的。然而随着机动性能的提高，在作战中可以实施更多的战术机动动作，这必将影响解命中问题的求解方法。

## 三、地面武器平台的火力控制

地面武器平台的火力控制朝着精确化、一体化、智能化和网络化方向发展。

精确化控制主要是对投射武器的弹道修正控制。从弹道修正弹的最终目的来看，鸭舵这种执行机构驱动灵活、适应能力强，是未来的发展方向。舵机控制未来的新方向可能有无位置传感器控制、自适应鲁棒控制和基于动态逆理论的滚转弹控制。

基于弹头偏角的姿态控制技术，采用球型铰接作为弹头和弹体结构，采用压电驱动控制等方式控制弹头偏角，从而实现弹丸修正控制。变质心控制技术可以通过滑块的移动改变质心，从而得到修正力，该方法目前主要的问题是修正范围比较小。基于微机电系统（MEMS）的姿态测量系统，目前的小体积姿态测量系统还达不到精度要求，今后可能会进一步提高 MEMS 的精度。

为提高武器系统控制精度，武器系统射击诸元计算的弹道模型识别、生成与求解是重要的环节，直接将弹道微分方程组作为弹道解算模型，然后求解射角的方法，可以避免不少的修正计算，精度高。现在多核计算机的应用，提供了更快速的解算平台，使得基于弹道微分方程组数值解算的弹道诸元求解方法越来越流行。采用微分方程组作为模型解算弹道诸元，需要大量的计算。未来，随着多核计算机的发展，弹道计算可以与并行计算相结合，进一步提高解算速度、精度，甚至于可以满足复杂模型的实时求解。同时，微分方程组的确定涉及很多与环境相关的参数，参数的准确性直接决定了最终解算结果的精度，所以如何获得实时的环境参数进行弹道解算的修正也是未来需要考虑的问题之一。

目前对网络化火控体系的研究主要有网络化指挥和控制问题、网络化控制技术、多传感器信息融合技术、目标与打击武器、传感器的组合优化问题、仿真、测试与验证平台搭建技术（陈勇等，2011）。

## 四、地面武器平台的指挥控制

未来地面武器装备的指挥控制必须能够适应多目标的网络信息战，综合当前指挥控制领域各分支的研究现状和未来战场的变化趋势，地面武器装备的指挥控制的发展方向有以下几点。

（1）作战空间感知。作战空间感知能力的提高能使各部队同时了解不断变化的战场态势，使作战任务、行动、地形变得“透明”。

（2）实时的分布式协同控制。能加快作战节奏，使己方的作战行动总比敌方快半拍到一拍，使己方总处于主动、敌方总陷于被动，而且也可使各部队自觉自愿地执行作战命令，自觉地采取作战行动，真正使部队成为“自我协同部队”。

（3）海陆空多目标一体化。充分考虑到海陆空的多目标作战，才能适应现代多样化的作战环境。

（4）各环节相互融合。指挥控制系统的各个研究环节要相互衔接、相互配合，提高作战能力。例如，辅助决策系统充分利用故障诊断和数据融合的结果，网络化控制与辅助决策机制很好地结合等。

（5）抗干扰、反控制能力。随着智能化武器设备的大量使用，指挥控制系统的抗信息干扰能力，反控制能力成为一个新问题。如果不能保证数据的快速、安全传输，一切指挥都是无济于事，甚至成为敌方攻击的把柄。

信息时代的到来，推动了高技术武器的出现和传统武器的信息化升级，引起了新的军事变革。新军事变革首先对未来战争的作战思想产生了极大影响，具有代表性的理念有所谓的非接触作战、非对称作战、非线性作战。

这些新型的作战方式，对现代战争的指挥控制系统提出了更高的要求和新的发展方向。由于战场环境的复杂多变、目标的灵活多样、作战角色的不断调整，要求现代指挥控制系统能够自主解决动态的、多目标的、混合变量的、具有约束的复杂决策问题。

### （一）动态问题

地面武器装备的指挥控制是在战场环境下的实时控制系统。地形、气候不断变化，战场火力布局、态势分布瞬息万变，作战策略灵活多变，在这种情况下要求算法不仅要能够找到最优解，还要能够跟踪最优解在搜索空间内的运动轨迹。这些方法总体上可以分为四种类型：修改算子以适应环境变化、多样性保持（防止种群过早收敛）、记忆机制、多种群策略。

### （二）多目标问题

现代战场的大规模作战，往往是海陆空一体化的多兵种混合作战，单目标下的求解已不能满足需求。由于多目标优化蕴含着多个目标之间的冲突，无法使所有目标同时达到最优，所以决策者需要在不同目标之间做出权衡。一般有两种方法：一是根据目标空间中解的帕累托（Pareto）支配关系对所有解进行排序和选择；二是前决策方法。

### （三）混合变量问题

战场态势的获取往往需要不同类型、不同性质的数据：有连续的，如目标的速度；也有离散的，如目标数量。目前存在连续变量离散化方法、组合优化方法和混合变量优化方法。混合变量优化既包含连续的决策变量，又包含离散的决策变量，决策变量的性质差异一般要求采用不同的求解策略，在处理上往往也是三种情况中最复杂的。

### （四）约束问题

战场的指挥决策是一种特殊的决策，没有完全的对，也没有完全的错。决策的依据往往是各种各样的作战原则，在不同的条件约束下，最优解不同。例如，保证己方较小的人员伤亡率等。

约束优化问题的处理具有与求解多目标优化问题相似的处理方法。第一类方法将约束合并到目标函数中，将约束优化问题转化为无约束优化问题，这类方法与前决策方法有一定的相似性，罚函数法、拉格朗日方法都是这类方法的代表。第二类方法将约束作为目标来处理，相应的问题变为多目标无约束优化问题。

# 第三节 地面武器装备控制技术发展的优先领域与重点方向

## 一、机动目标的识别、建模与跟踪

在目标识别方面可能的研究方向包括：首先，对图像进行多尺度的分析，综合利用全局特征及局部的细节特征实现对目标的检测与识别；其次，模拟人类的认知特点，构建目标的知识库，充分利用联想和知识的综合来完成目标的检测与识别；最后，建立学习机制，从而不断在线完善目标特征知识库。

在跟踪方面，对目标模型利用博弈论、行为识别方法等新方法，对目标机动进行判断与识别，从而摆脱仅从概率角度对目标行为进行预测的现有方法的束缚。

在关联方面，一方面利用启发式方法，充分利用多种信息建立关联假设，从而降低运算复杂度；另一方面研究算法的并行化，充分利用当代并行计算技术［现场可编程门阵列（FPGA），图形处理器（GPU）运算］的发展成果完成关联算法的计算。

## 二、地面武器平台的伺服控制

地面武器平台的伺服控制的可能研究新方向有以下几个。

（1）机动条件下坦克武器的高精度射击理论与目标建模技术。在考虑目标运动速度、加速度的基础上对目标运动模型进行构建，开展相应的运动状态测量技术研究。

（2）机动目标高精度跟踪瞄准技术。采用先进的控制策略实现高速机动条件下的精确跟踪与瞄准是提高系统性能的重要因素。

（3）高机动条件下坦克火炮控制策略与智能化技术研究。从高效驱动结构机构和控制策略研究两方面入手，开展炮控系统非线性建模与扰动谱分析，炮控系统状态估计与参数辨识研究，系统驱动体系结构、算法与智能化控制等研究。

（4）射击延时对射击精度的影响及其补偿技术。坦克行进间，火炮不能精确地停留在装定的射角位置，这就带来如何在火炮往复摆动的过程中捕捉最佳射击时机的问题。

考虑到射击体制选择，可采用多指标的综合判断决策方法，使得在线射击体制判断机制更加完善。加强反激光告警、恶劣工况条件下应急射击方法的研究，提高被动目标跟踪的性能和高炮射击精度（刘锐，2009）。考虑多因素条件下进行姿态控制律设计，提出新的、合适的质量块布局方案和运动方式，从而提高质量块控制效率，也为未来待解决问题之一（贾正望，2011）。

## 三、地面武器平台的火力控制

随着技术的发展，原有的地面武器平台的火力控制与指挥控制的界限越来越模糊，其主要发展趋势为以下几个方向。

### （一）火力控制与指挥控制的一体化

针对地面武器平台的火力控制，随着计算机技术和通信技术的发展，原有的火力控制、指挥控制等分属多个领域的技术界限越来越模糊，控制、通信与计算一体化，控制、决策与管理的一体化直接导致了火力控制与指挥控制的一体化。增强指挥者之间、平台与平台之间的信息交流、共享与互操作能力，从而使战场传感器网、指挥中心与火力打击单元网络通过信息网构成一个有机整体，实现火力控制与指挥控制的一体化。

### （二）火力控制的网络化

随着网络技术的发展，通过相互连接的指挥、控制、通信、计算机、情报、监视、侦察构成的网络化武器装备系统的网络能力，达到了平台相互连接的联合作战能力。通过构建一个完善的多传感器信息网络，不同于传统火控系统，网络化火控系统中各节点可以互通互联并根据环境需求灵活重组，系统反应速度快，适应性和抗毁性强。通过网络信息技术构成的复杂网络系统，将军事行动中两个非常重要的要素空间和时间很好地联系起来，促进作战部队和作战环境之间的良好结合与互动，从而大大提高火力控制的控制效果，提升作战效率。

### （三）火力控制的精确化

高技术战争中，地面武器平台的精确化控制也成为各国火力控制技术发展的重要方向。而针对高速运动的投射武器的精确化控制是目前发展的重点。受弹体空间、高过载、飞行速度、旋转速度等多方面因素的影响，其控制难度很大。目前主要通过对空气阻尼器、鸭舵、脉冲火箭、全向导流锥等的控制为弹体提供修正力。主要采用 PID（比例、积分、微分）算法、鲁棒控制、模糊控制和滑膜变结构控制等方法进行控制。火力控制的精确化还体现在全程闭环火力控制上，精确打击的每一个环节正逐一纳入可控范围之内，从侦察、准备、发射、飞行、打击、评估等各环节均实现精确化、数字化。

### (四) 火力控制智能化

随着信息化的发展，陆战战场日趋透明，打击将来自地面、空中的任何可能的方位；伴随着各种武器的高精度定位、各种装备的高速投入等，打击也不再是单一的某一类对手，而是多种武器、多种手段的综合打击；战场中留给地面武器平台的反应时间也越来越短。为满足地面武器平台快速处理信息、进一步缩短反应时间、全天候作战和减少乘员负担的需求，地面武器平台朝一个集战场侦察、战术决策、目标打击和杀伤性评估等于一体，并且具有全天候、自主性、在规定时间内完成作战任务的同时极大地减轻乘员负担的智能化火力控制系统方向发展。

## 四、多平台的协同控制与优化问题

目前的地面无人作战平台一致性算法所依据的都是线性质点模型，忽略了实际对象。因此，需要将非线性控制理论与多智能体理论相结合，实现对非线性控制理论的分布化，真正实现对异构地面无人作战平台的分布式一致性控制。将异构多无人平台一致性控制器设计与分布式优化相结合，必将是异构多无人平台协同控制发展的重要阶段。

协防布阵与火力分配优化目前存在的问题主要集中于以下几点（李勇君等，2009）。

（1）目前的模型研究主要集中在静态模型的研究上。关于动态武器目标分配（WTA）模型的研究还不太充分。

（2）动态与静态分配结合的研究还较少。如何将两者有效地结合起来，应是值得思考的问题。

（3）目前的算法主要解决了规模较小的问题。由于 WTA 问题是 NP 完全问题，对于规模较大的 WTA 分配问题，尽管不少学者进行了有益的探索，但求解较大规模 WTA 问题的速度还较慢。

（4）现有 WTA 问题的研究基本没有考虑分配中的不确定性因素。研究 WTA 问题需要研究作战过程中的不确定性因素，这也是面向实际作战的 WTA 问题求解的一个难点。

由于条件的限制及新军事变革带来的战法改变，有些模型不再适用当今的高技术局部战争，模型的适用性范围大大缩小，这就要求在建模过程中要考虑更为复杂的动态战场环境以适应战场变化。同时，WTA问题本身的复杂性，使得求解该问题非常困难，目前对于大规模的动态WTA问题仍没有有效的解决办法，这就要求在算法上有所突破。

布阵与火力分配的结合也是一个非常具有挑战性的研究方向，完善的布阵方法应当结合火力分配来对布阵效果进行评估，由此才能建立合理、精确的布阵方法。

## 五、基于复杂性研究的陆战平台火力指挥与控制系统综合优化设计问题

主要问题和面临的工作有以下四点。

（1）武器装备领域的一类复杂系统问题，可通过系统分析、系统建模、系统结构方案与系统功能设计，实现复杂工程系统在不同条件下系统各个功能子系统的综合集成；研究和创建工程复杂系统的方法论，建立复杂工程系统的设计理论与设计方法。

（2）空中和地面机动目标的跟踪瞄准问题，可开展直瞄武器火控系统射击门穿越理论和满意控制（随机控制）理论研究。

（3）间瞄武器（根据落点检测与毁伤评估，或外弹道预测落点）的大回路（大闭环）控制（修正）问题，可开展随机（超大）时滞系统的优化控制研究。

（4）陆战平台路面谱扰动的稳定控制和炮瞄系统的快速平稳精确控制问题，可开展多目标高阶无差度控制系统研究。

# 第十七章 汽车的控制科学与技术

控制技术是推动汽车工业可持续发展的重要保障。从 20 世纪 60 年代电子控制首先应用于汽车的发动机点火系统，到目前不断涌现的新技术，如涡轮增压、主动安全控制，电子控制已经成为民用汽车满足节能减排要求，提高动力性、安全性，提升工程/特种车辆整体水平的核心使能技术。然而在我国，核心技术一直被外国垄断，在全球化竞争日益激烈的背景下，如何通过理论与方法的创新，提高我国汽车控制技术的自主研发能力，完成从消费大国向制造强国的过渡是我们目前面临的重大挑战。本章主要围绕汽车动力总成控制系统、车辆主动安全控制系统、新能源汽车控制和工程/特种车辆控制展开论述，总结国内外的研究状况，提炼有待解决的共性难点问题，并对汽车控制未来的发展趋势提出了一些见解。

## 第一节　汽车控制技术的发展历程与我国研究成果

电子控制是汽车满足严格的节能减排标准，以及提高动力性和安全性的核心使能技术（enabling technology）。巡航控制系统诞生于 1950 年，是最初引入汽车的伺服系统之一。随着 20 世纪 60 年代末大规模集成电路的问世，极大地推动了以微型计算机和传感器为基础的汽车电子技术的发展，并使其成功地应用于汽车。1967 年，德国博世公司首先研制了利用进气管绝对压力控制空燃比的模拟电子控制汽油喷射系统，并批量生产，开创了电子燃油喷射的新时代。进入 20 世纪 70 年代以后，电子技术在汽车上应用越来越广泛，博世公司在 1978 年首先推出了采用数字式电子控制的制动防锁死系统（antilock brake system，ABS)，并且装配在奔驰轿车上，由此揭开了现代 ABS 发展的序幕。电子控制系统的成功应用，明显地提高了汽车的经济性、安全性、舒适性，并改善了环境（Murray，2003)。

近年来，汽车电子占整车制造成本的比重越来越大，据统计，汽车产品创新的 90％源于电子控制技术（Isermann，2008)。随着节能减排，以及动力性和安全性要求的逐渐提高，新型执行器和动力源被不断引入汽车系统中。图 17-1 给出了 2006～2010 年中国民用汽车电子市场规模和增长率，即使是金融海啸最严重的 2008 年，汽车电子市场规模依然增长了 11.3％，可见中国汽车电子市场潜力巨大。表 17-1 给出了中国民用汽车电子产品供应商份额的分布情况，从表中可看出，巨大的汽车电子市场基本掌控在国外汽车电子公司手中，仅德国博世、大陆，日本电装和美国德尔福的市场占有率就达到 40％。对于已经进入世界汽车产量前三位的中国来说，许多关键、核心的电控技术均需从国外引进，高昂的引进和改造费不仅损害了消费者利益，也严重地损害了我国自主汽车企业的利益。这使得我国民用汽车企业不但无法和跨国汽车集团竞争，还有可能存在被逐渐边缘化的危险。

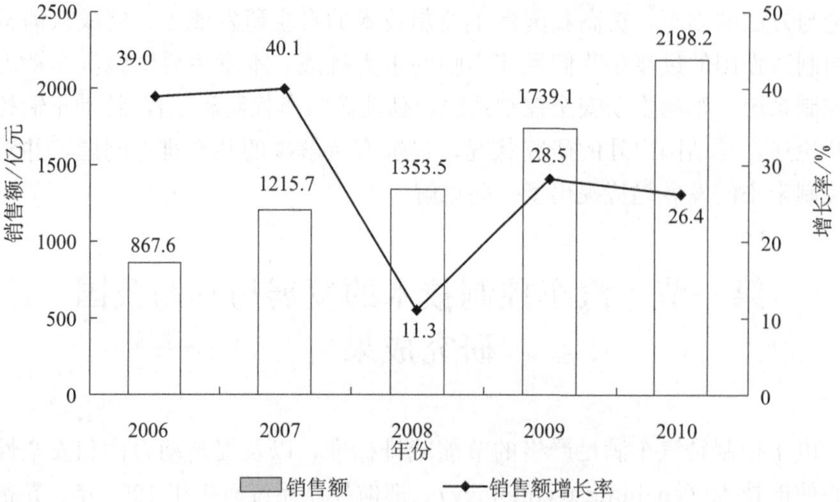


图 17-1 中国汽车电子发展趋势

资料来源：赛迪顾问，2011

**表 17-1 世界汽车电子市场状况**

| 排名 | 企业名称 | 销售额/亿元 | 销售额份额/％ |
|---|---|---|---|
| 1 | 博世 | 255.0 | 11.6 |
| 2 | 大陆（含西门子 VDO) | 237.4 | 10.8 |
| 3 | 电装 | 215.4 | 9.8 |

续表

| 排名 | 企业名称 | 销售额/亿元 | 销售额份额/% |
|---|---|---|---|
| 4 | 德尔福 | 169.3 | 7.7 |
| 5 | 伟世通 | 79.1 | 3.6 |
| 6 | 法雷奥 | 79.1 | 3.6 |
| 7 | 天合集团 | 52.8 | 2.4 |
| 8 | 现代莫比斯 | 57.1 | 2.6 |
| 9 | 江森自控 | 28.6 | 1.3 |
| 10 | 航盛 | 26.4 | 1.2 |
| 其他 | | 998.0 | 45.4 |
| 合计 | | 2198.2 | 100 |

资料来源：赛迪顾问，2011

技术的空心化折射出的是基础理论研究和应用基础研究的薄弱。因此，提炼行驶车辆控制中的共性基础科学问题，从理论和方法角度进行汽车控制的自主研究，对提升我国汽车核心技术水平和提高汽车行业的自主创新能力具有重要的现实意义，而且对缺少核心技术的我国汽车产业在人才储备上也有着深远的意义（陈虹等，2013）。

## 第二节　汽车控制技术发展趋势与关键科学问题

电控系统在汽车上无处不在，大到发动机动力总成控制系统，小到车窗防夹、雨刮器控制系统，应该说汽车的各方面性能越来越依赖控制技术的发展。在这里，主要介绍控制问题比较集中且最为重要的四个控制系统的发展现状，包括：①动力总成控制系统；②车辆主动安全控制系统；③新能源汽车控制系统；④工程车辆控制系统。

### 一、动力总成控制系统

汽车动力总成控制的研究起始于20世纪70年代末期，采用电子控制的初衷是提高车辆的燃油经济性、动力性及降低排放。随着对发动机性能要求越来越高，相关法律法规的日益苛刻，促使新技术和新设计不断应用到动力总成系统中。动力总成控制系统直接决定着汽车的整车性能和排放水平，因此相关研究得到了广泛的关注。

## (一) 发动机控制系统

发动机控制系统是由多个子控制模块构成的复杂系统，目前，就发动机而言，传统的控制问题主要包括电子节气门控制、空燃比控制、点火正时控制、怠速控制等。电子节气门是发动机气路系统中的重要部件，是实现发动机全电控的基础。自 20 世纪 70 年代问世以来，电子节气门得到了各大汽车厂商及科研机构的广泛关注，现在已经得到了极为广泛的应用。电子节气门开度并不完全由加速踏板位置决定，而是由控制单元根据当前行驶状况下整车对发动机的全部扭矩需求，计算出节气门的最佳开度，从而控制电机驱动节气门到达相应的开度，使发动机工作在最佳状态。为了保证电子节气门能够保留机械直连式节气门良好的相应特性且节气门挡板不碰撞限位块，电子节气门控制系统的基本目标是节气门开度响应要又快又精确，超调尽可能小地达到期望目标位置。空燃比是影响汽油机动力性、排放性和经济性的决定性因素，控制不精确会导致汽油机的动力性和经济性下降，有害气体的排放增加。要实现理论空燃比，需要通过进入气缸空气量来精确计算喷油量，每一个工作循环都需要提供完全精确的混合气配制。近年来，在传统发动机的基础上，稀燃发动机、均质压缩燃烧发动机（homogeneous charge compression ignition，HCCI）、燃油分层直喷发动机等一些新式发动机空燃比控制策略的研究得到了广泛关注。另外，为了更好地提高空燃比的控制效率，分缸空燃比控制也成为一个热点（He et al.，2008）。点火控制系统的任务是保证在规定时间内点燃混合气，完成相应的扭矩需求。点火系统的性能对发动机的功率、油耗和排气污染同样影响很大。点火控制包括的内容主要有点火正时控制和点火能量控制。近年来，点火系统的研究主要与内燃机的稀燃快燃技术相结合，以较好地解决油耗和排放之间的矛盾。发动机运行的工况多样（稳态、暂态），其中，怠速工况是最有代表性的暂态工况。怠速控制是确保发动机在无负载的状态下稳定、可靠地工作，不受其他条件变化的影响（空调压缩机、变速箱齿轮啮合和助力转向）。其实质就是通过调节进气量，同时配合喷油量（即空燃比）及点火提前角，使发动机稳定运行在相对经济的转速下，对发动机怠速进行有效控制对提高汽车的燃油经济性、降低排放具有很大意义。

## (二) 发动机安全性诊断

近年来，随着对汽车安全性与尾气排放的要求不断提高，与其相关的动力总成运行状态的实时监控技术越来越受到广泛关注。车载诊断系统（on-board diagnostics，OBD）能够记录与排放相关的系统或部件发生故障时的故障信息，以便于故障源的查找。主要包括传感器或执行机构故障检测、失火故障检测、爆震检测、电子节气门故障检测及燃油蒸发检测等。在众多形式的故障中，爆震最为典型，它不但影响排放还会损坏发动机，一旦出现超级爆震，对发动机的危害将是毁坏性的。爆震最主要的原因有点火角过于提前、引擎过度积碳、空燃比控制不精确、燃油辛烷值过低等。目前，国内外爆震检测应用比较成熟的方法可以归纳为燃烧室内气体压力检测、机体振动检测、离子电流检测、爆震声音检测，其中，以前两种方法最为实用。由于爆震的测试方法和信号采集方法不相同，所以目前急需一种准确的、信号处理简单的、适合进行实时控制的爆震强度评价指标。

### （三）传动控制系统

传动控制系统是在发动机控制系统基础上实现汽车经济性动力性的又一重要系统。离合器和变速器是传动系统中最为主要的机构，目前已经成功装配应用到车辆上的自动变速箱种类有机械式自动变速器（automated mechanical transmission，AMT）、液力式自动变速器（automatic transmission，AT）、无级自动变速器（continuous variable transmission，CVT）和双离合器式自动变速器（dual clutch transmission，DCT）。传动系统的控制问题主要包括车辆的起步与换挡控制。车辆起步过程的平顺性和快速性是评价车辆驾驶舒适性和动力性的一个重要指标。对于AT和CVT来说，由于自动变速箱和发动机之间存在液力变矩器，能够充分吸收起步过程带来的冲击。但是对于AMT和DCT来说，车辆的起步过程实际上是离合器分离结合的过程，起步控制的目标则是保证离合器能够尽快结合的同时不至于使发动机熄火，并且在该过程中获得尽量小的滑摩损失和良好的动力性能。在换挡控制问题中，AMT由于自身结构的特点，换挡过程存在动力中断，驾驶舒适性受到影响。换挡过程中，为了尽可能地缩短换挡时间，要求发动机速度的配合尽可能快。在离合器结合阶段，快速而光滑（冲击小）的控制离合器啮合是一个具有挑战性的问题。DCT和AT的换挡过程一般分为转矩相和惯性相两个阶段。在转矩相，对离合器分离和结合时间的精确控制至关重要。在惯性相，离合器滑摩过程控制是首要问题。滑摩过程中可采用离合器速度控制、发动机速度控制和力矩跟踪控制来保证换挡质量。与起步过程类似，换挡过程也应考虑尽量短的滑摩时间、尽量少的摩擦损失及尽可能小的换挡冲击，但由于换挡时间的限制，此类研究尚在探索阶段。在传动控制系统中，出于降低实际产品成本的考虑，传感器的数量有限，因此一些重要的物理量很难获得，如驱动轴力矩和离合器压力等。采用有效的估计方法对这些状态进行估计是很有必要的（Gao et al.，2011）。速比控制（speed ratio control）是针对无级变速箱而言的，与有级自动变速箱相比，CVT 能够实现发动机转速和轮速的无级变速，能够使发动机的转速保持为恒定转速，使发动机始终工作在高效区域内。由于 CVT 有不同的机械结构，所以不存在换挡的控制问题，但对于 CVT 来说，主要控制的问题是如何保持最佳的夹紧力、提供快速的速比控制，以最大限度地提高燃油经济性。为了得到不同工况下均令人满意的燃油经济性，常常将 CVT 的速比控制和发动机的控制结合起来形成集成控制（Kim and Kim，2000）。

### (四) 动力总成新技术

动力传动系统伴随着汽车的发展走过了 100 多年的历史，无论是设计上、制造上、工艺上还是性能及控制上都有很大的提高。降低油耗、减少排放要求的不断提高，促使大量新技术的应用，使原本复杂的发动机动力总成变成了一个更加复杂的机电一体化产品。可变气门正时（variable valve timing，VVT）和可变气门升程（variable valve lift，VVL）可以改善全负荷扭矩特性及部分负荷经济性，改善低速稳定性及排放性能，克服常规发动机提高低速扭矩会以牺牲其高速动力性为代价的状况。涡轮增压的主要作用就是提高发动机进气量，从而提高发动机的功率和扭矩，一台发动机装上涡轮增压器后，其最大功率可以增加近 40%。此外废气再循环（exhaust gas recirculation，EGR）、汽油机直喷技术（gasoline direct injection，GDI）、均质压缩燃烧技术（HCCI）、起停技术、闭缸技术、双离合变速技术（DCT）、电控式无级变速技术（ECVT）等许多先进的技术在汽车节能、环保开发中都起着关键的作用（Glielmo et al.，2011）。然而，大量新技术的广泛应用无疑会引入诸多新型电控执行器，增加了控制自由度和动力学耦合程度，使得电控系统的设计、标定和实验更加困难，对传统理论和方法的应用提出了挑战。

### (五) 以扭矩为中心的动力总成控制系统

在传统的动力总成控制系统中，作为控制参数的气缸充气量、燃油质量和点火正时都被认为是控制指令而直接执行，当各种可能互相矛盾的需求同时出现时，彼此之间很难协调。对于新增的附加功能或扩展功能，控制系统的一些设定值需要重新校验与标定，控制算法需要修改，这造成控制系统可扩展性低、灵活性差。发动机控制系统复杂性的增加，以及变速箱和车辆动态控制系统的集成化，致使国内外研发机构转向了以扭矩需求为中心的发动机动力总成控制（torque-based powertrain control）的研究。1998 年，德国博世公司首先提出了以扭矩需求为中心的动力总成控制方案（Gerhardt and Honninger，1998），对车辆各部分的扭矩需求进行优先级判断和运行效率协调，然后利用控制器实现指定的扭矩输出。在以扭矩为中心的发动机动力总成控制框架下，可以进行各子系统的具体控制研究，如 GDI 发动机的扭矩控制、带有 EGR 和 VVT 的 HCCI 发动机气路控制及混合动力汽车中的能量分配控制（Chauvin et al.，2008）。目前，以扭矩为中心的动力总成控制已经成为汽车工业中的标准。

## 二、车辆主动安全控制系统

汽车的安全性从总体上来说分为主动安全性和被动安全性。从发展趋势看，如何避免事故发生更具有积极意义，因而车辆主动安全控制的研究和开发日益引起汽车研发人员的重视。在人、车辆和环境三者之间的闭环系统中，驾驶员相当于一个控制器，为了防止这个“控制器”的不稳定和误操作，主动安全技术还需要增加一个更可靠的控制器以监测人、车、环境状况。这就需要对汽车主动安全技术中驾驶操纵性进行深入而细致的研究。自 20 世纪 80 年代以来，各种提高驾驶操纵性的主动安全装置也相继问世，先后出现了 ABS、驱动防滑系统（acceleration slip regulation，ASR）、车辆操纵稳定控制系统（vehicle stability control，VSC）等主动安全装置。下面对主要的驾驶操纵稳定性控制系统的原理及现状进行介绍。

### （一）制动防抱死与驱动防滑系统

ABS 是最先出现的主动安全控制系统，也是主动安全控制的核心技术之一。其作用是在车辆制动时，充分利用地面的附着力，使车轮处于最佳制动状态，缩短制动距离。由于车辆系统及路况的复杂性，实际的制动工况经常受到不确定性等因素的影响，所以具体问题的控制器设计比较困难。相比于汽车制动过程，在车辆的驱动过程中，如果驱动力过大，或者路面附着系数较小，同样会使车辆驱动力矩超过轮胎与路面间的附着极限，导致驱动轮过度滑转，破坏车辆的操纵性、稳定性和安全性。ASR 或称牵引力控制系统（traction control system，TCS）就要解决这一系列问题，它是 ABS 思想在汽车驱动过程的延伸，其作用就是通过改变作用在驱动轮上的驱动力矩大小，从而使轮胎滑移率实时控制在最佳滑移率附近，获得最大牵引力，提高车辆稳定性。自 20 世纪 80 年代中期开始，国际上便开始了对汽车驱动防滑控制方法及策略的研究。目前我国在 ASR 技术的研究方面还处在初期的理论研究和探索阶段，还尚未有实用化的 ASR 产品的研究与开发。从有关资料来看，国内 ASR 技术研究还属于刚刚起步阶段，侧重点主要倾向于控制策略和控制算法、逻辑等方面的理论研究，距离产品化研究还有一定的差距。

### （二）车辆操纵稳定性控制系统

VSC 是在传统的汽车动力学控制系统 ABS 和 ASR 的基础上，增加了对汽车横向稳定性的控制，实现汽车在各种工况下的动力学稳定性。日本和欧美等国家和地区对汽车稳定性控制的命名各不相同，如日本丰田称其为 VSC，欧洲企业称之为 ESP（electrical stability program），在美国称之为 VDC（vehicle dynamic control），但是其核心目标是一致的。20 世纪 90 年代初，通过对车辆稳定性的理论分析，人们提出了直接对汽车横摆运动进行控制的概念，即直接横摆力矩控制（direct yaw control，DYC）（Koibuchi，et al.，1996），这标志着汽车稳定性控制概念的出现。1995 年之后，随着博世、宝马、丰田等公司相继推出了使用横摆角速度和侧向加速度传感器的新一代汽车稳定性控制系统，汽车稳定性控制的基本形式得到了确认。在这一阶段，基于这种组成结构的汽车稳定性控制算法开始大量出现，如博世的 ESP 是其中比较典型的控制方法之一（Daily and Berly，2004），它也是现代汽车稳定性控制中比较常用的控制方法。

### （三）主动悬架控制

悬架设计的好坏对车辆的总体性能有着重要的影响，因为行驶中的汽车，会由于路面的凸凹不平等因素震动，影响驾驶员和乘客的乘坐舒适性，损坏车辆的零部件和运载的货物。然而传统被动悬架无法同时满足平顺性和稳定性的要求，只能将二者折中处理，直到主动悬架控制（active suspension control，ASC）的出现和应用，这种矛盾才开始被打破。悬架设计时主要考虑的性能指标如下：尽量使乘客不受路面不平的影响（乘坐舒适性）；抑制轮胎的振动以维持轮胎与路面的接触（操纵稳定性）；保持悬架动行程在允许的范围内以免撞击限位块从而破坏乘坐舒适性（机械约束）（Hrovat，1997）。事实上在处理性能要求时，只有乘坐舒适性需要优化，而其他性能的变化只要不超出相应的限定范围即可。因此，主动悬架的控制问题可归结为有时域硬约束的干扰抑制问题，将相互冲突的性能要求进行分别的描述，将安全性相关的要求描述为必须满足的时域硬约束，将乘坐舒适性等描述为需要最小化的性能指标（Chen and Guo，2005）。此外，混合动力和电动汽车作为未来汽车发展的必然趋势，其主动悬架控制是未来需要解决的重要问题（Cao et al.，2011）。

### （四）自主驾驶控制

自主驾驶控制（autonomous vehicles driving control，AVDC）的概念从诞生到现在，被不断赋予新的内涵：从最初的路线跟踪自主驾驶到现在的基于多感知系统的自主驾驶系统。相对于由驾驶员操纵的汽车而言，无人自主驾驶车辆具有以下几个显著的优点：①驾驶行为具有可预测性；②更加节能环保；③减少交通事故的发生；④缓解交通压力。最早的自主驾驶车辆于1977 年诞生在日本的筑波机械工程实验室。20 世纪 80 年代，基于视觉导航的自主车辆在德国慕尼黑联邦国防军大学问世。1994 年研发的 VaMP 及 Vita-2 型自主车辆实现了在巴黎三车道高速公路环境中的自主驾驶，自主驾驶速度高达 130 千米/小时，1995 年，由其改装的奔驰 S 级轿车更是完成了从慕尼黑到哥本哈根长达 1600 千米的往返自主驾驶，人工干预仅为 5%。美国在自主驾驶车辆的研究起步较早，其自主车辆的研究项目初期主要由军方和一些大型汽车公司组织建立，主要包括美国国防部高级研究计划局（DARPA）的 ALV 项目、DEMO-II 计划、DEMO-III 计划等。2010 年意大利帕尔玛大学阿尔贝托·布鲁基（Alberto Broggi）教授带领的团队研制的自主驾驶车辆经过 80 多天 13 000 千米的行驶，横跨欧亚大陆，从意大利行驶到中国上海，并在上海世博会上参展（Bertozzi et al.，2011）。国内对自主驾驶汽车的研究是从 20 世纪 80 年代末期开始的，经过多年的发展，取得了长足的进步。2011 年 7 月由国防科技大学研制的红旗 HQ3 无人驾驶汽车完成了从长沙到武汉 286 千米的正常天气情况自主驾驶实验，能够实现自主巡航、自主超车等功能，整个行驶过程中人工干预里程不到总里程的 1%。这标志着中国汽车自主驾驶技术已经达到了国际先进水平。目前，国内许多院校及研究机构都在从事自主驾驶车辆的研究工作，包括清华大学、南京理工大学、西安交通大学等。为了鼓励和支持自主驾驶车辆的发展，我国在国家自然科学基金委员会主办下，已经于2009～2012年连续四年举办了“中国智能车未来挑战赛”。自主驾驶技术的研究内容涉及模式识别、行为决策、导航规划、路径及轨迹规划、智能控制及系统错误检测等方面的技术。其中，部分技术已经进入实用化阶段，如自适应巡航控制、车道跑偏报警及自动泊车等。

### （五）车辆状态估计与底盘集成控制

汽车主动安全电控系统可有效实施的前提是准确获得汽车行驶状态，然而考虑到生产成本因素和实际应用等多方面的原因，很多车辆稳定性控制所需的状态信息都无法通过带有标准配置的车载传感器直接测量得到，这使得车辆行驶状态信息存在缺失。随着控制理论的发展，现在更倾向于利用车辆上已装备的传感器获得车辆状态信息，进行汽车状态参数估计（Baffet et al.，2008），因此行驶状态估计问题也成为一项极具应用价值且富有挑战性的研究工作。此外，值得指出的是，随着人们对汽车性能的完美追求，主动安全控制系统的装车率越来越高，结合已有的成熟技术，新技术也不断涌入，如主动前轮转向（active front steering，AFS）、主动后轮转向（active rear steering，ARS）、车身姿态主动控制（active body control，ABC）等。然而，每一个控制子系统大多由零部件厂商单独设计开发，没有考虑与其他电子控制系统的相互影响和耦合作用。电控系统的简单叠加非但不能充分体现出各自应有的性能，反而会降低整车的综合性能。因此我们需要充分考虑各子系统间的相互影响和耦合作用，在硬件和软件上对控制目标或控制动作进行优化处理，从根本上解决各子系统间的冲突，实现整车综合性能的最优（Hwang et al.，2008）。因此，汽车底盘集成控制（integrated chassis control，ICC）作为解决以上问题的有效手段必将成为未来的发展方向。

## 三、新能源汽车控制

能源枯竭、环境污染，已经成为当前社会急需解决的问题。电动汽车以其独特的节能环保优势引起越来越多国家的重视。发展以电能为核心能源的新能源汽车是缓解全球范围内能源危机、减少污染的重要途径之一。为了顺应这个潮流，电动汽车、混合动力汽车得到了飞速的发展，开发电动汽车控制技术是今后汽车工业发展的必然方向。新能源汽车的关键控制问题主要包括混合动力汽车扭矩需求管理与优化（torque management and optimization，HMO），电动汽车电池管理系统（battery management system，BMS），电机驱动控制（motor drive control，MDC），能量回收控制（regenerative braking control，RBC）等。

### （一）混合动力扭矩需求管理与优化

混合动力汽车（hybrid electric vehicle，HEV）至少包含两个动力供给装置和辅助的能量转换器。通常，都配备一个内燃机、电动机和一个辅助的电力储存系统，如电池或超级电容等。混合动力汽车不同的行驶工况（起步、定速巡航、减速制动、爬坡等），内燃机和电动机也均运行在不同的工作状态。通过使用高效率电机和电能储存系统，以及对车辆运行和发动机的操作优化，可以有效降低燃油消耗和减少空气污染。能量优化管理技术是混合动力汽车控制领域中研究最多的内容之一，无论是串联、并联还是混联 HEV 系统，能源管理策略要解决的核心问题都是如何合理配置发动机和电动机的输出动力（Bayindir et al.，2011），既要满足驾驶员对整车驱动力的需求，同时又要优化发动机、电动机、蓄电池及整车的效率，而且动力分配过程还受到发动机最高转速、电动机最高转速、发动机最大功率、电动机最大功率、电动机最小功率（发电机最大功率）等条件的限制，属于受约束的优化问题。随着开发的深入进行，除了能量优化管理技术，扭矩动态协调控制越来越引起人们的重视。扭矩动态协调控制主要针对高度瞬态过程，如混合动力模式切换、车辆起步、加减速等工况，对发动机、电机、离合器进行扭矩的综合控制。不论是能量优化管理技术还是扭矩动态协调控制，都可以看作基于扭矩管理的动力总成控制。

### （二）电池管理系统

动力电池是电动车上的储能设备，作为电动车的主要能源，其性能和工作状态对于整车而言是至关重要的。为确保动力电池组的良好性能，充分利用动力电池的能量，延长电池的使用寿命，对其进行有效的管理和控制显得尤为重要。电池管理相当复杂，它需要反映电池的若干信息，包括电池的电荷状态（state of charge，SOC）、电池的健康状态（state of health，SOH）和寿命管理。传统的汽车在行驶时通过油表来显示汽车的可续驶里程，而电动汽车中需要计算电池组的 SOC。SOC 是电池状态的重要参数，是用来诊断电池的健康与否和判断电池是否过充放电等的重要依据之一，但是由于蓄电池本身是个复杂的、封闭的电化学反应系统，且影响 SOC 估算的因素很多，所以对于 SOC 准确估算的难度较大，因而是动力电池研究领域的热点问题（Cheng et al.，2011）。此外，由于电池长期使用必然发生老化或劣化，因而必须测量电池的寿命状态，也称为健康状态。SOH 是电池使用一段时间后其实际容量与标称容量的比值，用来判断电池老化后的实际状态，其实际表现在电池内部某些参数（如内阻、容量等）的变化上。对 SOH 的预测和估计是提高电池寿命、合理利用电池的前提。

### (三)电机驱动控制系统

电机驱动系统的控制对于电驱动的车辆而言都至关重要，一个好的电机系统的控制策略，会使整车性能得到大大提高。比较适合汽车动力的电机主要有交流感应电机、永磁电动机、开关磁阻电机和多态电机。对于电机驱动控制策略的研究，是电动汽车领域研究的一个热点（Chan，1997）。截至目前，感应电机的调速控制方法已有很多，大体可分为恒压频比控制、转差频率控制、矢量控制（vector control，VC）和直接转矩控制（direct torque control，DTC）等。凡是高性能交流电机控制系统，包括矢量控制系统、直接转矩控制系统或者其他系统，都需要转速反馈。然而，速度传感器的使用带来了系统成本增加、可靠性降低、体积增大及易受工作环境影响等缺点。因此，无速度传感器控制技术是交流电机控制的重要课题。

### (四)制动能量回收控制系统

制动能量回收控制是在保证车辆行驶稳定性的前提下，将电动汽车制动或减速时的一部分机械能经再生系统转换为其他形式的能量，并经功率转化装置存储于储能单元中，同时产生一定的制动阻力使车辆减速制动。制动能量回收系统是EV/HEV中重要的系统之一，其性能主要依赖于该系统的控制策略。制动能量控制系统的设计需要根据整车的动力传递结构，其目标通常是提高能量的回收率、优化驾驶员感受、保证车辆稳定性。在研究制动能量回收控制时，还需要考虑汽车在能量回收时的一些约束条件，如蓄电池组的SOC、汽车低速能量回馈的平顺性、功率传输限制、逆变器和加速/制动系统的状态。回收的能量如果不能得到良好的利用，那么能量回收则毫无意义。因此，制动力分配是制定再生制动控制策略要研究的首要问题，它直接影响到制动能量回收效果。另外，再生制动系统还需要与常规制动系统、ABS系统进行兼容（Gao and Ehsani，2001），确保安全性的同时，在非紧急制动情况和紧急制动情况下对能量进行回收。

## 四、工程/特种车辆控制

工程机械行业是一个能够体现国家经济发展水平和生产建设水平的重要支柱行业。我国工程机械行业大部分产品仍处在国际分工低端，高端工程机械产品的设计技术和关键部件一直以来都被国外企业垄断，国内企业缺少具有自主知识产权的关键技术。因此，为了进一步提高国产高端工程机械车的技术水平，就需要在面向工程机械车的先进控制技术方面开展深入的研究工作，特别是工程机械车应用中的安全控制技术。研制开发自主的工程机械车新型智能化安全控制系统，不仅能突破国外在高端工程机械产品上的垄断，提升我国产品在国际市场中的份额和竞争力，还可以带动工程机械行业的技术革新，形成具有高附加值的系列化工程机械产品，进一步优化工程机械行业的产业结构，推动国民经济建设的不断发展。

起重车、高空作业车、混凝土泵车、举高消防车等臂架型工程机械车是现实应用最为广泛、控制问题最为凸显的一大类设备，在国民经济建设和国防安全的各个领域中都发挥了重要的作用。工程机械车辆是集机械、电子、液压、控制技术于一体的一体化应用系统。生产效率与作业质量是工程机械车辆的重要参数，控制系统的智能化是提高生产效率及作业质量的有效途径。因此，国外企业和科研机构在提高系统的智能化水平和安全性程度方面开展了大量的研究工作，并形成了多样化的高端工程机械产品。

在稳定性控制技术方面，主要包括臂架的精确定位和振动抑制控制。臂架的振动是影响工程机械车辆整车性能和施工质量的重要因素，振动过大会造成臂架末端无法精确定位，同时产生的动应力直接影响工程车辆的疲劳寿命。在振动抑制和精确定位的控制器设计上国外的研究比较超前，并有一定的指导意义（Neupert et al.，2010）。在智能化控制技术方面，主要包括电液控制自动换挡变速器技术、机电一体化控制技术、负荷传感全功率控制技术和可编程控制与遥控及无人操作技术等。在计算机故障诊断系统方面，主要集中在开发多功能监控系统和计算机辅助诊断专家系统上，从而使操作员了解该机所有功能的运行状况，并进一步对工程机械车进行维修、诊断和性能分析。在安全控制技术方面，主要包括实时动态防倾翻安全预警。

我国在工程车辆智能化及安全控制技术方面研究不足，有必要对具有自主知识产权的工程机械控制系统开展进一步的研究工作，以提高我国工程机械车的技术水平和高端产品研发能力，满足日益增长的工程机械车产业化进程。

## 第三节 汽车控制发展的优先领域和重点方向

汽车控制技术取得了令人瞩目的进展，然而汽车控制系统由多个功能独立但动力学关联耦合的子系统组成，每个子系统动力学机理复杂且性能指标相互影响。同时大量新技术的广泛应用，满足了汽车的节能减排、动力性及安全性，但引入了诸多新型电控执行器，增加了控制自由度和动力学耦合的复杂程度，使得电控系统的设计、标定和实验更加困难，对传统控制理论和方法的应用提出了新的挑战。总之，汽车控制中还存在很多重要且尚未解决的问题需要从事汽车控制的科研人员去探索和认知。下面我们将对其中的一些共性问题进行总结，针对这些问题，对未来汽车控制可能的发展趋势提出初步的展望。

（1）由于汽车控制系统存在复杂的能量转化过程，新技术的应用又引入了诸多新型电控执行器，增加了动力学耦合的复杂程度，因此很难通过质量、能量和力（矩）守恒等物理与化学的基本定律建立精确的机理模型。即使能够建立模型，也会由于模型阶次太高，不能适用于控制系统的分析与设计。另外，车辆系统中还存在大量的不确定因素，如环境温度压力、路面摩擦系数、装载量、路面坡度、样机与规模化产品的差异、零部件老化及磨损等。针对难以机理建模的、动力学强耦合的、不确定因素多的复杂系统，可以研究有效利用大量离线/在线数据的系统分析与控制方法。因此基于数据/机理混合的建模与控制方法（Gao et al.，2011）是未来汽车控制的发展方向，具有明确的应用价值和科学意义。

（2）随着节能减排标准等级的不断提高，汽车动力总成控制要求也必然提高，但汽车行驶的起停、加速、制动、匀速、驻车等方式，使得发动机必须在启动、怠速、加速、断油等多个工况下交替运行，传动系的变速箱需要换挡实现力矩和转速之间的匹配。此外，能源枯竭给新能源汽车带来了空前的发展机遇，在新能源汽车控制中，合理地进行能量优化管理是满足车辆动力性及经济性要求的关键。然而，车辆性能相互影响，如动力性、燃油经济性、排放性、舒适性等往往存在冲突。因此多目标多工况协调和优化控制成为汽车控制的一个关键内容。

（3）汽车在运行过程中状态变化非常迅速，各个物理部件之间都有信号进行传递，彼此相互耦合，这要求汽车的控制算法应具有很高的实时性，即控制器的计算速度要尽可能快。然而汽车模型阶次高、非线性强，给车辆控制的算法硬件化带来了巨大的设计挑战。目前实际工程主要以逻辑门限值设计及 PID 加 map 前馈方法为主，其他高级算法，从模型到算法本身的设计并不完善，很多算法在实现过程中受到精确性、可行性、复杂性的制约，具有一定的局限性。因此，如何利用非线性控制理论和算法简化，研究快速、集成的在线控制方法，是汽车控制未来发展的一个趋势。

(4) 目前汽车控制的仿真研究，大多停留在功能设计与验证阶段，进行的往往是单纯的控制器离线仿真验证，一些实车试验也仅仅是在常规工况下进行的。然而，为了更全面地验证控制器的有效性，有些实车试验需要在极为恶劣的环境下进行，带有一定的危险性，同时，由汽车电控系统 V 模式的开发流可知，控制算法在用于实车之前需要进行实时性验证。因此搭建能够反映各种车辆实时运行状况的高保真硬件在环仿真平台，是验证汽车控制方法实时性和可靠性的必要手段。

(5) 对于汽车控制系统这样一个大规模控制系统，包含不同种类的控制器，如 PID 控制器、前馈加反馈控制器等，控制器设计是否合理及参数调整是否得当对汽车控制的性能好坏起到了决定性作用。建立汽车控制方法评价体系是评价各种控制方法优劣的有效手段，也是目前亟待解决的问题。

(6) 自主驾驶技术的发展让汽车变得更加智能，车辆智能驾驶对交通安全、汽车节能起到了至关重要的作用，在严峻的道路交通安全形势下，开发基于“人—车—路”状况综合分析的新一代汽车主动安全系统，实现机器智能与人类智能的优势互补、有机协同，是全面提高汽车驾驶的安全性的重要途径。在此基础上，根据道路信息和交通状况对汽车按技能最优模式操控，开发在相同运输条件下能源消耗最小的智能节能技术，对缓解我国能源短缺状况具有重要的意义。

(7) 汽车控制的实现依赖执行机构，每一项新技术的诞生都伴随着执行机构的突破。在汽车控制研发阶段，根据汽车电控 V 开发流程，含有执行机构的硬件在回路中（hardware-in-the-loop，HIL）仿真与试验至关重要。目前，液压气动执行机构成本高、响应慢等一些不足已经逐渐被汽车企业认识，电机驱动的执行机构将成为今后的发展趋势。因此，根据需求，在控制—机械学科交叉下进行机电一体化的汽车控制系统研究是非常必要的。

(8) 残酷的市场竞争压力使得“降低成本”成为企业永恒的主题，这里包括电控系统的低成本开发和生产低成本的车载电子控制单元（electronic control unit，ECU）。目前，一方面，就发动机电控系统的开发而言，需要做大量的实验来标定和整定控制器。因此，需要理论与方法的基础创新，建立有理论指导的高效标定方法和实验方法，缩短开发周期，减少实验次数，进而降低开发成本。另一方面，车载低成本ECU要求控制算法的低成本计算，如何做到电控系统的低成本开发和算法的低成本计算都是富有挑战和科学意义的。

国外先进工业国家的工程/特种车辆，在电子控制器设计方面早有研究，并得到了广泛应用，其核心技术实行严格的保密政策。国内产品研制起步较晚，虽已有所发展，但差距依然明显，大多数项目处于产品示范性研发中。随着工程机械的发展，各学科技术进一步融合，工程/特种车辆专用控制系统的研发成为大势所趋。现将工程机械中的难点问题进行总结，并对未来可能的发展趋势提出初步的展望。

（1）缺乏针对工程机械车辆应用领域的软硬件开发环境。在安全控制系统研究中，应考虑到工程机械车不同应用对象的不同应用需求，开发一套集成安全控制技术的专用开发软件环境，用来面向不同对象进行不同控制流程和控制任务的开发，为工程机械生产厂家在面向不同用户的定向产品开发中提供可靠的软件环境和平台支持。同时还应研制具有开放式结构和冗余控制机制的具有自主知识产权的专用控制器，解决国外相关产品的封闭性和不兼容性等问题，并突破高低温适应性、防水防潮、抗振动、电磁兼容性等可靠性设计技术，使该控制器能够适应不同应用对象和不同应用环境，为工程机械车的安全控制提供硬件基础和实施平台。

（2）缺少有效抑制臂架振动和精确定位的方法。在工程车辆的负重举升作业时，车辆的加减速、风力及摩擦引起的扰动会导致臂架摆动。臂架末端的震颤不仅影响末端运动的控制精度，还将进一步对臂架的稳定性带来负面影响，甚至造成臂架裂纹或折臂的危险。研究切实可行的控制方法，将臂架的震颤抑制在一定幅度内并保证较高的末端定位精度，是保证举升作业的安全、延长臂架的生命周期、提高工作效率的有效手段。

（3）安全监控技术不完善。在工程车辆的作业过程中，需要对防倾翻力矩进行实时测量，已有模型未考虑风载荷、惯性、作业过程臂架运动加速度等非定常因素，通过对关键部件的工作状态监测与早期故障诊断，开发出工程车辆防倾翻力矩限制器，可有效避免恶性事故发生。

（4）工程机械车的远程维护和监测方法仍面临许多挑战。为了最大限度降低故障率，消灭故障根源，进一步降低维修成本，延长机械设备的使用寿命，通过远程无线通讯的方式建立臂架型工程机械车的故障维护数据库，评估关键设备的健康状态，对车体的维护具有重要的指导性意义。

# 第十八章 机器人的控制科学与技术

机器人技术是机械、电子、控制、计算机、人工智能等多学科交叉的领域，一直以来都是众多学者和企业关注的焦点。自 20 世纪 60 年代第一台工业机器人安装应用以来，工业机器人技术逐渐成熟并得到广泛应用，同时机器人技术也不断向其他应用领域扩展。进入 21 世纪以来，许多国家对机器人技术的发展更加重视，并将其作为未来新兴产业寄予厚望。“欧盟第七框架计划”（FP7）发布的“2011 年工作计划”中将认知系统与机器人技术列为信息与通信技术（ICT）领域的第二大挑战；2011 年美国总统奥巴马宣布启动的“先进制造伙伴关系”研究计划的重要组成部分就包括“美国国家机器人计划”；日本、韩国也将服务型机器人作为国家未来产业发展的重点。微软前总裁比尔·盖茨在 2007 年也撰文认为机器人将像 30 年前的个人电脑一样迈入家家户户，彻底改变人类的生活方式。因此，机器人技术是未来高技术、新兴产业竞争的制高点，对于国民经济发展和国防建设具有重要意义。我国在机器人技术领域也给予了极大的重视，经过几十年的发展，取得了比较突出的成绩。本文对国内外机器人领域的最新研究进行简要介绍，分析机器人技术的发展趋势，探讨机器人发展方向和研究重点。

## 第一节 国内外先进机器人控制技术发展历程与我国研究成果

自第一台工业机器人诞生以来，机器人技术就得到众多研究机构、企业的极大关注。在计算机技术、网络技术、微机电系统技术等新技术发展的推动下，机器人技术也在不断地创新发展，并从传统的工业制造领域逐步向其他行业领域扩展（Stephan et al.，2012），如搜索救援、家庭服务、医疗服务、康复训练、教育娱乐、水下勘测、外空间作业、行星探索、纳米操作等。下面从工业机器人、地面移动机器人、医疗与康复助力机器人、水下机器人、仿生机器人、微纳操作机器人等几方面概述机器人控制技术的发展（谭民和王硕，2013）。

## 一、工业机器人

在20世纪90年代之前，汽车制造业等行业的迫切需求推动了工业机器人技术和应用的快速发展，目前，工业机器人已广泛应用于汽车工业的点焊、弧焊、喷漆、热处理、搬运、装配、上下料、检测等作业中。在物流、码垛、食品和药品等领域，工业机器人正逐步代替人工从事繁重枯燥的包装、码垛、搬运作业。

工业机器人研究的主要问题包括运动学标定、运动规划、控制。工业机器人运动学标定的主要过程，首先基于D-H矩阵方法或有源以太网（POE）方法建立系统数学模型，而后测量机器人末端的实际位姿，通过优化方法确定实际测量与理论模型间偏差，最后完善运动学模型。运动规划包括关节空间规划、笛卡尔空间规划，其中，关节空间规划方法主要有多项式插值、抛物线过渡线性插值、B样条插值等。由于工业机器人是一个非线性、多变量的控制对象，在控制方法方面，从常用的PID控制到自适应控制、智能控制都有相关的研究工作。

随着制造业的发展和机器人应用领域的扩展，工业机器人朝智能化、重载、高精度、高速、网络化等方面发展，作业任务也从简单枯燥的重复作业向更为复杂的作业领域扩展。这些作业需要工业机器人具备必要的感知能力、适应能力和智能决策能力。结合位置、力矩、力、视觉等传感器反馈，刚度控制、柔顺控制、阻抗控制、力位混合控制、视觉伺服控制等方法得到大量研究，以适应高精度、智能化作业的需求。不同类型物品的包装、大型工件的装配对工业机器人的高速运动性能、重载性能提出了更高要求，机器人的动力学和相关控制方法的研究更加深化细致。工业机器人通过网络化来简化系统结构、适应协同作业。一方面伺服驱动器、控制器、传感器以现场总线方式实现相互连接和通信；另一方面，在生产线上的多个工业机器人通过网络进行信息交互，实现协同作业。例如，日本FANUC公司并联六轴结构的机器人3iA具有很高的柔性，集成视觉系统（iR vision）、力觉系统（force sensing）、机器人通信系统（robot link）和碰撞保护系统（collision guard）等多个智能功能，可对工件进行快速识别，利用视觉跟踪系统引导完成作业。

在工业机器人研究开发中，国内很多大学和研究机构，如哈尔滨工业大学、中国科学院沈阳自动化研究所、中国科学院自动化研究所、清华大学、北京航空航天大学、上海交通大学、天津大学、南开大学、华南理工大学、湖南大学、上海大学等，在国家“863”计划的支持下开展了大量的研究工作，在工业机器人的结构、驱动和运动控制等方面取得了丰富的成果，为国内机器人产业的发展奠定了技术基础。2000 年以后，在工业机器人制造及其应用方面逐步形成了沈阳新松机器人自动化公司、哈工大博实公司、广州数控设备有限公司、上海沃迪公司、奇瑞公司等一批致力于工业机器人产业的企业。随着国内劳动力缺乏和成本提高，企业对工业机器人的需求越来越迫切，国内对工业机器人相关产业发展和创新的支持也进一步增强。

工业机器人多在固定的空间内工作，工作人员一般不会进入机器人的工作区域。但随着工业机器人的广泛应用，工业机器人和工作人员需要在相互重叠的工作区域内协作工作，这就为工业机器人的研究提出了很多新问题。

## 二、地面移动机器人

### (一) 轮式/履带式移动机器人

20 世纪 60 年代，移动机器人主要是自动导引车（automated guided vehicles，AGV），在工厂中跟踪指定轨迹、输送工具。目前，轮式/履带式移动机器人主要有智能轮椅、导游机器人、野外侦察机器人及大型智能车辆等。在定位、规划、自主控制及与服务任务相关的智能作业方面得到较大关注。在定位和地图构建方面的研究中，基于码盘、视觉、激光测距等不同传感器信息的即时定位与地图构建（simultaneous localization and mapping，SLAM）技术研究和应用比较多，许多算法可通过递推迭代运算来达到实时性要求（Garcia et al.，2007）。

在博物馆、医院等室内环境中，移动机器人利用航迹推算、路标识别（射频标签、二维码等路标）、自然路标识别、无线定位等技术进行定位；利用局部地图或全局地图完成机器人运动路径的规划和运动控制；结合语音识别、图像识别，实现友好的人机交互，提供引导、解说等信息服务，完成物品递送工作。针对家庭、老人、残障人的服务需求，具有单作业臂或多作业臂的移动机器人研究得到更多的重视。Willow Garage 公司的 PR2 机器人，具有全向移动功能，安装了双机械臂和夹持器，具有双目立体视觉系统、激光测距系统，夹持器上装有视觉传感器和力觉传感器阵列，通过视觉和力觉的感知处理、运动规划与控制，在该机器人上已实现打开冰箱、拿取不同物品等服务任务。日本物理化学研究所（Institute of Physical and Chemical Research）和公司合作开发的双臂服务机器人 RIBA，重 180 千克，机械臂上由触觉传感器覆盖，并可通过触觉感知护理人员的引导信息，协助其抱起、移动 61 千克重的患者。美国匹兹堡大学研制了带有机械手臂的智能轮椅 PerMMA，以帮助高位截瘫患者生活自理。

在野外探测、危险作业中，轮式/履带式移动机器人受复杂的地形、天气等不确定因素的影响，在自主控制、环境适应方面面临巨大挑战，为此，国内外研究机构在无人车辆方面开展了大量科研工作，并取得了很大进展，但如何在泥泞、积雪、结冰、雨、雾等条件下可靠地实现自主导航与控制，正确处理道路上的突发情况仍是无人车辆控制面临的巨大困难。

## (二) 地外行星探索机器人

地外行星探索机器人是工作在地外行星极端环境下的地面移动机器人（Yoshida，2009），主要用于完成多种地外行星勘测任务，其移动机构多为基于轮式/履带式而改进设计的复合结构。1970 年，苏联开发的 Lunokhod 机器人首次登陆月球并在远程遥控下行走 10.5 千米。美国航空航天局（NASA）1997 年开发的用于火星探测的移动机器人“探路者”火星车登陆火星，2004 年“勇气号”和“机遇号”、2012 年 8 月“好奇号”都成功登陆火星开展科研探测。其中，“好奇号”火星车采用了六轮独立驱动结构，长 3 米，宽 2.7 米，高 2.2 米，自重 900 千克，具有一个 2.2 米的作业臂和摄像头等多种探测设备，在 45 度倾角状态下不会倾翻，最高速度 4 厘米/秒。不同于以往火星车采用太阳能供电，“好奇号”采用核电池供电，可为其长期工作提供能源。

我国在外星探索机器人方面经长期努力也取得了丰富的成果。哈尔滨工业大学研制了两轮并列式、六轮摇臂—转向架式、行星轮式等多种型号的月球车样车，并搭载太阳能帆板、相机桅杆、定向天线、全向天线、前后避障相机等设备。中国科学院沈阳自动化研究所、北京航空航天大学、清华大学、上海交通大学、国防科技大学、复旦大学等单位都开展了相关研究，并研制了各具特色的月球车原理样机。

空间和外星探索机器人所处工作环境恶劣，通信延时长且不稳定，其自主控制、智能作业还有待深入研究。对于外星探索机器人，如何针对不同的重力环境、未知的地形、地表等因素进行系统结构、控制、导航、任务载荷的设计以满足探测作业需求仍需深入研究。

### (三) 腿足式移动机器人

腿足式移动机器人是模仿哺乳动物、昆虫、两栖动物等的腿足结构和运动方式而设计的机器人系统，其研究包括系统设计、步态规划、稳定性等方面。美国通用公司于 1968 年研制了四足步行卡车。卡内基梅隆大学在 1986 年研制出具有简单腿结构的液压驱动四足机器人（Raibert，1986）。由于当时腿足式机器人的液压系统在尺寸、重量、性能、控制和动力等设计方面面临较大困难，因此，此后的大部分研究工作中，四足机器人、仿昆虫多足机器人等多采用电机驱动方式。但电机直接驱动的机器人存在负重比较低、动态响应性能差、抗冲击能力弱等问题。2006 年，波士顿动力公司在 DARPA 资助下研制了新型液压驱动四足仿生机器人 BigDog，该机器人具有高负载能力、良好的环境适应性、行走速度快、续航能力好等特点，可负载 150 千克，行走 20 千米。2011 年 10 月，该公司又研究了 AlphaDog 液压驱动四足机器人。与 BigDog 相比，AlphaDog 在抵抗侧向冲击、负重、环境适应性和运动范围等方面拥有更好的性能。2012 年 3 月，该公司研制了世界上奔跑速度最快的 Cheetah 液压驱动四足机器人（约 29 千米/小时）。此外，韩国工业技术研究院研制了一种液压马达驱动的四足机器人。意大利技术研究院研制了 HyQ 电、液混合驱动四足机器人。

国内研制的腿足式移动机器人，多以电机为主要驱动方式，在四足、六足、八足等机器人机构设计、运动规划、控制方面开展了大量理论和实验研究，如清华大学、华中科技大学、中国科学院沈阳自动化研究所、哈尔滨工业大学等。在液压驱动四足仿生机器人方面，山东大学于 2010 年研制了液压驱动四足机器人实验样机，实现了 trot 行走，最高速度达到了 1.8 米/秒。北京理工大学、哈尔滨工业大学、国防科技大学、上海交通大学、中国科学院沈阳自动化研究所、中国科学院自动化研究所和南京航空航天大学等单位也在液压驱动四足仿生机器人研发方面开展了大量工作。

腿足式移动机器人研究在运动性能、环境适应方面还有很大的发展空间。高速、高负载、高机动、抗冲击等性能需要机器人系统在机构、驱动和控制方面进一步改进，而适应复杂地面和环境条件则对其环境感知、运动规划和自主控制提出了挑战。此外，良好的人机接口和可操控性对于系统的实用化具有重要意义，也是值得重点关注的课题。

## （四）仿人机器人

仿人机器人是模仿人类外形和运动方式的腿足式移动机器人。第一台双足机器人是日本早稻田大学在1972年开发的WL-5。仿人机器人研究主要集中于步态生成、动态稳定控制和机器人设计等方面。步态生成有离线生成方法和在线生成方法。离线生成方法为预先规划的数据用于在线控制，可完成如行走、舞蹈等动作，但无法适应环境变化；在线规划则实时调整步态规划、确定各关节的期望角。在稳定性控制方面，零力矩点（ZMP）方法广泛应用，该方法适合于平面情况，而适应于不同地面行走的稳定性控制方法还需要深入研究。在仿人机器人结构和驱动方面也有很多研究工作，如钢丝传动、气动肌肉等。

2000年以来，日本本田公司研制完成的仿人机器人ASIMO备受关注，该机器人高1.3米，行走速度可达6千米/小时，可完成“8”字形行走、上下台阶、弯腰等动作，还可与人握手、挥手、语音对话，识别出人和物体等。日本川田公司的HRP-2仿人机器人高1.5米，可模仿人的舞蹈动作。索尼公司开发了0.6米高的小型娱乐仿人机器人QIRO。法国阿德巴兰机器人公司（Aldebaran Robotics）开发用于教学、研究的57厘米高的小仿人机器人Nao，包含视觉、听觉、压力、红外、声呐、接触等传感器，可用于控制、人工智能等研究。此外，值得关注的是波士顿动力公司在液压四足仿生机器人基础上开发的液压驱动双足步行机器人Petman，其行走过程显示出良好的柔性和抗外力干扰性，可完成上下台阶、俯卧撑等动作。

中国在20世纪80年代中后期就开展了仿人机器人的研究工作。国防科技大学研制开发了KDW系列双足机器人，2000年研制完成仿人机器人“先行者”。北京理工大学2002年以来研制完成了BRH系列仿人机器人，该仿人机器人身高1.58米，全身共有32个自由度，行走速度1千米/小时，可稳定行走，实现太极拳表演、刀术表演、腾空行走等复杂动作。哈尔滨工业大学研制开发了HIT系列双足步行机器人。清华大学研制开发了仿人机器人THBIP-I。在小型仿人机器人方面，哈尔滨工业大学等单位开展了大量研究和研制工作。北京理工大学与中国科学院自动化研究所、南开大学等单位合作开展了乒乓球的高速识别与轨迹预测等关键技术研究，实现了两台仿人机器人、人与机器人的多回合乒乓球对打。浙江大学等单位研制的仿人机器人也实现了多回合乒乓球对打。

仿人机器人的研究工作尽管取得了很多成果，但其运动灵活性、稳定性、地形地面适应性还有待大幅提升，在机构设计、驱动和控制方法方面还需进一步突破。由于仿人机器人未来可能进入社会应用于各类服务工作，所以人和仿人机器人交互方面的研究工作也得到更多的重视，如人机接口、人机间安全交互、感情的表达与感知、学习等。

## 三、医疗与康复助力机器人

### （一）外科手术机器人

外科手术机器人系统可分为三类：监控型、遥操作型和协作型。监控型由外科医生针对病人制定治疗程序，在医生监控下由机器人完成手术。遥操作型由外科医生操纵控制手柄来遥控机器人完成手术。协作型主要用于稳定外科医生使用的器械以便于完成高稳定性、高精度的外科手术。第一例机器人辅助外科手术是由 Kwoh 等在 1985 年完成的，利用工业机器人将固定装置稳定保持在患者头部附近以便于神经外科手术的钻孔和将组织取样针插入指定位置。1991 年，手术机器人 Probot 被用于软组织的切除手术。1992 年，手术机器人 ROBODOC 应用于多例人工髋关节置换手术。此后，用于辅助外科手术的机器人系统 AESOP、da Vinci、Zeus 相继开发并获得应用。将虚拟现实和机器人结合的远程外科手术技术也得到重视和研究。目前，da Vinci 外科手术辅助机器人是其中比较成功的商用系统，获得美国食品药品管理局（FDA）认证，可用于多种外科手术。da Vinci 系统是一个主从结构的系统，医生通过摄像头传回的图像获取手术部位信息，依靠踏板控制摄像头和手术器械、主控手柄遥控机器臂动作来完成外科手术（Albani，2007）。此外，Hansen Medical 公司的血管介入手术机器人使用了触觉主控制器、臂式从动系统和送管机构。Mazor 公司开发的脊柱外科手术机器人系统已完成多例骨科手术。Acrobot 公司研制的高精度外科手术机器人完成了膝关节外科手术。约翰·霍普金斯大学研制了眼科外科手术辅助机器人系统。此外，外科医生一般依靠内窥镜、CT 或 MRI 来检查患者，以获得相关信息并制定手术方案，操作机器人完成手术。为了减少检查和治疗过程对患者造成的伤害和痛苦，胶囊式无线内窥镜机器人的研究得到发展。机器人呈胶囊形式，携带摄像头，通过无线方式将信息传出并显示，也可携带药剂在患病处定点释放，完成治疗任务后排出体外。以色列 Given Image 公司开发了商用的 M2A 胶囊式无线内窥镜机器人，机器人自带电池，依靠肠道蠕动实现运动，并实时采集传回图像信息。日本 RF 系统实验室开发了 Norika3 胶囊式无线内窥镜机器人，依靠体外磁场提供能源，每秒可传回 30 帧图像。

中国在外科手术机器人领域也开展了研发工作。北京航空航天大学与海军总医院合作研制开发了脑外科机器人系统，并完成了多例脑外科立体定向远程遥操作手术；与北京积水潭医院联合研制了骨科手术机器人系统，并完成了长骨骨折髓内钉固定远程遥操作手术；与海军总医院、北京医院合作研制了心血管介入手术机器人。天津大学研制了主从式遥操作结构、具有三维力传感器的显微外科手术机器人，并成功地完成了动物实验。中国科学院自动化研究所与上海胸科医院等单位合作研制了血管介入手术机器人，并完成多例动物实验。哈尔滨工业大学、北京理工大学、上海交通大学等也开展了不同类型医疗手术机器人系统的研究并开发了机器人系统。针对内窥镜检测系统，上海交通大学研制了多关节电磁式蚯蚓蠕动式内窥机器人用于肠道检查。上海大学研制了仿尺蠖蠕动的“Wormbot I”内窥诊疗机器人和基于多点光纤光栅的内窥镜形状感知系统。重庆金山科技（集团）有限公司研究开发了“医用无线内窥镜系统”（简称“智能胶囊”）OMOM，拍摄速度为1～30帧/秒。重庆大学研制了遥控施药胶囊。

外科手术机器人以遥操作型、辅助外科手术为主，手术方案制订和手术实施过程均由医生主导，所以灵巧、精细的机构运动和良好的人机接口将为医生提供极大便利。三维立体视觉、三维成像、定位、力觉反馈、器械的移动轨迹规划与导航等技术的深入研究和结合，将促进外科手术机器人的发展；同时，外科手术机器人的小型化、智能化、低成本化也将推进系统的应用。

### （二）康复与助力机器人

机器人技术用于辅助病人康复、生活自理的研究工作很早就已经开展，特别是近十年来，针对中风、脊髓损伤病人的上肢、下肢、手腕、手指、脚踝等肢体的康复，已研究和开发了很多不同类型的康复机器人，部分已经商品化应用。美国麻省理工学院开发了用于手臂康复治疗机器人 MIT-Manus。加利福尼亚大学研制了 ARM Guide、T-WREX 等手臂康复机器人。类似的手臂康复系统还有 HWARD、Gentle/G、RUPERT 等。瑞士 Hocoma 公司研制的下肢康复机器人 Lokomat 由支撑部分、机器人步态校正器和跑步机等几部分组成，用于增强病人的行走功能。类似的康复机器人系统还包括 LokoHelp、ReoAmbulator、ARTHuR、ALEX、LOPES 等。对于瘫痪患者康复的机器人系统主要是通过辅助肢体运动达到锻炼肌肉、增强耐受力、关节灵活性和运动协调性的目的。Swortec SA 公司开发的康复机器人 Motion-

Maker，能够依据实时传感信息控制康复训练并配合电刺激以满足治疗需要，临床实验显示系统效果良好。用于足踝、膝盖等康复的机器人，有 Rutgers Ankle、IIT-HPARR、AKROD、Leg-Robot、NUVABAT、PGO、PAGO、Anklebot、MIT-AAFO 等（Díaz et al.，2011）。早期的康复机器人一般采用比例反馈的位置控制方法。目前，基于时间、受力、跟踪误差、肢体速度或体表肌电等信号反馈，阻抗控制、自适应控制等方法已在康复机器人上应用。康复运动的轨迹规划也有很多研究工作，如模仿正常步态进行规划、依据健全肢体的运动进行规划等（Marchal and Reinkensmeyer，2009）。虽然康复机器人已开展很多研究和临床实验工作，但在机器人的康复训练模型、适合康复任务的最优控制方法、康复训练评估等方面还有待深入研究。

为增强人的运动和作业能力，通用电气公司在 1965 年就开展了 Hardiman 动力机器外骨骼系统的研制。在近十年来，动力机器外骨骼的研究得到快速发展。2004 年加利福尼亚大学伯克利分校机器人和人体工学实验室在 DARPA 资助下开发了穿戴式下肢骨骼负载器 BLEEX 以满足士兵的高机动性和大负重行军需要，使用者可负重 70 千克以 1.3 米/秒的速度行走。日本 CYBERDYNE 公司和筑波大学开发的穿戴式动力外骨骼系统 HAL 系列，分为下肢型和全身型两种，最新系统为 HAL5，可辅助老人或残疾人行走、上楼梯、搬运物品。类似系统的研究还有很多，如麻省理工学院研制了 leg exoskeleton、Yobotics 公司研制了 Roboknee 等。

国内单位在康复机器人、助力机器人方面也开展相关科研工作。清华大学、哈尔滨工业大学、北京航空航天大学、华中科技大学、东南大学等单位开展了各类不同功能的康复机器人研制工作。哈尔滨工程大学研制了下肢康复机器人、手臂康复机器人等系统。中国科学院自动化研究所研制了具有肌电信号（EMG）采集和功能性电刺激的下肢康复辅助训练机器人。中国科学院合肥智能机械研究所、华东理工大学、上海交通大学、哈尔滨工程大学、中国科学院沈阳自动化研究所等单位在动力外骨骼系统方面开展了研究和研制工作。

## 四、水下机器人

### （一）远程操作水下机器人、无人水下机器人和自治水下机器人

水下机器人在军事、水下观测、水下作业方面具有很大的应用价值。远程操作水下机器人（ROV）通过拖缆与母船连接，实现供能、通信、遥控操

纵，可完成水下设备的安装、监控、部件替换及水下探测等。1993 年，日本研制了装配有摄像头、声呐等传感器和双机械臂的、可深潜 11 000 米的机器人 Kaiko，1995 年完成了 10 911 米深潜测试，1995～2003 年共完成 296 次深潜，但在 2003 年的深潜中由于拖缆断裂而失踪。为此，日本 JAMSTEC 研制了 ABISMO 于 2005 年进行了深潜测试。

无缆自治水下机器人（AUV）1970 年开始研制。美国伍兹霍尔海洋研究所（WHOI）研制自主水下机器人 Nereus 在 2009 年完成了 10 902 米的深潜探测。该机器人不仅可以自主探测，也可以拖缆作为 ROV 使用。水下机器人的研究在系统模型、环境感知、定位导航，以及欠驱动和全驱动等不同推进系统的三维运动控制和稳定控制等方面已开展了大量工作。目前，对于水下机器人的容错控制、水下机器人载体和作业臂的协调控制、多水下机器人协作等方面的研究得到越来越多的关注。水下滑翔器通过控制机器人的比重和方向舵以高度节能的方式实现水下运动（Rudnick et al.，2004），多个水下滑翔器可以进行长时间、大范围的环境信息采集。

我国在水下机器人方面的研究也取得了丰富的成果。中国科学院沈阳自动化研究所研制完成多种 ROV、AUV 水下机器人，如自治水下机器人“CR-02”、智能型水下机器人“北极 ARV”、水下滑翔器等。其中，“北极 ARV”参与了 2008 年北极科考，成功获取冰底形态、海冰厚度、海水盐度等数据。哈尔滨工程大学等单位在水下机器人设计、控制、环境感知等方面开展了大量研究工作。2012 年，我国研制的“蛟龙号”载人潜水器成功下潜 7062.68 米，并利用机械臂完成水下标本采集，使我国水下机器人技术水平进入世界先进行列。

### （二）仿生水下航行器

除了传统螺旋桨推进的水下机器人以外，仿生鱼类运动方式的水下机器人研究也得到广泛的重视和研究。鱼类运动的高效率、高机动、低噪声为水下机器人设计提供了新思路。1995 年，麻省理工学院研制了仿生机器鱼 RoboTuna 和 RoboPike，提出了尾鳍推进的射流理论。日本大阪大学研制了胸鳍推进的仿生机器鱼 BlackBass。英国 Heriot-Watt 大学研究了波动鳍。针对不同类型仿生鱼鳍的设计、建模和控制已开展了很多研究工作，如华盛顿大学、英国埃塞克斯大学在控制方面，佛罗里达中心大学、日本名古屋大学、美国新墨西哥大学在微小型机器鱼方面，美国西北大学、新加坡南洋理工大学、日本大阪大学在波动鳍推进方面都取得了很好的研究成果。国内在仿生鱼类的水下机器人研究方面也取得了丰富的成果。北京航空航天大学研制了SPC系列仿生机器鱼系统，并开展了湖试和海试工作，在水下考古、环境监控方面进行了示范应用，其中，SPC-3无人水下航行器（UUV）体长1.6米，重量46千克，直径0.21米，航程70.7千米，续航时间16.7小时，平均巡航速度达到1.12米/秒。中国科学院自动化研究所研制了尾鳍推进和波动鳍推进的仿生机器鱼，实现了浮潜、倒游、定深、自主避障、快速启动、水平面和垂直面快速转向、多鱼协调运动等实验验证，并于2012年实现了仿生机器海豚的跃水运动。国防科技大学在波动鳍仿生机器鱼方面开展大量研究，研制了多种波动鳍推进的机器鱼系统。哈尔滨工程大学、哈尔滨工业大学、中国科学技术大学、北京大学等单位也研制开发了仿生机器鱼系统并开展了很多研究工作。

## 五、生物启发的机器人系统——仿生机器人

随着机器人应用从工业领域向社会服务、环境勘测等领域的扩展，机器人的作业环境从简单、固定、可预知的结构化环境变为复杂、动态、不确定的非结构化环境，这就要求机器人研究在结构、感知、控制、智能等方面给出新方法以适应新环境、新任务、新需求。因此，很多学者从自然界寻找灵感，从而提出解决新问题的新方法（Siciliano and Khatib，2008）。

通过对生物结构和运动方式进行仿生是研究适应某种特定环境的机器人系统的基本方法之一，如前述的模仿骡马的四足机器人、模仿鱼类的机器鱼。此外，还有很多模仿其他生物的仿生机器人。蛇形机器人有东京工学院研制的ACM R5、密歇根大学研制的OmniTread、挪威理工大学研制的Kulko、卡内基梅隆大学研制的Uncle Sam等，其中，Uncle Sam实现了爬树运动（Liljebäck et al.，2012）。仿生两栖机器人有瑞士洛桑理工学院（EPFL）研制的Salamandra、纽约瓦萨学院研制的Madeline、加拿大约克大学等研制的AQUA机器人等。仿生飞行机器人有德国Festo公司研制的仿生鸟Smartbird、多伦多大学研制的四翼扑翼飞机Mentor、加利福尼亚大学伯克利分校研制的飞行昆虫等。美国东北大学研制的仿生机器龙虾，南加利福尼亚大学研制的自重构机器人Conro可自重构成蛇形、四足、履带等形状进行运动。斯坦福大学在壁虎足部结构研究基础上研制了可攀爬墙壁的机器壁虎Stickybot。名古屋大学机器人学实验室研制了仿生长臂猿机器人Brachiator。国内在类似仿生机器人方面也有很多工作，如国防科技大学、中国科学院沈阳自动化研究所、上海交通大学、北京航空航天大学等单位研制了蛇形仿生机器

人；哈尔滨工程大学研制了仿生机器螃蟹；中国科学院自动化研究所、中国科学院沈阳自动化研究所、北京航空航天大学等单位研制了水陆两栖机器人；西北工业大学、南京航空航天大学、北京航空航天大学等单位研制了扑翼飞行机器人。

通过对生物内在感知、控制与决策机制的模仿是机器人控制和智能研究的重要方面。在仿人机器人、仿生机器鱼、四足机器人等研究中使用的神经网络模型、中央模式发生器（CPG）模型、各种学习机制等计算方法就是来源于对生物系统的模仿。而利用机器人来验证神经科学、脑科学中的假设和研究成果不仅促进了相关学科发展，也推进了机器人基础理论的研究，如欧盟研究项目 MirrorBot 和机器鼠 Psikharpax、圣迭戈的神经科学研究所研究的 Brain-Based Devices 和机器人 Darwin。此外，通过向生物组织输入信号、提取生物组织输出信号进行机器人的控制也有很多研究工作，如美国西北大学等单位的研究人员用七腮鳗大脑保持平衡的部分来控制两轮 Khepera 机器人的运动；神户大学和南安普顿大学的研究人员利用黏菌细胞控制六足机器人实现避光运动；杜克大学等单位的研究人员利用检测到的恒河猴脑信号控制机械臂运动。利用嵌入式系统输出电脉冲信号来控制生物的运动，如美国麻省理工学院等单位利用电刺激控制由生物肌肉驱动的仿生机器鱼运动、加利福尼亚大学等单位遥控由甲虫头部插入的电极输出信号控制甲虫飞行。国内也开展了类似的研究工作，如清华大学研究的脑机接口技术、南京航空航天大学的控制生物壁虎、山东科技大学控制鸽子飞行的研究等。

## 六、微纳操作机器人

微纳操作机器人包括微型作业臂、微型末端效应器和计算机视觉系统等部分，在医疗、生物工程和机械微装配等方面具有广泛用途。基于光学显微镜的微纳操作机器人可以实现精度为 0.1～1 微米的微操作，依靠扫描电子显微镜的微纳操作机器人可以实现精度为 1 纳米～1 微米的微操作，而依靠扫描隧道电子显微镜（STM）或原子力显微镜（AFM）的微纳操作机器人可以实现精度 1 个原子至 10 纳米的微操作。如此高精度的操作可以用于辅助外科手术、生物工程中的细胞定位和分类、体外受精、细胞微手术等作业，用于微型化机械零件的装配，乃至在纳米尺度操作碳纳米管实现其弯曲、拉伸、摆放等作业。1990 年，IBM 公司利用 STM 首次实现了原子搬迁。美国南加利福尼亚大学利用 AFM 实现了金纳米粒子堆放操作。美国北卡罗来纳大学研制的基于 AFM 的纳米操作机器人，并对生物样本和碳纳米管进行了操作实验。日本东京大学研制的基于 AFM 的遥纳米操作机器人。美国斯坦福大学、IBM 实验室、麻省理工学院等机构也开展了大量工作。

国内在微纳操作方面也开展了大量研究。哈尔滨工业大学在压电陶瓷微驱动控制器与精密定位方面开展了大量工作，研制了宏微运动平台，宏动平台为 6 自由度精密并联机构、微动平台为 5 自由度压电陶瓷驱动的柔性铰链机构，该系统应用在激光陀螺制造工艺中的自动调腔、微机电系统中的自动引线键合。北京航空航天大学、南开大学研制了基于光学显微的微操作机器人系统，实现了基因注射、染色体切割、细胞融合与分离等操作。中国科学技术大学和清华大学研制基于激光光镊和光刀的微操作系统。中国科学院沈阳自动化研究所将 AFM 与力/触觉传感器设备相结合，通过对 AFM 系统改造和二次开发，研究具有实时三维力/触觉及实时视觉反馈的 AFM 机器人化纳米操作系统。华中科技大学研制的基于显微视觉伺服和多机械手协调控制的微装配机器人系统，实现了对亚毫米级微型零件的高精度装配作业。此外，中国科学院长春光学精密机械研究所、澳门大学、上海交通大学、大连理工大学、燕山大学、吉林大学等单位也都开展了相关研究。

除上述研究外，多机器人系统、网络机器人系统、农业机器人、建筑机器人、危险作业机器人、采矿机器人、搜索救援机器人、家用机器人、教育机器人等在国内外都有很多研究工作，其控制方法、感知方法、学习方法等的基本研究对于所有机器人的研究工作都有重要的意义。

## 第二节　机器人先进控制技术的发展趋势与关键科学问题

机器人技术的发展从工业领域向其他领域快速扩展。

在工业领域，工业机器人的应用已不再仅限于简单的动作重复。对于复杂作业需求，工业机器人的智能化、群体协调作业成为解决问题的关键；对于高速、高精度、重载荷的作业，工业机器人的动力学、运动学标定、力控制还有待深入研究；而机器人和操作员在重叠的工作空间安全合作问题，则对机器人的结构设计、感知、控制、安全等都提出了新的要求。

在工业领域以外，机器人在家庭服务、医疗服务、深空深海探测、野外勘测、智能交通等领域都有广泛的应用前景。在这些领域，机器人需要在动态、未知、非结构化的复杂环境完成不同类型的作业任务，这就对机器人的环境适应性、环境感知、自主控制、人机交互提出了更高的要求。

（1）环境适应性。机器人的工作环境可以是室内、室外、火山、深海、太空，乃至地外星球，其复杂的地面或地形、不同的气压变化、巨大的温度变化、不同的辐照、不同的重力条件，导致机器人的机构设计和控制方法必须进行针对性、适应性的设计。通过仿生手段设计具有飞行、奔跑、跳跃、爬行、游动等不同运动能力的、适应不同环境条件的机器人机构和控制系统，对于提高机器人的环境适应性具有重要的研究价值。

（2）环境感知。面对动态变化、未知、复杂的外部环境，机器人对环境的准确感知是进行决策和控制的基础。感知信息的融合、环境建模、环境理解、学习机制是环境感知研究的重要内容。

（3）自主控制。面对动态变化的外部环境，机器人必须依据既定作业任务和环境感知结果利用内建算法进行规划、决策和控制，以实现最终目标。在无人干预或大延时无法人为干预的情况下，机器人能够规避环境风险、完成既定任务。

（4）人机交互。人机交互对于提升机器人作业能力、满足复杂的作业任务需求具有重要作用。实时作业环境的三维建模，声觉、视觉、力觉、触觉等多种人机交互的实现方式、人机交互中的安全控制等都是人机交互中的重要研究内容。

机器人技术与仿生学、神经科学、脑科学及互联网技术的结合也为机器人技术的研究带来了很多新的课题。

机器人学与仿生学的结合，不仅形成了丰富多彩的仿生机器人系统，对于机器人的感知、控制与决策的基础研究也提供了有力的支持。

机器人学与神经科学、脑科学的结合，将使得人-机器人间的应用接口更加方便，通过神经信号控制智能假肢、外骨骼机器人或远程遥操控机器人系统，利用生物细胞来提升机器人的智能，为机器人技术赋予了新的内涵、提出了新的挑战。

机器人学与互联网技术的结合，使机器人可以通过互联网获取海量的知识，将云计算、智能空间等技术应用于机器人的感知和决策，为机器人研究提出了很多新的课题。

## 第三节　机器人先进控制发展的优先领域和重点方向

随着我国经济结构调整、产业升级，对于高性能、高精度的工业机器人的需求越来越旺盛。同时由于劳动力成本的提高，企业界应用工业机器人技术的需求越来越迫切。智能型工业机器人及其应用系统的研究将极大促进产业升级、产业发展。

智能型军事机器人系统不仅对国防安全具有重要意义，而且也会推动机器人前沿新技术的深入研究，并最终通过技术转化在民用领域广泛应用。无人车、无人机、无人舰船等智能机器人系统的研究和研制将为突破新型机构设计、环境感知、自主控制、人机交互等关键技术提供重要支撑。

陪伴机器人、家政机器人、保安机器人、智能玩具、助老助残机器人、仿人形机器人对于提高生活质量、促进社会和谐具有重要作用，而且服务机器人作为未来重要的新兴机器人产业对于国民经济发展同样具有重要作用。

适合于野外、极端环境下作业的特种机器人系统能够代替人类在海洋、太空、地下、野外等复杂危险环境下开展各种作业，辅助操作员完成高精度、高稳定性、高安全性的复杂作业任务，其系统的研究开发具有极其重要的社会效益，体现国家的综合科技实力。

脑科学、神经科学与机器人技术相结合的研究，是一个非常前沿的领域，对于人-机器人接口技术、控制技术、人工智能的发展都具有重要意义，脑科学、神经科学上的突破将极大促进这一研究的快速发展。

# 第十九章 航空飞行器的控制科学与技术

当前，飞行器控制的发展面临前所未有的机遇与挑战。本文从飞行器新技术特征、信息化环境、无人系统自主性、高可靠可重构容错系统、飞控系统评估与确认五个方面研究和分析了飞行器控制面临的机遇与挑战。为了实现利用机遇和赢得挑战的目标，建议加强如下五个方面的研究：加强面向飞行器新技术特征的飞行器控制概念、理论与方法研究；加强面向信息化环境的控制、计算与通信一体化，以及控制、决策与管理一体化的研究；加强面向不确定性的无人系统高级别自主性的研究；加强面向高可靠、高安全性的可重构容错飞控系统的研究；加强面向高效、高可信度的飞控系统评估与确认方法的研究。

## 第一节　航空飞行器控制技术发展历程与我国研究成果

### 一、航空飞行器控制技术发展历程

1903 年，莱特兄弟在前人研究的基础上，重点解决了飞机平衡和三轴可控问题，实现了动力飞机的首次飞行。此后的 60 年，驾驶员利用机械链通过气动操纵面来控制稳定飞机飞行成为经典的主飞行控制系统，先后研制了自动驾驶仪、助力操纵系统、限权的增稳系统和控制增稳系统、自动进场/着陆系统等，以机械操纵系统为主体的飞机飞行控制系统成为主流。

到了 20 世纪 60 年代，飞机的发展遇到了瓶颈，常规设计不再满足对飞机性能的新需求，随后出现的新设计中，飞机可以设计成中立稳定的和静不稳定的构型，并能主动控制飞机的结构模态响应，从而产生了两个具有划时代意义的飞行控制新概念：主动控制技术（ACT）和电传飞行控制（FBW）系统。这两项新技术的出现对飞机的发展所产生的巨大影响一直延续至今，主要包括以下方面：①使飞行控制技术与气动力、结构和动力装置一起成为保证先进飞机平台性能的四大技术支柱；②基于飞机状态反馈的闭环控制系统成为现代飞机的主飞行控制系统；③飞行控制系统不仅用于提高飞机刚体运动特性，同时也用于解决飞机弹性模态的控制问题；④使飞机主要控制功能（飞行控制、推力控制和火力控制）的综合成为可能。

20 世纪 80 年代，基于数字化综合平台，发展了综合控制、推力矢量控制与多操纵面控制。

### 二、航空飞行器控制技术的创新能力和实力地位

中国科技界独立自主地完成了 ACT 和 FBW 系统的技术跨越，从 20 世纪 70 年代开始，开展理论和方法研究，直至验证机完成试飞，该技术已成熟应用于三代和四代机研制。

我国自行研制的歼 10 战斗机和由 Su27 改进的歼 11B 战斗机达到了三代战斗机的先进水平，近期我国成功完成四代验证机 J20 和 J31 首飞和部分试飞，舰载机起飞着陆和运 20 的首飞都表明我国已具有自主、创新研制各类先进飞机的理论体系、技术体系和制造体系。

中国独立自主地完成了无人机系统创新性研制能力的建设，使我国无人机研制能力处于世界前列，我国在无人机领域发展迅猛，各类无人机的研制和应用水平已接近国际先进水平。

在发展过程中，形成了主机所、飞行控制所和各大学组成的产学研综合创新研究体系（陈宗基等，2013）。

## 第二节　航空飞行器控制的发展趋势与关键科学问题

### 一、航空飞行器控制发展的规律

飞行器控制学科的发展有如下规律。

（1）国防武器装备建设、经济社会发展的需求是本学科发展的根本动力，

科学技术发展是本学科发展的基本条件。

（2）飞行器具有换代特征的新型气动布局必然对飞行器控制提出革命性挑战。

（3）飞行器控制的发展必然与空气动力学、结构力学、发动机科学技术、材料科学技术、信息科学技术等学科伴生和交叉，而学科交叉的趋势越发广泛和深入。

（4）信息丰富时代对飞行器控制的发展的挑战是划时代的、前所未有的，将会深刻改变飞行器控制的概念、理论、方法和技术。

## 二、航空飞行器控制发展的趋势

20 世纪 90 年代后期以来，航空飞行器向新构型（无尾、飞翼、变体）、高超音速、高隐身化、无人化和近空间发展的趋势日见明显；航空飞行器进入亚轨道、航天飞行器可重回大气层并自主着陆，飞行器的空天一体化趋势日见明显；战争多元化、复杂化，从平台对抗演变成体系对抗，基于多信息融合的资源分配、任务规划和指挥决策，促进飞行器控制、决策与管理一体化和计算、通信和控制的一体化的趋势日见明显。为满足飞行器技术发展的新需求，飞行器必须满足以下新的技术特征。

（1）飞行包线——更高、更快、更宽（过失速、高过载）、跨域。

（2）布局——非常规先进布局（无尾、变体、面对称）。

（3）结构——更多地采用整体加强的复合材料和灵巧材料结构。

（4）信息——计算、通信与敏感系统更广泛、深入应用，网络化。

（5）控制——控制对象为复杂、变体、多平台、体系、分布；①控制功能为控制、决策与管理；②控制作用为创新、多元、混合、异构控制效应；③控制要求为抗干扰精确控制、可重构容错控制。

（6）环境——更大不确定性。

（7）其他——低可探测性、低成本、环境友好。

## 三、航空飞行器控制发展的关键科学问题

### （一）飞行器新技术特征

飞行器控制面临的机遇与挑战首先源于当今与未来飞行器的基本技术特征为代表的新技术需求，为创新性飞行器布局，创新性控制作用，创新性控制概念、理论和方法的研究提供了广泛的机遇，同时又提出了如下挑战。

### 1. 飞行器动力学模型的复杂化

飞行控制系统设计是基于飞行器动力学模型 $x = f(x,u,p,w)$ 的设计活动的，多数情况下还是基于飞行器动力学模型的线性化模型 $\dot{x} = Ax + Bu$ 开展设计的。但是，由于先进布局飞行器动力学涉及大范围非线性、非定常气动力及强耦合问题，传统以配平状态小扰动线性化和线性控制理论为基础的飞行控制系统设计方法面临严峻挑战。一方面，我们不得不直接面向非线性动力学模型来设计和分析飞行控制系统；另一方面，我们还需要基于有别于 $x = f(x,u,p,w)$ 形式的动力学模型描述形式，设计和分析飞行控制系统的理论和方法。

### 2. 多学科交叉分析与设计

以往多学科交叉分析与设计往往停留在飞机总体设计阶段，综合考虑气动力、结构、动力装置和飞行控制技术来保证先进飞机平台性能。未来飞行器的新需求、新布局、新控制作用使得气动力、结构、动力装置和飞行控制耦合更紧密，动力装置不仅提供动力，还产生重要的控制作用，不同控制作用之间存在有利的和不利的相互影响，多轴控制力矩引起高度耦合。于是，多学科交叉分析与设计不再停留在飞机总体设计阶段，还会深入控制系统设计和实现层次。

先进布局飞行器常采用创新、多元、混合、异构控制作用，如多操纵面和推力矢量。多操纵面之间存在耦合作用，推力矢量喷口的偏转会影响飞行器的气动参数，形成较强的耦合作用，姿态变化的同时也影响到推力矢量的控制作用。采用传统的通道解耦来分析飞行运动的方法已不能真实反映其动力学特征，我们需要寻找多学科交叉分析与设计的研究方法，深入探索这类复杂动力学对象的控制问题。

### 3. 创新、多元、混合、异构控制作用

创新、多元、混合、异构控制效应包括主动气流控制、射流矢量喷管、灵巧材料变形控制、连续气动控制面等，这些创新控制作用与常规气动控制面结合使用可以解决满足未来使用条件的新气动布局航空器的控制性能。

飞行器的空天一体化，航空飞行器进入亚轨道，航天飞行器再入大气层功能，要求航空飞行器和航天飞行器控制效应器混合使用，以实现不同飞行阶段和过度飞行阶段的有效控制。

为此，要深入研究各类创新、多元、混合、异构控制效应器的控制机理，多元异构受限操纵器控制分配效能；要深入研究多元异构控制作用的线性/非线性控制分配方法，以及相关的复合控制、解耦控制、重构控制的方法及其实时算法。

4. 抗干扰精确控制

复杂环境下飞行器系统除了含有模型中的非线性动态、不确定动态、耦合、时滞及其他未建模动态等建模误差之外，还包括系统内部与外部的各类干扰和噪声。这些干扰和噪声可以表征为不确定范数有界变量、谐波变量、阶跃变量、非高斯/高斯随机变量、变化率有界变量、中立稳定系统输出变量等多种类型干扰模型。

飞行器姿态、轨迹的精确控制成为提高飞行器导航、制导与控制系统精度的关键技术，而姿态、轨迹精确控制的技术瓶颈是精细干扰抵消和抑制。抗干扰控制理论研究已成为提高飞行器姿态、轨迹的控制精确的一个热点和难点问题。必须开展非高斯随机分布控制系统研究、多源干扰的建模和动态特性综合分析、精细干扰抵消和抑制方法研究、复合分层抗干扰控制方法研究，来提升飞行器姿态测量精度、姿态、轨迹控制精度。

## (二) 无人系统自主化

1991 年海湾战争使得人们无人机的价值首次达成共识，现代武器系统向无人化和智能化发展已成为必然趋势。

自主性成为无人机的重要技术特征，体现了无人机处理不同任务和环境的复杂性、动态性和不确定性的能力，以及人机交互的程度。不同的智能行为等级的高低表征了无人机自主性的高低。美国空军研究实验室定义无人机自主控制能力分为 10 个级别。把这 10 级自主控制行为影射到人类神经智能控制系统，可归为反射性、程序性、决策性三类自主控制行为。

实现完全的无人机自主性是一项革命性的科学技术挑战，是一个渐进的发展过程，从目前所能达到的科学技术水平来看，真正实现非结构化环境下无人机的自主控制会遇到如下挑战性的难题。

1. 态势感知及评估

无人机自主控制本质上是一种对平台内/外态势感知基础上的决策、规划与调度过程，或者说是一种如何获得信息和如何利用信息的过程。

利用机载传感器、地面控制站、编队中的友机，或指挥、控制、通信、计算机、情报及监视与侦察（C4ISR）系统等提供的平台内部，以及战场环境的各种信息，通过信息共享与信息融合技术，从大量数据中提取平台内/外态势相关信息，是自主控制的前提和基础。

依据内、外态势，进一步获得决策和规划所需要知识，对影响任务规划和飞行安全的冲突事件进行检测和评估，实现对战场威胁级别（包括雷达/导弹威胁、恶劣气象、障碍等）、多任务动态优先级、平台能力和健康状况的评估，是无人机自主决策与规划的关键。

态势感知及评估对知识的表达、组织和利用，以及计算机认知、推理和评估的研究和应用，定量和定性相结合的态势评估的研究，基于跨平台信息共享的信息获取与信息融合技术、资源和时间约束下的多任务态势评估技术提出了挑战。

### 2. 对不确定性的适应性自主

适应性自主是以适应各类不确定性为目标的自主性，因此，适应性自主是自主控制的核心内涵和基本功能。不确定性可分为参数不确定性、结构不确定性和事件不确定性。如何组织对不同不确定性的适应机制是学者研究的热点。分层递阶体系结构把系统分解为功能模块，并按感知—规划—行动的过程进行构造，属于垂直分片的结构；包容式体系结构的各子系统独立产生动作行为，在一个协调机制集成下，各子系统直接接收传感信号平行工作，进而产生总体行为。有必要进一步借鉴人类神经系统“知识型决策—经验型程序—反射式控制”的结构，组织更有效、更实时的自主控制系统；有必要提出通用的自主控制框架和组合基于知识的系统概念与其他系统理论。

自主控制系统是一个具有符号和连续动力学的复杂系统，目前的控制理论还不能有效解决基于知识的包含逻辑算子（符号推理和决策）和连续量系统的复杂优化问题，当系统扩展到大规模系统的时候尤为困难。

### 3. 多无人机的协同性自主

作为独立自主的智能体与其他智能体或人进行协同时进行的自主协调、协作、协商等控制行为称为协同性自主。协同性是人类高级的智能活动，因此协同性自主能力也是无人机高级自主控制能力。多无人机的协同性自主面临的挑战是处理分散化决策、分布式敏感、不确定性管理、信息不完全性、无显式的领队系统所带来的协同管理、决策与控制问题。

在多无人机协同控制环境中，由于平台的运动、敏感和通信通道的变化，多无人机的队形和网络拓扑发生动态改变，并且计算是高度分布的，没有一个固定和定义好的集中控制器，分散控制就成为必须。多飞行器协同控制首要研究和解决的核心问题就是多飞行器协同控制中信息流及分散协调控制问题。在未来网络化协同作战模式及无人机自主程度不断提高的情况下，需要研究以最小信息流为基础的分散化编队协同控制律，最小信息流可以在可靠性和隐蔽性需求与信息共享所导致的性能增强两者之间实现平衡。

无人机协同性自主尚存在众多的理论问题和技术难题，其中，最突出的问题是：在分散决策、分布传感、分布通信条件下，具有复杂性、不确定性、局部信息的多智能体系统协调控制的完备理论尚不存在。

### (三) 高可靠可重构容错系统

使用可靠性低的部件/器件构建高可靠系统是当前控制界面临的重大挑战之一。例如，大型民机要求电传飞行控制系统的安全可靠性达到 $10^{-9}$/飞行小时，目前单套电气控制系统的安全可靠性仅能达到 $2\times10^{-3}$/飞行小时，因此必须采用基于资源冗余的多余度容错方案来支持使用较不可靠的器件组成高可靠的飞行控制系统。为保证系统的高可靠性，主要采用的容错技术包括冗余、非相似、隔离、动态重构、应急备份等。飞行器高可靠、高安全性对可重构容错飞控系统的挑战主要表现为以下五个方面。

#### 1. 余度容错结构

飞控系统为适应高可靠性和安全性要求，普遍采用具有较高的通道故障检测覆盖率的自监控结构，飞控系统普遍设计为多余度容错结构，有的采用了非相似的硬件和软件，避免同态故障。至今，余度容错结构的选用与设计主要是依据系统可靠性规范，采用概率论与统计学理论方法来实现的。当我们处理的问题从平台级余度容错发展到体系级或更大的基于网络的复杂系统余度容错时，余度容错系统的设计和验证就需要新的系统理论和方法支持。

#### 2. 故障检测与诊断方法

当系统发生故障时，系统中的各种量（可测的或不可测的）或它们的一部分表现出与正常状态不同的特性，这种差异包含了故障信息，故障诊断的任务就是要找到故障的特征表现，并利用它来进行故障的检测与隔离。基于余度容错结构的电传飞控系统的测量、计算与伺服执行构成的余度容错系统，依靠监控和表决机制实施故障检测与诊断，可以保证系统的容错能力和可靠性要求。但控制操纵面的损伤故障检测与诊断涉及整个闭环飞行控制系统，因此在闭环系统中的各种不确定性因素都会给诊断过程带来影响。

根据采用的故障特征描述和决策方法的不同形成了不同的故障诊断方法，概括起来有依赖于模型的故障诊断方法和不依赖于模型的故障诊断方法两大类。依赖于模型的方法的前提条件是对诊断对象的模型有确切的了解，建模误差、环境干扰和检测噪声的存在将破坏残差的独立性、影响故障检测与诊断的准确性。不依赖于模型的方法有基于输入输出信号处理的方法和基于经验知识的方法，这些方法有的不能覆盖所有故障，有的实时性不满足要求。

平台级飞控系统的故障检测与诊断的基本问题在于进一步降低误报率，提高实时性。分布式计算、通信与传感环境下的复杂大系统的故障检测与诊断还缺乏研究和实践，等待新的概念、理论和方法的出现。

### 3. 控制重构

容错控制能力是指系统在某些部件发生故障的情况下，仍能按原定性能指标或性能指标略有降低（但可以接受），完成控制任务或保证安全飞行的能力。容错控制能力基于系统故障后的控制重构。控制重构分为物理冗余和解析冗余两大类方法。物理冗余方法通过对重要部件及易发生故障部件提供备份，故障后启用备份，完成控制重构，已广泛应用于工程实践中，但是物理冗余技术在提高系统可靠性的同时，带来了额外的成本、结构、重量、体积的增加。解析冗余方法利用控制系统不同部件之间的内在联系和信息及功能上的冗余性，故障后启用完好部件部分甚至全部承担起故障部件所丧失的控制作用，完成控制重构，解析冗余不需要增加硬件设备，具有性能好、功能强、成本低和易实现的特点。

新型飞行器均发展了多操纵面技术，使得飞机的控制操纵具备冗余度。基于故障诊断与控制重构的主动容错控制技术可充分利用控制操纵的冗余度，在某一个或多个操纵面发生故障时，利用剩余的完好操纵面，重新构造出已经损坏的操纵面的功能，这项技术提高了飞行控制系统的容错能力，也为减少执行机构硬件余度提供了可行性。实时性强的受限广义多操纵面最优控制分配算法是应用这项技术的瓶颈。

### 4. 可靠性建模与分析方法

设计余度容错系统的困难还在于如何对所设计的系统进行正确的可靠性

分析和评估。可靠性建模与分析方法分为静态和动态可靠性建模与分析方法。静态方法有可靠性框图（RBD）和故障树分析法（FTA）。静态方法简单、直观，求解算法快速、精确，但是不能描述余度飞控系统在故障下的动态特性和故障的相关性。动态可靠性建模与分析方法有动态故障树分析(DFTA)、马尔可夫链方法和 Petri 网分析法。三种方法都可以反映系统故障发生时序等动态特性，但是采用DFTA 方法建立复杂系统的正确模型非常困难，马尔可夫模型不能直观描述系统的静态结构及系统各部分并发等相互关系，它同 Petri 网方法都会随着建模组件的增加会出现状态组合空间爆炸问题。

平台级飞控系统的可靠性建模与分析方法呼唤综合静态和动态可靠性建模与分析方法特点的动静态可靠性混合建模与分析方法。分布式计算、通信与传感环境下的复杂大系统的可靠性建模与分析方法还缺乏研究和实践，等待新的概念、理论和方法的出现。

5. 软件可靠性

在高可靠容错飞控系统中，软件的可靠性分析、设计与评估验证技术是一个薄弱环节。目前在这类系统中都采用了非相似软件设计来解决软件共态故障的问题，在工程实现中缺少高效的软件可靠性建模方法，缺少可供安全关键性系统定量分析用的软件、可靠性数据库，以及高置信度的分析和设计工具和方法。飞控系统软件的评估验证主要手段仍是基于故障注入方式的大量仿真试验，缺乏完备性。基于形式化方法的验证与确认技术在实际工程中尚无成功应用。人们对软件可靠性的认识正在不断深化，但对于软件故障识别和因果关系尚有不少工作要做。

### (四) 飞控系统评估与确认

飞控系统评估与确认是飞控系统研制流程中非常重要的环节，其基本目标是证明所设计的飞控系统在飞行包线内任意处，针对所有可预测的参数变化或故障，满足安全性和操纵性要求。它是飞行器放飞前的最终确认，为放飞许可提供飞控系统安全可用的证明。

数字化技术已渗透到飞控系统设计和制造环节，大大提高了设计质量、缩短了设计周期，但是飞控系统评估与确认环节目前还是一个瓶颈，严重影响了飞控系统的研制质量和周期。

1. 评估与确认的理论和方法

常规的评估与确认过程缺乏明确的定位，缺乏系统性和完整性；缺乏对多类、多参数同时摄动的有效方法和手段，只能评估与确认设计点系统的稳定性，而设计点间的稳定性评估与确认只能依靠大量仿真；对变化参数的处理缺乏弹性，不能分析上下界之间的情况。

2000 年以来国际学术界开始重视飞控系统评估与确认的理论和方法研究，$\mu$ 分析方法基于线性分析变换用奇异值 $\mu$ 测试闭环系统的鲁棒稳定性，v-gap 分析方法采用通用稳定边界 $\varepsilon$ 测试闭环系统稳定性，分叉分析法通过分析非线性微分方程的稳态和非稳态平衡解来评估系统，基于优化的分析方法采用最坏情况搜索，把评估准则转化为距离最小问题；随机鲁棒分析基于蒙特卡罗仿真，可以得到在不确定条件下控制系统性能指标的统计分布特性，分析系统的鲁棒性能。这些方法各有特点，也都存在应用局限。飞控系统研制迫切需要先进的理论与方法指导的、采用数字化技术实现的高效、高可信度的飞控系统评估与确认方法。

2. 无人系统的评估与确认

无人机的使用带来了一个令人畏惧和必须面对的问题：如何能够信任这种致命的武器平台所做的决策？如何能够确信无人机做出的决策可以产生理想的输出？是否应该相信无人机将会按照预期执行，并且保证不会对预定目标以外的其他任何东西（包括我们自己）产生威胁？这就需要提供满足所有关键安全要求的必要保证和可信度证明的方法和软件工具。然而，自主控制系统软件规模将达到 500 000～1 000 000 行，基于目前的评估与确认方法来证明自主控制系统软件，无论是时间上还是资源上都将变得不可能。

正在开发中的无人机自主能力超出了目前对该自主能力的评估与确认能力，并严重影响了无人机自主控制技术的发展和自主级别的提高。迫切需要新的评估与确认技术来有效、可重复地证明无人机智能自主控制系统，该项研究还处于初级阶段。

## 第三节　航空飞行器控制发展的优先领域和重点方向

飞行器控制的发展充满了机遇与挑战，为了达到利用机遇和赢得挑战的目的，作者加强如下五个方面的研究。

（1）加强面向飞行器的新技术特征的飞行器控制概念、理论与方法研究，特别重视由飞行器创新性布局所导致的非线性动力学特征，多学科交叉，创新、多元、混合、异构控制作用的飞行器控制的新概念、理论与方法研究。

（2）加强面向信息化环境的控制、计算与通信一体化，以及控制、决策与管理一体化的研究，特别重视在分布式计算、通信与敏感系统的信息化环境中，本来分离的飞行器控制、计算与通信，以及控制、决策与管理的一体化趋势所带来的新概念、理论与方法研究。

（3）加强面向不确定性的无人系统高级别自主性的研究，特别重视在非结构化环境下无人机的自主态势感知及评估、不确定性的适应性自主、多无人机的协同性自主，以及学习型自主的新概念、理论与方法研究。

（4）加强面向高可靠、高安全性的可重构容错飞控系统的研究，特别重视创新余度容错结构、低误报率高实时性的故障检测与诊断方法、飞行器创新性布局控制重构方法、可靠性建模与分析方法的新概念、理论与方法研究，探索可重构容错飞控系统设计与分析方法的数学方法及工具支撑。

（5）加强面向高效、高可信度的飞控系统评估与确认方法的研究，特别重视探索先进的理论与方法指导的，采用数字化技术实现的高效、高可信度的飞控系统的评估与确认方法，以及无人机智能自主系统的评估与确认方法。

# 第二十章 空间飞行器的控制科学与技术

自 1957 年苏联第一颗人造卫星的上天，空间技术已逐渐发展了半个多世纪，人类实现了对空间的初步探索及利用。空间技术的发展给人类社会的进步带来了巨大的影响，使社会生活、国民经济、国防建设等各个领域发生了深刻的变化。

随着人类对空间各类需求的不断提高，空间飞行器逐渐朝小型化、多功能、高精度、高机动性的方向发展，经典的轨道运动和姿态运动已不能满足未来空间任务的需求，为此，各种新型的空间技术也随之产生，如空间飞行器姿轨联合控制技术，编队飞行技术，以绳系卫星、空间机器人为代表的空间联合体技术等。

然而，随着空间新技术在带来诸多优势的同时，空间飞行器也对控制技术提出了更高、更新的要求。从控制系统的角度来讲，未来的航天任务所面临的控制对象将呈现高维、非线性、强耦合等特点，传统的控制技术已不能满足任务需求，有必要在当今空间飞行器控制领域研究现状的基础上进行总结分析，梳理出相关的控制难点问题，并提供可能的研究思路。

本章以空间飞行器的控制为主线，系统梳理了该领域的发展历程，介绍了国内外的研究现状，对重点研究成果进行了分析，并在此基础上，提出了该领域的控制难题及相应的研究思路，最后对空间飞行器控制技术发展提出了政策上的建议。

# 第一节　空间飞行器控制技术的发展历程与我国研究成果

## 一、空间飞行器控制技术发展历程

### (一) 空间飞行器姿轨控制

空间飞行器的轨道和姿态控制是航天任务的关键，也是航天器总体工程设计的重要内容，它直接影响着应用任务的成功。在这部分，我们从轨道控制、姿态控制及姿轨联合控制三方面来介绍空间飞行器姿轨控制技术的发展历程。

1. 轨道控制

关于空间飞行器轨道控制最早的研究是基于冲量式的变轨方式的Hohohmann轨道转移，优化指标为特征速度最小。该轨道转移的研究方法具有普遍性，因为是冲量式变轨，指标为特征速度最小，可看作一种优化问题，而且优化变量与相关参数和卫星的具体轨道特性相联系，现在许多卫星轨道任务分析就是采用该方法，如对星座的相位保持分析，以及对网络卫星的分析。这种和具体轨道特性结合起来的方法其思想来源于早期的天体力学。卫星虽为人造天体，但和自然天体服从同样的运动规律，因此在进行轨道设计和轨道控制时，自然天体的一些运行规律，如开普勒（Kepler）方程、兰伯特（Lambert）飞行时间定理，都可以加以运用。

空间飞行器轨道控制的另一种方式为有限推力控制，有限推力控制由于其自身的特点一般用最优控制的方法加以解决。最优控制理论是20世纪50～60年代发展起来的，由于其适用性强而在很多领域得到了广泛的应用。用最优控制的方法解决卫星控制问题一般以燃料最省为指标，只要根据极大值原理求出控制律，相应的优化指标也就能够求出。近年来，一些人开始尝试用其他方法，如鲁棒控制、变结构控制等，加以解决，但解决复杂系统更有效的方法是智能控制方法，如有学者用模糊控制方法解决绳系卫星的控制问题，用进化算法来解决轨道控制问题。

2. 姿态控制

姿态控制系统作为空间飞行器导航、制导与控制系统的一个重要组成部分，决定着空间飞行器能否以期望的姿态安全有效地运行在空间之中。自 20 世纪 60 年代，苏联的“人造地球卫星 1 号”发射以来，空间飞行器姿态控制的研究就伴随着人类航天工业的发展一直向前发展。随着空间飞行器所需要完成的任务日益复杂化，这种应用需求极大地推动着空间飞行器姿态控制的研究不断深入。空间飞行器姿态控制中出现的新问题也不断推动着控制理论向前发展。姿态控制的发展经历了由经典控制到现代控制，由线性控制到非线性控制，由确定性控制到鲁棒控制、自适应控制的发展历程。

3. 姿轨联合控制

随着航空航天技术的迅猛发展和各国空间活动的日益频繁，空间系统的功能也越来越强大，传统的单一的空间飞行器姿轨控制技术已经渐渐地不能满足新时期科学实验、空间防御等任务的需求。在这种背景下，空间飞行器的姿轨联合控制方式应运而生。

目前，空间飞行器的姿轨联合控制主要以相对运动为背景开展研究。它指的是在相同引力场作用下，一个或一组空间飞行器相对于目标空间飞行器（或虚拟目标空间飞行器）的运动。相比于经典轨道运动和姿态运动，相对运动主要研究主动空间飞行器相对于目标空间飞行器（或虚拟目标空间飞行器）的轨道和姿态控制问题，所面临的问题形式更多、影响因素也更复杂。从 1967 年的苏联“联盟”号飞船的首次交会对接到现在的包括在轨加注、组装、维修和营救等在内的空间在轨服务等众多空间任务可以看出，空间飞行器的相对运动作为一类新的空间任务模式逐渐得到越来越多的关注与研究。

根据相对距离范围和执行机构配置方式的不同，空间飞行器相对运动可以分为空间近距离操作和空间相对轨道机动两大类。前者包括空间飞行器编队飞行、近距离观测、空间机器人抓捕、空间碎片的跟踪与移除等任务；而后者包括近距离交会、空间拦截、行星软着陆等任务。毋庸置疑，空间飞行器与目标之间的相对位置和相对姿态的精确控制对任务的成败起到了举足轻重的作用。而且，新型空间任务对空间飞行器的位姿控制技术也提出了更新更高的要求。根据已划分的两种类型，具体分析如下。

（1）在空间近距离操作中，空间飞行器的相对位置和相对姿态需要同时、快速地满足高精度的控制要求。例如，在多个卫星的编队飞行任务中，在各卫星之间的相对姿态达到要求的同时，还要保证相对位置满足期望的飞行构形；对于近距离观测任务，需要同时控制观测空间飞行器对目标空间飞行器的相对位姿，以实现对目标星体特征和状态的持续有序的观测与监视；在空间机器人释放机械臂实施对目标的抓取之前，需要逐步减小与目标的相对距离，并同时调节相对姿态，以确保目标进入机械臂的工作空间。

(2) 与空间近距离操作不同的是，对于空间相对轨道机动，根据其任务特点所采用的执行机构安装方式会导致控制变量的欠驱动特性。因此，在任务过程中，空间飞行器的姿态和轨道虽然也需要不断进行控制，但是，空间飞行器姿态的调整是为了保证正确的轨道推力方向，配合固联在星体的轨道发动机实现高精度轨道控制。例如，空间拦截需要保证追踪航天器以一定的相对速度与目标实现最终交会，虽然对最终姿态没要求，但在此过程中，要调整追踪航天器的姿态以保证期望的推力方向，同时，轨道发动机需给出预定的推力幅值配合正确的姿态定向，使得追踪航天器在期望的推力矢量下，逐步消除追踪航天器与目标航天器的相对距离；同样，在月面软着陆过程的最终着陆段，着陆器的姿态需要不断调整来确保固联于星体的轨道发动机反向制动，消除较大的对月速度，实现软着陆。

从这些任务的需求和过程描述可以分析出，尽管任务目标各有不同，但都需要空间飞行器的轨道与姿态同时以高控制精度达到期望的状态，这就使得空间飞行器的姿态与轨道联合控制成为未来必要的控制方式。

### (二) 空间联合体控制

自 20 世纪 50 年代以来，科学技术和工业生产的发展促使人们不得不面对空间联合体系统，如绳系卫星、空间机器人和交会对接等。随着科学技术及航天事业的发展，空间联合体系统姿态动力学与控制问题具有重要的学术价值和工程实践意义。

#### 1. 多体系统

早在 20 世纪 70 年代，一些学者就对挠性系统做了大量的研究。对复杂空间飞行器建模的各种动力学原理进行了工作量和方程形式上的比较，研究发现凯恩（Kane）方法在复杂系统建模中具有优越性。

20 世纪 70 年代后期，国外许多学者针对未来大型空间飞行器的发展趋势，开始转入大型空间结构动力学建模方面的理论研究工作，主要研究对象是大型空间平台、大型载人空间站和空间基地等。Bainum（1998）回顾和评述了挠性航天器动力学建模方法的研究历史和应用情况。

20 世纪 80 年代以后，随着计算机技术和有限元技术的发展，挠性多体系统动力学的研究开始受到一定程度的关注。挠性多体航天器姿态动力学的主要任务是建立拓扑结构多体系统具有程式化和通用性的数学模型，分析中心体和挠性体之间的耦合关系。

中国在挠性多体系统动力学的建模领域虽然起步较晚，但近年来也取得了较大进展。

#### 2. 绳系卫星

绳系卫星是指用柔性系绳将两个或两个以上的空间飞行器连接在一起所构成的空间飞行系统，其中，最具代表性的是将一颗卫星（子星）通过柔性系绳连接到另一颗质量较大的飞行器（基星）上，构成基星—系绳—子星空间组合体，基星可以是卫星、飞船、航天飞机、空间站等多种空间飞行器，甚至可以是废弃的运载火箭上面级。该系统具有广阔的应用前景，如人工重力、绳系交会、太空发电、深空探测、行星际航行、航天器轨道保持与升降及大气层的研究等。空间绳系具有很长的长度，可以通过释放或回收系绳的长度来改变整个系统的构型和运动状态。空间绳系还具有柔性大、阻尼小、非线性强等特点。动力学与控制是空间绳系研究的两个重要内容，建立精确的绳系动力学模型并选择合适的控制策略是研究的重点和难点。

#### 3. 空间机器人

机械臂工作过程中的运动必然引起载体的耦合运动，使得空间机器人系统的运动学、动力学及控制问题与地面固定基座机器人相比具有许多新的特点（Dubowsky and Papadopoulos，1993）。首先，由于动量守恒和动量矩守恒的约束，系统雅可比矩阵不仅取决于系统的运动学特性，还取决于机械臂和载体本体的质量分布等动力学特性。其次，空间机器人系统的工作空间不仅与系统的几何参数有关，还与系统的质量、惯性矩等动力学参数有关，这些参数的变化会引起工作空间范围的很大变化。这些问题使得自由漂浮空间机器人系统运动学、动力学分析和控制算法的设计比地面机器人复杂得多。

### （三）空间飞行器编队飞行控制

空间飞行器的应用领域遍及科学、经济等众多方面，如地球观测、深空探索、导航定位、通信以及天气预报等，其应用成果对人类活动产生了重大的影响，改变了人类的生活方式。当前单颗空间飞行器的技术发展水平已达到一个前所未有的高度，空间飞行器的功能越来越完善，空间飞行器的尺寸、系统规模和空间飞行器的重量不断增大，空间飞行器系统的复杂程度也越来越高，这种发展趋势虽然有效地提升了空间飞行器的性能，但也带来了许多问题甚至危机。将所有功能集中在同一空间飞行器平台上，往往会导致系统结构的复杂性不断增加，研制成本大幅提高，研制周期延长，风险度增加。这与现代航天低成本、低风险、快速、高效及高可靠性的要求是相背离的。应用常规技术的空间飞行器在发射或在轨运行期间易发生故障，一般主要采用冗余分系统、高可靠部件和防护对策来克服这些弱点，但这些措施同样会增加空间飞行器成本、增大空间飞行器尺寸，反而进一步增大了其受攻击的可能性和风险。因此，单纯依靠增大空间飞行器尺寸和复杂性，已经很难大幅度提高空间飞行器的性能了。20 世纪 90 年代后期，随着计算机技术、新材料、新能源技术的发展，微小空间飞行器技术的发展及其应用水平不断提高。基于此，人们提出一种新的空间飞行器运行模式。在这种模式中，传统单一大空间飞行器的功能分散到多个不同的微小空间飞行器平台上，即空间飞行器编队飞行。

## 二、空间飞行器控制技术发展现状

### (一) 空间飞行器姿轨控制

#### 1. 轨道控制

空间飞行器轨道控制可以分成两大类。①绝对轨道机动：指空间飞行器相对引力中心（地心）的轨道运动，主要包括轨道改变或轨道转移，即大幅度改变轨道要素，如从低轨道转移到高轨道，从椭圆轨道转移到圆轨道和改变轨道平面等，这种转移一般需要大冲量的发动机。②相对轨道控制：指追踪航天器相对目标航天器的运动。主要包括空间交会、拦截、悬停和绕飞，这是指追踪航天器通过一系列的机动动作，与目标航天器保持一定的位置和速度关系，此时要控制空间飞行器的相对运动。

1）绝对轨道控制

国内外学者在基于连续推力的航天器绝对轨道优化与控制方面做了大量工作。连续推力轨迹优化问题的整个转移时间较长，推进系统是连续推力型，一般求解相对困难，只能给出数值解。传统上轨迹优化的数值方法主要分为间接法和直接法。

间接法利用庞特利雅金（Pontryagin）极大值原理或变分法推导最优控制的一阶必要条件，将最优控制变量表示成为状态变量和协态变量的函数，从而将连续空间的最优控制问题转化为一系列联立非线性微分方程组的求解问题，即一个两点边值问题，然后应用 Bound 间接打靶法、临近极值法等数值方法进行求解。间接法的优点是计算过程收敛速度较快，解的精度较高，并且最优解满足一阶最优性必要条件。该方法的不足之处为：推导过程过于复杂和烦琐；对于初值的猜测较敏感，尤其是对于毫无物理意义的协态变量初值的猜测比较困难；复杂约束条件下的求解相对困难。

直接法无须求解协态变量的最优解，而是将离散化原始问题并将其转化为一个参数优化问题，即将连续空间的最优控制问题转化为一个非线性规划问题，应用罚函数法、序列二次规划等数值方法，或者遗传算法、神经网络算法等非数值算法进行求解。直接法的优点是：不需要满足一阶最优性必要条件；收敛域相对更广，对初值的猜测精度要求不高，无须猜测协态变量初值；易于程序化，同样的求解程序可以应用到不同的问题。该方法的不足表现为：由于未利用协态变量信息，得到的解有可能并非原问题的最优解；节点越多使得计算量越大。

间接法求解连续推力轨道转移优化问题已有大量文献可考。间接法将轨迹优化问题转化为两点边值问题，其数值计算方法主要有单点打靶法、多点打靶法、最小化边界条件方法和 Pathed 方法等。还有学者利用改进轨道根数描述的高斯动力学方程应用间接法设计最优轨道机动控制律。

直接法忽略一阶必要条件将轨迹优化问题转化为非线性规划问题，通常含有大量变量和约束。例如，直接配点法（direct point collocation method），将航天器有限推力轨迹优化问题转化为 NLP 问题进行求解的方法，针对求解 NLP 问题过程中离散化运动方程精度问题，采用了一种龙格-库塔“平行-打靶”方法（runge-kutta “parallel-shooting” method）提高精度及稀疏矩阵方法与非线性规划方法相结合的优化算法，即稀疏非线性规划（sparse nonlinear programming）等方法。另外，一些随机搜索方法也被引入轨道转移之中，如遗传算法、进化算法、模拟退火算法等。

国内学者在连续推力轨道转移方面也有一定的研究。例如，利用非线性规划解决了能量最省有限推力同平面轨道转移问题，基于交会概念的最省燃料共面和异面有限推力轨道转移方法，应用非线性规划求解有限推力作用下异面最优轨道转移问题的方法，基于退火遗传算法研究小推力轨道优化问题，勒让德伪光谱方法在极坐标系下解决了有限推力轨道转移最优化问题及利用高斯伪光谱方法研究星际小推力转移轨道快速优化问题等。

2）相对轨道控制

空间飞行器相对轨道机动涉及两个空间飞行器，即追踪航天器和目标航天器。大多数研究都是基于线性化相对运动方程，即 Clohessy 和 Wiltshire（1960）推导出的 C-W 方程与 Tschauner 和 Hempel（1965）推导出的 T-H 方程，前者适用于目标航天器运行在圆轨道，而后者适用于椭圆轨道。

Carter 和他的合作者在连续推力最优交会方面取得了一系列的研究成果。20 世纪 80 年代，Carter 基于 C-W 方程研究了邻近圆轨道给定交会时间的最省燃料交会问题，假设追踪航天器固定推力大小和其质量均为常数，利用 Pontryagin 极大值原理转化为两点边值问题，分别研究了深空和近地两种情况的交会问题，指出所有非奇异解情形下最优推力曲线由最大推力弧段和滑行段组成，并且一个轨道周期内其数目不超过七段，同时也给出了奇异解的情形。Carter 和 Humi 把文献（Carter and Humi，1987）的结果推广到一般的开普勒轨道，同样利用 Pontryagin 极大值原理求解，指出非圆的开普勒轨道交会问题无奇异解，最优推力曲线的组成与文献（Carter，1984）的结果相同（Carter and Humi，1987）。Carter 分析了追踪航天器燃料消耗导致质量减小对交会过程的影响，指出质量变化对于奇异解影响较小，而对于非奇异解只需改变弧段间的切换点。Carter 引入一个积分表达式得到了具有新形式的一般开普勒轨道交会方程，从而移除了奇异点和椭圆轨道的限制。基于前述的研究结果，Carter 给出了开普勒轨道推力受限最优交会的解，对于目标圆轨道能控矩阵可逆，可得推力函数的闭环形式，即可以表示为闭环反馈控制律；对于目标非圆轨道闭环反馈控制律通过重复矩阵求逆和重新初始化问题可得到。Pardis 和 Carter 研究了推力饱和和交会时间对最优交会的影响，以定量的方式给出发动机数目对效率的影响，实例说明两个推力器相对于一个推力器燃料消耗可以节省接近 50%。

然而上述最优控制律都是开环的，鲁棒性较差，对于外界的干扰极其敏感，而且求解过程相对复杂，实时性较差，因此很多学者开始研究基于 C-W 方程的闭环控制方法。例如，人工势函数交会制导、模糊控制方法、遗传算法和模糊控制结合方法、非线性自适应模糊控制器、模型参考输出反馈控制及 H-infinity 鲁棒多目标优化问题等。

上述的制导和控制方法都基于 C-W 方程，因此只适用于目标圆轨道的交会问题。目前，对目标航天器运行在椭圆轨道上的交会问题有了一定的研究，如鲁棒参数化方法解决了空间飞行器椭圆轨道交会系统的控制问题，自适应控制解决了缺少绝对轨道信息时的空间飞行器椭圆轨道交会问题，滑模和势函数制导律实现了控制力定常的椭圆轨道自主交会等。

2. 姿态控制

现代空间飞行器由于对机动目标持续跟踪、大范围对地观测等实际任务的需要，通常要求具备姿态机动或姿态跟踪能力。为了描述空间飞行器的任意角度姿态机动，通常使用姿态四元数或修正罗德里格参数作为姿态运动参数。由其构成的空间飞行器姿态动力学系统是一个只包含二次项的非线性常微分方程组。针对这样的动力学模型，需要使用非线性控制方法进行控制器设计，同时还要考虑系统的鲁棒性能。利用非线性方法设计姿态控制器的研究起始于 20 世纪 90 年代，之后得到了大量学者的研究，已经成为姿态控制研究的主流方法。

Akella 针对修正罗德里格参数作为姿态描述，基于 Lyapunov 方法，通过构建合适的动态滤波器设计了输出反馈姿态跟踪控制器（Akella，2001）。Gennaro 针对挠性航天器的姿态机动问题，设计了基于挠性模态观测器的姿态控制器（Gennaro，2003）。

在实际的控制系统中，由于控制系统执行机构自身的物理特性，系统控制输入的幅值总是有限的，即存在控制输入受限问题。在空间飞行器姿态控制方面，飞轮等执行机构只能提供有限的控制力矩，当输入较小时其输出能够随着输入的增大而增大，但是当输入达到一定程度时，执行机构输出将不随输入的增大而增大，并最终产生饱和非线性问题。该问题在某种程度上将影响空间飞行器姿态控制精度，甚至使得整个姿态控制系统不稳定。Boskovic 等人针对控制输入受限的刚体航天器姿态控制问题，利用 Lyapunov 第二方法，给出了一种鲁棒变结构控制器设计，该控制器对空间飞行器面临的参数不确定性和外部干扰都具有鲁棒性（Boskovic et al.，2001）。Akella 等人针对卫星姿态跟踪问题，采用四元数作为姿态描述，在控制力矩幅值和控制量变化率受限的情况下，设计了无须角速度反馈的姿态控制器（Akella et al.，2005）。

3. 空间飞行器姿轨联合控制

根据执行机构配置的不同，空间飞行器相对运动的姿轨耦合控制系统可以分成全驱动和欠驱动两种情形，前者大多对应于空间近距离操作任务，而后者常见于空间相对轨道机动任务。针对这两种情形下空间飞行器控制技术的研究成果，做如下总结与分析。

1）执行机构全驱动配置情形

在空间近距离操作中，由于执行机构的配置能够保证控制系统的全驱动性，很多先进的控制算法能够用于设计姿轨联合控制律。这些方法主要包括变结构控制、最优控制、逐步后推（Backstepping）方法、基于对偶四元数的控制方法等，代表结果如下。

变结构控制：Terui（1998）针对单个航天器的姿轨耦合动力学模型，利用滑模变结构方法设计了姿轨联合控制律，并证明了系统的渐进稳定性。

最优控制：最优控制是现代控制理论中较成熟的一个分支，在空间飞行器姿轨联合控制律的设计中也得到了广泛的应用。姿轨耦合动力学系统呈现出较强的非线性，因此，最优控制律的设计也集中于非线性最优控制方法的研究上。在非线性最优控制方面，众所周知，其最大障碍在于动态规划（Hamilton-Jacobi-Bellman，HJB）方程很难求得解析解。为了克服这个困难，两种有效的数值解法被提出，一种是状态依赖黎卡提（Riccati）方程（state dependent Riccati equation，SDRE）方法，这种方法通过实时地求解一类状态依赖的 Riccati 方程，得到局部渐进稳定的次优反馈控制律。但是这种控制律需要实时得解算一个代数 Riccati 方程，不宜适用于维数较高的非线性系统，Xin 等学者在此基础上，提出了另一种 $\theta$-D 技术，通过摄动方法，给出了 HJB 方程的一个数值解，并利用该数值解可以构造一类反馈次优控制律，同时，由于该数值解不必实时求取，极大地降低了求解的复杂性。随后，Xin 等学者利用方法设计了姿轨联合控制律应用于不同的空间近距离操作任务（Xin，2010）。

自适应控制：针对编队飞行中多个航天器的同步控制问题，Chung 等（2009）设计了鲁棒自适应控制律，并利用压缩理论进行稳定性分析。

2）执行机构欠驱动配置情形

在空间轨道机动任务中，大推力轨道发动机的配置数量往往不能保证姿轨耦合系统具有六维的控制输入，姿轨耦合控制系统表现出较强的欠驱动特性。这也导致很多非线性技术不能应用，相比于全驱动情形，国内外研究成果较少。Wu（2010）针对具有姿态约束的编队飞行姿轨耦合动力学系统，为相对轨道子系统和相对姿态子系统分别设计了燃料最优制导律和姿态跟踪控制律，并通过数值仿真验证了控制律的有效性。但是，该研究成果虽然可以保证相对轨道子系统和相对姿态子系统是稳定的，却对整体的耦合闭环系统没有给出严格的稳定性证明，这种意义下的姿轨控制实际上还是传统的姿轨“分而治之”的控制方式。

## (二) 空间联合体控制

### 1. 多体系统

在低速运行的情形，对于单轴柔性航天器和单臂柔性机械臂等联合体对象，此时模型通常是线性的。目前以此为背景，基于线性模型提出了各种控制方案，现代控制理论得到了广泛的应用，同时这也促进了现代控制理论自身的发展和进一步的完善。目前常用的控制方案包括最优控制、鲁棒控制、自适应控制、滑模变结构控制、智能控制等。

柔性多体系统的非线性来源于两个方面。一是速度要求较高时，柔性体动态特性受到大范围运动的影响呈现较强的非线性；二是柔性多体系统可能具有耦合非线性之外的其他非线性因素。广泛采用的非线性模型有零次近似耦合模型和一次近似耦合模型。采用的非线性控制方法主要有模糊控制、非线性滑模控制、自适应变结构控制和反馈线性化等。

### 2. 绳系卫星

对于绳系卫星的动力学与控制问题，目前的文献都试图用接近绳系实际特性的模型描述系统的动力学，然后进行控制，取得了很多研究成果。但由于绳系系统本身的复杂性及缺乏足够的空间试验支持，绳系动力学和控制方面还有很多问题亟待解决。

姿态稳定性：针对单一绳系的稳定性问题，控制的目标更为严格，不但要求卫星的姿态控制，还要与系绳的运动一致。将姿态动力学从绳系动力学里解耦，然后设计线性反馈使姿态稳定，也可以使用卡尔曼分解使不可控的模态解耦，然后再用线性反馈使可控模态稳定。研究表明卡尔曼分解方法非常有效，只要求很少的激励器动作，并且对绳系动力学影响较小。

姿态控制：绳系空间飞行器姿态的稳定非常重要，针对姿态控制问题，Cho 和 MuClamroch（2003）发现单一绳系需要进行反馈控制才能确保卫星的稳定性，但是两绳系统可以提高性能。

回收控制：远程机器人从空间飞行器上释放后回收时，机器人质心的平动要通过绳系张力来控制，角动量要通过绳系附着点和系绳控制来实现，这些控制通过系绳张力和关节运动来操控。反馈控制器的设计基于简单的模型，优化只需较少的计算量，但具有较好的有效性和鲁棒性。

释放子星后基星的补偿控制：基于绳系卫星系统的概念研究了由大型平台释放绳系子星的补偿控制，绳系末端平台附有的操控器，具有水平和垂直方向运动能力，反馈线性化技术用来控制姿态动力学，同时采用线性二次型高斯（LQG）控制算法用来控制振动模态，全面的补偿算法可有效调节平台的斜度和绳系振动，但是对绳系姿态调节不是很有效，它需要更大的补偿运动。

3. 空间机器人

空间机器人系统载体自由漂浮，位置、姿态控制系统在机械臂操作期间常处于关闭状态，机械臂与载体之间存在强烈的动力学耦合作用，搭载在载体上的机械手的运动会对载体产生反作用力，引起载体姿态发生变化，且整个系统遵守动量及动量矩守恒关系，这使得空间机器人系统的控制问题变得非常复杂。空间机器人的早期研究成果在 Moosavian 和 Papadopou（2007）的研究中有综述。控制方法主要可以分为以下几类。

自适应控制：陈力及他的团队改进了增广变量法，将其应用于自由漂浮单臂和双臂空间机器人系统中，进行了其他一系列研究，从 1997 年至今发表论文 70 余篇。

鲁棒控制：鲁棒控制一般与其他方法相结合。

智能控制：建立在精确模型基础上的空间机器人动力学控制在面临不确定性（包括参数不确定性和非参数不确定性）时遇到很大的困难。而模糊控制、神经网络控制等智能控制方法不需要建立被控对象的精确数学模型也能实现对非线性系统的控制，并且智能控制对系统参数的变化具有较强的鲁棒性，因而引起了人们越来越多的关注。

## （三）空间飞行器编队飞行控制

空间飞行器编队飞行的本质是利用了多颗星之间的相对运动特性，因此编队构形的保持是一个关键问题。由于参与编队飞行的每个成员不可能同时处在同一空间位置，并保持相同的姿态，因此所受的地球引力摄动、大气阻力、太阳光压、第三体引力等摄动的影响不尽相同。这些因素会使相对运动构形产生漂移，甚至导致构形分散。要保持精确的相对运动构形，就必须对编队实施轨道进行控制。编队构形保持控制贯穿系统的整个任务周期，是编队飞行任务顺利开展和完成的基础。

早期的编队构形保持控制研究大多围绕圆参考轨道的线性化相对运动方程即 C-W 方程展开。很多学者利用 C-W 方程轨道面内运动与轨道平面法线方向运动相互解耦的特性，设计了圆参考轨道的编队构形控制器。燃料消耗是编队构形保持研究中一个需要重点考虑的问题，Sparks（2000）以地面投影圆构形编队为研究对象，设计了离散时间线性二次型调节器，并且估算了地球扁率摄动影响下构形保持所需要的能量，通过仿真得出了控制能耗与控制脉冲频率有关的结论。

空间飞行器编队飞行成员间的相对运动本质上是非线性的，因此利用线性控制方法设计的相对轨道构形保持控制律会带来一定的误差，而非线性的相对轨道构形控制方法可以在一定程度上弥补这个不足。Qi（2000）考虑了 C-W 方程所产生的模型误差，基于 Lyapunov 方法，设计了相对轨道构形保持的非线性输出反馈控制律，该控制律使得相对运动系统对卫星质量的变化和常值摄动具有较好的鲁棒性。Queiroz 等（2000）以非线性轨道动力学方程描述编队飞行相对运动，考虑了摄动影响和模型参数不确定，设计了能够保持位置控制误差系统大范围渐近稳定的非线性反馈控制律。为了使控制系统对模型参数不确定性具有较好的鲁棒性，Yeh 等（2002）将滑模控制方法应用到编队构形控制器的设计中，得到了较好的控制效果。

此外，很多学者基于高斯变分方程提出了航天器编队的非线性连续推力控制方法和脉冲控制方法。Schaub 和 Alfriend（2002）用轨道根数差来表示绕飞航天器的目标轨道，用笛卡儿相对状态描述绕飞航天器的实际轨道，设计了一种笛卡儿状态变量和轨道根数的混合反馈控制律，在反馈控制的过程中，会用到将轨道根数差转换为笛卡儿相对状态的变换。

# 第二节　空间飞行器控制技术的发展趋势与关键科学问题

## 一、空间飞行器的跨尺度鲁棒轨道控制

空间交会对接的“运动再现”技术是一种全新且极具发展潜力的逼真模拟空间交会对接过程的方法，代表了交会对接地面试验的发展趋势，近年来正逐渐被人们认识和接受。这种运动再现说到底就是空间微重力环境的运动再现。无疑，这意味着一旦运动再现得以实现，当今更多的空间实验可以在

地面完成，从而降低其型号研制的风险，提高可靠性，缩短研究周期，节省投资，加快我国制天能力大幅度提升的步伐。

跨尺度性：研究的现象或过程具有时间或空间的跨尺度特征；量测信息是在不同尺度或分辨率下获得；不同观测者对同一对象的多种观测角度；采用跨尺度算法能够降低问题的不确定性和复杂性。

所谓运动再现：基于地面先进控制技术，将空间微重力环境对空间合作目标与合作任务的影响通过地面物体的不同运动近似重现出来。

高精度快速的跨尺度目标需要发展跨尺度的控制方案来实现，同时还要综合考虑最优轨迹设计方法，根据其最优解的非唯一性和非凸性，需要建立新的最优控制律的计算方法，对变轨过程中的轨道进行高精度控制。

变轨过程中遇到的主要干扰包括外部干扰和摩擦转矩干扰。其中，外部干扰分为静态和动态两部分，静态干扰产生于信息采集误差等方面，动态干扰来自运动中挠性器件的振动等方面。针对这种动态和静态跨尺度的干扰，期望提出有效的跨尺度干扰鲁棒抑制控制方法。

针对参数变化和未建模误差的跨尺度描述鲁棒性，同时保证降低外界能量有限的干扰信号及随机干扰影响在允许的范围之内。

空间合作目标运动再现的跨尺度轨道控制问题是一个比较新的问题，还处于探索性研究阶段，相关研究结果相对较少。

## 二、带有活动部件的多体航天器姿态控制

带有活动部件的多体航天器的姿态动力学系统一般模型有一组微分方程描述，其中，包括表示航天器中心刚体的转动动力学方程，表示活动部件的转动动力学方程，表示活动部件的振动动力学方程，以及表示航天器的运动学方程。对于这样复杂的一个系统，需要通过调整航天器和活动部件的转动力矩来实现整个系统的稳定，并使得系统满足一定的性能。

在解决上述控制问题时面临的主要困难主要有以下几点。

### 1. 非线性、高维数

该动力学系统是一个非线性多变量复杂系统，各部分耦合运动引起动力学方程的非线性；并且，由于上述动力学系统的状态变量由诸多向量构成，系统的状态维数很大。这都将增加控制器设计和闭环系统稳定性分析的难度。

### 2. 耦合作用参数的不确定性

由于航天器安装结构的误差（或结构间存在相对位移），该动力学系统中

的耦合作用矩阵一般难以在动力学建模中精确获得（或存在时变特性），其参数的变换或不确定性将会对航天器姿态控制的精度产生不可避免的影响。如何设计合理的姿态控制器使得闭环系统对上述参数的不确定性具有鲁棒性，是实现该类航天器高精度姿态控制的一个关键问题。

3. 外界干扰

在上述动力学系统中，存在多种外界干扰力矩，因此，在姿态控制器设计时要充分考虑对这些外界干扰的有效抑制。

## 三、充液航天器姿态控制

液体晃动是指液体在收到一定外界激励时，自由表面所产生的波动。这种波动使得液体与液体贮箱之间产生相互作用力，进而影响航天器的姿态。因此，针对充液航天器（含有液体晃动的航天器）姿态动力学与控制的研究具有重要的意义。

基于等效力学模型的建模方式，将液体晃动等效为一个球面摆的摆动，并假设除液体外，航天器为刚体。在这样的假设下，可以得到系统的动力学模型。三轴稳定充液航天器姿态控制的科学问题可以描述为：针对该系统动力学模型，设计适当的控制器使得闭环系统稳定且满足一定的性能。

与以往的姿态控制器设计相比，对该动力学模型进行控制器设计时，除了前文提到的需要考虑结构参数的不确定性、外部干扰力矩、控制输入饱和外，还有以下几方面的难点。

1. 非线性、强耦合

上述模型中的大部分系统矩阵都是状态变量的函数矩阵，因此与刚体航天器、挠性航天器的姿态动力学方程相比，充液航天器姿态动力学模型的状态变量间具有更强的非线性耦合关系，这将增加控制器设计和闭环系统稳定性分析的难度。

2. 欠驱动

晃动液体位于液体贮箱之内，由于物理条件的限制，难以施加直接的控制作用，上述模型中的单摆振动方程也体现了这一特点。因此，对液体晃动的抑制控制只能通过施加在航天器上的控制力矩间接进行。这一特点增加了控制器的设计难度。

3. 测量困难

由于晃动液体位于液体贮箱之内，对液体晃动的测量将存在一定的困难，同时如何将液体晃动的状态信息转化为等效单摆的振动状态信息也是一个值得研究的问题。因此，设计只利用航天器姿态信息的输出反馈控制器将更具有实用价值。

4. 时变特性

液体晃动还有一个不同于挠性振动的方面，就是随着液体燃料的消耗，其晃动的特征参数将成为时间的函数，反映在上述模型中就是等效单摆的物理参数 $m_p$（摆球质量）、$l$（摆长）将会呈现出时变特性，此时，动力学模型将进一步复杂为一个时变非线性动力学模型。

## 四、空间飞行器交会过程的姿轨联合控制

对于空间相对轨道机动任务中空间飞行器执行机构的安装特点，姿轨耦合动力学系统呈现出较强的欠驱动特性。现有的部分研究成果稳定性分析并不严密，仅仅通过反复调节姿态子系统和轨道子系统的控制参数来满足整体系统的动态性能和控制精度，虽然数值仿真结果能够令人满意，但是姿轨耦合控制系统的稳定性并未从理论上给予严格的保证，因此，稳定性问题是这一情形下姿轨联合控制的首要问题。

若考虑在追踪星的星体上配备一台轨道推力发动机，并沿星体纵轴固联安装，并令其推力方向沿 $x_t$ 轴正方向。假定目标星运行于一圆轨道做开普勒运动，并忽略轨道角速度对追踪航天器姿态运动的影响，则相对于目标星的姿轨耦合动力学模型可以有四组微分方程描述。本问题中，其难点主要在于两方面：①考虑到推力矢量对姿态定向的依赖，如何处理这一非线性耦合关系是控制器设计的难点之一；②系统可以发现，系统状态为十二维，而控制维数仅为四维，欠驱动特性程度较大，如何针对其设计合适的控制算法，实现控制目标，是另外一个难点。

## 五、空间非合作目标捕获的路径规划及控制

捕获非合作目标是飞行器完成空间碎片清理任务的关键机构。一方面，在目标航天器姿轨控制系统失效情况下，目标航天器姿态在空间自由翻滚，捕获目标点随着姿态的翻滚而运动，给对此类目标航天器实施在轨维修、加

注燃料、更换单元等空间在轨服务带来了很大的困难。另一方面，由于目标卫星为非合作目标，动力学参数未知。

### 六、空间飞行器编队飞行分布式协同控制

通常对空间飞行器编队飞行的研究主要集中于主从式的控制结构，即首先选定参考航天器，然后分别控制成员航天器完成相对运动参考信号跟踪以满足空间构形。这种编队控制结构没有考虑到成员星之间的信息交换协同问题。为了提高航天器编队飞行控制的协同性，必须考虑编队飞行中的一致性问题。一致性即随着时间的推移，一个系统中所有成员的状态趋于一致。如果将编队中每个成员航天器看成有向图中的一个顶点，成员之间的信息传递拓扑形成有向图的边，则航天器编队信息传递拓扑图就构成了一个有向图。

## 第三节　空间飞行器控制技术发展的优先领域和重点方向

### 一、高精度姿态定向控制

随着空间飞行器应用需求的增高，往往需要空间飞行器具有非常高的姿态定向能力。但是，现在空间飞行器越来越多地携带有多种活动部件，以及大量液体燃料，这些因素不可避免地对空间飞行器的姿态稳定造成不利影响，因此，在控制系统设计时充分考虑这些耦合作用的影响，是空间飞行器姿态控制需要重点发展的方向。

### 二、高可靠性的姿态控制

航天工程是一个投入巨大的系统工程，每颗空间飞行器的研制、生产和发射都需要耗费大量的人力、物力、财力，因此，如何确保空间飞行器具有很高的可靠性是必须要考虑的问题。在这其中，空间飞行器姿态系统的可靠性具有重要的地位，因为姿态系统的失效将使整个空间飞行器失去使用价值。因此，研制具有高可靠性的姿态控制系统是空间飞行器姿态控制需要重点发展的方向。

## 三、高性能的推进技术

现有的推进系统，其输出很难与输入达到线性变化，时滞、滞环、饱和等现象很严重：一方面，需要在理论分析时，将这些因素逐步考虑进来；另一方面，也应当在工程领域中，采用新技术、新方法提高推进系统的性能。

## 四、空间在轨服务

近年来，随着科学技术和航天事业的发展，空间飞行器联合体系统规模越来越大，自由度越来越高，对应的系统组成结构也变得更加复杂，需要考虑的因素急剧上升。随着空间技术的不断发展，在轨服务的任务需求牵引下，空间飞行器特别是空间联合体技术在轨服务技术呈现出了诸多发展趋势：服务航天器逐渐小型化、轻型化；注重高轨在轨服务的发展；服务航天器高度自主、智能化；多臂机器人协调作业实现复杂精细操作；天地一体化的智能遥操作。

## 五、深空探测航天器编队飞行控制

现在深空探测已经成为航天领域的热门研究方向。空间飞行器编队飞行会将在深空探测任务中起到重大作用。在深空探测中编队飞行主要考虑的是限制性三体问题中的编队飞行控制。在拉格朗日点或晕轨道附近进行编队飞行控制需要进一步的研究。

## 六、以深空探测空间轨道交会为背景的卫星轨道控制

深空探测技术是未来各国航天界重点发展的方向，是一个国家综合国力、整体技术实力的体现，在深空探测任务设计中轨道控制扮演着举足轻重的角色，有很多非线性轨道控制相关的基础问题需要解决。从理论角度研究看，需要以深空探测中的新概念、新技术和新任务为背景，提炼出空间飞行器轨道控制相关的基础性、科学性问题，开展系统、深入的研究，从中可能发掘出原始创新思想，获得自主知识产权的算法和分析软件，既可以为我国未来的深空探测做理论和技术储备，又可以促进空间飞行器轨道控制基础理论和应用研究的发展。

# 第二十一章 舰船和水下运动体的控制科学与技术

舰船和水下运动体是指水面上航行的船舶、水面无人艇、水下潜艇、水下机器人、鱼雷和潜射导弹等在水面及水下运动的各种装置。舰船和水下运动体控制技术的进步对国防建设和海洋开发具有重要意义。本章在简述舰船和水下运动体控制的发展基础上，介绍了我国科学家在这一领域做出的贡献，给出了舰船和水下运动体控制的关键技术和重点方向，最后为促进我国舰船和水下运动体的控制技术的发展，提出了政策建议。

## 第一节 舰船和水下运动体控制发展历程与我国研究成果

### 一、舰船和水下运动体控制的发展历程

随着人们对海洋资源不断的开发和利用，作为海上运输工具的水面上船舶向大型化和高速化方向发展，海上交通密度不断加大，航行安全越来越受到威胁，因而对船舶的运动控制提出了更高的要求，在船舶航行中应用高科技，研究和开发高智能化船舶成为世界上主要航运国家当前的一个重要研究领域（王科俊和姚绪梁，2005）。

在船舶控制中，船舶的航向控制是最基本的控制，也是控制理论应用较早且取得较好成果的一个领域。船舶的航向控制通常是通过舵完成的，目前许多船舶都已安装了自动舵系统，自动舵是控制理论的典型应用。船舶航向自动舵的产生要追溯到 20 世纪 20 年代，到目前为止，历经了 4 个发展阶段，即机械式自动舵、PID 自动舵、自适应自动舵和智能自动舵（郑为民和黄义

新，2000）。

横摇是船舶在海上航行时受到海浪、海风及海流等各种海洋因素影响产生的最剧烈运动，减小横摇对于提高船舶操纵性和稳定性具有重要意义（Crossland，2003）。减摇水舱和减摇鳍是常用的减摇装置，减摇鳍的减摇效果最好。减摇水舱是常用的减摇设备，减摇效果为50%～70%。减摇鳍的减摇效果最好，平均可达80%～90%。许多国家的军舰都装备了减摇鳍，并且越来越多的商船，为了提高适航性、舒适性也都装备了减摇鳍。进入21世纪，减摇鳍技术开始向变形鳍、仿生鳍和零航速减摇鳍方向发展。

船舶自动舵和船舶减摇鳍的控制，已从简单的线性控制，向非线性控制和智能控制方向发展，智能控制已成为船舶控制研究的主流。20世纪70年代，科学家提出将自动舵和减摇鳍进行综合控制的思想，其核心是控制器的设计，20世纪80年代采用多变量线性控制理论进行设计，20世纪90年代后集中于鲁棒控制方法的研究。

潜艇是通过压载水舱、螺旋桨、方向舵和水平舵来控制其在水下的六自由度运动的，潜艇运动控制的热点和难点是在近水面的运动控制，鲁棒控制、智能控制也已成为当前研究的主流。

船舶动力定位（dynamic position，DP）是一种可以全天候保持船舶、潜艇或钻井平台位置在海中不变的控制技术（边信黔等，2011），它使深海钻井、敷设海底管线、打捞救生和猎扫雷等复杂海洋作业成为可能。船舶动力定位系统在20世纪60年代开始出现雏形，在20世纪70年代后期，获得了长足的进步与飞跃发展，至20世纪末期已进入成熟阶段。目前DP已广泛应用于民用的海洋考察船、钻探船、打捞船、采矿船、布缆船、敷管船、挖泥船、消防船、起重船、潜水支持船、浮式采储油系统（FPSO）、海上供应船、特种工作船、高级游船、穿梭油轮等特种船舶；也应用于军事上的布雷舰、扫雷舰、侦察船、航海保障调查船、潜艇母船、救助船、深潜救生艇、海上补给船等舰船。动力定位技术产品已经经历了三代发展，国际上目前已经应用的成熟动力定位系统控制系统部分都应用第二代控制方法（如LQG法），第三代动力定位系统多采用智能控制方法，智能控制方法主要体现在鲁棒控制、模糊控制、非线性模型预测控制等方面，在提高动力定位精度的同时考虑环境、能源和安全性方面的要求，因而越来越受到船商的青睐。

水下无人航行器（unmanned underwater vehicle，UUV）能够长时间潜入水下，依靠自身能源推进，在远离载人平台的海域无人自主地执行给定的使命任务；它既可执行海洋资源调查、海洋石油开发、水文参数获取等民用任务，也可执行情报侦察、预警探测等多种军事任务。美国是研究 UUV 最早、最深入的国家，美国从 20 世纪 80 年代末开始关注 UUV 的研究与发展，于 1994 年首次制定了 UUV 发展纲要，十年间做了四次调整，其中，2005 年公布的 UUV 发展纲要将 UUV 分为便携、轻型、重型和大型四个级别，可执行九种支柱性任务，该计划已经成为世界各国发展 UUV 的参照表。目前单体无人水下航行器已有较好发展，目前研究的热点是多体无人水下航行器的协调控制（王宏健等，2010）。除美国外，日本、英国、德国、法国、加拿大和挪威等国纷纷对 UUV 进行了相关的科研工作，近十年来已公开的有 50 多家研究机构和 300 多条 UUV，其中，最具代表性的包括美国的“MANTA”和“REMUS”系列（现被挪威 Konsberg 公司收购）、英国的“TAILSMAN”系列、挪威的“HUGIN”系列等，“MANTA”和“TAILSMAN”已经应用于海洋军事，“REMUS”、“HUGIN”等更是实现了系列化、商业化。

水中兵器主要包括鱼雷和水雷，其作为最具海军特色的作战武器，至今已有 100 多年发展历史。第二次世界大战后，美、苏、欧等海军发达国家和地区的水中兵器技术得到了快速发展，并在 20 世纪 80～90 年代逐步达到了技术顶峰（余峰，2011；郭勍，2011）。传统鱼雷主要包括反潜轻型鱼雷和侧重反舰重型鱼雷。当轻型鱼雷的航速达到 50 节，航程达到 20 千米，重型鱼雷的航速达到 70 节，航程超过 50 千米，鱼雷航深达到 1 千米，自导探测距离超过 3 千米后，鱼雷升级的空间已非常有限。水下航行受到的阻力过大，导致传统水下兵器普遍存在速度慢、航程短、精度低的缺陷。在 20 世纪 70 年代，俄罗斯海军开发了一款采用超空炮技术的“暴风”鱼雷，速度达到 100 米/秒。在超空泡鱼雷的技术研究领域，尽管有很多国家进行了超空泡技术的研究，如德国、法国、加拿大、印度等，但真正取得实质性和实用性进展的仍只有俄罗斯和美国，且只有俄罗斯有超空泡鱼雷产品，美国仍处于实用性研究和实验阶段（金大桥等，2010）。

潜射导弹是潜艇的主要武器之一，根据其用途，分为潜射弹道导弹、潜射巡航导弹、潜舰导弹和潜空导弹等类型（黄向明，2000）。潜射弹道导弹是最有效的核报复力量。潜射巡航导弹是最隐蔽的对固定目标的攻击武器，已成为核潜艇最主要的攻击武器之一。潜舰导弹是攻击水面舰艇特别是航母编队独树一帜的有效武器，目前世界上装备潜舰导弹数量和种类较多的国家是美国和俄罗斯。潜空导弹主要针对反潜直升机、固定翼反潜飞机的探潜和攻潜的潜射导弹。潜射导弹有两种发射方式：垂直发射和鱼雷管发射。垂直发射主要用于弹道导弹发射，潜艇一般在水下 30 米深度，以 2 节左右的速度航行，导弹置于发射筒内进行发射（王瑞臣，2009）。鱼雷管发射的方法主要有两种：一种为干式无动力发射，另一种为干式有动力发射，这两种发射方式各有各的设计难点及作战优势。采用无动力运载器发射方式时，为减少运载器在水下的速度损失，保证其出水速度的要求，潜艇只能采用潜望镜深度发射，隐蔽性要差一点，而采用有动力运载器发射方式则不存在这一缺憾，因此可以在潜艇的全作战深度内进行导弹发射，隐蔽性要高一些（罗霄和常卫伟，2010）。

## 二、舰船和水下运动体控制技术发展现状

在船舶与水下运动体控制领域，我国的专家在控制方法、流体动力学和控制交叉的相关领域研究成果丰硕，在理论研究和工程化研究方面都做出了巨大的贡献，设计制造了许多具有自主知识产权性能达到国际先进水平的产品。

我国对自适应舵的研究起步较晚，自 20 世纪 80 年代以来，有关单位开展了对自适应舵的研究工作，发表了一些设计方案，仿真研究结果和产品。20 世纪 80 年代，主要采用最小方差自校正控制器设计船舶航向保持的自适应舵。20 世纪 90 年代采用鲁棒自适应 PID 控制算法设计鲁棒自适应舵。进入 21 世纪以来，自适应舵的研究主要集中于智能方法的应用上，研究智能自适应舵。国内自动舵生产厂家也很多，如九江、上海、广州、锦州等航海仪器厂或仪表厂，其产品以落后的模拟式航向舵为主。

减摇水舱是常用的船舶减摇设备，国外较为成熟，国内研究较少，尚无产品问世。减摇鳍是减摇效果最好的船舶减摇设备，我国在 20 世纪 60 年代初，在哈尔滨军工学院海军工程系（哈尔滨工程大学的前身）的顾懋祥院士的领导下进行了减摇鳍研究和工程设计，并于 1965 年设计出我国第一套减摇鳍装备于海军舰艇。经近 50 年的发展，哈尔滨工程大学的船舶控制与减摇技术研究所在船舶的减摇和减摇鳍的理论研究方面处于国际先进水平，并成功设计了 4 个系列、30 多个型号的减摇鳍，装备于国内外 300 多艘船舶。中船重工集团公司的 704 研究所是我国另外一个减摇鳍工程设计方面的主力，704 研究所研制的民用减摇鳍，取得了很好的市场预期，承接了亿万的市场订单，但对理论研究较少。2005 年以来，哈尔滨工程大学也已开始开展了变形鳍、仿生鳍和零航速减摇鳍的研究，取得了一些理论成果（Wang et al.，2009；金鸿章等，2010）。

我国在舵鳍联合控制方面的工作起步于 20 世纪 80 年代，研究使用了 LQG 方法、模糊神经网络控制、$H_\infty$ 鲁棒控制、变结构控制、非线性鲁棒控制等控制器设计方法，但目前国内尚无舵鳍联合控制成型产品。

哈尔滨工程大学边信黔教授领导的课题组于 1983 年率先在国内研发船舶动力定位技术，研发了风前馈、状态反馈和预测解耦控制算法，提出了“对线控位”的新概念和新算法，创建了世界上第四家、中国目前唯一能生产动力定位产品的研发基地。研发出中国第一套动力定位系统装备于中国某鱼雷试验场工作母船，研制的 XXX 型动力定位系统装备于某型猎扫雷艇，研制的 XXX 型产品已批量装备交通部 8000 千瓦海洋救助船；为“大洋一号”科考船增改装了动力定位系统。将船舶动力定位控制技术应用到深潜救生艇水下对接，研制出某型深潜救生艇浮力微调和自动定深微机控制系统和动力定位和集中显控系统，使该艇使用范围从透明度好的海域扩大到混浊而海流较大的东海和黄海。

我国研究水下自主航行器（UUV）的历史起步于 20 世纪 90 年代，目前已形成以中科院沈阳自动化所、哈尔滨工程大学、西北工业大学、上海交通大学、华中科技大学、青岛海洋大学、702 研究所、710 研究所、705 研究所为代表的多家研究团队，取得了一批标志性成果。20 世纪 90 年代，中科院沈阳自动化所、702 所、哈尔滨工程大学、中科院声学所等单位与俄罗斯合作，在国内率先完成了“CR-01”的研制，2000 年研制成功的“CR-02”性能得到了较大提高，除了深海复杂海洋环境下矿产资源调查外，也可应用于失事舰船调查。2002 年以来，哈尔滨工程大学成功研制出“智水”四个系列的水下无人航行器，集成了一自主规划、自主导航、自主避障，实现了简单的自主作业。2006 年，哈尔滨工程大学作为技术牵头单位，以大范围远程航海为任务牵引，研制了“水下无人试验平台”，完成了多次湖上和海上试验，验证了总体、水下高精度导航、使命规划与控制、水声通信等关键核心技术。2008 年，由沈阳自动化所等单位研制开发的“北极 ARV”应用于一系列北极冰下海洋环境试验，实现了冰下水平剖面的自动位置控制和近距离观察和测量；垂直剖面的升沉运动控制和北极冰下海冰物理特征和水文、光学特性观测。2010 年，哈尔滨工程大学为“国家防灾减灾立体监测网络建设专项”研制开发了“UUV 水下移动观测系统”，实现了海洋温度、盐度、密度、海流剖面、海底地形地貌的协同测量。

目前我国水中兵器技术整体上还处于跟跑地位，传统鱼雷技术的发展空间非常有限。国内从事水中兵器研究的相关研究机构和高校已经意识到超空泡航行体的发展前景，并纷纷着手开展相关研究工作，研究单位包括中船重工集团702所和705所、哈尔滨工程大学、哈尔滨工业大学、西北工业大学、上海交通大学、海军工程大学等。近几年随着对外交往的日益扩大，国内从相关国际会议上逐渐了解了更多国际上的研究动态，各单位都相继启动了超空泡技术的研究工作，但在很多方面还存在着许多技术难题。对超空泡航行体控制问题的研究也处于起步阶段。

我国从20世纪70年代开始研制潜射导弹，已研制成功了多种型号的潜射导弹（如C802潜射反舰导弹，巨浪潜射弹道导弹等），为国防安全做出了巨大贡献。

目前，我国科学家在相关船舶与水下运动体控制的理论研究领域虽然不断取得进步，但真正将理论应用于工程实际的并不多；虽然发表了相关船舶与水下运动体控制的数量庞大的论文，但原创性的、有影响的论著并不多，这是应引起重视的。

## 三、舰船和水下运动体控制带来的控制科学新特点、新问题

随着信息时代的来临，计算机的处理能力越来越强，过去计算量大，难以实现的控制算法已经可以在线实现。船舶运动与水下运动体控制的研究已由原先的简单线性化模型向复杂的非线性模型转变，传统的控制算法对非线性系统来说已经不再适用，因此各种针对非线性模型的非线性控制、鲁棒控制、智能控制算法及它们融合的控制方法已经成为船舶与水下运动体控制的研究热点和发展方向。

实际船舶在运动过程中，不但受到各种扰动的影响，而且船舶本身的一些参数变化也会引起船舶模型中非线性项的改变，所以除了要选取适当的控制算法，还要对流体力动力学对船舶模型的影响进行考虑。船舶运动控制、动力定位技术和水下无人航行器的研究已经趋向于多种学科的交叉。

我国水下无人航行器基础研究还比较薄弱，缺乏技术基础全面、队伍集中且能引领该领域可持续发展的研发平台和权威中心，缺乏关键技术突破所必需的内外场试验环境和测试手段，缺少规范标准，和国际先进水平相比仍有较大差距。

由于国外对超空泡航行体的研究有强烈的军事应用背景，相关的文献资料公开发表的很少，并且所发表的资料中几乎没有涉及理论研究及试验设计、装置等核心内容。目前，国内的鱼雷技术水平还相对比较落后，而超空泡鱼

雷作为一种先进的杀手锏武器，加快、加大力度对其进行深入研究，对于维护国家主权和领土完整具有重要意义的。

对于潜射导弹，尽管我国已研制出了多种型号的产品，但与国际先进水平相比仍有较大差距，为了保证国家的安全，尚需加大研究力度，提升我国潜射导弹的整体性能。

## 第二节　舰船和水下运动体控制的发展趋势与关键科学问题

### 一、内部各分支的互动发展规律

船舶与水下运动体控制作为控制科学学科发展的一个分支，对控制理论的应用研究起到很大的推进作用，将复杂的控制理论方法转化为实际控制系统中可用的控制算法的研究是该领域的研究重点及关键。目前解决不确定性的控制理论，如鲁棒控制、自适应控制等在实际产品中一直没有得到很好的工程应用。如何将智能控制和传统控制技术相结合，提出新的实用的智能控制技术，各种极端海况下的船舶与水下运动体控制问题也需要控制科学内部各分支与其他学科共同努力才能解决。例如，随着海洋开发、海洋工程及军事对 UUV 的需求日益强烈，UUV 的应用将逐渐增多，应用背景也将趋于多元化，将向控制学科提出内容更多、范围更广、特色鲜明的理论和技术需求。例如，UUV 大范围长航时远程航海要求水下导航的精度更高；母船/水下平台布放、回收 UUV，以及任务负载的移动、分离和投放要求 UUV 在强扰动下控制更稳、更准；UUV 执行敏感或军事任务要求对未知和威胁环境自我识别、对作战敌我态势自我辨识、对任务过程自主控制、对突发状况自主决策和应对等，都将促进控制科学的系统工程、系统辨识、模式识别等研究领域的进一步发展。

### 二、进一步研究的关键性问题与瓶颈问题

进一步研究的关键性问题与瓶颈问题如下。

（1）船舶与水下运动体控制的数学模型逐渐由分离型的线性向综合型的非线性数学模型转变。

（2）控制算法逐步由简单到复杂再到简捷转变——工程化研究。为了提

高控制精度，船舶与水下运动体控制器逐步由针对线性系统设计的 PID 控制器、LQG 控制器发展到针对非线性系统设计的 $H_\infty$ 控制器、变结构控制器、智能控制器等。这些控制算法中，简单的控制算法控制精度略有不足，也不能对非线性系统进行良好的控制，先进的控制算法由于过于复杂难以实际应用。国外虽然有一些研究成果进行了工程化，但是有很多技术对我国是进行封锁的。例如，零航速减摇鳍系统，国外已经有安装的案例，但真正的控制方法、设备的研制对于我国来说都是一个空白领域；同样还有舵鳍联合减摇系统。因此我们除了必要的理论研究外，还应该致力于研究成果的工程化研究。

### 三、中长期发展趋势及学科前沿的重大科学问题

随着信息化、网络化的发展，船舶与水下运动体正逐步由个体向多体、由有人驾控向无人化发展，个体执行单项给定任务向海空异构平台协同的方向发展。船舶与水下运动体未来协同作业的需求给控制科学带来了新的挑战，它不光赋予环境感知、制导与规避、空间运动控制、作业控制、自学习和行为优化等自主控制相关基础技术新的内涵，还提出了自主控制的全新研究问题，包括海空异构平台协同作业时的体系结构、协同组网、协调使命控制与决策等，因此需要面向未来船舶与水下运动体个体和群体与海空异构平台协同的需求，优先和重点开展船舶与水下运动体协同作业自主能力问题研究。

## 第三节　舰船和水下运动体控制发展的优先领域和重点方向

船舶运动控制对一个国家的海域控制起到重要的作用，舰艇的操纵性、安全性都同船舶运动控制相关。舰艇除了需要具有快速性和灵活的机动性外，还需要具有稳定性。传统减摇鳍设备只是对中高航速起减摇作用，而在执行实际的任务时，往往还需要在零航速和低航速时保持船舶的稳定，因为舰载武器需要船舶保持在一定的横摇角度范围内，才能准确地打击目标。所以使用减摇鳍不仅能够在高航速下也能在零低航速下进行减摇是船舶减摇技术的研究热点，虽然现在国内已经对零航速减摇鳍的水动力进行了研究，并提出了一些控制算法，但对于实际的零航速减摇鳍装置及适合零航速减摇鳍装置的工程化控制方法还处于研究的初级阶段，而国际上已经有装船的实例，因

此迫切需要对零航速减摇鳍装置进行工程化研究。

动力定位系统是船舶及海洋运载器在水面及水下作业必不可少的控制装置，国外已经发展到第三代，因此必须解决我国具有自主知识产权的 DP2、DP3 产品的“有无”问题。具体包括以下关键技术的研究：动力定位系统冗余技术，多传感器信息融合与数据处理技术，多推进器推力分配及优化技术，先进的动力定位控制技术。

无人水下航行器需要优先研究弱观测条件下未知环境的认知与信息获取技术、大范围高精度水下精确导航技术、复杂海洋环境下面向任务的 UUV 制导及作业控制技术、无人现场自主学习和自主行为能力评估与决策技术、母船/水下平台布放和回收 UUV 技术及多 UUV 协同作业自主控制技术。

水中兵器中传统鱼雷控制技术的重点发展方向为精确制导和智能控制技术。新型超空炮鱼雷的主要发展方向为通气超空泡的生成及控制技术、声呐阵列的效能和小型化设计以及先进控制算法研究。

# 第二十二章 空天飞行器的控制科学与技术

本文总结了空天飞行器控制领域的前沿问题与挑战，概括了未来进入空间空天飞行器和空天飞行器控制技术基础问题和关键技术，分析了现阶段空天飞行器控制技术研究进展，对未来空天飞行器控制技术的发展提出了建议与思考。

## 第一节 空天飞行器控制技术的发展历程与我国研究成果

空天往返技术是当今世界科技中最为尖端的技术之一，也是一个国家科技水平和综合国力的重要体现。空天往返飞行器横跨大气层内外航空和航天两个不同领域，且需要在人类尚未充分认识的临近空间长时间飞行，因此涉及传统航空和航天都未曾遇到的技术挑战。世界航天大国和工作者高度关注和发展自由进入空间、增强空间控制、实现天地往返等技术，各种先进技术的研究计划、新概念空天飞行器已被各航天大国列入发展规划，并取得了重要进展（王晓东，2003；包为民，2013）。

本章所涉及的空天飞行器，主要指进入空间的运载火箭和空天往返飞行器。目前空天飞行器是由运载火箭将飞行器送入空间轨道，然后根据任务需求进行变轨再入大气层，像飞机一样在大气层飞行并水平着陆，同时兼具火箭、卫星和飞机等功能和特点，从外形、总体、气动、材料、动力和控制等各方面有着和传统航空和空天飞行器不同的特性，这类飞行器所涉及的控制理论和技术是当今飞行器控制领域的研究热点和难点，具有前沿性、基础性、综合性，已成为支撑我国航空航天事业未来发展的核心关键领域之一。导航、制导与控制发展作为一个独立技术领域的历史可以追溯到“阿波罗”载人航天计划时代。近几十年来，更是被美国列为高超声速飞行器五大核心技术之一（王亚训，2004）（材料与防隔热、气动、控制、测控、动力）。

在进入空间方面：NASA 于 2002 年提出了空间发射倡议（SLI）计划，开发一个更新、更安全、更可靠和更低成本的发射系统体系；研究针对运载火箭（ELV）、可复用运载火箭（RLV）及其他飞行器的先进制导控制技术，实现自由、可靠、安全低成本进入太空；美国在 2010 年公布的《国家航天政策》中明确提出：2025 年实现载人登陆小行星，2030 年实现载人登陆火星并安全返回。近 30 年来，美国自由进出空间的能力不断提升。

在空天飞行方面：美国已成功实现可重复使用轨道试验飞行器（X-37B）飞行验证，两架飞行器在太空中工作数百天后，安全返回地球，成功实现了从有地面支持的航天飞机飞行控制到无人空间变轨飞行和自主返回导航制导与控制的跨越；与此同时，美国正在实施从阿波罗（Apollo）飞船到“猎户座”成员探测飞行器（CEV）的跨越发展项目，该计划涉及火星着陆、返回的制导控制，接近近地目标的相对导航等控制问题，不仅可作为国际空间站的救生飞行器，也可作为外地球轨道飞行器，且将有能力扩展为访问近地目标、火星及其卫星福布斯。俄罗斯已重启“多用途空天系统计划”(MAKS)，正在发展一种小型化、机动性强的可重复使用空天飞行器。欧空局正在研制其第一代再入宇宙飞船，称为过渡试验飞行器（IXV），将用于验证先进再入技术和综合系统设计能力，同时还将研制一种能向国际空间站运送物资的可重复使用货运飞船。

经过数十年的发展，中国航天已经步入世界航天大国的行列，进入空间、开展空间活动已取得了长足进步。确保安全、可靠、快速、机动、廉价、环保地进出空间，不仅是未来实现迅速部署、重构、扩充和维护航天器的基础，也是大规模开发利用空间资源的前提（杨勇，2006）。虽然我国一直在不断跟踪国外空天飞行器技术的发展，并开展了若干飞行控制关键技术的预研和技术验证工作，但与国外主要研发机构相比还存在一定差距，在从航天大国向航天强国迈进的过程中，在空天飞行控制领域主要面临以下两个方面的挑战：可靠快速进入空间的控制问题；空天飞行自主控制问题。

# 第二节 空天飞行器控制技术的发展趋势与关键科学问题

## 一、可靠进入空间的控制前沿问题与挑战

经过40多年的不懈努力，我国的运载火箭得到了长足的发展，独立自主地研制了14种不同型号的"长征"系列运载火箭，具备发射近地轨道、太阳同步轨道、地球同步转移轨道等多种轨道有效载荷的运载能力，入轨精度达到国际先进水平（龙乐豪等，2006）。虽然我国运载火箭已取得举世瞩目的成就，已在世界商用航天发射市场占有一席之地，并且通过了高密度发射的考核，控制技术得到了充分验证，但是与国外先进的航天运载技术相比，还存在一些不足。

(1) 运载火箭应对故障的能力不足。非灾难性故障会导致发射任务难以顺利完成或失败，而这些故障往往可以通过理论方法来排除，需要具备能够采用诊断和预测的方法进行系统故障的监控、检测、隔离，能够评估系统故障的影响并为任务调整提供决策支持的能力，对设备的维护和更换提供指导性建议。

(2) 火箭发射成本和经济性有待进一步提升。我国运载火箭与国外相比，入轨精度处于同一个量级甚至更高，但现役运载火箭的价格优势正在逐步丧失，同时也暴露出运载能力不足、发射准备周期长、任务适应性差的缺点，难以满足高效率、多样化的航天发射和空间运输需求。

(3) 对任务的适应能力存在不足。火箭对发射零时的要求较高，现有方法不具备对发射时间敏感任务的适应性。

控制系统是运载火箭的神经中枢，提高控制系统的可靠性，对于提高整个运载系统的可靠性至关重要。因此，可以通过制导与控制理论方法的革新来提高运载火箭的可靠性、经济性（陆平等，2011）。同时，系统的高可靠性要求也对控制系统的设计提出了更高的挑战。

挑战一：对环境载荷影响的控制问题。由于对大气、引力等环境因素的影响机理尚未完全认知，故而未能对环境载荷的影响实现有效控制，导致火箭采取保守设计加强了结构强度，大大影响了运载能力和有效投送比。如果从制导控制角度能降低环境载荷不确定性的影响，将有助于降低运载火箭总体结构质量，提升有效运载能力。

挑战二：对故障的诊断与应对能力。

当前运载火箭制导控制系统在面对典型非致命的动力、控制机构等故障时缺乏自适应能力，导致对非灾难性故障的应对能力不足。

## 二、空天飞行器的控制前沿问题与挑战

空天飞行器集航空、航天技术于一身，兼有航空器和航天器的特点与功能，既可以像普通飞机一样在稠密大气层内飞行，又可以在近空间稀薄大气层内作高超声速巡航飞行，还可以穿过大气层进入轨道运行。归纳起来空天飞行器具有五个方面的特点。

（1）任务维数多。其主要包括在轨运行、再入返回两类任务，在轨飞行任务包括初态建立、轨道机动、轨道维持、高精度对地观测、在轨稳定运行等任务模式，是迄今为止最为复杂的一类飞行器。

（2）飞行状态跨度大。飞行空域跨越几百千米地球轨道至地球表面，速度从水平着陆低速到第一宇宙速度，在轨飞行时间达到 200 天以上，再入返回时间约 3000 秒，经历的环境温度从零下几十度到 1000 度以上。

（3）飞行环境恶劣。跨越纯空间、稀薄流区和稠密大气层，经历空间辐照、高低温、气动热等复杂环境。

（4）动力学特性复杂。其主要包括轨道动力学和再入动力学，为适应不同飞行环境，配备了姿态控制系统（RCS）和多操纵气动舵，如体襟翼、升降舵、V 形垂尾、阻力板等，姿控系统结构复杂，且多气动舵结构导致姿控系统存在多维强耦合特性。

（5）升力式返回模式。出于任务需要和鉴于时间限制，空天飞行器再入模式与飞船完全不同，它采用升力式再入模式，从轨道快速返回，利用高升力体外形在临近空间长时间非惯性、大范围横向机动飞行。

从这些特点可以看出，空天飞行器具备卫星、导弹和飞机的特性，是航空航天技术的融合。空天飞行器具有多任务、多工作模式、大范围高速机动等特点，其控制问题是国内外相关研究机构和学者关注的热点领域之一，是我国一种未曾实现过的制导控制模式，其理论和方法需进一步完善、创新和发展，对我国控制技术提出了新的需求和挑战。

挑战一：对传统的航天器变轨模式创新的挑战。大部分航天器仅具备轨道平面内的机动能力，异面变轨需要消耗相当大的速度冲量，超出航天器本身能力。如果能够利用空天飞行器升力体外形，通过降低轨道高度，利用稀薄气动力进行辅助变轨，同时采用发动机弥补阻力损失，将极大提高飞行

器轨道机动能力。国外，20 世纪 80 年代就开始了研究，并试图开展试验验证。

挑战二：对理论和方法的挑战。传统导弹、飞船的控制方法已经不能够完全满足现有需求，需要针对空天飞行器的特点，进一步完善、创新和发展制导与控制的基础支撑理论和方法，如混合异类多执行机构的控制与稳定性分析、抗失控敏感控制的理论和方法等。

挑战三：对工程技术的挑战。全自主飞行、长时间工作、设备可重用、满足多种任务、适应多种载荷的要求对控制技术提出了前所未有的挑战，需解决多约束制导、强适应姿态控制、长时间工作条件下的高可靠设计等技术。

挑战四：对试验验证能力的挑战。控制系统长时间工作、在经历空间和大气层恶劣环境后设备可重用的要求对试验验证能力提出了新的挑战，需解决对复杂系统进行有效验证的方法，如制导、导航与控制（GNC）系统容错技术的试验验证方法、控制系统设备的检测和验证能力、控制系统设备长时间工作的可靠性验证手段和方法等。

## 三、空天飞行器在控制方面的关键技术

空天飞行器制导与控制系统将以高可靠、高精度、强适应、自主飞行为特征，具备快速任务响应、应急返回和故障飞行的能力，能够满足未来空间作战、天地往返复杂飞行任务的需求。在控制方面存在如下基础问题与关键技术。

### （一）上升段最优在线轨迹规划控制技术

上升段最优可重构控制技术主要是应对大气层内气动影响、飞行过程中可能出现的故障，实现自主、快速规划、发射，来形成自主、快速、可靠、低成本进入太空的能力。

主要关键技术包括轨迹在线规划、制导控制回路可重构、在线故障识别与管理、风载荷控制、自主制导控制技术的验证和检验等。

### （二）轨道返回与大气层高超声速多约束制导技术

空天飞行器返回过程中跨越了真空、稀薄、稠密大气层三个阶段，且必须满足各种复杂的过程约束、终端约束条件，这要求制导系统应具有良好鲁棒性、自主性和自适应能力。此外，还需要解决轨道快速再入、多约束条件

下的大范围横向机动飞行制导问题。

主要关键技术包括天基离轨制动返回轨道规划与制导、大范围横向机动与规避飞行制导、末端能量管理制导等。

### （三）空天一体全速域复杂结构飞行器姿态控制技术

空天飞行器需要满足多任务、多工作模式、大范围机动的需求，其在大范围机动飞行条件下存在大量的外界干扰和内部参数不确定性，为满足变轨和离轨所需的高精度姿态要求，实现空天一体全速域飞行，需解决姿态系统的多输入、高精度、强耦合、不确定控制问题。

主要关键技术包括基于随控气动布局的姿态控制、解耦与协调控制技术、抗失控敏感控制技术、耦合增稳控制技术等。

### （四）冗余、重构飞行控制技术

空天飞行器对控制设备结构外形、安装空间、重量及其在多种环境下的适应性和可靠性，太空辐照和严酷热环境下的热平衡能力及电磁兼容能力等均提出了很高的要求。为满足长期在轨运行、适应恶劣环境的要求，以及提升飞行器应对故障的能力，需要解决控制系统的高可靠设计、故障下重构飞行控制问题。

主要关键技术包括控制系统冗余配置与高可靠设计技术、多余度控制系统的故障检测与隔离技术、故障情况下制导控制系统的重构技术等。

### （五）自主轨道机动飞行控制技术

轨道机动任务主要是应对来袭目标、任务快速响应，为提高作战效能，需要解决满足快速机动要求的能量最优的变轨控制问题。

主要关键技术包括基于最小能量的快速变轨，自主接近与伴飞制导、轨道自主修正等。

### （六）重复使用飞行器无动力自主进场着陆控制技术

空天飞行器进场着陆时与飞机特性完全不同，飞机升阻比高达 10 以上，而空天飞行器升阻比仅为 4 左右；此外，飞机或无人机进场着陆时可依靠发动机调节速度，而空天飞行器为无动力下滑，主要依靠阻力板进行精确的速度控制，需要解决无动力条件下的自主进场着陆问题。

主要关键技术包括无动力自主进场着陆轨迹设计与制导技术、低速条件下抗风稳定飞行的姿态控制技术等。

### (七) 天对地精确打击精确制导技术

高速下压飞行时，由于飞行器在稠密大气层高速飞行，对高精度成像匹配定位和定速、精确制导等问题均提出了巨大挑战，需要解决稠密大气层内高速飞行的精确制导问题。

主要关键技术包括降低铰链力矩的下压制导技术、高速下压机动飞行抛撒制导、复杂环境下目标自动探测与识别、强适应性复合制导信息处理技术等。

### (八) 合作目标与非合作目标相对导航

在轨飞行过程中，需要执行多种飞行任务，飞行器需要具备对空间目标的探测、捕获、识别和跟踪能力，需要解决合作目标与非合作目标的相对导航问题。

主要关键技术包括非合作目标相对导航、合作目标相对导航、空间弱小目标的探测与识别、空间目标的捕获与跟踪技术等。

# 第三节　空天飞行器控制技术发展的优先领域和重点方向

## 一、上升段制导

真空飞行段在20世纪60年代已实现闭环近似最优制导，迭代制导、动力显式制导（powered explicit guidance，PEG）已应用于“阿波罗计划”中的土星系列火箭、航天飞机。但由于缺乏快速可靠解决大气内最优制导问题的算法，大气层内上升段一直采用开环制导方式。

国外自20世纪70年代开始对大气层内闭路制导进行研究，努力向自主、快速进入太空目标迈进，力图在有较大轨迹偏离及系统性能不确定性的情况下保证相同的有效载荷能力、大量减少发射前制导规划和准备所必需的时间和人力，已在基于最优控制理论的上升段最优制导方法方面获得一些进展，但还没有工程实际应用。

## 二、升力式再入制导

再入制导技术自20世纪50年代至今，已持续发展了半个多世纪。对升力式再入飞行器而言，20世纪70年代以后，相关研究主要是针对航天飞机而展开的，而针对航天飞机的再入制导律也是迄今唯一成熟的、反复经受了工程实践检验的升力式再入制导方法。然而，从20世纪90年代初开始，为满足新一代天地往返可重复使用运载器对自主性、安全性、可靠性和精确性的苛刻要求，开展了大量新型再入制导技术的研究开发和验证工作。比较典型的研究工作有美国NASA在1999年启动的以X-33为背景模型的先进制导与控制项目（AGC），该项目研究计划已完成了对多种制导控制技术的测试和评估工作，已掌握了长时间在轨飞行控制技术，解决了以轨道速度高升阻比再入航天器的离轨返回控制问题，提出并创新了一系列先进再入制导方法。

（1）标准轨道跟踪再入制导，具有控制律简单、容易实现、对机载计算能力要求较低的优点，但也存在落地控制精度低、受再入初始条件误差和扰动因素影响大的不足。具体包括航天飞机再入制导、基线制导（Baseline Guidance）、线性二次调节（LQR）制导、演化的加速度制导（Evolved Acceleration Guidance Logic for Entry，EAGLE）等。

（2）在线轨迹生成与跟踪制导技术，包括准平衡滑翔制导、考虑热限制的在线轨迹生成与跟踪制导、基于实时积分的再入制导方法等。

（3）预测校正制导方法，根据当前的飞行状态、预测落点及其偏差，并在线调整控制指令，因而对各种误差因素有较强的鲁棒性，能满足自主精确再入的要求，但控制算法较复杂，对机载计算能力要求较高。其具体包括自适应预测—校正再入制导律、三维预测校正算法等。

## 三、跳跃式再入制导

探月飞船返回地球时，航天器将以接近第二宇宙速度的高速再入地球大气层，如果要求飞船在月球轨道上任意时刻都能执行返回地球的任务，并最终保证航天器安全着陆于地球上的指定点，这就要求飞船必须具有覆盖长纵程的飞行能力。对于太空舱式的航天器，由于它的升阻比较低，飞出长的纵程唯一的方法就是采取跳跃式的再入飞行轨迹，即航天器第一次进入大气层内，然后跃出大气层外，最后再一次进入大气层并着陆，再入制导系统必须能够提供可行的跳跃再入轨迹和精确执行制导任务，以保证着陆安全性和精度。针对这种低升阻比飞行器大航程飞行任务的需求，在 Apollo 再入制导基础上，美国学者提出了两种跳跃式再入返回制导算法：由 NASA 研发的数值跳跃式再入制导律（NSEG）和由 Draper 实验室提出的 PredGuid 再入制导律，解决了以第二宇宙速度低升阻比跳跃式再入航天器的离轨返回控制问题。跳跃式再入制导示意图如图 22-1 所示。

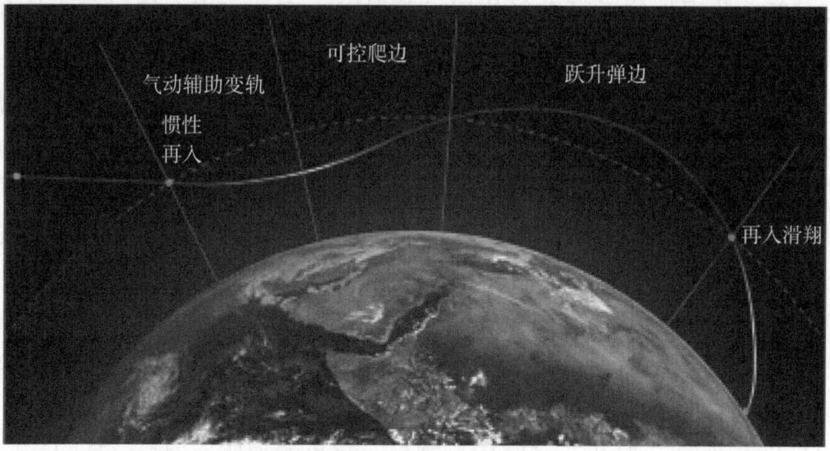


图 22-1 跳跃式再入制导示意图

## 四、气动控制

目前，多数飞行器姿态控制系统的控制律主要是利用经典的单回路频域或根轨迹方法设计，与奈奎斯特图、伯德图或根轨迹图相结合，这种方法简单实用，物理意义清晰直观，设计过程透明，工程设计人员可清晰地看到系统的动态特性和性能是如何被修改的。而且现行的飞行品质要求大多数是根据经典控制理论提出的，设计依据充分，设计人员凭借自身丰富的设计经验，通过相应参数的调整，最终可以设计出满足战场需要的控制系统。由于新型航天器飞行高度变化大，速度变化范围跨度大，外界环境改变剧烈，飞行器飞行环境复杂，航天器模型具有强耦合、强非线性、快时变、不确定性等特性，针对此类型航天器，姿态控制理论和方法在控制参数自适应、多通道交连解耦控制和控制的新理论与方法方面需要创新。X-43A 纵向通道和横侧向控制结构图如图 22-2 所示。

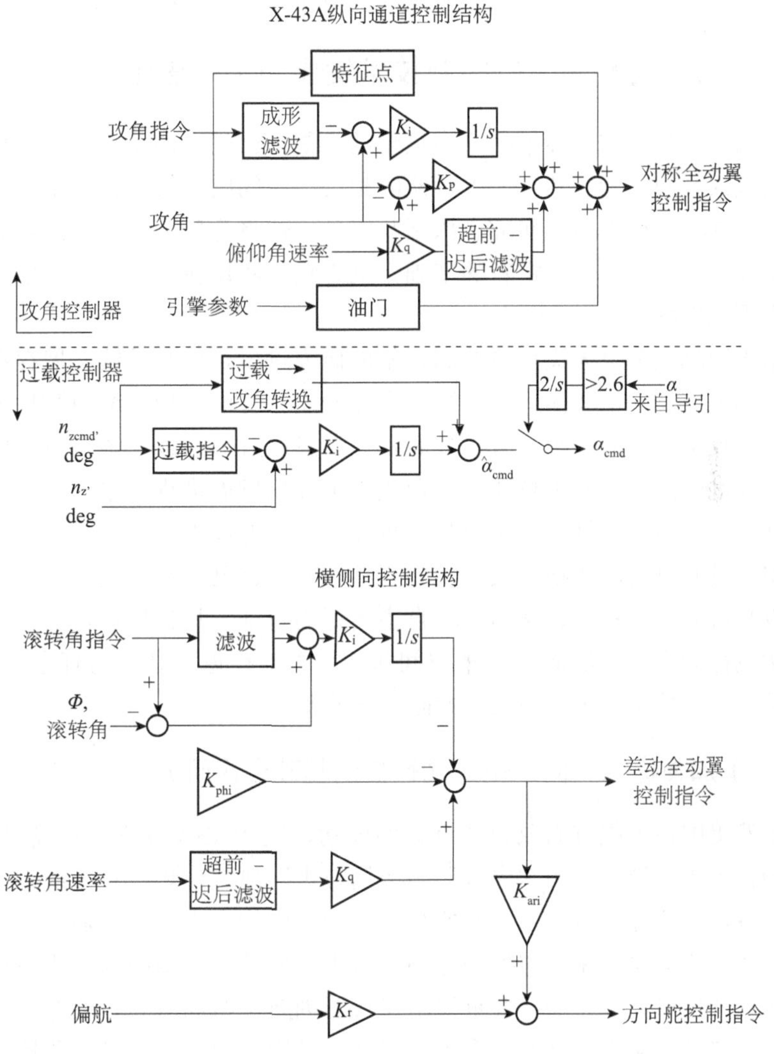


图 22-2　X-43A 纵向通道和横侧向控制结构图

## 五、复合控制

飞行器飞行中同时受到舵面气动力和部分发动机推力的作用，用于改变控制飞行轨道与改变飞行姿态的途径，称之为复合控制途径。气动复合控制的方式多种多样，主要是飞轮＋RCS、RCS＋多气动舵的复合控制问题，虽然在工程上也得到了一些应用，但还没有形成一套完善的系统设计方法、稳定性分析方法。国外，尤其是美国，异类多执行机构复合控制技术已经在航天飞机、X-37B、HTV-2 得到了全面的应用和验证（李素循，2009）。

## 六、对我国航天飞行控制技术发展趋势的思考

我国航天控制技术经过半个多世纪的发展，已经走向了世界。人们已经认识到进入空间飞行器和空天飞行器的相关控制问题在航天技术中举足轻重的地位，并将持续不断地研究、探索与突破，这将为新型运载器的研制和空间控制技术的不断发展奠定新的基础，也必将为实现我国航天事业的未来发展做出更大贡献。

基于国际范围空天飞行器控制技术的研究进展，以及后续发展存在的基础问题和关键技术，我国运载系统未来的发展一方面要积极缩短与世界先进航天运载技术之间的差距；另一方面要提高我国航天运载系统自身的国际竞争力，促进中国航天的市场化、产业化、国际化发展进程。进入太空上升段的发展趋势是高自主性、高可靠性、重复使用、低成本方向。空天飞行器对国家安全具有重大的战略意义，发展新型空间武器已迫在眉睫，空天飞行控制将以高可靠、高精度、强适应、自主飞行为特征，具备快速任务响应、故障重构飞行能力，能够满足未来空间作战、天地往返复杂飞行任务的需求。我国航天飞行控制技术应在以下方面加以重视。

### （一）加强进入空间、空天飞行控制基础理论研究

虽然美国在工程方面取得了巨大的成功，但 NASA 并不仅仅满足于此，仍然制订了具有影响力的“先进制导控制技术”研究计划，对传统方法进行持续改进，支持控制技术的更新换代。我国应围绕重大前沿领域需求，制订相应的“飞行器先进制导与控制专题”重大研究计划，牵引国内优势单位和研发团队开展研究。比如，要重视由飞行器创新性布局所导致的非线性动力学特征，多学科交叉，创新、多元、混合、异构控制作用的飞行器控制的新概念、理论与方法研究；要重视在信息化环境中，本来分离的飞行器控制、计算与通讯，以及控制、决策与管理的一体化趋势所带来的新概念、理论与方法研究。

### （二）重视多学科交叉研究

美国 HTV-2 两次失利凸显了交叉学科的问题：第一次在于气动力与控制问题：飞行中 HTV-2 的偏航角大于预先设计的偏航角，而且耦合到了滚转操作中，飞行器在滚转方向上发散；第二次在于气动热与材料问题：严重

的气动热导致机体材料剥落，引起气动发生变化。我国应注意吸取其教训。而未来飞行器的新需求、新布局、新控制作用使得气动力、结构、动力装置和飞行控制耦合更紧密，动力装置不仅提供动力，还产生重要的控制作用，不同控制作用之间存在有利的和不利的相互影响，多轴控制力矩引起高度耦合，我们更应加强多学科交叉的设计方法研究，并积极探索多学科联合与协同的设计研发模式，如开展 IPD 设计。

### （三）加强飞行器和环境相互作用机理的研究

面对称飞行器通道间耦合定量化描述存在不确定性，给稳定控制带来了极大的挑战，且飞行器与环境相互作用的机理复杂，对高超声速再入飞行的影响尤为突出，应加强飞行器和环境相互作用机理的研究。要重视在非结构化环境下自主态势感知及评估，对不确定性的适应性自主、协同性自主，以及学习型自主的新概念、理论与方法研究。

### （四）关注天地一致性问题

随着工程研制的不断深入，地面试验已无法全面覆盖高超声速飞行状态，需要关注设计、试验和验证的天地一致性问题。为此，需提升基础能力建设，加强高逼真度仿真验证与评估问题的研究，特别重视探索先进的理论与方法指导的，采用数字化技术实现的，高效、高可信度的控制系统的评估与确认方法。

# 第二十三章 航空航天和运动体控制中的共性科学问题

## 第一节　多项功能、多元信息一体化

分布式计算、通信与控制系统的出现，使得航空航天和运动体在网络化环境中可以访问、处理和传输大量的数据；廉价和普遍深入的计算、通信与敏感系统使得基于信息的平台级和体系级控制系统日益广泛和重要。从而，使控制对象和控制功能产生了两个深刻的变化：控制对象从单一对象拓展为大量互联和互作的异构物理和信息系统，该系统在分布式计算、通信与传感环境中运行；在控制对象扩大的同时，控制功能从底层向高层移动，从自动控制向智能控制发展，从常规控制拓展为控制、决策与管理。

以上两个深刻的变化促进了控制系统的三个一体化：控制、计算与通信一体化，控制、决策与管理一体化，导航制导与控制一体化。信息化环境提出了对三个一体化的需求，信息化技术提供了三个一体化的使能技术，而三个一体化对飞行器控制的发展既是机遇，又提出了如下的挑战。

### 一、网络化环境下的控制、计算与通信一体化

分布式计算、通信与传感环境下的航空航天和运动体控制系统中，分布的计算单元基于分布的指令及传感信息计算控制律，通过分布的执行器控制分布的对象，以实现系统的控制目标，这些分布的活动是借助于分布的通信交互联系，以及共同的任务协同而构成一个系统。

因此，网络化环境下的控制、计算与通信一体化要求我们从一体化的要求出发，系统地设计和分析控制、计算与通信各环节，系统地考虑通信、计算和传感的约束及误差，系统地设计稳定的、具有要求品质的控制系统。基于互联网（internet）和无线网的简化网络控制问题现在已有很多的研究，但是大型的实际问题还没有肯定的系统性答案。控制、计算与通信一体化理论框架需要控制、计算与通信广泛领域的信息科学技术研究者共同去探索和构建。

## 二、面向不确定性的控制、决策与管理一体化

对于有人操控的航空航天和运动体而言，其优势在于处理不确定性的能力强，但是"信息爆炸"正在危及操控者的承受能力。日益复杂的战斗任务提高了对决策和操作的要求、视野之外的攻防战术决策日益增加，这些都要求控制系统提供驾驶员智能决策辅助，包括认知辅助、决策辅助、执行辅助，适时、适量地提供信息，适时、正确地提供决策支持，适时、正确地指导操纵。

控制系统的控制功能从底层不断向高层移动，从常规控制拓展为控制、决策与管理，从而驱动了有人机向具有智能决策辅助的有人机及向具有处理不确定性能力的无人机的发展。正确地、按不同时间尺度实时地处理各类不确定性的自主控制系统需要一个控制、决策与管理一体化的拟人智能系统，要求我们从一体化的角度系统地设计和分析控制、决策与管理各环节，系统地考虑控制、决策与管理体系结构、机制和实现途径。

## 三、导航、制导与控制一体化

无论是航空、航天、地面、水面还是水下运动体都面临导航问题，随着控制、通信与计算机技术的发展，导航、制导与控制逐渐朝一体化方向发展。航空航天和运动体空间受限，对实时性要求高，原有的导航、制导与控制各自为政的特点越来越不能满足现代武器系统的要求。因此，导航、制导与控制的一体化是航空航天和运动体发展的必然趋势和关键科学问题。

## 四、事件驱动与时间驱动的混合动态系统

未来航空航天和运动体控制、决策与管理系统不论是单机、多机或集群都是以事件驱动与时间驱动的混合动态系统为特征。例如，单机的容错飞行

控制系统都是基于连续时间的系统状态来判断故障事件，由故障事件驱动容错与重构机制以保障飞机正常运行；集群的态势评估、资源分配、任务规划也都需要连续量的控制及符号推理和决策。已有的事件驱动与时间驱动混合动态系统的建模与控制研究领域的理论与方法还不能适应网络化环境下的控制、计算与通信一体化问题和面向不确定性的控制、决策与管理一体化问题。

## 第二节　面向控制任务的建模

运动体控制任务的建模不同于建立简单的物理模型，控制模型的建立需要在运动模型或物理模型上进一步深化，以控制的角度描述对象特性，才能更好地控制对象。而运动体种类繁多，所处环境复杂，很难有统一的控制模型进行描述，需要根据不同的控制任务和对象建立不同的控制模型。

### 一、高速运动体控制的建模问题

高速运动体是指以炮弹、火箭弹、高速、超音速及超高声速飞行为代表的运动体。随着精确制导炮弹、可控火箭弹及超高精度导弹研制的需求越来越迫切，针对复杂高速运动体的控制研究越来越深入，所面临的问题和挑战也越来越多。这些问题与挑战主要表现如下：高过载，过程环境参数变化剧烈，扰动明显，温度变化范围大，目前针对高速运动体检测的手段还十分缺乏，存在不可测、测不准等问题。

如何建立能够更全面反映高速运动体独特动态特性和物理机理的动力学模型，并以此为基础采取合适技术手段建立更有利于控制系统设计的面向控制模型，是高速运动体建模技术所面临的主要问题。高速运动体采用的控制机理不同，使得高速运动体的建模不能按照传统飞行器的建模方式进行。

现有文献中的高速运动体建模工作主要采用理论上的解析式建模方法和数值计算方法相结合的方式，力求建立面向控制的高速运动体控制模型，刻画高速运动体的主要动力学行为和固有特性，为高速运动体控制系统设计提供研究平台。

高速运动体建模离不开对模型参数的辨识。针对适用于不完整、不连续、不同步数据，具有强非线性、强耦合、强噪声、强时变特性的高速运动体，建模的研究将有助于推进高速高精度系统辨识和控制理论的发展，推动相关技术的进步，其理论成果在弹道解算、弹道修正、目标跟踪、定位导航等领域有着重要的应用价值。由于非线性高速运动体的许多参数是时变参数，因此可采用时变非线性参数与状态联合估计的算法，将参数扩展成状态进行辨识。针对高速运动体参数辨识与状态估计目前常用的方法有最小二乘法及其改进方法、神经网络等智能方法，通过对非线性系统的参数扩展成系统状态，使得扩展卡尔曼滤波（EKF）及其改进方法、粒子滤波方法、无味滤波（UKF）等非线性滤波器估计方法成为非线性系统参数与状态估计的主要方法之一。

### 二、非线性随动系统的建模问题

许多航空、航天、地面、水面或水下运动体本身具有机动性强、负载大、惯量大等特点，其大量随动控制系统的精度直接影响系统性能。但受战场环境约束，冲击、振动、传动摩擦、磨损等各种因素的影响，随动控制系统存在多种干扰与误差，直接影响系统精度。因此提高随动系统的控制精度对于增强运动体性能至关重要。目前，制约随动系统性能大幅提升的关键问题有两个：①系统驱动体系结构相对滞后，机械传动精度不高，存在着摩擦、齿隙等非线性环节影响；②系统的控制理论和控制方法研究不够系统深入，控制方法相对简单，控制性能不高，自适应能力差，参数调整和维修保障困难，难以适应和满足复杂的工作状态及高技术性能要求。针对上述问题，须从高效驱动机构和控制策略研究两方面入手，开展随动系统非线性建模与扰动谱分析，系统状态估计与参数辨识，系统高效驱动结构、算法与智能化控制等研究。

## 第三节　运动体的自主控制

现代武器系统向无人化和智能化发展已成为必然趋势。自主性成为无人运动体的重要技术特征，实现完全的无人运动体自主性是一项革命性的科学技术挑战，是一个渐进的发展过程，从目前所能达到的科学技术水平来看，真正实现无人运动体的自主控制会遇到如下挑战性的难题。

### 一、运动体的环境与态势感知

运动体的自主控制本质上是一种对平台内/外态势感知基础上的决策、规划与调度过程，或者说是一种获得信息和利用信息的过程。面对动态变化、未知、复杂的外部环境，运动体对环境的准确感知是进行决策和控制的基础。感知信息的融合、环境建模、环境理解、学习机制是环境感知研究的重要内容。

利用传感器、控制站、编队中的友邻或指挥控制系统等提供的平台内部以及战场环境的各种信息，通过信息共享与信息融合技术，从大量数据中提取平台内/外态势相关信息，进行推理、归纳，得出与完成任务相关的平台自身健康和行为能力、外部资源和威胁的内/外态势是自主控制的前提和基础。

态势感知对知识的表达、组织和利用，及计算机认知、推理和评估的研究和应用，定量和定性相结合的态势评估的研究，基于跨平台信息共享的信息获取与信息融合技术以及资源和时间约束下的多任务态势评估技术提出了挑战。

## 二、运动体的目标识别

目前对目标的探测主要包括雷达的主动探测形式及光电红外的被动方式，其共同点在于它们都是基于目标及环境在某一电磁波段反射或是散射的电磁波能量进行探测。需要根据目标与环境反射或散射的电磁波来估计目标本身的某些特性，或者是从统计上归纳目标的某种特征，这是一个典型的具有多解的逆问题，因而在实现上具有很大的难度，特别是在环境杂波多或背景复杂的情况下具有极大的难度。

对于图像而言，基于图像的目标识别与跟踪技术是利用成像系统所采集的图像，自动地提取或识别相应目标，并对其进行跟踪，即通过一系列图像数据实现对目标的识别与跟踪。实时性好、定位精度高和抗干扰能力强的目标识别与跟踪算法已成为图像目标识别与跟踪技术的攻关重点，具有重要的军事、经济和社会价值。

## 三、运动体的任务规划与智能决策

战争复杂程度的加重，对运动体的自主规划与决策提出了越来越高的要求。如何依据内/外态势，进一步获得决策和规划所需要知识，对影响任务规划的冲突事件进行检测和评估，实现对战场威胁级别（包括雷达/导弹威胁、恶劣气象、障碍等）、多任务动态优先级、平台能力和健康状况的评估，是运动体自主决策与规划的关键。未来运动体的指挥控制与智能辅助决策系统必须能够适应多目标的网络信息战，能够综合当前指挥控制领域各分支的研究现状和未来战场的变化趋势。

运动体和任务规划与智能决策首先要完成自身行动的运动规划与控制、路径的优化，同时，针对战斗运动体，其作战任务的规划与决策必不可少，如目标的威胁估计、火力任务分配的优化、协同作战的决策与规划等。

## 第四节　运动体高可靠、可重构与容错性

使用可靠性低的部件/器件构建高可靠系统是当前运动体控制系统面临的重大挑战之一。例如，大型民机要求电传飞行控制系统的安全可靠性达到 $10^{-9}$/飞行小时，目前单套电气控制系统的安全可靠性仅能达到 $2\times10^{-3}$/飞行小时，因此必须采用基于资源冗余的多余度容错方案来支持使用较不可靠的器件组成高可靠的飞行控制系统。为保证系统的高可靠性，主要采用的容错技术包括冗余、非相似、隔离、动态重构、应急备份等技术。运动体的高可靠、高安全性对可重构容错控制系统的挑战主要表现为以下几个方面。

### 一、余度容错结构

控制系统为适应高可靠性和安全性要求，普遍采用具有较高通道故障检测覆盖率的自监控结构，飞控系统普遍设计为多余度容错结构，有的采用了非相似的硬件和软件，避免同态故障。至今，余度容错结构的选用与设计主要是依据系统可靠性规范，采用概率论与统计学理论方法来实现的。当我们处理的问题从平台级余度容错发展到体系级或更大的基于网络的复杂系统余度容错时，余度容错系统的设计和验证就需要新的系统理论和方法支持。

### 二、故障检测与诊断方法

随着网络化、自动化战争的出现和发展，网络系统和武器装备的有效维护和故障处理对战争的顺利进行尤为重要。故障诊断技术，广义上包含三方面的内容，即故障检测、故障辨识、故障隔离；狭义上单指故障隔离。当系统发生故障时，系统中的各种量（可测的或不可测的）或它们的一部分表现出与正常状态不同的特性，这种差异包含了故障信息，故障诊断的任务就是要找到故障的特征表现，并利用它们来进行故障的检测与隔离。基于余度容错结构的控制系统可以保证系统的容错能力和可靠性要求。

故障检测与诊断的基本问题在于进一步减少误报率，提高实时性。故障诊断方法大致可分为三大类：基于信号处理的方法、基于解析模型的方法、

基于知识的方法。基于知识的诊断方法，其主要思想是在知识的层次上，以知识处理技术为基础，实现辩证逻辑与数理逻辑的集成、符号处理与数值处理的统一、推理过程与算法过程的统一。

## 三、控制重构

容错控制能力是指系统在某些部件发生故障的情况下，仍能按原定性能指标或性能指标略有降低（但可以接受），完成控制任务或保证安全运行的能力。容错控制能力基于系统故障后的控制重构。控制重构分为物理冗余和解析冗余两大类方法。物理冗余方法通过对重要部件及易发生故障部件提供备份，故障后启用备份完成控制重构，已广泛应用于工程实践中，但是物理冗余技术在提高系统可靠性的同时，带来了成本、结构、重量、体积的增加。解析冗余方法利用控制系统不同部件之间的内在联系和信息及功能上的冗余性，故障后启用完好部件部分甚至全部承担起故障部件所丧失的控制作用，完成控制重构。解析冗余不需要增加硬件设备，具有性能好、功能强、成本低和易实现的特点。

基于故障诊断与控制重构的主动容错控制技术可充分利用控制操纵的冗余度，在某一个或多个操纵面发生故障时，利用剩余的完好操纵面，重新构造出已经损坏的操纵面的功能，这项技术提高了运动体控制系统的容错能力，也为减少执行机构硬件余度提供了可行性。

## 四、可靠性建模与分析方法

设计余度容错系统的困难还在于如何对所设计的系统进行正确的可靠性分析和评估。可靠性建模与分析方法分为静态和动态可靠性建模与分析方法。静态方法有可靠性框图（RBD）和故障树分析法（FTA）。静态方法简单、直观，求解算法快速、精确，但是不能描述余度控制系统在故障下的动态特性和故障的相关性。动态可靠性建模与分析方法有动态故障树分析(DFTA)、马尔可夫方法和 Petri 网分析法。三种方法都可以反映系统故障发生时序等动态特性，但是采用 DFTA 方法建立复杂系统的正确模型非常困难，马尔可夫模型不能直观描述系统的静态结构及系统各部分并发等相互关系，它同 Petri 网方法都会随着建模组件的增加出现状态组合空间爆炸问题。

运动体控制系统的可靠性建模与分析方法呼唤综合静态和动态可靠性建模与分析方法特点的动静态可靠性混合建模与分析方法。分布式计算、通信与传感环境下复杂大系统的可靠性建模与分析方法还缺乏研究和实践，等待新的概念、理论和方法的出现。

### 五、软件可靠性

在高可靠容错运动体控制系统中，软件的可靠性分析、设计与评估验证技术是一个薄弱环节。目前在这类系统中都采用了非相似软件设计来解决软件共态故障的问题，在工程实现中缺少高效的软件可靠性建模方法，缺少可供安全关键性系统定量分析用的软件、可靠性数据库，以及高置信度的分析和设计工具及方法。控制系统软件的评估验证主要手段仍是基于故障注入方式的大量仿真试验，缺乏完备性。基于形式化方法的验证与确认技术在实际工程中尚无成功应用。人们对软件可靠性的认识正在不断深化，但对于软件故障识别和因果关系尚有不少工作要做。

## 第五节　多运动体的协同优化

尽管已有许多文献针对多异构平台的一致性问题展开了研究，取得了初步的研究成果，但在相关研究方面依然存在较大的局限性，具体表现在三个方面。

（1）很多成果所采用的系统模型多为平面型对等网络结构，其结构和功能相对简单，对环境和任务的动态变化缺乏灵活性和适应性。不仅如此，研究中多数是从集中式或半分布式控制的角度进行系统拓扑建模，因而给在复杂动态环境下多异构平台间信息流通的维护带来巨大的计算负担，消耗不容忽视的通信代价，严重时还会产生网络风暴。

（2）研究中通常人为割裂拓扑连通性保持和分布式运动协同控制之间的联系。往往片面强调连通性保持而忽视了具体控制任务的需求，缺乏将连通性作为约束条件，从而与具体的协同控制任务目标相结合的一体化综合控制方案。

（3）以往的异构多无人平台协同与一致性控制多考虑只有一个控制目标的单平衡态控制，未能实现多个目标的多平衡态控制。而对于一个包含有大规模、异构个体且群聚系数较高的异构多无人平台系统而言，目前常见的方法往往局限于使异构多无人平台系统中所有节点的状态趋同，即群体的一致性平衡点是唯一的。但对于异构多无人平台而言，群聚特性体现出明显的组织划分，不同群（组）的异构平台往往期望收敛到不同的平衡态上，因此对传统单平衡态的一致性研究无法满足异构多无人平台协同作战的需求。

关键问题技术问题有如下几个。

## 一、异构无人平台的动态分组理论及其体系结构设计与优化

由于异构平台的功能不同，为了实现特定的目标，某些平台可在一段时间内联合附近的其他部分作战平台形成临时协作小组，灵活的动态分组机制可有效提高各异构平台的执行能力、活动范围和感知范围，从而提高了系统整体的协作效率。传统的研究成果所采用的系统模型大多为平面型对等结构模型，其结构和功能相对简单，对环境和任务的动态变化缺乏灵活性和适应性。不仅如此，研究中多数是从集中式或半分布式控制的角度进行拓扑结构建模，因而给在复杂动态环境下信息流通的维护带来巨大的计算负担，消耗不容忽视的通信代价，严重时还会产生网络风暴。为此，应着力构建层次型拓扑结构以提高系统对复杂环境和任务动态变化的适应性，从而降低系统的通信开销，便于控制指令的分解与下发；更进一步说，对于大规模异构平台系统而言，通过提取简洁、没有冗余的拓扑“抽象”结构，可以利用少数具有代表性的个体描述系统整体特性，克服大规模异构平台系统的管理与任务分解难题。

## 二、拓扑连通性保持条件下的异构无人平台协同与一致性控制

拓扑连通性保持条件下的一致性协同控制既需要考虑拓扑结构的连通性约束，同时还需要完成目标任务的一致性控制。根据异构多无人平台系统的抽象特性构建起系统层次型模型，该模型把系统的节点划分为骨干节点和非骨干节点，用少数骨干节点“引导”多数非骨干节点来实现对系统的整体控制，这种灵活的分布式运动协同控制的思想可以大大降低对系统整体连通性的要求，有助于骨干节点与非骨干节点之间在连通性保持约束下实现跨层协同控制。

从控制器设计角度出发，通过控制骨干节点之间及骨干节点与非骨干节点之间的相对位置，设计出兼顾连通性约束及典型控制任务需求的协同控制算法，使得系统的运动在满足拓扑连通性约束的同时完成既定的目标任务。关键问题在于：设计具有连通性保持功能的势场函数，基于这一势场函数，在骨干子网内部设计出面向具体任务的骨干子网分布式有界输入控制，而在

骨干子网与非骨干子网之间，设计有限时间跨层蜂群跟踪控制算法。

### 三、异构多无人平台的分组一致性控制与分组平衡态分析

广义拉普拉斯矩阵描述了异构多无人平台系统中节点因受自身动态特性以及邻域内其他节点影响而产生的动态演化机理，广义 Laplacian 矩阵零特征值的几何重数决定了异构多无人平台系统能够实现分组一致的平衡点的数目，而广义 Laplacian 矩阵其他特征值的分布决定了分组一致的收敛性。通过对广义 Laplacian 矩阵零特征值以及与零特征值相关的左右特征向量的分析，可以证明异构多无人平台系统分组一致性的最终收敛状态是否为均值一致，因此广义 Laplacian 矩阵谱特性的分析以及零空间标准正交基的快速分解算法是异构多无人平台系统分组一致性研究的关键性基础问题。

进而，在组间输入度为平衡对/非平衡对的条件下，采用平衡点线性化、分块矩阵谱特征分析，双树变换，公共李雅普诺夫（Lyapunov）方法，慢时变系统指数收敛引理等方法，分别针对固定拓扑、切换拓扑、慢时变拓扑进行分组牵引一致的研究，研究各自实现分组牵引一致性的充要条件。

## 第六节　运动体控制系统评估与确认

由于运动体控制系统的特殊性，相关控制系统的控制方法验证存在困难，利用数值计算的方法，在对实验参数和过程的假设下进行算法性能测试，缺乏对实际作战过程的动态模拟和不同任务条件下算法求解质量的评价，也无法利用对算法的评价结果改进算法模型和参数。如何将虚拟现实、半实物仿真、测试验收技术、误差分析技术、模拟训练技术等不同层次的技术落实到运动体控制系统仿真系统构建中，设计实现运动体控制系统的仿真、测试与验证平台，也是一项待研究的重要内容。

数字化技术已渗透到运动体控制系统设计和制造环节，大大提高了设计质量、缩短了设计周期，但是运动体控制系统评估与确认环节目前还是一个瓶颈，严重影响了控制系统的研制质量和周期。

常规的评估与确认过程缺乏明确的定位，缺乏系统性和完整性；缺乏对多类、多参数同时摄动的有效方法和手段，只能评估与确认设计点系统的稳定性，而设计点间的只能依靠大量仿真；对变化参数的处理缺乏弹性，不能分析上下界之间的情况。

2000年以来国际学术界开始重视运动体控制系统评估与确认的理论和方法研究，$\mu$分析方法基于线性分析变换用奇异值$\mu$测试闭环系统的鲁棒稳定性，v-gap分析方法采用通用稳定边界$\varepsilon$测试闭环系统稳定性，分叉分析法通过分析非线性微分方程的稳态和非稳态平衡解来评估系统，基于优化的分析方法采用最坏情况搜索，把评估准则转化为距离最小问题；随机鲁棒分析基于蒙特卡罗仿真，可以得到在不确定条件下控制系统性能指标的统计分布特性，分析系统的鲁棒性能。这些方法各有特点，也都存在应用局限。运动体控制系统研制迫切需要有先进的理论与方法指导的、采用数字化技术实现的高效、高可信度的运动体控制系统评估与确认方法。

# 第二十四章 航空航天和运动体控制领域发展政策建议

## 第一节　打破学科壁垒，重视配套技术

随着科学的发展，控制学科中很多问题需要多学科共同协作，然而受管理体制与传统观念的影响，学科之间壁垒森严，限制了学科交叉融合，制约了学科发展。尽管“鼓励学科交叉”是一个出现频率非常高的词句，但是在实施和操作层面上更多的却是学科的封闭建设和评价。控制学科的教学与科研必须倡导学科交叉，如对于飞行控制而言，必须倡导空气动力学、飞行力学与包含控制理论的信息科学的交叉。

在现有的管理与评价体制下，从学科建设经费、研究生招生名额到科研成果等资源大多被固化到研究人员所在直属院系和学科。为了防止“拼盘”，在学科评估中严格分清交叉合作成果的归属，过度关注单一学科的成果，非常不利于学科间的交叉研究。在“有所为，有所不为”的名义下，建设经费按照高校现有重点学科分布来有限分配，无疑会产生学科关联的“短板效应”，不利于科技创新。因此，想要实现真正的学科交叉必须要经历科研和管理领域的变革。在学科管理与评价上，应建立客观、合理、实用的科研成果评价体系，使其真正能够成为学科建设的“指挥棒”，从而推动学科的可持续发展。从资金的分配方面，应正确引导资金流向跨学科研究领域，以重点学科带动非重点学科，齐头并进，共同发展。在研究生招生与培养方面，应打破专业固化模式，克服教育中过度专业化的弊端，增加交叉学位的授予数量

或跨学科培养项目，使学生真正接受跨学科的教育，从而适应社会的需求。

总之，打破学科壁垒是为了实现真正的学科交叉与融合，将高校的学科优势和人才优势转化为推动我国科技进步的真正优势。

另外，对航空航天和运动体控制系统的各个组成部分进行合理安排，除此之外，还需要依托多个系统的配合支持才能顺利实现。因此，在大力发展航空航天和运动体控制技术的同时，与其相配套的各项技术研究发展也应得到重视。

## 第二节　完善和改进控制学科的教育

目前，自动控制技术已经渗透到各行各业，如工农业生产和国防建设等。在多学科交叉的背景下，研究人员知识结构的局限性也造成了许多控制工程应该解决而又难以解决的问题。究其问题根源，在于教育模式的单一，学科之间各自为政。针对这一弊端，学生的培养模式从单一学科模式向交叉学科模式转变将成为必然的选择。

在科研特色背景鲜明的高校，控制专业应该为本科生和研究生设置相关科研领域的“××动力学”课程，如车辆动力学、化学反应动力学、飞行动力学等。与此同时，按控制专业的要求为相关专业（机械工程/车辆工程等）开设自动控制原理等相关课程，实现交叉学科间的教学资源共享。对于控制学科的教学，应改进《自动控制原理》《自动控制系统》《计算机仿真》等课程现有的教学方式，提升系统仿真类课程的重要地位。要真正教会学生用“控制原理”设计/分析“系统”、用“仿真”分析“系统”、用“试验”验证“系统”，形成以动力学、控制理论、控制系统为核心的教学体系，把学生从抽象的理论中解放出来，增强对实际系统的感知性，学以致用。

## 第三节　加强通用平台、验证平台建设与实验设备研制

应支持有明确科研目的的实验设备研制，先进的科学实验设备既是知识创新和技术创新的前提，也是创新研究的主题内容和创新成果的重要体现形式。支持有明确科研目的的实验设备研制对应用型人才培养和推动控制学科

在工程上的发展具有重要意义。高保真的硬件在环（HiL）实验平台是验证控制算法正确性的必要工具，也是面向应用实现控制器工程化急需的基础设备，以汽车控制为例，如动力总成控制 HiL 仿真平台、车辆动力学及智能驾驶 HiL 仿真平台等。与此同时，可以充分利用网络资源，建立更多的远程仿真实验室。另外，可以鼓励相关研究领域的优势单位建立控制问题的基准（Benchmark）和测试评价控制性能的远程或者网络化实验平台，实现数据和实验系统资源共享，推动该控制领域的共同发展。总之，我们应当合理并及时做出自主实验设备研制的规划，扩大资金和重要的基础设施的投入，充分发挥高校、科研机构和企业各自的优势，分工合作，共同推动我国控制工程技术的发展。

为促进航空航天和运动体控制技术的应用和发展，国家应建立起若干标准的、共享的研究平台，如工业机器人基础平台、移动机器人基础平台等，并免费提供相关的系统设计、基础控制代码供国内科研机构和企业使用，长期资助以开源的方式在基础平台上进行相关控制算法、智能算法的研究、标准化和发布，从而奠定可供国内企业快速开发原型产品的核心技术基础。

由于航空航天和运动体控制的研究所面临的特殊环境，特别需要具有可信、可靠和高效的验证平台和验证方法，所以应遵循“先期概念研究—仿真、测试和试验—试验—建设实用系统”的发展思路，稳步推进航空航天和运动体控制技术的发展。

例如，高超声速飞行器所经历的飞行环境难以完全在地面风洞进行模拟，最终的技术验证仍需要进行飞行试验，在实现实际应用之前，高超声速飞行器的控制系统应通过开展一定的飞行演示试验来考核其可靠性，由此逐步改进提高其技术成熟度，才能有效地降低研制的风险。任何航天技术的研究和设备的研制，在上天飞行以前都需要经过地面的测试、仿真与演示。在其可行性得到验证之后方可进行飞行试验。通过飞行试验可以对在轨控制技术进行全面的测试和验证，并对其进行进一步完善，为最终迈向实用化奠定基础。总之，先期概念研究，地面仿真、测试和实验，飞行试验是新型航天飞行器控制技术发展的几个必经阶段。通过合理制订地面飞行的实验方案和演示计划，能够有效地提高研究效率，并实现该技术的稳步发展。

## 第四节　转变理念，架起理论与应用的桥梁

控制学科的发展必须倡导理论研究与工程实践相结合，任何一方面的偏废

都将导致控制学科的无价值或无前途。

第一，应用驱动的控制理论研究。不可否认，学好数学是做好控制的前提，因为控制学科充满了数学公式，控制问题往往需要借助数学工具来求解。然而控制的魅力在于它代表着实际问题，任何数学公式或是微分方程的背后都是受物理规律支配的，不应把数学公式当成解决实际问题的起点和终点。在实际中，我们遇到的问题几乎都是非线性系统的控制问题，传统的基于微分方程的研究方法具有很多的局限性也存在很多瓶颈。我们需要从“传统”的束缚中解放出来，以解决实际问题作为控制学科研究的目标和驱动力：以分析实际问题的需求为起点，以提炼控制理论问题为起点，以建立面向控制的模型为起点，以控制器的工程实现为终点，而不是以微分方程为起点和终点。

第二，充分理解被控对象的机理/动力学。研究系统动力学是设计控制算法的基础，只有充分理解被控系统，才能明确实际问题的控制需求，将其转化为合理的控制问题描述，从而在控制器参数调试过程中得到最符合系统要求的控制规律。因此不要害怕研究机理/动力学，控制器设计的大部分时间都将花费在学建模、学机理上，它们看似复杂，其实原理很简单，学好动力学将会让控制器的设计过程事半功倍。

第三，架起工程师和复杂数学之间的桥梁。先进控制算法往往比较复杂，包含的数学公式也很烦琐，一般工程设计人员难以读懂。工程师能够接受的算法永远是简单且易于实现的，以汽车控制为例，工程上依然广泛采用最简单的 PID 控制和前馈 map 查表控制。既然我们无法改变工程师，那么就尝试着改变自己。面对理论与实际应用之间的巨大沟壑，我们迫切需要对复杂的控制算法进行简化，转变成工程师能够读懂的语言，并将设计方法形成通用的工具，正确引导工程师运用工具并设计有理论指导的控制器，而不是读懂理论、推导控制律。

## 第五节　重视基础，加强产、学、研相结合

目前我国对航空航天和运动体控制技术的研究正蓬勃开展，航空航天和运动体控制的研究不仅需要政府加大投资力度，同时需要高校及科研机构的相互协作来完成，最后还需要向国外借鉴吸收好的方法、经验和思路。

我们必须看到，航空航天和运动体的应用研究发展蓬勃，但仍需要不断

加强航空航天和运动体控制技术的基础研究，为实现我国航空航天和运动体技术的跨越式发展提供坚实的基础。

重大的航空航天和运动体控制研究项目还必须倡导产、学、研、用相结合，不同类型的重大基础研究、应用研究或工程研究项目对产、学、研、用的权重不同，但产、学、研、用结合都是必需的。

加强前沿技术的科研工作，如仿生机器人技术、多机器人技术、医疗机器人技术、家庭服务机器人技术、助老助残机器人技术、危险作业机器人技术，从而为机器人的长远发展奠定坚实基础。

应充分认识到我国的航空航天和运动体控制应用还有极大提升空间，注重促进产业升级的工业机器人研究，一方面扶持以示教再现功能为主的国产工业机器人系统的成熟和应用开发；另一方面加强智能化、网络化新型工业机器人的研究，同时注重关键部件的技术突破和产业化，为工业机器人的后续发展奠定基础。

# 说明与致谢

本篇是中国科学院信息技术科学部委托北京大学黄琳院士主持的“控制科学学科发展战略”研究项目的航空航天与运动体部分（黄琳，2013）。

本篇起源于 2012 年 4 月 7 至 8 日在长沙召开的“控制科学学科发展战略研究项目”第二次工作组会议。会议成立了六个撰写小组：一个总体组、五个专题组（控制理论、过程控制、航空航天与运动体、网络、交叉学科及其他）；并建议了各小组负责人及骨干成员。本组的负责人是陈杰，骨干成员是陈宗基、段广仁、谭民、陈虹、王科俊、胡豁生等，由陈杰教授在各研究报告基础上负责完成航空航天和运动体分组总报告。杨剑影是本组与总体组的联络员。

航空航天与运动体组于 2012 年 4 月 7 日下午在湖南长沙枫林宾馆 9 楼 A 厅召开全组第一次工作会议，黄琳、陈宗基、段广仁、谭民、陈虹、王科俊、胡豁生、陈杰、杨剑影等出席会议。会议确定了运动体控制的研究对象，主要从陆海空天四个领域的运动体和机器人共五个方面进行撰写，其中，陆上运动体以民用车辆、地面武器、重型机械装备等为主；水下和水面运动体以舰船、潜艇、水下兵器（鱼雷）、潜射武器等为主；航空运动体以飞机、无人机、战术导弹、旋翼飞行器、飞艇、临近空间飞行器、再入飞行器等为主；航天以卫星、战略导弹、轨道飞行武器、深空飞行器等为主。会议还确定了研究内容、研究分工、工作时间节点和确定研究报告撰写格式和字数。

各部分负责人及同行专家通过多次的充分协商与交流，经过半年多的努力，于 2012 年 12 月陆续完成了初稿。2013 年 1 月 17 日，中国控制科学学科发展战略研究航空航天与运动体组在北京理工大学国际教育中心第四会议室召开小组的研讨会，出席会议的有黄琳、陈宗基、段广仁、谭民、陈虹、王科俊、陈杰、杨剑影、段志生、王硕等。黄琳院士从总体上介绍了运动体控制研究对控制理论研究、国民经济发展及国防现代化建设的重要意义，同时也提出了运动体控制面临的主要问题，给出了许多具体的指导和建议。会议总结了小组成立以来的主要工作，对《中国控制科学学科发展战略研究航空航天与运动体组报告（汇编稿 3.1）》（以下简称《报告》）进行了讨论，各小组成员就本人负责的部分进行了讲解，经过认真讨论，达成共识，进一步统一了写作要求，完善了报告组成，将 MEMS 相关部分由谭民加入《报告》的机器人部分中，《报告》中增加一节关于临近空间运动体的内容，内容由包为民院士撰写，由杨剑影和段志生负责提供。同时还进一步规范了参考文献，提炼了共性内容，各位专家于 2013 年 1 月底完成了各自部分的压缩，提交组长汇总，2013 年 2 月底完成了合稿并提交了初稿给总体组。

2013 年 3～4 月又组织专家进行了多次修改、总结和凝练。并于 2013 年 4 月 14 日在北大参加总体工作会，会上专家就报告内容提出了许多建设性的意见，会后根据专家意见再次修改了相关内容。于 5 月 31 日参加了总体组的咨询与评议会，会上多位院士和专家对报告从不同角度给出了意见和建议。随后，小组工作组和专家再次按照专家意见和出版审读意见修改了报告，并于 2013 年 7 月下旬完成了本报告。

本篇分为九个章节，先分别叙述了陆、海、空、天、临近空间等五个空间七个类型的运动体的控制问题，后总结了共性问题和主要的发展政策建议。其中，第十六章“地面武器装备的控制科学与技术”由北京理工大学的陈杰教授负责撰写，第十七章“汽车的控制科学与技术”由吉林大学的陈虹教授负责撰写，第十八章“机器人的控制科学与技术”由中科院自动化所的谭民研究员负责撰写，第十九章“航空飞行器的控制科学与技术”由北京航空航天大学的陈宗基教授负责撰写，第二十章“空间飞行器的控制科学与技术”由哈尔滨工业大学的段广仁教授负责撰写，第二十一章“舰船和水下运动体的控制科学与技术”由哈尔滨工程大学的王科俊教授负责撰写，第二十二章“空天飞行器的控制科学与技术”由中国航天科技集团公司的包为民院士负责撰写，第二十三章“航空航天和运动体控制中的共性科学问题”和第二十四章“航空航天和运动体控制领域发展政策建议”由研究组共同提炼，由陈杰负责执笔撰写。

本篇先后经历了七次大的版本修改，完成得益于国内外多名专家和同行的鼎力合作和帮助，项目总负责人黄琳院士从运动体的概念、内涵、报告的覆盖范围等方面进行了顶层设计，并给予了全方位的指导和建议，包为民院士亲自撰写了本篇的第二十二章并对报告其他内容提出了宝贵意见；李衍达院士、吴宏鑫院士、陈定昌院士、王天然院士、王子才院士和钟万勰院士，自然基金委的王成红处长等于 2013 年 5 月 31 日在中国科学院院士工作局对本篇进行了评议，提出了许多宝贵意见。研究组的其他成员陈虹、谭民、胡豁生、陈宗基、段广仁、王科俊、杨剑影都为本篇的完成付出了巨大的努力。另外，还需要感谢参加本篇编写、讨论和对本篇的编写提供帮助的中科院数学与系统科学研究院的张纪峰、洪奕光，北京大学的段志生、王金枝、杨莹、刘蕾，清华大学的周东华教授，南京理工大学的邹云，美国克利夫兰州立大学的高志强，吉林大学的宫洵、胡云峰、刘奇芳、高炳钊、郭洪艳，哈尔滨工程大学的严浙平、綦志刚、韩云涛、白涛、徐建，中国科学院自动化所的王硕以及北京理工大学的龚至豪、邓方、方浩、彭志红、陈文颉、白永强、甘明刚、陈晨、辛斌、李佳洪、李凤梅等多名同志，感谢他们为此付出的辛勤工作。

航空航天与运动体组组长

陈杰

2013年7月20日

# 参考文献


包为民. 2013. 航天飞行器控制技术研究现状与发展趋势. 自动化学报，39（6）：697-702.

边信黔，付明玉，王元慧. 2011. 船舶动力定位. 北京：科学出版社：1-12.

陈晨，陈杰，张娟，等. 2009. 网络化防空火控系统体系结构研究. 兵工学报，（09）：1253-1258.

陈虹，宫洵，胡云峰，等. 2013. 汽车控制的研究现状与展望. 自动化学报，39（4）：322-346.

陈杰，陈晨，夏元清，等. 2009. 网络化防空火控系统中的航迹融合. 控制理论与应用，（09）：977-982.

陈杰，方浩，辛斌，等. 2013. 数字化陆用武器系统中的建模，优化与控制. 自动化学报，39（7）：943-962.

陈勇，刘克敏，孙幸福. 2011. 网络火控中一些亟待解决的关键技术. 火力与指挥控制，（06）：5-7.

陈宗基，魏金钟，王英勋，等. 2011. 无人机自主控制等级及其系统结构研究. 航空学报，32（6）：1075-1083.

陈宗基，张汝麟，张平，等. 2013. 飞行器控制面临的机遇与挑战. 自动化学报，39（6）：703-710.

邓方，陈杰，白永强. 2010. 基于射表虚拟弹道数据的弹道模型参数辨识. 中国控制会议，北京：1236-1241.

窦丽华，王高鹏，陈杰，等. 2009. 求解弹头散布均匀度的分布估计算法. 控制理论与应用，26（6）：624-625.

郭勍. 2011. 鱼雷设计发展趋势. 国防科技，（2）：8-13.

郭治. 1996. 现代火控理论. 北京：国防工业出版社.

郭治. 2003. 待机控制一随机控制的新方向. 南京理工大学学报，27（5）：483-488.

何友，等. 1995. 火炮射表数据处理与程序设计. 北京：海潮出版社.

黄琳. 2013. 为什么做，做什么和发展战略—控制科学学科发展战略研讨会约稿前言. 自动化学报，39（2）：97-100.

黄向明. 2000. 国外潜射导弹的现状和发展趋势（一）. 现代军事，（03）：39-41.

贾正望. 2011. 旋转稳定弹复合控制与制导技术研究. 南京：南京理工大学博士学位论文.

金大桥，王聪，余锋. 2010. 水下超空泡射弹研究综述. 飞航导弹，（7）：19-23.

金鸿章，潘艳，杨波. 2010. 小攻角下驼背鲸减摇鳍的理论计算. 船舶力学，14（11）：1199-1226.

李明，张汝麟. 2001. 我国飞机主动控制技术的开发与验证//庄逢甘，郑哲敏. 钱学森技术科学思想与力学. 北京：国防工业出版社：84-91.

李素循. 2009. 近空间飞行器的气动复合控制原理及研究进展. 力学进展，39（6）：740-

755.
李银讶，陈黎，戚国庆，等. 2009. 高炮对超高速目标射击死界与射击时限的研究. 兵工学报，30（6）：663-667.
李勇君，黄卓，郭波. 2009. 武器-目标分配问题综述. 兵工自动化，（11）：4-9.
李志刚，吴沧浦. 1997. 递阶算法在大规模火力规划问题求解中的应用. 兵工学报，18（1）：52-55.
刘锐. 2009. 分布式数字化牵引高炮火控系统分析与实现. 南京：南京理工大学博士学位论文.
龙乐豪，王小军，果琳丽. 2006. 中国进入空间能力的现状与展望. 中国工程科学，8（11）：25-32.
陆平，敬忠良，胡士强. 2011. 载人航天持续发展所需的先进制导控制关键技术. 载人航天，5：25-32.
罗霄，常卫伟. 2010. 潜空导弹发射技术发展综述. 舰船科学技术，32（11）：136-140 .
赛迪顾问. 2011. 2010—2011 中国汽车电子市场竞争分析.
盛安冬，王华，郭治，等. 2001. 射表参数估计及其虚拟延伸. 火炮发射与控制学报，2：11-13.
施荣. 2007. 国外网络化作战及其关键技术的进展. 中国电子科学研究院学报，（02）：206-210.
谭民，王硕. 2013. 机器人技术研究进展. 自动化学报，39（7）：963-972.
王刚，李为民，何晶. 2003. 区域防空网络化作战体系结构研究. 现代防御技术，（06）：19-23.
王宏健，熊伟，陈子印，等. 2010. 多自主水下航行器区域搜索与协同围捕方法研究. 中国造船，51（2）：117-125.
王科俊，姚绪梁. 2005. 海洋运动体控制原理. 哈尔滨：哈尔滨工程大学出版社：1-6.
王磊，罗雪山，舒振. 2011. C4ISR 体系结构服务视图及其演化的形式化描述方法. 国防科技大学学报，（06）：134-139.
王连锋，刘卫东. 2009. 导弹阵地空袭目标威胁评估. 指挥控制与仿真，31（4）：33-36.
王瑞臣. 2009. 美国潜射弹道导弹的发展历程. 四川兵工学报，30（11）：138-140.
王晓东. 2003. 导弹和运载火箭姿态稳定与控制技术发展的回顾和展望. 导弹与航天运载技术，（3）：25-30.
王亚训. 2004. 合理的空间运输战略. 火箭推进，30（1）：58-64.
王中许，张学彪，盛安冬. 2005. 基于分布式节点的火控体系研究. 兵工学报，（05）：638-641.
闫章更，祁载康. 2000. 射表技术. 北京：国防工业出版社.
杨勇. 2006. 我国可重复使用运载器发展思路探讨. 导弹与航天运载技术，284（4）：1-4.
余峰. 2011. 水中兵器的融合发展. 舰船科学技术，33（6）：16-18.
张汝麟. 2003. 飞机飞行控制技术的发展. 北京航空航天大学学报，29（12）：1077-1083.

郑为民，黄义新. 2000. 船舶自动舵技术的回顾与展望. 航海技术，(04)：49-51.

周燕，张金成. 2006. 区域防空网络化作战系统中战术数据链应用. 火力与指挥控制，(08)：1-3.

总装军事电子信息系统综介技术专业组. 2002. 第二届 C4ISR 系统发展与对策高级学术研讨会论文集. 长沙：国防科技大学出版社.

Murray R M. 2003. 信息爆炸时代的控制. 陈虹，马彦译. 北京：科学出版社：26-33.

Aghili F. 2012. A prediction and motion-planning scheme for visually guided robotic capturing of freefloating tumbling objects with uncertain dynamics. IEEE Transactions on Robotics，28 (3)：634-649.

Akella M R. 2001. Rigid body attitude tracking without angular velocity feedback. Systems and Control Letters，42 (4)：321-326.

Akella M R，Valdivia A，Kotamraju G R. 2005. Velocityfree attitude controllers subject to actuator magnitude and rate saturations. Journal of Guidance，Control and Dynamics，28 (4)：659-666.

Albani J M. 2007. The role of robotics in surgery：a review. Missouri Medicine，104 (2)：166-172 .

Ashish T. 2011. Automatic Control of Atmospheric and Space Flight Vehicles. Basel Birkhäuser.

Baffet G，Charara A，Lechner D. 2008. Experimental evaluation of observers for tire-road force，sideslip angle and wheel cornering stiffness. Vehicle System Dynamics，46 (6)：501-520.

Bainum P M. 1998. A Review of Modeling Techniques for the Open and Closed Loop Dynamics of Large Space Structures. Large Space Structures：Dynamics and Control. Springer-Verlag：165-177.

Bayindir K，Gozukucuk A，Teke A. 2011. A comprehensive overview of hybrid electric vehicle：powertrain configurations，powertrain control techniques and electronic control units. Energy Conversion and Management ，52:1305-1313.

Bertozzi M，Broggi A，Cardarelli E，et al. 2011. VIAC expedition toward autonomous mobility. IEEE Robotics and Automation Magazine，18 (3)：120-124.

Boskovic J D，Li S M，Mehra R K. 2001. Robust adaptive variable structure control of spacecraft under control input saturaion. Journal of Guidance，Control，and Dynamics，24 (1)：14-22.

Boskovic J D，Prasanth R，Mehra R K. 2002. A multilayer control architecture for unmanned aeiral vehicle. Proceedings of the American Control Conference：Anchorage，A K May 8-10. 1825-1830.

Cao D P，Song X B，Ahmadian M. 2011. Editors′ perspective road vehicle suspension design, dynamics, and control. Vehicle System Dynamics: International Journal of Vehicle Mechanics and Mobility, 49 (1-2): 1-34.

Carter T. 1984. Fuel-optimal maneuvers of a spacecraft relative to a point in circular orbit. Journal of Guidance, Control, and Dynamics, 7 (6): 710-716.

Carter T, Humi M. 1987. Fuel-optimal rendezvous near a point in general keplerian orbit. Journal of Guidance, Control, and Dynamics, 10 (6): 567-573.

Chan C C. 1997. An overview of power electronics vehicles. IEEE Transactions on Control Systems Technology, 44 (1): 3-13.

Chauvin J, Corde G, Petit N, et al. 2008. Motion planning for experimental air-path control of a diesel homogeneous charge-compression ignition engine. Control Engineering Practice, 16: 1081-1091, .

Chen H, Guo K H. 2005. Constrained $H_\infty$ control of active suspension: an LMI approach. IEEE Transactions on Control Systems Technology, 13 (3): 412-421.

Cheng K W E, Divakar B P, Wu H J. 2011. Battery-management system (BMS) and SOC development for electrical vehicles. IEEE Transactions on Vehicular Technology, 60 (1): 76-88.

Cho S, McClamroch N H. 2003. Attitude control of a tethered spacecraft. Proceedings of the American Control Conference: 1104-1109.

Chung S J, Ahsun U, Slotine J J E. 2009. Application of synchronization to formation flying spacecraft: lagrangian approach. Journal of Guidance, Control and Dynamics, 32 (2): 512-526.

Clohessy W, Wiltshire R. 1960. Terminal guidance system for satellite rendezvous. Journal of the Aerospace Sciences, 27 (9): 653-658, 674.

Crossland P. 2003. The effect of roll stabilization controllers on warship operational performance. Control Engineering Practice, 11: 423～431.

Daily R, Bevly D M. 2004. The use of GPS for vehicle stability control systems, IEEE Trans Ind Electron, 51 (2): 270-277.

Dubowsky S, Papadopoulos E. 1993. The kinematics, dynamics, and control of free-flying and free-floating space robot systems. IEEE Transactions on Robotics and Automation, 9 (5): 531-543.

Díaz I, Gil J J, Sánchez E. 2011. Lower-limb robotic rehabilitation: literature review and challenges. Journal of Robotics, Article ID 759764.

Gao B Z, Chen H, Ma Y, et al. 2011. Design of nonlinear shaft torque observer for trucks with automated manual transmission. Mechatronics, 21 (6): 1034-1042.

Gao B Z, Chen H, Sanada K, et al. 2011. Design of clutch slip controller for automatic transmission using backstepping. IEEE/ASME Transactions on Mechatronics, 16 (3):

498-508.

Gao Y M, Ehsani M. 2001. Electronic braking system of EV and HEV integration of regenerative braking, automatic braking forces control and ABS, SAE 2001-01-2478.

Garcia E, Jimenez M A, Santos P G D, et al. 2007. The evolution of robotics research. IEEE Robotics & Automation Magazine, 14 (1): 90-103 .

Gennaro D S. 2003. Output stabilzation of flexible spacecraft with active vibration suppression. IEEE Transaction on Aerospace and Electronic Systems, 39 (3): 747-759.

Gerhardt J, Honninger H. 1998. A new approach to functional and software structure for engine management systems BOSCH ME7, SAE 980801.

Glielmo L, Butts K, Canudas-de-Wit C, et al. 2011. Automotive Control. The Impact of Control Technology. Overview, success stories and research challenges. IEEE CSS, 1-20.

Guillaume J J D. 2009. Fault-tolerant Flight Control and Guidance Systems. New York: Springer Dordrecht Heidelberg London.

He B, Shen T L, Kako J, et al. 2008. Input observer-based individual cylinder air-fuel ratio control: modelling, design and validation. IEEE Trans Contr Syst Technology, 16 (5): 1057～1065.

Hrovat D. 1997. Survey of advanced suspension development and related optimal control applications. Automatica, 33 (10): 1781-1817.

Hwang T H, Park K, Heo S J. 2008 Design of integrated chassis control logics for AFS and ESP. International Journal of Automotive Technology, 9 (1): 17-27.

Isermann R. 2008. Mechatronic systems-innovative products with embedded control. Control Engineering Practice, 16 (1): 14-29.

Jovan D B, Ravi P, Raman K M. 2004. A multi-layer autonomous intelligent control architecture for unmanned aerial vehicles. Journal of Aerospace Computing, Information, and Communication, 1: 605-628.

Kim T, Kim H. 2000. Integrated engine-CVT control considering powertrain response lag in acceleration. KSME International Journal, 14 (7): 764-772.

Koibuchi K, Yamamoto M, Fukada Y, et al. 1996. Vehicle stability control in limit cornering by active brake. SAE paper NO. 960487.

Kristiansen R, Nicklasson P J, Gravdahl J T. 2008. Spacecraft coordination control in 6DOF: integrator backstepping vs passivity-based control. Automatica, 44: 2896-2901.

Liljebäck P, Pettersen K Y, Stavdahl Ø, et al. 2012. A review on modelling, implementation, and control of snake robots. Robotics and Autonomous Systems, 60 (1): 29-40.

Marchal C L, Reinkensmeyer D. 2009. Review of control strategies for robotic movement training after neurologic injury. Journal of Neuroengineering and Rehabilitation，6：20，doi：10. 1186/1743-0003-6-20.

Moosavian S A，Papadopoulos E. 2007. Free-flying robots in space：an overview of dynamics modeling，planning and control. Robotica，25（5）：537-547.

Murry R M，Aström K J，Boyd S P，et al. 2003. Future directions in control in an information-rich world. IEEE Control Systems Magazine，23（2）：20-33.

Narendra K S. 1991. Intelligent control. IEEE Control Systems Magazine，11（1）：39-40.

Neupert J，Arnold E，Schneider K，et al. 2010. Tracking and anti-sway control for boom cranes. Control Engineering Practice，18：31-44.

Pachter M，Chandler P R. 1998. Challenges of autonomous control. IEEE Control Systems Magazine，18（4）：92-97.

Patterson D W. 1999. In pursuit of wings：the wright brothers decide to fly. http：//www. News-Record. com.

Qi G Y. 2000. Nonlinear dynamics and output feedback control of multiple spacecraft in elliptical orbits. Proceedings of the American Control Conference，Chicago，Illinois：839-843.

Queiroz D，Kapila V，Qi G Y. 2000. Adaptive nonlinear control of multiple spacecraft formation flying. Journal of Guidance，Control and Dynamics，23（3）：385-390.

Raibert M H. 1986. Legged robots. Communications of ACM，29（6）：499-514.

Rudnick D L，Davis R E，Charles C，et. al. 2004. Underwater gliders for ocean research. Marine Technology Society Journal，38（1）：48-59 .

Schaub H，Alfriend K T. 2002. Hybrid Cartesian and Orbit Element Feedback Law for Formation.

Siciliano B，Khatib O. 2008. Handbook of Robotics. Berlin：Springer-Verlag.

Siva S B. 2002. Future directions in control for unmanned air vehicles. Air Force Research Laboratory Technique Report，USA.

Sparks A. 2000. Linear control of satellite formation flying，AIAA 2000-4438，1-5，AIAA Guidance，Navigation，and Control Conference and Exhibit，14-17 August 2000/Denver，CO，USA.

Stephan K D，Michael K，Micheal M G. 2012. Social implications of technology：the past，the present and the future. Proceeding of the IEEE，100：1752-1780 .

Stephen A C，Kenheth Krieg，Peter Pace，et al. 2005. Unmanned Aircraft Systems（UAS）Roadmap 2005～2030. USA：Office of the Secretary of Defense.

Terui F. 1998. Position and Attitude control of a spacecraft by slide Mode control. Proceeding of the 1998 American Control Conference. philade phia. USA. IEEE press，217-221.

Tschauner J，Hempel P. 1965. Rendezvous zueinem in elliptischer bahn umlaufenden ziel.

Astronautica Acta, 11 (2): 104-109.

UUV Master Plan. 2004. http: //www. tribon. cn/html/06/t-56006. html.

Vincent C, David H, Raymond B. 2004. Certification challenges for autonomous flight control systems. AIAA Guidance, Navigation, and Control Conference and Exhibit: 2004-5257.

Wang F, Jin H Z, Qi Z G. 2009. Modeling for active fin stabilizers at zero speed. Ocean Engineering, 36: 1425-1437.

Yoshida K. 2009. Achievements in space robotics. IEEE Robotics & Automation Magazine, 16 (4): 20-28.

Yeh H H, Nelson E, Sparks A. Nonlinear tracking control for satellite formations. Journal of Guidance, Control, and Dynamics, 2002, 25: 376-386.

# 第四篇　过 程 控 制

# 第二十五章
# 绪　论

工业中的过程控制是指以温度、压力、流量、液位和成分等工艺参数作为被控变量的自动控制。过程控制主要包括信息获取与处理技术，过程建模与优化技术，先进控制方法与系统性能评估技术，异常检测、寿命预测与维修决策技术，过程装备与技术标准等。本篇首先对上述五个方面的研究进展进行了综述，随后对其发展趋势及主要科学问题进行了探讨，给出了“过程控制”学科发展的优先领域和重点方向，包括多目标、多约束的混合整数非线性优化方法，海量数据、无线传输、灵巧制造的集成产生的问题，全系统的安全性在线评估与预测技术等。最后，对“过程控制”学科发展提出了一些政策建议。①面向国家重大战略需求，紧密结合我国有色冶金实际生产面临的新问题和新挑战，设立前瞻性的应用基础研究课题，逐步形成国际领先和学术优势明显的有色冶金自动化创新研究团队，为我国有色冶金自动化领域前沿性、挑战性、全局性问题的解决提供基础理论创新源泉。②加大国家投入和政策引导，加强自动化技术产品的研发，建立从大学与科研院所到公司、再到示范企业的产学研用联合开发模式，形成从技术开发到产品研制、再到示范应用的有效机制，达到产业和技术的有效协调，填补科技成果转化中间环节的空白，促进有色金属工业自动化技术的产业化，为先进冶炼生产工艺提供全套自动化技术解决方案。③促进交叉学科的发展。传感技术和传感器的制造直接影响到数据获取的精度和及时性等问题，是发展智能化、网络化、系统化数据获取和处理系统的基础，是实施先进过程控制的首要条件。目前传感技术已经成为制约数据获取技术发展的主要瓶颈。传感器技术涉及材料科学、遥感技术、微电子、信息科学、机械加工等多学科领域。跨学科的发展要求各学科的发展方向要有规划，重点扶持各个学科具有先进前瞻性的技术，促进各学科先进理论和技术的交流，需要通过政策给予一定支持。对有潜力发展成为独立学科的交叉学科，给予重点扶持，应鼓励交叉技术的孕育。

过程控制是指以温度、压力、流量、液位和成分等工艺参数作为被控变量的自动控制。以表征生产过程的参量为被控制量使之接近给定值或保持在给定范围内的自动控制系统。这里“过程”是指在生产装置或设备中进行的物质和能量的相互作用和转换过程。

过程控制经历了PID控制、变增益PID控制、预测控制、运行控制和目前受到广泛关注的基于数据和知识的控制，以及复杂工业系统的运行控制这几个阶段。过程控制和实际密切结合，是以应用为先导的自动控制。过程控制各个阶段的发展，也为控制理论的发展提供了实践原动力。由实际中产生的许多过程控制问题促进了控制理论的发展。

传统的过程控制假定可以获得控制器设定值的条件下，研究集中在保证闭环系统稳定的条件下如何设计控制器，使被控对象的输出尽可能好的跟踪设定值和闭环系统具有良好的抗干扰性能。典型的过程控制包括各工业过程（如炼钢、化工、造纸等）中普遍存在的流量控制、温度控制、压力控制和pH控制等。早期的过程控制主要解决单一变量的闭环控制问题，在完成被控对象的建模后采用时域或频域方法设计控制器，并分析闭环系统的各种性能。

20世纪60年代以后的过程控制以解决多变量控制为主。和基于状态空间模型的时域方法同步发展的是由英国学者罗森布洛克（Rosenbrock）率先提出的多变量频域控制器设计方法，以解决当时石油化工等难以精确建模的工业过程的控制问题。其主要思想是首先根据被控对象的传递矩阵设计一个多变量补偿器，以使补偿后的等价多变量被控对象的传递矩阵的对角元素部分占主导地位（即对角优势），然后再采用单变量控制器的设计方法来获得相应的主元控制器。这一类方法同时也促进了许多理论成果的发展，成为现代控制理论的三大体系（即时域方法、频域方法和几何方法）之一。

目前，现代过程工业的发展和日趋激烈的国际市场竞争使得工业界对过程控制提出了新的需求——过程控制不仅使被控过程的输出尽可能好地跟踪控制器设定值，而且要对整个工业装置（plant-wide）的运行进行控制，使反映产品在该装置加工过程中的质量、效率与消耗等指标，即运行指标，在目标值范围内，尽可能提高质量与效率指标，尽可能降低消耗指标，即实现工业过程运行优化控制。计算机技术和通信技术的发展为实现工业过程运行优化控制提供了实现平台。

工业过程的运行优化与控制受到工业界和学术界的广泛关注，已吸引了很多学者进行研究。早在20世纪50年代末，首先使用计算机在线计算过程装置的经济优化运行工作点，在美国的 Texaco、Union Carbide 等化工厂就使用计算机控制系统来实现实时控制与优化。对于可以建立数学模型的运行过程，如化工过程，建立了基于模型的运行优化与控制方法。自优化控制是采用传统反馈控制实现优化运行的控制方法，该方法离线选择与工业过程经济稳态优化状态相对应的被控变量的设定值，通过调整操作变量，使被控变量跟踪所选择的设定值，从而使过程运行接近经济稳态优化。然而，对于某些工业过程，难以选择出合适的被控变量设定值，当系统受到干扰时，即使被控变量能够跟踪设定值，也不能保证过程运行在经济稳态优化状态。实时优化（RTO）将回路控制与过程运行的优化结合起来，采用两层结构，上层采用精确非线性静态过程模型优化经济性能指标，产生底层控制回路的设定值，通过底层控制器使被控变量跟踪设定值，从而尽可能使过程运行在经济优化状态。由于 RTO 采用静态模型，当出现干扰时，被控系统达到新的稳态时才能进行优化，所以优化滞后，难以适应运行条件的变化。采用 RTO、模型预测控制（MPC）和调节控制三层结构将稳态优化与模型预测控制相结合来解决 RTO 层非线性稳态优化周期过长和回路控制周期相对过快的不一致性。RTO 采用的是静态开环优化方式，对模型的不确定性和干扰缺乏鲁棒性，因此采用直接在线优化控制。该方法采用非线性模型预测控制，将经济性能指标作为预测控制的性能指标，在有限步长内在线优化经济性能指标。

由于运行优化控制被控过程的动态模型由所涉及的回路控制被控对象模型和其被控变量与运行指标之间的动态模型组成，运行指标由反映产品在该工业过程加工中的质量指标、效率指标、能耗与物耗指标等组成。而复杂工业过程，如冶金工业，其运行指标与控制回路的被控变量之间的动态特性往往具有强非线性、多变量强耦合、不确定性、机理不清难以建立数学模型等综合复杂性，且随不同的工业过程具有不同的特性，运行指标往往不能在线检测。因此至今还没有形成一般的运行优化控制方法，只有针对具体冶金过程的运行控制方法。

国外高技术公司首先对生产原料进行预处理，然后采用工艺模型或经验模型来对控制器设定值进行开环设定，通过控制器使被控对象的输出跟踪控制器的设定值。由于中国的资源条件和生产条件频繁变化，如原矿品位较低、成分波动，所以难以采用上述模型进行开环设定控制。

过程工业的绿色化与自动化已列入中国的中长期科技发展规划，特别是复杂工业过程的运行优化控制，已经成为国家自动化领域科技项目中的主要研究方向之一。

# 第二十六章 过程控制学科发展历程及我国研究成果评述与现状分析

过程控制学科主要包含信息获取与处理技术，过程建模与优化技术，先进控制方法与系统性能评估技术，异常检测、寿命预测与维修决策技术，以及过程装备与技术标准等。下面分别进行综述。

## 第一节 信息获取与处理技术

尽管我们的祖先在科学进步的历史上为人类做出了杰出的贡献，但是，在新中国成立以前，我国控制系统的数据获取和处理系统理论和技术都处于空白，当时用于过程控制的仪器仪表完全依赖进口，更无从谈及系统这样完整庞大的概念。新中国成立初期，中国开始生产气动 04 型调节器，1958 年开始研制电动单元组合仪表，即 DDZ-I 型仪表；1964 年，全套 27 个品种的 DDZ-I 型仪表全部投入生产，结构上采用多单元制，所以仪表体积大、性能差、构成系统仪表用量多、实际应用量很少。从 1965 年起，中国开始研制 DDZ-II 型电动单元组合仪表，采用 0～10 毫安直流电流信号制，并以晶体管作为主要放大元件。1970 年开始研制的 DDZ-II 型仪表统一规范了型号、性能指标、连接部件、外形尺寸等，DDZ-II 型电动单元组合仪表实用性增强，并在全国得到普遍应用。同时 QDZ 型气动单元组合仪表也在石油、化工等领域得到应用。DDZ-III 型仪表的研制采用了国际通用的 4～20 毫安信号制，以集成电路作为放大元件，并具备了防爆安全功能。

国产 DDZ-III 型电动单元组合仪表投产后不久，改革开放促使国外仪器仪表的先进技术进入中国。上海地区最早的合资企业上海福克斯波罗公司在中国生产 SPC-200 组件组装仪表。但它整体上仍属于模拟式电动单元组合仪表。很快，国外的智能数字调节器开始引入中国，国内也先后研制出 DTZB-2310A、CS910 等型号的智能数字调节器，并以其为主体，构成国产 DDZ-S 系列控制仪表。DDZ-S 系列仪表与仅具有检测和反馈控制功能的常规仪表相比，在总体设计上考虑了检测、数据采集及处理、反馈控制、逻辑运算、数学运算程序、给定顺序控制、批量控制、高级控制、集中监视操作、打印报表、监控等综合控制功能。它既可以适用于连续生产过程也可以适用于半连续和批次生产过程，并可以构成中小规模的生产监督管理系统。仪器仪表行业在近十几年间均保持了高速增长的态势，“十一五”期间，仪器仪表行业主要经济指标增长速度为历史上最高。2010 年和 2005 年相比，工业总产值增长 195.7%，年均增长 24.2%。目前，我国变送器、执行器、测绘仪器等产品的产量也位居世界前列。我国的诸多研究院所和科研企业也在数据采集装置的智能化和网络化上进行了不懈探索。在 2001 年 11 月北京华控技术有限责任公司开发的基金会现场总线（foundation fieldbus，FF）温度变送器 HK-F102TT 在美国 Austin 通过现场总线基金会（fieldbus foundation）的可互操作性测试。这是中国第一个得到该基金会认证的 FF 智能仪表。可互操作性测试的目的是保证被测试的产品与其他厂家的产品能够相互操作，顺利地集成在一个系统中，这也是现场总线基金会的主要技术目标之一。以浙大中控、北京和利时系统工程有限公司等企业为代表的中国控制领域的公司已经能形成自己的从现场到控制室的完整仪表产品体系，在化工、发电等领域能提供国产的 DCS 系统。亚控科技发展有限公司（简称亚控科技）1993 年开发的组态王软件是国内数据采集与监视控制（SCADA）软件的开创者，实现了技术性能卓越、稳定可靠及价格低廉的统一的工业自动化软件平台。2003 年亚控科技同时也完成了企业实时智能控制核心的数据库系统 KingHistorian 的研发和数据采集、数据处理的完整平台。现在，我国已基本形成了相对完整的过程控制数据获取和处理系统。“十一五”期间，我国自主开发的控制系统在国家重大设备上得到了应用，1 千兆瓦超临界火电机组、1 千兆瓦级核电机组和 1500 万吨/年以上炼油装置也开始使用国产 DCS 系统。用于工厂自动化的以太网 EPA（Ethernet for Plant Automation）和用于工业过程自动化的无线网络 WIA-PA（Wireless Networks for Industrial Automation-Process Automation）被采纳为国际电工委员会（IEC）国际标准。

但是从整体来看，我国数据获取的仪表仍落后国际十年左右。这主要体现在产品的可靠性程度相对较低、基础的传感器和制造工艺与国外差距很大、产品寿命短等方面；产品测量精度落后国外先进设备 1 个数量级左右；产品更新周期相对较慢，国外公司的产品更新周期为 2～3 年，技术储备甚至达到 10 年以上，而国内企业主要靠引进国外现时的技术进行改进来完成产品的更新。DCS 系统主要在小规模的过程控制系统中得到很好应用，在大型系统上占有率仍然很低。

在学科发展上，1979 年中国仪器仪表学会在北京成立，并举行第一届全国会员代表大会暨学术会议。来自 30 多个部委系统，全国各省、直辖市、自治区仪器仪表界的 330 余名科技工作者出席了大会。王大珩院士等老一辈科学家担任了学会职务，出席大会的全体代表为中国仪器仪表学会的首批会员，确定学会创办学术刊物《仪器仪表学报》和生产资料杂志《仪器与未来》。同年，中国仪器仪表学会向国家计委、国家科委呈报《关于加快仪器仪表工业发展几点建议》的报告。邓小平、方毅、余秋里作了批示，主要内容是“为适应国家经济和科学技术发展的需要，建议成立国家仪器仪表工业总局”。国务院同年批准成立了国家仪器仪表工业总局。

控制数据的获取和处理在国民经济等领域有重要的地位和作用。先进的数据获取和处理系统既是过程控制理论创新和技术进步的前提，也是过程控制创新研究的主体内容之一，是创新成就的重要体现形式。据统计，近 80 余年来获得诺贝尔奖的科学家中，同新的科学仪器相关的有 38 人。这也表明了科学技术重大成就和创新领域的开辟，往往是以检测仪器和技术方法的突破为先导的。

从我国的“神舟一号”到“神舟九号”飞船来看，数以千计的测量控制设备为神舟飞船的成功发射和平稳运行提供了大量宝贵的飞行数据和控制决策依据。据中国仪器仪表行业协会仪表功能材料分会对 24 家会员企业上报资料的统计，2010 年完成工业总产值 78 亿元，产品销售收入 68 亿元，分别比 2009 年增长 55%和 66%。截至 2006 年 12 月 31 日，我国仪器仪表及文化、办公用机械制造行业总共有企业 3961 家，总资产 2660 亿元。2006 年全年销售收入 3440 亿元，同比增长 24.49%；利润总额 200 亿元，同比增长 31.42%。其中，仪器仪表总共有企业 3547 家，总资产 2025 亿元。2006 年全年销售收入 2106 亿元，同比增长 27.28%；利润总额 158 亿元，同比增长 36.77%。数不清的仪器和过程控制系统在国民经济的各个领域发挥着不可替代的重要作用。从一个小型的民营企业到神舟九号飞天，数据像血液一样流淌在每一个过程控制系统中，为过程控制系统提供着源源不断的信息，保障着系统的安全和国民经济的发展。

在军事上，数据的获取和处理能力直接体现为战斗力。火控系统的测量精度直接决定了武器系统的打击精度，同时火控系统的数据获取速度和处理能力直接影响着火控系统的决策速度和反应能力。先进的智能化的数据获取和处理系统已成为精确打击武器不可获取的重要组成部分。1991 年海湾战争期间，美国使用的精确制导导弹只占 8%，而到了 2003 年的伊拉克战争，美国使用的精密制导炸弹和导弹的比例已经达到了 90%。这些先进的精确制导武器依靠一系列的先进测量和控制系统在战场上发挥了至关重要的作用。1994 年，美国国防部成立了自动测试系统执行局（ATSEAO），统一陆海空三军的测试技术、产品与标准，保证立体作战的有效实施。为了提高武器装备的攻击精度和可靠性，增加作战的总体实力，适应现代战争的需求，各个国家都把武器的精确控制作为重点来发展。随着技术的发展，大规模杀伤性武器已经不是主导未来战争的决定性因素，精确的打击和防御能力逐渐成为未来战争中左右战局的关键。

## 一、网络化数据获取和处理系统

1975 年由美国 Honeywell 公司首先推出的集散控制系统 TDC-2000 成为世界上第一套以微处理为基础的分散式计算机控制系统，它以多台微处理器共同分散控制，并通过数据通信网络实现集中管理，被称为集散控制系统（distributed control system，DCS）。进入 20 世纪 90 年代以后，计算机网络技术的迅猛发展，使 DCS 系统得到了进一步发展，提高了系统的可靠性和可维护性，在今天的工业控制领域，DCS 仍然占有主导地位。但是 DCS 布线复杂，费用较高，不同厂家产品的集成存在很大困难。随着计算机技术和网络技术的发展，DCS 也出现了开放式系统、实现多层次计算机网络构成的管控一体化系统。

传统的工业控制软件无法满足不断提高的工业自动化要求，被控对象一旦发生变化，就必须修改控制系统的源程序，导致开发周期延长。同时已有软件因为对象特定导致难以复制到其他控制对象的应用中去，所以价格高昂，由此便诞生了组态软件。它通过类似“搭积木”的简单方式来完成用户对特定对象所需要的软件功能，而不需要编写计算机程序，也就是所谓的“组态”。组态软件自 20 世纪 80 年代初诞生至今，已有 20 多年发展历史。

组态软件在国内是一个约定俗成的概念，并没有明确的定义，它可以理解为“组态式监控软件”。“组态”的概念最早来自英文 Configuration，其含义是使用软件工具对计算机及软件各种资源进行配置，达到预先设置的要求，自动执行特定任务。它有时候也称为“二次开发”，组态软件就称为“二次开发平台”。

在现代工业过程控制中存在两类数据通信问题：第一个是控制系统与现场设备之间如何进行数据交换；第二个就是高级的工业过程管理软件等应用如何与现场控制系统之间进行实时数据通信。一个广泛使用的解决办法就是传统客户机/服务器模型。在此模型中，分别为不同的数据源（包括现场设备数据库）开发不同的驱动程序（即服务器），然后在各个应用程序（客户机）中分别为不同的服务器开发不同的接口程序。对于由多种硬件和不同软件系统构成的复杂工业过程控制系统，这种模型的缺陷显而易见。客户应用程序开发方，需要处理大量与接口有关的工作，不利于系统开发、维护和移植，因此可靠性、稳定性和扩展性较差；同时对于硬件开发商而言，开发出来的系统复制应用的能力弱，导致开发周期长、开发代价昂贵等问题。OPC 技术就在这样的背景下应运而生。

OPC 全称是面向过程控制的对象嵌入与链接（OLE for process control）。OPC 标准由 Fisher-Rosement、Intellution、Rockwell Software、Intuitive Technology 和 Opto22 五家自动化软硬件公司于 1995 年提出，同时微软作为技术顾问给予了支持。于 1996 年完成了 OPC 数据访问 1.0 版本，并于同年成立了 OPC 基金会。到目前为止，已有超过 220 家遍布全球的自动化控制系统、仪器仪表和过程控制系统公司加入了该组织，极大地促进了该标准的普及和应用。

## 二、虚拟仪器

虚拟仪器是用计算机、测试软件和信号调理设备构建的新型数据获取手段，是测试技术和计算机技术结合的产物。虚拟仪器既有传统仪器的基本功能，同时具有搭建方便的特点，广泛地用于自动测试、过程控制、仪器设计和数据处理等领域，可用软件来替代硬件。“软件即机器”是美国国家仪器公司（NI）于 1986 年提出的概念。所谓虚拟仪器就是在以计算机为核心的硬件平台上，由用户设计定义具有虚拟面板、由测试软件实现的一种计算机仪器系统。其核心是图形化编程开发环境（Labview）、Labwindows/CVI、标准 ANSIC 语言、PCI-时钟触发控制、数据采集（PXI、PCI）、数据采集卡等。

## 三、盲源分离方法

盲源分离（blind source separation，BSS）是20世纪80年代中后期发展起来的一种功能强大的信号处理方法，作为神经网络、统计信号处理和信息理论结合的产物，已经发展成为一项重要的技术。

盲源分离是信号处理过程中一个传统又富有挑战的问题，指从若干观测到的混合信号中提取和分离无法直接观测的有用信号或原始信号。“盲”指的就是目标信号不可观测，并且通常信号的混合特性也未知或只含有少量信息（如统计独立、非高斯性等特点）。

1996年Olshausen和Field在*Nature*上发表了一篇文章首次提到了稀疏性模型的概念。文章提出了人类的视觉对图像的处理都是基于稀疏描述的，从理论上说，图像本身各分量是相互关联的。Bradly和Margasarian（2004）提出了K-聚类算法，Smith和Lukasiak（2005）提出了序列稀疏元分析（SCA）算法，将信号进行傅里叶变换后，分为等长的若干段，采用源移除法和紧缩技术重构源信号，得到源信号的估计。Shi等（2005）提出了使用梯度学习法估计稀疏混合模型，再利用线性规划算法来重构源信号。Tan和Fu（2006）详细介绍了平面向量聚类SCA算法；He和Cichocki（2006）提出了K-超平面聚类算法，与传统SCA相比，该方法适用范围更广。盲源分离算法主要分为迭代优化方法和聚类方法，聚类方法分离精度高，但是对噪声相对敏感；迭代方法通常具有较好的鲁棒性。稀疏矩阵在其他多个领域也有着广泛的研究和应用。例如，Maryam在2010年将稀疏矩阵与有限元结合作了一些应用研究，取得了良好的效果。

## 四、数据挖掘技术

随着工业过程工艺的日益复杂和对复杂工业过程控制的要求逐步提高，海量数据充斥在现代过程控制的各个领域，这些数据涵盖了工业过程的客观规律和决策操作人员的丰富信息，而这些数据是精确的数学模型难以描述的。如何从这些数据资源中提取有用的知识信息和控制决策依据已成为现代过程控制的一大难题。

数据挖掘作为从数据中提取有用信息的一项新兴技术和学科，具有多方面的理论来源。但目前尚没有针对数据挖掘的准确定义。从数据处理的角度，可以将其过程概括为解耦和知识获取两个过程。解耦体现在对数据的去噪、滤波、盲源分离等处理上，目的是去伪存真、去繁就简，实现抽丝剥茧的过程；知识获取主要采用贝叶斯理论、分类方法、粗糙集理论等，目的是从纷繁的数据中提炼有效知识，实现从现象到本质的认知过程。

## 第二节　过程建模与优化技术

下面以有色冶金为例，介绍过程建模与优化问题。有色金属是国民经济和国防军工的基础原料和战略物资，产业关联度高，占有十分重要的地位。随着我国国防安全的需求增长与高新技术产业的快速发展，对有色金属需求将更加旺盛。我国有色金属工业发展迅猛，近十年来铜铝铅锌等十种有色金属产量稳居世界第一，但其发展面临着资源、能源和环境因素的严重制约，节能降耗减排形势严峻。近年来，尽管我国有色金属工业在节能降耗减排等方面开展了广泛的研究，但与国外先进企业相比，在生产率、生产成本和能耗、环境污染及矿物回收率等方面还存在较大差距，有色金属矿采选回收率仅为50%～60%，单位产品能耗比国际先进水平高15%。世界各国的经验表明，过程建模、先进控制与优化技术是有色冶金企业实现节能降耗减排、提高企业经济效益等目标的支撑技术之一，如何应用过程建模、控制与优化技术实现有色冶金过程的“绿色冶炼、清洁生产”已成为我国有色冶金行业的迫切需求。

### 一、有色冶金过程建模

建模是生产过程控制、优化及流程模拟的前提和基础，目前有色冶金过程建模主要集中在三个方面：机理建模、基于数据的智能建模和智能集成建模。

机理建模是在工艺机理分析的基础上，依据物料平衡、热量平衡和冶金反应动力学等原理建立的数学模型，是对过程的严格描述，能反映系统的主要规律。国际上在冶金、矿物加工领域的代表性研究团队有芬兰赫尔辛基工业大学过程控制与自动化实验室、南非斯坦普林斯大学过程工程系、英国帝国理工大学矿物加工等，这些研究团队非常重视机理建模研究。总的说来，机理模型很大程度上依赖于对过程机理的认知，开发准确的机理模型成本高、难度大，特别是有色冶金过程为典型的非平衡、非均一、非稳定和强非线性的过程，难以完全从机理上揭示其内在规律。

基于数据的智能建模是充分利用工业过程生产数据、经验知识，结合模糊逻辑、专家系统、神经网络（NN）及支持向量机等方法建立模型的。这些方法在系统参数辨识和解决对象描述复杂性方面具有一定优势，但对于存在不确定性、参数分布性和输入干扰，以及信息不完备性的有色冶金过程而言，基于数据的智能建模在其学习泛化能力、先验知识处理、模型复杂度等方面存在缺陷，难以满足模型精度要求。

有色冶金过程智能集成建模的理论和方法是为了弥补机理建模和数据建模方法的局限性而提出的，是在提取和综合利用反应机理、操作经验和生产数据等具有不同表现形式和表征重点的信息过程中发展起来的，并在有色冶金过程控制中得到了成功应用。例如，针对氧化铝生料浆配料生产过程的特点，建立基于物料平衡原理和残差补偿的生料浆质量预测模型；依据吹炼过程动力学原理，建立基于模型嵌套的铜转炉吹炼动态过程智能集成模型；根据物料平衡与热平衡的机理模型、模糊递归神经网络模型，建立基于多模型协调的铜闪速熔炼三大指标智能集成预测模型等。

## 二、有色冶金过程优化

有色冶金过程优化以工艺、品质、经济、环境等指标为优化目标，在工况发生改变时，实时指导生产过程的操作、控制与调度，保证生产过程优化运行。以迭代计算为本质的传统过程参数优化方法严重依赖精确的数学模型，对于解决复杂的有色冶金过程工程优化问题其效果难以令人满意。目前，有色冶金生产过程已基本实现了底层的自动化，实现了控制参数的跟踪和稳定，但从节能降耗的层面实现全流程的运行优化还存在困难。其主要困难来自于长流程、多工序、多模型、多目标、不确定等因素带来的运行优化问题的复杂性。为此，许多学者针对有色冶金过程的特点，提出了一系列运行优化方法。

在优化控制技术开发方面，南非 Mintek 公司积累了 25 年的选矿生产数据并结合大量的工业实践开发了选冶过程优化软件包 StarCS；芬兰 Outotec 公司历经 40 年开发了 PROSCON 先进控制系统，这些均是当前国际矿业界优化控制软件产品的典型代表。Outotec 公司对磨矿、浮选、浸出、净化等工业过程工艺参数的监视、控制、优化等进行了模块化设计，研发了先进控制软件包 ACT，特别是提供了可涵盖浮选过程的控制解决方案。目前国际上针对传统有色金属选冶过程和先进的冶炼生产开发了相应的优化控制软件，但其核心技术封锁，难以适应中国复杂的矿源和生产环境，在实际运行过程中往往无法实现预期引进目标。

### 三、有色冶金过程建模与优化的现状分析

我国有色金属品种多，生产工艺多样，特别是有色金属矿源复杂、多种金属伴生，使得有色冶金过程具有生产流程长、反应机理复杂、生产环境恶劣、过程干扰与耦合严重、非线性、大时滞和信息多样化等特点，严重阻碍了建模与优化方面技术在本领域的应用。目前我国有色冶金过程在建模与优化方面均取得了一些阶段性的研究成果，但先进的自动化系统和优化软件均依赖进口，这些系统对生产对象与工作环境要求严格，难以适应我国有色冶金企业矿源变化频繁、生产条件变化剧烈的状况，并且引进系统价格昂贵、备件购置和后期维护困难，核心技术保密使系统升级改造难以实现，无法达到预期效果。与此同时，尽管我国有色冶金自动化领域内每年产生了大量科技成果，但真正实现产业化的却很少，转化率低于10%。特别是有色冶金过程专用的优化控制技术、专用软件产品开发缓慢，一些新的技术成果没能及时转移到生产企业，未能获得充分的经济效益。

## 第三节　先进控制方法与系统性能评估技术

### 一、预测控制

预测控制（MPC）是一类源于工业过程实践的优化控制方法，从20世纪70年代问世以来，首先在炼油、化工、电力等领域的过程控制中获得了成功应用，显现出其在处理复杂约束优化控制问题时的卓越能力。30多年来，随着预测控制商品化软件的不断完善和有力推广，预测控制已在全球数千大型工业装置上得到成功应用，受到了工业过程控制领域的广泛认同，被认为是唯一能以系统和直观的方式处理多变量约束优化的控制技术，并成为先进过程控制（advanced process control，APC）的核心。

预测控制的基本原理可归结为预测模型、滚动优化、反馈校正，即基于模型预测系统未来行为的变化，通过在每一时刻求解未来某一有限时域内性能指标的优化求出当前控制并予以实施，随着时刻的推移在实时信息反馈的基础上滚动地进行优化。在工业过程中，预测模型大多采用在工业实践中易于获得的脉冲响应或阶跃响应模型，在线优化通常采用线性规划或二次规划方法，反馈校正常采用输出误差的偏置补偿。

虽然工业预测控制技术及其商品化软件已相当成熟，但工业实践中提出的各种实际问题，仍在不断推动人们对预测控制技术进行进一步的研究和完善。通过预测控制技术实施过程的经验积累，工业界普遍认识到要使预测控制技术取得满意的效果，除了研究控制算法之外，还必须从系统角度考虑更多的因素。

### (一) 底层基础镇定控制的设计

预测控制虽然定位在动态控制层，但其控制效果与底层回路控制的配置和整定密切相关。在预测控制实施过程中，底层DCS的控制策略必须与预测控制的要求联系起来一并考虑，其中，最主要的考虑因素是扰动抑制、过程耦合、对模型误差的鲁棒性和约束。此外，还要考虑当预测控制切换或失效时配置合适的DCS控制模式。除了预测控制传统采用的直接数字控制或透明控制模式外，工业界往往根据过程实际情况插入串级控制模式，其采样频率远高于预测控制，因此可以更有效地抑制扰动，它还有助于对过程输出线性化，以扩大预测控制的操作范围。此外，底层阀门的约束饱和将对预测控制的模型和控制产生直接的影响，因此，这些约束必须加到预测控制的设计中考虑。在一般情况下，改变底层PID回路的配置或参数将会影响预测控制的模型，需要对对象重新进行测试。但如果知道PID控制层模型的详细信息，就有可能建立预测模型与不同PID配置和参数的关系，从而避免重新测试的代价并可检验不同配置下预测控制的效果。这种模型转换的关系，特别是反映转换好坏的精度和鲁棒性问题，还有待研究。

### (二) 经济性指标的考虑

预测控制定位在动态控制层，是为了保证系统运行在优化层所要求的稳态工况下。经济指标的优化作为企业级优化控制的核心目标，主要通过预测控制的上层优化层来实现。由于以往的静态实时优化存在优化不及时、不能利用实际系统的动态信息等缺陷，难以实现生产过程中物料和产品市场价格变化等环境下的经济利益最大化。近年来，预测控制进一步加强了与经济性指标的结合。一方面，直接把经济性指标加入动态控制级的经济预测控制（economic model predictive control）开始得到研究；另一方面，随着实时优化（RTO）在过程控制领域受到高度关注，预测控制开始在RTO中扮演重要角色，为了改善控制性能，预测控制将系统动态信息反馈给RTO层形成闭环，从而构成动态RTO（DRTO）替代以往的稳态RTO，达到对实际生产过程的适应性。尽管这两类方法都以经济指标的优化为目的，也取得了一些应用案例，但总的来说，这两类方法在理论（如稳定性和有效性分析等）和实现方面（如大规模非线性系统的控制实时性等）仍有不少问题有待解决。

### (三) 测试和辨识技术

对象测试和模型辨识是预测控制技术实施中最重要的步骤。传统的预测控制技术采用人工方式对对象进行开环测试，其运行时间通常会占到总实施时间的50%以上。20世纪90年代中后期以来，基于不相关二进制序列信号，如伪随机二进制序列（PRBS）或广义二进制噪声（GBN）的自动测试得到了普遍应用。21世纪以来，预测控制又开始大量应用GBN信号进行闭环测试，以降低人力和时间代价，提高测试精度。预测控制的工业应用普遍采用有限脉冲响应（FIR）模型或高阶带有外加输入的自回归（ARX）模型。这些模型通过最小二乘法很容易辨识。近十年来，子空间辨识方法在工业过程预测控制中的应用不断增长，其优点是可以直接得到多变量的状态空间模型，即使对于FIR或ARX模型，子空间方法也可以在辨识过程中考虑输出测量值之间的相关性，从而提高模型的精度和鲁棒性。此外，它还可以对具有不同动态的复杂关系准确建模，自动确定模型的阶次，并且更精确地估计对象的增益及其变化。在闭环辨识方面，大多数预测控制的工业应用采用了预测误差法或改进的子空间方法，但仍面临着如何得到准确的噪声模型这一挑战。对于过程非线性的辨识或不能实时测量的推理模型辨识，也在预测控制的工业应用中得到了充分重视并取得了一系列成果。

### (四) 预测控制在底层控制中的实现

现有工业预测控制均采用有限阶跃响应（FSR）和有限脉冲响应（FIR）等卷积模型，这类模型的大量系数限制了其在快速动态过程或低配置计算环境中的应用。但近年来高速多核处理器的发展为提高预测控制处理大规模优化问题的能力和控制器的快速实施提供了支持，在DCS上实现预测控制算法的执行周期已可达到秒级。除了作为工业过程全过程优化控制的一个层次外，预测控制还大量独立应用于多变量工业对象的约束控制。随着现场控制设备和嵌入式系统的发展和应用领域的扩展，预测控制算法也开始向底层控制渗透，如何在计算能力有限的底层设备上实现预测控制算法近年来已成为研究热点。

### (五) 预测控制系统的性能评估

预测控制在工业过程中具体实施时，为了确保系统能长时期保持收益，还需要对控制系统性能的退化进行评估和诊断。这种性能退化如果源于模型失配，则诊断系统应指出哪些子模型需要改进，以及是否需要重新测试和辨识。特别对于一个已经投运的预测控制系统，其经济性能取决于性能指标、约束界限和参数整定，对其经济性能的评估和改进已成为判断预测控制系统是否有效运行的关键。近十年来，围绕预测控制系统的性能评估已取得了一定的进展，但仍然是工业界高度重视的热点。

## 二、随机控制与随机分布控制

由于工业过程大多受外界干扰的影响，其被控变量呈现随机特性，随机控制在过程控制中也得到广泛应用。随机控制的目的是设计控制器，以使闭环系统的随机性极小化。具有代表性的是最小方差控制，其目的是设计控制器以使闭环系统的跟踪误差的方差最小。最小方差控制由瑞典学者 Aström 提出，20 世纪 60 年代作为造纸大国的瑞典在控制造纸机的速度时发现了一个问题，即大于 0.2%的速度波动往往是造纸机断裂的主要原因。而解决这一问题的手段就是在造纸机的调速控制系统中采用最小方差控制。从实际需求中产生的最小方差控制也促进了控制理论的发展。

另外，统计方法也在检测过程工业产品质量的一致性时得到广泛应用。具有代表性的是随机过程控制（stochastic process control，SPC），其思想是通过检验反映质量数据的均值和方差来对产品质量进行监控。SPC 是一个基于数据的监控方法，其前提是假设所监控的工业过程的运行是正常的，因此，SPC 所监控的变量必须是满足高斯分布的白噪声。

在控制工程实践中，关于某一些变量的分布形状控制（如其概率密度函数形状控制）问题也一直是一个具有挑战性的问题。例如，在化工过程中，决定合成材料强度的关键是分子链长度的分布；在选矿过程中，粒度的分布也是衡量选矿生产过程产品质量的重要标志。在造纸过程中，其关键的产品质量指标是纸张密度分布的均匀性，这也是一个概率密度函数形状控制问题。其目的是控制造纸过程中各生产单元的控制回路，以使纸张密度分布跟踪一个定义在窄区间的均匀分布。这些分布控制实际上可以看做是关于相关变量的概率密度函数形状控制。这些问题之所以还没有得到完全解决主要是因为：实时在线测量这些变量的分布是一个非常困难的问题；建立控制量和输出变量分布的数学模型也是一个难点。

解决第一个问题的关键在于建立有效的测量装置。近年来随着仪器仪表技术的快速发展，已有可能获得变量分布的测量。例如，可以利用光电原理和数字摄像机来测量变量（如纸张密度）分布的图形特征，然后从图形中来获得输出变量的概率密度函数。这类传感技术的快速发展为实现实时关于输出概率密度函数形状的控制提供了良好的前提条件。值得指出的是，这类传感器的采集速度将越来越快，这表明在不久的将来，这类以测量分布为目的的传感器无论在速度或在精度方面都能够达到实现闭环控制的要求。

而上述第二个问题仍没有很好地解决，因为输出分布（概率密度函数）既是时间的函数，也是空间变量的函数。理论上讲，这种类型的分布的动态特性应该由偏微分方程来表示。这实际上是一种分布参数控制问题。因此，人们通常认为可以先设法建立偏微分方程模型，然后根据该模型来设计相应的控制器，以此输出变量的分布形状，在负反馈的框架下跟踪一个给定的分布。

关于随机系统的概率密度函数形状控制的第一篇理论论文发表在 1996 年的 Automatica（自动控制领域顶级期刊）上，匈牙利学者 Karney 在这篇文章中首先假设控制对象的输入输出关系由一个联合概率密度函数表示，因此他认为控制器的输出也应该是一个概率密度函数。由此控制系统的设计可以归结为设计控制器的概率密度函数在负反馈框架下，直接控制对象的概率密度函数。从理论上讲，这样设计出来的控制器能够使闭环系统概率密度函数跟踪一个给定的概率密度函数。然而，在实际中需要这种概率密度函数控制器在每一个采样时刻产生一个分布。也就是说，控制器在每一个时刻都应该产生一批符合某种分布的数据，而这在实际中是无法实现的。因为在每一个采样时刻，控制器只能产生一个输出数值（如在某时刻的阀门开度等）。从实际出发，Wang（1999）率先研究了如何用单纯的时间函数来控制随机系统输出概率密度函数的形状，并将这一类控制系统称为随机分布控制系统（stochastic distribution control systems）。研究工作包括控制系统建模，控制器设计和闭环系统分析等。从 1999 年开始到现在，国内外学者解决了随机分布控制的一系列建模和控制问题和基于随机分布模型的最小熵控制，并将随机分布控制理论应用到建模、滤波、数据挖掘及故障诊断和造纸等实际系统中。然而，随机分布控制的建模是一个复杂的问题，需要研究一类简化的分布模型以实现关于输出变量分布的简单的实时闭环控制。

### 三、复杂工业过程运行优化控制

复杂工业过程（如石油化工、炼钢、造纸、选矿等）运行时在结构上来看是二维模式的。其横向由各生产单元连接组成，用于完成给定的生产任务，而纵向由分布式计算机控制系统（DCS）、计划调度和生产管理系统（如MES）等组成。这是一个多层次和多尺度的运行结构，其目的是在安全运行的前提下，优化产品质量，提高生产效益和节能减排。由于任何一个工业过程在其生产结构确定后可操作的变量由控制回路来执行，所以多层次和多尺度的运行控制是实现优化产品质量、提高生产效益和节能减排的关键。

为了便于工程实现，运行优化控制采用回路控制层和控制回路设定两层结构。回路控制层采用已有的控制器设计方法来设计。基于数学模型的控制器设计方法根据被控对象模型设计控制器结构，然后选择参数。由于运行过程的动态特性难以用数学模型来描述，只能依靠过程数据来设计运行控制。数据驱动的控制器设计思想是首先提出运行控制结构，然后采用过程数据设计结构中的各部分。由于上述工业装置的运行特性未知，受到不确定性的干扰，常常运行在动态之中，要求运行优化控制具有鲁棒性。采用优化与反馈相结合实现动态闭环优化的策略。控制回路设定值的优化决策只能采用近似模型或者根据运行专家经验采用案例推理或专家规则等智能方法，从而使决策的设定值往往偏离优化设定值，因此采用运行指标预报与校正策略。为了避免因决策出不合适的控制回路设定值而造成的故障工况，采用了故障工况诊断与通过改变控制回路设定值使工业装置远离故障运行的自愈控制策略。

## 第四节　异常检测、寿命预测与维修决策技术

随着高新技术的快速发展及全球化竞争的日益加剧，现代化工业过程正朝着大规模、复杂化的方向发展。然而，再优秀的产品或系统设计都无法避免长时间运行所带来的老化问题。当某些部件发生异常时，若未及时发现或维修不足，都有可能导致整个系统的失效，从而产生不可估量的后果。例如，在 2010 年 4 月墨西哥湾的美国“深水地平线”钻井平台爆炸事故中，由于最后一道防线——防喷阀的失效，导致大量原油的泄漏，并造成了严重的人员伤亡、环境破坏和经济损失。同时，用于保证系统正常运行的维修活动还需

要相应的费用支持。维修活动安排及维修资源管理的不当，将会影响整个生产过程并造成浪费。因此，在系统运行过程中，根据监测信息，及时发现异常或定量评价系统健康状态并采取有效维修措施，对切实保障复杂系统的运行安全性、可靠性与经济性具有重要意义。

对应解决上述问题，有关异常检测、寿命预测和维修决策等方向的研究得到了国内外学者的广泛关注，并在过去的几十年内取得了长足的发展。一些复杂工业过程中涉及的系统通常具有大范围不确定性、高度非线性、强关联性等特点，从而在研究中存在着难以建立精确机理模型、难以描述系统各部分之间依赖关系等困难。但是，得益于传感器技术和状态监测技术的迅速发展，工业现场可以获得相关的监测数据用于过程监控与维修策略制定。因此，基于数据的安全运行理论与应用正逐渐引起研究人员的重视。其中，关于异常检测、寿命预测与维修决策的研究，对提高产品质量、系统可靠性及维修经济性等起着至关重要的作用。

(1) 异常检测。基于数据的工业过程异常检测常采用统计过程监控技术。这里的异常表示广义的故障，即过程中有至少一个特征或变量发生异常偏离，并会对系统可靠性与设备可维修性产生影响。而关于数据驱动的故障检测与诊断等技术在近年来已获得了大量研究成果，并在相关综述文献当中得到了较好的总结。因此，本文主要关注与系统退化过程及后续预测，以及维修相关的异常检测技术研究现状。

(2) 寿命预测。作为评价系统健康状态的重要手段，评估与预测未来可能的失效与剩余使用寿命目前已成为国内外研究的热点问题。作为可靠性的重要特征指标，剩余使用寿命定义为根据当前运行条件从当前时刻到失效的时间间隔，也称为剩余寿命。在这里所指的寿命预测，侧重于基于监测数据对设备或系统的剩余寿命进行预测。而对于剩余寿命研究的方式基本可以分为两种：一种是估计或预测平均剩余寿命，另一种是找出剩余寿命的概率分布。但对寿命预测中的不确定性及其对后续维修活动的影响讨论较少。

(3) 维修决策。维修是为保持或恢复产品或系统处于能执行规定功能的状态所进行的所有活动。对于已发生或可能发生异常的系统，不但需要采取维修，还需要研究如何在维修成本、资源损耗与生产效益之间决策出最优平衡点，由此确定效率最高的维修方式，以达到减少损失、提高可靠性等目的。根据维修发生的时机可以将维修分为两类：修复性维修和预防性维修。修复性维修即通常所说的事后维修，而这里我们重点关注关于预防性维修的研究，主要包括计划性维修和视情维修。其中，比较理想的方式是基于健康状态监测的视情维修，以及在此基础上发展起来的预测维修。预测维修更侧重于对预测信息的利用，因此可视为广义的视情维修。目前，已有一些文献对视情维修的研究发展做出了相应总结。然而，视情维修及更广义的预测维修依赖于基于监测信息的估计与预测结果及当前维修资源的输入，因此对于此类维修的研究需要综合考虑寿命预测的结果与维修资源的管理工作。

综上而言，目前大多数文献仅单独考虑上述三个部分当中的某一个研究，往往忽略了输入信息对本研究或输出信息对后续研究的影响，无形中缩小了其研究成果的应用范围。而从基于监测数据的工业过程安全运行相关研究流程来看，各个部分之间都具有一定的关联性。

当得到运行过程中的监测数据时，可以开展基于数据的异常检测、寿命预测和维修决策研究，其整体过程包括：基于传感器采集到的数据，监测系统运行过程的各类特征量；通过对与退化过程相关的信息进行分析，及时检测出运行过程中可能出现的异常或故障状态；基于异常检测的结果，若直接发生故障报警，则通过检查之后对相应的维修措施进行决策，若仅发现与正常运行有所区别但未导致系统规定功能降低的异常点时，则通过异常点之后的退化相关数据进行建模分析，预测当前的剩余寿命；基于对系统当前状态及寿命预测的定量结果，以最小化代价为目标进行维修决策；而在维修决策中，需要充分考虑维修活动安排与相应维修资源（如投入维修的人员与备件等）管理之间的相互关系，通过统筹规划得到包含维修与资源配置的最佳健康管理措施。

综合考虑安全运行全过程的研究是一项非常庞大而复杂的工作，且在现有的研究成果中较少定量分析各阶段输入及输出之间的相互影响，使得关于异常检测、寿命预测和维修决策的整体联合研究进展极为缓慢。得益于基于状态的可靠性与维修理论研究的迅速发展，近几年开始逐渐出现针对其中某些部分的联合研究成果。下面主要总结基于异常检测、寿命预测和维修决策的联合研究进展，以及当前研究中存在的一些问题。

目前关于异常检测、寿命预测和维修决策的联合研究成果，主要分为四个部分：异常检测与寿命预测的联合研究，异常检测与维修决策的联合研究，寿命预测与维修决策的联合研究，以及维修决策与备件管理的联合研究。

## 一、异常检测与寿命预测的联合研究

对于大多数工程系统而言，其失效过程大体可分为两个阶段。第一个阶段是从系统安装运行到出现异常的正常工作阶段，且在这一阶段监测得到的数据一般比较平稳，没有明显的趋势出现，如发动机、烟气轮机、旋转机械等的振动幅值信号，都具有这样的特点。出现异常的时间点一般被称为异常点或变点。第二阶段是从出现异常点到系统退化至失效的过程。在这一阶段，监测数据将呈现一定的退化趋势，可通过对退化趋势的建模，预测系统发生失效的时间，即系统寿命或剩余寿命。

如前所述，目前对异常检测和寿命预测的研究多数都是单独进行的，没有考虑到以上两阶段失效的特点。也就是说，在研究异常检测问题时，没有考虑到检测出异常点后如何预测系统的剩余寿命进而规划相应的健康管理措施，而在研究剩余寿命预测问题时，仅假设事先已经通过统计过程控制的方法检测出异常点，直接基于第二阶段的数据进行退化建模和剩余寿命预测。然而，异常检测和剩余寿命预测是相互关联的：异常点检测结果的准确性直接影响着剩余寿命预测的结果。因为异常点是进行退化建模的起始点，不同的起始点势必对预测的剩余寿命产生不同程度的影响。此外，大多数已有研究都假定事先知道确切的异常点，但异常点的位置通常因个体而异。异常点的信息能够在系统运行的初始阶段提供剩余寿命的有用信息，因此，有必要对异常检测与寿命预测进行联合的考虑和研究。

目前大多数的研究仅考虑了退化建模中存在异常点的问题，没有对基于退化建模的剩余寿命预测直接进行研究。相比于异常检测和寿命预测各自独立的研究而言，关于异常检测和寿命预测的联合研究虽然近十年得到了不断的关注，但研究成果仍然非常有限。异常检测和寿命预测的联合研究的主要困难在于如何通过监测数据给出异常点发生时刻的后验分布。

## 二、异常检测与维修决策的联合研究

异常检测和维修决策的有效性很大程度上依赖于从系统运行的监测数据中提取可靠的信息，基于此来采取必要的决策行为。虽然异常检测和维修决策都是根据数据判断系统的运行状态，并基于此进行相关决策，但二者的主要区别在于：异常检测只考虑系统正常和异常两个状态，而维修决策额外考虑了系统的失效状态。而基于统计过程控制的异常检测与维修决策的相似之处主要在于基于监测的数据检测系统运行的异常状态。由于基于数据进行异常检测时不可避免的出现两类错误：系统处于正常状态而误报为异常和系统处于异常状态但未报警，因而，此类异常检测的主要目标是在一定的经济目标（代价最小）或统计目标（满足两类错误发生概率的预期目标）下决策过程监控的策略，即采样间隔、采样数目、报警控制限。

尽管异常检测和维修决策共享着系统运行过程中的监测数据，但是目前的研究和应用表明：大多数的理论和研究中，对于异常检测和维修决策是分开处理和研究的，没有考虑二者在数据共享情况下的协作，因此采用分开决策的策略难以实现全局的优化，进而将导致资金和人力资源的浪费。

综合而言，考虑异常检测和维修决策的联合研究是非常必要的。因为：①监测数据中包括的信息与系统运行状态密切相关，用于维修的数据中的信息对异常检测也是有用的，反之亦然；②系统异常的运行更易于导致系统的退化，加速其失效过程，也就是说在系统从正常状态到异常状态存在一定的退化机制，系统的异常状态与最终的失效有一定的联系。

异常检测和维修决策联合研究的基本思路是：对系统的运行过程进行监测，当系统处于正常状态时，如果过程监控（统计控制图方法）产生报警信号，则对系统进行检查，确认为误报，系统继续运行；当系统处于异常状态时，一旦过程监控产生报警信号就对系统进行检查，确认为异常状态，对系统进行预防性维修，使其恢复至正常状态；当系统发生失效时直接就进行维修，使系统正常运行。近 20 年，以上描述的异常检测与维修决策的联合研究得到了一定的关注。根据获取的检测数据复杂度不同，可将此类联合研究分为基于单变量监测数据和基于多变量监测数据的异常检测与维修决策联合研究。

Tagaras（1988）最早考虑了异常检测与维修决策的联合优化问题，其中，系统的状态转移过程满足马尔可夫性，结果表明联合优化有助于减少系统运行成本。Cassady 等（2000）进一步考虑了系统从正常状态到异常状态的转移不是马尔可夫的情况。Yeung 等（2007）对前面文章进行了扩展研究。Linderman 等（2005）研究了存在计划性维修情况下的异常检测与维修决策联合决策问题，但是没有考虑系统运行过程中会发生失效的情况。类似地，一些研究采用了其他类型的控制图进行联合决策。以上的联合决策研究中仅考虑了基于年龄的维修策略，在维修决策中只利用了历史统计信息，没有考虑系统实际的运行状态。

当监测数据为多变量时，由于系统的状态难以直接观测，为每个变量设计出控制限几乎是不可能的。因此，基于单变量数据的联合决策框架很难适用于多变量数据的情况。

为进一步处理多变量数据问题，Makis（2008）提出了一类多变量贝叶斯控制图。通过估计系统处于异常状态的概率实现异常的检测，对应的控制限也为系统处于异常状态的后验概率，并证明了贝叶斯控制图是最优的。基于此类多变量控制图，Makis（2009）及其合作者研究了基于贝叶斯控制图的异常检测和视情维修联合决策问题。相比传统的联合决策方法，其决策结果不仅在经济性能指标上，而且在统计性能指标上都得到了显著的提高。

最近，Wang（2010）基于模拟技术研究了多变量贝叶斯控制图和视情维修的决策问题，但其假设给定系统状态下的多变量观测相互独立，简化了该问题。

## 三、寿命预测与维修决策的联合研究

作为维修活动的重要输入信息，寿命预测的准确直接影响到维修策略的制定效果。因此，基于数据的寿命预测需要与维修决策联合考虑，才能从工程应用角度保证系统的安全性与可靠性。

传统的寿命预测通常需知道退化的物理机理模型，或者假设寿命数据满足某类分布，利用大量样本的寿命测试数据获得模型参数。从 20 世纪 90 年代开始出现的寿命与维修联合研究中，常基于此类寿命预测结果制定计划性维修策略。例如，Noortwijk 和 Klatter（2004）假设混凝土桥的寿命满足韦伯（Weibull）分布，根据失效数据进行参数估计，进而利用更新理论以最小化替换桥部件成本为目标确定维修时间；Kim and Frangopol 等（2011）则在此维修策略的基础上进一步在寿命预测中考虑了影响桥寿命的材料特性、几何参数、加固位置、材料扩散率和损失率等不确定性因素。然而，这些研究多为离线的研究，即根据离线估计的寿命模型安排维修活动，容易导致维修效率不高等问题。相对于上述离线的寿命预测与维修决策联合研究，基于当前监测信息得到的寿命预测结果而进行的视情维修，即在线的寿命预测与维修决策联合研究，正逐渐引起研究人员的注意。

在这里，在线的联合研究更侧重于广义的视情维修，即预测维修。因此，在线的寿命预测与维修决策联合研究过程包括：根据特定设备或系统的在线监测信息，定量分析当前的退化过程并预测其未来的变化趋势与剩余寿命，进而按照指定的需求，以最小化维修代价为目标，设计出一种有效的维修策略。与传统维修决策研究相比，该研究的决策结果能够随着设备或系统退化状态与剩余寿命的变化而实时更新，并相应地安排维修操作。在此策略下，维修人员可根据剩余寿命预测信息在失效前的合适时间实施维修，以在避免重大事故发生的同时，减少维修与备件存储的损失并延长设备的使用寿命。近几年，实时的可靠性与剩余寿命预测研究得到了较快发展，但是利用这些预测信息进行维修决策联合研究的文献较少，发展较为缓慢。

You 等（2010）基于指数退化模型，通过在线更新最优维修控制限进行维修活动安排。基于相似的思想，Fan 等（2009）则将此退化模型应用到以最小化替换费用为目标的维修决策中。Arnaiz 等（2010）针对飞行器综合健康管理系统中的健康评估与决策支持问题，利用贝叶斯网络估计剩余寿命以评价飞行器的运行风险，进而基于对未来相关维修事件的预测更新维修与运行计划。

由于一些设备或系统的退化或维修过程描述具有马尔可夫性，如隐马尔可夫过程和泊松过程等，相应地马尔可夫过程分析方法也出现在寿命预测与维修决策的联合研究当中。

Wang（2010）假设状态监测信息是关于其剩余寿命的函数并满足马尔可夫性，利用随机滤波方法更新各监测点处的剩余寿命分布，进而以最小化替换费用为目标制定最优维修策略。Ghasemi 等（2007）将退化过程描述为隐含的马尔可夫过程，利用贝叶斯方法在线计算条件可靠性和平均剩余寿命，并在相应剩余时间内，通过动态规划方法比较各监测点的替换费用来进行维修决策。在现有寿命预测与维修决策的联合研究中，大多数事先假设退化过程的模型满足一定的特性，进而根据寿命预测结果制定相应维修策略。然而，对于退化机理极为复杂的强非线性系统而言，其寿命预测与维修决策的研究仍有待进一步关注。同时，由于目前寿命预测精度指标与验证手段的缺乏，若能从降低不确定的角度定量分析预测结果及其对维修决策的影响，则有助于推动预测维修研究的发展。

## 四、维修决策与备件管理的联合研究

当管理人员按照维修决策结果安排相应维修活动时，需要根据当前的备件存储情况进行合理规划，否则，备件的缺乏或过量会影响维修的效率并增加相应的成本。因此，工业过程的维修决策需要与备件管理同时进行合理安排，以尽可能提高效率并节约成本。

自 20 世纪 70 年代开始，就有学者注意到将维修决策和备件管理相结合的研究意义，并开展了相应工作。根据预防性维修的分类，同样可将此方向的研究分为离线的计划性维修与备件管理联合研究与在线的视情维修与备件管理联合研究。

早期的维修与备件管理研究多集中在基于计划性维修决策结果考虑备件的存储策略，且研究成果较多。例如，Armstrong 和 Atkins（1996）在基于年龄的维修策略中联合考虑预防性替换年龄与备件订购年龄的全局最优解，并通过实例比较，验证了联合决策比非联合决策更能降低成本。之后，Armstrong 和 Atkins（1998）将此工作推广到包含不完全维修的策略中。相对于年龄维修策略主要针对的单部件系统，多部件系统通常采用成批维修策略。

## 第五节　过程装备与技术标准

伴随着半导体器件、微电子技术、计算机科学、通信技术及网络技术的发展，自动化控制系统步入了一个崭新的时代。自动化装备发展大致经历了如下几个阶段。

（1）模拟仪表控制系统。20 世纪 70 年代以前，主要通过继电器的不同组合来实现开关量和顺序控制，而模拟量则通过常规模拟仪表控制来实现。这个时期控制系统体现了集中式的体系架构，其中心任务是保障安全生产，减少事故。

（2）数字仪表控制系统。进入 20 世纪 70 年代，单片机和可编程逻辑控制器的出现，对工业生产过程产生了深远的影响。具有强抗干扰能力的数字信号取代了模拟信号，系统整体精度得到了大幅度提高。数字化的集中控制系统占有统治地位。

（3）集散控制系统。20 世纪 80～90 年代集散控制系统（distributed control systems，DCS）占主导地位。从集中式到集散式转变的根本原因在于集中式在将控制和管理集中的同时也集中了风险，稍有不慎导致系统整体瘫痪。DCS 架构核心思想是管理与控制相分离，即上位机用于集中监视管理功能，下位机分散到现场用于控制，系统之间通过专用网络进行信息交互，有效地克服了集中式构架中对控制器处理能力和可靠性要求高的缺陷。

（4）现场总线控制系统。由于 DCS 厂家采用封闭控制通信网络，不同 DCS 系统之间难以实现网络互联和信息共享。因此，现场总线控制系统（fieldbus control system，FCS）应运而生。现场各控制器及仪表设备通过现场总线网络互联，保留了 DCS 分散控制的特点，降低了安装成本和维护费用。因此，FCS 实质上是一种开放的、具有可操作性的、彻底分散的分布式控制系统。

（5）实时工业以太网。由于各方利益不同，现场总线没有形成统一标准，多种总线之间无法协调工作，形成多种总线共存的局面；从 2000 年起，掀起了通过以太网统一现场总线的研究浪潮，以太网以其开放、高速、低成本、软硬件丰富等特点得以在工业领域广泛应用，技术标准的研究也越来越活跃。

“一流企业定标准、二流企业做品牌、三流企业卖技术、四流企业做产品”已经成为普遍认同的经济发展规律，标准之争其实是市场之争。谁掌握了标准，就意味着先行拿到市场的入场券，甚至成为行业的定义者。但是长期以来，国外跨国公司利用标准、芯片和专利等技术把持着国际标准制定主导权与话语权，垄断着核心技术和高端市场。通过十年的努力，我国自动化领域已经在行业标准化方面实现零的突破，取得了阶段性的成果，并初步形成了自动化控制系统通信标准体系。工业无线技术一直是工业自动化领域前沿热点技术，将引领工业自动化系统未来的发展方向。欧美等西方先进工业国家和地区高度关注此项技术，将工业无线技术列为通过自动化手段，实现工业整体节能降耗目标的主要技术手段之一。我国自动化领域研究人员解决了工业实时以太网系列关键技术，原创性地提出了 EPA（Ethernet for Plant Automation）工业控制网络通信技术，制定了我国第一个拥有自主知识产权的现场总线国家标准和国际标准；2008 年先后提出了 EPA Safety 功能安全通信标准、工业网络线缆与安装国际标准、高可用性网络国际标准，被国际电工委员会（International Electrotechnical Commission，IEC）接纳批准；建立了基于 EPA 技术的测试系统、认证系统，开发了基于 EPA 技术的控制系统、仪器仪表以及 EPA 芯片；组织成立推广 EPA 技术与标准的产业联盟，为大面积推广应用作出了重要贡献。目前 EPA 技术与标准已经成功应用于众多监控系统。

具有自主知识产权的 EPA 实时以太网标准的制定及其进入国际标准行列，使我国自动化行业在某些领域初步具备与国际跨国集团平等对话的权利，从此打破了国外在现场总线标准领域的技术垄断与技术壁垒，实现了自动化领域我国主导制定国际标准零的突破，带动了我国 3000 多亿仪器仪表产业的技术进步，加速了我军国防装备建设的自主化进程和换代升级。EPA 技术被 21 家国内单位和德国菲尼克斯、日本富士电机等跨国公司应用，基于 EPA 的控制系统在千万吨级炼油、大型化工、核电站（秦山核电三期）、青藏铁路综合监控系统、杭州湾跨海大桥数据传输系统以及马德里地铁综合监控系统等工程等重大工程项目获得广泛应用。截至 2008 年，这些产品应用 EPA 技术后新增功能共计实现新增销售 37 434.92 万元，新增利税 10 979.34 万元，取得了显著的经济效益。

我国自主研发了成功用于工业过程自动化的无线网络 WIA-PA（Wireless Networks for Industrial Automation-Process Automation）规范。WIA-

PA 规范于 2008 年 10 月 31 日经过 IEC 全体成员国的投票，以 96％的得票率获得通过，作为公共可用规范 IEC/PAS 62601 标准化文件正式发布。这使工业无线技术的国际标准形成 WirelessHART（HART 基金会）、ISA 100.11a（ISA）、WIA-PA（中国）三足鼎立的局面。

# 第二十七章 过程控制学科发展的规律、趋势、关键科学问题

## 第一节　信息获取与处理技术的主要趋势和科学问题

自 20 世纪 70 年代微处理器诞生以来，利用计算机高速运算、存储、逻辑判断等功能发展起来的智能化仪器和数据处理系统，同时随着材料科学和检测手段的进步，过程控制系统的数据获取和处理系统和方法都发生了巨大的变化。这主要体现在以下四个方面。

（1）新的传感材料和分析手段的不断进步开拓了数据获取的领域和深度。同时，新的传感材料、新的分析手段、更快速的分析方法和传感器制造工艺等问题仍需要过程控制科学家和工程师为之进行不懈的探索。

（2）传感器的智能化和数据获取系统的智能化使得数据获取的方式全方位地向智能化方向迈进。智能化也催生了以嵌入式为代表的智能系统的发展需求，以芯片技术为代表的智能化手段是智能化全面发展的保障。

（3）网络化数据获取方式极大地提高了数据获取方式的灵活性，同时也造就了海量数据处理的新问题。各种总线和网络协议在促进网络化多元发展的同时，也对系统的集成提出了新问题，标准化的总线和网络协议下模块化的系统设计是未来发展的主要方向。

（4）数据处理方式随着计算机技术和网络化技术的发展，智能化程度不

断提高。新的理论得以不断应用到工业实践中，推动了理论研究的前进。同时海量数据处理方法、基于数据驱动的控制方法、复杂数据的处理等都是过程控制数据处理的重要科学问题。

## 第二节　过程建模与优化技术主要趋势和科学问题

为达到大幅提高资源与能量的利用率、有效减少污染的目的，我国有色金属工业正朝着大规模、高效、临界强化反应，以及多功能集成的现代冶金和绿色冶炼方向发展。冶金过程规模大、边界条件复杂、场相耦合交互作用显著，临界反应平衡极易破坏，工况恶化对于生产指标、能耗及环保指标造成的后果更加严重，致使传统的建模与优化控制方法无法保证绿色生产过程所涵盖的产量、质量、效率、能耗、排放、资源综合利用率等生产指标的可持续性。要保证整个冶炼生产过程的整体行为处于最佳状态，必须要求对冶炼过程中各种现象的刻画更加准确，对实时参数的掌握更加全面，对关键参数的操作与控制更加精细，对每个反应单元的操作参数和状态参数进行协调优化，从而达到绿色冶炼、清洁生产的目的。因此要实现现代有色冶金过程的节能降耗减排目标，必须突破有色冶金过程的精细化建模理论和运行优化理论。

### 一、现代有色冶金反应体系中多相多场交互作用机理及其数学描述

为实现有色冶金过程绿色冶炼、清洁生产、稳定高效运行，精细化的过程建模与全信息流程模拟技术是前提和基础。但由于现代有色冶金体系的反应器具有大规模、高效、临界强化反应及多功能集成等特点，传统的建模与仿真方法无法准确地描述其复杂的有色冶金反应动力学与传递过程特征。这限制了对现代有色冶金体系的深入了解和研究，阻碍了现代有色冶金科学的发展。因此，必须通过研究现代冶金体系中场相交互作用下冶金过程动力学的特性，分析宏观功能与传递过程及反应过程中微观机理之间的多尺度关系，确立多相多场作用下各种现象模型的表达式及其系数，提出适用于现代冶金反应器或反应单元的合理数学描述，建立多相多场交互作用的全信息数学模型。

### 二、现代有色冶金绿色生产的运行优化控制

为实现有色冶金绿色生产过程稳定、高效运行，先进的优化控制技术是根本保障。但由于现代有色冶金生产过程机理异常复杂、高温、大时滞、强耦合、非线性、工况多变，过程参数在线检测困难，难以准确描述过程反应机理，制约了有色冶金自动化水平的提升，严重影响了有色冶金过程节能降耗减排指标的实现。因此，必须依据冶金过程动力学的基本规律，研究现代冶金体系中的不完备信息处理、多场交互作用下的多目标优化控制、多相交互作用下的流场均匀化稳定控制理论与方法、复杂约束条件与多模型表达的运行优化理论与方法、基于能耗最小的工作点迁移轨迹优化理论与方法，从而实现现代冶金体系生产过程的优化运行。

## 第三节　先进控制方法与系统性能评估技术主要趋势和科学问题

### 一、预测控制

在大工业过程的优化控制中，预测控制的成功应用不是一个算法问题，而是一个系统问题。基础层镇定控制的设计、经济性指标的考虑、测试与辨识技术、扰动估计、系统性能评估等，反映了工业界在大工业过程中为保证预测控制的成功实施所做的努力。这些方面虽然已取得了不少经验和进展，但仍有很大的发展空间。

工业预测控制技术在过程控制中应用最广的领域是炼油、化工等线性特性较强、系统动态较慢的过程。随着应用领域的扩展和应用环境的变化，原有工业预测控制技术的局限性日益明显，其中，最主要的是其模型与优化控制算法只能适合于慢动态过程，并且需要高配置计算设备完成，对于非线性对象的有效控制方法还相当缺乏。针对这些问题，需要进一步研究预测控制在线优化的高效算法、预测控制算法在低成本、嵌入式系统中的实现、结合预测控制理论研究成果的基于状态空间的预测控制设计和非线性预测控制方法。这些研究的深入开展，将使预测控制这一先进控制技术延伸到更广泛的过程领域和对象中，并且通过发展低成本预测控制器使其在工业控制中得到普及。

## 二、数据驱动的控制器设计方法

对于难以建立数学模型的工业过程，决策控制回路的设定值只能采取近似的数学模型或根据运行专家的成功经验，采用案例推理、规则推理、模糊推理等智能方法。这样决策的设定值可能偏离优化设定值，因此要根据运行指标的目标值与实际值的动态特性来决策设定值的补偿量，使其偏差尽可能小。这实际上是以运行过程为被控对象，以运行指标为参考输出、运行指标的目标值为参考输入、回路设定值的补偿值为控制变量的控制器设计问题。其动态特性往往是结构未知的非线性系统，难以采用现有的以数学模型为基础的控制器设计方法。因此，研究基于数据的控制等相关问题是一个新的方向。实际上，2010 年国家自然科学基金委员会就设立了关于基于数据驱动的控制、故障诊断与优化重点项目群，我国学者已在这方面做了很好的工作，包括数据驱动的控制系统可控性和可观性分析、无模型控制器设计和基于数据的计划调度等。

## 三、运行指标多目标优化决策

工业过程的运行优化控制通过回路控制和回路优化设定控制使工业装置优化运行，即将反应产品在加工过程中的质量、效率与消耗相关的运行指标控制在目标值范围内，尽可能提高质量与效率指标，尽可能降低消耗指标。如何决策运行指标的优化目标值是关键。工业装置的运行指标与所在的生产过程全流程的产品质量、产量、能耗与物耗生产指标密切相关。运行指标与全流程生产指标之间的特性难以采用机理分析的方法建立数学模型。一方面，该特性随不同的工业领域而不同；另一方面原料成分波动、生产设备磨损等生产条件变化频繁也会对该特性造成一定的影响，因此运行指标的优化决策涉及多目标智能优化。

由于工业过程的被控变量和产品质量、产量、能耗与物耗生产指标多受随机因素的影响，所以在建立运行优化控制时需要研究如何同时优化这些指标的均值的方差。考虑到实际中这些指标往往都是非高斯的，需要研究在优化这些指标的均值时，如何使得它们的熵极小化。即便是只优化一个指标（如能耗），由于其是一个随机变量，所以也需要同时优化其均值与方差。从这个意义上来说，实际中是只有多目标优化问题的。

### 四、不同网络环境下的运行闭环反馈控制

为了保证工业装置运行控制的可靠性，工业过程的运行优化与控制方法采用回路控制层和控制回路设定两层结构来实现。其中，回路控制输入与输出信息传输采用设备网，回路设定控制的信息传输采用工业以太网。虽然以太网可能出现丢包、延时等，但由于优化运行与控制，如化工过程的实时优化（RTO），采用开环方式给出控制回路的设定值，所以可以不考虑网络环境的影响。为了克服复杂工业装置的运行过程动态特性的不确定性、干扰的不确定性，需要采用闭环反馈控制来实现运行优化，就必须考虑以太网可能出现的丢包、延时等对闭环设定控制的影响。

### 五、运行控制的动静态性能分析

工业过程的运行优化控制不仅要最终将运行指标控制在目标值范围内，而且要在工业装置整个运行过程中将运行指标控制在目标值范围内。这就要求运行优化控制不仅具有稳定性，而且具有良好的动态性能。运行优化 RTO 采用开环方式运行，因此不影响整个运行优化系统的稳定性。对于复杂工业过程实现反馈闭环运行控制，必须要考虑运行优化系统的稳定性。这类工业过程的动态特性难以用数学模型来描述，难以采用已有的控制系统稳定性分析工具，因此，采用解析方法与实验方法相结合，研制运行控制的动静态性能分析仪器，采用实验方法来验证所提出的运行优化控制的动静态特性是解决这一问题的可能途径之一。

此外，运行优化是以优化控制回路设定值为目的，而真正影响产品质量、产量、能耗与物耗生产指标的是被控变量。由于工业过程受原材料波动的运行环境的影响而始终处于动态状态中，控制回路的设定值和实际被控变量总是存在着动态误差，因此，需要研究这些动态误差对多目标运行优化的影响，分析实际运行状态下的优化效果。

## 第四节　异常检测、寿命预测与维修决策技术的主要趋势和科学问题

由于综合工业过程内各项因素及相互关系的复杂性，关于异常检测、寿命预测与维修决策整体研究的进展缓慢，主要存在的具有挑战性的科学问题

有以下几个方面。

## 一、基于多维监测信息合理的融合实现剩余寿命预测

基于监测数据的健康状态估计和预测是实现数据驱动的过程异常检测、控制、管理的基础。然而，似乎目前的研究侧重于为预测而预测，从而忽略了预测的最终目的，对于基于预测信息的健康管理研究依然非常有限。再者，对于数据驱动的剩余寿命预测，目前的研究多是针对单一健康状态。现代化大型运载工具的损耗与故障同运载负荷强度、温度、湿度、线路状况、人因作用等众多因素均有不同程度的关联，准确刻画这些因素与寿命的定量关系的难度非常大。因此，如何在多维健康状态的前提下，将多维监测信息合理融合实现剩余寿命预测仍然非常具有挑战性。

## 二、不同工况下维修决策的定量关系研究

虽然基于多维监测数据进行过程监控和视情维修的联合研究逐渐引起关注，但是当前的研究大多数假设多维监测数据是高斯的，系统运行状态转移是马尔可夫的或假设监测数据在给定状态情况下是相互独立的。这些假设基本上都是为了模型的简化，但与工程系统的实际存在一定的差距。此外，目前尚未有基于预测信息的过程监控和维修决策的一体化研究。这一研究方向的主要困难在于：基于监测数据对系统健康状态或剩余寿命进行预测是对未来状态的评估，不可避免地会产生预测不确定性，由此就出现了利用预测信息进行过程监控和维修决策时该如何刻画预测不确定性对决策结果影响等问题。由于预测是实现事先的、主动的健康管理的基础，所以，探索并揭示在不同工况下预测不确定性、过程监控策略、维修决策的定量关系，对于推进预测信息下控制和管理理论和技术的工程化具有重要的意义。

## 三、多部件系统在有限区间内的维修策略

目前基于监测信息的视情维修与预测维修研究，多数考虑的是单部件系统在无限的时间区间内进行。然而，对于部件种类繁多且结构复杂的系统而言，维修周期内需要考虑的时间长度并不是无穷的，且用于维修的资源也不是能完全保证的。所以，在针对此类系统的实际研究中，需要考虑多部件系统在有限区间内的维修策略。但由此也带来了诸多困难，如如何在维修决策中，分析多部件监测信息得到的预测结果，并在考虑时间与资源等多个约束

条件下进行优化问题的求解。

## 第五节　过程装备与技术标准主要趋势和科学问题

### 一、片上控制系统

随着自动控制技术从单纯的面向工业生产到面向汽车、交通、医疗、安防、日常生活的全面应用，集成度更高、更为简单易用的核心控制模块和控制技术已经成为摆在我国自动化工业界和学术界的迫切任务。

### 二、工业控制系统网络安全技术

主要内容如下：研究工业控制系统防护安全盾技术、工业控制系统可信平台与技术、工业控制系统容侵容错技术等关键技术，并进行系统安全应急恢复的复杂性分析和动态模拟仿真技术、安全应急系统协同决策理论与应用技术。

### 三、战略基础设施工业控制系统安全评估理论与方法

主要内容如下：研究工业控制现场威胁识别及预测技术、工业控制系统安全风险评估与安全测试技术、工业控制系统可生存性，以及恢复能力预估技术、工业控制系统功能安全评估认证技术等。

## 第六节　过程控制学科发展的优先领域和重点方向

主要内容如下：在线分析检测技术，如多金属品位仪；工艺与控制的交互设计问题；混合智能建模问题（非线性，高精度）；多目标、多约束的混合整数非线性优化方法；序贯动态优化控制问题；海量数据、无线传输、灵巧制造的集成产生的问题；闭环系统微小故障与间歇故障的实时诊断技术；系统的安全性在线评估与预测技术。

# 第二十八章 过程控制学科发展政策建议

（1）面向国家重大战略需求，紧密结合我国有色冶金实际生产面临的新问题和新挑战，设立前瞻性的应用基础研究课题，加大有色冶金自动化理论方面的项目资助强度，充实研究力量，扶持有色冶金自动化研究队伍的成长，逐步形成国际领先和学术优势明显的有色冶金自动化创新研究团队，为我国有色冶金自动化领域前沿性、挑战性、全局性问题的解决提供基础理论创新源泉。

（2）加大国家投入和政策引导，加强自动化技术产品的研发，建立从大学与科研院所到公司，再到示范企业的产学研用的联合开发模式，形成从技术开发到产品研制，再到示范应用的有效机制，达到产业和技术的有效协调，填补科技成果转化中间环节的空白，促进有色金属工业自动化技术的产业化，为先进冶炼生产工艺提供全套自动化技术解决方案。

（3）促进交叉学科的发展。数据的获取和处理是控制的基础，而传感技术就是数据获取的基础。传感技术和传感器的制造直接影响到数据获取的精度和及时性等问题，是发展智能化、网络化、系统化数据获取和处理系统的基础，是实施先进过程控制的首要条件。目前传感技术已经成为制约数据获取技术发展的主要瓶颈。传感器技术涉及材料科学、遥感技术、微电子、信息科学、机械加工等多学科领域。跨学科的发展要求各学科的发展方向要有规划，重点扶持各个学科具有先进前瞻性的技术，促进各学科先进理论和技术的交流，需要通过政策给予一定支持；对有潜力发展成为独立学科的交叉学科，给予重点扶持，应鼓励交叉技术的孕育。

# 说明与致谢

本篇是中国科学院信息技术科学部委托北京大学黄琳院士主持的“控制科学学科发展战略”研究项目的“过程控制”部分。

与其余各部分工作一样，本部分的任务也是起源于 2012 年 4 月 7～8 日在长沙召开的“控制科学学科发展战略”研究项目第二次工作组会议。期间，来自清华大学、浙江大学、上海交通大学、东北大学、中南大学、华东理工大学的一些专家对该报告的框架进行了讨论，形成了初步意见。过程控制组的负责人是周东华，骨干成员有席裕庚、褚健、钱锋、王宏、张化光、桂卫华等教授。

本篇有关“信息获取与处理技术”的内容由东北大学张化光教授执笔撰写；有关“过程建模与优化技术”的内容由中南大学桂卫华教授与华东理工大学钱锋教授执笔撰写；有关“先进控制方法与系统性能评估技术”的内容由上海交通大学席裕庚教授和东北大学王宏教授执笔撰写；有关“异常检测、寿命预测与维修决策技术”的内容由清华大学周东华教授执笔撰写；有关“过程装备与技术标准”的内容由浙江大学褚健教授执笔撰写。本篇的统稿工作由周东华教授全面负责。

自始至终，项目总负责人黄琳院士从顶层设计、框架规划到具体内容的涵盖等都给予了全方位的指导和建议；国家自然科学基金委员会信息学部自动化学科处处长王成红教授提出了许多宝贵意见；李衍达院士、吴宏鑫院士、钟万勰院士和王天然院士等于 2013 年 5 月 31 日在中国科学院院士工作局对研究报告进行了评议，在此一并致谢！

过程控制战略研究组<br>2013 年 11 月 22 日

# 参考文献


Adetola V, Guay M. 2010. Integration of real-time optimization and model predictive control. Journal of Process Control, 20: 125-133.

Armstrong M, Atkins D. 1996. Joint optimization of maintenance and inventory policies for a simple system. IIE Transactions, 28 (5): 415-424.

Armstrong M, Atkins D. 1998. A note on joint optimization of maintenance and inventory. IIE Transactions, 30 (2): 143-149.

Arnaiz A, Ferreiro S, Buderath M. 2010. New decision support system based on operational risk assessment to improve aircraft operability. Proceedings of the Institution of Mechanical Engineers, Part O: Journal of Risk and Reliability, 224 (3): 137-147.

Bell A J, Sejnowski T J. 1995. An information maximization approach to blind separation and blind deconvolution. Neural Computation, 7 (6): 1004-1034.

Biondini F, Bontempi F, Frangopo D M, et al. 2006. Probabilistic service life assessment and maintenance planning of concrete structures. Journal of Structural Engineering, 132 (5): 810-825.

Bradly P S, Mangasarian O L. 2004. K-plan clustering. Proceedings of 2004 IEEE International Symposium on Circuits and Systems: 12-30.

Cassady C R, Bowden R O, Liew L, et al. 2000. Combining preventive maintenance and statistical process control a preliminary investigation. IIE Transactions, 32 (6): 471-478.

Chai Q Q, Yang C H, Teo K L, et al. 2012. Optimal control of an industrial-scale evaporation process: sodium aluminate solution. Control Engineering Practice, 20 (6): 618-628.

Chai T Y, Zhai L F, Yue H. 2011. Multiple models and neural networks based decoupling control of ball mill coal-pulverizing systems. Journal of Process Control. 21 (3): 351-366.

Diehl M, Amrit R, Rawlings J B. 2011. A Lyapunov function for economic optimizing model predictive control. IEEE Transactions on Automatic Control, 56 (3): 703-707.

Fan H D, Hu C H, Chen M Y, et al. 2009. A degradation measurement based decision support method for optimal predictive maintenance policy. J Huazhong Univ of Sci & Tech (Natural Science Edition), 37 (I): 45-48.

Forbes L G, Guay M, Forbes J F. 2004. Control design for first-order processes: shaping the probability density of the process state. J Process Control, 14: 399-410.

Ghasemi A, Yacout S, Ouali M S. 2007. Optimal condition based maintenance with imperfect information and the proportional hazards model. International Journal of Production

Research, 45 (4): 989-1012.

Guillamet D, Vitriá J, Schiele B. 2001. Introducing a weighted non-negative matrix factorization for image classification. Pattern Recognition Letters, 1: 942-947.

He Z, Cichocki A. 2006. K-subspace clustering and its application in sparse component analysis. Proceedings of the 14th European Symposium on Artificial Neural Networks, 98-102.

Karny M. 1996. Towards fully probabilistic control design. Automatica, 32: 1719-1722.

Kim S, Frangopol D M. 2011. Cost-Based optimum scheduling of inspection and monitoring for fatigue-sensitive structures under uncertainty. Journal of Structural Engineering, 137 (11): 1319-1331.

Lee D, Seung H S. 1997. Unsupervised learning by convex and conic coding. Advances in Neural Information Processing Systems, 9: 515-522.

Li H X, Guan S P. 2001. Hybrid intelligent control strategy Supervising a DCS-controlled Batch Process. IEEE Control Systems Magazine, 21 (3), 36-48.

Linderman K, McKone-Sweet K E, Anderson J C. 2005. An integrated systems approach to process control and maintenance. European Journal of Operational Research, 164 (2): 324-340.

MacArthur J W, Zhan C. 2007. A practical multi-stage method for fully automated closed-loop identification of industrial processes. Journal of Process Control, 17 (10), 770-786.

Makis V. 2008. Multivariate Bayesian Control Chart. Operations Research, 56 (2): 487-496.

Makis V. 2009. Multivariate Bayesian process control for a finite production run. European Journal of Operational Research 194 (3): 795-806.

Mark L Darby ML, Nikolaou ML, Nikolaou M, et al. 2011. RTO: An overview and assessment of current practice. Journal of Process Control, 21: 874-884.

Maryam M D, David M F, Dennis G. 2010. Finite-element sparse matrix vector multiplication on graphic processing units. IEEE transactions on magnetic, 46 (8): 2982-2985.

Noortwijk J M, Klatter H E. 2004. The use of lifetime distributions in bridge maintenance and replacement modelling. Computers and Structures, 82: 1091-1099.

Olshausen B A, Field D J. 1996. Emergence of simple-cell receptive field properties by learning a sparse code ofr natural images. Nature, 381: 607-609.

Ran C J, Deng Z L. 2011. Self-tuning distributed measurement fusion Kalman estimator for the multi-channel ARMA signal. Signal Processing, 91: 2028-2041.

Shi Z W, Tang H W, Tang Y Y. 2005. Blind source separation of more sources than mixtures using sparse mixture models. Pattern Recognition Letters, 26 (16) 2491-2499.

Skogestad S. 2000. Plantwide control: the search for the self-optimizing control structure, Journal of Process Control, 10: 487-507.

Smith D, Lukasiak J. 2005. A sequential approach to sparse component analysis. Proceedings of the 7th Workshop on Multimedia Signal Processing: 1-4.

Snuil K N, Antonio O. 2012. Perfect reconstruction two-channel wavelet filter banks for graph structured data. IEEE Transactions on Signal Processing, 60 (6): 2786-2799.

Stadler S, Eksteen J J, Aldrich C. 2006. Physical modelling of slag foaming in two-phase and three-phase systems in the churn-flow regime. Minerals Engineering, 19 (3), 237-245.

SunX J, Gao Y, Deng Z L. 2008. Information fusion white noise deconvolution estimators for time-varying systems. Signal Processing, 88: 1233-1247.

Tagaras G. 1988. An integrated cost model for the joint optimization of process control and maintenance. Journal of the Operational Research Society, 39 (8): 757-766.

Tan B H, Fu Y L. 2006. Mixture matrix identification of underdetermined blind source separation based on plane clustering algorithm. Proceedings of the International Conference on Intelligent Computing: 60-65.

Theis F J. 1991. Uniqueness of complex and multidimensional independent component analysis. Signal Processing, 24: 21-29.

Wang H. 1999. Robust control of the output probability density functions for multivariable stochastic systems with guaranteed stability. IEEE Transactions on Automatic Control, 41: 2103-2107.

Wang W. 2010. Maintenance models based on the NP control charts with respect to the sampling interval. Journal of the Operational Research Society, 62 (1): 124-133.

Wang Z J, Wu Q D, Chai T Y. et al. 2004. Optimal-setting control for complicated industrial processes and its application study. Control Engineering Practice, 12: 65-74.

Yang C H, Gui W H, Kong L S, et al. 2009. Modeling and optimal-setting control of blending process in a mflurgical industry. Computers and Chemical Engineering, 33 (7): 1289-1297.

Yeung T G, Cassady C R, Schneider K. 2007. Simultaneous optimization of control chart and age-based preventive maintenance policies under an economic objective. IIE Transactions, 40 (2): 147-159.

You M Y, Li L, Meng G, et al. 2010. Two-zone proportional hazard model for equipment remaining useful life prediction. Journal of Manufacturing Science and Engineering, 132 (4): 1-6.

Zhou J L, Zhou D H, Wang H, et al. 2010. Distribution function tracking filter design using hybrid characteristic functions. Automatica, 42 (1): 101-109.

# 第五篇　网 络 控 制

# 第二十九章 绪　论

第二次世界大战之后，经过20世纪50年代到80年代初的发展，随着以电气化取代机械化的后工业社会的成熟，特别是计算机科学与技术获得了飞速的发展，信息化时代以极为迅猛的势头横空出世并在极短的时间内取得了极大的成就。其中，最具代表性的成果之一就是计算机网络为主体构成的互联网技术。这些技术的全方位深度集成，极其迅速地形成了今天无处不在的互联网、无线通信网、综合电力网、全球一体化交通网、生物神经网络和基因调控网，以及物联网等这些复杂动态网络，配之以廉价普及的大型高速计算机、海量数据库，以及GPS和云计算等设备与资源。

在这样的构架下，不仅传统的控制已经扩展为网络环境下节点到节点的控制，而且网络环境下节点-网络、网络-节点、网络-网络交互影响的机理分析与综合设计，已构成网络控制科学必须面对和解决的基本问题。更为紧迫的是：大量事实已经无可辩驳地证明了在局部节点、连线上发生的故障、灾害与突发事件等，可以迅速在网络中传播，并导致各类重大破坏和损失，甚至导致整个网络的崩溃。因此，人们必须回答：网络控制的科学实质内涵、发展规律和趋势究竟是什么？

本篇综合了“控制科学学科发展战略”研究项目网络组专家的观点，试图从网络科学、控制科学及网络控制理论与控制工程的历史发展脉络出发，对上述问题做一轮廓性的梳理与评述，从网络控制科学的方法论、复杂网络环境下的控制理论及典型网络控制工程的科学问题等诸多视角入手，为网络控制科学的历史、现状与发展趋势给出一个概要的轮廓，为中国控制科学发展战略的进一步讨论提供参考。

# 第三十章
# 网络控制科学的历史与方法论内涵

简单地说：网络控制是控制科学与“网络科学”交叉的产物。本章主要从方法论的角度，对控制科学与网络科学各自的历史、内涵及其发展趋势进行了简要的回顾。在此基础上，分析了网络控制科学在研究方法上遇到的问题与挑战。

## 第一节　控制科学与动力学

众所周知，控制科学的起源源远流长，它的兴起却是与工业革命息息相关的：当年瓦特蒸汽机的调速阀控制正是现代控制理论与控制工程的经典雏形。有趣的是，这一历史似乎决定了动力学描述与方法成为控制科学的主要方法论。究其特征，主要包括以下两点。

（1）系统的运动关乎路径的拓扑结构可以被忽略。这类系统的运动，要么运动路径在拓扑结构上是确定的（如蒸汽机调速装置、发电机转子等），要么被限制在一定的时空内，但具体物理运动路径的拓扑特征可以被忽略（如运动体、稳态电路等），代之以运动的广义状态的转移（包括输入—输出的黑箱方法）来描述系统的运动。

（2）系统在控制目的状态附近的动力学性质成为控制关心的焦点。在一定的控制输入特别是反馈控制手段下，系统运动状态在控制目的附近的动力学特性尤其是平稳保持性（稳定性）成为控制科学分析和综合的重点。

显然，具备这样特征的系统显然构成了动力学系统描述的最佳对象。仔细观察可以发现，上述两个特点，不仅是蒸汽机调速器的动力学特点，同时也是工业化时代大多数工业特别是国防工业系统的两大特征。随着工业化进程的不断发展，特别是第二次世界大战的刺激与促进，以及电子计算机的发明，通过弹道计算与火力控制等问题的研究，诞生了以维纳为代表的一代控制论大师，并于1942年产生了那份数学艰深、工程师们看了莫名其妙、因其黄色封面而被戏称为“黄祸”的《平稳时间序列的外推、内插及光滑化及其在工程上的应用》技术报告（1949年正式出版），以及1948年问世的堪称影响世界走向的巨著《控制论——或关于在动物与机器中控制与通信的科学》，一举奠定了控制科学基础。

接着，经控制理论大师卡尔曼的天才推动，借助状态空间的描述和递推滤波的思想，将动力学系统方法空前成功地推进到了控制理论的各个层面，并在航空航天等高科技领域获得重要的应用。从这之后，新型的控制理论和方法不断涌现，形成了控制理论的持续研究高潮。

回顾这个历史，由工业化发展起来的控制理论与控制技术在方法论层面上深具动力学系统特色也就不奇怪了。值得注意的是，这个时期形成的控制理论统治了直到今天的控制科学理论方法的主流。事实上，伴随着控制科学的发展，无论现代控制理论多么艰深，它与动力学系统的不解之缘始终如一。囿于具有前述两个特点的传统受控对象和传统控制目标，这些控制理论大多侧重于单个高维系统的控制问题和方法，对系统信息传递的拓扑路径，以及系统输入、输出与状态节点的拓扑结构等缺乏充分的关注与有效的刻画。

## 第二节 网络科学与拓扑学

网络科学本身是一门新型交叉科学。说起网络科学的起源，现代文献大多从哥尼斯堡七桥问题、多面体的欧拉定理和著名的地图着色的四色问题说起。

18世纪，哥尼斯堡的普莱格尔河上建有七座桥，将河中两个岛和河岸连接起来。有人提出能不能每座桥都只走一遍又回到出发时的位置，结果无人尝试成功。

1736年，欧拉解决了这个问题：他将陆地用点来代替，将桥用线来代替，得到一个图。原问题化为可否用笔不间断也不重叠地画出这个图的问题，简称一笔画问题。欧拉证明了七桥问题无解，并给出了给定图可否一笔画的判定法则。欧拉由是成为图论（及拓扑学）的创始人。这个特色也决定了拓扑学和图论成为网络科学的主要方法论（方锦清等，2007a）。

四色定理是说，每幅地图都可以用四种颜色着色，使得有共同边界的国家着色不同。它是由英国学者于 1852 年提出的，长期得不到证明，成为著名的近代数学三大难题之一。1976 年，美国数学家在两台电子计算机上用了 1200 个小时作了 100 亿次判断，完成了四色定理的证明。四色定理的研究对图的着色理论、平面图理论、代数拓扑图论等分支的发展起到了积极的推动作用。

网络科学研究的里程碑进展是匈牙利数学家 Edös 和 Renyi 在 20 世纪 50 年代末和 60 年代建立的随机图理论（谢克特·布鲁斯，2002），简称 ER 随机图理论。1998 年，Watts 和 Strogatz 提出了小世界网络模型（Watts and Strogatz，1998）。相关的通信实验（Dodds et al.，2003）的确表明，两个陌生人之间只需经过不到 6 个中间人就实现了通过相识关系的联络。接着，Barabási 与 Albert 发现了复杂网络的无标度性质（Barabási and Albert. 1999）。这些研究揭开了网络科学研究的新纪元，标志着复杂网络研究进入了网络科学的新时代（Barabási，2002；Watts，2004；曾宪钊，2013）。近年来大量实证研究发现：从连接结构特性来看，实际领域中的许多网络都是小世界或无标度网络（Chen et al.，2012；Newman，2010），而真实世界网络既不是规则网络，也不是随机网络，而是兼具小世界和无标度特性，具有与规则网络和随机图完全不同的统计特性。

自此，网络科学的综述和专著不断涌现（Albert and Barabasi，2002；Ben et al.，2004；Boccaletti et al.，2006；Buchanan and Nexus，2002；Dorogovtsev and Mendes，2002；Dorogovtsev and Mendes，2003；Newman，2003；Pastor and Vespignani，2004；Strogotz，2001；Watts，1999；郭雷等，2006；汪小帆等，2006），从物理学到生物学、社会科学到信息网络、工程技术到经济管理等众多领域，受到空前的关注和重视。

## 第三节　拓扑结构与动态过程：控制科学的双重研究对象

本节将进一步揭示动力学方法在网络控制上遭遇的问题与挑战。

### 一、网络科学中的拓扑控制

网络科学诞生之日就存在着运动问题。以一笔画问题为例，哥尼斯堡七桥问题被证明是无解的。然而，这个问题的原始提法是“走桥”，也就是一个动态过程。其实，这个动态过程是步行、车行还是一种复杂的人车混行，那是无关紧要的。启停是否平稳、中间是否摔跤，也是无所谓的。也就是说，虽然是一个动态过程，却不关心动力学特性的细节。

**例 30-1** 一笔画问题。根据图 30-1（a）所示（其实际路径拓扑如图 30-1（b）），从 $A$ 出发的一笔画问题显然有不止一组解。然而，若问：与具体动态无关的距离最短的路径，当属：$A$—$B$—$D$—$C$—$A$。若是涉及具体动态的问题，如采用车行方式，则最易驾驶的路径则是：$A$—$B$—$C$—$D$—$A$。

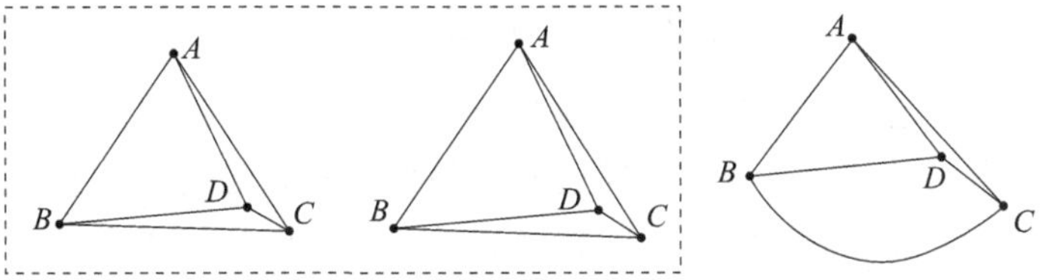


(a) 一笔画路径图　　(b) 实际路径示意图

图 30-1　一笔画路径优化示例

这是因为 $A$—$B$—$D$—$C$—$A$ 中的转角$\angle DCA$ 过于尖锐，或许很难完成机动转弯动作。这可以视为一种与拓扑路径相关的动态特性。从某种意义上来说，只有这类动态拓扑规划确定之后，才有具体的动力学动态的问题。然而，一旦同时虑及具体动态，则路径相关性的挑战立即跃然纸上了。

众所周知，稳态分析方法本质上是不关注具体路径的，它主要关注充分长的时间后系统动力学性质的趋势如何。与之相对的暂态分析则不然，它关心的时间是有限甚至是很短的，没有趋势的概念内涵，因此肯定要关注具体的路径特征。从动态过程来看，例 30-1 这类问题属于动态规划范畴。某种意义上说，动态规划是连接最优动力学控制与动态拓扑优化控制的一个强有力的纽带。

**例 30-2** 贝尔曼动态规划原理。这是一个非常著名的原理，在控制理论中是一个著名的另类存在，是求解最优控制问题非常有效的一种方法。

根据图 30-2 所示，从 $A$ 地到 $E$ 地调配资源，途中经过的城市如途中各个节点所示，连线表示运输费用。这是一个有向网络，箭头都是单向的，亦即运输队不走回头路。问题是：怎样的运输路线最经济？贝尔曼给了一个最优性原理：设 $C$ 是最优路径经过的一个城市，那么从 $C$ 出发到 $E$ 的最优路径应完全重合于从 $A$ 到 $E$ 的最优路径中的 $C$—$E$ 段。这样，就可以避免从 $A$ 出发的数目为指数增长的可能路径中穷举的古典组合 NP 难题，改由度数最少

的 $E$ 点逆向递推。排除靠近目标的一个城市的途经可能，带来的好处是排除了所有之前通向这个城市的所有路径，这个计算上的好处是怎么评价都是当之无愧的。

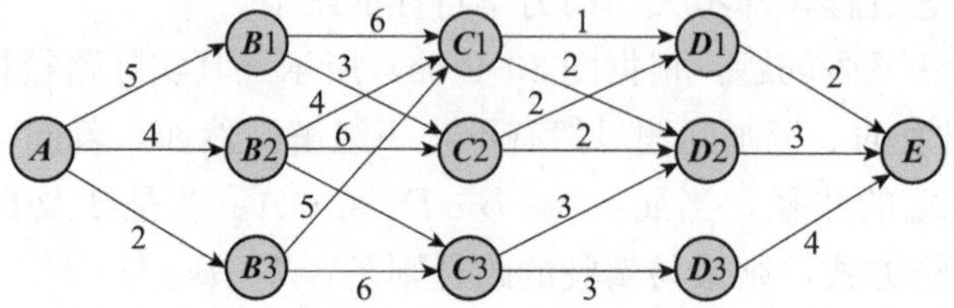


图 30-2　运输路径图

有趣的是，这里的最优路径问题看似与动态无关，但只要借助于一定水平的量化手段，将以动力学方程描述的控制系统的状态与控制量化，则可以有效地借助计算机求解最优控制问题。通常认为，庞特里雅金极值原理的提法具有相当一般性：

$$\dot{x}(t)=f(x(t),u(t),t),\text{s. t.}\min_{u\in\Omega}\{\varphi(x(t_f),t_f)+\int_{t_0}^{t_f}L(x(\tau),u(\tau),\tau)d\tau\},x\in\Theta$$

但它有两大特点。

（1）它将一个泛函极值问题化为了一组满足横截条件的偏微分方程求解问题。后者的求解难度很高，除了个别情形，一般只能求解数值解。

（2）拓扑限制或代数约束 $\Omega$，$\Theta$ 越具体、越多，特别是非凸限制，庞特里雅金原理越难求解。

然而，化为贝尔曼动态规划（Bellman，1957）问题后，变得很有趣。

（1）不存在求解析解的问题。只有数值解。

（2）限制或约束 $\Omega$，$\Theta$ 越具体、越多，无论是否非凸，贝尔曼动态规划求解越简便。显然，有限节点网络是最具体也是最简单的拓扑限制。

某种意义上，可以说，贝尔曼动态规划原理是网络动态优化方法运用于动力学系统控制的一个经典范例，似乎也是唯一的范例。这个决定了贝尔曼动态规划方法在控制理论中独特与另类的地位。可以说，它不仅阐明了规划与控制的内在联系，而且是联系网络控制与动力学系统控制的一根纽带。

关乎拓扑结构为控制目标的网络控制中，更为古老也更为困难的网络控制是棋类博弈。

**例 30-3**　中国象棋（图 30-3）。这个例子倒是很少见于网络科学的文献。这是一个典型的网络控制问题。它具有四个特点。

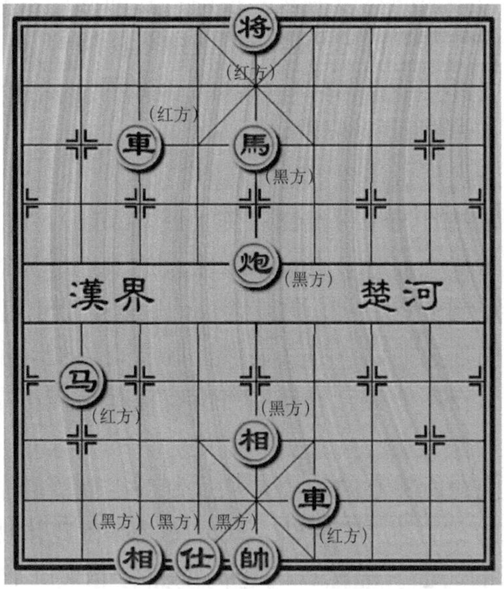


图 30-3　马后炮，黑方胜

（1）棋盘就是一个规则的网络拓扑。棋子是网络上的离散动态着色点，着色点分不同类型，满足不同的博弈拓扑规则，其数目还是持续非增性变化的。

（2）控制目标是一类关乎双方着色点在整体网络布局上的拓扑结构。图 30-3中国象棋中黑方将对方的将帅逼入一种拓扑绝境，而其他棋子按博弈拓扑规则无法救援。当然，还有所有和局的拓扑结构。

（3）控制手段是带有约束的动态着色拓扑变化，有多个布有己方棋子的格点可以作为当前步的候选控制节点。按照博弈规则约束，移动棋子，以改变棋子在棋盘上的拓扑布局，使得己方的着色布局不断向控制目标逼近。

（4）博弈双方在每一步都有其暂态的拓扑布局控制目标。这类目标很重要，远比终态目标重要。这体现了这类动态拓扑控制的一个典型拓扑特点：高度路径相关特性。这也是动态拓扑的根本特点所在。相比之下，动力学方法中平衡点的邻域描述，属于与暂态特性相对的可以忽略历史路径的稳态特性。它在实质上等于忽略了这一动态拓扑特性。

有趣的是，与四色问题一样，象棋也可以用计算机的逻辑运算来破解。以国际象棋为例，以此制造的智能机器深蓝（Deep Blue）、更深的蓝（Deeper Blue），甚至达到了可以战胜最负盛名的人类国际象棋特级大师卡斯帕罗夫的水准。

同样，围棋也是类似的，但与象棋不同：它的同一方着色点之间没有差异，只有黑白两色。控制目标完全是一类拓扑布局结构（不同的规则不同的度量指标，但本质上都是拓扑结构）。其每一步的暂态分析对于棋手来说更是至关重要：直接关乎控制目标拓扑生成。

网络控制的最新发展也体现了这个特点。

**例 30-4** 网络能控性与牵引控制（陈关荣，2013）。在一个有向网络中，带有控制输入的节点称为控制节点；不带输入的节点称为被控节点。如果至少存在一条从某个控制节点指向它的连接边，则这个节点是能控的。反过来，如果不存在这种有向连边的话，那么显然控制节点的变化不能影响被控节点的行为，亦即这个节点不能控。如果网络所有被控节点都是能控的，则网络就是能控的。

这个例子中，问题所关心的核心是从控制节点到受控节点的路径，而非受控节点的状态或动态的动力学特性。这个特性典型地体现了网络控制不同于经典控制的全新的一面。显然，问题高度路径相关。将控制器放置在哪里？这在有向网络上至关重要。通常把不具有共同输入的控制节点称为（独立）驱动节点。如果每一个状态节点都是驱动节点的话，那么网络显然是能控的。

以上的分析所揭示的结论是非常有趣的：网络科学一般不关心系统运动的动力学细节，可以认为是拓扑路径的一种动态的规划与组合；而众所周知，控制科学可以看成是一种在给定拓扑路径上运动的系统的动力学性态分析与综合。

## 二、控制科学中的拓扑结构

前面论述了网络控制问题中无处不在的拓扑结构特性。分析指出，与具体路径相关的网络拓扑结构布局与控制及其相关的暂态问题是网络控制最为重要的特性之一。本小节将从经典的控制理论关于拓扑结构挑战的历史与现状分析入手，进一步指出这正是动力学方法所长期面临的一个难以克服的难题。

### （一）传统控制理论中的动力学方程与代数约束

控制科学诞生之时就伴随着拓扑结构。动力学系统的稳态是一种拓扑特性：系统的状态或输出在一个无约束拓扑空间，如欧几里得全空间里运动，最终收敛到一个点或极限环乃至某个集合内作为控制目标。这些点、极限环、集合本身就是点集拓扑的核心概念。历史上，随着控制科学与技术的不断发展，由于实际工程物理系统的需要，限制在特定拓扑空间（如代数流形）上的动力学分析与控制问题先后涌现，形成了颇具特色的研究分支，如柱面系统（王红和杜永文，2001）和奇异系统（Dai，1989）等。

**例 30-5** 流形上的动力学系统（Chua and Deng，1989）。考察如下电路系统（图 30-4）。

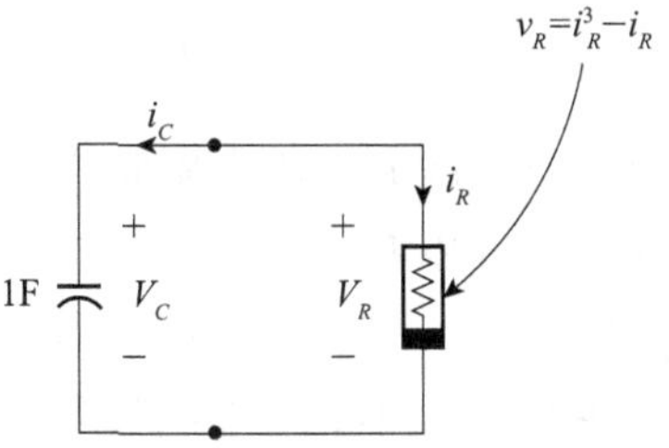


图 30-4 非线性电路示意图

它的电流—电压满足如下方程

$$\frac{\mathrm{d}v_R}{\mathrm{d}t}=-\frac{1}{C}i_R,\ v_R=i_R^3-i_R,\ \frac{\mathrm{d}v_R}{\mathrm{d}t}\begin{cases}<0 & i_R>0\\ >0 & i_R<0\end{cases}$$

这是一个典型的非线性微分—代数方程（DAE）系统模型。其解如图 30-5 所示。

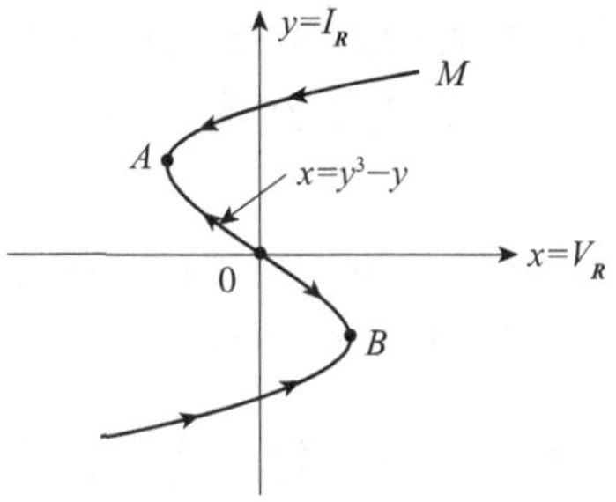


图 30-5 电路的电流电压状态

系统状态被限制在流形 $M$：$x=y^3-y$ 上强迫运动。其中，0 是不稳定的平衡点；而 $A$、$B$ 两点是稳定平衡点。因此，这个系统的状态将在 $A$、$B$ 两点发生的两个跳变的基础上形成一个极限环振荡。这个振荡现象被实验证实。如果将非线性环节换成 $x=y-y^3$，则系统的状态如图 30-6 所示，变得非常简单。

此时 0 是稳定平衡点，$A$、$B$ 是相应稳定域边界。更复杂的电路例子可

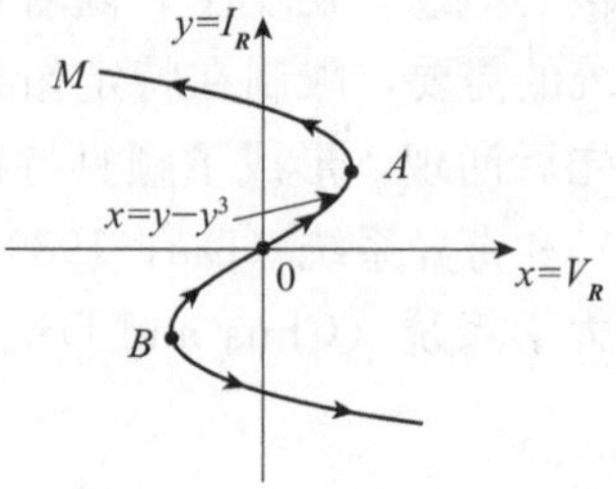


图 30-6 不同非线性环节的电路电流电压状态

参见（Chua and Deng，1989），这类系统将流形约束化为一组代数方程，形成微分—代数方程（DAE）系统模型

$$\dot{x} = f(x,y),\ 0 = g(x,y)$$

当这组约束方程在某些点集 Ω 不满足隐函数存在定理条件，亦即雅克比（Jacobi）矩阵

$$\partial g(x,y)/\partial y,\ y \in \Omega$$

奇异时，流形 $g(x,y)=0$ 的一个子流形就可能跳变到另一个子流形，甚至产生分岔运动。这个例子中，产生了一个跳变的极限环振荡。Ω 上的点通常称为死巷点或障碍点（impasse point）。系统经过这样的点时，由于 DAE 模型缺乏对系统于此瞬间的快动态描述而呈病态特性，一般难以或无法预测系统的下一步运动。它带来的困难是非常本质性的。电力系统中，这样的分岔和跳变现象成为解释电压崩溃的重要原因（Tan et al.，1995；Wang et al.，1994；王庆红等，2003；王庆红等，2003；吴浩等，2006；周双喜等，2004）。

综上，即使考虑简单的代数约束所反映的代数拓扑限制，也给传统的动力学分析带来非常实质的困难与巨大的挑战。

### （二）传统控制理论中的暂态问题：高度路径相关性

一个特别值得注意的现象是，众所周知，在早期，控制工程师最关注的控制目标里就含有与路径相关的动态拓扑特性，亦即系统的暂态稳定指标。

**例 30-6** 二阶系统的暂态特性。在自动控制原理中，二阶系统对于典型输入（如阶跃输入、斜坡输入、加速度输入和正弦输入等）的输出跟踪响应特性（图 30-7）是被关注的重点之一。

其中，二阶系统的响应速度、超调量、振荡频率等暂态响应指标具有非

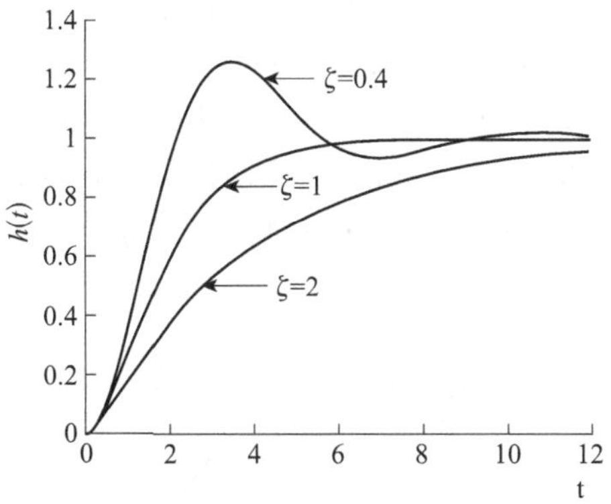


图 30-7　二阶阶跃响应

常重要的物理意义和工程价值，一直是控制工程工程师最关心的问题。它涉及具体输出曲线（路径）的动态拓扑性质。然而，即使是单输入单输出的二阶系统，除了典型输入下计算机仿真外，也没有更好的优化系统暂态响应特性的方法。

另一个典型的例子是电力系统暂态稳定性。一般认为，若扰动对系统的影响不能通过对稳定平衡点局部线性化分析来确定，则称这样的扰动为大扰动（Fouad and Vittal，1992），包括线路或电网元件严重故障及发电机、负荷突变等。若在扰动后各机组转子相对摇摆角度始终有界，则称系统同步稳定；反之，如果转子间相对角度最终不断增大，则称系统失去同步稳定（倪以信，2002）。电力系统在大扰动后各发电机能否保持同步运行，并过渡到新的或恢复到原有稳态运行点，就是电力系统暂态稳定性问题。

**例 30-7**　电力系统暂态稳定分析的相关不稳定平衡点（cotrolling unstable equibium point，CUEP）方法。

为简洁计，这里仅使用忽略电网结构的经典模型（Chiang et al.，1988）。关于结构保留模型的结果，可参见（Chiang，2011；何斌，2007；仲悟之和汤涌，2010）。由于系统在大扰动前后电网的拓扑结构以及参数将发生变化，因此必须考虑系统具体故障驱动而成的三个运行阶段，即故障前、故障中和故障后。可用如下三个非线性微分方程组描述

$$\mathrm{d}x(t)/\mathrm{d}t = f_{\mathrm{Pre}}(x(t)) \quad -\infty < t < 0$$

$$\mathrm{d}x(t)/\mathrm{d}t = f_{\mathrm{Fault}}(x(t)) \quad 0 \leqslant t < t_d$$

$$\mathrm{d}x(t)/\mathrm{d}t = f_{\mathrm{Post}}(x(t)) \quad t \geqslant t_d$$

其中，$x(t)$ 是系统的状态变量，$t_d$ 为故障切除时刻。

关于电力系统模型的稳定域，研究表明稳定域边界由不稳定平衡点的稳定子流形构成（Chiang et al.，1988；Zaborszky et al.，1988）。其中，持续故障轨线将会穿越的稳定子流形所对应的不稳定平衡点称为（与具体故障）相关不稳定平衡点（CUEP）。因此，可将故障后系统的暂态稳定问题转化为判断故障后系统初始点，即故障清除时刻的系统状态是否落在故障后系统稳定域内，参见图 30-8。

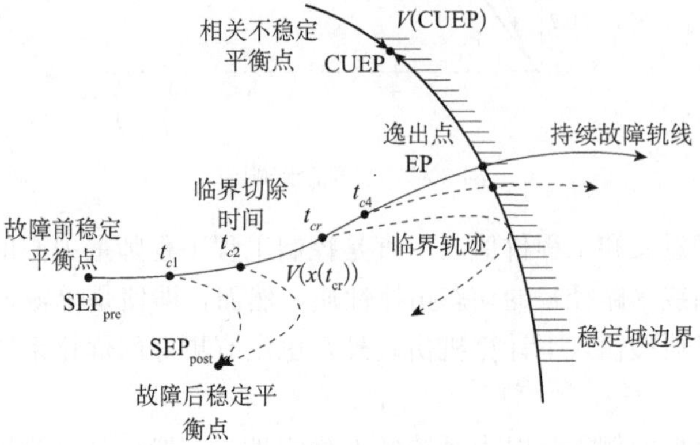


图 30-8　故障清除后系统的暂态稳定性

设系统的能量函数为 $V(x)$ 。由于 CUEP 的稳定子流形恰好是该故障轨线穿越的故障后系统的稳定域边界，由于轨线沿 CUEP 的稳定子流形运动时系统能量是下降的，所以若故障清除点的能量 $V(x(t_d))$ 不大于 CUEP 处能量 $V$（CUEP），则可以判定故障轨线在故障清除时尚未穿越稳定域边界，系统可以恢复同步到故障后系统的稳定平衡点。CUEP 有许多方法求取（Lee，2004；侯凯元和闵勇，2005；李颖晖等，2003；林济铿和关磊，2005；王晓阳等，2006）。工程上，两个能量的差值：$V(\text{CUEP})-V(x(t_d))$ 定义为系统的暂态稳定裕度。

现代电网规模巨大，动态复杂，很难精确建模。相关不稳定平衡点方法借助动力学方法，在理论分析上获得了较为体系的结果，但在工程应用中遇到很大的困难。随着计算机软硬技术的迅猛发展和仿真算法的不断改进，一类结合电力系统仿真轨迹和多机动态物理机理的工程实用方法被陆续提出。

**例 30-8**　扩展等面积方法（expanded equal area criterion，EEAC）（Xue et al.，1998；薛禹胜，1998；罗玉孙等，1999；Xue，1996；Xue et al.，1993；Xue，1997；Wang et al.，1998；薛禹胜，1999）。

大致说来，EEAC 的工程思想很简单：当发电机群的同步性出现问题时，总可以划分为领前机群和余下机群。随着同步性的失去，两个机群惯量中心之间的相对功角会呈现出逐步分离并越来越大的物理特征（Pavella et al.，2000；Xue et al.，1988；1989；1992；1993）。EEAC 方法于是用两个惯量中心功角的差值作为状态变量，从而将多台发电机的相对运动简化为经典等面积方法可以处理的等值单机的运动。它既不计算模型的平衡点，也不分析、估计模型的稳定域边界，而是直接通过各台发电机在故障后状态轨迹呈现出的、具有实际工程物理意义的几何特征来对电力系统做暂态稳定分析。

基于 Lyapunov 稳定性理论的 CUEP 方法与基于实际系统运动轨迹的 EEAC 方法的区别非常本质：前者是基于系统模型的状态稳定域动力学理论分析；后者则根据系统轨迹的几何特征分析暂态稳定性。EEAC 方法原则上可以完全不依赖电力系统模型。当然，其前提是实现全电网拓扑节点运行状态的高频、同步采样与传输（常乃超等，2005；吕志来等，2002；毛安家等，2006；宋方方等，2006a；2006b；2007）。总的说来，CUEP 方法和 EEAC 方法在其实现过程中仅关心电网内发电机的功角变化，忽略了网络结构的拓扑动态，亦即无法考虑不平衡功率在网络中的传播情况。同时，这些方法得到的暂态分析结果，表明了在该故障场景下电力系统作为一个整体是否稳定以及稳定程度，但还不能给出若要避免系统失稳，该采取何种网络控制措施（如切哪台发电机、切哪个负荷节点），即很难指导制定稳定控制策略，尚未达到网络控制的基本要求。

综上，电力系统暂态稳定完全不同于一般控制工程师所理解的稳态意义下的稳定性。这个区别主要是因为暂态稳定分析与具体故障下具体发电机具体运行状态的拓扑路径密切相关，本质上属于前面第一部分所述的网络拓扑控制。这样的问题在理论上要困难得多，类似地，还有急性传染病控制问题。

**例 30-9** 传染病传播的舱室模型（Chowell et al.，2003；2004；Gumel et al.，2004；Zhou et al.，2004）。图 30-9 为该模型的舱室转移图。人群被分成六类，分别为易感者 ($S$)、潜伏者 ($E$)、被隔离观察者 ($Q$)、未隔离染病者 ($I$)、被隔离治疗者 ($J$) 和治愈者 ($R$)。总人口 $N = S + E + Q + I + J + R$。含有检疫和隔离控制的系统动态方程由 6 个常微分方程组成。

其中，$\mu > 0$ 为人口的自然死亡率，人口的常数输入率 $\Pi$ 包括新生人口和迁入迁出的易感者，$p$ 表示从其他区域进入本区域的患病潜伏者输入率。与电力系统以发电机运动为状态变量、忽略具体电力网络结构一样，这里也是以区域疾控中心掌握的感染率、隔离强度、治愈率条件下的发病人数和死亡人数等信息作为状态和控制指标，而忽略了具体病例的具体网络拓扑分布。

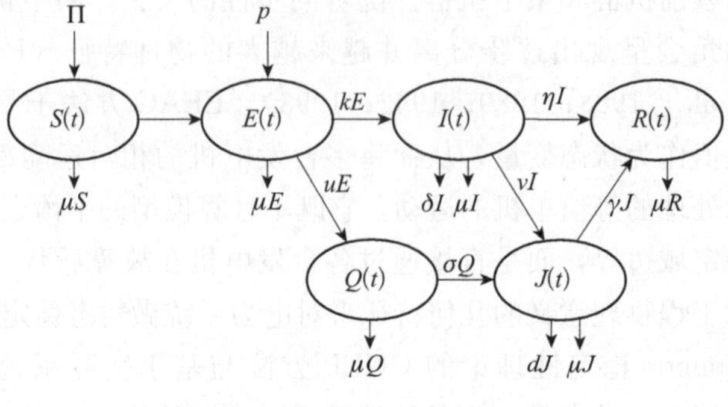


图 30-9　模型的舱室转移图

因此，并不能回答具体在哪里设隔离点（区），检疫点分布是怎样的等。目前用图论来讨论阻隔控制的工作还非常粗略（Yan and Zou，2008）。即使是多区域的传播动力学模型（Arino et al.，2003；Arrigoni and Pugliese，2002；Castillo and Yakubu，2001；Driessche and Watmough，2002；Julien et al.，2007；Jung et al.，2002；Liu et al.，2006；Ruan et al.，2006；Rvachev and Longini，1985；Sattenspiel and Dietz，1995；Wang and Zhao，2004；马知恩等，2004），也依然忽略了具体的传播网络结构，只以各区域疾控中心掌控的总的分类人数作为状态变量。因此，依旧是网络环境下的动力学系统分析。

### （三）分布参数系统：动态拓扑的动力学方法

分布参数系统理论是传统控制理论的重要组成部分。它反映的是动力驱动或事件驱动的空间分布随时间的变化。分布参数控制则是通过分布式控制，对空间分布的性状进行调节，以使具体的目标分布具有预期的动力学特性。

**例 30-10**　基于纳维-斯托克斯方程的水滴溅落的物理计算（Pasandideh，et al，2001；Roisman，et al.，2002）。水滴在物体上溅落是非常常见的现象。高速摄影机下，水滴溅落过程非常美丽（图 30-10）。

这个过程完全可视为一个三维动态拓扑演化过程，满足纳维—斯托克斯方程

$$\nabla \cdot \boldsymbol{u}=0,\ \rho\left(\boldsymbol{u}_t+\boldsymbol{u} \cdot \nabla \boldsymbol{u}\right)=-\nabla \boldsymbol{p}+\mu \nabla^2 \boldsymbol{u}+\boldsymbol{f}$$

参数 $\rho$，$u$，$p$，$\mu$，$f$ 分别表示液体的密度、速度、应力张量、黏滞系数和其他载荷。借助高速计算机数值求解并绘制成图，可精确地再现高速摄影机里的水滴溅落过程（Lin，1974）[图 30-11，时间单位为毫秒（ms）]。

原则上来说，即便是非常复杂的高维拓扑，它的分布变化也是可以用动

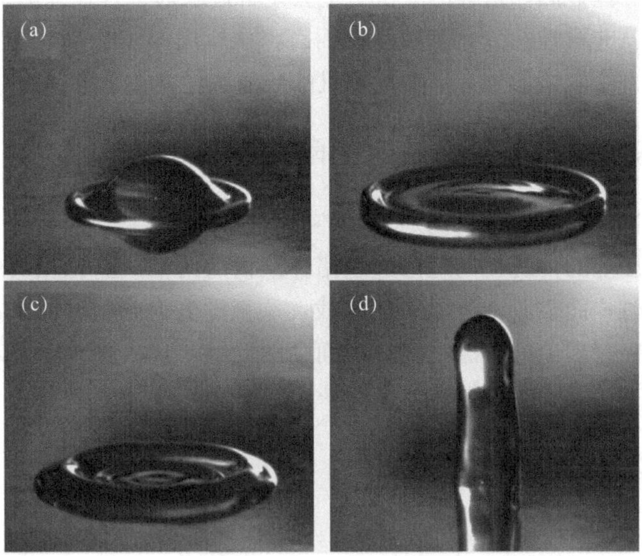


图 30-10　水滴溅落

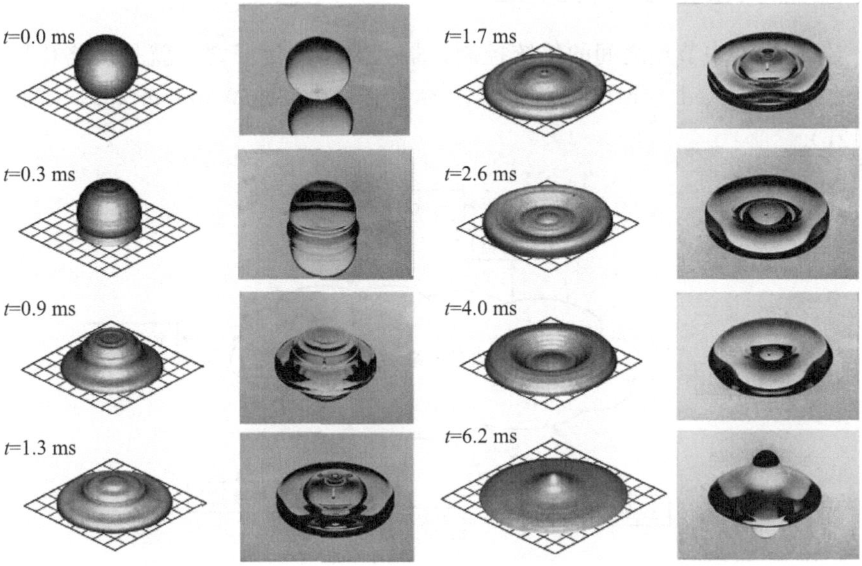


图 30-11　水滴溅落仿真图

力学方法来描述的。即使下棋，也可以将棋手落子的动作简化为对网络节点的脉冲着色，并忽略棋手考虑时间，将着色时刻简化为离散动态点，那么棋类的博弈在理论上也可用离散分布式动力学方程，精确地刻画棋盘盘面棋子的拓扑状态。但显然，这样的方法看上去是舍近求远、自找麻烦。

目前，就非线性的分布参数系统而言，众所周知，这个问题是相当困难的。目前除了个别情形外，借助计算机的数值解是其几乎唯一的处理手段。

## 三、基于稳态分析方法论的网络控制理论

前面论述了动态拓扑与动力学、控制科学的关系，结论表明：建立在动力学分析方法上的传统控制理论遭遇拓扑结构的约束或路径相关的拓扑特性分析与控制时，面临着十分本质的挑战，一直没有得到很好的解决。本节则从现有网络控制理论的方法论实质与面临的问题与挑战出发，对动力学方法在网络控制上遭遇的困境做进一步的深入分析。

## 四、网络化控制系统理论

传统控制理论构架下的网络控制，或者说网络环境下的传统控制，依旧是系统的动力学分析与综合，只不过这个分析与综合是建立在网络构架上的系统。

### (一) 网络环境下的控制理论

作为网络中节点之间的传统控制，最为典型的例子之一就是网络化控制系统（networked control systems，参见图 30-12（Wang et al.，2012a；2012b）。

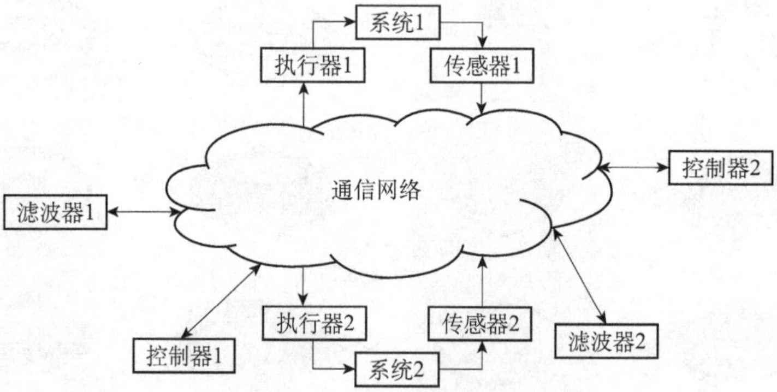


图 30-12　网络化系统

这类问题原则上可以将网络拓扑结构做合理的忽略，将其等效为传统动力学系统受到节点通信信道上某类不确定性因素的影响，从而可以利用控制科学中传统的动力学方法，特别是 Lyapunov 方法加以解决。在这一领域较

为本质的研究是谢立华等人为代表的工作（You and Xie，2011）。他们考虑了通信网络的实际量化与带宽对控制系统的制约与影响，这个考虑是传统控制理论中长期忽略的，也是反映信息网络实质特性的重要参数指标。这方面的工作具有重要的理论意义与学术价值。就方法论而言，这类研究一般并不特别关心网络的具体拓扑结构，依旧属于虑及信息论的传统动力学分析。

简单地说，网络化系统是信息科学中一个集通信、传感、网络、信号处理、控制等方向于一体的交叉研究领域。网络化系统中的信息处理和控制问题是其中一个重要研究内容。事实上，在过去的十几年中，网络控制和信号处理一直是信息科学中的一个研究热点（Antsaklis and Baillieul，2004；2007；黎善斌等，2003；张庆灵和张雪锋，2007）。网络控制中的核心问题是，当反馈系统中出现网络化通信信道时，我们应该如何分析信道对反馈系统带来的负面影响和限制，如何设计控制器来克服信道带来的负面影响？为此，人们运用若干不同的通信信道模型对上述问题展开了研究。具体包括：①有限比特率（Nair and Evans，2000；Walsh et al.，1999；Wong and Brockett，1999）和量化模型（Brockett and Liberzon，2000；Delchamps，1989；1990；Elia and Mitter，2001；Fu and Xie，2005），与传统的反馈系统不同，这里的控制信号或测量信号只能表示成有限位的二进制数；②丢包模型（Hespanha et al.，2007；Schenato et al.，2007；Sinopoli et al.，2004；Wang et al.，2005；王艳等，2007）；③有限信噪比模型（Braslavsky et al.，2007）；④网络时延模型（Liu et al.，2011；Yue et al.，2004；关新平等，2007；王帅宇和张宇河，2005；于之训等，2002）。

运用这些模型，人们在网络化反馈系统镇定问题的研究中取得了不少突破性进展。例如，镇定线性系统所需要的最小比特率与被控对象不稳定极点乘积的关系；在信道有丢包的情形下最低允许的丢包率与被控对象不稳定极点乘积的关系（Schenato et al.，2007；Sinopoli et al.，2004）；信道的信噪比与反馈系统可镇定的关系（Braslavsky et al.，2007）；有网络时延情形下，反馈系统可镇定的充分条件。在网络化反馈系统性能方面也取得不少研究成果。对具有信噪比约束的加性噪声通道，Li 等（2009）给出了最优控制设计方法：也有文献（Elia，2005；Qi and Su，2009；Su et al.，2011）针对乘性噪声表述了对数量化器的基本特征，给出了最优控制器的设计方法。

**例 30-11** 网络控制系统的结构图（谢成祥和胡维礼，2012）。根据图 30-13 所示，网络存在于传感器和控制器之间，其中，$y$ 为被控对象的输出，$z$ 为控制器的输入，$u$ 为控制器的输出。

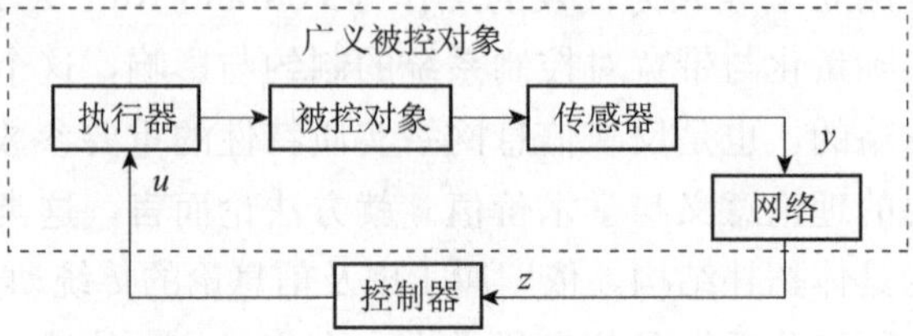


图 30-13　网络控制系统结构图

上述网络控制系统有如下假设：传感器节点采用时间驱动，周期为 $T$，控制器节点也采用时间驱动以避免控制量的频繁切换；网络诱导时延 $\tau_k$ 是时变的，其上界存在且大于一个采样周期；传感器节点采样被控对象的输出，传感器节点的数据包采用单包传输且带有时间戳，在数据传输过程中，数据包连续丢失次数的上界存在。此时，可将网络等效为一个开关，每隔采样周期整数倍的时间间隔接通一次，将传感器数据成功发送到控制器。为克服时延和数据包丢失的影响，在控制器节点引入一个状态预测器来根据过去的测量数据预测对象的状态，控制器根据预测器的状态来计算控制量。于是，图 30-13 可以表示为图 30-14。

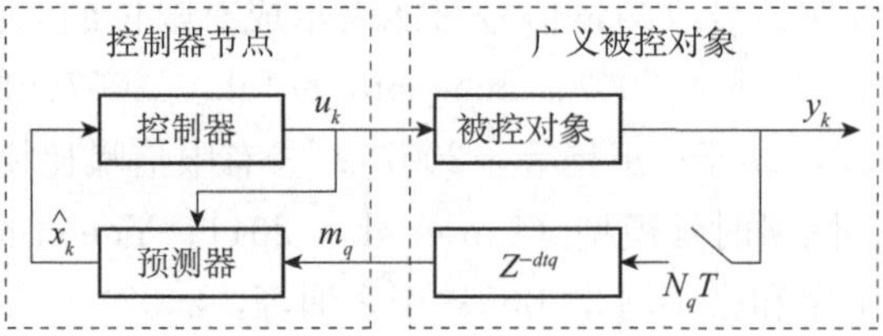


图 30-14　网络控制系统的等效结构图

类似的方法在网络化控制系统中很常见。网络的拓扑结构在这里被等效地归化为某种不确定性（如时延、丢包等）对传统控制系统的影响，将问题化为具有某类不确定性扰动下传统动力学方程描述下控制系统分析与综合问题。

## （二）网络节点的群体动力学：同步问题

网络控制中有一类很有趣的问题，一般称为复杂动态网络（complex dynamical network）（Hengster et al.，2013；Liang et al.，2012；Lu and Ho，2010；Lu et al.，2011a；2011b；Lv and Chen，2005；Su et al.，2013；Wang et al.，2010；汪小帆等，2012）。陈关荣（2013）认为：探讨复杂动

态网络环境下的控制理论并不是一个新问题，因为经典的反馈控制框图所代表的一般系统结构本身就已经是一个动态网络。在某种意义上说，这类网络所关注的实质在于：由一群动力学系统为主节点的网络，其整体或部分动力学特性如何？这个问题显然是从以忽略网络拓扑结构的单个高维动力学系统为研究对象的传统控制科学延伸到网络控制的最自然的途径之一，最适于使用传统的控制科学研究的方法论和既有成果，因而引发了相当大的兴趣，是当前网络控制中关注最为广泛的研究热点所在。

虽然复杂动态网络并不排斥其他类型的节点，但就目前而言，所研究的网络大都是由一组动力学系统为节点构成的网络，其间连接除了边之外，没有其他非动力学系统的节点。也就是说，这是一个以有限动力学系统为全部节点构成的网络，整个网络处在运动状态。这样，从动力学角度来看，对每个节点的状态而言，与其他节点状态的关系只是输入输出的关系，没有空间分布问题，因此从形式上这类网络系统可很方便地表示为集中参数的高阶动力学系统。它关心的性质，如部分或全体动力学节点运动的同步性、一致性等问题（Alessandro et al.，2009；Dubois et al.，1988；You and Xie，2011）。这类问题中也存在网络结构的约束问题，如多体运动的各类避撞条件等（Silvia et al.，2011）。一般而言，这类条件可描述为多体的运动必须满足一定的代数流形的约束。

**例 30-12** 连续时间动态网络的同步概念。对于一个由 $N$ 个相同的节点构成的连续时间动态网络，其中，第 $i$ 个节点的状态方程定义为

$$\dot{x}_i = f(x_i) + c\sum_{j=1}^{N}\alpha_{ij}H(x_j)$$

式中，$f(x_i)$ 刻画了节点 $i$ 自身的动力学特性；$c\sum_{j=1}^{N}\alpha_{ij}H(x_j)$ 描述了其余节点对节点 $i$ 综合的动力学影响，它是节点间的耦合关系与网络拓扑的综合体现。

进一步地，连续时间动态网络的同步定义为：如果当 $t\to\infty$ 时，有

$$\| x_i(t) - x_j(t) \| \to 0, \forall i,j = 1,2,\cdots,N$$

就称动态网络达到完全（渐近）同步。

正如方锦清等（2007a；2007b）所指出的那样：同步现象不仅在物理、化学、生物等领域无所不在（Boccaletti et al.，2000；2002；Ernst et al.，1995；Hunt et al.，1997；Parekh et al.，1998；Pecora and Carroll，1990；Pikovsky et al.，2001；Rosenblum et al.，1996；Timme et al.，2004），而且也广泛存在于自然界和社会生活中。从研究方法来看，

大致分为如下两类。

第一，简化网络拓扑结构特点。将具体拓扑结构反映为系统的系统关联矩阵。系统模型中主要纳入反映节点间连接或断开的状态及其连接加权，然后在这个结构下研究这一组动力学系统的运动特性及控制问题。经过数学变换，可将相应问题化为 Lyapunov 稳定性分析问题。这个方法可以巧妙地运用传统控制中有关不确定性的描述等成果，得到很多很好的结果（Huang et al.，2010；Lu and Ho，2010）。

**例 30-13** 族网络（network family）同步问题的研究（Huang et al.，2010）。

族网络可以理解为具有很多共同特点的一类复杂网络。除了不同的网络结构外，它们具有相同的时滞、耦合强度、动态特性、相同节点数目和相同的节点度。Huang 等（2010）研究建立了族网络同步的准则，只需判断某一具体网络是否属于该族网络，就可根据通用的准则分析该具体网络的同步性。

由族网络同步问题的研究过程可以看出，Huang 等（2010）仍是将网络同步性分析问题转化为对网络模型进行线性化后得到的微分方程组的稳定性判定问题。这样就可以对后者应用传统的 Lyapunov 稳定性分析方法，间接获得族网络同步判据。

这类方法对网络结构特性已有相当高的关注度，同时也关心具体网络结构的动态演化对动力学系统族的影响。值得注意的是，虽然其基本思想还是固化网络结构后对系统族进行稳态动力学分析与综合，得到的结果却可以用来指导对网络拓扑的重组和优化。此外，从方法论角度上看，能较好地借鉴传统的研究方法和结论，相对容易得到较好的理论结果。

应该说，这是一个非常有趣的领域，是目前传统控制科学最自然、最富有成果的拓展领域。在可以预见的未来，表现为有意义的课题依旧层出不穷，将进一步揭示自然界广泛存在的动力学系统族（如生物群体等）族群运动的动态特性。虽然这些研究目前只是关乎简单系统族的机理性研究，但可以肯定，这些研究结果将会不断地发现新的、非常重要的应用。

第二，提取网络拓扑的结构特性，分析其各种网络的拓扑结构以及拓扑结构对网络动力学的作用（方锦清等，2007a；2007b）。以同步问题为例，多种描述拓扑结构的几何量，如平均最短路径、群聚系数、度分布等，都会影响网络的同步能力。关于描述复杂网络基本结构的主要参数以及它们对网络同步化能力的影响，可以参考有关复杂网络同步研究的综述文章（郭雷等，2006；汪小帆等，2006；赵明等，2005）。

**例 30-14** 群聚系数对网络同步性能的影响（Lu et al.，2006；Wu，2005；方锦清等，2007a；2007b）

群聚系数用来衡量一个复杂网络的集团化程度，它是用来表征网络中一个节点的邻居同样也相互为邻居的趋势。对社会网络而言，集团化形态是一个重要特征，集团表示网络中的朋友圈或熟人圈的凝聚力程度，集团中的成员往往相互熟悉；对区域互联构成的大电网而言，集团则表现为区域电网。通过边交换的方法（不改变节点的度，仅改变群聚系数）和仿真实验，学者们（Barabási and Albert，1999；Lu et al.，2006；Wu，2005）开展了群聚系数对网络同步性能的影响研究。对多种类型网络的研究结果表明，群聚系数越大，则网络的同步能力越差。

上述分析与实验结论可从物理意义上理解为，群聚程度仅能反映集团内部的同步能力。在通过边交换提高群聚系数的过程中，虽然提高了各集团内部的同步能力，但却可能降低集团之间的同步能力。这种仅强化小组内部团结而弱化小组间耦合关系的做法显然无法提高整个网络的同步能力。

**例 30-15** 最优全齐性网络具有优良的动态特性

当前研究已经指出，许多复杂网络或其子网络拥有很好的动态特性，如高同步性、易于控制、抗攻击能力强、快速信息交换能力和容易涌现合作行为等。但是，已有的网络模型并不能很好地描述这些本质特性和普遍现象。因此，需要回答网络拓扑结构与动态特性之间的关系，即什么网络结构同步能力强、什么网络结构最容易控制、什么网络结构最容易涌现合作行为、什么网络结构抗攻击能力最强等。

为此，Shi 等（2013）提出了最优全齐性网络的概念与定义，并通过仿真数值分析验证了：相对于规则网络、随机网络、小世界网络和无标度网络，最优全齐性网络具有最佳的同步能力。此外，最优全齐性网络在鲁棒性、阻碍流行病传播、合作行为出现等方面也拥有良好的特性。类似的研究还包括具有小世界网络与无标度网络拓扑的束流传输网络中的同步与控制（Wang and Chen，2002a；2002b）、复杂多智能体的网络协调控制（Egerstedt and Hu，2001；Hong et al.，2008）、复杂网络演化的博弈理论（Kazemeyni et al.，2011；Zhang et al.，2010）等。由于网络的复杂性，大部分研究结果都依赖数值实验，许多结论还存有争议。显然，这类方法依旧是以动力学方法为平台，将网络特性提取出来作为影响因素加入动力学方程，以得到网络全体或局部节点的整体动力学稳态特性分析与综合。

### （三）稳态分析的方法论实质及其网络困境与出路

前面的分析反复指出：在运用动力学系统的稳态分析方法处理具高度路径相关问题（如暂态问题）时，总会出现诸多困难现象。事实上，这是因为稳态分析在本质上排斥系统状态及其控制过程的具体拓扑路径的缘故。然而，这也正是Lyapunov对动力学分析方法的最具创意之所在。

在描述动力学系统受扰时的运动稳定性时，Lyapunov首先就忽略了扰动路径。他将扰动的效果等效为：当扰动撤除时，该扰动所导致的受扰系统状态偏离平衡态（或者说工作点）的位置，亦即受扰系统在扰动撤除时刻的初始状态；进而将问题化为：在没有新的扰动发生的前提下，从初始状态出发的系统状态的渐近平稳性分析。最后，为了彻底摆脱扰动路径问题，Lyapunov利用关注给定平衡点“附近”（某个邻域内）所有初始状态出发的系统状态，也即关注所有扰动引发的且扰动结果落在这个邻域内的运动轨线的渐近特性，或者说微分方程的解对初值在无穷区间上的连续依赖性的思想，进一步将问题等效为对系统某个确定平衡点的拓扑性质的研究。至此，扰动不见了踪影，或者说具体的受扰轨迹路径被忽略了。

这一思想所体现的天才创造力，一举奠定了动力学系统受扰情况下稳态分析的方法论基础。然而，这一思想虽然极其出色地完成了研究运动稳定性问题，却依然无法回避对未知扰动进行建模的任务。这里，显然也潜在地假定了这些扰动只在被撤除时改变了受扰系统的运动状态，而在其扰动过程中没有改变或破坏系统的结构（如拓扑连接方式、节点与边的个数、系统的阶数等）。也就是说，稳态分析是系统受到的扰动“不太大”的情况下，关于系统平衡点邻域渐近特性的分析。这个分析方法在控制科学中不仅非常重要，成果无疑也是辉煌的。

然而，正因为规避了扰动的具体路径，所以在解决与路径拓扑密不可分的网络控制问题时，出现很大困难。这一点，是以稳态分析与控制为主的控制工程师一般不太熟悉的。当前，网络环境下控制理论大多是以稳态分析与综合为主的，在处理系统中所设计网络的具体拓扑结构时遇到方法论上的障碍。例如，目前的网络控制理论与方法尚无法应对各类网络崩溃问题。不断发生的重大群体性事件深刻地揭示了现代社会网络结构的脆弱性：局部的小事件会经常地导致整个网络的大范围危机。传染病、计算机病毒的肆虐、电力网络故障的传播、交通网络重大事故的社会影响，都在深刻地影响着社会结构的暂态安定与稳定性，如果应对不当，则势必造成崩溃。应该说，网络控制的暂态分析与综合仍然是网络控制重大需求与难点。

有历史研究揭示：当中国人口达到当时社会生产潜能的供养瓶颈时，一场较为严重的天灾抑或人祸就足以引发导致改朝换代的社会动乱。战乱导致人口锐减，一旦纷争趋于统一，则会有一个休养生息、生产发展时期。这个时期，即使是天灾人祸，也未必会导致新的大规模社会动乱。由此可见，正如电力系统暂态稳定问题所揭示的那样：网络控制中暂态稳定的重要性压倒对网络稳态性质的品质要求。结构性质—暂态稳定的关系将持续成为网络控制的最具挑战的难点之一。这一点，与传统控制科学关心的系统整体或部分状态的稳态品质有明显不同。

当前，有一种主流观点认为（方锦清等，2007b），必须从理论上继续深入探索复杂动态网络的数理模型，建立全面符合实际网络的精确理论框架，以准确地反映实际网络的全面特性。同时，鉴于复杂网络的多样性和复杂性，需要深入开展从不同角度研究不同复杂网络的生长方式。这一点，若能做到，无疑是十分理想也是十分重要的。但很显然，若仅限于传统的动力学方法论意义下的数学模型，则可以预见，这个任务将是难以完成的。

网络控制科学遇到拓扑结构的巨大挑战。这一挑战集中地体现在方法论层面的瓶颈制约。要突破这一制约，要走的路还很长。因此，面对无法忽略具体路径和拓扑结构的网络控制课题，必须突破传统控制科学中普遍使用的稳态分析方法的制约，结合图论、拓扑学和计算机科学与技术的最新成果，发展新的研究理念和方法。

如前所述，复杂的拓扑网络问题，如四色定理的证明、机器人棋类博弈等，都借助了计算机算法模型和计算机逻辑计算为手段的机器证明；有关暂态问题的研究，如电力系统暂态稳定分析等，实用有效的手段大都借助于具体策略之下的算法模型及其仿真计算得到的数值结果；在动态网络的拓扑性质与同步性、一致性和若干博弈问题的关系，以及对其产生的影响等的研究方法中，也呈现出对网络模型的算法生成特性和大量数值实验依赖特征。

类似例牵引控制，发展一种全新的以刻画网络拓扑性态的基本概念为平台，以网络拓扑性态为控制目标，涉及具体网络拓扑控制策略的网络控制理论是极具可能的。这种控制理论很可能将以计算机算法模型和包括计算机逻辑证明在内的图论方法为主要方法论。就目前而言，从某种意义上说：电力网络中以 EEAC 方法为代表的不依赖于网络动力学模型、代之以网络实测状态的几何与物理特征分析的稳定性理论和方法，已经具有这一新思维的雏形，并引领了一种可能的发展趋势。从贝尔曼动态规划与最优控制的关系来看，计算并非是动力学解析的不得已，而是一种基于拓扑路径视角的主动互补策略，两者有很好的相通性。或许可以期待，这类动态网络拓扑演化的控制理论与方法将会为传统控制理论和方法注入更为实效的活力。

维纳在其 *Human Beings for Human Use*（Wiener，1954）中曾经指出：从控制论的观点来看：机器或有机体的结构本身是预定它能完成什么任务的一个指标（钟韧，1978）。这就是说：结构是第一位的，结构确定了可行性，才有动力学问题。前者决定系统大局，后者决定技术细节。经典的控制理论主要是解决技术细节的，或许可以预期，网络控制理论的上述发展趋势，很可能为解决控制系统在系统拓扑结构层面的分析与设计提供一种动态拓扑理论与方法。

# 第三十一章 复杂动态网络环境下控制理论遇到的问题与挑战

本章简要地回顾与讨论了复杂动态网络环境下传统控制理论所遇到的一些新问题与新挑战。首先介绍现代网络科学与工程的背景，然后讨论复杂动态网络的牵制控制、有向复杂网络的能控性，以及“网络的网络”的建模与控制等三个方面的相关科学研究问题。

## 第一节　复杂动态网络

应该说，探讨动态网络环境下的控制理论并不是一个新问题；经典的反馈控制框图（图 31-1）所代表的一般系统结构本身就是一个动态网络。

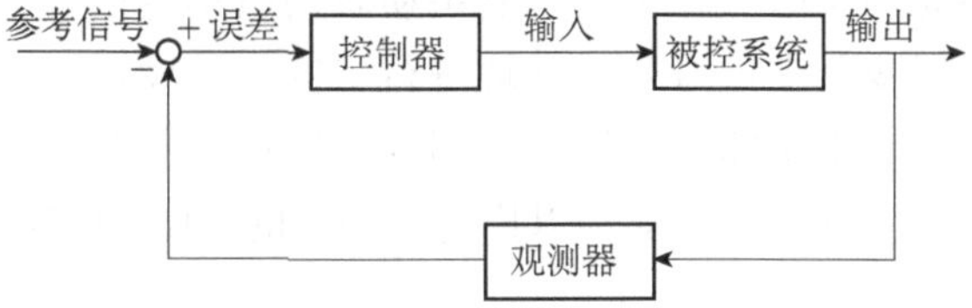


图 31-1　反馈控制框图

这里“动态”一词主要指其节点由动力系统构成，因而自始至终处于某种动态过程之中。这里的着眼点是“复杂动态网络”环境下的控制理论，即着重讨论比图 31-1 的结构更复杂的动态网络的一些控制理论相关问题。这里，“复杂”一词没有明确的数学定义，也不打算给出具体定义，或许根本就不能严格定义。粗略地说，一个动态网络可以被认为是复杂的，如果它是大规模的（有许多节点和许多连边）、高维的（节点是高维动力系统、连边含有多个状态分量）、以非确定或非规则的方式连接在一起的（如形成随机结构、小世界结构、无标度结构），特别是带有非线性（对节点动力系统和耦合方式而言）、时变发展形式（如增长、演化、脉冲、时滞），甚至带有不同时间或空间尺度等。这种描述说不上是严格定义，如规模多大算是大规模、维数多高算是高维都没有也不可能事先严格地界定，只能视具体问题相对而言。不过，对于通常的工程科学研究来说，这个“复杂动态网络”的概念应该是可以接受也是可以操作的。

网络与控制在发展过程中逐渐互相交错融合。今天，控制理论越来越多地关注和研究如何去控制网络（如电力网、交通网）及研究如何利用网络来做控制（如网络化控制）。一方面，越来越多的大型控制系统中嵌入各种子网络（如通信网、以太网、传感网）。另一方面，许多大规模的网络中都嵌入各种各样的控制器。不过，传统的控制理论过分侧重于单个高维系统的控制问题和方法，对复杂动态网络特别是多节点不规则连接的有向网络没有给予足够的注意，相关的研究和结果非常罕见。这当然有它的历史和技术原因，那时候没有像今天无处不在的互联网、无线通信网、综合电力网、全球一体化交通网、生物神经网络和基因调控网等这些复杂动态网络的背景和需求，也没有像今天廉价普及的大型高速计算机、巨型数据库，以及 GPS 和云计算手段等设备与资源。

值得指出的是，一般来说，一个复杂动态网络并不能简单地通过提高维数而转化为单个超高维的巨系统而加以控制和处理，尤其是有向网络和演化网络、以不同时空尺度耦合在一起的，以及对其内部结构需要进行精细分析和计算的各种不规则网络。事实上，复杂动态网络本身已经形成了一个专门的科学与工程领域或分支，需要独立地进行研究。下面进一步展开的讨论将会提供更具体的材料来支撑这个说法，因为将要讨论的几乎所有的问题都不是在传统巨型系统的框架下能够加以描述和探讨的（图 31-2）。

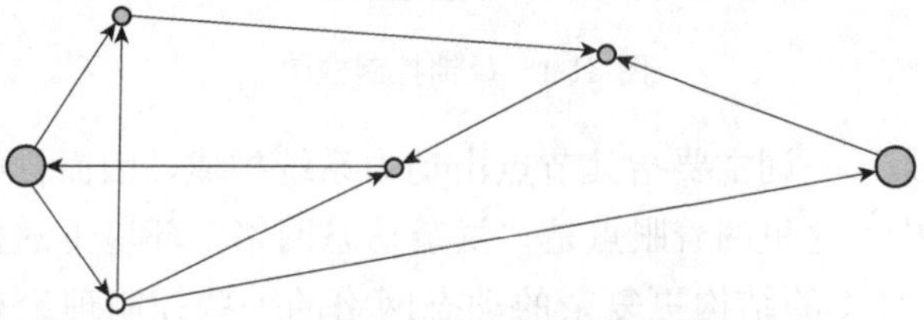

图 31-2　有向动态网络

今天，复杂网络科学与工程蓬勃发展，给传统的控制理论带来了新的机遇，但也带来了新的问题和挑战。针对这种现状，讨论如下几个方面的问题：复杂动态网络的牵制控制、有向复杂动态网络的能控性理论及“网络的网络”的建模与控制。鉴于篇幅，不能面面俱到，但希望能够抛砖引玉，为读者提供一些参考并引起进一步的思考和讨论。

## 第二节　现代网络科学与工程

正如前面第一章所述，网络科学可以认为是从 1736 年 Euler 解决了著名的 Königsberg 七桥问题从而建立了数学图论（汪小帆等，2012）开始，以 Erdös 在 1960 年前后建立起严格的数学随机图论（Erdös and Rényi，1960）为第二个里程碑。1998 年，Watts 等在《自然》（*Nature*）上发表了小世界网络模型（Watts and Strogatz，1998）及 1999 年 Barabási 等在《科学》（*Science*）发表了无标度网络模型（Barabási and Albert，1999），成为网络科学研究历史上的新里程碑，掀起了网络科学与工程研究的新热潮。时至今日，网络科学与工程已经自成一体，形成了一个相对独立的学科，目前之发展趋势仍方兴未艾。

作为背景，首先简单地介绍上面所提到的三个最有代表性的复杂网络模型，即随机图网络模型、小世界网络模型和无标度网络模型。

随机图网络模型描述如下：作为初始条件，给定 $N$ 个离散的节点。对于所有存在的节点对，以概率 $p \in [0,1]$ 用连线把它们连接起来。这个过程中，不重复也不遗漏所有可能的节点对。完成后所得到的网络就是一个随机图。显然，每次这种操作结束时所产生的随机图网络是不完全一样的。但是，从统计意义上来说，所有这些结果网络都具有很多共性，而且对大量这种重复操作的结果进行平均的话，平均结果颇具代表性。这种类型的网络其规模是固定的（节点个数为 $N$，连边条数的期望值为 $pN(N-1)/2$，各个节点具有连边的条数（称为该节点的度）大体上也是差不多的，因而这类网络整体结构都比较均匀，而且节点度的分布可以证明是服从泊松分布的（图 31-3）。

小世界网络模型描述如下：作为初始条件，给定 $N$ 个节点的一个环形网络。对于环上所有两两相连的节点对，依次随机地选取连线的一端，以概率 $p \in [0,1]$ 把它们之间原有的连线的另一端断开，然后把连线的断端连接到从环中随机选取的第三点上去。这个“重新布线”的过程中，不重复也不遗漏原来环上所有相连的节点对，另外在与第三点相连时丢弃所有因此而产生

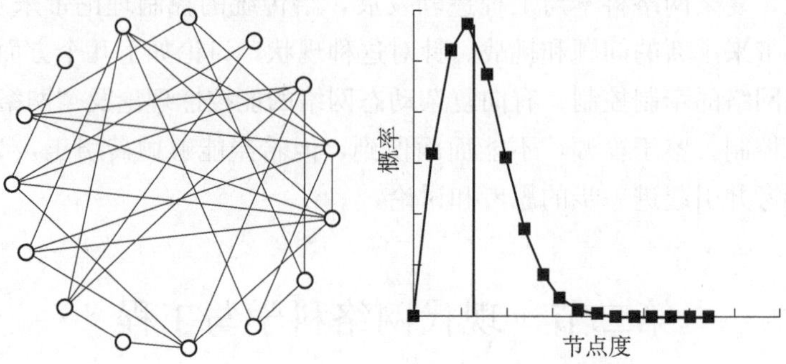


(a) 随机图例子　　(b) 节点度$k$的泊松分布

图 31-3　随机图网络

的重边和自环。完成后所得到的网络是一个 Watts-Strogatz 小世界网络（Watts and Strogatz，1998）。这种网络的规模也是固定的（节点个数为 $N$，开始时环形网络上原有的连边条数保持不变），各个节点的度大体上也是差不多的，其节点度分布也是服从泊松分布的。但是，这种网络有两个显著的特点：它的平均节点距离很短，平均聚类系数（每个节点的所有邻居节点之间互相连接的稠密程度）很大。特别是，后者是随机图网络所没有的。这两个特性一起就定义了所谓的小世界特性，即不管网络的规模有多大，其节点彼此之间是“很靠近”的。另一种小世界网络模型，称为 Newman-Watts 小世界网络（Newman and Watts，1999），是在给定 $N$ 个节点的环形网络上直接作随机图生成的处理，即对所有环上原来存在但不相连的节点对，以概率 $p \in [0,1]$ 用连线把它们连接起来。在这个过程中，不重复也不遗漏所有可能的这种节点对，并且丢弃因此而产生的重边和自环（图 31-4）。

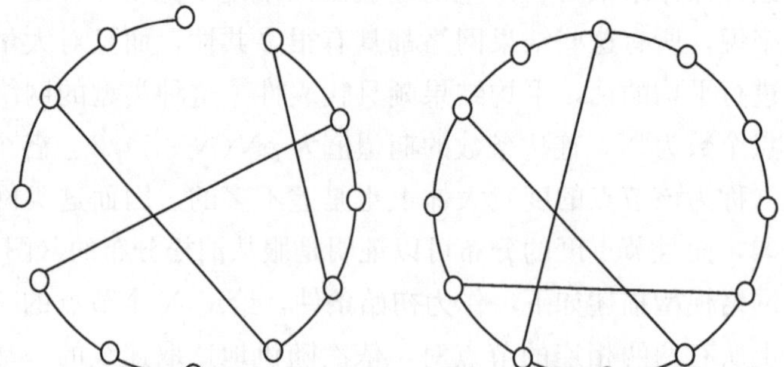

(a) Watts－Strogatz 小世界网络　　(b) Newman－Watts小世界网络

图 31-4　两种小世界网络模型

无标度网络模型描述如下：作为初始条件，给定含有 $N$ 个节点的一个全连接网络。每一步，增加一个新节点，并且新节点带进 $m(m \leqslant m_0)$ 条新连边。每一条新连边与所有已经存在的老节点同时以概率 $p$ 相连接，其中，$p$ 正比于该老节点的度数（因此，度数较大的节点有较高的可能性与新节点建立新的连接，于是在网络增长的过程中其度数会变得越来越大；这一过程刻画了“富者越富”的现象）。同样，排除所有可能产生的重边。这种网络的规模是增长的，而且少量的节点有很高的度数但大量的节点的度数都很低，从而使网络的整体结构极不均匀。同时，网络节点度的分布可以证明是服从幂律分布的，而且这个幂律公式与网络的规模（尺度）无关，即在网络增长的过程中任何时刻去计算它的节点度分布，其结果的幂律基本上都是不变的。因此，这种网络称为是无标度网络（图 31-5）。

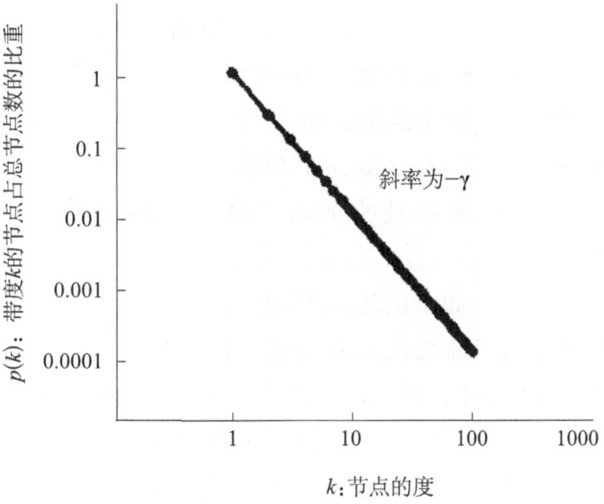


图 31-5　无标度网络节点度 $k$-$\gamma$ 的幂分布（双对数图）

近年来，大量的实证研究发现，现实世界中的许多网络，包括物理、生物、计算机、通信、电网、交通、金融、社会、军事等领域中的各类网络，从连接结构特性来看，都是小世界或无标度网络（Chen et al.，2012；Newman，2010）。基于这个事实，在复杂动态网络环境和条件下做控制理论与控制工程就不但十分自然，而且十分重要了。

## 第三节　复杂网络的牵制控制

牵制控制（Pinning control）是一种控制策略（Li et al.，2004；Wang

and Chen，2002c；汪小帆等，2012）。为了介绍这个概念，我们不妨先从两个生物例子谈起。

**例 31-1** 线虫。这是一种寄生虫，因为其体内的神经网络结构相当简单，目前对它的认识比较清楚，因而生物学研究中经常用它来作为实验对象。线虫的神经网络有大约 300 个神经元和 2400 条神经连接线。通过刺激（控制）多少个神经元就可以影响到线虫全身的整个神经网络呢？答案是平均约 49 个（Cho，2011），约占神经元总个数的 17%。

**例 31-2** 鱼群和蜂群。它们经常因为食物来源的变化而到处迁移。观察发现（Couzin et al.，2005）："鱼群中只有很少的个体知道目标在哪里，但它们就能影响到整个大鱼群的觅食迁徙。类似地，蜂群中相当少的个体（约 5%）就能引导整个群体飞到新的巢穴里去。"

从控制论的角度来看，可以把这 17%的神经元和 5%的蜜蜂看作被控的少量个体，通过控制它们便可以达到控制整个网络或群体的目的。这种控制策略当然是十分经济的。问题是：对于一个给定的群体，要实现某个特定目标到底需要选择多少个被控对象个体？选取哪些个体？回答这类问题的理论和方法就是所谓的"牵制控制"，即"牵一发以动全身"的控制策略。

现在更明确地来考虑如下的理论问题：给定一个以某种（如小世界）方式、有方向地把多个高维非线性动力系统（状态节点）连接起来的网络，给定一项控制任务（如实现网络同步），设定一个控制目标（如时间最优、能量最优或表现最好，如振荡最小），并假定允许使用某类特定的控制器（如线性状态反馈控制器）。在这个网络框架上，控制论提出的问题是：需要设计和使用多少个指定类型的控制器？应该把这些控制器放置在哪些节点上（即对哪些节点进行牵制控制）？另一个（对偶的）控制论问题是：假定由于可放置控制器位置的经济成本或物理条件受到约束，所以允许使用控制器的数量受到一定的限制；那么，设计哪种类型的控制器才能工作？把这些控制器放置在哪些节点上最有效？显然，对上述问题的回答依赖于给定网络的不同结构（规则网络、随机图网络、小世界网络、无标度网络）和节点上的不同动力系统（非线性、脉冲、混合）。容易想象，还有一些类似的问题可以提出来，大都是以前考虑单个高维动力系统的控制时不会提出、实际上也不存在的新问题。

上述例子及下面将要谈到的其他例子解释了本章题目"复杂动态网络环境下控制理论遇到的问题与挑战"的含义。

为了更具体地描述和分析我们在这里遇到的复杂动态网络控制理论新问题，现在以网络同步（Synchronization）的牵制控制为例子展开讨论（Chen et al.，2009）。为简单起见，仅考虑一个由 $N$ 个相同的节点构成的无权无向连通网络，其中，第 $i$ 个状态节点的动力方程及其耦合形式为

$$\dot{x}_i = f(x_i) + c\sum_{j=1}^{N} a_{ij}\Gamma x_j,\ i = 1,2,\cdots,N$$

式中，$x_i \in R_n$ 为节点 $\Gamma$ 的状态变量；$f(.)$ 为满足 Lipschitz 条件的连续(非线性）函数，并假定具有不动点 $s$ ：$f(s) = 0$ ；常数 $c > 0$ ，为网络的耦合强度；$\Gamma$ 为各个节点状态变量之间的内部耦合矩阵；外部耦合矩阵 $A = [a_{ij}] \in R^{N\times N}$ 是对称的，定义如下：若节点 $i$ 和节点 $j\,(i \neq j)$ 之间有连接，则 $a_{ij} = a_{ji} = 1$ ，否则 $a_{ij} = a_{ji} = 0$ ；对角元素定义为

$$a_{ii} = -\sum_{\substack{j=1 \\ j\neq i}}^{N} a_{ij} = \sum_{\substack{j=1 \\ j\neq i}}^{N} a_{ji} = -k_i,\ i = 1,2,\cdots,N$$

式中，$k_i$ 为节点 $i$ 的度。

矩阵 $L = -A$ 称为上述网络的拉普拉斯（Laplace）矩阵，它有且仅有一个重数为 1 的零特征根，而其余的特征根均为正实数：$0 = \lambda_1 < \lambda_2 \leqslant \cdots \leqslant \lambda_N$ 。

各种各样的网络都可以用上面这个网络状态方程式和耦合形式准确地表示出来。或者反过来说，通过适当选取节点之间的连接，即适当选取耦合矩阵 $A = [a_{ij}]$（或等价地，矩阵 $L$ ），便可以获得各种各样的网络，诸如规则网络、随机图网络、小世界网络、无标度网络等。需要注意的是，如果网络是有向的话，矩阵 $A$（矩阵 $L$ ）是非对称的，这时它们的特征根一般都是复数。

现在考虑上面这个网络的一种典型的状态同步问题。如果

$$\lim_{t\to\infty} \| x_i(t) - x_j(t) \| = 0,\ i = 1,2,\cdots,N$$

就称网络达到（完全）同步。其中，$\{x_1 = x_2 = \cdots = x_N\} \subset R^{N\times n}$ 称为是网络的同步流形。如果网络趋于同步的话，所有节点的状态向量都收敛于同步流形；如果同步流形是稳定的话，流形周边的所有状态轨道都会收敛于它，即整个网络趋于同步。同步流形的局部或全局稳定性决定了网络同步的局部或者全局特性。

现在考虑上述网络的局部同步问题。对给定的网络方程关于 $f(.)$ 的不动点 $s$ 做线性化，可得主稳定方程（Master stability equation）如下

$$\dot{y}_k = [Df(s) - \alpha_k \Gamma] y_k$$

式中，$\alpha_k = c\lambda_k$，$k = 2,\cdots,N$。所有这些方程的最大 Lyapunov 指数 $L_{\max}$ 称为是网络的主稳定函数（Master Stability Function）。判断网络同步流形稳定的一个常用指标是要求 $L_{\max}$ 为负值（Pecora and Carroll，1998）。通常把使 $L_{\max}$ 为

负的实数 $\alpha_k$ 的最大共同取值范围 $S = S_{\max}$ 称为原网络的同步区域，显然它是由 $f(.)$ 和 $\Gamma$ 来确定的。如果耦合强度与矩阵 $L$ 的每个非零特征根之积都属于同步区域，即

$$c\lambda_k \subseteq S, k = 2, \cdots, N$$

那么可以保证网络的最大，因而所有 Lyapunov 指数取负值，$L_{\max} < 0$，即网络同步流形稳定，从而网络便能实现（局部）同步（Duan et al.，2007）。

根据不同情形，可以把同步区域 $S$ 分为以下几种类型（图 31-6）。

（1）类型 1。Wang 和 Chen，（2002a；2002b）的研究对应的同步区域为 $S_1 = (\alpha_1, \infty)$，其中，$0 \leqslant \alpha_1$ 由 $L_{\max}(\alpha) = 0$ 决定。对于具有这类同步区域的网络，如果耦合强度 $c > 0$ 和 Laplace 矩阵的最小非零特征根 $\lambda_2$ 的乘积满足

$$\alpha_1 < c\lambda_2$$

则网络同步。因此，这类网络的同步能力可以用响应矩阵 $L$ 的特征值 $\lambda_2$ 来刻画：$\lambda_2$ 值越大，所需耦合强度 $c > 0$ 可以越小，意味着网络同步能力越强。

（2）类型 2。Barahona 和 Pecora（2002）的研究对应的同步区域为 $S_2 = (\alpha_2, \alpha_3)$，其中，$0 \leqslant \alpha_2 < \alpha_3 < \infty$ 由 $L_{\max}(\alpha) = 0$ 决定。对于这种情形，如果

$$\alpha_2 < c\lambda_2 < c\lambda_N < \alpha_3$$

则网络同步。因此，其同步能力可以用矩阵 $L$ 的非零特征根比率 $\lambda_2/\lambda_N$ 来刻画：由上述不等式可以看出，$\lambda_2$ 和 $\lambda_N$ 越接近，此不等式越容易得到满足；因此，比值 $\lambda_2/\lambda_N > \alpha_2/\alpha_3$ 越大，则这类网络的同步能力越强。

（3）类型 3。Barahona 和 Pecora，（2002）、Wang 和 Chen，（2002a；2002b）的研究对应的同步区域为空集 $S_3 = \varnothing$。这时，对于任意的耦合强度 $c > 0$，相应的网络无法自我实现同步（除非外加控制，这将在下面进一步讨论）。

（4）类型 4。Duan 等（2009、Stefánski 等（2007）的研究对应的同步区域为若干个形如 $S_1 = (\alpha_1, \infty)$ 和 $S_2 = (\alpha_2, \alpha_3)$ 的并集。这时需要所有的 $c\lambda_i$ 值都落入这些子区间里，相应的网络才会同步。这种情形相当复杂，也比较罕见。

现在回到上面讨论的牵制控制以实现网络同步的问题：对于上面给定的网络模型，假定它属于类型 3，即自己不可能同步，但我们希望通过在某些节点上加入线性反馈控制器 $u_i = -K^{x_i}$ 来强迫它实现同步，其中，$K$ 为待定的控制增益矩阵。被控网络可以写为

$$\dot{x}_i = f(x_i) + c\sum_{j=1}^{N} a_{ij}\Gamma x_j + d_i u_i, \ i = 1, 2, \cdots, N$$

式中，如果在节点 $i$ 上加入控制器的话，则 $d_i = 1$，否则 $d_i = 0$。现在的问

题是：需要使用多少个指定类型的控制器？应该把这些控制器设定在哪些节点上（即对哪些节点进行牵制控制）？

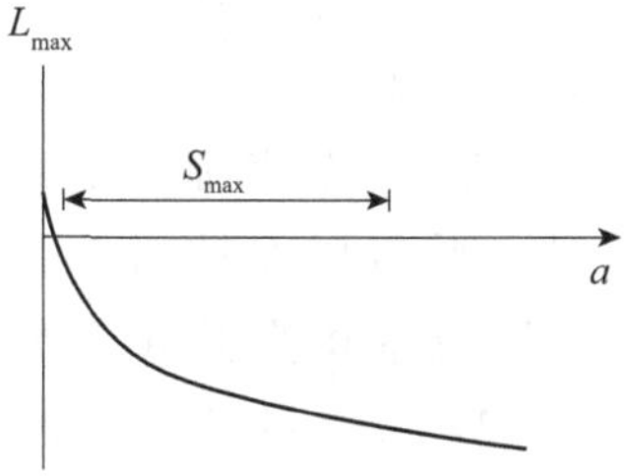


类型1

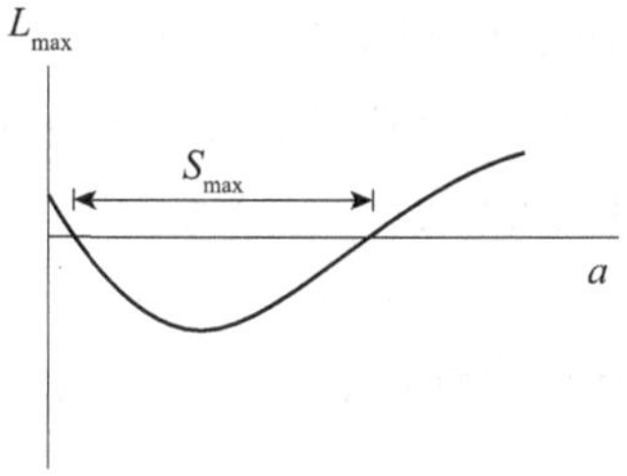


类型2

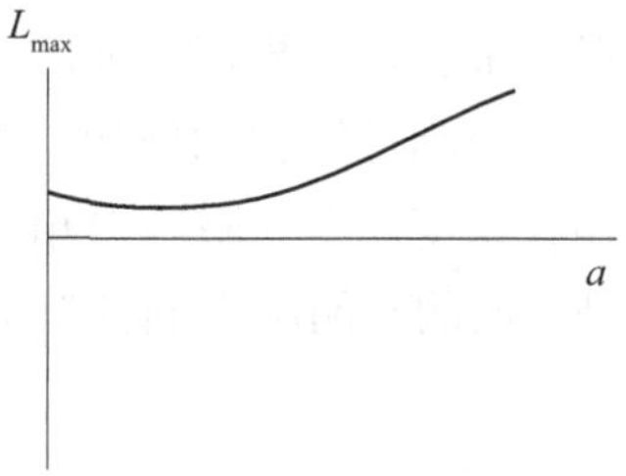


类型3

图 31-6 网络同步

特别是，当控制器选择为特定的线性状态反馈组合形式：$u_i = c\sum_{j=1}^{N} b_{ij}\Gamma x_j$，其中，$b_{ij}$ 为控制增益常数（如可取为 0 或 ±1），那么，上述被控网络可以改写为

$$\dot{x}_i = f(x_i) + c\sum_{j=1}^{N}(a_{ij} + d_i b_{ij})\Gamma x_j,\ i = 1,2,\cdots,N$$

通过适当地设计和选用控制器（即适当地选择 $d_i$ 和 $b_{ij}$），可以让系数 $(a_{ij} + d_i b_{ij}) = 1$ 或 0 。这表明，增加或删除连接边的操作也可以被看成是一种特殊的牵制控制策略。

研究表明，对这个牵制控制网络同步问题的答案依赖于所给定的无权无向连通网络的结构类型。对于无标度网络来说（Wang and Chen，2002a），如果控制器是按节点度数的递减顺序而放置的话（即先对度最大的节点放置一个控制器，然后对下一个度最大的节点再行放置，如此类推），所需控制器的个数比随机放置控制器的做法可以少得多，便可以达到同样的控制效果。当然，前者成本较高，需要关于网络的全局信息（所有节点的度数），而后者则成本相当低（不要求关于节点度的任何信息）。对于小世界网络来说（Wang and Chen，2002b），如果控制器是随机放置的话，随着小世界网络模型中连接概率的增加（即随着置乱或添加的连边数目的增加），所需控制器的个数随之减少。

在较强的条件下，这个牵制控制网络局部同步问题是有一个简单答案的。例如，对类型 1 网络，当耦合强度 $c>0$ 足够大时，使用一个控制器就够了，而且可以把它放置在任何一个节点上（Chen et al.，2007）。对其他类型的一些网络，在 Zhou 等（2008）的研究中，对于自适应同步取 $l=1$ 的话，亦有类似的结果；Zhou 等（2012），对由欣德马什-罗斯（Hindmarsh-Rose）振子组成的小世界神经网络，通过脉冲控制其中一个神经元也能让整个网络同步到均衡状态。从物理直观上来看，如果耦合强度 $c>0$ 足够大的话，那么整个网络可以理解为相当于一个刚性结构的框架，因此上述答案的合理性是显而易见的。但是，如果耦合强度 $c>0$ 限制得相对小，特别是如果控制目标不同步，类似的（特别是有向的）网络牵制控制问题尚有很多，目前大都没有研究清楚（陈关荣，2006）。

顺便提及，图论特别是有向图论是传统控制理论不太利用的数学工具。在复杂动态网络环境下去做控制理论研究，如研究同步和稳定性问题，这些工具显得特别重要和有用，它们常常能够给出常规控制理论得不到的结果和判据（Chen and Duan，2008）。

## 第四节　有向复杂动态网络的能控性

系统的（完全）能控性（Controllability）是控制理论中的一个核心概念，也是研究得比较多和结论比较完整的基本理论问题之一。在经典的系统科学研究中，一个动力系统可以是很复杂的（高维、随机、非线性），但一般不把它放在网络的框架下加以研究，主要是不去特别强调系统内部连接的形式和方向性。对于一个线性系统，能控性判别有一个简单漂亮的充分必要条件，就是系统的能控性矩阵满秩。对于非线性系统，问题就不是那么简单了，通常都要分类讨论，而且一般只能得到充分或必要条件。

从图论的观点来研究有向网络上的线性时不变动力系统的能控性，其实在 20 世纪 70 年代开始就已经有了一些工作，那时称之为“结构能控性”(structural control ability)（Lin，1974；Willems，1986）。但是，一般性的结果很少，也没有引起控制界足够的注意。今天，由于网络科学与工程的需求和激励，当我们把同样的问题放到复杂动态网络的框架上来讨论时，问题与挑战就更多了。首先，要研究的网络是有方向的，我们不能简单地把一个以高维动力系统为状态节点的网络归结成一个单一的更高维的巨系统，然后套用经典大系统理论及其解耦技术进行研究。其次，复杂网络有许多不同的形式和模型，如随机网络、小世界网络、无标度网络、加权网络、演化网络、脉冲混合网络等，显然对于不同类型的有向网络而言，其能控性的描述与条件都是不一样的，甚至可能还会存在某些相悖的情形和结论，因此许多现成的传统控制理论的结果和工具都不能直接利用。

在一个有向网络中，带有控制输入的节点称为控制节点，而一个状态节点，如果至少存在一条从某个控制节点指向它的连接边，则称其为被控节点。显然，如果不存在这种有向连边的话，那么控制节点的变化不能影响被控节点的行为。由此可见，研究把控制器放置在哪里，这在有向网络上至关重要。

通常把只具有单一输入的控制节点称为（独立）驱动节点。如果每一个状态节点都是驱动节点的话，那么网络显然是能控的。现在的问题是，是否存在最少的驱动节点数 $N_D$，使得整个网络是能控的？并且，选取哪 $N_D$ 个节点作为驱动节点，某种期望的控制效果能够达到最好？

**例 31-3** 下面考虑一个网络，其中，每个状态节点都是一个线性动力系统，具有 $\dot{x} = Ax + Bu$ 的形式。一个系统 $(A,B)$ 称为是结构能控的（structurally controllable)，如果存在矩阵 $A$ 和 $B$ 中非零元素的一组取值，使得该系统是能控的。如果对于任意非零的参数取值，系统 $(A,B)$ 都是能控的，那么就称该系统是强结构能控的（strongly structurally controllable）（Lin，1974；Willems，1986）。

下面考察一个具体的情形，图 31-7 表示 4 个以 $X_1$，$X_2$，$X_3$ 为状态分量的三维系统，它们的能控性矩阵分别是

$$b_1\begin{bmatrix}1 & 0 & 0\\ 0 & a_{21} & 0\\ 0 & 0 & a_{32}a_{21}\end{bmatrix},b_1\begin{bmatrix}1 & 0 & 0\\ 0 & a_{21} & 0\\ 0 & a_{31} & 0\end{bmatrix}$$

$$b_1\begin{bmatrix}1 & 0 & 0\\ 0 & a_{21} & 0\\ 0 & a_{31} & a_{33}a_{31}\end{bmatrix},b_1\begin{bmatrix}1 & 0 & 0\\ 0 & a_{21} & a_{23}a_{31}\\ 0 & a_{31} & a_{32}a_{21}\end{bmatrix}$$

图 31-7 中系统（a）和（c）是强结构能控的，因为对于任意的非零参数，它们对应的能控性矩阵都是满秩的。系统（d）是结构能控的，但不是强能控的，因为对于满足 $a_{32}a_{21}^2=a_{33}a_{31}^2$ 的参数，其能控性矩阵是不满秩的；否则都是满秩的。系统（b）是不可控的，因为无论如何选取参数，其能控性矩阵都是不满秩的。注意到系统（c）只是比系统（b）在状态节点 $X_3$ 处多了一个自环，但这一结构上的微小变化导致了整个系统能控性本质上的改变，从一个侧面也反映了有向网络的复杂性。

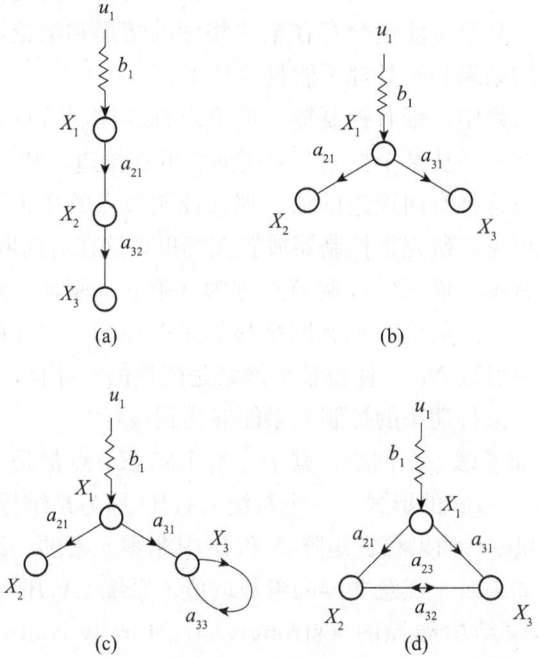


图 31-7　判断结构能控性的例子

资料来源：汪小帆等，2012

完全控制一个有向网络所需要的最少控制节点数目是由该网络的最大匹配集来决定的。一个有向网络的边的子集 $E^*$ 称为是一个匹配（Matching）

集，如果 $E^*$ 中的任意两条边都没有公共的始点也没有公共的终点。如果一个节点是 $E^*$ 中某一条边的一个终点，那么该节点就称为匹配节点（Matched Node）；否则就称为未匹配节点（Unmatched Node）。一个有向网络中匹配节点数目最多的匹配集称为最大匹配（Maximum Matching）集。一个网络中的匹配集称为是完全的（Perfect），如果网络中所有的节点都是匹配节点，因此，可能的完全最大匹配集是网络本身。

对于有向网络的能控性研究，最近有一个颇为引人注意的新尝试（Liu et al.，2011b）。其补充材料中的最少输入定理（Minimum Input Theorem）指出，一个（完全）能控的有向网络所需的最小驱动节点数为 $N_D = \max\{N - |E^*|, 1\}$，其中 $|E^*|$ 表示集合 $E^*$ 中元素的个数。特别地，如果网络存在完全匹配，那么 $N_D = 1$，这时可选取任一状态节点为驱动节点（这一结论和前面关于无向网络牵制控制同步的相应结果是一致的）。如果网络不存在完全匹配，那么 $N_D = N - |E^*|$，也就是说，$N_D$ 为网络的任一最大匹配集所对应的未匹配节点的数目。此时，应选取未匹配节点作为驱动节点对网络实行牵制控制。当然，这一结论也是很直观的（否则未匹配节点就不可能被控）。当给定的网络不存在完全匹配时，也可以通过某些简单适当的控制手段让它变成（或等价于）具有完全匹配，从而只需使用一个驱动节点实现对网络的控制（Wang et al.，2012c）。

有文献（Liu et al.，2011）指出："在这里我们发展了一种解析性的工具，用以研究任意有向网络的能控性，办法就是通过识别一组依赖于时间的驱动节点来引导整个系统的动态行为。我们把这些工具应用到了许多真实网络，发现所需驱动节点的数目主要决定于网络的节点度分布。我们将向大家展示，从许多真实复杂系统中涌现出来的稀疏的非均匀网络是最难控制的，反而稠密的均匀网络可以通过驱动其中少数的节点来加以控制。与直观相反，我们还发现不管是对数学模型还是真实网络来说，驱动节点通常都不是那些高度数的节点。"

这里，"通过驱动其中少数的节点"就是牵制控制策略。当然，接下来就需要去研究"驱动多少个节点"和"驱动哪些节点"等问题。

在 *Nature* 正式刊登上述文献之前，*Science* 的一位科学评论员曾给相关领域资深学者寄去清样征求对该文的看法。这位评论员后来说（Cho，2011）："香港城市大学电子工程系的陈关荣教授指出：和已往的网络控制理论研究相比，他们的新工作具有广泛性也更为实用……他们的工作针对更一般的有向网络。陈教授还指出，他们发展出来的寻找控制节点的程序很重要，因为它将很有用。”

应该说，Liu 等（2011b）研究结果的发表对推动有向网络能控性的研究有很好的启发和激励作用，其中，对 12 个不同领域 37 个实际网络例子的验证和所观察到的一些特殊现象（如上面引文中所说的“驱动节点通常都不是那些高度数的节点”），值得控制理论研究人员注意和参考。有文献（Yan et al.，2012）从控制代价的角度来考虑也发现了类似的结果：较好的驱动节点往往不是度大的节点。新近的一项研究报告则指出，无标度有向网络比节点度相关性低的有向网络更容易控制（Nepusz and Vicsek，2012）。此外，与同步相近的一致性（consensus）问题的能控性最近也有一些相当有意义的研究进展（Egerstedt et al.，2012）。

最后指出，系统的（完全）能观性（observability）是和能控性对偶的一个基本概念。类似地，对于线性时不变系统来说，存在一个简单漂亮的充分必要条件，就是系统的能观性矩阵满秩。同样，对于非线性系统来说，通常只能分类讨论并且一般只有充分或者必要条件。此外，其他一些相关的重要概念如镇定性（stabilizability），都可以类似地在有向动态网络的框架下加以描述和进行研究。由此可见，在有向复杂动态网络的框架下，控制科学尚有许多基本理论工作等待着我们去进一步探讨。

## 第五节 “网络的网络”之建模与控制

“网络的网络”在这里指的是若干不同性质网络的耦合，或者若干相同性质但不同尺度的网络的耦合，以及其他类似的具有层次或者社团结构的复杂网络。下面来看三个简单例子。

**例 31-4** 物联网（Internet of things）。这是一个由许多不同性质的网络以多种方式并通过不同转换而相互耦合在一起的“网络的网络”的最直观的例子。

**例 31-5** 人群移动网络（human mobility networks）。这类网络由若干个相同性质但尺度不同的网络以多种方式耦合而成，其中，节点可以理解为相同的（旅行者），但连边则具有不同的尺度，如短程连接（自行车、汽车）和长程连接（飞机、铁路、航船）。图 31-8 显示的是北美的一幅有关人群移动网络的实证图（Vespignani，2010）：白色表示短程连接；灰色表示长程连接。实际上，不同的交通工具背后还有一个性质非常不一样的网络与它们耦合在一起，那就是通信网络（手机网、互联网）。

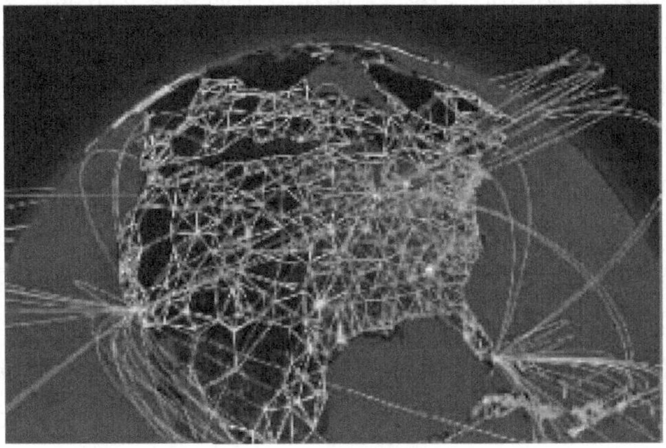

图 31-8 北美人群移动网络实证图

资料来源：Vespignani，2010

新近的一项研究有一个有趣的发现（Brummitt et al.，2012）：在两个分离的网络之间加入少量的连接边，让它们成为一个包含两个相互依存（Interdependent）的子网的网络，可以有效地防止大规模连锁反应或相继崩溃在各子网内分别发生。如前所述，这里连边的加入本质上是一种牵制控制策略。然而，这个报告指出，当两个分离的子网络之间的连接边数目太多时，这种连接反而变成有害的了。这种情况当然也是很好理解的：两个子网络之间的连边多了，它们连在一起就变成了一个单一的、更大的网络，从而使两个子网之间的相互牵制和约束就减弱甚至消失了，因此会继承原来单个子网络容易发生连锁崩溃的脆弱性。这个例子从某一个侧面反映了相互依存网络的复杂性。

**例 31-6** 2003 年意大利南部电网大崩溃（Buldyrev et al.，2010）。这是一个相互依存网络之间通过耦合发生的连锁崩溃的实际例子。

根据图 31-9 所示，(a) 有一个电站发生故障（灰色点）导致几个与之相连的互联网服务器停止工作（灰色点），从而导致若干其他服务器与网络断离（黑色点）；(b) 显示上述失效的互联网上的服务器（灰色点）及其连边不工作（被移走）导致它们所控制的电站停止工作（灰色点），进一步再导致若干其他电站与电网断离（黑色点）；(c) 显示上述不工作的电站（灰色点）及其相连的互联网服务器（灰色点）不工作（被移走）导致两个网络同时崩溃（全部灰色点），最后导致电力系统全面崩溃（整个意大利南部大停电）。

这种不同性质但又相互依存的两个或多个网络之间的耦合连锁崩溃只会

在"网络的网络"结构下才会发生，而在一个通常意义下的巨大系统是不会出现的，也刻画不出来。对于这类多种相互依存的"网络的网络"，如何建模、如何设计多种不同的控制器（如一种是工业控制器，用来调节电网；另一种是计算机程序软件，用来调控互联网），以实现防止和补救多网融合系统的耦合连锁崩溃？在建模方面，目前有一些描述性的研究（Gao et al.，2011）。理论上，这种问题的能控性如何定义、如何建立、如何分析、如何应用？在"网络的网络"环境下，传统的控制理论正遇到新的机遇，当然也面临着新的困难。

上面这几个例子显示了"网络的网络"中的问题、需求与挑战：这里考虑的网络，大体上是由不同性质、不同尺度、不同层次、不同大小、不同复杂度的许多子网络组成的，而且各个子网分别由不同性质的节点组成，其中，一些子网络具有方向性、变尺度和动态演化特性等。在这样的"超网络"框架底下，控制理论怎么做？具体地有以下几个方面。

（1）建模。是否可能建立一个统一的"超网络"模型？如何建立？

（2）分析。如何基于不同性质及不同尺度的子网络来对整体网络作全局分析？

（3）计算。不同性质及不同尺度的多个子网络如何进行协同、计算和设计？

（4）控制。如何判定"超网络"的能控性、能观性、能镇定性？如何实现有效的牵制控制？

（5）稳定性。存在不同性质及不同尺度的混合型 Lyapunov 函数吗？如何构造？

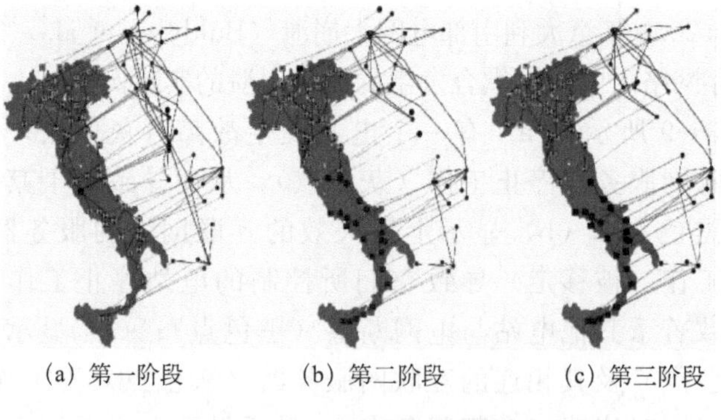

(a) 第一阶段　(b) 第二阶段　(c) 第三阶段

图 31-9　2003 年意大利南部电网大崩溃

资料来源：Buldyrev et al.，2010

## 第六节　复杂网络环境下控制理论的挑战与任务

现在回到开始提出的问题：复杂动态网络环境下，控制理论做什么、怎么做?

复杂动态网络研究的对象是大规模的（有许多节点和连边）、高维的（状态节点是高维动力系统、连边含有多个状态分量）、以不完全确定或不完全规则的方式连接在一起的（如随机结构、小世界结构、无标度结构），带有（节点动力系统和耦合方式）非线性，具有时变的发展形式（如增长、演化、脉冲、时滞），甚至是由不同时间或空间尺度来刻画的等。在这样复杂的网络条件下，特别是在纠缠的“网络的网络”的框架下，传统的控制理论应该做些什么和如何来做? 这的确是一次很好的发展机遇但也是一项困难的战略任务。

限于篇幅，这里仅着重叙述了复杂动态网络的牵制控制、有向复杂网络的能控性及“网络的网络”的建模与控制等三个方面的相关科学研究问题。容易想象，还有许多控制相关问题可以提出来，大都具有创新性但也极具挑战性。常言道，能够提出（好的）问题就等于解决了问题的一半。尽管如此，解决问题无论如何比提出问题要困难得多，不管如何，有了问题，就有研究工作可做；在解决问题的过程中，又会提出更多新的问题。控制科学与工程及网络科学与工程的研究人员，任重而道远；特别是年轻一代，不应坐失良机。

# 第三十二章 网络控制工程中的控制科学问题与挑战

前面从偏重网络科学的角度讨论了网络环境下的控制理论问题。然而，早在网络科学诞生之前，网络系统与（哪怕是基于经验的）网络控制工程早已存在于人类社会中方方面面，如交通信息网络、经济生产供给网络等。应该说，有着强力背景的各色网络工程，为网络控制科学的进一步发展与应用提供了坚实的基础平台。本章将着重从智能电网、基因调控网、智能交通网和物联网做一简单的综述，以揭示网络控制科学在网络工程上面临的控制科学问题与挑战。

## 第一节　智能电网给网络控制带来的挑战

当前，智能电网（胡学浩，2009；余贻鑫和栾文鹏，2009）的研究方兴未艾，一定程度上讲，智能电网代表了未来电网的主流发展趋势。智能电网从提出至今，尚没有一个统一的概念，各方对智能电网的定义并不相同（Koizumi et al.，2005；卢强，2000；张弥等，2007），但其基本思想大体上可以表述为通过数字化和信息化将电能的生产、输送、分配和使用等各个环节紧密联系在一起，通过智能化的控制实现“经济高效、灵活互动、友好开放、清洁环保”（刘振亚，2009）的新一代电力系统。毋庸置疑，信息化是实现智能电网基础功能的重要前提。随着电力系统中数字化和信息化程度的不断提高，系统中能量流和信息流的交换与互动亦日益频繁，最终使得未来智能电网在很大程度上将发展成一类由信息网和物理（电力）网构成的相互依存的二元复合网络，即信息-物理耦合系统（cyber-physical system，CPS）（梅生伟等，2011；赵俊华等，2010；2011）。

CPS将为电力企业带来更高的生产效率和管理水平；对于电力用户而言，则意味着更经济的用电方式和更好的用户体验。然而，信息化的深入和普及在为电力企业和用户带来众多利好的同时，也给智能电网的运行安全埋下诸多隐患。电力CPS控制将始终作为电网建设和运行的核心问题和热点问题一直存在。因此，未来电网无论是在理论还是在实际应用方面，都面临着许多亟待解决的挑战性课题。

## 一、电力CPS的体系结构

从元件角度来看，如图32-1所示，电力CPS主要由大量的计算设备（服务器、计算机、嵌入式计算设备等）、数据采集设备（传感器、PMU、嵌入式数据采集设备等）和物理设备（大型发电机组、分布式电源、负荷等）组成。这些设备又通过2个大型网络互连。其中，各种信息设备（计算、传感、控制）通过通信网络相互连接，而各种物理设备（电源、负荷）则通过输电、配电网络相互连接。

从系统角度来看，如图32-2所示，电力CPS主要由控制中心（即调度中心）、通信网络和物理系统三部分组成。

### （一）控制中心

电力CPS的控制中心扮演着类似于目前电力系统调度中心的角色，是整个电力CPS的核心。控制中心的主要功能（赵俊华等，2010）包括：综合所有数据采集设备获得的系统信息；存储和处理海量系统信息；根据收集到的系统信息修正系统模型并进行系统仿真和各种分析；基于系统仿真和分析结果控制各物理设备，并在必要时修改有关物理设备的控制器参数。控制中心一般还会通过互联网（Internet）与若干数据源如区域气象数据库连接，以获取温度、湿度、风速等与系统运行相关的信息。

### （二）通信网络

电力CPS的通信网络可由电力系统专用有线网络、一般有线网络和无线网络三个部分组成（赵俊华等，2010）。电力系统专用有线网络一般用于连接控制中心和系统中的传感/控制设备。由于电力系统对于分析和控制的实时性要求很高，建立专用网络有助于降低通信延迟和提高信号传输可靠性。一般有

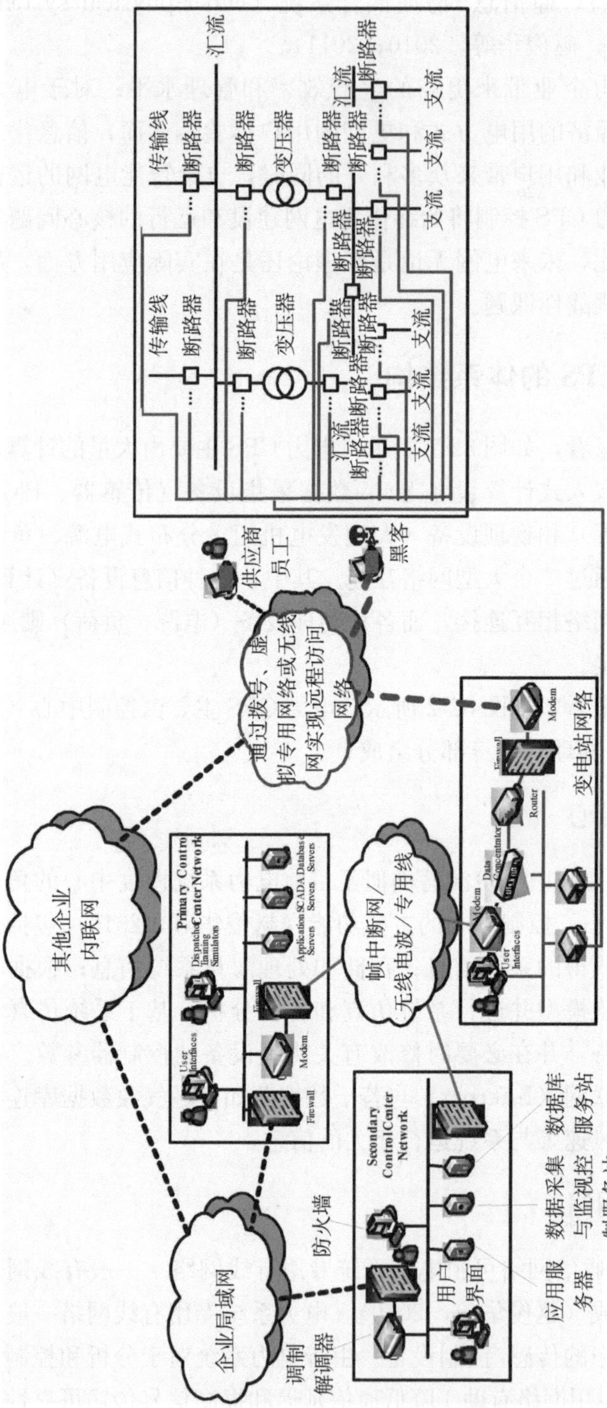


图 32-1 电力CPS结构（元件角度）

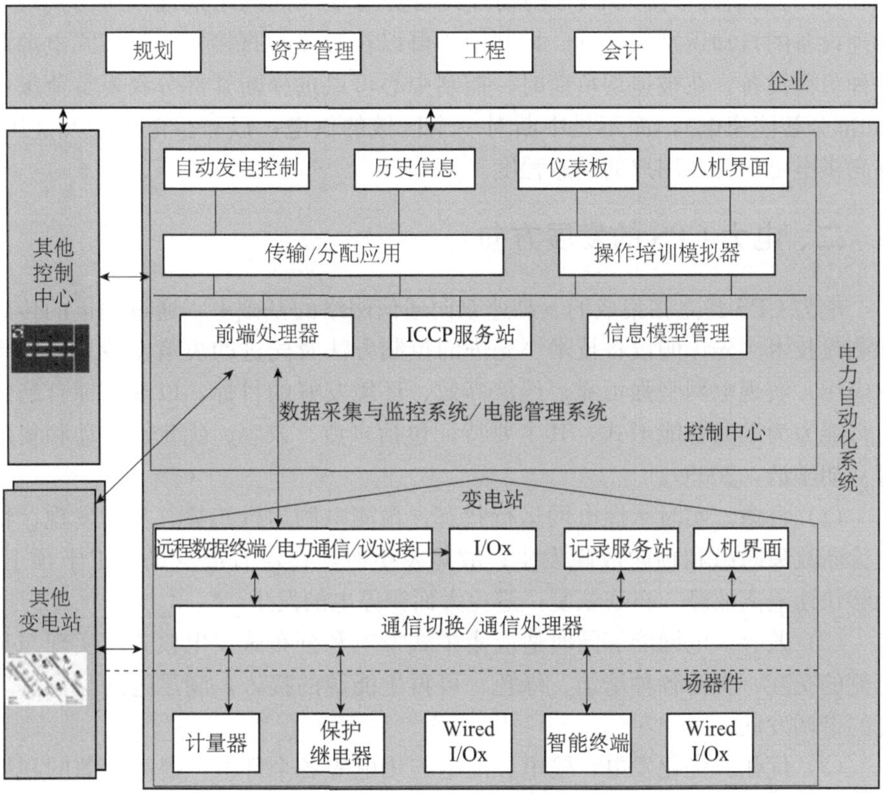


图 32-2 电力 CPS 结构

资料来源：Wei et al.，2011（系统角度）

线网络可用于连接非关键设备如部分计算设备、备份数据镜像等。无线网络可用于连接部分活动的设备，如电动汽车等，也可用于连接系统中的无线传感设备。

## （三）物理系统

电力 CPS 的物理系统由电源、负荷和输电、配电网络组成。未来输电、配电网络中的传感器数量将大大增加。同时，输电、配电网络中的一些物理设备，如保护设备和灵活交流输电系统应与控制中心联网，并可以在必要时由控制中心直接控制。考虑到对大规模电力系统实行集中控制的复杂性，可以采取由控制中心与变电站协同控制的办法。电力 CPS 中的分布式电源和各种负荷设备未来都可以加装嵌入式信息采集和控制系统，并通过网络与控制中心相连。基于为 CPS 设计的专用通信协议，如 CPS-IP（Lin et al.，

2008），可以给每个接入CPS的物理设备分配唯一的网络地址，从而实现对物理设备的自动识别和搜索。控制中心可以在必要时直接控制分布式电源和各种负荷设备。在被迫切负荷时，控制中心可以选择断开部分次要负荷设备（如部分智能家电），而不是中断对一个区域的供电，以减少停电波及范围、提高供电可靠性和用户的满意程度。

## 二、电力CPS的发展方向

电力CPS建立在集成的、高速双向通信网络的基础上，通过先进的传感和测量技术、先进的设备技术、先进的控制方法及先进的决策支持系统技术的应用，实现电网坚强可靠、经济高效、环境友好的目标，以多目标自趋优运行能力为最高智能形式，其主要特征包括自愈、兼容、优化、互动和集成等（胡学浩，2009）。

（1）自愈。实时掌握电网运行状态，预测电网运行趋势，及时发现、快速诊断故障隐患和预防故障发生；故障发生时，在没有或少量人工干预下，能够快速隔离故障、自我恢复，避免大面积停电的发生。

（2）兼容。电网能够同时适应集中式发电和分布式发电模式，实现与负荷侧的交互，支持各种清洁、绿色、可再生能源的接入，满足电网与自然环境的谐调发展。

（3）优化。优化发电、输电、配电与用电等各个环节，提高能源的利用效率，降低运行、维护和投资成本。

（4）互动。实现与用户的智能互动，有效开展电力交易，实现资源的优化配置，提供最佳的电能质量和供电可靠性。

（5）集成。实现监测、控制、保护、维护、调度和电力市场管理等数字化信息系统的全面集成，形成全面的辅助决策体系。

为克服新能源发展障碍，实现具备上述特征的电力CPS，电网控制方面必须实现以下要求：①在初期就能检测电网问题并实施校正措施；②接受更大量的数据信息并做出响应；③系统能够快速恢复；④迅速适应电网变化并进行拓扑重构；⑤为运行人员提供高级的可视化辅助系统。

## 三、电力CPS给网络控制理论带来的挑战

### （一）电力CPS是由信息网/物理网耦合而成的超大规模二元复杂网络，它对网络控制理论研究提出了新的重大挑战

电力CPS的建设进程伴随着电力系统中数字化和信息化程度的不断提

高，电力网络与信息网络已经成为相互依存、密不可分的二元复杂网络。单一的物理网或信息网自身无论是节点数目还是拓扑结构都已然属于大规模复杂网络，且两个网络还往往呈现截然不同的结构特性（丁道齐，2010；孟仲伟等，2004；王光增等，2009）（有研究表明，信息网呈现无标度特性，而很多实际电网具有小世界特性），可以预料：物理网和信息网相互依存耦合组成的 CPS 其网络结构和运行方式复杂度远高于单一物理网或信息网，因而有可能导致整个网络系统安全水平降低并加大故障的波及范围。电网运行形态由电力网络中的能量流动方式与信息网络中的信息流动方式共同决定。智能电网灾变往往表现为一系列连锁故障在电力网与信息网之间的交替传播，继而引发整个网络的崩溃。

由脆弱性导致的大停电，必定通过某些特定的元件的意外行为来触发并实现。这样一种特性，从控制系统的角度来看，类似于系统的某种可控性，不同的是这种可控性引导系统最终走向崩溃。因此，可以认为研究电力 CPS 的脆弱性，实质上是研究其可控性。因此，从可控性的角度出发，对于复杂系统中每一个节点输入控制信号，即可实现对全系统的控制。然而，由于网络的复杂性，一般无法实现对整个网络中的每一个节点输入控制信号。2011 年 5 月，*Science* 刊登的论文 *Controllability of Complexity Networks* 指出：最少的驱动节点数主要是由网络的度分布性质确定的，稀疏的异构网络较难控制，而致密的同质网络是比较容易控制的（Lu et al.，2011a）。因此可以通过电力 CPS 中信息网络与电力网络的结构性质，来研究可能导致系统崩溃的那些驱动节点/联络线及其统计性质。在此基础上，即可进一步开展基于可控性的电力 CPS 脆弱性评估研究，深入研究信息（电力）物理网络的交互动力学特性，揭示现代复杂电力系统连锁故障产生与传播机理，最终为有效降低大电网安全风险、提高电网生存性提供指导依据和辅助决策。

因此，从控制角度出发，以可控性和依存性理论为基础开展电力 CPS 的复杂特性的研究思路，独具匠心，大有所为，充满挑战。

### （二）电力 CPS 若干关键功能，如对分布式发电的接纳、需求侧管理等，无疑加大了电力 CPS 在动态特性上的复杂度

#### 1. 混成控制给网络控制技术带来的挑战

卢强院士认为，中国电网由于大规模可再生能源发电基地、电动汽车与负荷性微电网等新型客户、电源性微电网和分布式电源等的大量涌现而面临诸多全新的挑战。为了解决这些问题，需要致力于建设具有“多指标自趋优

运行能力”的电网，将大电网控制得如同一台广域智能机器人一般（Lu et al.,2011b）。实际上，现代电力系统远较一般的工业机器人复杂，它有脉搏——频率、血压——电压及大脑——调度控制中心。由于电力系统是一个需要采用强非线性的高维微分方程组来描述的具有分块和多层动态特征的大系统，这样复杂的问题无法采用纯数学的方法进行解决，需要有创新的思路。混成控制为广域智能机器人这一电网最高智能形式的实现提供了重要的理论基础（梅生伟和朱建全，2013）。按照电力混成控制理论，为了解决电力系统这一复杂对象的控制问题，子系统先采用从动态电力系统（受控层）采集的信息，并根据事件的定义判断是否形成“事件”，再通过智能决策系统产生相应的控制指令；中间层将所接收的控制指令转化为操作指令后下达给执行层；受控层主要包括直调的水电厂、火电厂、变压器分头、FACTS设备、电动车、智能楼宇等。通过混成控制理论，可以采用一个简洁的框架对电力系统多目标优化控制这一复杂问题进行求解，各个层次的职能清晰，是一种理想的工程化实现方法。综上可知，混成控制作为大电网多目标优化控制的实现方式，既为具有工程背景的复杂数学优化问题的求解提供了重要的借鉴，也为我国坚强智能电网的建设与运行管理提供了重要的理论支撑。

2. 协同自律控制给网络控制技术带来的挑战

电力CPS是一个大型的复杂系统，包括数量众多的元件，覆盖的地理范围极为广泛，各个控制器之间的信息交换成本较高，全局分析需要进行大量的计算。如果采用传统的集中控制策略，则需要获取并分析全网各类信息，从而对系统中所有事件进行分析和处理，因而加大了计算和分析负担，降低了总体控制效率。只需少量信息即可完成协调控制（Lu et al.，2011b；梅生伟和朱建全，2013）、快速高效且各个自律控制中心的故障不会相互影响、可靠性高的协同自律控制是电力CPS的重要实现途径，本质上表现为电力CPS各组成单元的协同、合作以及对不同系统间的自主适应行为。其中，协同是指子系统正常运行时具有支援功能；自律是指子系统故障时不连累其他子系统。随着电力CPS的建设，将会出现越来越多的可控资源群，在满足电力系统物理特性和经济性的约束条件下，可以采用协同自律控制方法对这些资源群进行分散与协调控制。

3. 分布式发电给网络控制技术带来的挑战

在资源和环保的压力下，以新能源发电为主体的分布式发电（distributed generation, DG）成为电力系统发电的一个重要方向。随着电力 CPS 的发展，将不断形成越来越多的微电网。这些微电网包含风电、光电和燃料电池等分布式电源，能够满足与主网并网运行或非并网运行工况。如何解决微电网的协调与控制问题，使微电网之间同时具有良好的自治性和社会性，是电力 CPS 给网络控制带来的挑战之一。多代理技术通过代理之间的协作行为灵活应对外部条件的变化情况，是一种分布式人工智能技术（Feng et al.，2011），具有自治性、反应性、主动性和社会性，因此可以采用多代理技术对微电网进行分散控制。多代理技术可以将微电网作为中介（Agent），通过数据综合处理、方案制定、命令发布等方式与主网进行协调控制（Zhang et al.，2008）。以电池储能手段的光伏发电微电网为例，可以将微网进一步细分为光伏电池 Agent、燃料电池 Agent、蓄电池 Agent 等。通过光伏电池 Agent，主要实现最大功率点跟踪、电池板监测、逆变并网等功能；通过燃料电池 Agent，可以实现燃料处理、氢氧含量监控、热量处理、功率调节等功能；通过蓄电池 Agent，则可以从电压、电流、启停限定等方面实行控制。由此可见，多代理技术通过信息与能量的交互方式解决微电网的协调与控制问题，既能将智能电网背景下大量的分散资源变为众多易于管理的系统，又能利用各个 Agent 之间的自主性和启发性对外部环境的变化情况进行快速反应，增强智能电网的自愈性。

4. FACTS 技术给网络控制技术带来的挑战

一般网络系统控制手段只集中在节点（比如电力系统的发电厂和变电站），对于联络线则无能为力。电力 CPS 引入柔性交流输电系统（Flexible AC transmission system，FACTS）技术，通过对 SVC、STATCOM、TCSC、SSSC、TCPST、UPFC 等 FACTS 设备的控制，可以按照系统需要对电力网络参数进行连续调节，在不改变网络结构的情况下，能有效改善潮流分布情况，提高功率输送能力，提高电压和功角稳定性，极大拓展了网络控制的效能（梅生伟和朱建全，2013）。但是，电网控制手段从节点扩展到联络线，对一般复杂网络控制技术本身形成了巨大的挑战。

5. WAMS 技术给网络控制技术带来的挑战

广域量测系统（Wide-area measurement systems，WAMS）（Liao and Wang，2009；Mu et al.，2007；Wen et al.，2009）可以在同一时间基准下采集广域电网的实时状态信息，为网络控制提供可靠依据，使得电力 CPS 的

全局分析和控制得以实现，目前已经在状态估计、稳定监测、模型验证、故障录波、继电保护等方面得到了成功的应用。但是，信号采集、信号传输、规约转换、授时设备参数调试等环节出现的时间延滞，可能引发控制器失效。特别需要指出的是，电力CPS具有规模越来越大、电气联系越来越紧密这两个重要的特征，因此，局部故障可能会对全网产生较为严重的影响。此外，电力CPS广泛采用广域监测系统（WAMS），在一定程度上增加了电力CPS安全分析和稳定控制的复杂度，使之成为电力系统失稳的根源之一。总之，WAMS技术给电力CPS带来了新的机遇和挑战。作为未来电力系统的基本架构，电力CPS应该具有智能电网所应具有的所有重要功能。电力CPS是一个崭新的研究领域，有大量理论和技术问题有待解决。电力CPS对网络控制理论提出了新的挑战，也为网络控制理论在理论创新与工程应用等方面创造了机遇。

## 第二节　基因调控网络的控制科学问题

基因调控网络是系统生物学研究一类基本且重要的生物网络。基因调控网络可以通过输入、噪声、参数及正负反馈等进行功能与鲁棒性控制。本节首先探讨了基因调控网络控制方面的若干相关研究及进展，然后提出了一些与控制相关的基因调控网络问题。基因调控网络的控制以生命科学为背景，以控制理论为理论基础，具有重要的现实意义。经典控制论的方法与思想正在逐步渗透到基因调控网络的研究中，同时，来源于生命科学的控制问题也为控制理论研究者提出新的机遇与挑战。基因调控网络的控制对生命科学中人类一直孜孜以求的问题，如合成生物学、延长寿命、治愈癌症、糖尿病等顽疾有着潜在的意义。

### 一、生物系统与基因网络

系统生物学的概念一般认为是1999年由美国科学院院士胡德（Hood）提出的。它是一个典型的生物、数学、系统科学、物理、化学和计算机等多学科交叉的新兴学科，它的发展同时带动了相关学科的发展（Alon，2007；Benner，2008；Bruggeman and Westerhoff，2006；Hood et al.，2004；Hood，2003；Kirschner，2005；Kitano，2002；Mendoza，2009）。例如，系统生物学的发展对控制理论及控制工程研究者提出了大量新的机遇与挑战。正如2004年控制学家E. D. Sontag所总结的，这些新的机遇与挑战包括

(Sontag，2004)：①如何把控制理论及信号处理技术应用于高精度的生物测量及操控仪器的设计上；②如何把控制理论中已经发展的比较完善的理论，如识别、增益量化、敏感性分析、最优控制等，应用于生物学家比较感兴趣的问题中；③生物系统可以看做是复杂电路、通信及传感系统（Mandal and Sarpeshkar，2009；McAdams and Shapiro，1995），生物进化导致生物系统具有高容错率、高度非线性、反馈丰富的特点，如何从生物系统研究中抽象提取新的控制以及传感工程的新思想；④基于系统生物研究，形成整个新的理论控制与系统理论体系。

系统生物学研究的生物系统中包含很多不同层面和不同组织形式的网络，小到微观蛋白质分子以及基因之间的调控、信号传导网络等，大到宏观的生态网络。基因转录调控网络、生物代谢与信号传导网络、蛋白质相互作用网络是目前系统生物学研究的热点（Alon，2007a；2007b；Chen et al.，2009a；2009b；雷锦志，2010；刘曾荣等，2012；王沛，2012；周天寿，2009)。研究问题主要包括利用实验数据对实际网络进行重构（Chen et al.，2009a；2009b)，对已知作用关系的分子网络进行建模、动力学分析与控制（Alon，2007a；2007b；周天寿，2009)，预测网络中未知节点（基因或蛋白)、研究疾病网络特性及寻找与疾病关系密切的节点从而有目的地对疾病进行控制与治疗等（Barabási et al.，2011)。

基因调控网络是由一组基因、蛋白质、小分子及它们之间的相互调控作用所构成的一种生化网络。它是一类基本且重要的生物网络，本节主要以基因调控网络为背景，总结阐述控制理论中的思想与方法在基因调控网络中的研究进展，并提出由基因调控网络研究所引出的若干控制相关问题。

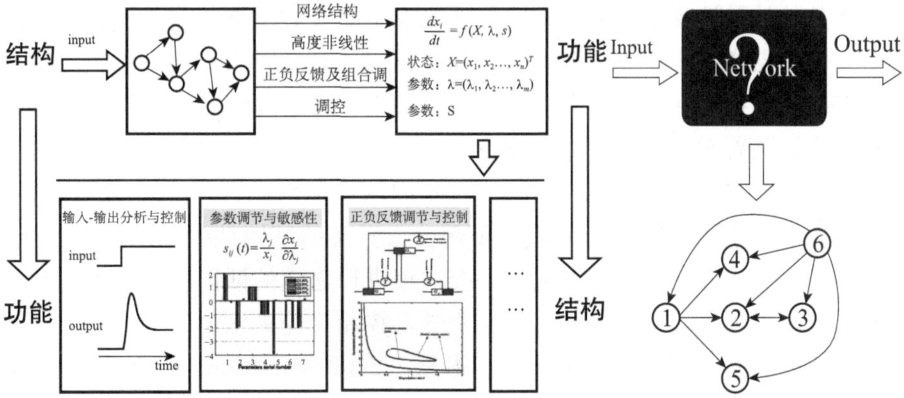


图 32-3　网络结构与输入输出响应

图 32-3 左图：已知网络结构，用数学模型综合网络结构高度非线性、正负反馈乃至时滞等因素，研究输入-输出或刺激响应关系、参数调节及敏感性、正负反馈调节与控制等。右图：已知输入-输出关系，探测网络结构。

基因调控网络研究分为正反两个方面，如图 32-3 所示。正向研究也即知道网络结构，研究网络功能；反向工程包括已知刺激响应关系或输入-输出关系，探测网络结构等。在正向研究基因调控网络时，基因调控系统高度非线性性、正负反馈调节、信号通路串话，以及信使 RNA（mRNA）或蛋白质转运时滞等都可能需要考虑。数学建模有助于综合这些因素，定量地理解基因调控系统，识别基因网络生化结构的设计原理，了解正常及突变情况下器官对刺激的响应，以及验证描述基因系统的反应组合的一致性与完整性（Smolen et al，2000）。最早的基因调控网络模型可以追溯到 20 世纪 60 年代 Jacob 和 Monod 关于乳糖操纵子的调控研究（Jacob and Monod，1961；Monod et al，1963）。随着近几十年的发展，发展的基因调控网络数学模型主要有有向图、布尔网络、贝叶斯网络模型、微分方程模型、随机模型、混合模型（Bornholdt，2005；Davidich and Bornholdt，2008；Glass and Kauffman，1973；Glass and Pasternack，1978；Hidde，2002；Jacob and Monod，1961；Li et al.，2004a；2004b；Máayan et al.，2005；Monod et al.，1963；Singhania et al.，2011；Smolen et al.，2000；Wang et al.，2010；Wang et al.，2012a；2012b；2012c；Wiener，1965；Wu and Voit，2009；顾凡及，1984）等。相对来讲，有向图和布尔网络是较为简单的模型，对系统的模拟是定性的、较为粗糙的；贝叶斯网络是一种概率模型，可以定量、随机地描述调控网络；微分方程则可以定量、精确地预测系统的行为，但随着网络规模增大，面临参数估计及计算难度大的问题；随机模型能够对网络的情况进行精细的拟合，但是同样由于计算量较大，往往难以应用到实际大型网络中去。所有的这些模型，都是在一定假设的基础上，对原有的生物过程进行了简化的。一般来讲，随着对调控网络的描述更为深入和细致，所付出的计算成本往往也是大幅增加的（Bornholdt，2005）。基因调控网络的建模与动力学分析、预测与控制是系统生物学研究的重要部分。真实的基因调控网络过于复杂，含有成千上万个节点，考虑细化的调控过程进行建模的话面临参数识别及计算复杂性的难题。这同时也是系统生物学对控制理论提出的问题，如何通过尽可能少的实验，识别系统的未知参数等。2002 年，Alon 研究组提出网络模体的概念（Alon，2007a；2007b；Milo et al.，2002；Shen et al.，2002），从此，含有几个节点的网络模体的研究成为热点问题。这些简单的网络调控环路包括前馈环、耦合正负反馈环路、双扇模体（Alon，2007a；2007b；Milo et al.，2002；Shen et al.，2002）等。它们作为复杂生物网络的重要的功能子块，在复杂的调控网络中具有基本的重要性。

通过对简单基因调控网络环路的建模及动力学分析，可以阐明生物分子网络的作用机理。例如，通过对控制周期节律的调控网络进行建模，可以解释生物中广泛存在的节律现象，为进一步实现节律控制提供理论基础。随着实验技术及计算技术的进步，简单基因调控可以进一步通过整合上升到系统层次的研究，最终真正实现系统层次上研究生命现象（王沛，2012）。因此对简单基因调控网络环路的研究具有重要的现实意义，是上升到系统层次研究生命现象的第一步。

## 二、控制理论在基因调控网络研究中的若干应用

1948 年维纳（Wiener）的经典著作《控制论》的出版标志着控制论学科的诞生。生物控制论（Biocybernetics）是控制论的一个分支，它运用控制论的一般原理，研究生物系统中的控制和信息的接收、传递、存储、处理及反馈（Wiener，1966；顾凡及，1984）。生物控制论的研究对象上至生态系统，下至大分子生物网络，研究的特点在于更加注重系统的动态过程。基因调控网络控制显然是生物控制论的一个重要分支。基因调控网络通过输入、噪声、参数、正负反馈调节、小 RNA 调控等可以实现生物系统功能的调节与控制。下面我们分别以实例说明。

### （一）基因调控网络的输入—输出控制

细胞可以看作是一个典型的输入-输出无线通信系统（Sontag，2004）。基因调控网络是该通信系统的重要组成部分。基因调控系统的输入包括物理的，如辐射、温度等，还包括化学的，如药物干预、生长因子、激素、营养等；可测量的输出包括到达其他细胞或基因的信号、鞭毛或无脊椎动物假足的运动，转录因子的激活等。

基因调控网络到目前虽然已得到了大量的研究，但是对于很多真核生物的基因调控网络还只是一个黑盒子或灰盒子问题（顾凡及，1984）。控制论中的输入-输出控制可以有助于实现基因调控网络的白化。通过输入-输出信号反演出网络结构，也即基因调控网络的重构，如图 32-3 右图所示。基于输入-输出实验数据，研究者已经提出很多构建方法，包括基于运筹学的优化方法（Chen et al.，2009a；2009b）、基于时间序列的锁相分析（Gao et al.，

2010）、格兰杰因果分析方法（Wu et al.，2012）、贝叶斯方法（Chen et al.，2009a；2009b）等。在此不详细阐述基因调控网络重构方面的问题，主要关注对已知结构的基因调控网络的输入-输出控制研究。

输入-输出敏感性是分析系统动力学性质的一种有力工具。2002 年，Milo 等提出网络模体的概念。网络模体是那些在实际网络中出现的显著频繁的模式。Milo 等发现大肠杆菌、酿酒酵母基因网络中存在大量相同模式，在神经元、食物网及电路系统中发现存在类似的模体（Milo et al.，2002；Shen et al.，2002）。前馈环有三个节点，三条有向边，共 8 种构型。根据三条有向边的调控作用，前馈环分为一致和不一致前馈环（Milo et al.，2002；Shen et al.，2002）。

2003 年，Alon 研究组（Mangan et al.，2003）研究并比较了 8 种前馈环构型对阶跃输入信号的响应，发现不一致前馈环可以加速系统对信号的响应，而一致前馈环可以减缓系统对信号的响应。最近，这些理论上的功能研究在实际生物实验上得到了验证（Alon，2007a；2007b；Kalir et al.，2005；Mangan et al.，2003）。2009 年，Goentoro 等（Goentoro et al.，2009）发现了 I1 前馈环路具有倍变探测功能，经常出现在感觉相关的系统中，如听觉、嗅觉、味觉、触觉等，类似于心理学上著名的韦伯定律，信号输出的改变只与输入的改变幅度有关，与绝对值大小没有关系。这些研究让人们更清楚地认识到生物网络的结构与功能的关系（Prill et al.，2005）。也告诉我们网络模体的输入-输出关系可能与生物网络的组织有关（Máayan et al.，2005）。2010 年，马文喆等（Ma et al.，2009）研究了所有三个节点的酶相互作用网络的适应性特征，发现具有一个比例节点的不一致前馈环具有完美适应性。2010 年，Sontag（2010）研究了基因调控网络中前馈环模体的适应性，发现基因调控网络中前馈环基因调控模体都不具有完美适应性。2012 年，我们提出了全局相对输入-输出敏感性的概念（Wang et al.，2012a；2012b；王沛，2012），发现出现最频繁的 C1 构型和 I1 构型全局相对输入-输出敏感性最低，这说明这两种构型的系统对输入波动的鲁棒性较好，从而可用以解释实际中 C1 和 I1 为什么显著频繁于其他构型。

上面我们提到的基因调控网络的输入-输出关系分析方面的研究，输入一般都考虑的是阶跃信号，在实际中噪声无处不在，输入为噪声信号情况下系统的输出情况可以反映系统对噪声扰动的鲁棒性。相关的研究很多，对于前馈环，2010 年，Kittisopikul 和合作者（Kittisopikul and Süel，2010）研究了前馈环对噪声信号的响应效果，发现根据对噪声信号的响应不同，前馈环可以分为不同的两类。通过噪声实现对基因调控网络的控制方面的研究我们在后面还会专门探讨，在此不详细阐述。

值得说明的是，对系统的输入—输出特性清楚之后，人们可以有目的地通过输入信号的调节实现对系统的控制。例如，对于具有倍变探测功能的I1环路，输入从1跳变到2，以及从2跳变到4具有相同的输出，这样，在实际输入调节控制的时候，只需考虑输入从1跳变到2的情况。在实际疾病的药物治疗中，药物用量就可以看作是输入，那么输出就是与疾病有关的相关蛋白的浓度，如何确定最少的用药量达到预期的疗效，输入-输出敏感性分析大有用武之地（Sontag，2004）。

### （二）基因调控网络的参数调节控制

在基因调控网络正向研究中，对基因调控网络建立了定量的微分方程模型之后，一个不可避免的问题是具有生物学意义的参数的确定。确定参数后，通过分叉分析等动力系统理论，研究参数对系统动力学的影响与调节是处于静息态还是处于双稳态从而作为记忆元件，还是处于振荡状态作为振荡器（Alon，2007a；2007b；Marucci et al.，2009），抑或是处于可激励状态从而作为基因计时器（Turcotte et al.，2008）等。对于基因调控网络模型参数的确定问题，一般是基于实验数据对未知参数进行确定的，这样就对控制学家提出了具有挑战性的问题，也即如何通过尽可能少的实验确定最优的系统参数（Bentele and Eils，2005；Chen et al.，2000；2004）。对于估计出参数的系统，这些参数只是一个近似值，由于生物系统自身的复杂性及网络结构的演化性，其估计值远非真实值。因此，可以此估计值作为参考，通过分叉分析研究参数变化对系统动力学的影响。

参数敏感性分析一方面可以找出动力系统中的敏感性参数，从而在分析系统的响应或功能鲁棒性的时候优先考虑这些参数的影响（Ingalls，2008；Khalil，2007）；另一方面，参数敏感性分析可以用于复杂数学模型的简化和参数的识别等。不考虑外界输入的情况下，对于基因调控网络，一般可以建立如下的常微分方程模型

$$\frac{\mathrm{d}x_i}{\mathrm{d}t}=f(X,\lambda) \tag{32-1}$$

式中，定义 $X=(x_1,x_2,\cdots,x_n)^{\mathrm{T}}$ 为状态变量，一般常代表蛋白质浓度；$\lambda=(\lambda_1,\lambda_2,\cdots,\lambda_m)$ 代表系统的参数。$f(X,\lambda)$ 是高度非线性的函数，一般包含希尔（Hill）函数形式的生成项以及线性降解项。

局部相对敏感性定义为

$$s_{ij}(t) = \frac{\lambda_j}{x_i}\frac{\partial x_i}{\partial \lambda_i} \tag{32-2}$$

式中，局部相对敏感性为时间 $t$ 的函数，为消除时间的影响，Bentele 和 Eils（2005）把参数敏感性定义为 $s_{ij}(t)$ 的时间平均

$$\hat{s}_{ij} = \frac{1}{\Delta t}\int_{t_0}^{t_0+\Delta t} s_{ij}(t)\,\mathrm{d}t \tag{32-3}$$

式中，$t_0$ 为初始时间，$\Delta_t$ 为所考虑的时间长度。作者为研究全局敏感性，引进了一种基于统计方法的全局敏感性分析方法——敏感度的敏感性。对系统参数在整个参数空间中按照一定的规则随机采样，可得到敏感度的敏感性的分布情况。同时，为了估计系统参数 $\lambda$，进一步结合各蛋白浓度的实验时间序列值，定义如下的目标函数

$$E_q = \sum_{i,k} \frac{(x_{ik}^{\exp} - x_i^{\mathrm{model}}(t_k, \lambda_q))^2}{\sigma_{ik}^2} \tag{32-4}$$

式中，$x_{ik}^{\exp}$ 表示 $t_k$ 时刻第 $i$ 种蛋白质的实验观测浓度；$x_i^{\mathrm{model}}(t_k, \lambda_q)$ 表示在给定参数集 $\lambda_q$ 时用模型（32-1）模拟的第 $i$ 种蛋白质在 $t_k$ 时刻的浓度；$\sigma_{ik}$ 表示实验数据的标准差。显然，合理的参数应使得目标函数 $E_q$ 达到最小（Gershenfeld，1999；Mendes and Kell，1998）。Bentele 和 Eils 根据参数敏感度矩阵 $\hat{s}_{ij}$ 对参数进行了聚类分析，那些与多个类中的状态变量都有关的参数是全局参数，其他的为局部参数。作者在估计参数时提出了分层估计的算法，即全局参数在所有类中进行优化确定，而局部参数在各自的类中进行优化确定。这样先基于敏感性分析的聚类处理，再进行参数估计，大大减少了运算量。

最近，我们也提出了一种基于大规模采样的全局相对参数敏感性分析的方法（Wang et al.，2012），这种全局相对敏感性分析的方法可以考察参数的全局敏感性特征，不依赖于初值以及参数的标称值，并且可以帮助我们找出系统的重要全局参数，在实际中为实施有目的的参数控制提供指导。我们对前馈环模体进行了建模研究，基于全局相对参数敏感性的指标，研究了前馈环基因调控模体的全局相对参数敏感性特征。研究发现，对于一致前馈环，在实际网络中出现最频繁的 C1 环路对参数最为全局相对敏感，而对于不一致前馈环，出现最多的 I1 环路对参数最为不敏感；通过结合已有关于前馈环噪声特征及功能研究的结论（Ghosh et al.，2005），发现噪声越小的环路参数越为全局相对敏感；实际网络中出现最多的环路要么噪声最小，要么对参数最为不敏感；所得结论很好地诠释了为什么某些类型的前馈环构型如此频繁地出现在实际网络中，被进化选择所保留下来。

除参数敏感性分析之外，参数分叉分析可帮助人们考察参数变化对系统

动力学的调节作用。例如，对于两个或三个节点的耦合正负反馈基因环路的定量研究中，合适的参数可以使系统出现单稳、双稳、震荡、可激励乃至混沌动力学行为（Kim et al.，2008；Stricker et al.，2008；Tsai et al.，2008；Wang et al.，2011a；2011b；Zhang et al.，2012）。大部分基因调控网络大部分时间处于单稳态（叶纬明等，2013），受到刺激后可以出现双稳、震荡等行为。实际中，可以通过调节系统外部条件，如温度、酸碱度、酶的浓度等，间接调节系统参数，使得系统出现预期的动力学行为，执行相应的细胞功能。

### （三）基因调控网络的噪声控制

噪声在生物系统中无处不在，噪声对生物系统是一把双刃剑，一方面噪声对生物系统的功能具有重要的调节作用，如调节生物钟，真核生物的细胞分化等；另一方面，噪声可使生物系统出现破坏性的突变，从而诱发疾病。基因调控网络噪声分为内部和外噪声，内噪声来源于系统本身内部的热涨落，外部噪声是环境因素的随机波动而引起的（雷锦志，2010）。内噪声是无法通过人为控制外部环境而降低或消除的，外噪声可以通过外界控制。2004 年，Raser 等在 *Science* 上发表文章（Raser and Shea，2004）研究了真核基因表达中随机性的控制问题，指出噪声是一种可演化的性质，噪声可以使控制系统在信号保真性与真核基因表达多样性方面实现平衡。

对于基因调控网络，考虑随机因素的模型有化学主方程、福克-普朗克方程、郎之万方程等。这些模型一般可以化为随机动力系统问题进行考虑。一般的，对于基因调控网络，随机微分方程模型具有如下形式

$$\frac{\mathrm{d}x}{\mathrm{d}t}=f(x,t)+g(x,t)\xi \tag{32-5}$$

式中，$x\in R^N$ 表示状态变量，$f(x,t)\in R^N$ 刻画系统的动力学，$\xi\in R^N$ 代表噪声，满足 $<\xi(t)>=0$，$<\xi(t)\xi(t')>=D\varphi(t,t')$。若 $\varphi(t,t')=\delta(t-t')$，则表示噪声为高斯白噪声；若 $\varphi(t,t')$ 非 $\delta$ 函数，则为有色噪声。$g(x,t)\in R^{N\times N}$ 代表噪声耦合项（Nakao et al.，2007）。对于多细胞耦合的调控网络，要考虑到所有细胞的公共外部噪声，方程形式会更复杂一些（Nakao et al.，2007；周天寿，2009）。对于随机微分动力系统，可以利用随机微分方程稳定性理论研究随机系统的稳定性、有界性、随机聚类与同步（Nakao et al.，2007）、吸引子等，相关的研究在神经网络方面及多细胞耦合基因振子方面尤为广泛（Kuznetsov et al.，2004；Wan et al.，2011a；2011b；2012；Zhou et al.，2007；周天寿，2009）。

噪声可以诱导生物系统出现双稳切换、随机共振、相位转迁及有序性等

(Freund and Pöschel，2000)，因此，在生物系统中可以通过对噪声的调节达到控制系统功能的目的。双稳系统广泛存在于生物系统中，从λ噬菌体溶源—裂解循环到哺乳动物细胞的信号传导通路等都大量存在双稳现象（周天寿，2009）。双稳系统存在两个可能的稳态，初值的不同会导致系统最终趋于不同的稳态。双稳系统在噪声诱导下会产生类似于切换的行为，对于细胞分化、细胞记忆、通信及某些疾病的产生等有重要的意义（Freund and Pöschel，2000；Wang et al.，2011a；2011b；Xiong and Ferrell，2003；王沛，2012；周天寿，2009）。下面主要结合我们的工作就噪声对于系统双稳的控制作简要介绍。

2000年，Gardner等（Gardner et al.，2000）通过人工合成了一个两节点的开关切换双稳系统。到目前为止，该系统得到了大量理论与实验研究（Freund and pöschel，2000；Lipshtat et al.，2007；Tian and Burrage，2006；Wang et al.，2007；Wang et al.，2011a；2011b；Xiong and Ferrell，2003；王沛，2012；张家军等，2008；周天寿，2009)，特别是噪声在该系统中诱导的行为研究（Lipshtat et al.，2007；Tian and Burrage，2006；Wang et al.，2007；张家军等，2008)。最近实验研究发现细胞外部噪声是有色的(Rosenfeld，et al.，2005；Shahrezaei，et al.，2008)。我们把有色噪声引入基因开关系统，研究发现有色噪声同样具有白噪声的功能，即可以诱导单细胞开关系统出现切换，诱导群体感应耦合的多细胞系统出现同步切换，并且存在最优的外部噪声强度，诱导最好的切换。发现白噪声有利于切换，而有色噪声更有利于多细胞系统的同步，有利于提高蛋白质产量；还发现多细胞同步切换行为对系统参数具有很强的鲁棒性（Wang et al.，2011a；2011b)。相关研究结果对实验生物学家具有指导意义，如解释细胞分化、细胞通信等现象。

### (四) 基因调控网络的正负反馈控制

基因调控网络中边的基本调控方式有正反馈和负反馈。正负反馈是基因调控网络的基本构建单元。正反馈调节可以促进目标基因的表达，负反馈可以抑制目标基因的表达。一般而言，正反馈可以导致双稳，负反馈可以导致震荡。1995年，Erik等提出正反馈是双稳的必要条件（Erik et al.，1995)；1998年，这一论断被Snoussi理论证实（Snoussi，1998)。到目前，正反馈和负反馈的功能得到了大量的理论与实验研究，总结而言，正反馈可以作为信号放大器、传播噪声的缓冲器改善系统的敏感性，作为细胞的记忆元件等

(Hornung and Barkai, 2008; Shibata and Fujimoto, 2005)。负反馈可以压制噪声，镇定系统（Wiener，1966），作为信号的压制器及振荡器等（周天寿，2009）。虽然单个的正反馈或负反馈环路已经可以具有特定的生物功能，但是，现实中的基因调控环路常以多重正反馈、多重负反馈以及耦合正负反馈的形式出现，如酵母菌半乳糖网络信号传导、果蝇生物钟的昼夜节律振荡器、枯草杆菌中 ComS 和 ComK 主导的可激励动力学行为等调控环路，都是耦合正负反馈环路（Kim et al.，2008；Stricker et al.，2008；Tsai et al.，2008；Wang et al.，2011a；2011b)；酿酒酵母半乳糖调节、p53 调节、肌细胞命运分化等调节环路都具有多重正反馈机制构成（Brandman et al.，2005)。因此耦合正负反馈环路以及多重正反馈环路等作为网络模体得到了广泛的关注（Erik et al.，1995；Freund and Pöschel，2000；Gardner et al.，2000；Gershenfeld，1999；Hasty et al.，2002；Hornung and Barkai，2008；Kim et al.，2008；Kuznetsov et al.，2004；Lipshtat et al.，2007；Mendes and kell，1998；Nakao et al.，2007；Raser and Shea，2004；Rosenfeld et al.，2005；Shahrezaei et al.，2008；Shibata and Fujimoto，2005；Snoussi，1998；Song et al.，2007；Stricker et al.，2008；Tian and Burrage，2006；Tian et al.，2009；Tsai et al.，2008；Wan et al.，2011a；2011b；Wan et al.，2011；Wan et al.，2012a；2012b；Wang et al.，2007；Wang et al.，2011；Wang et al.，2011；Xiong and Ferrell，2003；Zhang，2012；Zhou et al.，2007；叶纬明等，2013；苑占江等，2010；张家军等，2008)。

对于多重正反馈环路，2005 年，Brandman 等研究了具有一快环一慢环的双重正反馈环路，发现耦合快慢正反馈环可以加速系统对输入信号的响应，同时，可以有效地弱化上游信号的噪声（Brandman et al.，2005)。2007 年，Zhang 等（2007）对类似的环路在双稳机制下的优越性进行了探讨；2009 年，Smolen 等（2009）研究了类似的环路，更关注于环路抵抗噪声的能力。2009 年，Sriram 等（2009）研究了两节点的耦合互抑制互激活环路，发现互抑制环路控制切换行为，互激活环路加强决策。但是，以上研究没有考虑多重正反馈环路中附加正反馈调节强度对系统动力学的影响，另外，不同节点（基因）具有不同的动力学尺度、反馈强度及时间尺度大小的综合影响在已有研究中也很少探讨。我们最近考察了两节点的正反馈环路，以互抑制正反馈环路为基础，考察了加入自促进环路后自促进反馈强度及时间尺度对系统动力学及信号处理的影响，为多重正反馈的大量存在找到了更有力的证据

(Wang, 2013)。

对于耦合正负反馈基因环路，2008 年，有文献（Tsai et al., 2008）研究了增加正反馈对负反馈震荡环路的影响，发现增加正反馈可以使得原来的负反馈振子在保持振幅基本不变的情况下实现调频，并且随着附加正反馈强度的提高，调频范围更广。这种频率可调性使得类似于心脏搏动、细胞周期等节律行为在频率不断变换的情况下保持输出幅度基本不变。Stricker 等（2008）利用工程实验设计并结合数学模型研究了一个两节点的耦合正负反馈环路，发现耦合正负反馈环路可以通过改变诱导子水平、温度及周围环境来调节震荡周期；正反馈可以起到增强震荡鲁棒性和可调的作用。最近我们研究了一个三个节点的耦合正负反馈环路的建模及动力学分析问题，重点在于比较确定性描述与随机描述之间的差异。对于耦合正负反馈环路建立了 Hill 函数形式的确定性常微分及时滞微分方程模型，同时由确定性方程建立了未展开情形的随机模型，展开情形细化的随机模型也有相关探讨，提出了一种对于直接由确定性方程转化而来的含有时滞的随机模型进行随机模拟的算法（Wang et al., 2013b)。通过分叉分析，当系统用确定性模型进行描述的时候，该环路可以出现单稳、双稳、可激励、震荡等动力学行为；对于确定与随机模型的比较，当系统参数位于确定性的双稳及可激励区域时，随机模拟分子内部噪声可以诱导系统出现双稳切换及周期切换，但是双稳切换行为仅在系统体积比较小的时候才发生，而周期切换频率随着系统体积的增加而降低；这些切换行为可以看作是内部噪声诱导的状态跳变。相关的研究使得耦合正负反馈环路的各种建模机制之间的关系更加清晰，潜在的应用包括工程合成具有特定功能的生物环路等。

这些研究告诉我们，在实际基因网络中或设计人工基因环路时，要想鲁棒的实现特定功能，可考虑加入额外的正或负反馈机制或改变调控关系进行控制。尤其是正负反馈控制在疾病治疗方面有着重要的应用前景，如对于节律紊乱相关的疾病，可考虑调整正负反馈调节进行控制与治疗（Kobayashi et al., 2011；Mondragón et al., 2011；赵妍和王庭槐，2009）。

## 三、若干问题及展望

以上从输入-输出、参数、噪声及正负反馈方面介绍了控制理论在基因调控网络功能控制与调节方面的进展与应用，值得指出的是，除了上述所探讨的研究之外，最近小 RNA 的调控作用开始引起学术界的关注（刘曾荣等，2012)。正如 Sontag 所言，系统生物问题表面上看起来是基本的控制问题，但是仔细探究起来，和经典控制理论又有区别，如经典的工程中通过施加控制器控制系统不稳定平衡点变为稳定平衡点的方法，添加控制器平衡点一般没有改变，而在生物系统中，加入反馈之后系统平衡点位置会改变。因此经典的控制论就很难用来研究基因调控系统平衡点的全局渐近稳定性（Sontag，2004），这为控制科学家提出了新的机遇与挑战。我们认为如下问题值得进一步研究。

（1）由于基因调控网络的模型一般是高度非线性的，如往往具有 Hill 函数形式，目前大部分的研究结果是数值的，所以如何结合随机系统控制理论在理论上验证这些结论，值得进一步深入研究。

（2）生物学实验已经表明，相同的基因在生物细胞中可以参加不同的生理过程，有些基因只在某些时刻和特定的外界条件下有相互作用，在其他条件下没有相互作用。也就是说两个基因间的连边是否存在及作用的方向在不同时期都是可能不同的。这就为控制理论学家提出了一个挑战，就是如何对高度非线性同时又时刻演化的网络进行构建与控制（Stankovski et al.，2012）。

（3）关于基因调控网络中参数与网络结构和功能的关系问题，我们提出了全局相对敏感性指标（Wang et al.，2012；Wang et al.，2012）。如何把所提出的方法进一步应用到疾病网络的建模与控制，以及代谢控制分析等，值得进一步深入研究。

（4）基因调控环路可以出现单稳、双稳、震荡、可激励动力学（Wang et al.，2011）乃至混沌行为（Zhang et al.，2012）。生物环路中的混沌在实际生物系统及实验中应如何解释（Furusawa and Kaneko，2009）？生物系统的混沌对生物系统是有利的还是有害的？如果是有害的话，如何进行控制？

（5）系统生物学的研究最终要逐步上升到中等尺度网络，乃至真实大尺度网络（Wang et al.，2013a；2013b）。如何对大中型尺寸的实际网络（含有几十到上千个节点）进行建模、控制与预测等是未来系统生物研究的一个重点。

（6）小 RNA 的调控作用（He and Hannon，2004）近几年开始得到重视；另外，经典控制方法，如 $H_\infty$ 控制（潘为，2011）、相位超前驱动（叶纬明等，2013）等开始逐步应用于基因调控网络的研究。

控制论来源于生物问题，随着近几十年的发展，控制理论已经形成很完善的理论体系，但如何把理论应用到实际生物系统，特别是基因调控系统中，无论是对于控制理论本身还是对于生命科学来说，都是一个很有前景的方向。

# 第三节 轨道交通领域相关网络科学问题

轨道交通作为一种重要的交通运输方式，目前在我国正处于飞速发展的阶段。由于轨道交通系统构成复杂，具有典型的复杂系统特征，这使得在实际工程中的种种问题无法通过孤立考虑其子系统而得以解决，需要借助系统科学的若干重要观点全面考虑（刘伟，2009）。目前，无论是在高速铁路建设中，还是在各大城市的城市轨道交通建设中，都出现了一些亟待解决的重要问题，对于这些问题的解决需要从宏观的网络层次整体把握、至顶向下分步统筹（倪文波和王雪梅，2008）。本节主要围绕网络科学与轨道交通的交叉点展开讨论，试图探讨轨道交通中的相关网络科学问题的发展现状及前景。

## 一、轨道交通系统概述

轨道交通具有运量大、速度快、安全、准点、环保、节能等优点，目前已成为各个国家重点发展的交通运输形式，它对改善城市交通拥挤、减少城市污染、提升区域协作能够起到至关重要的作用（Bussieck et al.，1997）。

目前，国内各大城市纷纷展开城市轨道交通建设，同时，国家的高速铁路建设也取得了快速的发展。轨道交通的运营涉及轨道交通系统中各个层面的广泛互动和复杂作用，这使得系统的运营过程无法通过孤立地考虑其子系统的行为而得以实施。因此，轨道交通系统是一个典型的复杂系统，对于它的研究需要一种全局而系统的观念（吴建军等，2008）。网络科学是这些年发展起来的一门用于分析复杂系统的典型而有效的方法，采用网络科学的相关方法分析和处理轨道交通中的相关问题将具有广阔的前景。轨道交通中的众多问题都与网络科学有着密切联系，如行车调度（Lin et al.，2012）、时刻表设计（Assis and Milani，2004）、客流疏散（Santos et al.，2012）、路网耦合（刘伟，2009）、系统可靠性分析（倪文波和王雪梅，2008）等。这些问题一般具有如下共同特点：系统规模庞大、组成复杂、相互耦合紧密，因此难以直接分析。网络科学的典型特点在于通过对给定系统中的基本元素和相互关系进行抽象，建立起系统中各个部分的相互作用关系图，从而实现对系统的宏观结构和演化规律的刻画（Thomas，1978）。对于轨道交通系统而言，其中的每个站点可以被抽象成复杂网络中的节点，站点之间的轨道可以被抽象成网络中的边，基于点和边这样两个最为基本的组成元素，辅以实际轨道交通系统中的各种属性和逻辑，建立一个抽象的网络系统，或者称之为人工网络系统。对实际系统的分析就可以转化为对该抽象网络系统的分析，进一步，对那些理论分析难以处理的问题，还可以借助计算机进行计算实验，得到系统演化的相关结果并运用到实际系统的分析中来。

轨道交通系统运营的一个重要目的在于实现客流和货物的快速有效运输（Thomet，1971），因此，有效的系统运营优化对改善系统运行特性将起着极为重要的作用。然而，轨道交通系统中的优化问题往往依赖于轨道交通网络的复杂拓扑特性，这使得大量相关的系统优化问题难以建模和求解。面对此种情形，有必要充分利用轨道交通网络的特有结构特性，发展一系列网络环境下的有效建模和快速求解工具和方法。

轨道交通系统是一类与人类行为紧密联系的系统，对这类系统的研究不仅涉及系统本身的工程复杂性，更加涉及人类行为所导致的社会复杂性（吴建军等，2005）。以往的复杂系统研究对社会复杂性的关注度远远不够，社会复杂性研究的难点在于其中隐含的巨大不确定因素，只有借助统计层次上的分析手段才能得出系统的宏观演化规律。网络科学中存在大量分析系统的宏观动力学行为的统计方法，这些方法的显著特征在于抓大放小、宏观把握、全局着眼，在轨道交通系统中运用这些方法对处理系统的社会复杂性将具有显著的优势（高自友和吴建军，2010）。

安全性和可靠性也是轨道交通系统运营的重要环节，如何采用合适的运筹管理方法将已有交通设施的安全性、可靠性提升到尽可能大的限度，已成为轨道交通系统中被广泛关注的热点。轨道交通系统层次众多、构造复杂，其安全性和可靠性的建立不仅仅依赖于局部系统的鲁棒性，更加依赖于子系统与子系统之间的有效协同，以及系统与人的相互作用关系（倪文波和王雪梅，2008）。为描述整个轨道交通系统的演化规律，有必要从宏观层次上去理清系统中各个组成部分相互作用的关系，而建立这种关系作用图的有力工具之一便是网络科学方法。利用网络科学中的鲁棒分析方法，找出系统中的薄弱环节并对其进行加强，对系统的可靠性进行整体评估，以实现系统可靠性和安全性的全面提升。

目前，国内外已有很多学者对轨道交通网络系统进行了大量研究，并从实证的角度进行了相关分析，其出发点主要集中在网络相关的优化问题上：1996 年，D. R. Martinelli 和 H. Teng 使用神经网络的方法对铁路运行网络进行了优化（Martinelli and Teng，1996）；同年，Martin 和 Salmeron 综合考虑了货运网络的设计问题，对其设计过程中的各种方法进行了系统性总结

(Martin and Salmeron，1996)；2000 年，Barnhart 等从网络的角度研究铁路运输的分组问题（Barnhart et al.，2000)；2004 年，Assis 和 Milani 通过优化方法适当建模，并采用预测控制的若干方法，得到了在单一往返轨道上的列车时刻表设计问题的解（Assis and Milani，2004)；2009 年，Limbourg 和 Jourquin 用迭代法计算了欧洲货物列车多式联运中集装箱的最优位置（Limbourg and Jourquin，2009)；2010 年，Pazour 等研究了美国的高速铁路运输网络中的货运问题（Pazour et al.，2010)；同年，Ahuja 等对轨道交通网络中的计划和调整问题进行了综述（Ahuja et al.，2005)；2011 年，Gallo 等在弹性需求的假设下检测了交通网络的设计问题，主要关注了地铁频率设计问题（Gallo et al.，2011)；2012 年，B. Lin 等研究了大规模轨道交通系统中的货运衔接服务问题（Lin et al.，2012)。

本节组织主要按照如下进行，第二部分主要介绍目前与轨道交通相关的各类网络科学热点问题，第三部分将重点讨论轨道交通网络中的若干亟待解决问题，以及对轨道交通网络的发展前景进行展望。

## 二、与轨道交通相关的网络科学问题

总体而言，与轨道交通相关的网络科学问题主要可以概括为列车调度、时刻表设计及时空演化这几大类，以下就这三个方面进行具体的阐述。

### （一）轨道交通网络中的相关调度问题

轨道交通网络规模巨大、结构复杂，如何合理地实现网络层次上的交通调度是提升轨道交通运输效率的关键。网络层次上节点与节点之间的相互依赖关系紧密且复杂，这使得网络中车辆的相互协作显得十分重要。列车调度的根本就是要在考虑列车之间相互影响的前提下，以提升轨道交通系统运输性能为目的，设计满足实际需求的列车运营方案。

宏观上的轨道交通调度包括经停和衔接两大类问题。所谓列车经停，即列车在行驶的过程中如何合理选取线路上经停站，以实现列车运输能力和运输速度的综合平衡。由于各个站点的客流和货运量通常各不相同，为提升运输效率，列车在各个站点的停车频率也应有所差异。考虑到运行于同一条线路的不同列车的运行区间存在交叉重合，且从列车运行安全角度出发，同一时间仅允许一辆列车占用某段线路，合理地选择经停站有助于优化轨道交通网络的运输性能。2012 年，B. Lin 等将列车衔接服务问题转化为一个双层优化问题，并采用模拟退火算法给出一个中等规模网络环境下的问题求解案例（Lin et al.，2012）。衔接问题与经停问题相互联系又存在着某些差异，经停问题在于如何选择列车停靠站点，衔接问题在于如何将已经结束运行的某个车次的列车转入下一个不同车次的运营中，高效的衔接可以提高列车的折旧率，降低轨道交通运输成本（Pazour et al.，2010）。

机车调度是另一类重要的调度问题。对于给定的轨道交通网络，在给定的时间段内，不同车次的运量和发车频率往往不同，为节约运营成本、提升运营效率，有必要在运营规划的时候为每个车次配备与其运输特性相适应的机车，通过适当的调度方法，加快机车的设备折旧。一般而言，机车调度可以分为主动式调度和被动式调度两种：主动式即一台机车或多台机车与列车组合成一个车次，从甲地调运至乙地，在这个过程中，所有的机车均做功；被动式即将若干机车连成一个整体，从甲地运至乙地，在这个过程中，不一定所有的机车均做功。具体而言，机车调度的过程中还应综合考虑如下的一些因素：每个车次配备几辆机车；为应对运力和里程的要求，应调用何种型号的机车；为提高机车的折旧率，如何安排调度策略；考虑到机车的维修需要且机车检修往往在特定的站点进行，如何协调好机车调度和检修之间的关系。1988 年，Florian 等考虑了在允许每个车次配备多辆机车的前提下，相应的机车调度算法（Florian，et al.，1976）；1989 年，M. B. Wright 将随机算法应用到了机车调度问题的求解上（Wright，1989）；1991 年，Forbes 等给出了该类优化问题的精确求解方法（Forbes et al.，1991）；1998 年，Cordeau 等对已有的一些机车调度算法进行了全面的总结，在仅允许每个车次仅配备一辆机车的前提下，相应机车调度问题可以被归结于一个整数多重物资流调配问题（Cordeau et al.，1998）。

### （二）网络环境下的列车时刻表设计问题

时刻表设计是客运列车运营的一个关键环节，它直接关系整个系统的运营效率与乘客的用户体验。时刻表设计中的首要步骤就在于获得整个网络中乘客的出发到达数据。长距离的客运线路数据可以通过售票情况加以统计，然而，对于地铁和轻轨而言，由于车票的设计往往不考虑乘客的具体出发到达地点，于是乘客的出发到达数据往往不易获得。针对该问题，Cascetta 和 Nguyen 在 1987 年引入统计学中的若干观点来估计出发到达矩阵（Cascetta and Nguyen，1988）；1993 年，Jornsten 和 Wallace 提出了一种处理出发到达矩阵估计过程中数据不一致现象的方法（Jornsten and Wallace，1993）。在获得了出发-到达数据之后，接下来就转化为具体的列车时刻表设计问题，然而，如何在大规模的网络环境下设计列车的时刻表仍然是一个具有挑战性的问题。

城市轨道交通的时刻表设计是关乎城轨运营效率的关键，目前，对于该问题的研究工作已经有不少，其中大部分工作着重于如何对单条轨道线路进行时刻表设计，缺乏在宏观层次上的全局考虑。一般而言，在列车的时刻表设计过程中会考虑如下因素：列车安全运营极限、乘客上下车时间、发车时间连续性、乘客平均等待时间、列车运行时间、列车容纳人数上限等。这些因素不仅仅包含列车本身的运营状况，更关系到乘客的用户体验。2004 年，在综合考虑以上因素的条件下，W. O. Assis 和 B. E. A. Milani 通过适当建模并采用预测控制的方法，得到了在单一往返轨道上的列车时刻表设计问题的解（Assis and Milani，2004）。然而，对于实际的城市轨道线路而言，轨道与轨道之间存在着错综复杂的交叉耦合关系，这使得在网络环境下的列车时刻表的设计问题不仅仅难以建模，而且求解十分困难。因此，如何在网络环境下综合考虑列车行车的各种因素并建立适当的模型去求解列车时刻表是轨道交通网络中的另一个重要议题。

除了关注运营效率与乘客体验之外，近些年来，鲁棒性也成为时刻表设计中的一个十分重要的因素，所谓鲁棒性指的是当某辆车次出现故障后，系统从故障中恢复的速度大小。2002 年，R. M. P. Goverde 和 M. A. Odijk 提出了基于列车时刻表性能评估 Derformance Evaluation of Timed Events in Railways（PETER）的时刻表性能评估方法；2009 年，Fischetti 等提出了一种快速提升时刻表鲁棒性的方法（Fischetti et al.，2009）；2010 年，Laporte 等从博弈论的角度探讨了轨道交通网络的鲁棒设计问题（Laporte et al.，2010）；2012 年，Santos 等提出了一个用于描述轨道交通系统运营鲁棒性的指标（Santos et al.，2012）。

### （三）轨道交通网络的时空动态演化问题

轨道交通系统往往不是孤立存在的，一方面它与客流的演化存在密切的耦合，在时间上不停演化，另一方面其自身又会与周围的地理环境紧密相连，在空间上不断纵深（丁丹丹和韩宝明，2011）。客流行为作为轨道交通系统中核心因素，既是轨道交通系统研究的对象，也是轨道交通系统研究所应服务的对象。客流运动一般可以分为周期性的主成分和不可预知的随机成分，对主成分的研究主要着重于列车的调度和规划，以实现常规意义下的客流平衡；

然而对于不确定性的突发随机客流而言，则需要采用网络科学的方法分析客流在网络中的时空演化规律，在考虑行人出现选择博弈的前提下，确定交通网络中的关键节点与关键路径，探讨提升交通网络鲁棒性的最佳网络方法（谢汶进，1992）。总之，深刻揭示轨道交通网络中的时空演化规律对改善拥堵、提升运输效率将起到积极的作用。

除此之外，轨道交通系统还与其他的各种交通运输形成协同作用，形成共演化网络（陈瓯，2011；刘伟，2009）。以城市轨道交通为例，公交车、轻轨、地铁构成了城市公共交通最主要的组成部分。客流的运输通常是不同种类的交通形式协同作用的结果，那么，在城市轨道交通中，如何考虑不同交通网络之间的耦合、如何合理地对各种交通网络进行关联来实现客流运输效率的最大化，这是轨道交通网络日益发展的过程中所不可避免的。目前，轨道交通与其他路网的耦合研究尚不多见，大多数工作还仅仅局限于如何单独考虑交通流在单一路网上的分布与扩散。一般而言，城市轨道交通主要负责长距离的快速运输，而城市公交则主要负责乘客出行过程的局部调整，前者速度快，而后者速度慢，这些基本特性使得这两种交通形式具有了各自不同的动力学尺度，即快动力学和慢动力学（高自友和吴建军，2010；吴建军等，2005）。从建模的角度而言，对这两种交通形式的刻画就需要采取不同的形式。从网络科学的角度上分析，需要在轨道交通网络上建立两类不同的动力学行为，通过考虑这两类动力学的耦合来获得对交通流演化行为的精确刻画。

## 三、轨道交通网络中的若干待解决问题

基于以上讨论，从目前的发展状况而言，轨道交通中的待解决关键问题可以概括为如下两大类。

### （一）基于大规模网络的优化和计算方法

优化方法在轨道交通系统中应用广泛，已成为诸如规划、调度、应急中若干核心问题的重要解决方法。由于轨道交通系统节点众多、线路复杂，传统优化方法在解决轨道交通系统中的问题时消耗时间长、计算精度低，难以满足特殊情形下的实时性要求。借助于轨道交通系统运营的固有特点，如单行运行、间隔距离限制、停留时间限制等，轨道交通网络中的相关问题建模便可采取若干简化措施，从而获得与轨道交通网络相适应的特有的优化模型。

轨道交通中的相关优化问题的最大特点在于问题的本身与交通网络的结构紧密联系，网络结构的复杂程度直接决定问题求解本身的难易程度。在大规模网络的情形下，问题的解空间往往随着问题的规模呈指数增长，优化问题的求解就变得十分困难。此种情形下，开发一种能适应复杂网络结构的优化算法十分必要。该类算法应具有如下功能和特点：模型简化功能，即能将复杂的网络模型简化成比较结构简单的网络模型，以实现相应优化算法的简化；分层优化功能，即将对应网络优化问题适当处理之后，化简为若干层自上而下的优化算法，实现复杂算法的分层求解；处理稀疏矩阵的能力，虽然轨道交通网络中节点众多，但是节点之间的连接往往比较稀疏，即网络结构矩阵可以用一稀疏矩阵表示，通过集成相关的稀疏矩阵计算方法，可为复杂网络优化问题的求解带来一定的突破。

网络科学的大多问题具有很强的非线性耦合，难以采用传统理论分析的方法直接加以分析。如今，计算机实验仿真已成为处理网络科学中诸多问题的一个强有力的手段。轨道交通网络中的各个节点相互联系，但彼此之间具有一定的独立性。这使得在对铁路交通网络的若干问题进行计算仿真的时候，采用合适的并行算法十分必要。例如，客流模拟、列车调度、时刻表设计等，这些问题的计算规模往往涉及成千上万的节点，并且节点与节点之间存在着复杂的相互作用关系，如此规模的演化规律十分复杂且难以预测。如何采用适当的方法将这些问题分解成独立可求解的计算单元对于加速问题的求解至关重要。

### (二) 轨道交通网络的复杂性分析

目前对轨道交通网络复杂性的研究尚缺乏广泛的研究基础，国内外对此方面的研究并不多。从网络结构的角度而言，轨道交通网络的复杂性涉及网络度分布、网络直径、鲁棒性、聚类系数等常规指标；从网络演化的角度而言，轨道交通网络的复杂性还涉及客流变化、列车延迟等不确定性因素，如何刻画和分析轨道交通网络中的不确定性成为轨道交通网络复杂性研究中的一个重要议题。一方面，列车的运行规划需要遵循客流运动的周期性规律；另一方面，客流的运动又明显地受到列车发车频次的影响，这使得客流和车流形成了一个互为演化的复杂过程，当在网络层次上考虑这种演化的时候，局部的客流拥塞和列车延迟就有可能对整个轨道交通网络系统造成灾难性的影响。从复杂性的角度来研究轨道交通网络的目的之一就在于深刻揭示客流和车流的互演化规律，寻求降低轨道交通运行风险有效措施。除此之外，轨道交通网络中的行人出行还表现为相互博弈的复杂行为，即如果所有的行人都选择某一个他们认为的低峰时段出行，那么该时段的拥塞就会大大增加，从而使得行人出行的代价显著升高，此时部分行人就会避开此高峰时段转而选择其他时段出行，以上客流分配过程多次反复进行，最终行人出行的规律就会趋于平稳。在此基础上研究不同轨道交通拓扑对行人出行稳态规律的影响，这对改善城市轨道交通的运营效率有着重要的作用。

轨道交通网络的另一个典型特征在于其节点的分布与其所属的空间位置有着显著的关联，因此对其复杂性的研究又不能仅仅局限于传统的度分布等常规指标，更应关注这些特征与其空间位置的内在联系。在列车线路规划的过程中，从节约成本角度出发，需要降低列车线路的里程，但从提升列车运输效率的角度出发，又需要使得新建线路经历尽可能多的重要站点。从复杂网络的角度而言，就是要在网络中引入新的节点和带有权重的边，并在此基础上对新构成网络的各项指标进行分析，做出综合评判。除此之外，探讨轨道交通网络的时空演化规律，揭示客流运动这一核心对象是如何在已有的网络环境下随着时间在空间中展开的。

综上所述，轨道交通系统是一类十分典型的网络化系统，这种特征为在轨道交通领域内引入网络科学的相关方法创造了良好的契机，也为解决轨道交通中的若干重要问题提供了关键的突破口。一方面，轨道交通是国民经济的命脉，提升轨道交通运营效率和安全系数一直以来是轨道交通发展所不懈追求的目标，但这个目标的实现受到轨道交通系统的网络化和大规模特征的制约；另一方面，网络科学这些年来蓬勃兴起，在其发展的过程中产生了大量深刻而又有力的问题解决方法和工具，这些方法和工具对处理轨道交通中的若干问题具有巨大的潜力，发掘这些理论和方法在轨道交通系统中的巨大应用价值将极大促进轨道交通研究的发展，这不仅仅能丰富网络科学本身的研究内容，也将为国民经济的发展带来显著的效益。

## 第四节　物联网对网络和控制科学的挑战与机遇

物联网作为新一代信息技术，在结构形式上可以用前述的“网络的网络”来描述，在学科内涵上则远远超出网络科学，涵盖了计算机、信息与通信、传感器及电子技术等，而控制科学更是其不可或缺的重要部分。本节结合信息科学与技术的历史背景和发展规律，梳理物联网丰富的内涵和广阔的外延，从直观性原理和“感知、传输、智能、控制”等要素出发，说明物联网带来的诸多需要解决的问题，而多学科集成与应用创新则是应对挑战之道，目前物联网还有太多的未知和空白，但可以预知其广泛的应用实践，将孕育信息科学与技术的重大突破。①

## 一、物联网是网络化复杂系统

电话、广播、电视直至互联网极大地改变了人与人相互联系的方式，为人类提供了丰富多彩的数字世界，而直观地来看，物联网（The Internet of Things，IOT）是将人与人相连，发展到物与物相连，实现广域范围内人与物、物与物之间信息交换，从而使所有物体像人类一样，获得智能与对话的能力，实现数字世界与物理真实世界的对应与融合。

物联网的概念最初由麻省理工学院在 1999 年提出，2005 年国际电信联盟（International Telecommunication Union，ITU）发布《ITU 互联网报告 2005：物联网》，认为无所不在的“物联网”时代即将来临，在此前后几年间，日本、韩国、欧洲分别提出了类似的概念，美国则由国际商业机器公司（International Business Machines Corporation，IBM）向奥巴马总统提出了基于物联网的“智慧地球”设想。

中国 2009 年批准无锡建设国家传感网创新示范区，2010 年十一届全国人大三次会议将“物联网的研发应用”明确列入要大力培育的战略新兴产业。“物联网”或称“传感网”逐渐进入公众视野。站在国家战略层面，发展“物联网”，简而言之，即大力促进信息技术向社会生活和生产的方方面面渗透，可以预见将对人类社会产生深远影响。

中国工程院邬贺铨院士指出，物联网是未来信息产业的发展方向，但物联网不是网络是应用，人类未来将能够借助物联网，以更加精细和动态的方式管理生产和生活。

物联网是什么？目前没有统一的定义，在各种看法的基础上，我们的理解就是利用传感、通信、计算、控制技术等，将人、机、物无缝地连接在一起，进行物理世界与信息世界之间的能量、物质与信息交换，实现对物理世界的感知、传输、智能信息处理和控制，构成信息化智能空间和实体性物理空间融合一体的网络化复杂系统。

类似地，认为物联网是传感网、通信网和互联网的渗透与融合，是

① 刘飞．2012．物联网——多学科集成创新与应用．中国自动化学会通讯，33（2）：4-8

“物—人—物”的互联，集计算机、通信、网络、智能计算、传感器、嵌入式系统、微电子等多领域于一体，将解决广域或大范围的人与物、物与物之间信息交换与需求问题。

2010 年国务院政府工作报告所附注释中对物联网有如下说明：物联网是通过传感设备按照约定的协议，把各种网络连接起来，进行信息交换和通信，以实现智能化识别、定位、跟踪、监控和管理的一种网络。

潘云鹤院士概括目前一些学者的观点，认为物联网是建立在传感网络（sensor network）之上的 3C 和 1D 的集成，即通信（communication）、计算（computation）、控制（control）和海量数据（data）。

在国际信息技术领域，一种描述数字世界与物理世界紧密交互的 CPS，也逐渐成为研究热点，在国内一般而言也可称为物联网。何积丰院士认为，CPS 从广义上来理解，就是一个在环境感知的基础上，深度融合了计算、通信和控制能力的可控可信可扩展的网络化物理设备系统，其本质内涵是 3C 的融合，是计算、物理和控制等多学科的交叉与融合，CPS 的功能目标是使物理设备系统具有计算、网络通信、精确控制、远程协作和自治五大功能。

综上，物联网涉及多学科集成，是一种网络化的复杂系统，包含了感、传、智、控等要素，物联网是什么还没有明确统一的定义，但从现有学科的角度，可以认为，物联网不是通信工程，不是计算机技术，不是控制理论，也不是传感器及网络工程，物联网超越目前单一学科的划分，代表着新一代信息科技。

## 二、物联网以应用推动信息科技发展

自 20 世纪中期，信息科学取得了一系列重大突破，1945 年冯 · 诺伊曼提出计算机体系结构，1948～1950 年，维纳创立控制论、香农奠定信息论基础、图灵提出人工智能基本概念。60 年代前后，以 Kalman 滤波、Pontriagin 极大值原理、Bellman 动态规划为代表，现代控制理论成熟；同一时期，可用于电话和电视传输的通信卫星发射成功；集成电路及以 Pascal 为代表的计算机程序设计语言出现，计算机网络核心概念“分组交换”被提出。1969 年出现互联网雏形 ARPANET，1980 年 TCP/IP 协议正式成为标准。此后 40 年来，信息技术迅速发展，已成为扩展性、渗透性、融合性、带动性最强的技术，但信息科学与技术本身却再未有激动人心的重大突破。

信息技术是当今经济社会发展的重要驱动力，业界所谓“十五年周期定理”分别以 1965 年前后大型机、1980 年前后个人计算机（personal computer，PC)、1995年前后互联网为标志，而互联网革命一定程度上被认为是由美国“信息高速公路”战略所触发。今天，人们有理由期待新的标志性事件，事实上，“智慧地球”战略被不少美国人认为与当年的“信息高速公路”有许多相似之处，而物联网被更多国家认为是振兴经济、确立竞争优势的关键战略。该战略能否掀起如当年互联网一样的科技革命，不仅为中国、美国、欧洲等关注，更为世界所关注。

21世纪学科发展的重要特征之一是众多以信息技术为基础的交叉学科的快速发展。现在，信息技术更多强调的是与能源、材料、生物、健康、社会等领域的交叉研究，物联网的出现并不偶然，中国工程院院士李国杰认为，21世纪上半叶，集成电路、高性能计算机、存储器等都将遇到只靠延续现有技术难以逾越的障碍，信息科学与技术孕育着新的重大科学问题的发现和原理性突破，至21世纪中期可以预期新的信息网络技术与体系。

物联网以信息技术为基础，其发展依赖大范围的学科集成与创新应用。一方面，物联网的学科内涵丰富，体现出典型的多学科交叉融合的特点，涉及通信、计算机、微电子、控制、光学、微机械、化学、生物等诸多学科领域；另一方面，物联网具有广阔的外延，物联网将广泛应用在电网、制造业、环境、交通、物流、家居、医疗、农业、军事等众多领域，呈现广泛感知、海量聚合、智能处理、高效流通、及时调节等特点。

在我国，物联网已经体现出应用驱动、示范引领的特点，典型的应用示范工程包括智能工业、智能电网、智能环保、智能交通、智能物流、智能医疗、智能家居、智能城市管理等。

狭义的“物联网”，重点是“网”，主要是网络技术、协议、标准等，广义的“物联网”，重点应是“物联”，强调利用信息网络实现物物互连。而后者为物联网提供了广阔的实践空间，在此基础上期待新的科学理论和技术的突破。

## 三、物联网的感、传、智、控

物联网广泛的应用实践覆盖了众多的专业技术内容，难以全面准确地阐述，依据目前的资料，以下列出在感、传、智、控等方面的一些要点，供参考。

### (一) 在线感知

(1) 射频识别（radio frequency identification，RFID）技术：标签芯片

存储及安全、防冲突算法及电路、精密机构设计优化技术、标签芯片与传感器的集成技术、超高频读写器、2.456G 和 5.8G 等微波频段 RFID、智能有源标签（SAL）技术、电子标签印刷与测试、多标签天线优化、片上天线等。

(2) 二维码技术：条码定位、条码识别、条码纠错编码和译码、条码信息加密、条码印制、图像预处理、条码图像校正等。

(3) 传感器技术：低功耗片上系统，多物理量在线检测，生物传感器，在线光谱检测，低功耗传感网核心芯片，传感节点的小型化、高敏感度、低功耗技术，中高速传感网射频芯片、接入设备及节点基带技术等。

(4) 视频采集技术：数字化视频采集，压缩算法等。

(5) 物体定位技术：全球定位系统（global positioning system，GPS）、ZigBee、无线传感网络（wireless sensor network，WSN）的定位及集成技术，实时定位系统的实现等。

## (二) 实时传输

(1) 近距离无线通信技术：低能耗无线通信，ZigBee、蓝牙、红外数据组织（infrared data association，IrDA）、超宽频（ultra wideband，UWB）等，多跳频、短分组技术，FM 调制方式，前向纠错编码技术，物理层调制、分集、频谱感知及天线技术，业务质量（quality of service，QoS）、路由、射频技术，媒体接人技术等。

(2) 移动通信网络技术：天线与分集技术，多址接入，调制与编码技术，射频、中继和同步技术，3G，网络组网技术，资源分配、移动管理，固定移动融合技术等。

(3) 互联网组网与管理技术：物理层、介质访问控制层（media access control，MAC）、路由等，IPv6，光纤接人技术，网关接口与交互协议，超高速链路数据包捕获，快速业务流匹配，高效精确采样与识别，自动网络配置机制，网络流量控制与网络资源优化，自治网络，末梢网的接入和组网等。

(4) 网络安全技术：身份鉴别与访问控制、病毒防护与人侵检测、桌面安全、内容审计和行审计技术、数据安全存储、非法外联监测、数字加密技术、可靠信息获取机制、网络信任关系模型等。

## (三) 智能处理

(1) 计算机软硬件架构：向量、阵列、多核、并行处理机，多核/众核系统编程与运行支撑，高性能计算服务环境构建，精简指令、复杂指令机处理技术，面向服务的体系架构（service-oriented architecture，SOA）、动态、多层次、面向模式等软件构件，全生命周期开发与支撑技术，可裁减和自主演化的应用服务架构，大规模软件系统的协同与自适应，分布式中间件技术等。

（2）海量数据处理技术：海量数据存储、数据挖掘、知识发现技术，数据质量保障技术，数据融合，新型数据模型和管理，大数据集数据库处理技术，Web，XML数据提取与处理等。

（3）高效可信计算：并行、网格计算，云计算，普适计算，自治计算，高可信数字内容服务技术，恶意代码行为检测与防御，结构无关的备份技术，可信操作系统，失泄密监测与防范，数据安全存储、加密解密技术等。

### （四）控制决策

（1）系统建模与仿真：白箱、灰箱、黑箱建模，统计建模、标定与校验，多变量多率模型，非线性辨识与参数估计，离散事件及混杂系统建模，Petri网，智能建模方法，模型的简化等。

（2）系统协同与交互：信息交换，人机协调控制，分布式计算与控制，数据库及工作流协同，多智能体，P2P计算，协同资源管理等。

（3）系统优化与诊断：大规模系统优化，动态优化，全局优化，软测量技术，基于模型、数据和知识的诊断、装备故障自诊断与修复技术等。

（4）先进控制技术：多变量多模型控制，自适应控制，鲁棒控制与容错，预测与推断，智能及学习控制、高速高精运动控制技术等。

（5）系统集成技术：感知、传输、处理及控制的集成，人、机、物的集成，反馈控制系统，嵌入式系统，系统界面技术，业务流程集成，计算机集成制造系统，大系统理论，管控一体化系统等。

## 四、物联网多学科集成的科学问题与机遇

### （一）“感传智控”融合带来的问题与挑战

物联网中的“物”是什么？如何描述？“联”意味着什么？物联网的概念和词汇，其相互关系及赖以形成的体系远未明确，“感传智控”融合将带来更多新的科学问题与挑战。

信息空间与物理空间融合建模，是物联网面对的首要问题。现有控制科学中不论是时间演化模型还是事件驱动模型，只是针对物理世界建模，定义

在连续的具有时空属性的物理空间，而物联网中物理空间和信息空间是高度融合的，模型化必须关联离散的无时空属性的信息空间，考虑到网络，甚至还要增加拓扑属性，由此动态数学模型描述和分析极为困难。同样，物联网系统的网络形态和拓扑、传感器类型和布局环境、信息处理方式、应用服务需求等，具有高度的混杂性和不确定性，静态数学模型的描述、分析、优化及系统设计也面临挑战。

混杂信息特性的有效表达与利用，是物联网应用的前提。物联网以各种智能传感设备实现对物理世界在线感知，这些信息既有不确定性、不完备性，又有关联性、多源性，控制科学中除现有的滤波与估计、信息融合、软测量等信息处理方法之外，物联网系统的实施和应用，需要考虑物联网信息有效表达，也可称保真性问题，即针对混杂信息特性，引入新的理论和技术，保证物联网及时、全面、有效地实现物理信息的感知，表达的精确性能满足系统决策和控制要求。另外，物联网借助互联网、通信网等实现子网互联和网络融合，大规模异质子网和网元的接入，以及海量数据的交换成为物联网重要特征，通过信息的整合和利用，支撑各种应用服务，实现信息共享和协同服务，需要解决网络节点间交互信息表达、传输分配、效用均衡、权限保护等问题。

物联网作为网络化复杂系统，其运行的自治机理是亟待探讨的基础科学问题。物联网通过物理空间和信息空间的融合互动，有效灵活地为各种应用提供智能服务，以自治的方式自动实现物联网的组织管理、协同互动、资源配置和故障处理等功能成为客观要求。物联网的混杂特性明显，系统组成多样、结构复杂，既有海量的子网和传感网，又有各应用领域的专用网，还要包括互联网、蜂窝网和电信网等公共网络，其通信协议各不相同，形成混杂的网络形态；感知终端设备和节点类型多样、数量巨大，检测属性与特征、处理与控制方法等差异巨大，形成混杂的应用与运行场景。物联网互动的运行模式、混杂的系统组成、不确定的运行场景、实时可靠的要求等，对物联网的自治提出巨大挑战。

与此紧密相关的是物联网系统的自适应和自组织，也可称动态自治问题，一方面，局部网络或子网的各种网元，动态地自组织，实现互联互操作，综合利用自治域内的信息和资源提高应用服务效率；另一方面，物联网应用目标、物理环境、拓扑关系、终端设备甚至服务质量都将随时间动态变化，物联网运行面临的难题是在超大规模、多元异构的网络条件下，物联网如何构建自适应机制，解决动态的系统和环境，与高效的数据交换及决策控制之间的矛盾。也有学者提出，在动态的物联网系统环境中，需要研究适应物联网环境特征的新的软件建模理论、提供应用服务的机理和方法，使物联网软件具备自主性和演化性，实现用户需求域、信息空间域和物理空间域三者的协同。

在物联网物理空间和信息空间充分耦合前提下，探讨传输与控制的关系具有重要科学价值。近几年来，网络传输条件下控制系统的设计，成为控制领域热点问题，侧重于控制系统，则研究“基于网络的控制”，侧重于网络，则研究“基于控制的网络”。往往针对具体对象的控制系统和控制策略，只专注于物理空间属性，对信息空间下的通信与传输还是分离化处理。探讨传输与控制紧密协作机制，达到网络条件下的可信控制，也即达到物联网决策操作的可保障，涉及环境、感知、网络、处理、控制等各作用域的协同和反馈，未来通过对物理空间和信息空间融合机理的深入分析，挖掘和表征其中耦合对象、耦合形式、耦合程度等，期望能实现网络传输与控制的一体化分析与设计。

更一般化，物联网信息空间中信息本身和传输处理的安全可信，物理空间中实体携带数据及决策操作的安全可信等需求，成为物联网发展中的崭新研究课题。物联网混杂性、不确定性及系统的自治机理，以及物理空间和信息空间的耦合关联，使其面临前所未有的安全可信威胁，如海量终端的计算能力与安全可信算法资源之间存在矛盾；再如通信连接的高度动态性、移动性，增加了访问控制、授权、认证的难度；物联网作为网络化复杂系统，跨域跨网的可信安全更是具有极大的技术难度。还有学者提出，针对物联网的物理攻击特性和能量约束特性，急需研究面向大规模异构网络的网络解析理论和方法，为可靠、安全、高效的物联网提供理论基础。

## （二）物联网为控制科学带来新机遇

控制科学发展伊始，即以作为对象的“物”为出发点，维纳划时代的著作《控制论——关于在动物和机器中控制和通信的科学》，就是研究机器、动物等“物体”中控制和通讯的一般规律的科学，其思想和方法已广泛渗透到自然科学和社会科学各领域。所谓“控制”就是获取并使用信息来改变物体的功能或引导物体的变化；控制的基础是信息，其实现依赖于信息反馈，信息传递是为了控制。

维纳从动物和机器中控制和通信的角度，抽象出控制论，其核心内容原本包含了感知、通信、物体的结构系统、反馈处理等重要方面。逐渐地关于通信的内容归类于以香农的信息论为代表的通信学科，感知和执行处理的内容归类于测控器件、计算装置及系统等学科，而系统结构方面则归于贝塔朗菲的系统论，由此形成了现代信息科学的主要划分。随着人类社会的发展，学科的划分越来越细，各专业技术内容越来越窄，那么是否可以认为：物联网为各学科在更高水平上的重新交叉融合提供了契机?

物联网作为新一代信息技术被提出，其功能目标和控制科学与工程极其相似，在物联网背景下重新审视控制科学与工程，其“物-物”相连的本质也更加清晰；并且，控制科学与工程所包含的系统、决策、反馈等思想，也为物联网的多学科集成和应用提供了框架和工具。事实上，我国控制科学与工程学科所包含的控制理论与工程、检测技术及装置、系统工程、模式识别与智能系统、导航制导等方向内容，也在不同程度上体现了感、传、智、控等要素。

值得注意的是，2003 年五位著名自动控制学者 R. M. Murray、K. J. Astrom、S. P. Boyd、R. W. Brockett 和 G. Stein 联合在 IEEE 控制系统杂志上发表《自动控制在信息丰富的世界中未来的发展方向》一文，指出在信息丰富的时代，控制、通信和计算的集成将是一个充满机会的领域。廉价及泛在的感知、通信及计算，将引发控制领域的很多新应用，同时也将带动控制理论和工具的新发展。

另外，在我国发展物联网更多地还体现为发展创新经济、加快经济转型升级的需要，尤其是对工业化与信息化的融合发挥全面的支撑作用，我国工业大而不强，传统工业需要信息技术才可以提升和改造；工业化与信息化深度融合，关键是应用数字化技术，直接面向工业需求，实现装备智能化、生产精细化、过程最优化、产品信息化。在世界范围特别是西方国家，第三次工业革命及“再工业化”正越来越受到关注，制造业在全球化条件下以低消耗、低污染实现用户满意的高品质产品，需要持续地将先进的信息和过程控制技术引入制造流程，其目标路径中，数字化、智能化和自动化是不可或缺的。

时任工业和信息化部部长李毅中在国家传感网创新示范区部际建设协调领导小组会议上及接受记者采访时，多次强调了一个观点，物联网的本义更加重视物与物之间的信息，各种传感器捕捉，如基础设施、生产制造线上的信息，由物联网、互联网传递到计算机，计算机发出“智慧”指令，反馈到实际物理单元中，控制和调整生产线，提前预警可能出现的隐患并采取防范措施，提高运行效率、降低物耗。

深入分析物联网架构下，工业化与信息化融合的现实途径，感知与控制技术、自动化装置与系统直接面向工业领域，具有广阔的应用空间。

## 第五节　网络控制工程的共性问题与挑战

网络控制工程的研究对象是网络系统。网络系统是指多个分散的个体，通过信息网络或逻辑网络相互连接，互相影响，按照个体或群体的需求生成控制策略，并以一定方式在网络内执行。在网络系统中个体对信息的感知、处理及信息在个体间的交互是对网络系统施加控制的前提，即信息的网络是产生控制策略的基石。反过来，有效的控制策略生成也对底层的信息网络提出一定需求。典型的网络系统包括传感器执行器网络（Akyildiz and Kasimaglu，2004）、智能电网（Su et al.，2012）、交通网络（Wang et al.，2010）、物理信息融合系统（Poovendran，2010）。从系统生物学角度理解，基因调控网络（Hecker et al.，2009）也可认为是一个网络系统，它是由相互作用的基因和与其关联的蛋白质组成的分散关联系统。网络控制工程所面临的机遇与挑战来源于网络系统中信息与控制的高度耦合。本节从基于通信网络的控制系统、网络化控制对通信网络的控制、控制与通信一体化设计面临的新机遇三个方面阐述网络控制工程中面临的共性问题。

### 一、基于通信网络的控制

网络控制系统通过通信网络达到远程控制的目的，同时底层的信息传输也限制了控制系统的性能。控制系统最根本的性能要求是系统的稳定性。由于实际的通信网络受带宽、通信环境及通信协议的限制，交互的反馈或控制信息是非完整的，对系统的镇定提出严峻挑战。例如，水下滑翔机的编队控制需要多个移动体之间通过水生信道进行通信，由于水生信道的多径传输、多普勒效应和长时延导致滑翔机之间控制信息的交互存在滞后和丢失，影响编队控制的效果，甚至导致系统的不稳定，又如在智能电网需求响应问题中，系统的镇定依赖供需双方的交互电价和负荷信息，这些信息受电力线载波通信或无线局域网通信可靠性影响。这类问题从不同的学科角度会有不同的诠释。

(1) 从信息论角度，当前研究主要关注系统信息的量化、信道的衰减、环境噪声、无线信道发射功率对网络系统镇定的影响，即在一定的定量化器设计准则下，为使开环不稳定网络系统镇定，控制器与量化器之间的最少传输速率是多少，以及在一定的网络协议下，为实现这一传输速率所需网络资源（如传输功率、带宽、接入概率）是多少。按照不同的量化准则、针对不同的稳定性标准，会得到大相径庭的结果。目前，人们不再满足仅仅研究受限信息与系统镇定之间的关系，进一步在某种最优准则下的量化与控制器的联合设计是这一方向的热点与难点。

（2）从通信网络角度，与上述工作关注点到点的信息传输建模不同，已有工作不是直接对信息传输方式进行建模而是刻画，主要研究通信网络的不可靠或资源受限引起数据包丢包、传输乱序、传输时延，并研究由此而引发对网络系统控制与估计的影响。这部分工作针对网络诱导产生的信息非完整性，设计相应的控制或者估计补充策略。存在的共性问题是通过对信息的非完整性进行建模，视底层通信网络为透明，可以简化控制策略的设计，但是在一定程度上限制了整体性能的提升。

（3）从网络图论角度，现有工作关注多个智能体在时变拓扑结构及受限的通信链路下，研究多智能体的一致性动力学行为、分布式控制、分布式估计问题。在这种情况下，网络系统的性能将受到多智能体的拓扑结构与通信性能共同作用。这类研究所面临的共性问题在于整个系统全局性能与单个智能体局部限制（信息交换范围受限、存储空间受限、计算能力受限、动力学特性受限等）之间的矛盾。

上述研究的共同特点是被动接受信息的限制，研究相应的控制策略保证一定系统性能，或者部分改变信息交互方式（如改变量化方式、基于事件驱动的通信、压缩感知等）改善控制性能。事实上，任何一种信息网络为保证一定的控制系统都要付出一定的通信代价，这里的代价包括实际的网络资源和实现成本，它们依赖于具体的通信网络。因此在设计网络系统控制策略时必须考虑通信网络特点，刻画控制性能与通信代价之间的关系，容忍控制模块与通信模块的不同时间尺度，联合提升控制与通信的整体性能。

接下来，从控制系统的角度介绍通信网络的设计与优化问题。

## 二、通信网络的控制

通信网络是一个闭环控制系统，通信算法通过测量网络状态，调整算法参数改变通信策略，影响网络状态。其中的网络状态包括网络内部可操纵变量和环境不可变参数，如在有线网络的 TCP/AQM（传输控制/主动队列管理）拥塞控制中，数据源端根据拥塞路由器反馈的排队信息调整数据源端拥塞窗口，实现镇定网络状态（路由器内排队）的目的，再比如在宽带码多网址（wideband Code division multiple access，WCDMA）无线网络的功率控制中，发射端根据接收端反馈回的信号干扰噪声比值（signal and interference plus noise ratio，SINR），调整发射功率及调制方式，保证接收端对信号接收的可靠性并降低误码率。可见信息对通信网络的自身控制也尤为重要。另外，网络化控制系统中的通信网络为了满足控制性能需求，对传输的反馈信息需要提供一定的实时性与可靠性的保障。接下来从两方面阐述通信网络的控制问题。

（1）反馈对通信网络控制的影响。理论上讲网络状态的反馈对与通信网络性能的提升有很大帮助。但是反馈信息也给通信网络带来了额外的信息开销，占用宝贵通信资源，而且从某种程度上讲，过度的反馈则降低通信网络的鲁棒性，如跨层协议设计时过度的协议栈间信息交互会降低协议的透明度。因此，已有工作关注用更小的比特位承载反馈信息，针对时间相关性利用历史反馈信息估计降低当前反馈信息量，利用局部网络信息代替全局网络信息，当反馈信息存在噪声或误差时分配网络资源。当反馈信息是不完整或存在滞后时，设计的通信算法往往是次优的甚至是不稳定的，因此刻画反馈信息对于通信网络性能（如网络容量、稳定性、最优性）的影响成为通信网络设计时所要考虑的一个共性问题。

（2）控制策略对通信网络的影响。基于通信网络的控制系统希望底层的信息能够及时完整地在系统闭环内传输，映射到通信网络则是对信息传递的速率、时延与可靠性提出需求，即业务质量（QoS）需求。最理想的通信网络的设计思路是针对控制策略的更新动态调整目标 QoS，从而动态调整通信网络参数。但是从通信协议设计与实现的角度来看，又希望通信网络与控制系统具有弱耦合，导致现有的通信网络只能根据保守的静态 QoS 指标去设计。因此，这类研究的共性问题是设计可实现的控制系统的通信网络，适应控制系统策略的动态更新，同时保证通信网络具有可扩展性。

## 三、控制与通信的一体化设计

随着计算机、通信技术的发展，网络控制系统的规模变得越来越大，同时存在时间、空间方面的约束，整个网络系统需要适应外部物理环境的变化，内部则存在控制、通信与计算功能的高度耦合，因此需要控制与通信的联合设计与优化。另外，在大型网络系统中，通信网络不再是单一的有线或无线网络，而是多种通信形式的结合，而实际的物理单元的计算、存储及控制器执行能力也存在异构性。针对大规模网络系统的分析与设计存在以下共性问题。

（1）混杂系统建模。反馈存在于通信网络、控制单元、通信与控制单元之间。对控制单元的建模往往采用微分方程形式，对通信和计算单元采用离散的二进制对信息进行提取，对整个系统的资源进行调度具有与控制和通信模块不同的时间尺度，因此整个分散的关联大系统呈现出混杂特性。建模过程要兼顾各个单元在时空上的限制，并体现出网络系统各个实体与各个模块的全局协同与自主配置能力。

（2）网络系统中间件。网络系统的一体化设计要求功能上异构、空间上分散的各组件能够有机地实时互动。中间件是将各个组件有机结合在一起的软件系统。通过对各部分进行抽象，构建软件模型，实现各部分自有功能和信息交互，最终连接成整个网络系统。中间件的研究主要是面向服务模型，通过对系统进行分层和模块化后，不同层间以提供服务的方式进行交互，这样可以屏蔽系统在各个组件间的差异。

（3）控制与通信组件的调度与控制。需要将通信的代价与限制、通信对控制性能的影响统一建模。一方面，根据控制性能需求，基于信息的稀疏性设计通信模块传输反馈信息；另一方面，考虑通信和计算的成本代价，研究动态事件触发机制，设定控制策略的更新机制与多个分散控制器的协调机制。

（4）网络控制工程的安全与容错控制。大规模分布式网络化控制系统不再依赖单纯的现场总线结构网络实现信息交互。其中的通信网络呈现出异构特性。这里的异构指网络拓扑、传输介质、通信协议存在多样性。尤其是当无线网络闭环控制系统承担着系统状态、输出与控制策略的传递时，信息的安全、完整、可信性与可靠性对控制系统的稳定性造成极大威胁与挑战。这其中的共性问题包括，恶意行为及数据的识别，通信模块根据安全威胁类型在不影响控制性能的前提下以最小代价自适应调整传输参数与策略，控制系统脆弱性评估，控制模块根据通信策略的调整及安全威胁类型制定相应的鲁棒容错机制等。

# 第三十三章 总结与展望

本篇从网络科学与控制科学的发展历史和研究方法、复杂网络环境控制理论的发展及典型网络控制工程中的科学问题等视角入手，具体分析了网络科学的内涵、发展规律、趋势及所面临的挑战。研究表明：在如下几个重大的研究领域，网络控制科学面临着重大的挑战，以及发展空间和机遇。

## 第一节 网络控制科学研究的新方法

网络控制与传统控制具有迥然不同的本质特性，需要发展与传统动力学分析方法不同的新方法。网络控制科学在方法论层面尚面临着较为严重的瓶颈制约：传统的基于动力系统稳态分析的控制理论很难处理与具体网络路径紧密相关的各类暂态问题、控制目标涉及特定网络拓扑结构的动态拓扑控制问题。要较为满意地突破这一制约，要走的路还很长。

随着网络和计算机科学与技术的不断深入与发展，如何在具体的网络工程平台上发展一种基于计算机算法与数据驱动的网络建模、分析与控制理论将是一个十分诱人的研究课题。可以预见：正如贝尔曼动态规划原理一样，这种方法反过来将对以动力学分析为主的传统控制理论提供全新的方法论视角和理论补充。

## 第二节 复杂网络系统控制理论

一般来说，复杂动态网络环境下的控制理论要研究的对象是大规模的

（有许多节点和连边）、高维的（状态节点是高维动力系统、连边含有多个状态分量）、以不完全确定或不完全规则的方式连接在一起的（如随机结构、小世界结构、无标度结构），带有（节点动力系统和耦合方式）非线性、具有时变和发展形式（如增长、演化、脉冲、时滞）甚至是由不同时间或空间尺度来刻画的，等等。在这样复杂的“网络的网络”的条件和环境下，传统的控制理论应该做些什么和如何来做？这的确是一次大好的发展机遇但也是一项相当困难的战略任务。

今天，各个领域里遇到和关心的“网络的网络”中的问题、需求与挑战，大体上是由不同性质、不同尺度、不同层次、不同大小、不同复杂度的子网络组成的，而且各个子网分别由不同性质的节点组成，其中一些子网络具有方向性、变尺度和动态演化特点等。在这样的“网络的网络”框架下，重要而又极具挑战行的控制理论方向和问题包括以下几方面。

（1）建模：是否可能建立一个统一的“网络的网络”模型？如何建立？

（2）分析：如何基于不同性质及不同尺度的子网络来对整体网络作全局分析？

（3）计算：不同性质及不同尺度的多个子网络如何进行协同、计算和设计？

（4）控制：如何判定“网络的网络”的能控性、能观性、能镇定性？如何实现有效的牵制控制？

（5）稳定性：存在不同性质及不同尺度的混合型 Lyapunov 函数吗？如何构造？

## 第三节　网络控制工程

网络控制工程是网络控制科学最大的应用平台与新思想、新方法的灵感来源。就本篇涉及的几个方向而言，值得进一步研究和探索的问题与方向还包括以下几方面。

### 一、智能电网中的博弈思想与方法

智能电网是由信息网/物理网耦合而成的超大规模复杂网络，智能电网中可再生能源发电的不确定性及可能存在的恶意破坏行为对其安全稳定运行提出了巨大挑战。从博弈的角度看，不确定的发电及恶意破坏与系统调度之间自然地构成了一种博弈关系：不确定性试图让系统运行指标恶化，而系统决策者试图给出一种策略，在不确定性各种可能的情况下依然让运行指标得到优化。

从此观点出发，可以将系统决策和未知因素建模为一类二人零和博弈的参与者。后者代表外界不确定性对系统运行带来的影响，是“拟人化”的决策变量，而博弈的最终目标是，针对某一受限集合内的任一外界干扰（或不确定性），设计最佳策略以使系统可能遭受的成本损失或运行风险达到最小，以最大程度地抑制不确定性对系统的不利影响。这一思路源自鲁棒控制理论中的微分博弈思想，数学上可将此博弈问题归结为一类带约束的 min-max 优化问题。因此，从博弈论的观点出发，开展智能电网复杂特性与连锁故障的研究，具有较高的可行性。

## 二、大规模生物网络的构建、建模、模拟、动力学分析与控制

众所周知，真实的生物分子网络含有成千上万的节点，是由不同类型的网络构成的网络的网络，如基因调控网络、信号传导网络、代谢网络、蛋白质相互作用网络等相互作用而成。大规模生物网络的构建首先面临对整个生物网络的认知不确定性的障碍，虽然目前人们可以得到关于生物分子网络的大数据，而且新的基因或生物分子不断被发现，但人们目前仍然无法弄清楚大规模网络的全貌。因此，大规模生物分子网络的构建是一个长期悬而未决的基本公开问题。其次，对于大规模生物分子网络的定量研究与调控方面，由于生物网络数学模型自身的复杂性，大规模生物分子网络的建模仍然是一个挑战性问题。最后，大规模生物分子网络模型的模拟、动力学分析与控制对计算机科学也提出了新的挑战，迫切需要开发先进的计算技术来解决大规模生物分子网络的仿真、动力学分析与控制问题。

## 三、提升轨道交通系统的运营效率和安全可靠性

一直以来，这是轨道交通发展不懈追求的目标，但这个目标的实现却受到轨道交通系统的网络化和大规模特征的制约。网络环境下的轨道交通系统目前呈现出规模巨大、结构复杂、演化迅速等新型特点，这些涌现特点给轨道交通系统的研究提出了新的挑战。网络科学在其发展的过程中产生了大量深刻而又有力的问题解决方法和工具，这些方法和工具对处理轨道交通中的若干重要问题具有巨大的潜力。从网络科学的角度出发，未来轨道交通系统

的发展将面临如下两类重要的挑战。

### (一) 大规模网络环境下，如何寻求与轨道交通系统相适应的优化方法与算法

优化方法已成为诸如规划、调度、应急中若干核心问题的重要解决方法。由于轨道交通系统节点众多、线路复杂，传统优化方法在解决轨道交通系统中的问题时消耗时间长、计算精度低，难以满足特殊情形下的实时性要求。在大规模网络的情形下，相关优化和计算问题的解空间往往随着问题的规模呈指数增长，求解就变得十分困难。此种情形下，开发能适应复杂网络结构的优化算法十分必要。轨道交通网络中的各个节点相互联系，但彼此之间具有一定的独立性，这使得在对铁路交通网络的若干问题进行计算仿真的时候，采用高效的并行算法尤为必要。客流模拟、列车调度、时刻表设计等问题的计算规模往往涉及成千上万的节点，并且节点与节点之间存在着复杂的相互作用关系，如此规模的演化规律变得十分复杂且难以预测。如何采用适当的方法将这些问题分解成独立可求解的计算单元对于加速问题的求解至关重要。

### (二) 如何在网络科学框架下分析轨道交通网络复杂性

从网络的结构而言，轨道交通网络的复杂性涉及网络度分布、网络直径、鲁棒性、聚类系数等常规指标；从网络演化的角度而言，轨道交通网络的复杂性还涉及客流变化、列车延迟等不确定性因素。如何刻画和分析轨道交通网络中的不确定性是轨道交通网络复杂性研究中的一个重要议题。一方面，列车的运行规划需要遵循客流运动的周期性规律，另一方面，客流的运动又明显地受到列车发车频次的影响，这使得客流和车流形成了一个互为演化的复杂过程，当在网络层次上考虑这种演化的时候，局部的客流拥塞和列车延迟就有可能对整个轨道交通网络系统造成灾难性的影响。从复杂性的角度来研究轨道交通网络的目的就在于深刻揭示客流和车流的互演化规律，寻求提升轨道交通系统可靠性和安全性的有效措施。

## 四、物联网工程

物联网是网络化的复杂系统，其网络的形态是多尺度甚至是极端尺度的，而复杂性更体现在多时间和空间尺度，其信息空间与物理空间的融合渗透于所有尺度和层面，如何结合信息智能空间中的计算、通信、控制，对传统物理空间中的物及其特性进行定义，并在此基础上形成面向信息物理系统的新

科学，在未来值得期待。

物联网的模型化，将突破具有时空属性的物理空间，关联离散的无时空属性的信息空间；而混杂信息特性的有效表达与利用，也区别于传统的物理变量的信息处理方法；运行过程中的动态自治和重组机理，人-物和物-物互动模式，以及各层面的反馈机制，对系统科学提出挑战；是网络需要控制？还是控制依赖网络？探讨传输与控制的耦合，成为重要研究方向。

物联网本质上是并发的，在技术上还有很多开放性问题，诸如时间同步问题将会被提出，需要重新考虑硬件和软件、操作系统和编程语言的关系；由于网络环境下，完备的功能测试不具可能性，由此智能物理系统的可预测性也将被提出。

## 五、基于云的网络化控制系统

作为网络控制工程中值得进一步重点发展的一个共性问题和研究方向是基于云的网络化控制系统：随着网络技术的发展，控制对象不再局限于某一地理位置，控制对象的规模和复杂度决定无法用统一的数学模型加以描述。而由被控对象产生的数据则成为人们认识被控对象的最直接的抓手。另外，传统的网络化控制系统的控制率的收敛与稳定性往往与网络拓扑结构相关，导致网络控制系统的可扩展性随网络规模的增加大打折扣。云技术的出现为大量数据的分布式存储、分析与处理提供可能。另外，对于大规模网络化控制系统，每个设备的计算、存储能力参差不齐，而基于云的框架可以实现各种各种资源与服务的共性，降低局部控制设备的计算成本与负荷，并解决控制策略随网络规模增加的可扩展性问题。基于云的网络化控制面临以下问题值得进一步研究。

（1）基于云的网络化控制系统的任务分配与资源调度。基于云可以将复杂控制策略的产生过程分解到云端设备运行，并由此产生一定的计算时延与通信时延。因此，当产生计算或者服务需求时，是在网络系统内部通过传统的分布式控制或递阶控制方式解决掉还是推送到云端，需要综合考虑局部设备的计算能力、推送到云端计算的成本（如时延开销）。如果是推送到云端，在虚拟资源有限的前提下如何进行任务分配以降低计算时延，满足控制系统稳定性的最低需求。

（2）基于云的网络化控制系统的安全问题。在云计算的框架下，控制策略的产生过程一部分会在云端处理，那么整个云服务系统的可信度成为衡量控制系统安全的一个重要指标。其中的研究问题包括系统遭受不同攻击的数学模型、基于云的网络化控制系统的安全度量、基于博弈论的网络化控制系统主动防御控制策略等。

目前，网络控制系统的研究与实践方兴未艾，深入现代社会的方方面面：物-物、信息-物及人-信息的各类网络交错互联已经将网络控制工程推到了时代的第一线。在这个空前的信息丰富时代，网络控制科学所肩负的历史使命任重而道远，其所面临的挑战艰巨而光荣。生在这个时代的控制科学与工程学者，特别是年轻一代，不应坐失良机（陈关荣，2013）。

# 说明与致谢

本篇是中国科学院信息技术科学部委托北京大学黄琳院士主持的“控制科学学科发展战略研究项目”的网络控制部分。

与其余各部分工作一样，本部分的任务也是起源于2012年4月7～8日在长沙召开的“控制科学学科发展战略研究项目”的第二次工作组会议。期间，来自中国内地与香港的多位网络控制专家对《网络控制科学学科战略发展报告》的主要内容和框架达成了初步共识，鉴于网络控制领域的广阔背景与细致的专门性，认为应该从具体的网络控制系统的现状与发展出发、抽象出网络科学的共性问题与方法；对应地，建议从无线传感网络、智能电网、生物基因调控网络、智能交通网络及工业控制网络和物联网的具体分析与综述入手，就网络控制科学的内在发展规律和发展趋势做出力所能及的探索与预测。网络控制组的负责人是邹云，联络员为段志生，骨干成员有陈关荣、梅生伟、关新平、宁滨、吕金虎、刘飞和董海荣等教授。

本篇由5章组成，第二十八章为“绪论”。第二十九章“网络控制科学的历史与方法论内涵”由南京理工大学邹云教授执笔撰写，撰写工作得到了香港城市大学何永昌教授与华南理工大学苏为洲教授的大力协助，上海交通大学汪小帆教授与新加坡南洋理工大学谢立华教授研究小组的相关综述工作对该部分报告的完成提供了非常完整关键的信息。第三十章“复杂动态网络环境下控制理论遇到的问题与挑战”由香港城市大学陈关荣教授执笔撰写；第三十一章“网络控制工程中的控制科学问题与挑战”分别由清华大学梅生伟教授（第一节“智能电网对网络控制带来的挑战”）、中国科学院数学与系统科学研究院吕金虎研究员（第二节“基因调控网络的控制科学问题”）、北京交通大学董海荣教授、宁滨教授（第三节“轨道交通领域相关网络科学问题”）、江南大学刘飞教授（第四节“物联网对网络和控制科学的挑战与机遇”），以及上海交通大学关新平教授（第五节“网络控制工程的共性问题与挑战”）执笔撰写；第三十二章“总结与展望”则为上述各位执笔人在相应的负责领域的学术见解之集成。本篇的统稿工作由邹云教授全面负责。

自始至终，项目总负责人黄琳院士从顶层设计、框架规划到具体内容的涵盖等都给予了全方位的指导和建议；国家自然科学基金委员会信息学部自动化学科处处长王成红教授提出了许多宝贵意见；李衍达院士、吴宏鑫院士、钟万勰院士和王天然院士等于 2013 年 5 月 31 日在中国科学院院士工作局对本篇进行了评议，提出了宝贵意见；香港城市大学陈关荣教授、上海交通大学关新平教授与清华大学梅生伟教授对整个报告的最终思想框架、内容结构的形成提供了关键的参考意见；宁滨教授、吕金虎研究员、董海荣教授与刘飞教授对整个报告的系统性与完整性做出了不可或缺的贡献；北京大学段志生教授、刘蕾博士等在项目组织、协调，资料汇总、整理等工作中给予了大力帮助，在此一并致谢！

网络控制战略研究组

2013 年 9 月 21 日

# 参考文献


常乃超，兰洲，甘德强，等. 2005. 广域测量系统在电力系统分析及控制中的应用综述. 电网技术，29（10）：46-52.

陈关荣. 2006. 网络同步. 上海：上海科技教育出版社.

陈关荣. 2013. 复杂动态网络环境下控制理论遇到的问题与挑战. 自动化学报，（4）：312-321.

陈瓯. 2011. 城市快速路与周边路网衔接分析. 道路交通，（3）：15-17.

丁丹丹，韩宝明. 2011. 城市轨道交通换乘枢纽大客流换乘疏散研究. 现代城市轨道交通，（6）：92-95.

丁道齐. 2010. 复杂大电网安全性分析：智能电网的概念与实现. 北京：中国电力出版社.

方锦清，汪小帆，郑志刚，等. 2007a. 一门崭新的交叉科学：网络科学（上篇）. 物理学进展，27（3）：239-343.

方锦清，汪小帆，郑志刚，等. 2007b. 一门崭新的交叉科学：网络科学（下篇）. 物理学进展，4（27）：361-448.

高自友，吴建军. 2010. 出行者博弈、网络结构与城市交通系统复杂性. 复杂系统与复杂性科学，7（4）：55-64.

顾凡及. 1984. 生物控制论. 自然杂志，7（10）：757-760.

关新平，黄硕，代双凤. 2007. 网络控制系统的稳定性分析. 计算机仿真，（1）：120-123.

郭雷，许晓铭，等. 2006. 复杂网络. 上海：上海科技教育出版社.

何斌. 2007. 微分代数方程 Hamilton 系统及其在电力系统稳定控制中的应用研究. 上海：上海交通大学.

侯凯元，闵勇. 2005. 基于伴随系统理论的电力系统主导不稳定平衡点求解方法. 现代电力，22（1）：21-26.

胡学浩. 2009. 智能电网——未来电网的发展态势. 电网技术，33（14）：1-5.

雷锦志. 2010. 系统生物学—建模，分析，模拟. 上海：上海科学技术出版社.

黎善斌，王智，张卫东，等. 2003. 网络控制系统的研究现状与展望. 信息与控制，（3）：239-244.

李颖晖，张保会，徐成贤. 2003. 应用开关算法计算电力系统中的主导不稳定平衡点. 西安交通大学学报，37（4）：407-410.

林济铿，关磊. 2005. 求解 Controlling-UEP 新方法的研究. 电力系统自动化，29（23）：25-28.

刘伟. 2009. 基于复杂网络理论研究轨道交通线网对城市交通网络影响. 哈尔滨工业大学硕士学位论文.

刘曾荣，王瑞琦，杨凌，等. 2012. 生物分子网络的构建和分析. 北京：科学出版社.

刘振亚. 2009. 建设坚强智能电网支撑又好又快发展. 电网与清洁能源，25（9）：1-3.

卢强. 2000. 数字电力系统（DPS）. 电力系统自动化，24（9）：1-4.
吕志来，张保会，哈恒旭. 2002. 基于改进的势能界面判据实时预测电力系统稳定性. 中国电机工程学报，22（4）：94-99.
罗玉孙，许剑冰，薛禹胜. 1999. EEAC在东北电网开放式EMS环境中的在线应用. 电力系统自动化，23（15）：18-21.
马知恩、周义仓，王稳地，等. 2004. 传染病动力学的数学建模与研究. 北京：科学出版社.
毛安家，郭志忠，张学松. 2006. 一种基于广域测量系统过程量测数据的快速暂态稳定预估方法. 中国电机工程学报，26（17）：38-43.
梅生伟，王莹莹，陈来军. 2011. 从复杂网络视角评述智能电网信息安全研究现状及若干展望. 高电压技术，37（3）：672-679.
梅生伟，朱建全. 2013. 智能电网中的若干数学与控制科学问题及其展望. 自动化学报，（02）：119-131.
孟仲伟，鲁宗相，宋靖雁. 2004. 中美电网的小世界拓扑模型比较分析. 电力系统自动化，（15）：21-24.
倪文波，王雪梅. 2008. 高速列车网络与控制技术. 成都：西南交通大学出版社.
倪以信. 2002. 电力系统动态安全分析. 北京：清华大学出版社.
潘为. 2011. 基因调控网络的分析与控制. 中国科学技术大学硕士学位论文.
宋方方，毕天姝，杨奇逊. 2006a. 基于WAMS的电力系统受扰轨迹预测. 电力系统自动化，30（23）：27-32.
宋方方，毕天姝，杨奇逊. 2006b. 基于广域测量系统的电力系统多摆稳定性评估方法. 中国电机工程学报，26（16）：38-45.
宋方方，毕天姝，杨奇逊. 2007. 基于暂态能量变化率的电力系统多摆稳定性判别新方法. 中国电机工程学报，27（16）：13-18.
汪小帆，李翔，陈关荣. 2006. 复杂网络理论及其应用. 北京：清华大学出版社.
汪小帆，李翔，陈关荣. 2012. 网络科学导论. 北京：高等教育出版社.
王光增，曹一家，包哲静，等. 2009. 一种新型电力网络局域世界演化模型. 物理学报，（6）：3597-3602.
王红，杜永文. 2001. 球面、柱面、锥面与非线性控制系统. 系统科学与数学，21（2）：163-171.
王沛. 2012. 几类基因调控网络环路的建模及动力学分析. 武汉大学博士学位论文.
王庆红，周双喜. 2003. 电力系统微分代数模型奇异诱导分岔分析. 中国电机工程学报，23（7）：18-22.
王庆红，周双喜，胡国根. 2003. 电力系统微分代数模型奇异诱导分岔点的搜索及其理论分析. 电网技术，27（11）：14-17.
王帅宇，张宇河. 2005. 均方可镇定系统的随机状态反馈控制策略. 控制与决策，20（10）：1189-1192.
王晓阳，闵勇，侯凯元. 2006. 改进伴随系统法求解电力系统主导不稳定平衡点. 电力系统自动化，30（23）：7-10.
王艳，陈庆伟，樊卫华，等. 2007. 数据包丢失网络控制系统的保成本控制. 控制理论与应用，24（2）：249-254.
吴浩，郭瑞鹏，韩祯祥. 2006. 电力系统微分代数模型的奇异性和暂态电压稳定. 电力系统自动化，30（13）：16-21.
吴建军，高自友，毛保华，等. 2005. 交通运输网络复杂性及其相关问题的研究. 交通运输系统工程与信息，5（2）：79-84.
吴建军，孙会君，高自友. 2008. 城市交通网络上个体选择行为的统计动力学特性研究. 交通运输系统工程与信息，8（2）：69-74.
谢成祥，胡维礼. 2012. 一类具有数据包丢失的长时延网络控制系统的分析与设计. 控制理论与应用，27（9）：1207-1213.
谢克特·布鲁斯. 2002. 我的大脑敞开了——天才数学家保罗·爱多士传奇. 王元，李文林译. 上海：译文出版社.
谢汶进. 1992. 随机需求下高速铁路列车服务之设计. “行政院国家科学委员会”专题研究计划，台湾.
薛禹胜. 1998. EEAC 和 FASTEST. 电力系统自动化，22（9）：25-30.
薛禹胜. 1999. 运动稳定性量化理论——非自治非线性多刚体系统的稳定性分析. 南京：江苏科学技术出版社.
叶纬明，吕彬彬，赵琛，等. 2013. 少节点基因调控网络的控制. 物理学报，62（1）：10507.
于之训，陈辉堂，王月娟. 2002. 基于 Markov 延迟特性的闭环网络控制系统研究. 控制理论与应用，20（2）：263-267.
余贻鑫，栾文鹏. 2009. 智能电网述评. 中国电机工程学报，29（34）：1-8.
苑占江，张家军，周天寿. 2010. 基因自调控环路的功能. 生物物理学报，26（6）：457-471.
曾宪钊. 2013-05-12. 网络科学. http：//www. nap. edu.
张家军，王军威，苑占江，等. 2008. 噪声诱导多细胞系统的同步切换. 生物化学与生物物理进展，35（8）：929-939.
张弥，吴国青，吴小辰，等. 2007. “数字南方电网”构想. 电力系统自动化，31（23）：94-98.
张庆灵，张雪峰. 2007. 网络控制系统研究综述与前景展望. 信息与控制，36（3）：364-370.
赵俊华，文福拴，薛禹胜，等. 2010. 电力 CPS 的架构及其实现技术与挑战. 电力系统自动化，34（16）：1-7.
赵俊华，文福拴，薛禹胜，等. 2011. 电力信息物理融合系统的建模分析与控制研究框架. 电力系统自动化，35（16）：1-8.
赵明，汪秉宏，将品群，等. 2005. 复杂网络上动力系统同步的研究进展. 物理学进展，25

(3)：273-279.

赵妍，王庭槐. 2009. 生物反馈治疗中的控制论和熵原理. 中国实用神经疾病杂志，12 (13)：41-44.

钟韧. 1978. 维纳著作选. 上海：上海译文出版社.

仲悟之，汤涌. 2010. 电力系统微分代数方程模型的暂态电压稳定性分析. 中国电机工程学报，30 (25)：10-16.

周双喜，朱凌云，郭锡玖. 2004. 电力系统电压稳定及其控制. 北京：中国电力出版社.

周天寿. 2009. 生物系统的随机动力学. 北京：科学出版社.

Ahuja R K，Cunha C B，Sahin G. 2005. Network models in railroad planning and scheduling. Tutorials in Operational Research. 1：54-101.

Akyildiz I F，Kasimoglu I H. 2004. Wireless sensor and actor networks：research challenges. Ad Hoc Networks，2 (4)：351-367.

Albert R，Barabasi A L. 2002. Statistical mechanics of complex networks. Reviews of Modern Physics，74 (1)：47-98.

Alessandro C，Luigi F，Mattia F. 2009. Modelling，Estimation and Control of Networked Complex Systems. Berlin heidelberg：Springer-verlag Press.

Alon U. 2007a. An introduction to systems biology：design principles of biological circuits. Chapman & Hall/CRC.

Alon U. 2007b. Network motifs：theory and experimental approaches. Nat Rev Genet，8 (6)：450-461.

Antsaklis P，Baillieul J. 2004. Special lssue on networked control systems. IEEE Transactions on Automatic Control，49 (9)：1421-1423.

Antsaklis P，Baillieul J. 2007. Special lssue on technology of networked control systems. Proceedings of the IEEE，95 (1)：5-8.

Arino J，van den Driessche P. 2003. The basic reproduction number in a multi-city compartmental epidemic model. Lecture Notes in Control and Information Sciences，294：135-142.

Arrigoni F，Pugliese A. 2002. Limits of a multi-patch SIS epidemic model. J Math Biol，45 (5)：419-440.

Assis W O，Milani B E A. 2004. Generation of optimal schedules for metro lines using model predictive control. Automatica，40：1397-1404.

Barabási A L. 2002. The New Science of Networks. Cambridge：Cambridge Press.

Barabási A L，Albert R. 1999. Emergence of scaling in random networks. Science，286 (5439)：509-512.

Barabási A L，Gulbahce N，Loscalzo J. 2011. Network medicine：a network-based approach to human disease. Nature Reviews Genetics，12 (1)：56-68.

Barahona M，Pecora L M. 2002. Synchronization in small-world systems. Physical Review

Letters, 89 (5): 54101.

Barnhart C, Jin H, Vance P H. 2000. Railroad blocking: a network design application. Operations Research, 48 (4): 603-614.

Bellman R E. 1957. Dynamic Programming. Princeton, NJ: Princeton University Press.

Ben N E, Frauenfelder H, Toroczkai Z. 2004. Complex networks, Lecture Notes in Physics. Berlin: Springer-Verlag Press.

Benner S. 2008. Biology from the bottom up. Nature, 452 (7188): 692-694.

Bentele M, Eils R. 2005. Systems biology of apoptosis. Current Genetics. Berlin: Springer-Verlag.

Boccaletti S, Grebogi C, Lai Y C, et al. 2000. The control of chaos: theory and applications. Physics Reports: A Review Section of Physics Letters. Section C, 329 (3): 103.

Boccaletti S, Kurths J, Osipov G, et al. 2002. The synchronization of chaotic system. Physics Reports: A Review Section of Physics Letters. Section C, 366 (1): 1.

Boccaletti S, Latora V, Moreno Y, et al. 2006. Complex networks: structure and dynamics. Physics Report, 424 (4-5): 175-308.

Bornholdt S. 2005. Less is more in modeling large genetic networks. Science, 310 (5747): 449-451.

Brandman O, Ferrell J E J, Li R, et al. 2005. Interlinked fast and slow positive feedback loops drive reliable cell decisions. Science, 310 (5747): 496-498.

Braslavsky J H, Middleton R H, Freudenberg J S. 2007. Feedback stabilization over signal-to-noise ratio constrained channels. IEEE Trans Auto Control, 52 (8): 1391-1403.

Brockett R W, Liberzon D. 2000. Quantized feedback stabilization of linear systems. IEEE Trans Automat Contr, 45 (7): 1279-1289.

Bruggeman F J, Westerhoff H V. 2006. The nature of systems biology. Trends in Microbiol, 15 (1): 45-50.

Brummitt C D, D'Souza R M, Leicht E A. 2012. Suppressing cascades of load in interdependent networks. Proceedings of the National Academy of Sciences of the United States of America, 109 (12): E680-E689.

Buchanan, Nexus M. 2002. Small Worlds and The Groundbreaking Science of Networks. New York: W. W. Norton and Company.

Buldyrev S V, Parshani R, Paul G, et al. 2010. Catastrophic cascade of failures in interdependent networks. Nature, 464 (7291): 1025-1028.

Bussieck M R, Winter T, Zimmermann U T. 1997. Discrete optimization in public rail transport. Mathematical Programming, 79 (1-3): 415-444.

Cascetta E, Nguyen S. 1988. A unified framework for estimating or updating origin/destination matrices from traffic counts. Transportation Research - Part B: Methodological, 22 (6): 437-455.

Castillo C C, Yakubu A. 2001. Dispersal disease and life-history evolution. Math Biosci, 173 (1): 35-53.

Chen G R, Duan Z S. 2008. Network synchronizability analysis: a graph-theoretic approach. Chaos, 18 (3): 37102.

Chen G R, Wang X F, Li X, et al. 2009. Some recent advances in complex network synchronization. Recent Advances in Nonlinear Dynamics and Synchronization Studies, in Computational Intelligence.

Chen G R, Wang X F, Li X. 2012. Introduction to Complex Networks: Models, Structures and Dynamics. Beijing: High Education Press.

Chen K C, Calzone L, Csikasz-Nagy A, et al. 2004. Integrative analysis of cell cycle control in budding yeast. Mol Biol Cell, 15 (8): 3841-3862.

Chen K C, Csikasz N A, Gyorffy B, et al. 2000. Kinetic analysis of a molecular model of the budding yeast cell cycle. Mol Biol Cell, 11 (1): 369-391.

Chen L, Wang R, Zhang X. 2009. Biomolecular Networks: Methods and Applications in Systems Biology. New Jersey: John Wiley & Son, Inc.

Chen T P, Liu X W, Lu W L. 2007. Pinning complex networks by a single controller. IEEE Transactions on Circuits and Systems I: Regular Papers, 54 (6): 1317-1326.

Chiang D, Wu F F, Varaiya P P. 1988. Foundations of the direct methods for power system transient stability analysis. IEEE Trans on Circuits and Systems, 34 (2): 160-173.

Chiang H D. 2011. Direct Methods for Stability Analysis of Electric Power Systems. New Jersey: John Wiley & Son, Inc.

Cho A. 2011. Scientific link-up yields " control panel" for networks. Science, 332 (6031): 777.

Chowell G, Castillo C C, Fenimore P W, et al. 2004. Model parameters and outbreak control for SARS. Emerging Infectious Diseases, 10 (7): 1258-1263.

Chowell G, Fenimore P W, Castillo G M A, et al. 2003. SARS outbreaks in Ontario, Hong Kong and Singapore: the role of diagnosis and isolation as a control mechanism. Journal of Theoretical Biology, 224 (1): 1-8.

Chua L O, Deng A C. 1989. Impasse points. Part II: Analytical aspects. International Journal of Circuit Theory and Applications, 17 (3): 271-282.

Cordeau J F, Toth P, Vigo D. 1998. A survey of optimization models for train routing and scheduling. Transportation Science, 32 (4): 988-1005.

Couzin I D, Krause J, Franks N R, et al. 2005. Effective leadership and decision-making in animal groups on the move. Nature, 433 (7025): 513.

Dai L Y. 1989. Singular Control Systems. Berlin: Springer-Verlag Press.

Davidich M I, Bornholdt S. 2008. Boolean network model predicts cell cycle sequence of fission yeast. PLoS One, 3 (2): e1672.

Delchamps D F. 1989. Extracting state information from a quantized output record. Syst Contr Lett，13：365-372.

Delchamps D F. 1990. Stabilizing a linear system with quantized state feedback. IEEE Trans Auto Contr，35（8）：916-924.

Dodds P S，Muhammad R，Watts J D. 2003. An experimental study of search in global social networks. Science，301（5634）：827-829.

Dorogovtsev S N，Mendes J F F. 2002. Evolution of networks. Advances in Physics，51（4）：1079-1181.

Dorogovtsev S N，Mendes J F F. 2003. Evolution of Networks：From Biological Nets to the Internet and WWW. Oxford：Oxford University Press.

Driessche P V D，Watmough J. 2002. Reproduction numbers and subthreshold endemic equilibria for compartmental models of disease transmission. Math Biosci，180：29-48.

Duan Z S，Chen G R，Huang L. 2007. Complex network synchronizability：analysis and control. Physical Review E，76（5）：56103.

Duan Z S，Chen G R，Huang L. 2009. Disconnected synchronized regions of complex dynamical networks. IEEE Transactions on Automatic Control，54（4）：845-849.

Dubois M，Scheurich C，Briggs F A. 1988. Synchronization，coherence，and event ordering in multiprocessors. Computer，21（2）：9-21.

Egerstedt M B，Martini S，Cao M，et al. 2012. Interacting with networks：how does structure relate to controllability in single-leader，consensus networks? IEEE Control Systems，32（4）：66-73.

Egerstedt M，Hu X M. 2001. Formation constrained multi-agent control. IEEE Transactions on Robotics and Automation，17（6）：947-951.

Elia N. 2005. Remote Stabilization over fading channels. Systems and Control Letters，54（3）：237-249.

Elia N，Mitter S K. 2001. Stabilization of linear systems with limited information. IEEE Trans Automat Contr，46（9）：1384-1400.

Erdös P，Rényi A. 1960. On the evolution of random graphs. Publication of the Mathematical Institute of Hungarian Academy of Sciences，5：17-61.

Erik P，Thomas M，Omholt S W. 1995. Feedback loops，stability and multistationarity in dynamical systems. Journal of Biological Systems，3（2）：409-414.

Ernst U，Pawelzik K，Geisel T. 1995. Synchronization induced by temporal delays in pulse-coupled oscillators. Physical Review Letters，74（9）：1570-1573.

Feng Q，Li L，Liang Y. 2011. Agent-based optimization control strategy of smart grid integration. Electric Power，44（7）：36-39.

Fischetti M，Salvagnin D，Zanette A. 2009. Fast approaches to improve the robustness of a railway timetable. Transportation Science，43（3）：321-335.

Florian M, Bushell G, Ferland J. 1976. The engine scheduling problem in a railway network. INFOR, 14 (2): 121-138.

Forbes M A, Holt J N, Watts A M. 1991. Exact solution of locomotive scheduling problems. The Journal of Operational Research Society, 42 (10): 187-192.

Fouad A A, Vittal V. 1992. Power System Transient Stability Analysis Using the Transient Energy Method. New Jersey: Prentice Hall.

Freund J A, Pöschel T. 2000. Stochastic processes in physics, chemistry, and biology. Berlin Heidelberg: Springer Verlag.

Fu M, Xie L. 2005. The sector bound approach to quantized feedback control. IEEE Trans. Auto Contr, 50 (11): 1698-1711.

Furusawa C, Kaneko K. 2009. Chaotic expression dynamics implies pluripotency: when theory and experiment meet. Bio Direct, 4: 1-11.

Gallo M, Montella B, Acierno L D. 2011. The transit network design problem with elastic demand and internalisation of external costs: an application to rail frequency optimisation. Transportation Research Part C, 19 (6): 1276-1305.

Gao J X, Buldyrev S V, Stanley H E, et al. 2011. Networks formed from interdependent networks. Nature Physics, 8 (1): 40-48.

Gao S, Hartman I J L, Carter J L, et al. 2010. Global analysis of phase locking in gene expression during cell cycle: the potential in network modeling. BMC Syst Biol, 4: 167.

Gardner T S, Cantor C R, Collins J J. 2000. Construction of a genetic toggle switch in Escherichia coli. Nature, 403 (6767): 339-342.

Gershenfeld N. 1999. The Nature of Mathematical Modeling. Cambridge: Cambridge University Press.

Ghosh B, Karmakar R, Bose I. 2005. Noise characteristics of feed forward loops. Physical Biology, 2 (1): 36-45.

Glass L, Kauffman S A. 1973. The logical analysis of continuous, non-linear biochemical control networks. Journal of Theoretical Biology, 39 (1): 103-129.

Glass L, Pasternack J. 1978. Stable oscillations in mathematical models of biological control. Journal of Mathematical Biology, 6 (3): 207-223.

Goentoro L, Shoval O, Kirschner M W, et al. 2009. The incoherent feedforward loop can provide fold-change detection in gene regulation. Somatics, 36 (5): 894-899.

Gumel A B, Ruan S G, Day T, et al. 2004. Modelling strategies for controlling SARS outbreaks. Proceedings of the Royal Society of London Series Biological Sciences, 271 (1554): 2223-2232.

Hasty J, Dolnik M, Rottschäfer V, et al. 2002. Synthetic gene network for entraining and amplifying cellular oscillations. Phys Rev Lett, 88 (14): 148101.

He L, Hannon G J. 2004. MicroRNAs: small RNAs with a big role in gene regulation. Nature Reviews Genetics, 5 (8): 522-531.

Hecker M, Lambeck S, Toepfer S, et al. 2009. Gene regulatory network inference: data integration in dynamic models—a review. Biosystems, 96 (1): 86-103.

Hengster M K, You K Y, Lewis F L, et al. 2013. Synchronization of discrete-time multi-agent systems on graphs using Riccati design. Automatica, 49 (2): 414-423.

Hespanha J P, Naghshtabrizi P, Xu Y. 2007. A survey of recent results in networked control systems. Proc IEEE, 95 (1): 138-162.

Hidde D J. 2002. Modeling and simulation of genetic regulatory systems: a literature review. J Comput Biol, 9 (1): 67-103.

Hong Y G, Chen G R, Bushnell L. 2008. Technical communique: distributed observers design for leader-following control of multi-agent networks. Automatica, 44 (8): 846-850.

Hood L. 2003. Systems biology: integrating technology, biology, and computation. Mech Ageing Dev, 124 (1): 9-16.

Hood L, Health J, Phelps M, et al. 2004. Systems biology and new technologies enable predictive and preventative medicine. Science, 306 (5696): 640-643.

Hornung G, Barkai N. 2008. Noise propagation and signaling sensitivity in biological networks: a role for positive feedback. PLoS Comput Biol, 4 (1): 55-61.

Huang C, Daniel W H, Lu J Q. 2010. Synchronization analysis of a complex network family. Nonlinear Analysis: Real World Applications, 11 (3): 1933-1945.

Hunt B R, Ott E, Yorke J A. 1997. Differentiable generalized synchronization of chaos. Phys Rev E, 55 (4): 4029.

Ingalls B. 2008. Sensitivity analysis: from model parameters to system behaviour. Essays in Biochemistry, 45: 177-193.

Jacob F, Monod J. 1961. Genetic regulatory mechanisms in the synthesis of proteins. J Mol Biol, 3: 318-356.

Jornsten K, Wallace S W. 1993. Overcoming the problem of inconsistency in origin-destination matrix estimation. Transportation Science, 27 (4): 374-380.

Julien A, Richard J, Driessche P V D. 2007. Quarantine in a multi-species epidemic model with spatial dynamics. Mathematical Biosciences, 206 (1): 46-60.

Jung E, Lenhart S, Feng Z. 2002. Optimal control of treatments in a two-strain tuberculosis model. Discrete and Continuous Dynamical Systems-Series B, 2 (4): 473-482.

Kalir S, Mangan S, Alon U. 2005. A coherent feed-forward loop with a SUM input function prolongs flagella expression in Escherichia coli. Mol Syst Biol, 1: E1.

Kazemeyni F, Johnsen E B, Owe O, et al. 2011. Group selection by nodes in wireless sensorNetworks using coalitional game theory. The 16th IEEE International Conference on Engineering of Complex Computer Systems.

Khalil H K. 2007. Nonlinear Systems (third ed.). Beijing: Pub House Elect Industry.

Kim J, Yoon Y, Cho K. 2008. Coupled feedback loops from dynamic motifs of cellular networks. Biophys J, 94 (2): 359-365.

Kirschner M W. 2005. The meaning of systems biology. Cell, 121 (4): 503-504.

Kitano H. 2002. Systems biology: a brief overview. Science, 295 (5560): 1662-1664.

Kittisopikul M, Süel G M. 2010. Biological role of noise encoded in a genetic network motif. PNAS, 107 (30): 11300-11305.

Kobayashi Y, Shibata T, Kuramoto Y, et al. 2011. Robust network clocks: design of genetic oscillators as a complex combinatorial optimization problem. Phys Rev E, 83 (6): 60901.

Koizumi S, Okumura M, Yanase T. 2005Application and development of distribution automation system in TEPCO. Power Engineering Society General Meeting.

Kuznetsov A, Kaern M, Kopell N. 2004. Synchronization in a population of hysteresis-based genetic oscillators. SIAM Journal on Applied Mathematics, 65: 392-425.

Laporte G, Mesa J A, Perea F. 2010. A game theoretic framework for the robust railway transit network design problem. Transportation Research Part B, 44 (4): 447-459.

Lee J. 2004. An optimization-driven framework for the computation of the controlling UEP in transient stability analysis. IEEE Transaction on Automatic Control, 49 (1): 115-119.

Li F, Long T, Liu Y, et al. 2004a. The yeast cell-cycle is robustly designed. Proc Natl Acad Sci USA, 101 (14): 4781-4786.

Li X, Wang X F, Chen G R. 2004b. Pinning a complex dynamical network to its equilibrium. IEEE Transactions on Circuits and Systems I: Fundamental Theory and Applications, 51 (10): 2074-2086.

Li Y, Tuncel E, Chen J, et al. 2009. Optimal tracking performance of discrete-time systems over an additive white noise channel. The Proceedings of 48th IEEE Conference on Decision and Control held jointly with 2009 28th Chinese Control Conference.

Liang J L, Wang Z D, Liu X H, et al. 2012. Robust synchronization for 2-D discrete-time coupled dynamical networks. IEEE Transactions on Neural Networks and Learning Systems, 23 (6): 942-953.

Liao G D, Wang X R. 2009. An on-line voltage stability monitoring method based on wide area measurement system. Proceedings of the CSEE, 29 (4): 8-13.

Limbourg S, Jourquin B. 2009. Optimal rail-road container terminal locations on the European network. Transportation Research Part E, 45 (4): 551-563.

Lin B, Wang Z, Ji L, et al. 2012. Optimizing the freight train connection service network of a large-scale rail system. Transportation Research Part B, 46 (5): 649-667.

Lin C T. 1974. Structural controllability. IEEE Transactions on Automatic Control, 19 (3): 201-208.

Lin S, He T, Stankovic J A. 2008. CPS-IP: cyber physical systems interconnection protocol. SIGBED Review, 5 (1): 22.

Lipshtat A, Loinger A, Balaban N Q, et al. 2007. Stochastic simulations of genetic toggle switch system. Phys Rev E, 75 (2): 21904.

Liu R S, Shuai J P, Wu J H, et al. 2006. Modeling spatial spreed of west nile virus and impact of directional dispersal spreed of birds. Mathematical Biosciences and Engineering, 3 (1): 145-160.

Liu S, Xie L H, Zhang H. 2011a. Distributed consensus for multi-agent systems with delays and noises in transmission channels. Automatica, 47 (5): 920-934.

Liu Y Y, Slotine J J, Barabási A L. 2011b. Controllability of complex networks. Nature, 473 (7346): 167-173.

Lu J Q, Ho D W C. 2010. Globally exponential synchronization and synchronizability for general dynamical networks. IEEE Trans on Systems, Man and Cybernetics: Part B, Cybernetics, 2 (40): 350-361.

Lu J Q, Ho D W C. 2011. Stabilization of complex dynamical networks with noise disturbance under performance constraint. Nonlinear Analysis: Real World Applications, 12 (4): 1974-1984.

Lu Q, Sheng C Y, Chen Y. 2011a. Coordinated autonomous control strategy for power systems with large-scale wind power plants. Control Theory and Applications, 28 (10): 1491-1495.

Lu Q, Qi X Y, He G Y. 2011b. Smart grid and smart wide area robot. Proceedings of the CSEE, 31 (10): 1-5.

Lu X B, Li X, Wang X F. 2006. Synchronization in triangled complex networks. Communication in Theoretical Physics, 45 (5): 955-960.

Lv J H, Chen G R. 2005. A time-varying complex dynamical network model and its controlled synchronization criteria. IEEE Transactions on Automatic Control, 50 (6): 841-846.

Ma W, Trusina A, Ei S H, et al. 2009. Defining network topologies that can achieve biochemical adaptation. Cell, 138 (4): 760-773.

Mandal S, Sarpeshkar R. 2009. Circuit models of stochastic genetic networks. IEEE Sym Biol Circuits Syst Beijing, 109: 112.

Mangan S, Alon U. 2003. Structure and function of the feed-forward loop network motif. Proc Natl Acad Sci USA, 100 (21): 11980-11985.

Mangan S, Zaslaver A, Alon U. 2003. The coherent feed-forward loop serves as a sign-sensitive delay element in transcription networks. J Mol Biol, 334: 197-204.

Martin A, Salmeron J. 1996. Tactical design of rail freight networks. Part II: Local search methods with statistical analysis. European Journal of Operational Research, 94 (1):

43-53.

Martin A, Salmeron J. 1996. Tactical design of rail freight networks. Part I: Exact and heuristic methods. European Journal of Operational Research, 90 (1): 26-44.

Martinelli D R, Teng H. 1996. Optimization of railway operations using neural networks. Transportation Research Part C, 4 (1): 33-49.

Marucci L, Barton D A W, Cantone I, et al. 2009. How to turn a genetic circuit into a synthetic tunable oscillator, or a bistable switch. PLoS One, 4 (12): e8083.

McAdams H, Shapiro L. 1995. Circuit simulation of genetic networks. Science, 269 (5224): 650-656.

Mendes P, Kell D. 1998. Non-linear optimization of biochemical pathways: applications to metabolic engineering and parameter estimation. Bioinformatics, 14 (10): 869-883.

Mendoza E R. 2009. Systems biology: its past, present and potential. Philippine Sci Lett, 2 (1): 16-34.

Milo R, Shen O S, Itzkovitz S, et al. 2002. Network motifs: simple building blocks of complex networks. Science, 298 (5594): 824-827.

Mondragón P O, Danino T, Selimkhanov J, et al. 2011. Entrainment of a population of synthetic genetic oscillators. Science, 333 (6047): 1315-1319.

Monod J, Changeux J, Jacob F. 1963. Allosteric proteins and cellular control systems. Journal of Molecular Biology, 6: 306-329.

Mu G, Wang Y T, An J, et al. 2007. Signal energy method for identication of main oscillation mode in power system based on disturbed trajectory. Proceedings of the Chinese Society for Electrical Engineering, 27 (19): 7-11.

Máayan A, Jenkins S L, Neves S, et al. 2005. Formation of regulatory patterns during signal propagation in a mammalian cellular network. Science, 309 (5737): 1078-1083.

Nair G N, Evans R J. 2000. Stabilization with data-rate-limited feedback: tightest attainable bounds. Sys Control Lett, 41 (1): 49-56.

Nakao H, Arai K, Kawamura Y. 2007. Noise-induced synchronization and clustering in ensembles of uncoupled limit-cycle oscillations. Phys Rev Lett, 98: 184101.

Nepusz T, Vicsek T. 2012. Controlling edge dynamics in complex networks. Nature Physics, 8 (7): 568-573.

Newman M E J. 2003. The structure and function of complex networks. SIAM Review, 45 (2): 167-256.

Newman M E J. 2010. Networks: An Introduction. Oxford: Oxford University Press.

Newman M E J, Watts D J. 1999. Renormalization group analysis of the small-world network model. Physics Letters A, 263 (4-6): 341-346.

Parekh N, Parthasarathy S, Sinha S. 1998. Global and local control of spatiotemporal chaos in couple map lattices. Phys Rev Lett, 81: 1401-1404.

Pasandideh F M, Aziz S, Chandra S, et al. 2001. Cooling effectiveness of a water drop impinging on a hot surface. International Journal of Heat and Fluid Flow, 22 (2): 201-210.

Pastor S R, Vespignani A. 2004. Evolution and Structure of the Internet: A Statistical Physics Approach. Cambridge: Cambridge University Press.

Pavella M, Ernst D, Ruiz-Vega D. 2000. Transient Stability of Power Systems: A Unified Approach to Assessment and Control. London: Kluwer Academic Publishers.

Pazour J A, Meller R D, Pohl L M. 2010. A model to design a national high-speed rail network for freight distribution. Transportation Research Part A: Policy and Practice, 44 (3): 119-135.

Pecora L M, Carroll T L. 1990. Synchronization in chaotic systems. Physical Review Letters, 64 (8): 821-824.

Pecora L M, Carroll T L. 1998. Master stability functions for synchronized coupled systems. Physical Review Letters, 80 (10): 2109-2112.

Pikovsky A, Rosenblum M, Kurths J. 2001. Synchronization: A universal Concept in Nonlinear Sciences. Cambridge: Cambridge University Press.

Poovendran R. 2010. Cyber-physical systems: close encounters between two parallel worlds. Proceedings of the IEEE, 98 (8): 1363-1366.

Prill R J, Iglesias P A, Levchenko A. 2005. Dynamic properties of network motifs contribute to biological network organization. PLoS Biol, 3 (11): e343.

Qi T, Su W. 2009. Optimal tracking and tracking Performance constraints from quantization. The proceeding of the 7th Asian Control Conference (ASCC).

Raser J M, O Shea E K. 2004. Control of stochasticity in Eukaryotic gene expression. Science, 304 (5678): 1811-1814.

Roisman I V, Rioboo R, Tropea C. 2002. Normal impact of a liquid drop on a dry surface: model for spreading and receding. Proceedings of the Royal Society of London Series A: Mathematical, Physical and Engineering Sciences.

Rosenblum M, Pikovsky A, Kurths J. 1996. Phase synchronization of chaotic oscillators. Phys Rev Lett, (76): 1804.

Rosenfeld N, Young J W, Alon U, et al. 2005. Gene regulation at the single-cell level. Science, 307 (5717): 1962-1965.

Ruan S, Wang W, Levin S A. 2006. The effect of global travel on the spread of sars. Mathematical Biosciences and Engineering, 3 (1): 205-218.

Rvachev L, Longini I. 1985. A mathematical model for the global spread of influenza. Mathematical Biosciences, 75 (1): 3-22.

Santos D L A, Laporte G, Mesa J A, et al. 2012. Evaluating passenger robustness in a rail transit network. Transportation Research Part C, 20: 34-46.

Sattenspiel L，Dietz K. 1995. A structured epidemic model incorporating geographic mobility among regions. Mathematical Biosciences，128（1-2）：71-91.

Schenato L，Sinopoli B，Francheschetti M，et al. 2007. Foundations of control and estimation over lossy networks. Proc IEEE，95（1）：163-187.

Shahrezaei V，Ollivier J F，Swain P S. 2008. Colored extrinsic fluctuations and stochastic gene expression. Mol Syst Biol，4：196.

Shen O S，Milo R，Mangan S，et al. 2002. Network motifs in the transcriptional regulation network of Escherichia coli. Nature Genetics，31（1）：64-68.

Shi D，Chen G，Yan X. 2013. Searching for optimal network topology with best possible synchronizability. IEEE Circuits and Systems，13（1）：66-75.

Shibata T，Fujimoto K. 2005. Noisy signal amplification in ultrasensitive signal transduction. Proc Natl Acad Sci USA，102（2）：331-336.

Silvia M，Dušan M S，Christopher R G，et al. 2011. Formation control and collision avoidance for multi-agent non-holonomic systems：theory and experiments. The International Journal of Robotics Research，30：1037-1071.

Singhania R，Sramkoski R M，Jacobberger J W，et al. 2011. A hybrid model of mammalian cell cycle regulation. PLoS comput Biol，7（2）：e1001077.

Sinopoli B，Schenato L，Franceschetti M，et al. 2004. Kalman filtering with intermittent observations. IEEE Trans Auto Contr，49（9）：1453-1464.

Smolen P，Baxter D A，Byrne J H. 2000. Modeling transcriptional control in gene networks-methods，recent results，and future directions. Bulletin Math Biol，62（2）：247-292.

Smolen P，Baxter D，Byrne J. 2009. Interlinked dual-time feedback loops can enhance robustness to stochasticity and persistence of memory. Phys Rev E，79（3）：31902.

Snoussi E. 1998. Necessary conditions for multistationary and stable periodicity. J Biol Syst，6：3-9.

Song H，Smolen P，Av R E，et al. 2007. Dynamics of a minimal model of interlocked positive and negative feedback loops of transcriptional regulation by cAMP-response element binding proteins. Biophys J，92（10）：3407-3424.

Sontag E D. 2004. Some new directions in control theory inspired by systems biology. Syst Biol，1（1）：9-18.

Sontag E D. 2010. Remarks on feedforward circuits，adaptation，and pulse memory. IET Syst Biol，4（1）：39-51.

Sriram K，Soliman S，Fages F. 2009. Dynamics of the interlocked positive feedback loops explaining the robust epigenetic switching in Candida albicans. Journal of Theoretical Biology，258（1）：71-88.

Stankovski T，Duggento A，McClintock，et al. 2012. Inference of time-evolving coupled dynamical systems in the presence of noise. Phys Rev Lett，109（2）：24101.

Stefánski A, Perlikowski P, Kapitaniak T. 2007. Ragged synchronizability of coupled oscillators. Physical Review E, 75 (1): 16210.

Stricker J, Cookson S, Bennett M R, et al. 2008. A fast, robust and tunable synthetic gene oscillator. Nature, 456 (7221): 516-519.

Strogotz S H. 2001. Exploring complex networks. Nature, 410 (8): 268-276.

Su H, Rong Z, Chen M Z Q, et al. 2013. Decentralized adaptive pinning control for cluster synchronization of complex dynamical networks. IEEE Transactions on Cybernetics, 1 (43): 394-399.

Su W, Eichi H, Zeng W, et al. 2012. A survey on the electrification of transportation in a smart grid environment. IEEE Transactions on Industrial Informatics, 8 (1): 1-10.

Su W, Qi T, Chen J, et al. 2011. Optimal tracking design of an MIMO linear system with quantization effects. The proceeding of the 18th IFAC World Congress.

Tan C W Uarghesem, Uaraiga P, et al. 1995. Bifurcation, chaos, and voltage collapse in power systems. Proceeding of IEEE, 33 (11): 1484-1496.

Thomas L M. 1978. Transportation planning: network models and their implementation (Technical Report). Massachusetts Inst of Tech Cambridge Operations Research Center.

Thomet M A. 1971. A user-oriented freight railroad operating policy. IEEE Transactions on Systems, Man and Cybernetics, 1 (4): 349-356.

Tian T, Burrage K. 2006. Stochastic models for regulatory networks of the genetic toggle switch. Proc Natl Acad Sci USA, 103 (22): 8372-8377.

Tian X, Zhang X, Liu F, et al. 2009. Interlinking positive and negative feedback loops creates a tunable motif in gene regulatory networks. Phys Rev E, 80 (1): 11926.

Timme M, Wolf F, Geisel T. 2004. Topological speed limits to network synchronization. Phys Rev Lett, 92 (7): 74101.

Tsai T Y, Choi Y S, Ma W, et al. 2008. Robust, tunable biological oscillations from interlinked positive and negative feedback loops. Science, 321 (5885): 126-129.

Turcotte M, Garcia O J, Süel G M. 2008. A genetic timer through noise-induced stabilization of an unstable state. Proc Natl Acad Sci USA, 105 (41): 15732-15737.

Vespignani A. 2010. Complex networks: the fragility of interdependency. Nature, 464 (7291): 984-985.

Walsh G C, Beldiman O, Bushnell L G. 1999. Stability analysis of networked control system. Proc of American Control Conference.

Wan L, Zhou Q, Wang P. 2011a. Ultimate boundedness and an attractor for stochastic Hopfield neural networks with time-varying delays. Nonlinear Analysis: Real World Applications, 13 (2): 953-958.

Wan L, Zhou Q, Wang P. 2011b. Ultimate boundedness of stochastic Hopfield neural networks with time-varying delays. Neurocomput, 74 (17): 2967-2971.

Wan L, Zhou Q, Wang P. 2012. Weak attractor for stochastic CohenöGrossberg neural networks with delays. Nonlinear Dyn, 67 (3): 1753-1759.

Wang F Y. 2010. Parallel control and management for intelligent transportation systems: Concepts, architectures, and applications. Intelligent Transportation Systems, IEEE Transactions on, 11 (3): 630-638.

Wang G, Du C, Chen H, et al. 2010. Process-based network decomposition reveals backbone motif structure. Proc Natl Acad Sci USA, 107 (23): 10478-10483.

Wang H O, Abed E H, Hamdan A M A. 1994. Bifurcation, chaos and crisis in voltage collapse of a model power system. IEEE Transactions on Circuits and Systems I: Fundamental Theory and Applications, 4 (41): 294-302.

Wang J, Zhang J, Yuan Z, et al. 2007. Noise-induced switches in network systems of the genetic toggle switch. BMC Syst Biol, 1 (1): 50.

Wang L, Wang X, Morison K, et al. 1998. Quantitative search of transient stability limits using EEAC. IEEE PES Summer Meeting.

Wang P, Lu R, Chen Y, et al. 2013b. Hybrid modeling of middle-sized genetic regulatory networks. IEEE Int Symp Circuits Syst 2103—2106.

Wang P, Lü J, Ogorzalek M J. 2011b. Synchronized switching induced by colored noise in the genetic toggle switch systems coupled by quorum sensing mechanism. Proceedings of the 30th Chinese Control Conference.

Wang P, Lü J, Ogorzalek M J. 2012b. Global relative parameter sensitivities ofthe feed-forward loops in genetic networks. Neurocomputing, 78 (1): 155-165.

Wang P, Lü J, Wan L, et al. 2013a. A stochastic simulation algorithm for biochemical reactions with delays. IEEE Int Conf Syst Biol. 109-114 . Proceedings of the 7th International Conference on Systems Biology.

Wang P, Lü J, Zhang Y, et al. 2011a. Intrinsic noise induced state transition in coupled positive and negative feedback genetic circuit. Systems Biology (ISB), 2011 IEEE International Conference.

Wang P, Lü J, Zhang Y. 2012a. Global relative input-output sensitivities of the feed-forward loops in genetic networks. Control Conference (CCC), 2012 31st Chinese.

Wang P. 2013. Functional characteristics of auto-activation coupled with a double negative feedback genetic loop. Abstract Appl Anal. .

Wang W X, Ni X, Lai Y C, et al. 2012. Optimizing controllability of complex networks by minimum structural perturbations. Phys Rev E, 85 (2): 26115.

Wang W, Zhao X. 2004. An epidemic model in a patchy environment. Mathematical Biosciences, 190 (1): 97-112.

Wang X F, Chen G R. 2002a. Synchronization in scale-free dynamical networks: robustness and fragility. IEEE Transactions on Circuits and Systems I: Fundamental Theory and Applications, 49 (1): 54-62.

Wang X F, Chen G R. 2002b. Synchronization in small-world dynamical networks. International Journal of Bifurcation and Chaos in Applied Sciences and Engineering, 12 (1): 187-192.

Wang X F, Chen G R. 2002c. Pinning control of scale-free dynamical networks. Physica A: Statistical Mechanics and Its Applications, 310 (3-4): 521-531.

Wang Z D, Ho D, Liu X H. 2005. Variance-constrained control for uncertain stochastic systems with missing measurements. IEEE Transactions on Systems, Man and Cybernetics. Part A: Systems and Humans, 35 (5): 746-753.

Wang Z D, Wang Y, Liu Y R. 2010. Global synchronization for discrete-time stochastic complex networks with randomly occurred nonlinearities and mixed time delays. IEEE Transactions on Neural Networks, 21 (1): 11-25.

Watts D J. 1999. Small Worlds: The Dynamics of Networks Between Order and Randomness. New Jersey: Princeton University Press.

Watts D J. 2004. The new science of networks. Annual Review of Sociology, 30: 243-270.

Watts D J, Strogatz S H. 1998. Collective dynamics of " small-world" networks. Nature, 393 (6684): 440-442.

Wei D, Lu Y, Jafari M, et al. 2011. Protecting smart grid automation systems against cyberattacks. IEEE Transactions on Smart Grid, 2 (4): 782-795.

Wen B J, Li Q, Tang Z Y, et al. 2009. Research on SCADA state estimation enhanced by WAMS in Guangdong power grid. Southern Power System Technology, 3 (3): 59-63.

Wiener N. 1954. The Human Use of Human Beings: Cybernetics and Society. Da Capo Press.

Wiener N. 1965. Schadé J P. Progress in biocybernetics. Amsterdam and NewYork: Elsevier Publishing Company.

Willems J L. 1986. Structural controllability and observability. Systems and Control Letters, 8 (1): 5-12.

Wong W S, Brockett R W. 1999. Systems with finite communication bandwidth constraints II: stabilization with limited information feedback. IEEE Trans Auto Contr, 44: 1049-1053.

Wright M B. 1989. Applying stochastic algorithms to a locomotive scheduling problem. The Journal of the Operational Research Society, 40 (2): 187-192.

Wu C W. 2005. Synchronization in networks of nonlinear dynamical systems coupled via a directed graph. Nonlinearity, 18 (3): 1057-1064.

Wu J, Voit E. 2009. Hybrid modeling in biochemical systems theory by means of functional petri nets. J Bioinfo Comput Biol, 7 (1): 107-134.

Wu X, Wang W, Zheng W. 2012. Inferring topologies of complex networks with hidden variables. Phys Rev E, 86 (4): 46106.

Xiong W, Ferrell J E J. 2003. A positive-feedback-based bistable′memory module′that governs a cell fate decision. Nature, 426 (6965): 460-465.

Xue Y. 1996. Integrated extended equal area criterion-theory and application. Proc 5th Symposium of Specialists in Electric Operational and Expansion Planning.

Xue Y. 1997. On-line transient stability assessment with EEAC. IFAC/CIGRE Symposium on Control of Power Systems and Power Plants.

Xue Y, Cutsem V, Ribbens P M. 1988. A simple direct method for fast transient stability assessment of large power systems. IEEE Trans on Power Systems, 3 (2): 400-412.

Xue Y, Luo Y, Xue F, et al. 1993. On-line transient stability assessment in operation-DEEAC in northeast chian power system. IEEE Region 10 Conference on Computer, Communication, Control and Power Engineering.

Xue Y, Pavella M, Me R, et al. 1993. Heilient stability studies. IEE Proc Gener Transm Distrib, 140 (6): 481-489.

Xue Y, Van C T, Ribbens P M. 1989. Extended equal area criterion justifications, generalizations, applications. IEEE Transactions on Power Systems, 4 (1): 44-52.

Xue Y, Wehenkel L, Belhomme R, et al. 1992. Extended equal area criterion revisited. IEEE Transactions on Power Systems, 7 (3): 1012-1022.

Xue Y, Yu Y, Li J, et al. 1998. A new tool for dynamic security assessment of power systems. Control Engineering Practice, 6 (12): 1511-1516.

Yan G, Ren J, Lai Y C, et al. 2012. Controlling complex networks: how much energy is needed? Physical Review Letters, 108 (21): 218703.

Yan X F, Zou Y. 2008. Optimal and sub-optimal quarantine and isolation control in SARS epidemics. Mathematical and Computer Modelling, 47 (1-2): 235-245.

You K Y, Xie L H. 2011. Network Topology and Communication data rate for consensusability of discrete-time multi-agent systems. IEEE Transactions on Automatic Control, 56 (10): 2262-2275.

Yue D, Han Q L, Peng C. 2004. State feedback controller design for networked control systems. IEEE Trans Circ Sys, 51 (11): 640-644.

Zaborszky J, Huang G, Zheng B, et al. 1988. On the phase portrait of a class of large nonlinear dynamic systems such as the power system. IEEE Trans on Automatic Control, 32 (1): 4-15.

Zhang J, Ai Q, Wang X G. 2008. Application of multi-agent system in a microgrid. Automation of Electric Power Systems, 32 (24): 80-82, 87.

Zhang X Y, Guo C, Wang L. 2010. Using game theory to reveal vulnerability for complex networks. IEEE 10th International Conference on Computer and Information Technology.

Zhang X，Cheng Z，Liu F，et al. 2007. Linking fast and slow positive feedback loops creates an optimal bistable switch in cell signaling. Phys Rev E，76（3）：31924.

Zhang Z，Ye W，Qian Y，et al. 2012. Chaotic motifs in gene regulatory networks. PLoS One，7（7）：39355.

Zhou J，Lu J A，Lv J H. 2008. Pinning adaptive synchronization of a general complex dynamical network. Automatica，44（4）：996-1003.

Zhou J，Wu Q J，Xiang L. 2012. Impulsive pinning complex dynamical networks and applications to firing neuronal synchronization. Nonlinear Dynamics，69（3）：1393-1403.

Zhou T，Zhang J，Yuan Z，et al. 2007. External stimuli mediate collective rhythms：artifical control strategies. PLoS One，2：231.

Zhou Y C，Ma Z，Brauer F. 2004. A discrete epidemic model for SARS transmission and control in China. Mathematical and Computer Modeling，40（13）：1491-1506.

# 第六篇　交叉学科及其他

# 第三十四章 绪 论

当今我们正迎来以信息和绿色能源等为核心技术的新工业革命。为了顺应时代的发展，科学研究领域的学科整合趋势日渐增强，学科间不同层面上的交叉融合不断形成新的学科发展特色和新的高科技领域。作为当今信息丰富时代一种重要的探索方式，交叉学科研究已引起各国政府及各界学者的广泛关注，并日益显示出其独特的作用和优势。交叉学科的形成与不断发展，不但催生了许多新的科学前沿与学科增长点，更成为创新的主要动力和源泉，与控制科学相关的交叉学科也不例外。因此，系统而全面地总结我国控制科学交叉学科的主要成就及存在问题，探讨其未来的发展，不仅适时而且必要。

在20世纪，控制论作为研究动物和机器的通信与控制问题的理论被创立出来，从一开始，它就是一门独立的、跨学科的新兴学科。控制论与每门学科的具体方法结合以后，产生了一个又一个的边缘学科，因此控制论享有“交叉科学”“边缘科学”和“横断科学”的美称。1974年苏联出版的两大卷《控制论百科全书》显示出控制论所涉及的多种多样的学科，由此也可以看出控制论与我们现在所处的信息时代及信息时代出现的诸多新兴学科的亲缘关系：计算机科学、信息科学、通信理论、控制理论、人工智能理论、一般系统论、机器人学、神经科学与脑科学、认知科学、行为科学。当然这还只是控制论的核心部分。它的应用范围几乎包括所有学科。其中与其他学科交叉形成的规范学科有生物控制论、工程控制论、经济控制论，等等。

经过多年的发展，控制论的理论、概念和方法在计算机技术的支持下，已经远远超越了之前为工业生产和军事装备服务的范围，被广泛应用到生物、医学、生态、环境、能源、政治、军事和社会科学的各个领域，如社会、经济、管理、人口、教育等。控制论因而迅速发展并形成多个分支：医学控制论、神经控制论、生物控制论、工程控制论、环境控制论、经济控制论、社会控制论及派生的人口控制论、资源控制论等，它们在国民经济和社会发展中，特别是在中国人口控制和国民经济宏观调控上，起到了极其重要的作用。控制论在中国发展前景广阔。国家要提高自主创新能力，社会要发展，科学在交叉、交互、融合，技术革命方兴未艾。控制论及自动化技术与微电子技术的结合扩大了前者的应用范围，发挥着日益重要的作用。

到了 21 世纪，我们不得不面对更加复杂的社会发展的瓶颈和快速变化的社会经济模式。互联网和大数据等给我们提供了充分利用信息的可能，而低碳绿色环保等给我们提出了新的多方位的约束和复杂的系统层面要求。因而，多学科交叉已成为科技领域的潮流。事实上，众多的学者和科技人员，已经开始在他们自己的领域，如政治学、经济学、社会学、工程学、生物学、医学、教育学等方面，探讨和运用以控制论方法为主的现代科学方法，来突破现有“孤立”方法的局限性。因而，在如今信息爆炸的时代，探讨控制科学与其他学科的交叉战略发展是非常有意义的，为控制科学向其他领域渗透提供依据和指导。

信息爆炸时代为控制科学的发展带来了巨大的挑战和无限的生机，更使智能科学和方法成为新时期控制科学的灵魂。科技发展表明，自动化是信息化的必然，是智能化的基础，是人类体能和智力扩展的关键技术，是我们从信息社会迈向知识社会的必经之路。互联网的深入普及深刻地改变了人与人、人与社会之间的交互方式，更使当代许多问题显著地呈现出动态性、快速性、开放性、交互性和数据海量化等特点。

当今的控制科学发展必须是符合科学技术前瞻性和发展趋势的，以此来解决现有的理论方法解决不了的关键问题。就国家的发展战略来说，控制科学的交叉性新研究对高新科技的发展起着至关重要的作用，有助于开启一个新的科技时代。近年来国际上相关机构也因此在考虑控制科学的发展。美国国家科学基金会几年前在讨论系统控制科学，就提出方向的改组，不再支持成熟的旧课题研究，但对诸如信息物理网络、量子通信和计算等控制新方向，还大力支持。而这些新方向大都具有交叉性。这些交叉新方向大大地拓展了控制科学原有的领域，为控制科学在信息时代的不断发展壮大奠定了基础。

交叉学科的概念实际上是在两种意义上使用的，第一种是“交叉学科学”，也叫“跨学科学”，即把交叉学科视为一个整体，对交叉学科发展的问题、目标、规律、方法进行讨论。第二种是具体的交叉学科，如系统科学就是一个横断学科。还有一些综合学科，如海洋科学、空间科学等成熟的具体交叉学科。许多学科都为控制领域做出了贡献，包括理论数学和应用数学、航空学、化学、机械学和电子工程学、运筹学和经济学，以及物理和生物科学。与不同领域的交叉是控制领域的传统和特点。

与“控制科学”交叉而产生的新课题和方向非常多，意义重要，其中一些新方向的交叉研究中的“控制”概念起着至关重要的作用。特别值得一提的是控制科学与微观物理的交叉研究，控制科学与经济金融的交叉研究，控制科学与计算机的交叉研究，控制科学与人体健康工程的交叉研究，以及控制科学的工程教育等。根据我们的国情，在照顾到交叉控制研究宽度的同时，我们在这里着重详细介绍几个控制科学交叉方向中有前途的具有重大意义的研究问题，并提出相关的发展观点，其中特别关注的包括微观尺度下的系统控制理论与实现、金融工程与控制系统理论、计算机软件控制论、脑科学与控制科学的交叉、面向控制科学的软件发展战略等。这些问题涉及微观世界（量子控制等）、社会系统（金融工程等）、人体医学（脑和智能）、软件系统（软件控制论）等。

第一，量子控制。随着在检测和激励系统方面能力的提高，分子、量子和纳米系统的控制得到了越来越多的关注。在计算化学和物理学方面的进步已经使人们能预测模拟纳米级材料的行为和过程，这些纳米级材料（系统）包括纳米颗粒、半导体异质结构和具有纳米结构的材料。运用这些物理知识和数学模型，现在能用数学公式描述纳米级材料和系统的优化和控制问题，这些应用包括纳米材料的设计、精确测量及量子信息处理。关于纳米级尺度的控制，还有许多未解决的问题，Brown 和 Rabitz 将其分为三类：控制规律设计、闭环实现、哈密尔顿系统的识别。在此领域要取得进一步的发展需要可控性、优化控制理论、自适应和学习，以及系统辨识技术和理论的新成果。

第二，软件控制。随着控制系统与理论的发展，新的应用机遇将不断涌现。分布式计算、通信和传感系统的出现，使研究人员可以获得大量的数据，并可以对这些数据进行处理和传输，特别是软件系统与物理系统的结合也越来越紧密，这对军事、商业和科学技术产生了深远的影响。控制与嵌入式软件集成技术密切相关，实际上，所有的现代控制系统都是用数字计算机来实现的。而将软件系统作为受控对象来进行对软件系统状态和输出的有效控制是近年来软件可靠设计、软件控制论、信息物理系统、云计算等研究中亟待解决的问题，它的解决或发展会极大地提高软件系统的可靠性和安全性，并能实现网络上等大型软件的高效性和数据流控制。

第三，金融控制工程。许多控制工具已经应用于经济领域，并且控制与经济共用许多数学方法，如博弈论、随机建模和控制、优化和最优控制。自

20 世纪 70 年代初期提出 Black-Scholes-Mertan 期权定价规则后，控制理论也成为金融领域的重要工具。金融方面的控制问题，尤其是与衍生证券的定价和保值相关的控制问题，为运筹学和控制提供了许多有意义的挑战。在 1987 年经济大萧条中，动态规划缺乏鲁棒性是另一个关键因素。因为建模自身就是一个难题，所以模型误差存在时，控制系统仍能很好地工作，这是很重要的，特别是在金融领域，存在较大的不确定性。这些不确定性通常可由随机方式处理。例如，在一些金融模型中，假设资产的变化是随机的。这已经用来解释在市场和理论之间存在的偏差。最近，研究人员们一直在开发明确考虑模型误差和不确定性的控制和保值方法，使得在存在模型误差和不确定性时，系统能够很好地运行。在这方面，鲁棒控制理论将做出巨大的贡献。

第四，脑控。一类与人的意念和思维相关的新型控制系统发展迅速，与以“计算机”为中心的控制系统不同，这种控制系统直接以“人脑”为中心，以脑电信号为基础，通过脑-机接口（Brain-Computer Interface，BCI）来实现控制，这种基于脑-机接口的人机融合控制系统，被称为脑控系统。“脑控”涉及神经科学、认知科学、控制科学、医学、计算机科学和心理学等多个学科，是一个新兴的多学科交叉的前沿研究方向，引起了人们的广泛注意。脑控的研究初衷缘于医疗康复领域的需求，如患有肌萎缩性（脊髓）侧索硬化（Amyotrophic Lateral Sclerosis，ALS）、脊髓损伤（Spinal Cord Injury，SCI）和其他因事故或先天而残疾的病人康复的需要。这些运动机能丧失的患者可望利用这项控制技术，通过自身的脑电信号来操作轮椅或机器人，以辅助完成某些基本的运动功能，帮助这些病人部分恢复生活自理能力，给他们的生活带来希望。除了社会需求的背景之外，神经科学、信息科学、生物医学工程、特别是脑信号及脑功能检测技术等的发展，为脑控系统的发生和发展提供了科学依据和技术手段。近 30 年来，脑控系统的发展非常迅速，所研究的应用领域也不断拓展，从残疾人的生活辅助、中风病人和肢体损伤的康复训练、操作员状态的实时监控到游戏娱乐、智能家居和军事等更为广泛的领域。

随着新时代的到来，控制交叉领域的发展离不开新的控制教育理念，为此在我们谈及交叉新领域发展的同时，我们也关心面向可持续发展的第三次工业革命的控制教育问题以便为新时代培养各种有用的控制高科技人才。这里我们将涉及两个方面的内容：中国的控制教育发展和控制软件的发展。

第一，控制教育。综观世界上控制学科设置各有千秋，大多数不单列自动化或自动控制，常常包含在电工电子、机械、化工、航空等学科内，但也有自动化或自动控制单列。如何进行学科设置更适合我国的国情是我们面临的选择，可以思考的空间很大。党和国家领导人非常重视创新型国家的建设和自主创新，创新的关键在人才，而人才培养的关键在教育。如今，培养高质量、创新型人才，同样也是摆在控制科学学科发展的重大问题。一方面要明确控制科学的特长，去实现学科交叉和专业内容的不断更新；另一方面要深入实践，进一步调整、优化培养方案和课程体系，加强教学环节的改革与规范化建设。

第二，控制软件。控制软件与教育密不可分。学生开始涉足控制应用领域时，往往最先要学会相关控制软件，尽管它们可能只是完成各种管理任务的大型计算系统的一小部分。随着时代的发展，控制软件成为多层次大系统设计的主要部分之一，并因为新的生产模式使得生产过程的控制具有许多新特征。控制系统中软件的应用逐渐增多并与硬件关联越来越密切。这对控制学科来讲既是机遇也是挑战。控制软件的自主产权也是高科技水准的标志而得到发达国家的不断重视。

总之，控制交叉学科是一个在新时代不断成长的新事物，是学科前沿和新知识生长点，不难想象以后还会不断出现很多新的重要的交叉学科，由于篇幅有限，在本章里，我们将主要分为四个部分详细介绍一些典型的新兴控制交叉科学方向，包括历史与现状的分析、存在的问题及今后要开展的工作，力求具有一定的前瞻性。另外，我们还将用两个部分来介绍中国的控制教育和控制软件。

# 第三十五章 微观尺度下系统控制理论与实现中的科学问题

自从 100 多年前发现量子力学起，量子系统的控制问题就一直是最重要的科学与技术的挑战之一。将宏观领域中的系统控制理论延伸到量子领域，或者将系统控制的思想扩展到不受控于经典定律而由量子效应控制的物理系统，在最近的十几年里逐步成为一个重要的交叉学科的研究领域。可以说分子尺度的量子调控研究，是从波函数工程的层次上来调控量子态的能级、时空分布和各种相干特性，量子控制（Doherty et al.，2000）是在人们进行量子信息、量子计算（Bennett and Di Vincenzo，2000）、量子通信（Gisin and Thew，2007）之后提出的又一个多学科交叉研究领域。它是随着微观世界中量子系统的操纵和应用的理论与实验研究的不断深入对控制理论提出的新的需求与挑战，是系统控制理论的一个新的应用领域，所研究的问题主要是从系统论和控制论的观点探讨量子系统状态和轨迹的调控及其演化特性。量子控制技术最早是从量子物理和化学实验（Boucher and Traschen，1998）中发展出来的，主要原始于直觉控制。量子系统的主动控制是通过外加控制作用来改变量子系统动力学的演化特性，以实现人们的目标。量子控制理论的最初发展可以追溯到 20 世纪 80 年代初期，主要是基于已经建立的经典系统的控制理论框架，通过适当地调节控制场来系统地改变量子系统的哈密顿量。量子系统的控制正在日益复杂的实验中成为重要的一部分，如量子信息处理中对系统状态进行的实时反馈的闭环控制；实验系统对环境中不确定性影响的容错性能的自适应调控（Zhu and Rabitz，2003）；结构误差或哈密顿量不确定性需要对原子系统及大尺度范围内的操纵。对量子现象的控制理论与实现在不断成功的实验下越来越得到人们的重视，使得精确控制量子动力学的理论与实验方法得到不断的发展。大量实验已经证明主动控制能够直接影响分子动力学，可以将来自控制与动力学系统的理论工具应用在量子计算与量子通信及对量子系统相干态保持的控制与分析上。实际上，量子主动控制的另一个很重要的目标应当是通过外加控制作用来改变量子系统的演化，以此来理解和探索量子系统内部的动力学特性，揭示控制机理，并解释为什么及如何采用合适的外加控制来达到期望的控制目标。

迄今为止，量子控制理论对于动力学是幺正变换的封闭量子系统来说建立得比较好（Kent，1996），然而。现实情况是不可避免需要对与环境相互作用而导致非幺正动力学的开放量子系统（Isar et al.，1994），许多包括基本的与实际实验相关的问题仍未解决，存在一些有关物理、工程及量子信息科学相互交叉领域中具有挑战性的科学问题。

对实际开放量子系统特性的精确刻画与控制一直是最近几年来出现的量子科学与技术中的关键挑战，其应用范围从物理、化学及应用数学到量子信息和量子工程。量子控制理论为量子动力学系统操控提供系统性的理论控制框架与性能分析工具。目前量子系统控制已经进入了一个快速发展时期，有两个趋势值得特别关注：第一个是由量子信息处理驱动的不断增长的控制理论方法；第二个是理论与实验的相互结合。不同的量子理论通过实现技术继续在实验中被不断地应用。这两种趋势导致量子控制策略的朝向在理论可操作的限制下，尽可能地朝高精度、鲁棒性、高容错率和高效率及最终最优化期望的控制目标发展。为了实现上述目标，对微观尺度下系统控制理论与实现提出了以下科学问题。

## 第一节　量子参数估计与量子系统辨识

量子参数估计（Stockton et al.，2004）与量子系统辨识（Dusek et al.，1999）包括复杂量子动力学系统的建模、参数辨识、估计与滤波。与经典系统相比，量子系统参数辨识、估计和滤波存在着巨大的困难。状态估计技术（Hradil，1997）是通过对系统进行测量尽可能获取其真实状态的一种方法。本质上，经典系统的状态估计和量子系统的状态估计有三点主要差别。第一，经典系统的状态通常有明确的物理意义，它是系统的一个实在的物理量，在允许的条件下直接测量这个物理量通常就能得到相应的状态值。而量子系统的状态——波函数或密度算符——并不是一个实在的物理量，不能通过直接的状态测量来得到量子态的某个数值，而必须借助对量子系统的某些可观察量进行测量进而推断出系统的状态。第二，理论上，经典系统是决定论的，如果系统没有受到外界的扰动影响，那么系统在任意时刻的状态可以由初始状态完美确定；但当系统受到扰动影响时，系统的即时状态会带有各种噪声，这时就需要借助相应的估计技术来处理系统中所具有的噪声，从而尽可能地获取系统的真实状态。量子系统在本质上是概率论的，即使量子系统没有受到任何干扰，测量子系统的状态也将得到一个随机性的结果；如果量子系统受到扰动，为了获得其状态还需要额外处理相应的噪声。第三，在测量的实现手段上，经典系统上的测量通常不会给其状态造成实质性的破坏，因此原则上可以重复利用同一个系统进行多次测量。但量子系统非常脆弱，测量通常会对整个量子系统造成实质性的破坏，从而阻止了人们重复利用同一个量子系统来进行多次测量。

在量子系统中，由于存在多解，对典型量子控制问题，能否开发出广泛适用的方法来提取机理的系统类别，以便于实施控制？具体涉及对相干动力学技术的哈密顿量的辨识（Bonnabel et al.，2009），基本问题是谱分量及其强度的辨识是常用的测量控制场中的物理机理，考虑这些量的解释涉及哈密顿量，是否有更好的测量其与控制场之间的相似性和不同性？是否有一般的公式来估计控制场与专门类别的哈密顿量的不同？系统辨识中的另一个研究内容就是状态重构（Lvovsky et al.，2001）。基本的挑战是推导最优测量或执行器测量的序列对一个量子态或多个的“复制”，以便尽可能快地和尽可能精确地辨识出来，此问题明显涉及客观性及通信理论。

专门的量子状态的制备（Geabanacloche，1990），控制演化及其测量是物理中的基本任务。物质新状态的研究及通过处理量子信息用来提供量子物理的新观点是两个重要的推动此研究的原因。大量潜在的应用，从执行精确测量到操纵分析纳米级装置，最优控制设计与测量策略重点在于从一个给定的测量中提取系统有关状态的信息。然而，对于量子系统，重新指向这些工具，有可能引出新的所需要的工具，这是一个挑战。在量子参数估计上，估计的质量极大依赖于检测环境的不同方式。事实上，在每个时刻的这一估计在获取系统的真实状态时会存在较大的误差，与能比较准确地获取系统真实状态的方法还存在非常大的差距。

## 第二节　开放量子系统的动力学特性分析

由于任何现实的系统实际上都是它和环境的复合系统的一部分，它的演化不再仅仅取决于幺正确定性的微分方程（虽然从复合系统的整体角度来看，仍是孤立体系），还取决于环境对它的耗散作用。在很多情况下，量子开放系统的外界影响在很大程度上是不可忽略的，但又是难以定量考虑的。这一方面由于复合系统的自由度过多，乃至于根本不可能在微观上进行整体的描述；另一方面即便能够得到那些微观演化方程，我们也难以处理如此多的信息量，而且其中绝大部分都是无关紧要的。因此必须研究开放量子系统的动力学特性（Stelmachovic and Buzek，2001）。

开放量子系统的动力学特性的科学问题有以下几方面。

### 1. 可控性方面

对无穷维数及开放量子系统的可控性（Zhang et al.，2007；Huang et al.，1983）的判定仍然是一个开放的科学问题，其中包括：①维数不断增加量子系统所对应的无限维的量子系统，当 $n\to\infty$ 时的可控性如何？②是否存在将目标期望值的可控性条件放松为量子状态本身的可控性条件？③用不同量子动力学近似来替代薛定谔方程时，对其可控性有何影响？

在理解量子系统特性上，物理层的特性是基础的，采用控制方法的一个更深层次的原因是控制有能力和可能提供更好的方式来理解量子系统是如何操作的。达到控制要求相关的目标态是因为它进入系统的哈密顿量中，因此人们能够根据原理，通过将控制的理解与结果动力学的观察相结合来了解量子系统的内部特性。理解量子系统中环境的影响，如量子开放系统中消相干的机理，纠缠的动力学，既有量子基本问题的兴趣，也有量子信息学中的实际重要性。消相干过程使量子系统经典化。量子纠缠中所表现出的行为是量子力学中的独特性质，以及量子信息处理中唯一的信号源，需要完全地理解其从产生到衰减和复兴，是设计和实施量子计算机及量子通信的关键所在。

### 2. 开放量子系统的特性分析方面

虽然在开放量子系统耗散领域，前人已经在理论方面取得了很多积极进展，但整体来看，理论研究本身的许多基础性问题，如量子纠缠（Jordan et al.，2004)、量子消相干的本质仍不是十分清楚，对量子系统演化的描述和实际问题仍有相当距离。事实上，正是这种耗散作用将经典物理的性质从开放量子体系中提炼出来，构成了从量子本质到经典世界的桥梁。近 20 多年来，伴随着量子信息理论、量子通信理论及介观物理、纳米物理理论的兴起和发展，研究开放量子系统的演化成为量子力学基本理论发展的主要方向之一。随着量子信息理论研究的深入发展，从最初的单体或少体量子系统，逐步发展到目前，人们越来越关注多体量子体系的消相干性质。一方面，大规模量子计算使得研究如何抑制多体量子系统的消相干更加具有实际的物理意义；另一方面，多体量子系统的消纠缠行为展示了许多值得研究的新的特征。可以说，量子纠缠和消相干（Privman，2003）的研究，不但是量子力学和量子信息理论的基本问题，而且更是联系不同领域应用的重要桥梁。

## 第三节　量子系统参量在线测量与获取

在量子力学中，测量（Brune et al.，1990）是一个基本问题，所谓测量，在根本意义上就是一种形式的观察，其目的在于借助仪器将被测对象的某种物理特性表现为人的感官能够直接接受的量值，然后，通过观察这种量值来确定测量结果，并且认为测量结果就是与被测对象的物理特性相对应的物理量的值。这一测量过程所隐含的一个重要的基本假定是通过测量一个物理量所得到的数值，是在测量之前这个物理量所拥有的值。

从系统控制的角度，区分量子与经典动力学的两个明显基本性质是求解系统的运动方程（Martin and Aureliano，2006）的复杂性及控制测量的特性。在经典物理中，求解哈密顿运动方程与粒子的数量是线性关系，而对于量子系统，复杂级别与粒子数目呈指数关系。将成熟的经典力学的控制理论转变到量子系统中是一个新机遇和挑战，研究者们已经在应用最优估计技术到量子态的层析上取得进展，但真正对量子系统参量的在线测量与获取（Albertini and D'Alessandro，2003）仍然是一个具有挑战性的课题。

## 第四节　量子系统控制理论

量子控制（Krotov，2009）的一般方法是基于能够改变被控量子系统与控制器之间相互作用的假定，这意味着需要能够操控一个可能是取决于时间的哈密顿量，从控制的角度希望能够将物理实验上可实现的方法与系统控制理论及数学分析相结合，找到具有一般意义的控制策略。一般而言，数学分析的复杂程度和控制策略的可实现性直接取决于所选择的被控物理对象、控制手段及所利用的物理原理。所以，对不同量子实验控制的物理机理的认识，对于设计出好的控制策略至关重要。

量子消相干现象（Viola and Lloyd，1998），作为阻碍量子信息技术发展的重大难题，一直以来如何对其进行有效的抑制都是专家学者们研究的热点。到目前为止，人们也提出了多种方法解决这个问题，但是这个问题还没有完全解决。随着量子计算的发展，量子消相干越来越成为人们关注的焦点。量子消相干成为制约量子信息进一步发展的瓶颈问题。近年来人们在如何克服量子消相干方面做了大量的探索和研究。从系统控制的角度和观点来看，若期望设计与实现的控制系统具有较强的鲁棒性及对复杂被控系统的容错性，控制策略的发展方向只能是采用闭环系统的负反馈控制。控制理论的挑战是寻找具有鲁棒性的激励，设计出具有估计器的反馈控制系统。量子 LQG 控制（Maalouf and Petersen，2012）实际上是非常接近经典的线性二次高斯控制的对应产物，基于分离原理的量子反馈控制及基于估计器的状态反馈，但是对于具有双线性或非线性的量子系统来说需要开发新的反馈控制策略。具有挑战性的科学问题如下：①非马尔可夫开放量子系统的消相干与控制策略；②“小”系统的相干保持；③纠缠的相干操纵与控制；④一般非线性量子系统的反馈控制。具有反馈机理的量子系统控制理论框架的建立是复杂量子控制系统设计与工程成功的关键。

## 第五节　量子系统实验的实现

量子系统控制理论的研究与实验实现研究（Chuang et al.，1998；Bouwmeester et al.，1997）的挑战性有很大的不同。换句话说，两者研究的侧重点完全不同。理论研究的重点在于寻找出一种可以实现期望目标的控制算法或控制律，其重点落在两点：一是控制目标是否能够实现；二是控制律的形式，即解析解或数值解。而量子系统实验的重点在于实现上。目前实验室实现的闭环量子系统控制方案（Geremia and Rabitz，2002）主要包括学习及实时反馈控制方法。学习控制采用预备系统的相同序列的集合替代，在控制场关闭后，系统响应被记录，新系统被预备以同样的初始状态来运行，并在不同的控制场作用下重复迭代来获得最终的优化结果。在实时反馈控制中，测量只是微扰一个单演化的量子系统，可以提供足够指导来确定控制场而不破坏系统状态的所有信息。

系统控制理论的最大优势就表现在：根据系统控制理论所获得的解析解，可以在未做实验前就能够告诉人们，取哪些参数进行实验可以获得最优控制效果。这一任务可以通过对所获得的解析控制律函数的优化分析中得出，并以此来指导人们做出最优实验结果。系统控制律的这一控制效果在控制律为数值解的情况下得不到充分体现。当然数值解也是一种控制律，只是解析解能够发挥更大的功效。

实验的重点在于如何实现所设计的控制律上。控制律的设计或在控制律作用下控制效果的实现可能是有条件或前提的，这个条件有可能导致现实的实验无法实现；即使理论上获得的控制律是可实现的，但实验的实现过程也还是需要再进行精心的设计。目前实验部分最难的应当是合适地选择实验部件并组成能够完成整个量子控制系统的装置。实验过程中人经常参与其中作为控制系统的一部分。

只要是实际实验，就一定存在不确定性及噪声的扰动，量子系统也是如此，学习控制（Li et al.，2002）与实时反馈控制（Geremi and Rabitz，2008）都可以应用于具有随即扰动的情况。系统控制理论的最大优越性主要表现在对系统的控制过程中具有对系统不确定性，包括输出噪声，系统内部扰动的抗干扰能力和自动控制能力，换句话说，根据系统控制理论实现的实际系统能够具有根据系统演化过程中环境和参数的变化及外部干扰和噪声的影响，自动地进行快速、准确和高精度的适应调整的能力（丛爽，2006）。如何将这些特性在量子系统的实验中真正发挥，实现对量子系统的自动且精确的状态调控是一个具有挑战性的科学问题。

# 第三十六章 软件控制论

## 第一节　研究历程与现状分析

软件控制论（Software Cybernetics）是2000年以来在软件工程领域日益受到关注的一个研究主题，是控制科学与计算机软件科学与工程交叉的新兴学科。

自2004年起，国际上有一年一度的软件控制论研讨会（International Workshop on Software Cybernetics），软件工程杂志 *Journal of Software and Systems*，*International Journal of Software Engineering and Knowledge Engineering* 及控制论杂志 *Discrete Event and Dynamic Systems* 也分别于2006年（Vol. 79，No. 11）、2009年（Vol. 19，No. 5）和2012年（Vol. 22，No. 2）出版 *Special Section on Software Cybernetics*，众多相关论文在不同的杂志和国际会议上被发表。

### 一、研究背景和发展历程

Nobert Wierner将控制论定义为动物和机器中的控制和通信（Wierner，1948）。2003年Murray等在 *Future Directions in Control in an Information-Rich World* 一文中将控制定义为工程化系统中的算法和反馈的应用（Murray et al.，2003）。软件系统是一类复杂工程化系统，网络软件和服务也是一类工程化系统，软件系统是复杂算法的载体。与此同时，软件构造或开发过程是一类工程化过程，反馈机制在软件系统和过程中普遍存在。可见，软件系统和过程的动态分析和控制问题是值得控制理论工作者和工程师关注的合适对象。

软件控制论旨在研究软件开发过程和软件系统中的控制问题，是软件工程的一个组成部分，也是控制论的一个组成部分。从软件工程角度而言，软件控制论研究源于一个核心问题：高度复杂的软件行为，包括软件开发过程和软件系统动态运行行为，是否可控或如何对它们进行有效控制。这具体体现在两个方面的研究背景：一是应对软件可信性问题，即通过对软件行为的有效控制，使得复杂系统高度可信；二是应对软件适应性问题，即通过对软件行为的及时和有效的调整，使得软件系统不断适应开放运行环境的变化和用户需求的变化。

实际上，软件控制论发展经历了三个阶段。第一阶段是从1946年现代计算机诞生到1994年，可称之为萌芽阶段。事实上，自从有了计算机，有了计算机程序，便有了对计算机执行过程的控制问题。结构化程序语言有三种典型结构：顺序执行（sequence）、条件执行（if-then-else）、循环执行（do while）。从控制角度而言，它们分别对应于事件驱动的开环控制、切换控制、反馈控制。这一阶段的特点是软件控制论的思想尚未被明确提出，软件工程师通过直观的技术和管理手段处理软件行为的控制问题。第二阶段是1995～2010年，可称之为起步阶段。这一阶段的特点是软件控制论的思想被明确提出，控制论研究人员开始从反馈控制的角度研究软件行为的控制问题。*IEEE Intelligent Systems*（Vol. 14，No. 3）于1999年出版 *Special Section on Creating Robust Software through Self-Adaptation*，*IEEE Control Systems Magazine*（Vol. 23，No. 1），于2003年出版 *Special Section on Software-Enabled Control*，对软件控制论研究起到重要的推动作用。第三阶段是2011年至今，可称之为发展阶段。这一阶段的特点是软件控制论得到更多人的关注，国际杂志 *Discrete Event and Dynamic Systems* 于2012年（Vol. 22，No. 2）出版 *Special Section on Software Cybernetics* 就是一个例证。云计算的兴起则为软件控制论研究提供新的动力，这是因为云计算需要在开放的运行环境中为用户提供可信的服务，而且需要具有自适应能力，以不断适应用户需要的变化和运行环境的变化。

在控制领域所面临的若干重要挑战中（Murray et al.，2003），特别是具有符号和连续动力学混杂系统的控制，分布式、异步、网络化环境下的控制、高层次协同和自主、控制算法的自动综合和综合验证，以及以不可靠部件构建高可靠系统等均与计算机软件科学和工程有着密不可分的联系。而对软件系统的分析与控制有助于解决控制领域中的诸多难题。

## 二、研究现状

一般地说，软件控制论关注四个方面的问题：①如何形式化和定量化刻画软件行为的反馈和自适应控制机制；②如何将控制原理和理论应用于改进软件开发过程和控制软件系统运行行为；③如何将软件工程原理和理论应用于控制系统设计和综合；④如何为软件工程和控制工程建立统一的原理和理论框架。据此，软件控制论研究涉及许多不同的课题：软件开发过程反馈机理、互模拟与可控性、软件容错控制、自适应软件、自适应测试、软件老化控制、控制通信复杂性、控制系统逻辑基础，等等（Cai et al.，2004a）。

软件控制论研究有其特殊性和难点，软件控制论研究还很不成熟。但这同时说明，软件控制论研究有许多机会和发展空间。例如，软件系统的监督控制理论研究刚刚开始（Phoha et al.，2003；Phoha et al.，2004），是一个可能的研究切入点和主题；基于自动机辨识方法（Basye et al.，1995；Won et al.，2010）的软件故障诊断也是一个可能的研究切入点和主题。由于软件技术不断被普及应用，软件系统逐渐成为人类社会服务基础设施之一，软件行为必须得到有效控制，开展软件控制论研究是一件自然的事。以下简单介绍自适应软件和自适应测试，更多研究课题可参见相关文献（Cai and Wang，2004；Van der Schaft，2004；Zhou and Kumar，2009）。

### （一）自适应软件

自适应软件本质是一种自适应控制系统，包含由监视、检测、决策、行动等单元组成的闭环机制，如图 36-1 所示（Kephart and Chess，2003；Dobson et al.，2006）。监视单元负责收集数据，并转化为行为模式和征兆；检测单元负责分析行为征兆和系统运行历史，以发现需要系统做出自身调整（变化）的时机；决策单元决定系统应做出何种调整，以及如何进行调整；行动单元负责执行所需要的调整。

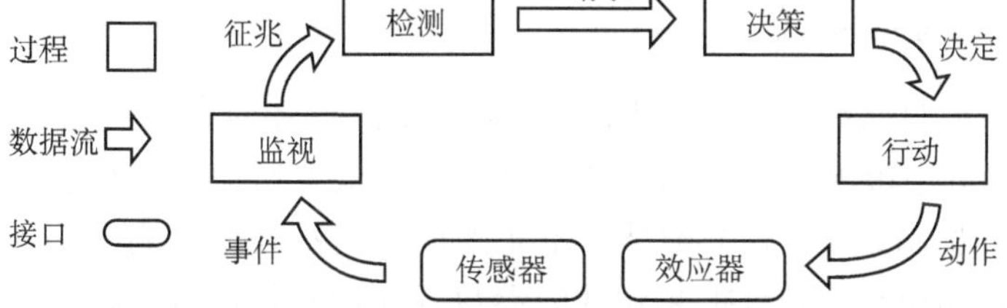


图 36-1　自适应软件系统的闭环机制

另一方面，自适应软件或软件的适应性可以在不同层次加以考虑，如图36-2所示（Salehie and Tahvildari，2009）。最底层是自感知（Self-Awareness）和态势感知（Context-Awareness）。中间层是自配置（Self-Configuring）、自康复（Self-Healing）、自优化（Self-Optimizing）及自保护（Self-Protecting）。中间层这四种属性支撑了或构成了最顶层的自适应性，即通常意义下的自适应性。这里，自配置是指软件系统应该能够自动和动态地进行重构，以适应软件单元的安装、更新、集成、组装等方面的变化；自康复是指软件系统应该能够发现其服务功能的中断、诊断其根源（错误、故障、失效），并做出相应反应；自优化是指软件系统应该能够有效管理相关计算和通信资源，控制相关性能指标，以满足不同用户的需求；自保护是指软件系统应该能够检测安全漏洞（Security Breach），并克服其负面影响，恢复系统正常行为。

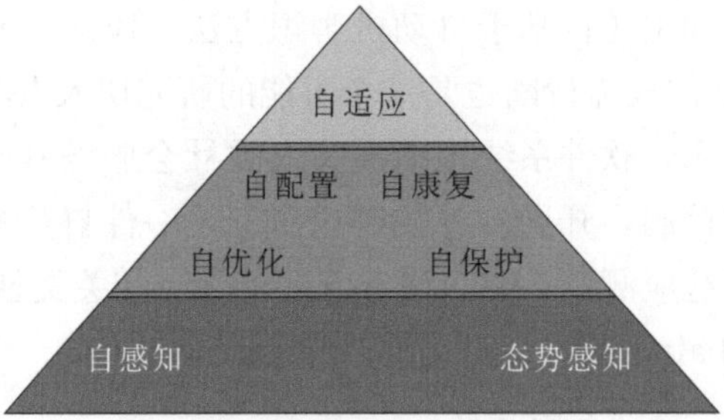


图 36-2　软件的自适应性

自适应软件已在软件工程领域、计算机网络领域获得广泛关注，已有大量研究和实验结果，控制理论也在自适应软件系统的构造中获得应用（Karsai and Sztipanovits，1999；Kokar et al.，1999）。但应该说，自适应软件的研究仍处于初级阶段，缺乏自适应软件系统的建模工具和理论框架，缺乏自适应软件系统的控制理论和设计方法，缺乏自适应软件系统的验证方法和技术，缺乏自适应软件系统的实验平台。

## (二) 自适应测试

自适应测试将软件测试问题转化为反馈控制和自适应控制问题，如图36-3所示。其中被测软件被视为被控对象，测试策略被视为控制器，二者构成一个闭环控制系统；而参数估计单元则根据测试数据（测试输入、测试输出）和测试历史在线估计被测软件的参数（如被测软件剩余缺陷数、失效检测率等），于是可以利用控制原理和理论设计软件测试策略。软件测试可有两种不同的目的，一种是不断发现和剔除缺陷，以提高软件可靠性；另一种是为了估计诸如飞行控制软件这样的安全关键软件（safety critical software）的可靠性水平，在测试或运行过程中不对软件代码进行修改，但收集测试数据并根据测试数据估计当前软件可靠性。因此有两种形式的自适应测试（Cai，2002；Cai et al.，2004b）。

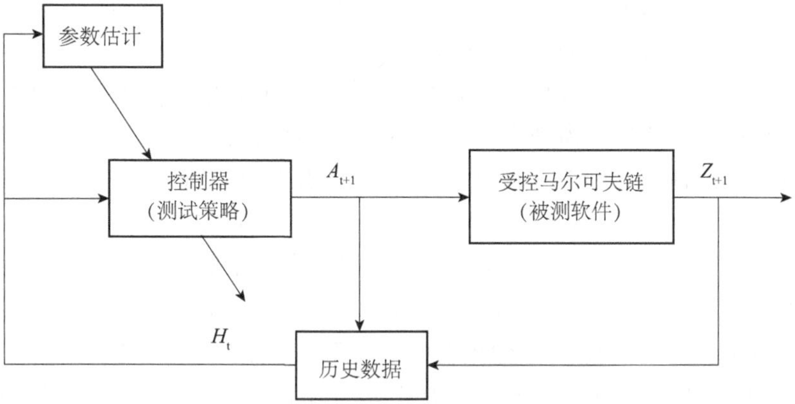


图 36-3　自适应测试框图

以软件可靠性估计的自适应测试技术为例（Cai et al.，2008a）。假设被测软件可以执行 1000 次测试，每次测试结果要么是软件正常，要么是软件失效。问题是应如何选取软件输入值或软件测试用例，使得由测试结果所得到的软件可靠性估计值最接近真值？一种极端的选取策略是重复选取同一输入值（测试用例）1000 次，显然这种选取策略无法得到所希望的可靠性估计值，另一种选取策略是随机选取不同的输入值（测试用例），但所得到的可靠性估计值可能不是最优。但可以根据受控马尔可夫理论（Puterman，1994）设计软件的最优测试策略，在理论上保证由测试结果所得到的软件可靠度估计值的方差最小（Cai et al.，2004b；Cai et al.，2008a）。

## 第二节　挑战性问题

控制理论与控制工程领域的被控对象多为物理系统或以某种物质形式存在的客观过程，如发动机、汽车、飞机、导弹、卫星、舰艇、制造过程、炼钢过程、发酵反应过程等。这些对象的动力学特性往往可以用微分方程或偏微分方程描述，相关问题在力学、物理学、数学、机械工程、电气工程等领域有悠久的研究历史和丰富的研究结果，同时产生众多的控制理论和设计方法，并积累了大量的工程经验以支持控制系统的分析和设计。这是控制理论研究与控制工程实践取得辉煌成就（如飞行器导航、制导与控制，通信系统控制，制造过程控制，工业过程控制）的一个重要原因。

相比之下，软件控制论所涉及的被控对象多为非物质的软件开发过程和软件运行行为，其动力学行为难以用微分方程或偏微分方程描述，这使得软件控制论研究具有特殊的挑战性问题。

第一，软件系统高度复杂，一个数十行代码的软件系统可能拥有天文数字的不同路径，软件行为动态多变。那么，软件行为是否遵循类似物理定律的规律呢？软件行为是否具有力学系统那样的动力学特征呢？这就是所谓的软件规律问题（software law problem）（Cai and Yin，2009）。

第二，软件系统很大程度上是离散事件系统，遵循 Turing 计算模型或并发计算模型（Sipser，1997；Milner，1989；Puterman，1994），而某些软件系统的内部状态变量或输入/输出变量则为连续变量。不难理解，软件行为具有符号动力学特征，也可能同时具有连续动力学特征，软件状态爆炸问题是软件系统建模的一大障碍。尽管在控制领域已有众多关于离散事件系统的研究（Cassandras and Lafortune，1999），近年来也有将监督控制理论应用于软件系统的尝试（Phoha et al.，2003；Phoha et al.，2004），如何对软件系统进行严格和合理的建模仍然是对软件行为控制的一个挑战。

第三，缺乏成熟的软件监测工具和广泛适用的软件度量。要实现对物理动态行为的控制，需要对动态行为进行监测，需要不同类型和形式的传感器，如高度表、温度计、陀螺仪、GPS，等等；要实现合理的控制器设计，需要若干控制系统行为度量，如上升时间、超调量、稳态误差等。但对于软件系统而言，尽管已有杀毒软件工具和垃圾邮件检测工具，目前还缺乏商品化、直接服务于控制目的的软件行为监测工具；尽管已提出数十种不同的软件度量，如代码行数、Halstead 长度、圈复杂度等（Fenton and Pfleeger，1998），仍缺乏公认的软件行为度量。

第四，软件行为理论验证是一个很大的难题。软件是否满足某种性质呢？如给定的软件状态是否可达，软件执行过程是否终止，软件行为是否满足实时性约束？尽管模型检测（modeling checking）技术已在软件领域获得很大成功（Clarke et al.，2000），软件行为验证尚未形成类似于运动稳定性理论和鲁棒控制理论那样的理论框架。

第五，软件控制论研究需要同时熟悉软件工程和反馈控制原理，需要交叉学科研究的理念，需要考虑两个不同领域各自的特点和优势。如果说反馈控制原理已有雄厚的理论研究基础，那么软件工程则具有较强的实践性。

## 第三节 发展方向

### 一、计算是一种控制过程

没有控制，便没有有效的计算。以 Turing 机模型为例，其刻画了一个具有无限长度的磁带上的字符串如何被磁带箭头一步步地改写。具体地，其 Turing 机由 7 元素组成 $M=(Q,\Sigma,\Gamma,\delta,q_0,q_{\text{accept}},q_{\text{reject}})$，其中 $Q,\Sigma,\Gamma$ 为有限集合，且满足以下性质：

(1) $Q$ 是状态的集合；

(2) $\Sigma$ 是机器输入字符的集合，但不包括特殊的空白字符$\sqcup$；

(3) $\Gamma$ 是磁带字符的集合，其中 $\sqcup\in\Gamma$，$\Sigma\in\Gamma$；

(4) $\delta:Q\times\Gamma\rightarrow Q\times\Gamma\times\{L,R\}$ 是转移函数，其中 $L$ 表示磁带箭头往左，$R$ 表示磁带箭头往右；

(5) $q_0\in Q$ 是初始状态；

(6) $q_{\text{accept}}\in Q$ 是接受状态；

(7) $q_{\text{reject}}\in Q$ 是拒接状态，而 $q_{\text{reject}}\neq q_{\text{accept}}$。

所谓的计算，就是机器 $M$ 在接收存储于磁带上的输入字符 $w=w_1w_2\cdots w_n$ 时，依据转移函数 $\delta$ 一步步地由磁带箭头改写磁带上的字符，而 $L$ 和 $R$ 是对磁带箭头的控制行为。

Turing 机模型是一种串行计算模型，描述存储于磁带上的输入字符被磁带箭头改写为存储于磁带上的输出字符这一过程，输入字符完全了输出字符。

实际上，Turing 机是自动机（automata）的一种。而自动机理论已经构成了计算机科学的基础，并在混杂系统控制方面得到了一定的应用。尽管自动机理论在过去几十年里已经得到了长足的发展，当今自动机控制理论的研究还有待进一步提高。注意到软件控制论直接与复杂（软件或基于软件的）系统的有效和可靠设计相关，如在并发计算模型 CSP（Hoare，1985）和 CCS（Milner，1989）中，输出字符不仅取决于输入字符，还取决于与其他计算进程的通信和同步，控制的作用对计算进程和结果的影响更为突出。但应该说，在串行计算和并发计算模型中，控制的作用被隐含其中，并没有被突出。这就为控制论研究人员提供了一个机会，即从控制的角度研究不同的计算机理，改进和丰富计算理论。事实上，广泛应用于描述软件行为的扩展自动机模型可以分解为受控离散事件系统和监督控制器（Wang and Cai，2006），软件容错设计问题则可转化为离散事件系统的鲁棒监督控制问题（Cai and Wang，2004），这为软件系统的设计提供了一个新的视野。Pappas 等人将并发计算中的互模拟（bisimulation）和计算机建模中的抽象化（abstraction）等概念引入控制系统（Pappas，2003），为复杂系统控制论研究提供一种新的思路。

## 二、服务是一种控制系统

"服务"，特别是"网络服务"，已经成为现代软件最重要的发布和使用的形式之一。用户需求通过 SOA 框架，以组合原子服务的形式来生产软件产品乃至搭建软件系统，即基于服务的软件系统。由于服务本身的特殊性，以及服务组装过程的灵活性和多变性，目前基于服务的软件系统仍然面临许多包括安全性、可靠性和服务质量方面的关键问题。传统的软件工程方法虽然可以通过形式化等手段对基于服务系统的行为进行建模和描述，但仍缺乏成熟的理论基础来控制和优化其行为，进而根据性能指标要求指导系统的设计。控制科学在解决这类问题方面具有优势，同时又有较为坚实的理论基础。因此，将控制的思想方法引入基于服务的软件系统，使服务包括至少两个基本部分，一部分是正常运行部分，另一部分是监控部分，用于处理非正常情况。这就形成服务即控制系统（service as a control system，SaaCS）的理念。通过控制的分析方法设计软件系统，使系统的运行过程、非功能性需求可以适应运行过程的进行、内部模块的动态变化、外部网络环境和服务接口的动态改变，利用控制理论中的优化、反馈等优势，为用户提供带反馈、更稳定的应用。

目前，针对服务即控制系统的研究尚在起步阶段，有许多问题需要研究：如何利用控制手段辅助系统设计；如何建立既能描述服务系统全部特点，又易于控制理论进行分析的建模方法；如何利用控制理论的方法，分析基于服务的软件系统的功能稳定性、服务质量稳定性，分析系统性能的潜在危险因素；如何基于各种目标，完成服务组装过程并分析其稳定特性；如何对系统的测试过程进行控制，等等。

## 三、构造是一种工程化过程

软件开发或构造过程包括需求分析、设计、代码实现（编写）、测试与验证等不同阶段，是一类根据软件工程规范逐步实施的工程化过程，是一类反复迭代的过程，反馈信息在其中起到关键作用。这好比化工过程、制造过程等工业生产过程。事实上，软件工程这一领域出现于 20 世纪 70 年代，其中心指导思想是将工程化的方法引入软件构造或生产过程，软件的构造不再是个人艺术，而是一种可重复的过程，旨在实现三大目标：保证软件质量、确保软件生产进度、控制软件生产费用。显然，对软件生产各个阶段实行有效控制是实现这三大目标的根本。在软件工程领域诞生之初，人们依据直观理解从技术和管理两个不同角度对软件生产的各个阶段进行控制，缺乏坚实的理论基础。随着软件规模的增加和软件复杂性的提高，从反馈控制的角度考虑软件构造过程成为一个自然选择。美国普渡大学 Decarlo 教授和 Mathur 教授从反馈控制角度对软件测试的管理过程进行建模，提出线性系统模型（Cangussu et al.，2002），而自适应测试则从技术角度将软件测试问题转化为自适应控制问题（Cai，2002）。事实上，软件测试过程在一定的条件下可视为一种线性系统的动力学过程（Cai et al.，2008b）。如何从反馈控制角度对软件构造过程进行控制，以更有效的方式实现软件工程的三大目标，是软件控制论研究的一个重要发展方向。

## 第四节　若干建议

鉴于云计算技术的迅速发展和广泛应用，在未来 5～10 年中云控制技术有望获得突破。所谓的云控制，就是由众多不同软件实现的控制算法组成一个控制云，向由众多软件 Agent 组成的被控云提供实时、多种多样的控制服务。云控制技术的突破将有力推动软件控制论不同研究方向（计算是一种控制过程，服务是一种控制系统，构造是一种过程）的发展。譬如，可以将智能控制的三层结构引入软件系统或控制云（Jiang et al.，2009），也可利用自适应控制中的成熟理论和方法，分析自适应测试技术的不同性质，并改进自适应测试技术。为了促进软件控制论这一交叉学科的发展，建议将相关方向列入一些国家项目申请指南并启动项目支持；开设相关课程和举办研修班以增加该方向人才的教育和培养；多组织召开云控制与软件控制论等交叉性研讨会等。

# 第三十七章 金融工程与控制理论的交叉研究*

## 第一节 历史发展

现代金融学一般是指20世纪50年代发展起来的理论金融学，它有别于早期金融学以定性研究为主的模式，强调数理工具在金融量化研究中的应用。著名学者、诺贝尔奖得主Markowtiz（1952）提出的均值-方差模型及分析方法被普遍认为是现代金融学、分析金融学研究的开端。自此，数理工具被广泛引入金融学的研究，这也促使了现代金融学中的一些重要理论的诞生和完善：20世纪50年代末期Modigliani和Miller（1958）提出公司财务的MM理论，20世纪60年代发展起来的资本定价模型（CAPM）（Sharpe（1964），Mossin（1966）），Fama（1970）提出的有效市场理论，以及20世纪70年代诞生的期权定价理论［Option Pricing Theory，Black和Scholes（1973），Merton（1973）］和之后的无套利定价理论（Ross，1976）等。这些理论成果支撑起了新古典（Neoclassical）金融理论的主要理论框架。20世纪80年代末期，随着金融产品的逐渐丰富，特别是衍生产品的发展，金融工程这一新兴学科逐渐形成。广义的金融工程一般是指一切使用工程化的方法来解决金融技术开发问题，不仅包含金融产品的设计，还包含定价、交易策略、风险管理等方面。本文仅从投资组合的风险管理及资产定价等几个方面简单介绍金融工程与控制理论的交叉研究。

投资组合选择是指如何把财富分配到不同资产中（股票、债券、期货等投资产品），以达到分散风险确保收益的目的。Markowitz（1952）使用方差来刻画风险，提出了著名的均值-方差模型，也开启了投资组合研究的大门。

Markowitz 提出的是一个静态单阶段的投资组合模型，然而现实中的投资行为经常是一个长时间动态调整的过程。著名学者 Samuelson（1969）早在 20 世纪 60 年代末期提出了动态投资组合管理的模型，即投资者在一定时间段内可以动态地控制投资组合分配。动态投资研究最优影响力的工作是诺贝尔奖得主 Merton 在 20 世纪 60 年代末提出的投资-消费模型（Merton，1969），此模型使用几何布朗运动刻画股价的随机游动，使用效用函数刻画投资者的投资风险态度。效用理论（Utility）是建立在公理体系上的一套决策理论 Von Neumann 和 Morgenstein（1944），在不确定性决策中被广泛使用。Merton 使用随机控制（Stochastic Control）的方法解决了此问题，给出了最优的投资-消费策略。近 40 年来，Merton 模型被学者不断改进使其更贴近现实。考虑到交易中的交易费用（Transaction cost），Davis 和 Norman（1990），Korn（1997），Liu（2004）研究了带有固定和变动交易费用的投资问题。由于交易费用只有在交易时刻产生，所以解决此类问题主要使用了随机脉冲控制理论（Stochastic Impulse Control）。在 Merton 模型中，投资机会集合（Invest Opportunity set）是确定性的，而这与实际市场中的观测有一定差距。众多学者考虑了在随机市场机会集合下的投资-消费问题（Campbell and Viceiro，1999；Kim and Omberg 1996；Brennan and Xia 2002；Wachter（2003），Liu（2007））。投资机会集是随机的，导致求解最优随机控制的 Hamilton-Jocobi-Bellman 方程为一个非线性的偏微分方程，该方程只有在很特殊的情况下，才能求出解析的投资策略。在离散时间模型中，通常使用二次函数逼近 Value function 从而获得近似解（Campbell and Viceira 1999），对 Merton 模型的另一个重要改进是考虑到信息不完全环境的影响。在动态投资组合模型中，投资者往往无法直接观测到投资组合模型中的参数，如股票随机过程的增长率、波动率等，因此，学者将 Kalman 最优滤波和随机最优控制结合研究了不完全信息下的投资组合问题（Gennote（1986），Xia（2001））。与随机自适应控制理论的结论类似，Xiong 和 Zhou（2007）进一步证明了最优估计与最优投资决策的可分离性。与随机控制的传统方法不同，在连续时间模型下，求解最优投资组合问题的另一个套理方法是基于市场无套利理论的鞅方法（Martingale Thoery），此方法本质上是 Harrison 和 Kreps（1979），Pliska（1982）风险最早提出的风险中性等价鞅测度的应用，此方法相比传统随机控制的方法有更多的优点（Karatzas et al.，1986；1987；Karatzas and Shreve 1998），Pliska（1986）。与效用函数为投资目标的投资组合问题不同，由于方差在动态规划意义下不可分离，将 Markowitz

最早提出的均值-方差模型推广到动态投资的框架下直到 2000 年才完成。Li 和 Ng（2000）、Zhou 和 Li（2000）使用嵌入法解决了方差不可分离这一难题。在此基础上，后续的连续时间均值-方差模型的研究致力于解决更复杂的问题：随机机会集合的问题（Lim and Zhou，2002）、局域跳变的问题［Regime Switching，Zhou 和 Yin（2003）］、不允许卖空的问题（Li et al.，2002）等。近来，有学者发现 Zhou 和 Li（2000）提出的动态均值-方差的投资决策并不满足时间一致性（Time-consistency），即投资策略在任意时间点上并非最优。Basak 等（2010）和 Bjork 等（2010）利用随机博弈的思想提出了不同的方法来解决动态均值-方差问题的时间一致性问题。时间一致性问题对于目标函数不可分离的投资和风险管理模型普遍存在，因此解决时间一致性问题也是投资组合管理的新热点之一。

金融工程中研究的另一个重点是资产的定价问题。资产定价方面的一个里程碑是 Black 和 Scholes（1973）、Merton（1973）给出的欧式股票期权定价公式，Black-Scholes-Merton 模型下标的股票过程满足几何布朗运动。Cox 等（1979）发展了基于二叉树模型的期权定价公式，在无交易费及可以连续交易的假设下，可以动态调整标的股票和无风险资产组合来完全复制欧式股票期权的到期支付，利用无套利的思想，欧式股票期权的价值即等同于该标的股票和无风险资产组合的初始价值，在此思想下的期权价格只依赖于无风险资产利率及标的资产的即时波动率，而不依赖于标的资产的即时增长率。基于此结论，Cox 和 Ross（1976）给出了风险中性定价方法，即可以寻找一个风险中性测度。一般资产的价格即为其未来支付在此测度下期望值的无风险折现。后来 Harrison 和 Pliska（1981）通过了等价鞅测度理论建立了无套利定价与风险中性定价的联系，即市场无套利等价于存在风险中性测度，这便是资产定价的基本定理。Delbaen 和 Schachermayer（1994；1998）、Jacod 和 Shiryaev（1998）在更一般的随机模型下发展了资产定价的基本定理。随着 1973 年芝加哥期权交易所的正式成立，统一化和标准化的期权合约买卖规模不断扩大，种类不断齐全。基于 Black-Scholes-Merton 定价原则的衍生品定价很快的应用到其他金融产品，比如债券、障碍期权、回顾式期权、亚式期权及美式期权。虽然 Black-Scholes-Merton 定价公式取得了理论和实践的空前成功（Black-Scholes-Merton 定价公式也获得了 1997 年度的诺贝尔经济学奖），随着市场的进一步发展，特别是自 1987 年美国股市大崩盘来，人们也发现了基于几何布朗运动的 Black-Scholes-Merton 模型的一些局限性。Black-Scholes-Merton 模型下期权的价格依赖于标的资产的未来波动率。几何布朗运动模型假设标的资产的波动率是恒定不变的，这样就可以用历史波动率来代替未来波动率。大量的实证研究显示波动率是关于期权执行价格的变化函数，即所谓的“波动率笑脸”。另一方面，实证数据显示股票回报率的分布也不完全为几何布朗运动模型下的正态分布，一般表现为重尾尖峰的分布。为了更好地解释市场的这些特性，人们推广了几何布朗运动模型。主要分为两类，一类为随机波动率模型，此类模型中又分为将回报率的即时波动率表示为当前标底资产价格和时间函数的局部波动率模型［包括 Derman 和 Kani（1994），Dupire（1994），Cox（1996），Davydov 和 Linetsky（2001）］和将回报率的即时波动率表示为一个新的随机扩散过程的随机波动率模型［包括 Hull 和 White（1987），Stein 和 Stein（1991）以及 Heston（1993）］，另一类为带跳的随机扩散模型。这类模型将引起标的资产价格发生大的变动的突发事件模型为纯跳过程，包括将跳的来到时间模拟为泊松过程的泊松跳过程（Merton 1976；Kou，2002）和一般的 Levy 过程（Geman et al.，2001；Duffie et al.，2000）提出了仿射随机模型，部分地综合了上面两类模型。

## 第二节　现状与需求分析

对投资组合的研究近年来已经从传统的理性投资者模型转向非理性投资者模型。20 世纪 80 年代一批心理学方面的研究给新古典金融学带来一场新的革命。传统的金融模型（投资、定价）建立在假设投资者都是理性的“收益最大化投资者”这个基础上。然而学者们发现在此框架下的理论并不能解释金融市场中的很多现象。同时，大量的实证分析观测到投资者在金融市场中的非理性行为。诺贝尔奖得主 Tversky 和 Kahneman（1992）在一系列研究中提出的期望理论（prospect theory）为行为金融学的研究开启了大门。近年来，一些学者对以行为金融意义下的投资组合问题进行了一些尝试。Berkelaar 等（2004）使用鞅方法研究了 Kahneman 提出的带有分片指数型效用函数的动态投资组合问题。Jin 和 Zhou（2008）研究了以带有概率扭曲的分片效用函数的投资组合问题。对更一般的带有概率扭曲的效用函数，He 和 Zhou（2011）提出了分位点形式（quatile formulation）从而在更大的框架下解决了此类问题。然而，对行为金融意义下的各种模型的研究才刚刚开始，各种新的模型不断涌现，而这些模型的出现对其解决方法也提出了新的要求。

当前关于资产定价的基本思想还是基于无套利定价原理、风险中性定价及等价鞅侧度定价。模型的发展更偏向于实际运用，如利率衍生品定价模型及关于抵押贷款的信用衍生品模型。这些模型在实践中的广泛应用使得金融市场，特别是信用衍生品市场得到了爆炸性的发展。信用衍生品受到追捧并催生了巨大的泡沫。最终我们经历了一次有史以来最大的金融危机，这就是2008年发源于美国的次贷信用危机。人们一方面开始关心金融产品特别是场外交易产品的相关性风险以及进而产生的系统性风险，另一方面也更注重投资人的非理性投资行为引起的“无效率市场”。伴随着金融市场的几次重大危机，投资者和市场的监管机构已经把风险管理视为金融管理的首要任务。

从交易的微观结构来看，随着21世纪计算机技术和网络技术的进步，电子化交易已经在世界各大金融市场占有主导地位。与此同时，算法交易（Algorithmic Trading）、自动化交易、高频交易（High Frequency Trading）为代表的新兴交易模式已经在世界许多金融市场占有主导地位。有统计显示2009年美国股市有53%的交易是算法交易完成的。算法交易策略通常是以计算机为基础搜集、处理信息并执行交易以达到特定的指标。在这其中涌现出一批新型的课题。投资机构进行资产交易往往数量庞大，交易时会对市场价格造成冲击。如何控制交易对市场价格的冲击，被称为最优清出问题（Optimal Execution Problem）。Bertsma 和 Lo（1998）首先考虑了这类问题的简单模型，他们使用动态规划的方法给出风险中性意义下的最优清出策略。Almgren 和 Chriss（2000）定义了清出成本并考虑了在风险厌恶意义下的清出问题。在这些研究中通常是假设一个冲击函数，即价格冲击为清出股票量的函数。Alfonsi 等（2010）从交易的指令单动态结构建模并给出了最优清出的策略。目前对最优清出问题的研究与实际交易还有较大差距。从本质上讲，交易的微观结构是交易单簿（order book）买和卖两条队列共同作用的结果。如何对 order book 建立有效模型是解决最优清出问题的关键。

## 第三节　存在的科学技术问题及新特点

### 一、行为金融意义下的投资组合问题

#### 1. 前景理论

Kahneman 和 Tversky（1979）提出了前景理论，针对投资者对风险的

态度及主观因素对未知事件概率的影响，相对于期望效用理论，主要提出了三点特性：①投资者关心相对财富，而不是绝对收益，即行为投资者选择一个参考点，相对于参考点，考虑获利或者亏损；②行为投资者对获利是风险厌恶的，对亏损是风险追逐的，即效用函数为S形的；③行为投资者通常夸大了极端事件的影响，而缩小了一般事件的作用，即对不确定事件 $\omega$，在客观概率 $P(\omega)$ 的基础上，人们在做决策时往往加上了主观扭曲，且对于比较小的 $P(\omega)$，往往有 $\pi(P(\omega))>P(\omega)$，对于比较大的 $P(\omega)$，则反之。这种非线性的概率扭曲 $\pi$ 在解释人们面对极端事件时的决策行为取得了很大的成功。其后为了满足随机优势原则及适应于连续随机变量，Tversky 和 Kahneman（1992）又提出了累积前景理论。累积前景理论保留了前景理论的主要观点，满足了随机优势原则并且适用于任何随机事件，但它并没有受到应有的重视，这主要是由于其理论本身的复杂化，如概率扭曲带来的非线性特征在处理连续时间金融问题时受到了很大的理论困难。Yaari（1987）提出了对偶理论，即不需要效用函数来扭曲获利，而只用一个权重函数来对不确定事件的概率进行扭曲。Lopes（1999）另外对损失加上一定的概率要求，提出SP/A 理论。

2. 行为投资组合的主要问题

前景理论的一个重要特征是强调了人们主观判断力对不确定事件发生概率的扭曲。数学上来说就是改变了不确定变量的概率特性，将线性的概率期望变为了非线性的容度。概率期望的迭代法则不再有效。这样我们在考虑与期望效用优化相对应的行为目标函数最大化的问题时，原来的方法如动态规划不再有效。行为金融学下的非线性优化问题对理论方法的发展提出了很强的要求。

3. 行为投资组合问题的 Quantile 方法

不同于传统随机优化方法将随机变量作为决策变量，Quantile 方法将随机变量的累积分布函数或者其反函数即 Quantile 函数作为决策变量。Schied（2003；2004）、Carlier 和 Dana（2005）各自用 Quantile 方法来解决一些涉及概率扭曲的问题。在累积前景理论下，Jin 和 Zhou（2008）完整地解决了完全市场下的连续时间投资组合问题。Jin 和 Zhou（2008）利用鞅方法首先将动态的财富过程转化为一个静态的预算约束条件，然后利用 Quantile 方法解决了转化后的静态问题。He 和 Zhou（2011）进一步利用 Quantile 方法给出了关于 Law-invariant 偏好下的投资组合问题一个一致的模型，并对包含其中的几个著名模型，如 Browne（1999）的 Goal reaching 模型 Yaari（1987）的对偶模型，Lopest 和 Oder（1999）的 SP/A 模型给出了解析解。类似于 Jin 和 Zhou（2008）、He 和 Zhou（2011）主要解决了完全市场假设下的投资组合问题。关于非完全市场，当投资集合是确定性的，He 和 Zhou（2011）也给出了 Quantile 方法的解。

4. 行为投资组合问题的灵敏度分析方法

Cao（2007；2009）给出了一个简单的介绍，发展了一种基于灵敏度分析的方法来处理一般的随机控制问题，这种方法已经为构建多学科的统一理论做出了基础性的贡献。这些学科包括离散事件动态系统的摄动分析（Ho and Cao，1991；Cao，1994；Cassandras and Lafortune，1999）、运筹理论中的马式决策过程（Veinott，1969；Puterman，1994；Bertsekas，2005）、计算机科学中的强化学习（Sutton and Barto，1998）、神经元动态规划（Werbos，1992；Bertsekas and Tsitsiklis，1996）、自适应控制（Astrom and Wittenmark，1989）和连续时间扩散过程的随机控制（Cao，et al.，2011；Cao and Wan，2012）给出了扭曲概率效用函数下投资组合问题的基于灵敏度分析方法。Cao 和 Wan（2012）分析了扭曲效用函数一阶导数的拟线性，并基于此结论给出了扭曲概率效用函数下投资组合问题的最优解。灵敏度分析是基于系统表现对某个参数的导数来学习最优决策的性质。一般而言，这种分析方法对市场性完全性没有要求，故而此种方法有望提供一种一致的方法来处理扭曲概率效用函数下的各种问题。

## 二、投资组合的动态风险管理问题

伴随着金融行业的几次重大危机，金融风险管理也成为投资者与监管者在投资组合管理中关注的首要问题。使用效用函数来刻画风险态度在理论研究中起到非常重要的作用，然而从均值-方差模型衍生出来的“收益-风险”框架下的投资组合模型更受到金融界的青睐。这是因为风险度量会给出一个风险值，便于风险收益的权衡决策。由于方差对风险度量有一定缺陷，近半个世纪以来，学者和金融从业者提出了更好的风险度量：Young（1998）提出了使用不绝对偏差来度量风险；20 世纪 90 年代 VaR（Value-at-risk）作为风险度量被业界广泛采用（Philippe，1996）；Artzner 等（1999）一次系统地给出什么是“好”的风险度量即一致性风险度量（coherent risk measure）的概念；Rockafellar 和 Uryasev（2000；2002）提出了新的风险度量 CVaR，它是对 VaR 的改进且满足一致性风险度量的公理。在投资的风险管理中 CVaR 越来越受到关注。由于以上风险度量都需要在知道随机变量的分布信息的前提下才能计算，所以，收益-风险框架下的模型以静态模型为主。这与现实中投资是一个动态长时间的过程还有较大差距。这类问题给控制与最优化理论的研究带来了新的挑战。以动态均值-CVaR 模型为例。假设市场中有 $n$ 只股票，投资者购买这 $n$ 只股票组成投资组合。用 $x(t)$ 表示在 $t$ 时刻的财富（状态），财富动态过程可用如下方程描述

$$x(t+1)=f(x(t),u(t),P(t)),t=1,2,\cdots,T$$

式中，$u(t)$ 是一个 $n$ 维向量（控制变量），表示在 $n$ 只股票上的资金分配，$P(t)$ 是 $n$ 维随机变量表示股票的价格。控制的目标是在 $T$ 时刻使得终端财富 $x(T)$ 的 CVaR 风险度量最小，同时使得终端财富的均值 $E[x(T)]$ 大于给定 $d$ 水平，也就是满足约束。终端财富的 CVaR 风险度量一般定义为

$$\text{CvaR}\,R[x(T)]:=\frac{1}{1-\beta}E[f(x(T))1_{f(x(T))\geqslant \text{VaR}}]$$

$$\text{VaR}:=\min\{\alpha\mid P(f(x(T))\leqslant\alpha)\geqslant\beta\}$$

式中，$\beta$ 是一个风险水平（如 95%或 90%），$f(x(t))$ 是损失函数。VaR（Value-at-Risk）是损失的 $\beta$ 风险水平的分位点。由于计算 CVaR 需要各只股票的分布信息，通常使用两类模型解决此问题。①假设股票的波动是离散分布的，或者使用模拟哥特卡罗方法获得每个时刻离散分布的信息。但是，当状态数目较多，投资时间长度 $T$ 较大时，解决此问题依然比较困难。②假设股票的波动服从连续分布。在假设连续分布的前提下，要求解反馈控制律，必须求解 Bellman 最优差分方程。在一般情况下很难得到解析的形式，因此只能采用近似的方法。综上所述，对于带有下部风险度量（CVaR，VaR）的多阶段投资组合问题还没有很好的解决方法，今后将是投资组合研究的一个热点。

## 第四节　未来发展方向

金融工程的发展与其他学科类似，是理论与实践不断磨合的过程。本着理论服务于实践，而又领先于实践的原则，笔者认为如下几个方面是未来金融工程与控制理论研究结合的研究方向。

（1）解决行为金融意义下的投资组合模型的新方法：这类问题通常不满

足动态规划的可分离性质，传统随机控制的方法已经不再适用，发展新的解决方法成为研究行为金融的突破点之一。

（2）算法交易与控制理论的结合：算法化交易策略通常是以计算机为基础搜集、处理信息、并执行交易以达到特定的指标。从机构投资者的角度来看，如何在市场中发现套利机遇，并控制交易量在实现套利的基础上减小对市场冲击成本是算法交易研究的首要问题。

（3）动态风险度量和控制。目前，风险管理的模型以静态为主，然而几次重大的经济危机使人们意识到传统风险管理的局限性，发展动态风险控制的模型和方法将是未来风险管理的首要任务。

（4）开展对突发金融风险的生成、扩散和预警的研究。算法交易在我国才刚刚起步，从监管部门的角度讲，监控算法交易对市场系统风险的影响是一项首要的研究课题。

# 第三十八章 控制科学与脑科学交叉领域的研究

脑科学是研究脑和心智现象及规律的科学，是一个具有重大科学意义和哲学意义的科学领域。控制科学作为一门以系统和控制为主要对象的科学，诞生于学科交叉，它的早期科学思想源于控制论奠基人诺伯特·维纳的著名专著《控制论》，他把控制论定义为在动物和机器中控制和通信的科学。在控制科学的发展历程中，人们始终将模拟人脑或生物的控制机制和功能作为研究对象，探索和构建了各种控制系统。近 30 年来，脑与认知科学、信息科学和技术等的进展，进一步推动了控制科学和脑（人体）科学交叉领域的研究，出现了一些具有重要科学意义和应用前景的研究新领域。其中基于人的思维和意念的控制系统，即脑控系统的研究格外引人关注。这类新型控制系统的研究从控制机制的产生、系统结构、建模方法、控制策略及应用对象等方面，拓展了控制科学与工程的研究思路和方法。这类系统已被用于医疗康复（如人性化护理机器人）、人体健康（如睡眠工程），以及人机系统安全和控制（如航空航天）等诸多领域。本文对脑控系统的研究背景、发展现状、研究的关键问题及进一步发展方向进行论述和分析。

脑控系统是一类通过人的意念和思维来实现控制的新型系统。在这类系统中，代表人的意愿的信息以脑电信号为载体，通过脑机-接口（brain-computer interface，BCI）转化为控制指令，实现对外部设备（如鼠标、键盘、轮椅和机器人）的控制（Wolpaw et al.，2000）。这种基于脑-机接口的人机融合控制系统，被称为脑控系统。认知神经科学的研究成果为脑控系统的研究提供了科学依据，脑-机接口技术的发展为脑控系统的实现提供了技术支撑。

## 第一节　研究背景和发展现状分析

脑控的研究初衷缘于医疗康复领域的需求，如患有肌萎缩性（脊髓）侧索硬化症（amyotrophic lateral sclerosis，ALS）和其他因事故或先天而残疾的病人康复的需要。这些运动机能丧失的患者可望利用这项控制技术，通过自身的脑电信号来操作轮椅或机器人，以辅助完成某些基本的运动功能（Wickelgren，2003）帮助这些病人部分恢复生活自理能力，给他们的生活带来希望。

从控制科学的角度看，大脑是人体所有运动、语言机能的控制中心，以外部神经为媒介向身体发出指令。神经科学的研究发现即使外部神经和肢体因损伤而失去作用，大脑的功能还是正常的，大脑发出的指令信息可以通过脑电信号传递出来；研究还发现人们在进行某些思维活动时或在外界某种刺激的诱发下，人脑电信号会呈现出某种相对应的、有规律的变化模式（Gazzaniga，2002）。由此，抽象的、虚拟的大脑活动所表达的人的意愿就有可能通过实在的、物理的脑电信号而“表征”出来，脑电信号就成为人脑与外部联系的桥梁。

脑-机接口是通过计算机或其他电子设备在人脑与外界环境之间建立一条不依赖于外周神经和肌肉组织的对外信息交流和控制通路。它将携带着受试者“意愿”的特定脑电信号模式的特征，转换为控制命令传递到外部设备，实现人脑的对外控制。脑-机接口主要由以下几部分组成：信号采集，即采集大脑信号；信号处理，即从采集到的信号中提取大脑信号特征并将其转化为设备的控制指令；应用接口，即将控制指令传输给外部设备，以实现对外部设备的操控；操作协议，即引导操作流程。脑控制系统的结构示意图如图38-1所示。

1973年，美国加利福尼亚大学洛杉矶分校（University of California，Los Angeles，UCLA）的Vidal博士等对脑和计算机的通信进行了研究，这象征着BCI技术的雏形（Vidal，1973）。1991年，Wolpaw等研究并发表了通过改变脑电信号中的mu节律幅度来控制光标移动的成果，提出了大脑驱动控制技术的概念，即脑电控制（Wolpaw et al.，1991）。1995年，研究BCI技术的团体和组织还不超过6个，1999年则超过20个，2002年近40个，2007年已经发展到数以百计（Mason，et al.，2007），而现在更多。在

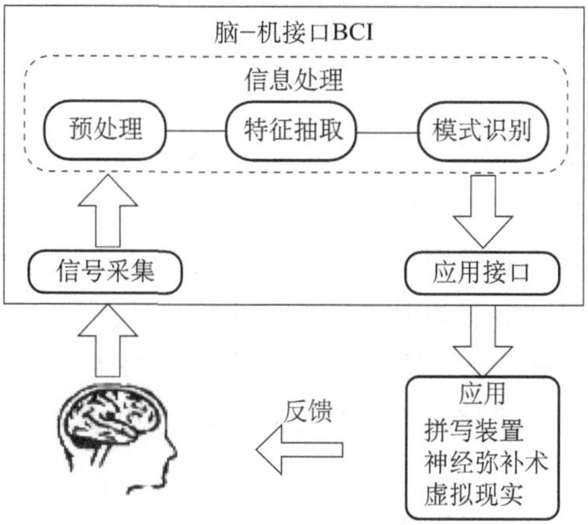


图 38-1 脑控系统的结构示意图

*Nature* 和 *Science* 等顶级学术刊物上对这项研究给予高度关注，发表了一系列有关脑-机接口的文章。

携带着受试者“意愿”的特定脑电信号模式的研究是该领域研究的基础。目前主要用于脑-机接口的脑电信号为慢皮层电位（SCP），P300 电位，运动想象（MI）和稳态视觉诱发电位（SSVEP）等。SCP 是一种能持续 300 毫秒到数分钟的正负变化的脑电信号，主要集中于中央脑区（脑电极 Cz），可以通过生物反馈来训练使用者控制这种正负的变化。1957 年，Brookhartd 等首次提出 SCP（Brookhart et al.，1957）。1999 年，Birbaumer 等首次把 SCP 应用于 BCI，建构了基于 SCP 的拼写系统（Birbaumer et al.，1999）。P300 电位是人在小概率刺激后 300 毫秒左右产生的电位，主要集中于人脑的中央视觉区域（脑电极 Pz）。1965 年，Sutton 等发现了 P300 电位（Sutton et al.，1965），1988 年，Farwell 和 Donchin 首次开发出了 P300 拼写系统（Farwell and Donchin，1988）。1977 年，Gert Pfurtscheller 等发现了事件相关去同步（Event-related Desynchronization，ERD）现象，1999 年发现了事件相关同步（Event-related Synchronization，ERS）现象（Pfurtscheller et al.，1999）。这种运动电位主要分布在中央运动区域（脑电极 C3，C4，Cz）。2003 年，Pfurtscheller 等利用运动想象电位作为控制命令，通过肌肉电刺激让失去手指运动能力的病人利用残疾手自主地完成抓取杯子饮水的任务（Pfurtscheller et al.，2003）。SSVEP 是一种在外界视觉刺激，刺激视网膜时，大脑产生的诱发 EEG。这种视觉刺激的频率在 3.5～75Hz，当受到此种类型刺激时，大脑会出现相同或整数倍于此频率的电活动反应。

脑控系统主要应用于损伤肢体辅助控制，鼠标控制（Piccione et al.，2006），轮椅控制（Rebsamen et al.，2006），机器人控制（Bell et al.，2008），键盘控制（Scherer et al.，2004），电话拨号（Miller et al.，2002），机械手控制（Müller and Pfurtscheller，2008），虚拟环境控制（Leeb and Pfurtscheller，2004），家用设备控制（Hoffmann et al.，2008）等。除了一些国内外著名大学和研究机构外，一些高科技企业也投入巨额资金从事该项研发工作。在新闻媒体上有关BCI的报道也屡见不鲜，如布朗大学的植入式BCI研究成果被《探索》杂志认为是2006年7大技术发现中最重要的技术发现；2009年，P300脑-机接口系统被美国《时代周刊》评为2009年最有价值的50个发明之一。

如上所述，人们已经发现和使用了SCP、P300电位、SSVEP和MI等来构建脑-机接口，但总体而论，可用的脑电信号模式较少，现有的信号模式中又存在着诸多问题。例如，SCP是较早被使用的模式，但是基于SCP的系统，使用者必须经过数个月的训练才能完全控制SCP的正负变化，所以在实际应用上并不是非常方便。基于运动想象模式的ERD/ERS和MRPs等信号是目前BCI研究中的热点，它有明确的神经生理现象作为对应，它在方向控制等方面具有优势，并且适用于中风等康复训练（Silvoni et al.，2011），但是运动想象电位存在信号不稳定、识别速度低、可识别模式少、训练时间长和适用人群窄等问题。

在诱发电位中，视觉诱发电位，因为其具有丰富的编码命令、稳定的信号信息、较高的识别速率和准确率，是现在研究最多的诱发电位，但是这类信号品质受诱发目标形式、诱发刺激分布与序列模式、人的感知缺陷等因素影响。P300事件相关电位对不同人群适用性高，相比于其他电位较稳定，识别准确率较高，编码组成的控制信号较丰富，一般不需要进行训练。但是P300等电位也存在一些问题：有研究表明，诱发模式的优劣将直接影响ERP诱发电位的可识别性，从而影响脑—机接口的交互正确率和效率（Martens et al.，2009；Townsend et al.，2010.）。

脑电信号是非平稳的，微弱生物电信号，容易受到外界噪声和使用者本身的肌电、眼电等干扰，所以作为脑控系统核心部位的脑-机接口还存在识别精度不高，速度较低，控制命令单一，脑信号产生不稳定和适应性差等缺陷。在实时在线处理中，脑信号特征不仅随着时间发生变化，还会因人而异。在研究有效的特征提取方法时，熵、傅里叶变换、小波变换、主分量分析、独立分量分析、盲信号分离、张量分析等方法均被使用，但远未完善。面向实时处理的特征提取方法，既要计算速度快，又要使得提取的特征充分反映研究探讨的精神思维活动，就需要发展更加先进的信号处理和特征提取算法。此外，训练样本和测试数据潜在分布不一致，导致根据训练样本得到的分类器不能很好地作用于测试数据（Wang et al.，2013）。

## 第二节　研究的主要问题

目前，这类控制系统的研究仍然处于初级阶段，面临着许多困难，其中既有科学上的难题，也有应用中的关键技术难点。

### 一、基于思维或意念的脑电信号模式研究

从控制信号产生的机制而言，在基于脑控系统中，产生控制的原始命令是人的思维或意念，这种思维或意念信息是以脑电信号为载体，通过对脑电信号的处理和模式识别来产生控制信号。因此，发现和识别这种基于思维或意念的脑电信号模式是这项研究的基本出发点和立足点，是该项研究的一个关键问题。这种信号模式应该具有可测量、可区分、稳定可靠和可重复的特性。在该问题的研究中主要包含三个方面。

（1）针对已有模式中的问题，进行优化和完善。例如，针对 P300 等诱发电位中存在的问题，开展诱发目标之间的呈现时间和诱发目标的呈现方式（诱发矩阵，Shishkin et al.，2011）、诱发目标分布（Jin et al.，2011）、诱发目标属性（Takano et al.，2009）和诱发序列（Bigdely-Shamlo et al.，2008）等诱发模式的研究。

（2）将两种或更多种已有的信号模式进行融合，形成融合诱发与多模态融合的脑电信号研究。近年来已开展了一些研究工作（Allison et al.，2012；Jin et al.，2012a；Long et al.，2012），如 Allison 等提出了把运动想象和稳态视觉诱发电位相融合的思想，以提高脑-机接口的在线性能，并成功把这种方法以同步控制方式应用到鼠标控制中。Jin 等提出了 P300 电位与运动事件相关电位融合的脑-机接口系统，研究发现这种方法能有效提高系统准确率。

（3）基于认知神经科学等的研究成果，发现新的脑电信号模式。20 世纪 50 年代以后，科学家们利用诱发电位固定的锁时（time-locked）关系，采用计算机叠加技术从自发电位中提取出一种与认知相关的电位，称之为事件相关电位（event-related potential，ERP）。科学家们发现了与注意、信号感知、

分析判断、决策及工作记忆内容更新等认知过程相关联的 ERP 成分（魏景汉和罗跃嘉，2010）。目前被用于 BCI 的 ERP 仅是其中的一部分，随着研究的深入，相信会有更多更新的 ERP 成分被用于 BCI。因此，进一步的心理生理学现象研究将有助于新脑电信号模式的发掘，从而促进 BCI 新范式的研究(Jin et al.，2012b；Zhang et al.，2012a)。

## 二、高性能控制信号转换算法的研究

如何将上述脑电信号转换成相应的控制命令是脑-机接口研究的另一个关键问题，实现这种转化的算法称为控制信号转换算法，该项研究主要包括信号预处理、特征提取及模式识别三个方面。

原则上，目前在信号处理和机器学习中，关于特征提取和模式分类的算法可以用于 BCI，由于脑电信号及这类系统的特殊性，这些方法的应用必须适应这种特殊性。这种特殊性主要表现为脑电信号微弱易受心电、肌电、眼电等人体电信号的干扰；易受人的精神状态的影响，不仅与人的思维或意愿有关，往往因人而异；信号的产生和识别受实验范式的影响；信号识别的特性与导联的选择有关等。因此，在脑-机接口系统研究中，形成了一类有针对性的特殊信号处理和模式识别算法。以下一些算法的研究具有重要意义。

（1）多维数据分析处理（包括特征提取和分类）算法研究。在脑控系统中的 EEG 信号往往包含着多维的数据信息，如时间域、频率域、空间（通道）域，以及试验间的可变性和被试间的特异性等多方面的信息。在通常的特征提取算法中（如空间域方法等）基本都是基于二维子空间的矩阵分析方法，无法满足对这些多维数据信息同时分析处理的要求，而这种同时的多维数据分析处理将很有可能帮助我们更有效地挖掘出特定 EEG 信号的特性，并更准确地识别这些特性（Zhang et al.，2013；2012b），这对 BCI 领域的发展和应用有着十分重要的意义。

（2）在线自适应分类算法研究。在脑控系统的控制信号转换算法研究中，已经形成了一些各具特点的分类算法，但都还存在一些问题，主要包括维数灾、过拟合和低自适应性。特别是 EEG 信号不稳定性使其不仅会随时间而发生不同程度的变化，还会因人而异，使得 BCI 在使用中无法一直保持较高的分类精度。如何设计有效的多维在线自适应分类算法是脑控系统研究中一个非常关键的研究问题。Jin 等（2013）利用在线学习功能的 LDA 算法进行尝试，根据已有数据得到泛化模型，并利用在线学习算法，根据使用者的脑电信号对泛化模型进行在线修正，结果显示这种方法对多数使用者有效，可免去 P300 脑-机接口烦琐的离线数据采集工作。

### 三、脑控系统的应用研究

从实用的角度看，目前的脑-机接口技术还存在着诸多问题，除了上述在脑电信号模式、控制信号转换算法方面的问题之外，还需要着重解决以下问题。

①脑电信号采集设备的更新。脑-机接口研究中的首要问题是有效信号的稳定采集与处理，这是决定系统能否准确快速运行的关键所在。通过信号采集的硬件设备，如传感器、放大器等的技术革新，从源头上提高脑电信号的质量。此外，设备的易用性、便携性上需不断改进。

②脑控系统的安全性。脑控系统是一个高度人机融合的系统，人的安全性是第一要素。例如，为了考虑安全性，提出了关于“脑开关”的研究：在实际的脑控系统中，为了避免在非任务状态下产生任务命令，脑-机接口系统开关，也称脑开关，是不可缺少的。在基于脑电信号的轮椅控制，假肢控制等实际控制系统的操作中，误发出的命令很可能会使使用者陷入危险和很多不必要的麻烦。如何针对不同的目的和对象，找到一个安全可靠的脑开关信号，也是脑控系统实际应用的一个值得研究的方向（Pfurtscheller et al.，2009）。

③脑控系统的人机适应性。一方面要进一步研究 BCI 性能因人而异的问题；另一方面要进一步重视 BCI 系统使用者的状态问题。因为使用终端是人，人的状态与感受也将直接影响系统被使用的性能，所以要评判一个脑-机接口范式与设置参数的好坏一定要把人考虑其中，这样才能设计出具有较高用户友好性而真正能为人服务的脑控系统。

④BCI 系统性能评价的统一标准。由于目前的研究基本处于实验室阶段，尚无统一的理论框架和规范，兼容性较差。目前主要从信息传输率、延迟和响应时间、脑力负荷和用户友好性等人机交互角度去评价 BCI，从应用产品商业化的角度看，科学评价的标准还需进一步完善和统一。

## 第三节　进一步研究的方向

脑控系统的研究已取得了迅速的发展，作为一门多学科交叉的新兴研究领域，有着广阔的发展前景。展望未来，除了上述需要研究的关键科学和应用中的问题之外，下列问题也可能是今后值得进一步研究的方向。

（1）脑控系统的智能化研究。在脑控系统中，人脑和计算机紧密结合，这种结合体现了生物智能和人工智能的结合，脑控系统可以成为研究这两种智能的平台。基于脑控系统的智能化研究也许能对智能问题的研究起到促进作用，并为研究智能控制和高级人工智能机器提供新的视角和途径。开展智能化研究，也将是脑控系统研究的一条新的途径，对完善脑控系统起到推动作用。目前许多脑-机接口系统只是单纯地使用命令一步一步完成目标任务，使得任务完成效率非常低，安全性也不能得到保障。控制设备的智能化研究也许能够弥补某些不足，即使得控制目标具有一定的智能，通过少量的命令输入，理解使用者的需求，提高系统的整体性能。

（2）脑控系统的网络化研究。目前脑控主要是针对个体的操作，当有多人联动的情况下或需要远程操作时，就有必要构建一个基于脑-机接口的网络化系统。这一类特殊的网络化系统的研究，一方面对脑控的研究提出了新课题；另一方面当把人脑、机器和网络（包括 Internet）纳入一个控制系统后，在网络控制中研究的反馈、稳定、鲁棒和时滞等问题就可能会产生，势必会影响在线分类器的质量，这些问题综合起来又会影响到被测试者或使用者的精神心理活动。此类复杂系统控制问题的研究将更为困难，将会产生新的科学问题。

（3）拓展新的应用领域。目前脑-机接口技术的应用较多集中于康复领域。事实上脑-机接口技术不仅为残疾人带来了福音，也为正常人提供了“第三只手”的功能。这种新的功能可以充分发挥人的潜能，使脑控系统有更多的用武之地。例如，可以根据特殊环境的需要，在人手被占据的情况下完成一些多目标的并行控制操作，以此来节省人力和提高操作的便利性。

（4）人机融合系统的理论和方法研究。脑控系统是一类非常特殊的人机融合控制系统。从控制产生的机制看，实施的是人的“意念和思维”的控制；从系统的构成看，人既是控制者，又是被控对象，“机”既是实施控制的执行者，又是产生控制的引导者。在通常的控制系统中，一般不考虑人的因素，人本身并不作为系统的组成部分，而是独立于控制系统之外的。面对这一类特殊的控制系统，如何描述？如何建模、设计和优化？如何分折和评价等？都是很值得思考和研究的新问题，目前还缺乏深入系统的研究。显然，传统的控制理论和方法并不能直接应用于这类特殊系统的建模和优化等问题的研究，需要创新和发展。

# 第四节 可行性与建议

上述交叉领域的研究已有广泛的国际和国内基础，具备了较好的理论基础、人才队伍、实验平台和应用前景。为进一步推动上述领域的研究，建议对上述领域的研究给予足够的重视和较大强度的持续性支持，加强中青年人才培养及团队建设，重视科研基地及平台建设，开展国际交流与合作，这是产生有世界影响成果的必要条件。为加强我国科学研究的自主创新，有必要在上述的研究领域，通过设立研究专项，面向有限目标集中力量，重点突破，解决长期困扰的技术瓶颈。为加强人才队伍建设，实行引进人才与培养人才并重的方针。根据我们的经验，与国外高水平实验室联合培养博士生是一个行之有效的措施。上述研究领域对实验平台的要求很高，建议设立专项经费支持。

# 第三十九章 控制科学教育趋势

## 第一节 概 述

控制科学（control science）也称为自动化科学，是以控制论为理论基础，并与系统论、信息论密切相关的一门技术科学，属于应用基础科学的范畴。控制科学具有广泛的对象、严密的理论、可行的方法和普适的特性，为控制工程和应用、自动化技术及各类自动化系统的分析设计提供了理论基础。在我国高等教育中，自动化及类似专业承担着控制科学教育的任务。自动化是本科阶段培养的专业名称，研究生阶段培养的一级学科名称是控制科学与工程。

控制科学教育在培养工程技术人才方面发挥了重要作用，也为培养科技人才做出了突出贡献。在21世纪，控制科学本身和教育事业面临新的机遇和挑战，已经引起国内外学者的高度重视和思考，召开了若干研讨会，形成了控制科学教育未来发展的若干很有价值的建议（Murray et al.，2003；Samad and Annaswamy，2011）。

在我国，为了推动自动化学科专业改革与发展，提高自动化学科专业教育教学质量，适应新时期科技、经济、社会发展和全面建设小康社会的需要，从2001年11月起，教育部高等学校自动化专业教学指导分委员会在主任委员清华大学吴澄院士的领导下，开展了自动化学科专业发展战略研究；2007

年，发表了《自动化学科专业发展战略研究报告》[①]，系统地总结了我国控制教育的历史和现状。我们将在历史与现状一节分别从高等教育发展史、人才培养模式和教学建设等三个方面对报告进行概括性的介绍。

## 第二节 历史与现状

### 一、控制科学的高等教育发展史

控制科学的高等教育始于20世纪40年代。美国、西欧和苏联的一些大学率先开始伺服机构和自动调节的课程。在我国，控制科学与工程的高等教育伴随着自动化学科的建设取得了蓬勃发展。1955年，基于国家对自动化人才的急需，从清华大学电机系高年级抽调了两届优秀学生，从全国各重点高校相近专业高年级抽调287名优秀学生，由钱学森和郎士俊教授主持在清华大学举办全国自动化学习班，为我国培养出第一代自动化人才。1956年起，清华大学、西安交通大学等一批重点高等院校相继建立自动控制专业，开始时按苏联惯例称为“自动学与远动学”专业。哈尔滨工业大学除“工业企业电气化”专业外还建立了“自动学、与远动学与量测仪表”专业，侧重培养“仪器仪表制造”方面人才。1958年，清华大学等一批重点高等院校先后建立自动控制系或行业性自动控制系（如航空自动控制系）等。同时，中国科学技术大学在1958年率先成立自动化系。1970年以后，根据自动化科学技术及其高等教育的发展需要，清华大学等一批重点高等院校将自动控制系转型为自动化系。

20世纪80年代以来，为适应我国的国民经济建设和科学技术发展的需要，进一步拓宽专业口径，各高等学校的自动化系将原有多个自动化类专业（如自动控制、生产过程自动化、工业电气自动化、检测技术与自动化仪表）合并为“工业自动化”和“自动控制”专业。1998年，为适应国家经济建设对宽口径高等教育人才培养的需要，进一步合并为一个自动化专业。

专科层次的自动化类专业是我们专科教育中的老牌专业。从设置专科学校教育层次以来，在工科类专科学校中一般均设有自动化类专业，经历了较长的发展历史。近年来，一些新成立的职业技术学院也设有自动化类专业，

---

① 教育部高等学校自动化专业教学指导分委员会.2007. 自动化学科专业发展战略研究报告.北京：高等教育出版社.

使自动化专业在招生规模上得到了快速发展。

1976 年以前，我国自动化学科研究生教育规模很小。20 世纪 50 年代，曾举办过自动化专业的研究生班，并以公派形式派遣相当数量的学生和教师去苏联学习或攻读研究生学位。1951～1954 年，还选派一些高等学校教师去哈尔滨工业大学“工业企业电气化”专业进行学习或读研，其中一部分成为我国这一专业的第一批研究生。1978 年以后，一些重点高等院校开始恢复研究生教育，自动化学科研究生专业首先在一批工科类重点大学招生和培养。1982 年颁布《中华人民共和国学位法》。1984 年全国试办 33 所研究生院。

## 二、控制科学人才培养规格与模式的演变

我国的自动化专业不仅有比较悠久的历史（对于 1952 年全国高等学校大调整时第一批设立的专业而言），而且从自动化专业成立就一直是国家急需专业之一，因而也是招生人数最多和分配最受欢迎的专业之一。我国的自动化专业是伴随我国工业从电气化向自动化的发展进程而同步发展起来的，专业方向与主要内容从最初的突出电气化的“工业企业电气化”逐步发展为电气化与自动化并重的“工业电气化及自动化”、侧重电气自动化的“工业电气自动化”和侧重自动化的“工业自动化”，进而在合并专业的教育改革中于 1995 年与“自动控制”专业合并为范围更广和口径更宽的“自动化”专业。归纳上面的介绍和分析可以看出，我们自动化学科专业人才培养规格与培养模式的演变有着如下三个特点。

（1）自动化专业的方向始终面向国家经济建设与国防建设中的主要发展问题。其内涵是，伴随国家不同发展阶段的需求做出相应的调整，走“跨行业和泛行业”的专业发展道路。

（2）自动化专业的培养规格始终伴随国家建设和人才需求的变革而变革。具体表现为，由开始阶段的单一的教学型向研究主导型、工程技术型等多种类型演变，有严格的专业与行业对口型逐渐向宽口径、跨行业的规格转变，从单一的应用型向研究与应用复合型、应用复合型、应用技术型转变。

（3）自动化专业的培养模式始终坚持从我国的国情出发，与时俱进。在自动化专业建立之初，培养模式基本上是学习和参考苏联的相应模式而建立的。但是，为适应我国社会主义建设的需要，我们并没有完全照搬苏联的相关模式，而是根据我国的实际情况制定了适合我国国情的培养模式。改革开放后，我们既学习西方先进国家先进课程体系及教学内容，又根据我国现状进行教学改革。从专业培养目标看，有行业面向的自动化专业逐步向拓宽口

径专业转变，再发展到现行的跨专业、宽口径“通才”的培养目标。从知识结构看，由狭窄的专业知识结构向通识与专业并重的知识结构转变。从专业课程体系看，由完全以模拟控制系统为对象组织课程体系向模拟、计算机控制并重的课程体系转变。从专业教学内容看，以电子管、交流磁放大机等构成的控制系统向以晶体管、集成电路、电力电子器件构成的控制系统转变；信息技术、自动化领域的新进展逐渐被引入课程教学内容中来。

## 三、控制科学的教学建设

国内的控制科学课程教学始于 20 世纪 40 年代。20 世纪 40 年代中期，张钟俊教授在重庆九龙坡交通大学讲授“伺服机构原理”；1948 年，清华大学钟士模教授在清华大学讲授“瞬变分析”课程；1948 年后张钟俊教授又在上海交通大学为大学生和研究生讲授“伺服机构原理”课程，浙江大学等也在 1951 年以后开设此类课程。1952 年，哈尔滨工业大学在苏联专家的帮助下创办“工业企业电气化”专业。此后，一些高等院校的电机工程系相继设置“工业企业电气化”专业，即现今自动化专业前身。这个专业的课程设置中，包括“自动调节原理”课程，即现今的“自动控制理论”课程。当时，类似课程也在电类其他专业的教学计划中设置，如“发电厂与电力网”专业教学计划中设置“电力系统自动化”和“电力系统远动学”（即远距离测量和控制）课程。

理论知识的教学是当前各类学校最为重视和最为繁重的教学内容，也是保证教学质量、进行创新教育的基础。自动化专业普遍采取公共基础课、专业基础课、专业方向课（有的学校称法不同，但涵盖的课程差不多）的层次组织教学，并已形成较为规范的自动化专业课程体系，许多高等学校在专业方向课程设置上颇有特色。

控制学科（或自动化学科）是一门多学科交叉的新兴技术学科，涉及的领域和基础广、需要学校的内容多。在课程内容上，信息技术的新发展越来越多地被引入本科教学中来，许多高等学校的自动化学科专业开设了计算机网络与通信、数据库原理、数字信号处理、DSP 技术等课程。目前存在的问题有如下几方面。

(1) 化学、生命科学和地球科学等作为 21 世纪的本科自动化专业学生必备的基础知识，目前还只有很少高等学校设置相关课程，明显反映出对自然科学知识领域涵盖的不完备。

(2) 在理论教学中如何兼顾基础性与前沿性是一个值得深入研究的课题。

(3) 一些教学内容陈旧。在与理论课程教学密切相关的教材建设方面，早期的代表性专著有《自动控制原理》（刘豹，1954，中国科学图书仪器公司），代表性教科书有《自动调节原理》（薛景瑄和胡中辑，1956，哈尔滨工业大学出版社），翻译出版外国的重要教科书和专著有《自动调节原理（第一三分册）》（B. B. 索洛多夫尼柯夫主编，王众托译，1957～1959，水利电力出版社）等，对当时培养我国几代控制科学家和工程师起到了重要的作用。改革开放以来各个类型自动化专业的教材出版取得了巨大的成绩。教材建设方面存在的主要问题有如下几方面。①自动化学科的前沿问题和先进技术在教材中反映不及时，教学内容难以与世界先进技术同步，一定程度上影响了人才培养的效果。②使用原版教材的学校偏少，主要是由于双语教学的方式方法还有待改进，效果得不到保证。

实践教学方面虽然在近几年有了很大的加强，但与国外相比仍有较大的差距。在认识上，还没有把实践能力的培养看成是与理论知识教育同等重要，谈不上把实践能力的培养看成是高等教育不可欠缺的一个基本方面，表现在对实践教学要求不高，实践教学仍未能改变依附于理论教学的从属地位。

在实验手段和方法上，尽管已有不少改革成果，但仍有相当多的实验（特别是专业课程实验）还局限于验证原理和训练操作的层次，对训练实验思路、实验设计和实验综合分析能力重视不够，新的实验方法和手段的应用还不及时。实验设备水平仍落后于先进的自动化企业的水平，难以培养出能适应现代化生产力发展的高质量学生。究其原因，一方面是经费投入不足，另一方面也有水平不高的因素。

## 第三节　控制教育的发展趋势

在以信息化带动工业化、大力推动国民经济建设和社会信息化、军事装备现代化的过程中，自动化科学与技术将起到重要的作用，从而对自动化人才的数量到质量都提出了更高的要求。从技术和产业发展的角度，今后几年我国将大力发展六大技术领域，即生物技术、信息技术、新材料技术、新能源技术、空间技术、海洋技术。这六大技术可形成九大高科技产业，即生物工程、生物医药、光电子信息、智能机械、软件、超导体、太阳能、空间产业和海洋产业。

根据专家小组在其2003年发表的研究报告《控制科技在信息丰富的世界中未来的发展方向》（Murray et al.，2003）中的结论，自动化领域的研究已经拓展到了几乎上述所有的领域。控制已越来越在传统的应用领域（如航空航天、化学工程、电气工程及机械工程等）之外获得应用。专家在2011年发表的《控制技术的影响》报告（Samad and Annaswamy，2011）中，强调了控制对培养未来科学家和工程师的重要作用。

近年来，国内外的控制教育，从形式到内容都发生了可喜的变化。一方面，计算机模拟技术的发展，推动了全数字的仿真控制实验平台在教学中的应用，基于互联网和遥操作的虚拟控制实验装置和系统（如 Wu et al.，2012）也被开发出来，并取得了比较满意的教学效果。这从三年一次的 IFAC 控制教育进展会议（ACE）[①] 介绍的教学改革进展方面的内容就可以看出。另一方面，在培养控制科学家和工程师的理论素养方面，仍有缺失，造成理论与实践脱节（王树青，1998），这也往往是按照传统模式培养出的学生解决不好实际工程问题的根本原因所在（Bernstein，1999）。

### 1. 建模方面

（1）量纲和单位。控制理论的教学中常常忽略量纲和单位。事实上，即使传递函数，也是具有量纲的。受输出功率和执行机构动作范围的限制，实际控制系统中控制器参数的整定往往不能忽略模型的量纲和单位。

（2）系统辨识。再好的机理建模工作也无法完全代替系统辨识。实际工程系统充满各种未建模动态，需要引入端到端的黑箱模型。当对象发生意料之外的变化时，为了保证控制系统具有满意的性能，不可避免地需要采用在线辨识和自适应控制。

（3）控制结构设计。明确区分控制结构设计问题和控制器参数整定问题。控制结构的选取与对被控对象的物理特性理解有较高的要求。

（4）不稳定被控对象。稳定与不稳定被控对象的区别强调不够。不稳定的被控对象几乎无法进行辨识，一旦有大的偏差，难以恢复到平衡状态。

### 2. 控制方面

（1）传感器和执行器。控制系统离不开传感器和执行器。传感器技术采用的测量技术和执行器采用的功率放大技术都直接影响整个闭环系统的性能、

① The 9th IFAC Symposium on Advances in Control Education，http：//ace2012.ru.

成本等。

(2) 控制目标。控制目标可以多种多样。虽然系统镇定、改善动态特性、指令跟踪等目标之间多少存在一定的联系，但毕竟不等价，因此设计控制系统时，仍有必要对不同的控制目标进行明确区分。

(3) 控制律背后的物理解释。反馈控制器的作用会引起开环对象物理特性的改变。需要理解控制器如何改变和利用被控对象的物理性质。为此，能力平衡分析常能发挥作用。遗憾的是，反馈控制律的数学表达形式常掩盖了这些作用。要改变这种现状，就需要从教学内容方面进行改革，切实掌握好抽象思维能力和动手能力之间的平衡。

# 第四十章 面向控制科学与工程教育的软件平台发展

## 第一节 引 言

教育是任何科学学科发展的基础，且是人才培养的源泉。在控制科学与工程教育方面，钱学森先生是国际开创者之一（Tsien，1954），也是中国有关领域起步与教育发展的奠基人之一[①]（戴汝为，2011；王柏懿，2011）。他在去世前对中国大学教育的质疑与思考（涂元季等，2011；百度百科），将会很长时间内成为中国科学、教育以至社会发展中值得探讨的重大命题。钱学森先生不仅将科学精神中的最终追求目标设为创新，同时又将创新文化和环境视为教育与科研机构的评价准则[②]（涂元季等，2011）。

在探讨学科发展战略时，可以更加深切地体会到钱学森先生的观念在上述科学与教育理念方面的价值。给我们的重要启迪是在学科发展中不能忽视或低估教育环节。而更为重要的还有，当国家创新能力不足时将有必要从教育方面寻找原因。另外，从钱学森先生对麻省理工学院教学课程评价中（涂元季等，2011），可以感受到在社会进步与个人发展方面，技术层面是其次

① 钱学森先生 1955 年 10 月 8 日回国，于 1956 年 1 月亲自举办了“工程控制论学习班”，为来自北京和全国各地科研单位及高等院校的学员 200 余人讲授《工程控制论》。

② “麻省理工学院在当时也算是鼎鼎大名了，但我觉得没什么，一年就把硕士学位拿下了，成绩还拔尖。其实这一年并没学到什么创新的东西，很一般化。后来我转到加州理工学院，一下子就感觉到它和麻省理工学院很不一样，创新的学风弥漫在整个校园，可以说，整个学校的一个精神就是创新。”

的，只有文化观念方面的转变才是根本的。中国改革开放30多年来的进步和发展不正是根源于人的思想解放与观念改变吗？反思中国在软件方面创新实力低下，我们完全能够在教育软件平台应用方面上发现根源，根本原因不会是技术层面上的束缚。

将教育主题纳入控制学科发展战略研讨中反映出科技界认知观念上的进步。同时，这对我们如何进行学科方面的教育创新也提出了挑战。针对有关专题，本章试图采取“观念先行、规则完善”的方式来探讨学科发展战略，并提出解决问题方案。希望不成熟见解能够激发有创意的或更为深刻的质疑与思考。目的是在相关专题中做出既有国际水准又结合中国国情的创新发展。

## 第二节　控制科学与工程教育

为讨论上的方便，本章采用“控制科学与工程”术语，并以广义方式理解与另一术语“自动化科学与工程”是等同的（席裕庚）。中国在控制科学与工程教育发展中从教育体系、课程设置、协会组织、学术活动等诸多方面都独具特色和大国优势（戴先中，2004；教育部高等学校自动化专业教学指导分委员会，2007；中国科学技术协会和中国自动化学会，2011）。可以认为中国自动化技术水平的显著提升是与国家在控制科学与工程教育体系的发展分不开的。然而中国从控制科学与技术的研究实力到相关教育发展水准等方面仍然不是一个强国。或者说中国在相关领域中更多是一个跟随者，而不是一个可以引导世界发展潮流的创新者。这也成为本章力求探讨的重要问题，并通过给出国际上发展实例来理解其中原因。

### 一、科研与教育一体化的发展战略

2010年欧盟在对FP7计划总结报告中，特别强调了在未来“欧盟2020”计划中由“研究、教育、与创新”互动构成的“知识三角”中“教育”一边不能被遗失（European Commission，2010）。针对高等教育中存在的问题，欧盟提出了一系列改革建议方案（European Commission，2011），包括管理模式、经费体制、课程设置等。欧盟目标是促使27个成员国合作发展形成一个更具全球竞争力的“知识三角”体系。

从文化上看，国际学界已经将控制科学与工程教育视为控制学科发展战略研究中的重要议题之一，如国际控制界著名专家于2002年发布的题为“信息爆炸时代的控制——关于控制、动力学和系统未来方向的专家小组报告”(Marray et al.，2003)，中文全文翻译版本共 100 页，其中 5 大章节分别是：①概要；②领域纵览；③应用、机遇与挑战；④教育及其外延；⑤建议。最后还包括一个附件题为“NSF/CSS 关于控制工程教育未来方向的专题研论会”。在教育一章中的子章节有 4.1 控制教育的新环境；4.2 使控制更易理解；4.3 拓宽控制教育；4.4 在 K-12 数学和科学教育中的机遇；4.5 其他机遇与趋势。这个报告可以认为是近十年以来关于控制学科发展战略的重要文献。可以看到教育在该报告中占有相当重要的地位。其中与教育直接相关的重要结论与建议有以下几点。

(1) 控制原理应该成为任何受过教育的科学家与工程师知识结构中的必要组成部分。

(2) 投资新的教育方法及其外延并加强对非传统用户普及控制概念和工具。

(3) 扩展包括小学到高中（K-12 为名称的基础教育）教师们提供学习控制知识的机会。

(4) 鼓励将技术信息传播给工业用户，并将实际工作经验带到课题。

从体制安排或业务分工上看，美国国家科研管理机构也包括学科发展与教育主题相结合的业务内容。

(1) 由美国国家科学基金会（NSF）与 IEEE 控制系统分会于 1998 年合作举办了“控制工程教育未来方向的专题研论会”(Antsaklis，1999)。该研讨会对整个国际控制届学科战略发展产生持久影响（Marray et al.，2003)。该基金会 2012 年发布的“21 世纪计算科学教育”(CE21) 计划中将每年预计投入 1300 万美元于具体项目，每个项目执行期为 3 年[①]。

(2) 美国国家工程院（NAE）于 2008 年 9 月发布题为“21 世纪工程大挑战”报告，列举了 14 项工程大挑战[②]。其中与教育主题直接相关的挑战有“促进个性化的学习”。在此基础上，美国工科院校开展了“大挑战学者计划(Grand Challenge Scholar Program)”(吴伟等，2010)。

## 二、重视“自下而上”的教学方面成果

西方先进国家重视在具体教学方面的创新，并以研究成果方式展现或考

① http://www.nsf.gov/pubs/2012/nsf12527/nsf12527.htm? WT.mc_id=USNSF_25&WT.mc_ev=click#pgm_intr_txt.

② National Academy of Engineering，Grand Challenges for Engineering，2008.

察，如美国国家科学基金会（NSF）对基金项目申请明确规定两个评价准则："智识优点"（Intellectual Merit）与"广泛影响性"（broader impacts）。为了评审人正确应用第二评价准则，NSF专门给出指导性文件（NSF，2007），其中特别强调了包括基础教育到高等教育范围以至大众科学传播等方面的工作。

结合控制科学与工程教育方面，研究人员或专业教师通常是参加以下两个国际专业组织的学术活动介绍相关成果。

（1）国际专题会议（Symposium on Advances in Control Education），由IFAC（国际自动控制联合会）教育专题技术委员会负责举办，目前已经举办9届。

（2）IEEE系列会议中的教育专题分会场，如CDC、ACC、ECC会议中，由IEEE（电气和电子工程师协会）控制教育专题技术委员会①负责举办。该委员会的另一个有特色的工作是对美国高中教师的培训活动。

粗略查询上述会议，很少会看到来自中国的文章，如2009年与2012年分别在日本与俄罗斯举办的国际专题会议"Symposium on Advances in Control Education"，分别有65篇与87篇论文，全部152篇中没有一篇是来自于中国的文章。这不仅与世界第一人口大国的地位形成极大反差，而且更深刻地反映了我们在文化与体制方面上的问题。一般讲该方面论文在技术难度上障碍不大。但是中国的评价体系是不太看重这方面工作。下面是两个更为具体的实例反映西方学者是如何创新的。

（1）西班牙学者Dormido于2004年发表题为"控制理论学习：过去与未来"的文章（Dormido，2004）。该文根据互联网技术对控制理论教学的未来影响展开讨论并进行教学模式改变的预测分析。重要结论有，虚拟与远程实验室将会取代传统实验室；当前教学重点应该从"控制工程原理"向"系统动力学原理"转变；控制专业未来发展目标是从"隐性技术"（hidden technology，国际著名控制学者Astrom教授的说法）地位向"开放领域"（open discipline）发展。这是一篇前瞻性教学研究文章。目前为止它已经被200多篇其他文章引用。

（2）2006年起，密歇根大学化工工程系将其开设的一门本科课程"Chemical Process Dynamics and Controls"全部课件公开在网站上②。该课

---

① http：//www. math. ku. edu/ksacg/CSS/tcce. html.

② The University of Michigan Chemical Engineering Process Dynamics and Controls Open Text book，https：//controls. engin. umich. edu/wiki/index. php/Main_Page.

程的最大特点是其中电子教程全部由学生们整理而提供。教程的每个章节部分是由 3～4 名高年级学生组成的团队负责撰写，并通过其他团队的同行评议后发布，任课教授是以管理编辑的身份来建议参考文献、大纲设置等。不同于传统的教学方式及新兴的开放课件（open course ware）方式，学生们是以主动的教育者方式选择教学内容，包括问题样例选择。任课教授为该方式教学总结了以下四条优点：①学生们的付出能够被更多人分享；②通过学生们自己整理资料，会更有利于培养他们的批判性思维能力；③通过同行评议方式学生们自己负责评价他们的工作，可以实现更为可信的评分系统；④学生们对自己整理的资料拥有知识产权。

## 第三节　相关软件平台发展

在没有特定说明和便于讨论的情况下，本章采用“软件平台”术语来泛指软件及相关的硬件部分，并包括各种形式的数字内容，如教材、实验说明书、作业、报告、论文、数据、多媒体、网页等，以及教学团队与社区等。在探讨控制科学学科发展战略时，我们面临一个挑战：如何结合国情现状，寻求一个突破口来实现全方位的创新。我们理解发展软件平台可以成为这样一个突破口，下面是两条基本观点。

中国在控制软件平台应用与发展方面，无论是在科研、教育或工业等领域中，基本上是弱势地位，并更多地反映出是跟随者和最大用户。根本原因反映在中国教育领域缺少“尊重知识产权，鼓励创新人才”的文化土壤（胡包钢，2007）。从软件平台入手，可以最广泛地影响中国创新文化建设，并能够为中国的科研、教育、工业、国防等领域发展产生出实质性贡献。

控制软件平台应用与发展为创新提供了极好的渠道。它不仅能够同时兼容理论与应用方面的学习和创新，并特别强调实际能力的培养。同时还为采取开放式的、自主学习式的、团队合作式的多种方式学习提供了有效平台。它特别能够为优秀创新人才提供真正舞台，并可以在创新观念与价值导向上为其他老师与学生树立学习样板。这是传统课堂学习无法比拟的。该平台也为与企业相结合打开了可行的通道，有利于实际应用问题或项目方式的学习与创新。

在控制理论与技术发展中，软件平台已占有举足轻重的地位。可以毫不夸张地说，没有软件平台的支撑，控制学科就远不可能达到当今的发展水平和广泛的影响力。在控制科学与工程教育中有关课程教学已经无法不应用控制软件平台来完成。下面是软件方面的发展趋势介绍。

1. 软件地位得到更高的提升

如果将系统简单地划分为软件与硬件两个部分，那么无论国际还是国内产品系统的价格发展趋势都是软件部分所占的比重会逐步增大。“软件贵于硬件”已经是许多高端产品系统中的现状，如医疗设备、银行管理系统等。另一方面，软性产品的地位提升还可以通过以下两个相关因素去理解。

(1) 软件运营服务（software-as-a-service，SaaS）模式已经是目前软件发展的重要趋势。国际专业机构调研报告预计全球软件业产值中该模式的2011年增长率为21%（McHall，2011），而企业软件收入（enterprise software revenue）为9.5%。

(2) 以知识产权形式出现的产品附加值。2002年中国DVD生产厂家向国外企业支付每台DVD为4～12美元不等的专利使用费（王义伟，2006）。

软件应用具有水一般的渗透性，可以到达各种领域。网页[①]列举了国际上主要的数值分析软件，并进行了若干方面的比较。在控制理论与应用教学方面，目前国内外主要是应用商业软件Matlab或LabView。其中原因包括许多企业已经将这两种软件设定为了产品设计平台。特别是LabView软件在许多行业中是作为现场软件应用的。但可以看到这样的趋势，开源软件发展与应用已表现出迅猛之式。任何传统商业软件产品都会有开源软件为其对手，如Matlab的对手就有Scilab、Octave、SciPy、Sage等。在Scilab中包括了与Simulink方式相同的图形式动态系统仿真工具：Scicos与Xcos。而LabView的对手有OpenR与Pylab。多元化发展不仅有利于用户需求，也促进了产品竞争后的进步。在科学学科发展中，软件平台已经不再是简单的工具类结果产出。软件平台的日新月异发展，同样成为学科发展中的重要驱动力。2012年7月欧盟信息社会技术专家组以软件为主题的专业报告中定义它是一种“关键赋能技术”（Key Enabling Technology）（Information Society Technologies Advisory Group，2012）。结合本专题内容，下面给出软件平台发展中的两个重要发展趋势及其对控制学科影响的相关实例。

(1) 基于互联网应用：Sage就是这样一个典型的平台[②]。这是由美国华盛顿大学Stein教授于2005年开创的。应用网页浏览器界面来开展计算与图

---

① http://en.wikipedia.org/wiki/Comparison_of_numerical_analysis_software.

② http://www.sagemath.org/index.html.

形可视化方面的工作。计算部分包括数值与符号两种类型，并应用或借鉴了95个不同的开源软件中的代码或函数库。该项目为在线或电化（eLearning）学习及远程教育提供了通用计算平台样例，因此该平台得到了包括谷歌与微软的关注。以控制教学为主题的成功样例如下（Qiao et al.，2010）。爱丁堡大学2009年建立的网络虚拟实验室包括两个虚拟实验设置：水加热器与液面控制单元。实验涉及9种控制方法。任课教师认为真实物理实验效果总不能被虚拟实验替代。但是由于学生数量的增加和资源的减少，虚拟实验也会比真实实验表现出四个方面的优势：①实验时间可任意；②可为真实实验的预学习和补充；③真实过程或系统的仿真验证；④实验结果可以更快获得，从而可以开展更多示例学习。以中英研究机构与大学合作发展的“网络化控制系统实验室”（NCSLab）实现了对真实物理对象的网络化控制。

（2）面向物理元件的动态系统建模和仿真软件平台：其中代表性产品是Modelica①。不同于Simulink仿真工具中应用数学模块的方法，Modelica中每个图形模块是具体物理元件。涉及的物理对象包括机械、电子、电器、液压、热工等，以及它们的集成系统。可以理解，面向物理元件的动态系统建模和仿真软件模式为打破目前控制与真实物理之间的挑战性障碍“Physical Barrier”[国际著名控制学者Astrom教授的说法（Åström，2009）]迈进了重要的一步。或者说，控制软件平台通过有机地包容信息、能量、物质等多种元素的表示方法，为控制领域扩展以及学科发展带来新的前景。该软件是基于瑞典Lund大学Elmqvist在1978年博士论文中的思想，于1997年发布第一个版本。尽管这是一款开源软件平台，目前为止欧美日汽车制造业中5家龙头企业应用该平台实现了相当数量的成功研发案例。与其竞争的商业软件产品MapleSim于1998年发布，但是在功能上支持Modelica语言标准。Modelica与MapleSim、Scicos、Xcos等建立了新型知识产权合作伙伴关系。国内外在控制工程教学方面创意性地应用该软件的案例也有很多（Martín-Villalba et al.，2010；邹湘军等，2009）。

### 2. 开放源码软件成为科研、教育及信息产业中的重要发展趋势

国际上有时又将开放源码软件（open-source software）与自由软件（free software）统一称为FOSS，国内又简称为开源软件。开放源码软件方式已经得到越来越广泛的重视，其范围有联合国等世界组织、各国政府、科

① https://www.modelica.org.

研与教育领域以至许多大中小企业。

开放源码软件最早是发源于学界，如在科研工作中，信号处理领域中多位国际著名学者曾认为开放源码软件是实现数值实验可重复性的必要条件，并强调以下学术价值观（Mallat，2002）。

“在某一科学刊物上发表一篇计算科学方面的文章，并不能真正反映出这篇文章的学术意义，我们不妨把它看作是对这篇文章的广告宣传而已，其实这篇文章真正的学术价值在于与文章有关的软件环境的完善以及生成图形的指令与说明。”

近年来开源软件应用模式中有关分享知识的理念得到了学界的极大认同和响应。以控制课程教学为例，可以发现任何主要控制理论方法都会从网络上找到相应的开源软件工具箱，如 PID 控制、模型预测控制、鲁棒控制、优化控制、模糊控制、神经元网络控制等。如果进一步考察，目前是基于商业软件 Matlab 平台上开发的开源工具箱更占多数。该类工具箱应用的前提是学校内购买了 Matlab 版权用于教学。事实上，这对于西方国家有些大学说来也是无法承受的经济负担。同时，国外一些学者开始对应用商业软件完成控制专业课程教学提出了多种质疑，如克罗地亚和瑞典学者 2009 年建议在本科与研究生教学中全部应用开放源码软件平台（Meza et al.，2009）。他们给出的软硬件旋转倒立摆系统 RTAI-Lab 也完全证明了技术上的可行性，该系统是在 Linux 与 Scilab/Scicos 这样全部的开源平台中而实现。中国在这方面也有原创性的工作，如浙江大学马龙华教授与彭哲博士 2008 年在嵌入式系统教学方面全部选择开源平台完成（马龙华和彭哲，2008）。

开源软件在诸多领域中已经取得了成功以至优势地位（Wheeler，2007），包括高性能计算机、网络服务器、嵌入式系统、智能手机等。如果考察网络浏览器，2012 年 7 月全球统计数据表明开源方式的 Chrome 与 Firefox 持有市场份额分别为 33.8%与 23.7%，微软 IE 与苹果 Safari 分别为 32.0%与 7.1%[①]。在其他领域中，开源方式也显现出了极大竞争力，如大数据处理中有 Hadoop 平台，云计算中有 OpenStack，以及低功耗芯片架构中有 ARM（特别适合于移动通讯）。开放模式（如源代码、标准、数据、或应用程序接口）对用户市场和技术进步展示出倍增器的作用。这也成为企业获得竞争力的重要发展策略，由此对开源软件人才需求是与日俱增。可以看出上述领域大体掌控了未来信息技术应用平台的命门。

① http：//gs. statcounter. com/＃browser-ww-daily-20120701-20120731-bar.

开源软件平台在控制应用领域中的典型发展实例是开源机器人项目。维基百科英文网页中列举了相当数量的开源机器人信息资源[①]，并按照开源硬件、软件或完整的软硬件项目方式分类。开源机器人不仅有利于科研和教学应用，它也为技术人员二次开发提供了更多便利。其中信息资源列表中既包括美国卡内基梅隆大学、斯坦福大学、IBM 等大学或企业，也有欧盟资助的项目 iCub，并且涵盖了虚拟机器人与实物机器人的应用背景。各种类型开源硬件（opensource hardware）的涌现[②]（Pearce，2012）为实物类产品创新与教学提供了更为宽广的发展空间。

学术界发展开源软件的另一个起因是认识到平台建设可以带来更大的学术贡献和影响力，以新西兰国家为例。由 Auckland 大学 Ihaka 和 Gentleman 于 1997 年共同开发的 R 语言[③]，现在已经成为国内外统计学教学中的主流软件平台之一。围绕 R 软件发表的上百本各国教科书和建立的众多社区反映出它的影响力。统计学科由此在应用开源软件开展教学和科研方面走在了其他学科的前面。另一个实例是 2005 年 SIGKDD（知识发现与数据挖掘领域中顶级国际会议）为 Weka 软件团队授予“服务奖”（Hall et al.，2009）。该软件是由 Waikato 大学于 1994 年起开发，在包括机器学习领域中同样成为主流软件平台之一，有关用户还包括商业界。该软件开发团队认为如果没有开源模式，其软件不可能在国际上取得如此地位。

## 第四节　思考与建议

中国控制学科的战略发展目标定位于成为该领域中的世界强国，即知识和技术创新的引领者。同时我们有必要结合中国发展现状，通过解决基础性的、战略性的具体问题为突破口而实现发展目标。本章试图说明该突破口之一可以设为“面向控制科学与工程教育的软件平台发展”。至少以往的发展为我们带来的启迪有以下方面。

人类创造工具，工具改变人类。信息工具将会继续改变人类生活和行为方式，以及对世界的认知。可以预计软件方面作用会更加强化且无所不在。

---

① http：//en. wikipedia. org/wiki/Open-source_robotics.

② http：//en. wikipedia. org/wiki/Open-source_hardware.

③ http：//en. wikipedia. org/R（software）.

了解开放模式在信息产业中的发展势头，以及开放网络教育平台①对现有教育模式的冲击或挑战，方能进一步理解未来世界又将会是以何种方式改变。

中国发展中事实上的“重硬不重软”是更多来源于我们文化（或观念）上的障碍，还是体制（或规则）上的问题？是倡导“自主创新”（independent innovation）、还是“开放创新”（open innovation）？教与学创新平台是什么，校园内有否形成？我们计算机或软件教学中为什么偏重于工具化式训练，而缺失知识产权、创新文化、计算机应用伦理方面的内容？有关问题的本质性改变还将源于观念方面。我们应该坚信科研与教育中“润物细无声”的力量，创新人才成长是需求创新文化中教育细节的滋养。以开放式数字内容为例，如果每个学生团队能够编辑或者完善中英文双语的一条数字内容，那产生的结果将会如何？它为我们学生理解“知识产权”、“创新”、“开放”、“合作”以至“文化软实力”会产生什么样的影响？

具有广泛而基础性的控制学科应该在未来发展中寻求突破和更大作为。为此，本章根据“面向控制科学与工程教育的软件平台发展”专题为控制学科发展战略规划提出以下若干建议。全部要点是基于开放式的讨论，需求同行的指正与完善。

重视该专题在控制学科发展战略规划中的地位。为国家有关科研机构提供咨询建议，开展初始的顶层设计，包括提出具体的发展目标与发展路线图，为社会多元化资金投入制定相关政策与办法，并明确国家有关部门的投资比例。建议探索项目资助与发展模式新方法，如增加评审过程透明度、“以人为本”的资金投入政策支持刚起步的优秀人才、制定开放平台鼓励政策，以及项目知识产权模式多元化等。

改进目前教师评估体系，建立起特殊的激励机制来促进教师投入并开展各种形式的教学创新实验活动。鼓励多层次与多元化的创新评价标准，如可以是国际水准的创新性软件平台发展、也应包容为改进当地企业发展的实用成果。还需要特别鼓励有特色的、长期积累的教学实践活动，以及对教学实验活动方面的总结性研究。

---

① Udacity：2012 年 2 月 Thrun 离开斯坦福大学后创办的网络在线大学。Coursera：2012 年 4 月斯坦福大学、密歇根大学、普林斯顿大学与宾夕法尼亚大学合作推出的在线免费课程项目，获 1600 万美元风险投资。7 月又有 12 所大学加入，8 所为美国顶尖大学，其余包括瑞士洛桑联邦高等理工学院、英国爱丁堡大学、日本东京大学、加拿大多伦多大学。edX：2012 年 5 月哈佛大学和麻省理工学院合作项目，双方共同投资 6000 万美元。2012 年 7 月中国教育部批准并建立国家开放大学。http：//en. wikipedia. org/wiki/Udacity，http：//en. wikipedia. org/wiki/Coursera ＃ cite _ note-NYT71712-7，http：//en. wikipedia. org/wiki/EdX，http：//ouchn. edu. cn.

搭建并发展能够培养优秀人才的具体创新应用平台，鼓励开放式的团队发展，以利于学术积累和品牌建立。支持学生自主发展，或者参与国内外软件平台社区活动。为优秀团队或个人参加各种企业或其他机构举办的竞赛提供可能的支持。特别鼓励研究生在条件允许的情况下，对其学位论文中开发的软件源代码予以公开。

在具体科研与教学项目设置中，建议的内容有如下一些。

（1）基于控制专业课程教学的软件平台：鼓励共建国际品牌的软件平台，或者是个人教学的开放平台。该项目的目的在于实现课程教学软件平台应用符合国家知识产权保护要求，使同学们明白知识学习与创新是需要建立在合法软件基础上的。

（2）面向控制教学的远程或虚拟实验室平台：鼓励各种技术方案和开发平台的应用，包括云计算框架，或者 C/S、B/S 等方式，以及纯虚拟实验或真实系统实验。

（3）基于跨学科、前瞻性研究的软件平台：特别鼓励控制技术在新兴领域、多学科中的应用与教学实践，如可控环境农业、智能交通、健康工程、服务产业、社会与安全等。

（4）面向行业控制技术改造的软件平台：如结合化工、能源等行业的软件平台，鼓励针对具体工业对象开展的节能、减排、提高效率等为目标的研究与教学项目。该项目至少可以使学生以实例方式认知某些工业对象 1%的改善对中国也是可观的。

（5）教学机器人平台：该项目可视为控制课程实践中的典型应用。它特别包容前瞻性、高水准、多样化（陆海空）、软硬件结合等综合特征。

（6）基于嵌入式系统的智能化产品平台：针对中国目前是家电、手机、玩具、服装等产品的第一制造大国，希望该项目实施有利于学校课程教育为企业产品获取高附加值，以至为中国传统企业转型做具体贡献。

（7）控制科学与教育学交叉的理论与技术研究：控制科学思想为“因材施教”教学方式提出了新的分析方法，是值得探索的理论与应用课题。在技术层面上，自主式学习、交互式学习与社区式学习模型与分析方法是值得关注的研究内容。

（8）参与国际合作、或国内外企业合作的软件平台：特别鼓励中国参与到国际开源软件合作项目中，并扮演积极角色。同时鼓励与企业在具体软件平台上建立长期的合作伙伴关系。

# 说明与致谢

尽管从上面六个方面并不能窥探控制科学交叉应用的全貌，但也反映出了控制科学的进取步伐，而且也进一步呼唤控制科学各个领域的学者继续努力。控制科学在当今信息化、网络化时代面临前所未有的发展机遇。我国控制学者在理论研究方面有很好的基础，在国际舞台上造诣颇深。在国家中长期科技发展战略的引导下，在国家设立的各种科学研究计划和科研项目的支持下，通过广泛的学科交叉合作，我国学者一定能够抓住机遇，为把控制科学研究推向深入、把理论成果应用于工程实际做出应有的贡献。

“交叉学科及其他”作为“控制科学学科发展战略”研究项目的一部分，得到了广大专家与学者的支持。自项目分工以来，各位专家积极配合，通过邮件通信等方式形成了本组报告，除了撰写人员的辛勤工作外还凝聚了众多专家和学者的智慧和努力。参与本篇撰写的人员包括以下几位。

绪论——洪奕光。

微观尺度下系统控制理论与实现中的科学问题——丛爽、匡森。

软件控制论——蔡开元。

金融工程与控制理论的交叉研究——高建军、万相伟、曹希仁。

控制科学与脑科学交叉领域的研究——王行愚。

控制科学教育趋势——赵千川。

面向控制科学与工程教育的软件平台发展——胡包钢。

北京大学联络员：刘蕾

感谢以上参与本组报告中相关方向撰写的专家和学者！

# 参考文献


百度百科. 2005. 钱学森之问. http：//baike. baidu. com/view/2978502. htm.

陈虹 . 2003. 信息爆炸时代的控制. 马彦译. 控制理论与应用，20：481 - 484)，http：//www. cds. caltech. edu/～murray/cdspanel/report/chinese-3dec03. pdf.

丛爽，2006. 量子力学系统控制导论 . 北京：科学出版社 .

戴汝为. 2011-12-05. 我和《工程控制论》. 光明日报 . http：//tech. gmw. cn/2011-12/05/content_3105712. htm.

戴先中. 2004. 我国自动化专业的特色、特点分析与发展前景初探. 电气电子教学学报，(3)：1-5.

胡包钢. 2007. 试论中国教育领域中的知识产权保护现状. http：//liama. ia. ac. cn/wiki/user：hubg：article

教育部高等学校自动化专业教学指导分委员会. 2007. 自动化学科专业发展战略研究报告. 北京：高等教育出版社.

马龙华，彭哲. 2008. 基于 Scilab 的 ARM-Linux 嵌入式计算及应用. 北京：科学出版社.

涂元季，顾吉环，李明. 2011. 钱学森最后一次系统谈话：大学要有创新精神. 中国自动化学会通讯，32 (3)：1-3.

王柏懿. 2011. 力学研究所的创始人和奠基者—钱学森先生. 钱学森先生百年诞辰纪念专刊. http：//lxyd. imech. ac. cn/qxs100zk/q1/q1. htm

王树青. 1998. 面向廿一世纪的过程控制教育//中国控制会议论文集. 长沙：国防大学出版社：933-938.

王义伟. 2006. 中国 DVD 产业让我们醒悟. 中国发明与专利，(6)：40-41.

魏景汉，罗跃嘉. 2010. 事件相关电位原理与技术. 北京：科学出版社.

吴伟，吕旭峰，范惠明. 2010. 美国工程拔尖人才培养新战略——'大挑战学者计划' 实施评述. 教育发展研究，23：63-68.

席裕庚. 自动化学科浅谈. 2003. http：//umji. sjtu. edu. cn/courses/Ve460/Introduction_ProfXi. pdf.

中国科学技术协会，中国自动化学会. 2011. 控制科学与工程学科发展报告 (2010-2011). 北京：中国科学技术出版社.

邹湘军，金双，陈燕，等. 2009. 基于 MODELICA 的采摘机械手运动控制建模. 系统仿真学报，18：5882-5885.

Mallat S. 2002. 信号处理中的小波导论. 杨力华，戴道清，黄文良，等 译. 北京：机械工业出版社.

Albertini F，DAntsaklis P，Basar T，et al. 1998. NSF/CSS Workshop on New D irections in Control Engineering Education. National Science Foundation and IEEE Control Systems Society.

Alessandro D. 2003. Observability, measurement and parameter identification of quantum mechanical systems; Applications to spin networks. 42nd IEEE Conference on Decision and Control, Maui, HI.

Alfonsi A, Fruth A, Schied A. 2010. Optimal execution strategies in limit order books with general shape functions. Quantitative Finance, 10: 143-157.

Allison, B Z, Brunner C, Altstätter C, et al. 2012. A hybrid ERD/SSVEP BCI for continuous simultaneous two dimensional cursor control. J Neurosci Meth, 209 (2): 299-307.

Almgren R, Chriss N. 2000. Optimal execution of portfolio transactions. The Journal of Risk. 3: 5-39.

Artzner P, Delbaen F, Eber J M, et al. 1999, Coherence measure of risk. Mathematical Finance, 9: 203-228.

Åström K J. 2009. Challenges in Control Education Advances in Control Education, http: //workshop-impact-control-2009. 1st. ei. tum. de/workshop/files/Plenary-2. pdf.

Astrom K J. Wittenmark B. 1989. Adaptive Control. Reading: Addison-Wesley.

Basak S, Chabakauri G. 2010. Dynamic mean-variance asset allocation. Review of Financial Studies, 23: 2970-3016.

Basak S, Shapiro A. 2001. Value-at-Risk-Based risk management: optimal policies and asset pricing. Review of Financial Studies,14: 371-405.

Basye K, Dean T, Kaelbling L P. 1995. Learning dynamics: system identification for perceptually challenged agents. Artificial Intelligence, 72: 139-171.

Bell C J, Shenoy P, Chalodhorn R, et al. 2008. Control of a humanoid robot by a noninvasive brain-computer interface in humans. J Neural Eng, 5 (2): 214-220

Bennett C H, DiVincenzo D P. 2000. Quantum information and computation. Nature, 404 (6775): 247-255

Berkelaar A B, Kouwenberg R, Post T. 2004. Optimal portfolio choice under loss aversion. The Review of Economics and Statistics,86: 973-987.

Bernstein D S. 1999. Enhancing undergraduate control education. IEEE Control Systems Magazinea: 40-43.

Bertsekas D. 2005. Dynamic Programming and Optimal Control I, II, III edtion. Nashua Athen Scientific.

Bertsimas D, Lo A. 1998. Optimal control of execution costs. Journal of Financial Markets, 1, 1-50.

Bertsekas D, Tsitsiklis J. 1996. Neuro-Dynamic Programming. Nashua: Athen Scientific.

Bigdely-Shamlo N, Vankov A, Ramirez R R, et al. 2008. Brain activity-based image classification from rapid serial visual presentation. IEEE Trans Neural Syst Rehabil Eng, 16 (5): 432-441.

Birbaumer N, Ghanayim N, Hinterberger T, et al. 1999. A spelling device for the paralysed. Nature, 398 (6725): 297-298.

Bjork T, Murgoci A, Zhou X Y. 2010. Mean-variance portfolio optimization with state dependent risk averse, DOI: 10. 1111/j. 1467-9965. 2011. 00515. x.

Black F, Scholes M. 1973. The pricing of options and corporate liabilities. Journal of Political Economy, 81: 637-654.

Bonnabel S, Mirrahimi M, Rouchon P. 2009. Observer-based Hamiltonian identification for quantum systems. Automatica, 45 (5): 1144-1155

Boucher W, Traschen J. 1998. Semiclassical physics and quantum fluctuations. Physical Review D, 37 (12): 3522-3532

Bouwmeester D, Pan J W, Mattle K et al. 1997. Experimental quantum teleportation. Nature, 390: 575-579

Brennan M J, Xia Y. 2002. Dynamic asset allocation under inflation. Journal of Finance, 57, 1201-1238.

Brookhart J M, Arduini A, Mancia M, et al. 1957. Slow cortical potentials induced by thalamic stimulation. Boll Soc Ital Biol Sper, 33 (10-11): 1629-1630

Browne S. 1999. Reaching goals by a deadline: digital options and continuous-time active portfolio management、Advances in Applied Probability, 31 (2), 551-577.

Brune M, Haroche S, Lefever V et al. 1990. Quantum nondemolition measurement of small photon numbers by Rydberg-atom phase-sensitive detection. Physical Review Letters, 65 (8): 976-979.

Cai K Y. 2002. Optimal software testing and adaptive software testing in the context of software cybernetics. Information and Software Technology, 44: 841-855.

Cai K Y, Cangussu J W, DeCarlo R A, et al. 2004a. An overview of software cybernetics//Proceedings of the 11th International Workshop on Software Technology and Engineering Practice. Washington: IEEE Computer Society Press: 77-86.

Cai K Y, Dong Z, Liu K. 2008b. Software testing processes as a linear dynamic system. Information Sciences, 178: 1558-1597.

Cai K Y, Jiang C H, Hai H, et al. 2008a. An experimental study of adaptive testing for software reliability assessment. Journal of Systems and Software, 81: 1406-1429.

Cai K Y, Li Y C, Liu K. 2004b. Optimal and adaptive testing for software reliability assessment. Information and Software Technology, 46: 989-1000.

Cai K Y, Wang X Y. 2004. Towards a control-theoretical approach to software fault-tolerance//Proceedings of the 4th International Conference on Quality Software. Washington: IEEE Computer Society Press: 198-205.

Cai K Y, Yin B B. 2009. Software execution processes as an evolving complex network. Information Sciences, 179: 1903-1928.

Campbell J Y, Viceira L M. 1999. Consumption and portfolio decisions when expected returns are time varying. Quarterly Journal of Economics, 114: 433-495.

Cangussu J W, DeCarlo R A, Mathur A P. 2002. A formal model for the software test process. IEEE Transactions on Software Engineering, 28 (8): 782-796.

Cao X R. 1994. Realization Probabilities: The Dynamics of Queueing Systems. New York: Springer-Verlag.

Cao X R. 2007. Stochastic Learning and Optimization-A Sensitivity-Based Approach. New York: Springer.

Cao X R. 2009. Stochastic learning and optimization-A sensitivity-based approach, (IFAC) annual review in control. Invited Review, 33: 11-24.

Cao X R, Wan X W. 2012. Sensitivity Analysis of Nonlinear Behavior with Distorted Probability. Submitted.

Cao X R, Wang D, Lu T, et al. 2011. Stochastic control via direct comparison. Discrete Event Dynamic Systems. 21 (1): 11-38.

Carlier G, Dana R A. 2005. Rearrangement inequalities in non-convex insurance models, Journal of Mathematical Economics, 41: 485-503.

Cassandras C G, Lafortune S. 1999. Introduction to Discrete Event Systems. Boston: Kluwer Academic Publishers.

Chuang I L, Vandersypen L M K, Zhou X L, et al. 1998. Experimental realization of a quantum algorithm. Nature, 393 (6681): 143-146.

Clarke E M, Grumberg O, Peled D A. 2000. Model Checking. Cambridge: The MIT Press.

Cox J C. 1996. The constant elasticity of variance option pricing model. JPortfolio Management, 22: 15-17.

Cox J C, Ross S A. 1976. The valuation of options for alternative stochastic processes. Journal of Financial Economics, 3: 145-166.

Cox J C, Ross S A, Rubinstein M. 1979. Option pricing: a simplified approach. Journal of Financial Economics, 7: 229-263.

Cuoco D, He H, Sergei L. 2008. Optimal dynamic trading strategies with risk limits. Operations Research, 56: 358-368.

Davis M H A, Norman A R. 1990. Portfolio selection with transaction costs. Mathematics of Operations Research, 15: 678-713.

Davydov D, Linetsky V. 2001. The valuation and hedging of barrier and lookback options under the CEV process. Management Science, 47: 949-965.

Delbaen F, Schachermayer W. 1994. A general version of the fundamental theorem of asset pricing. Mathematische Annalen, 300: 463-520.

Delbaen F, Schachermayer W. 1998. The fundamental theorem of asset pricing for unbounded stochastic processes. Mathematische Annalen, 312: 215-250.

Department of Chemical Engineering, University of Edinburgh, Scotland. The ECOSSE Control HyperCourse. http://eweb.chemeng.ed.ac.uk/courses/control/restricted/course/index.html.

Derman E, Kani I. 1994. Riding on the smile. Risk, 7: 32-39.

Dobson S, Denazis S, Fernandez A, et al. 2006. A survey of autonomic communications. ACM Transactions on Autonomous and Adaptive Systems, 1 (2): 223-259.

Doherty A C. Habib S, Jacobs K, et al. 2000. Quantum feedback control and classical control theory. Physical Review A, 62 (1): 1-13.

Dormido S. 2004. Control learning: present and future. Annual Reviews in Control, 28: 115-136.

Duffie D, Pan J, Singleton K. 2000. Transform analysis and option pricing for affine jump-diffusions. Econometrica,68: 1343-1376.

Dupire B. 1994. Pricing with a smile, Risk, 7: 18-20.

Dusek M, Haderka O, Hendrych M, et al. 1999. Quantum identification system. Physical Review A, 60 (1): 149-156 .

European Commission. 2010. Interim evaluation of the seventh framework programme (FP7). Report of the Expert Group. http://ec.europa.eu/research/evaluations/index_en.cfm? pg=fp7.

European Commission. 2011. Communication: EU strategy for modernising higher education. http://ec.europa.eu/education/news/20110920_en.htm

Fama E F. 1970. Efficient capital markets: a review of theory and empirical Work. The Journal of Finance, 25 (2), 383-417.

Farwell L A, Donchin E. 1988. Talking off the top of your head: toward a mental prosthesis utilizing event-related brain potentials. Electroencephalogr Clin Neurophysiol, 70 (6): 510-523.

Fenton N, Pfleeger S. 1998. Software Metrics: A Rigorous and Practical Approach. Boston: PWS Publishing Company.

Gabin A, Grecksch W, Wunderlich R. 2005. Dynamic portfolio optimization with bound shortfall risks. Stochastic Analysis and Applications, 23: 579-594.

Gazzaniga M S. 2002. Cognitive Neuroscience. New York: W. W. Vorton & Company, Inc.

Geabanacloche J. 1990. Collapse and revival of the state-vector in the Jaynes-Cummings model-an example of state preparation by a quantum apparatus. Physical Review Letters, 65 (27): 3385-3388 .

Geman H, Madan D B, Yor M. 2001. Time changes for Lévy processes. Mathematical Finance, 11: 79-96.

Gennote G. 1986. Optimal portfolio choice under incomplete information. Journal of Finance, 41: 733-749.

Geremia J M, Rabitz H. 2002. Optimal identification of Hamiltonian information by closed-loop laser control of quantum systems. Physical Review Letters, 89: 263902

Geremia J M, Stockton J K, Mabuchi H. 2008. Real-time quantum feedback control of atomic spin-squeezing. Science, 321 (5888): 489-489

Gisin N, Thew R. 2007. Quantum communication. Nature Photonics, : 165-171.

Hall M, Frank E, Holmes G, et al. 2009. The WEKA data mining software: an update. ACM SIGKDD Explorations Newsletter, 11 (1): 10-18.

Harrison J M, Pliska S R. 1981. Martingales and stochastic integrals in the theory of continuous trading. Stochastic Processes and their Applications, 11 (3): 215-260.

Harrison J, Kreps M. 1979. Martingales and multiperiod securities market. Journal of Economic Theory, 44: 324-334.

He X D, Zhou X Y. 2011. Portfolio choice via quantiles. Mathematical Finance, 21 (2), 203-231.

Heston S L. 1993. A closed-form solution for options with stochastic volatility with applications to bond and currency options. Review of Financial Studies. 6 327-343.

Ho Y C, Cao X R. 1991. Perturbation Analysis of Discrete-Event Dynamic Systems. Boston: Kluwer Academic Publisher.

Hoare C A R. 1985. Communicating Sequential Processes. Upper Saddle River: Prentice Hall.

Hoffmann U, Vesin J M, Ebrahimi T, et al. 2008. An efficient P300-based brain-computer interface for disabled subjects. J Neurosci Meth, 167 (1): 115-125.

Hradil Z. 1997. Quantum-state estimation. Physical Review A, 55 (3): 1561-1564.

http: //www. nsf. gov/pubs/gpg/broaderimpacts. pdf.

Huang G M, Tarn T J, Clark J W. 1983. On the controllability of quantum-mechanical systems. Journal of Mathematical Physics, 24 (11): 2608-2618 .

Hull J,White A. 1987. The pricing of options on assets with stochastic volatilities. The Journal of Finance, 42: 281-300.

Information Society Technologies Advisory Group. 2012. Software technologies: the missing key enabling technology, toward a strategic agenda for software technologies in Europe. http: //cordis. europa. eu/fp7/ict/docs/istag-soft-tech-wgreport2012. pdf.

Isar A, Sandulescu A, Scutaru H. 1994. Open quantum systems. International Journal of Modern Physics E, 3 (2): 635-714.

Jacod J, Shiryaev A N. 1998. Local martingales and the fundamental asset pricing theorem in the discrete-time case. Finance and Stochastics, 2: 259-273.

Jiang C H, Hu H, Cai K Y. 2009. An intelligent control architecture for adaptive service-based software systems. International Journal of Software Engineering and Knowledge Engineering, 19 (5): 653-678.

Jin H，Zhou X Y. 2008. Behavioral portfolio selection in continuous time，Mathematical Finance，18：385-426.

Jin J，Allison B Z，Kaufmann T，et al. 2012b. The changing face of P300 BCIs：A comparison of stimulus changes in a P300 BCI involving faces，emotion，and movement. PLoS ONE，7（11）：49688

Jin J，Allison B Z，Sellers E W，et al. 2011. Adaptive P300 based control system. J Neural Eng，8（3）：36006

Jin J，Allison B Z，Wang X，et al. 2012a. A combined brain computer interface based on P300 potentials and motion-onset visual evoked potentials. J Neurosci Meth，205（2）：265-276.

Jin J，Sellers E W，Zhang Y，et al. 2013. Whether generic model works for rapid ERP-based BCI calibration. J Neurosci Meth，212（1）：94-99.

Jordan T F，Shaji A，Sudarshan E C G. 2004. Dynamics of initially entangled open quantum systems. Physical Review A，70（5）：1-14.

Kahneman D，Tversky A. 1979. Prospect theory：an analysis of decision under risk. Econometrica，47：263-291.

Karatzas I，Lehoczky J P，Shreve S E. 1987. Optimal portfolio and consumption decisions for a small investor on a finite horizon. SIAM Journal of Control and Optimization，25：1157-1186.

Karatzas I，Lehoczky J P，Sethi S P，et al. 1986. Explicit solutions of a general consumption/ investment problem. Mathematics of Operations Research，11：261-294.

Karatzas I，Shreve S E. 1998. Methods of Mathematical Finance. Now York：Springer.

Karsai G，Sztipanovits J. 1999. A model-based approach to self-adaptive software. IEEE Intelligent Systems，14（3）：46-53.

Kent A. 1996. Quasiclassical dynamics in a closed quantum system. Physical Review A，54（6）：4670-4675.

Kephart J O，Chess D M. 2003. The vision of autonomic computing. IEEE Computer，36（1）：41-50.

Kim T S，Omberg E. 1996. Dynamic nonmyopic portfolio behavior. Review of Financial Studies，9：141-161.

Knnno H，Yamazaki H. 1991. Mean-absolute deviation portfolio optimization modeland its application to Tokyo stock market. Management Science，37：519-531.

Kokar M M，Baclawski K，Eracar Y A. 1999. Control theory-based foundations of self-controlling software. IEEE Intelligent Systems，14（3）：37-45.

Korn R. 1997. Optimal impulse control when control actions have random consequences. Mathematics of Operations Research，22：639-667.

Kou S G. 2002. A jump-diffusion model for option pricing. Management Science，48：

1086-1101.

Krotov V F. 2009. Control of the quantum systems and some ideas of the optimal control theory. Automation and Remote Control，70 (3)：357-365.

Leeb R，Pfurtscheller G. 2004. Walking through a virtual city by thought. *In*：26th Annual International Conference on IEEE Engineering in Medicine and Biology Society. San Francisco：IEEE：4503-4506.

Li B Q，Turinici G，Ramakrishna V，et al. 2002. a Optimal dynamic discrimination of similar molecules through quantum learning control. Journal of Physical Chemistry B，106 (33)：8125-8131

Li D，Ng W L. 2000. Optimal dynamic portfolio selection：Multi-period mean-variance formulation. Mathematical Finance，10：387-406.

Li X，Zhou X Y，Lim A B E. 2002. b Dynamic mean-variance portfolio selection with no-shorting constraints. SIAM Journal of Control and Optimization，40：1540-1555.

Lim A B E，Zhou X Y. 2002. Mean-variance portfolio selection with random parameters. Mathematics of Operations Research，27：101-120.

Liu H. 2004. Optimal consumption and Investment with transaction costs and multiple risky assets. Journal of Finance，59：289-338.

Liu J. 2007. Portfolio selection in stochastic environments. Review of Financial Studies，20：1-39.

Long J，Li Y，Wang H，et al. 2012. A hybrid brain computer interface to control the direction and speed of a simulated or real wheelchair. IEEE Trans Neural Syst Rehabil Eng，20 (5)：720-729.

Lopes L L，Oden G C. 1999. The role of aspiration level in risk choice：a comparison of cumulative prospect theory and sp/a theory. Journal of Mathematical Psychology，43 (2)：286-313.

Lvovsky A I，Hansen H，Aichele T，et al. 2001. Quantum state reconstruction of the single-photon Fock state. Physical Review Letters，87：50402

Maalouf A I，Petersen I R. 2012. Sampled-data LQG control for a class of linear quantum systems. Systems & Control Letters，61 (2)：369-374

Markowitz H M. 1952. Portfolio selection. Journal of Finance，7：77-91.

Martens S M M，Hill N J，Farquhar J，et al. 2009. Overlap and refractory effects in a brain-computer interface speller based on the visual P300 event-related potential. J Neural Eng，6 (2)：26-29.

Martin B，Aureliano S. 2006. Effective equations of motion for quantum systems. Reviews in Mathematical Physics，18 (7)：713-745.

Martín-Villalba C，Urquía A，Dormido S. 2010. Development of an industrial boiler virtual-lab for control education using Modelica. Comput Appl Eng Educ，Published online in

Wiley Online Library, DOI: 10. 1002/cae. 20449

Mason S G, Bashshati A, Fatourechi M, et al. 2007. A comprehensive survey of brain interface technology designs. Ann Biomed Eng, 35 (2): 137-169.

McHall T. 2011. Gartner says worldwide software as a service revenue is forecast to grow 21 percent in 2011-7. http://www. gartner. com/it/page. jsp? id = 1739214&M = 6e0e6b7e-2439-4289-b697-863578323245

Merton R C. 1969. Lifetime portfolio selection under uncertainty: the continuous time case. Review of Economics and Statistics, 51: 247-257.

Merton R C. 1971. Optimum consumption and portfolio rules in a continuous time model. Journal of Economic Theory, 3: 373-413.

Merton R C. 1973. The theory of rational option pricing. Bell Journal of Economics and Management Science, 4: 141-183.

Merton R C. 1976. Option pricing when underlying stock returns are discontinuous. Journal of Financial Economics, 3: 125-144.

Meza C, Andrade-Romero J A, Bucher R, et al. 2009. Free open source software in control engineering education: a case study in the analysis and control design of a rotary inverted pendulum// Proc the 14th IEEE international conference on Emerging Technologies & Factory Automation, Palma de Mallorca, Spain: 1403-1410.

Miller A R, Rosenfeld J P, Soskins M, et al. 2002. P300 amplitude and topography in an autobiographical oddball paradigm involving simulated amnesia. J Psychophysiol, 16 (1): 1-11.

Milner R. 1989. Communication and Concurrency. Upper Saddle River: Prentice Hall.

Modigliani F, Miller M. 1958. The cost of capital, corporation finance and the theory of investment. American Economic Review, 48: 261-297.

Morton A J, Pliska S R. 1995. Optimal portfolio management with fixed transaction costs, Mathematical Finance, 5: 337-356.

Mossin J. 1966. Equilibrium in a capital asset market. Econometrica, 34: 768-783.

Murray R M, Astrom KT, Boyd SP, et al. 2003. Future directions in control in an information-rich world. IEEE Control Systems Magazine, 23 (2): 20-33.

Müller-Putz G R, Pfurtscheller G. 2008. Control of an electrical prosthesis with an SSVEP-based BCI. IEEE Trans Biomed Eng, 55 (1): 1361-1364.

National Academy of Engineering. 2008. Grand challenges for engineering. http://www. engineeringchallenges. org/

NSF. 2007. Merit review broader impacts criterion: representative activities.

Pappas G J. 2003. Bisimilar linear systems. Automatica, 39: 2035-2047.

Pearce J M. 2012. Building research equipment with free, open-source hardware. Science, 337: 1303-1304.

Percup RE, Preit S, Rădac MB, et al. 2011. Experiment-based teaching in advanced control engineering. IEEE Transactions on Education, 54 (3): 345-355.

Pfurtscheller G, Lopes da Silva F H. 1999. Event-related EEG/MEG synchronization and desynchronization: basic principles. Clin Neurophysiol, 110 (11): 1842-1857.

Pfurtscheller G, Müller G R, Pfurtscheller J, et al. 2003. Thought-control of functional electrical stimulation to restore hand grasp in a patient with tetraplegia. Neurosci Lett, 351 (1): 33-36.

Pfurtscheller G, Solis Escalante T. 2009. Could the beta rebound in the EEG be suitable to realize a "brain-switch"? Clin Neurophysiol, 120 (1): 24-29.

Philippe J. 1996. Value at Risk: The New Benchmark for Controlling Market Risk. Chicago: Irwin Professional Publishing.

Phoha V V, Nadgar A U, Ray A, et al. 2003. Supervisory control of software systems for fault mitigation. //: Proceedings of the 2003 American Control Conference. Piscataway: IEEE Press: 2229-2233.

Phoha V V, Nadgar A U, Ray A, et al. 2004. Supervisory control of software systems. IEEE Transactions on Computers, 53 (9): 1187-1199.

Piccione F, Giorgi F, Tonin P, et al. 2006. P300-based brain computer interface: reliability and performance in healthy and paralysed participants. Clin Neurophysiol, 17 (3): 531-537.

Pliska S A. 1986. Stochastic calculus model of continuous trading: optimal portfolios. Mathematics of Operations Research, 11: 371-382.

Pliska S R. 1982. A discrete-time stochastic decision model. Notes in Control and Information Sciences, 42: 290-304.

Privman V. 2003. Initial decoherence of open quantum systems. Journal of Statistical Physics, 110 (3-6): 957-970 .

Puterman M L. 1994. Markov Decision Processes: Discrete Stochastic Dynamic Programming. Hoboken: John Wiley & Sons.

Qiao Y, Liu G P, Zheng G, et al. 2010. A Web-based global-scale control laboratory with rich interactive features. IEEE Trans Industrial Electronics, 57: 3253-3265.

Ramos-Paja C A, Scarpetta J M R, Martínez-Salamero L. 2010. Integrated learning platform for internet-based control-engineering education. IEEE Transactions on Industrial Electronics, 57 (10): 3284-3296.

Rebsamen B, Burdet E, Guan C, et al. 2006. A brain-controlled wheelchair based on P300 and path guidance. 1st IEEE/RAS-EMBS International Conference on Biomedical Robotics and Biomechatronics. Pisa, Tuscany, Italy: IEEE: 1101-1106.

Rockafellar R T, Uryasev S. 2000. Optimization of conditional value-at-risk. The Journal of Risk, 2: 21-41.

Rockafellar R T, Uryasev S. 2002. Conditional value-at-risk for general loss distribution. Journal of Banking and Finance, 26: 1443-1471.

Ross S A. 1976. The arbitrage theory of capital asset pricing. Journal of Economic Theory, 13: 341-360.

Salehie M, Tahvildari L. 2009. Self-adaptive software: landscape and research challenges. ACM Transactions on Autonomous and Adaptive Systems, 4 (2): 1-42.

Samad T, Annaswamy A M. 2011. The Impact of Control Technology, IEEE Control Systems Society.

Samuelson P. 1969. Lifetime portfolio selection by dynamic stochastic programming. The Review of Economics and Statistics, 50: 239-246.

Scherer R, Müller G R, Neuper C, et al. 2004. An asynchronously controlled EEG-based virtual keyboard: improvement of the spelling rate. IEEE Trans Biomed Eng, 51 (6): 979-984.

Schied A. 2004. On the Neyman-Pearson problem for law-invariant risk measures and robust utility functionals. Annals of Applied Probability, 14: 1398-1423.

Schied A. 2005. Optimal investments for robust utility functionals in complete market models. Mathematics of Operations Research, 30: 750-764.

Sharpe W. 1964. Capital asset prices: a theory of market equilibrium under conditions of risk. Journal of Finance, 19: 425-442.

Shishkin S L, Ganin I P, Kaplan A Y. 2011. Event-related potentials in a moving matrix modification of the P300 brain-computer interface paradigm. Neurosci Lett, 496 (2): 95-99

Silvoni S, Ramos-Murquialday A, Cavinato M, et al. 2011. Brain-computer interface in stroke: a review of progress. Clin EEG and Neurosci, 42 (4): 245-252.

Sipser M. 1997. Introduction to the Theory of Computation. Boston: PWS Publishing Company.

Stein E M, Stein J C. 1991. Stock price distributions with stochastic volatility: an analytic approach. Review of Financial Studies, 4: 727-752.

Stelmachovic P, buzek V. 2001. Dynamics of open quantum systems initially entangled with environment: beyond the Kraus representation. Physical Review A, 64 (6): 1-5.

Stockton J K, Geremia J M, Doherty A C, et al. 2004. Robust quantum parameter estimation: Coherent magnetometry with feedback. Physical Review A, 69 (3): 1-16 .

Sutton R S, Barto A G. 1998. Reinforcement Learning: An Introduction. Cambridge: MIT Press.

Sutton S, Braren M, Zubin J, et al. 1965. Evoked-potential correlates of stimulus uncertainty. Science, 150 (3700): 1187-1188.

Takano K, Komatsu T, Hata N, et al. 2009. Visual stimuli for the P300 brain-computer interface: a comparison of white/gray and green/blue flicker matrices. Clin Neurophysiol, 120 (8): 1562-1566.

The University of Michigan Chemical Engineering Process Dynamics and Controls Open Textbook. https: //controls. engin. umich. edu/wiki/index. php/Main_Page.

Townsend G, LaPallo B K, Boulay C B, et al. 2010. A novel P300-based brain-computer interface stimulus presentation paradigm: moving beyond rows and columns. Clin Neurophysiol, 121 (7): 1109-1120.

Tsien H S. 1954. Engineering Cybernetics. New York: McGraw Hill.

Tversky A, Kahneman D. 1992. Advances in prospect theory: cumulative representation of uncertainty. Journal of Risk and Uncertainty, 5: 297-323.

Van der Schaft A J. 2004. Equivalence of dynamical systems by bisimulation. IEEE Transactions on Automatic Control, 49 (12): 2160-2172.

Veinott A F. 1969. Discrete dynamic programming with sensitive discount optimality criteria. The Annals of Mathematical Statistics, 40: 1635-1660.

Vidal J J. 1973. Toward direct brain-computer communication. Annu Rev Biophs Bioeng, 2 (1): 157-180.

Viola L, Lloyd S. 1998. Dynamical suppression of decoherence in two-state quantum systems. Physical Review A, 58 (4): 2733-2744.

Von Neumann J, Morgenstein O. 1944. Theory of Games and Economic Behavior. Princeton: Princeton University Press.

Wachter J. 2003. Risk aversion and allocation to long-term bounds. Journal of Economic Theory, 112: 325-333.

Wang P, Cai K Y. 2006. Representing extended finite state machines for sdl by a novel control model of discrete event systems. *In*: Proceedings of the 6th International Conference on Quality Software, Washington: IEEE Computer Society Press: 159-166.

Wang X, Jin J, Zhang Y, et al. 2013. Brain control: human-computer integration control based on brain-computer interface. Acta Automatica Sinica, 39 (3): 208-221.

Werbos P J. 1992. Approximate dynamic programming for real-time control and neural modeling//White D A. , Sofge D A. Handbook of intelligent control: Neural, Fuzzy, and Adaptive Approaches. New York: Van Nostrand Reinhold: 493-525.

Wheeler D A. 2007. Why open source software/free software? Look at the numbers!. http: //www. dwheeler. com/oss_fs_why. html

Wickelgren I. 2003. Tapping the mind. Science, 299: 496-499.

Wiener N. 1948. Cybernetics: or Control and Communication in the Animal and the Machine. Hoboken: John Wiley.

Wolpaw J R, Birbaumer N, Heetderkd W J, et al. 2000. Brain-computer interface technology: a review of the first international meeting. IEEE Trans Rehabil Eng, 8 (8):

164～173.

Wolpaw J R, McFarland D J, Nent G W, et al. 1991. An EEG-based brain-computer interface for cursor control. Electroencephalogr Clin Neurophysiol, 78 (3): 252-259.

Won S H, Song L, Lee S Y, et al. 2010. Identification of finite state automata with a class of recurrent neural networks. IEEE Transactions on Neural Networks, 21 (9): 1408-1421.

Wu W S, Zhou H, Liu G P. 2012. Web-based 3D laboratory for control engineering education. *In*: Proceedings of the 31st Chinese Control Conference. Shanghai: Shanghai scientific & Technical Publishers: 5820-5825.

Xia Y H. 2001. Learning about predictability: the effects of parameter uncertainty on dynamic asset allocation. Journal of Finance, 56: 205-246.

Xiong J, Zhou X Y. 2007. Mean-variance portfolio selection under the partial information. SIAM journal on Control and Optimization, 46: 156-175.

Yaari M E. 1987. The dual theory of choice under risk. Econometrica, 55 (1), 95-115.

Young M R. 1998. A minmax portfolio selection rule with linear programming. Management Science, 37: 519-531

Zhang M, Hu D, Dai H Y, et al. 2007. Generalized controllability of quantum systems: beyond the limitation of open-loop controllability. 2007 American Control Conference, New York, NY, USA: 2113-2117.

Zhang Y, Jin J, Qing X, et al. 2012b. LASSO based stimulus frequency recognition model for SSVEP BCIs. Biomed Signal Process Control, 7 (2): 104-111.

Zhang Y, Zhao Q, Jin J, et al. 2012a. A novel BCI based on ERP components sensitive to configural processing of human faces. J Neural Eng, 9 (2): 26018.

Zhang Y, Zhou G, Zhao Q, et al. 2013. Spatial-temporal discriminant analysis for ERP-based brain-computer interface. IEEE Trans Neural Syst Rehabil Eng, 21 (2): 233-243.

Zhou C, Kumar R. 2009. On identification of input/output extended automata with finite bisimilar quotients. *In*: Proceedings of the 2009 American Control Conference. Piscataway: IEEE Press, 5653-5658.

Zhou X Y, Li D. 2000. Continuous-time mean-variance portfolio selection: a stochastic LQ framework. Applied Mathematics and Optimization, 42: 19-33.

Zhou X Y, Yin G. 2003. Markowitz's mean-variance portfolio selection with regime switching: continuous-time model. SIAM Journal on Control and Optimization, 42: 1466-1482.

Zhu W, Rabitz H. 2003. Quantum control design via adaptive tracking. The Journal of Chemical Physics, 119 (7): 3619-3625.

# 关键词索引

## 第一篇



## 第二篇

F



J



H



K



L



S



X



Z

## 第三篇

### C



### F



### H



### J



### K



### Z



## 第四篇

### C



### D



### G



### M



### S



### W



### X



### Y

## 第五篇



## 第六篇